U0341041

“十二五”国家重点图书出版规划项目
陕西出版资金资助项目

新兴微纳电子技术丛书

Micro Electro Mechanical Technology

微机电技术

田文超　娄利飞　编著

西安电子科技大学出版社

内容简介

本书系统地介绍了微机电技术基本内容、分析方法和主要应用，包括微机电系统概述、材料、工艺、典型器件、应用，RF MEMS及重构天线，MEMS力学问题等。书中包含大量图、表，研究成果及相关结论，内容丰富。

本书可供高年级本科生和研究生使用，也可以作相关工程技术人员及科技管理人员的参考书。

图书在版编目(CIP)数据

微机电技术/田文超，娄利飞编著. 一西安：西安电子科技大学出版社，2014.8

(新兴微纳电子技术丛书)

ISBN 978-7-5606-3335-0

Ⅰ.①微… Ⅱ.①田… ②娄… Ⅲ.①微电机 Ⅳ.①TM38

中国版本图书馆CIP数据核字(2014)第145035号

策　　划　李惠萍

责任编辑　阎　彬　曹　锦

出版发行　西安电子科技大学出版社(西安市太白南路2号)

电　　话　(029)88242885　88201467　　邮　　编　710071

网　　址　www.xduph.com　　电子邮箱　xdupfxb001@163.com

经　　销　新华书店

印刷单位　陕西华沐印刷科技有限责任公司

版　　次　2014年8月第1版　2014年8月第1次印刷

开　　本　787毫米×960毫米　1/16　印　　张　26.5

字　　数　546千字

印　　数　1～3000册

定　　价　50.00元

ISBN 978-7-5606-3335-0/TM

XDUP 3627001-1

如有印装问题可调换

“十二五”国家重点图书出版规划项目
陕西出版资金资助项目

新兴微纳电子技术丛书
编写委员会名单

前　言

微机电系统(Micro-Electro-Mechanical Systems，MEMS)，是指可批量制作的，集微型机构、微型传感器、微型执行器以及信号处理和控制电路，直至接口、通信和电源等于一体的微型器件或系统。其涉及多学科交叉，包括材料、机械、电子、微电子、生物学、医学、信息等工程技术学科和物理学(特别是力学和光学)、化学等基础学科，具有能够在狭小空间内进行作业而又不扰乱工作环境的特点，有着广泛的应用前景。MEMS在航空航天、精密机械、生物医学、汽车工业、家用电器、环境保护、通信、军事、物联网等领域有着广泛的应用潜力，成为广大科技工作者研究的热点。

本书比较全面地介绍了MEMS的基本概念、研究现状、常用材料、主要工艺、典型器件、工作原理、分析方法、应用领域、RF MEMS及重构天线、相关力学等。书中有少部分内容是作者在德国FREIBURG大学IMTEK研究所工作期间所收集的研究成果，由于篇幅所限，有关推导过程和实验过程均作了省略。编写本书的目的是为高年级本科生和研究生提供有关MEMS技术的基本知识，同时也为广大工程技术人员从事MEMS研究提供帮助。

全书由七章组成，各章的主要内容如下：

第1章介绍MEMS的基本概念、研究范围、研究现状、主要特点和面临的挑战。

第2章介绍MEMS的常用材料，首先介绍硅及其化合物，其次介绍陶瓷、形状记忆合金、聚合物、凝胶、电流变体，最后介绍石墨烯、碳纳米管、金刚石、硅烯等新兴材料。

第3章介绍MEMS的常见工艺方法，主要包括传统超精密和特种微细加工技术、硅微机械技工技术、键合技术和LIGA技术等。

第4章介绍MEMS典型器件工作原理，涉及微传感器与微执行器、微加速度计、微陀螺仪、MEMS微谐振器、DMD数字微镜等。

第5章详细介绍MEMS的应用，包括MEMS在汽车工业、军事领域、医学领域、光通信领域、航空航天、手机、家用电器、生物芯片和物联网等领域中的最新应用。

第6章介绍RF MEMS及重构天线，包括RF MEMS、MEMS移相器、MEMS滤波器、RF开关、重构天线、频率重构天线、方向图重构天线、极化可重构微带天线等。

第7章介绍涉及MEMS微尺度效应的有关力学知识，包括梁和膜的变形、考虑边缘效应和包角效应等微尺度效应的静电力、范德瓦耳斯力、MEMS 阻尼和 Casimir 力等。

全书第 1、4、5、6、7 章由田文超教授撰写，第 2、3 章由娄利飞副教授撰写，田文超教授负责全书的审阅。

本书在编写过程中，得到了贾建援教授和杨银堂教授的指导和帮助，在此对两位教授在百忙之中给予的支持和帮助表示衷心的感谢，感谢 FREIBURG 大学 IMTEK 研究所的 U. Wallrabe 教授，感谢在本书图片处理、校对等工作中给予帮助的林科禄硕士，感谢西安电子科技大学出版社。

由于作者水平有限，加上 MEMS 技术的不断发展，MEMS 在理论上和工艺上等仍欠成熟，并且新的应用领域不断涌现，因此书中不足之处在所难免，恳请广大读者不吝指正。

编　者

2014 年 3 月

目　　录

第1章　MEMS概述

随着微/纳米科学与技术(Micro/Nano Science and Technology)的发展，以形状尺寸微小或操作尺寸极小为特征的微机电系统(Micro-Electro-Mechanical Systems，MEMS)，已成为人们在微观领域认识和改造客观世界的融有高新微机电系统技术的微型器件或系统，是当前一个十分活跃的研究领域。

MEMS技术是建立在微米/纳米技术(Micro/Nano Technology)基础上的21世纪前沿技术，是指对微米/纳米材料进行设计、加工、制造、测量和控制的技术。该技术可将机械构件、光学系统、驱动部件、电控系统集成为一个整体单元，不仅能够采集、处理与发送信息或指令，还能够按照所获取的信息自主地或根据外部的指令完成驱动功能。利用微电子技术和微加工技术(包括硅体微加工、硅表面微加工、LIGA和晶片键合等技术)相结合的制造工艺，MEMS技术制造出各种性能优异、价格低廉、微型化的传感器、执行器、驱动器和微系统。MEMS技术是近年来发展起来的一种新型多学科交叉的技术，涉及材料、机械、电子、微电子、化学、物理学(特别是力学和光学)、生物学、医学、信息等多种学科。

MEMS技术的发展开辟了一个全新的技术领域和产业，采用MEMS技术制作的微传感器、微执行器、微型构件、微机械光学器件、真空微电子器件、电力电子器件等，在航空、航天、汽车、生物医学、环境监控、军事以及几乎人们所接触到的所有领域中都有着十分广阔的应用前景，目前MEMS市场的主导产品为压力传感器、加速度计、微陀螺仪、喷墨打印头和硬盘驱动头等。MEMS技术正发展成为一个巨大的产业，如同微电子产业和计算机产业给人类带来的巨大变化一样，MEMS技术也正在孕育一场深刻的技术变革，将对人类社会产生新一轮的影响。MEMS已成为广大科技工作者研究的热点，并被列为21世纪关键技术之首。

本章将介绍MEMS的基本概念、特点、研究现状和面临的挑战。

1.1　MEMS的概念

MEMS是美国人的惯用词，在欧洲称为微系统(Micro System Technology，MST)，在

日本称为微机器(Micro-Machine)，另外还有微机电系统技术(Micro-Electro Mechanical System Technologies)、微科学工程(Micro-Science and Engineering)等称谓。由于美国的MEMS总体研究水平处于领先地位，因此本书沿用MEMS叫法。

随着MEMS技术的发展，产生了MEMS的分支。其中，与生物或生物医学技术相结合，产生了生物MEMS(Bio-MEMS)；与无线通信技术相结合，产生了射频MEMS(Radio Frequency MEMS, RF MEMS)；与光学技术相结合，产生了微光机电MEMS(Micro-Optical-Electronic Mechanical Systems, MOEMS)。

MEMS是以微细加工技术为基础，关键特征尺寸在亚微米至亚毫米之间，将微传感器、微执行器、信号处理和控制、通讯和接口电路、微能源等组成在一起，独立完成机/电/光等功能的微机电器件、装置或系统。它既可以根据电路信号的指令控制执行元件，实现机械驱动，也可以利用传感器探测或接收外部信号。传感器将转换后的信号经电路处理后，再由执行器变为机械信号，完成执行命令。MEMS是一种获取、处理和执行操作的集成系统，通常需要多学科领域技术的综合应用，例如机、电、光、生物等多种领域。

日本国家MEMS中心认为Microsystem/Micromachine含义为：A micro machine is an extremely small machine comprising very small(several millimeters or less) yet highly sophisticated functional elements that allows it to perform minute and complicated tasks。

MEMS将微电子技术和微细加工技术相结合，实现微电子与机械的融合。完整的MEMS是由微传感器、微执行器、信号处理和控制电路、接口电路和微能源组成的一体化微型器件或系统，完成传统大尺寸系统所不能完成的任务。也可以将独立微器件，如微传感器或执行器等嵌入到大尺寸的系统中，以达到提高系统可靠性，降低成本，实现系统的智能化和自动化的目的。

如图1-1所示，MEMS可分成几个独立的功能单元，包括微结构元器件、微传感器、微执行器和微系统等。其工作原理是在外部环境物理、化学和生物等信号输入后，通过微传感器转换成电信号，经过信号处理(模拟信号或数字信号)后，由微执行器执行动作，实现与外部环境“互动”的功能。MEMS是一种获取、处理信息和执行机械操作的集成器件。它是涉及微机械学、微电子学、自动控制、物理学、化学、生物学以及材料等多学科、高技术的边缘学科和交叉学科。

MEMS是一种全新的必须同时考虑多种物理场耦合作用的系统。相对于传统机械系统，MEMS尺寸更小，其外形最大的不超过一个厘米，甚至仅仅为几个微米；主要材料为硅，硅材料电气性能优良，强度、硬度和杨氏模量与铁的相当，密度与铝的类似，热传导率接近钼和钨的。MEMS采用与集成电路(IC)类似的生成技术，可大量利用IC生产中的成熟技术、工艺进行大批量、低成本生产，使性价比相对于传统“机械”制造技术有大幅度提高。

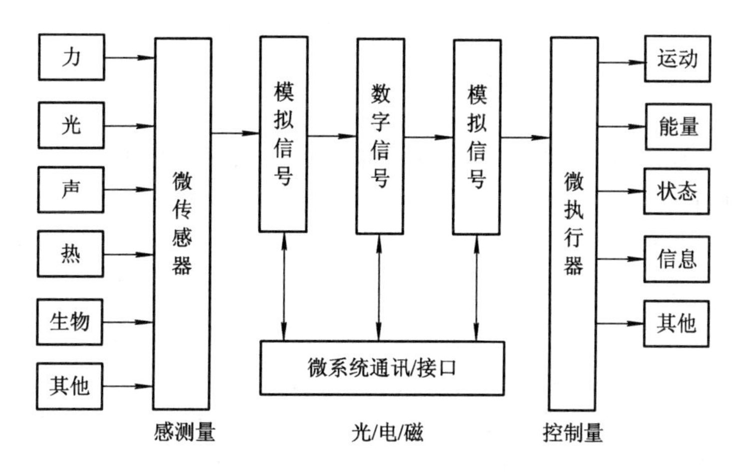

图 1－1　MEMS 系统组成图

关于 MEMS 的概念，习惯上依据机械结构的尺寸，将特征尺寸在 1 mm～10 mm 范围内的机械称为小型(Mini)机械；特征尺寸在 1 μm～1 mm 范围内的机械称为微型(Micro)机械；特征尺寸在 1 nm～1 μm 的机械称为纳米(Nano)机械。当然，上述这些划分也未必严密，有时候微机械加上外围结构尺寸也会大于 1 mm，但仍然归于微机械。对照以上划分，由这些机械构成的机电系统分别称为小型机电系统、微机电系统(MEMS)和纳机电系统。

随着 MEMS 构件尺寸的减小，许多物理特性发生了变化，主要有两类情况：

(1) 变化有时可以由宏观世界的变化推断出来；

(2) 随着微观效应的增强，这种推断变得不可能。

对于后者，不仅要建立新的理论和经验公式来解释微观世界的现象，而且需要研究新的工程分析和归纳方法。由此导致微材料学、微流体力学、微热力学、微摩擦学、微观力学等微观科学的产生。

MEMS 并非单纯是宏观机械的微小化，它的研究目标在于通过微型化、集成化来探索新原理、新功能的元件和系统，开辟一个新的科学技术领域和产业。微电子学、微机械学、微光学、微动力学、微流体力学、微热力学、微摩擦学、微结构学和微生物学等共同构成 MEMS 理论基础。

目前，MEMS 常用制作技术主要有：

(1) 以日本为代表的利用传统机械加工手段，即利用大机器制造小机器，再利用小机器制造微机器的方法。

(2) 以美国为代表的利用化学腐蚀或集成电路工艺技术对硅材料进行加工，形成硅基 MEMS 器件的方法。

(3) 以德国为代表的LIGA(即光刻、电铸和塑铸)技术，它是利用X射线光刻技术，通过电铸成型和塑铸形成深层微结构的方法。

上述第二种方法与传统IC工艺兼容，可以实现微机械和微电子系统的集成，而且适合批量生产，已经成为目前MEMS的主流技术。LIGA技术可用来加工金属、塑料和陶瓷等各种材料，并可用来制作深宽比大的精细结构(加工深度可以达到几百微米)，因此也是一种比较重要的MEMS加工技术。LIGA技术自20世纪80年代中期由德国开发出来以后得到了迅速发展，人们已利用该技术开发和制造出了微齿轮、微马达、微加速度计、微射流计等器件。第一种加工方法可以用于加工一些在特殊场合应用的微机械装置，如微型机器人、微型手术台等。

MEMS器件的两个基本特征是机械特性和电子特性。机械特性在功能和性能上为电子芯片赋予了超出最初想象力的推动力。不仅如此，它还可以将光或其他电磁能量添加到其中，从而产生一个让人无法置信的交叉科学和技术。

MEMS器件最基本的工作原理是通过微操作器将其他能量转换成机械能。根据其设计结构一般可分成四类：无可动部件有形变、有可动部件无形变、有可动部件有碰撞表面、有可动结构有形变。根据机械驱动能量提供的方式不同，MEMS器件分为静电型、电磁型、压电型及热膨胀型等几种类型。由于在当今射频电路的设计过程中，通常要求激励驱动快速，因此一般都是采用静电型微操作器。

静电驱动，是采用在两块分开一定距离的极板上施加电压，通过极板在电场力的作用下发生变形来实现开关的闭合的。尽管这种力非常微弱，但它是客观存在的。当在两个平行极板上施加电压后，极板相当于一个电容器。将这个电容器的尺寸减小，使得面积和体积比增加，可以显著地增强静电力效应。静电力与电容面积、极板间距及电量成比例。最常见的增大静电力的方法是增大电容面积，以增加极板数量为代表。

电磁驱动是利用带电导线在磁场中受到磁场的影响，受电磁力作用产生运动来实现的。磁铁产生磁场，当电流为i的线圈置于这个磁场中就会在电磁力F的作用下运动。这种磁铁一般采用永磁体与电磁结合，但是磁性材料必须在制造或沉积过程中使用。电磁驱动方式比静电驱动结构更加紧凑、功率更大，但其工艺复杂，制作成本高，因而电磁式驱动在MEMS开关领域并未广泛采用。

压电型驱动是通过电流流过某些晶体时而使晶体产生的形变来运动的。

除了以上这些驱动方式，还有气动型、液压型、生物型以及其他光效应型。随着微涡轮和火箭的进一步发展，化学型驱动将变得越来越重要。

图1-2所示为一只蚂蚁同微齿轮；图1-3所示为微镜驱动机构和一只蜘蛛的脚。

图1-4所示为微驱动机构和一只寄生虫；图1-5所示为微驱动机构、微齿轮组和一只寄生虫。图1-6所示为微齿轮组和一只蜘蛛；图1-7所示为一只蜘蛛和微镜装配示意图。

SCIENTIFIC AMERICAN
NOVEMBER 1992
$3.95
How Columbus's errors enlightened astronomy.
The puzzling big bang of animal evolution.
Software "glitches" that endanger public safety.

图 1-2　一只蚂蚁同微齿轮
(Scientific American)

图 1-3　微镜驱动机构和一只蜘蛛的脚
(Sandia 国家实验室)

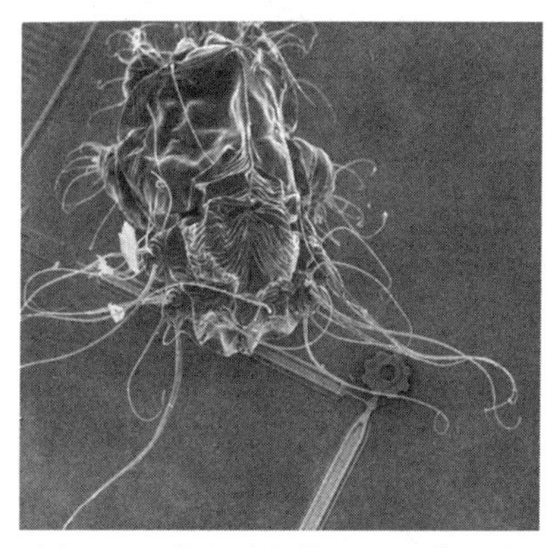

图 1-4　微驱动机构和一只寄生虫
(Sandia 国家实验室)

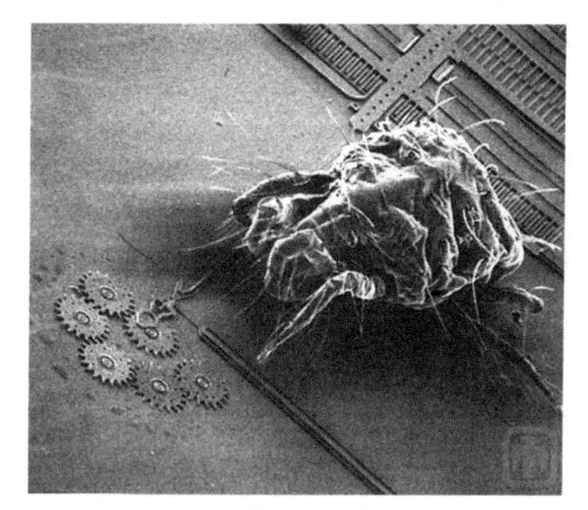

图 1-5　微驱动机构、微齿轮组和一只寄生虫
(Sandia 国家实验室)

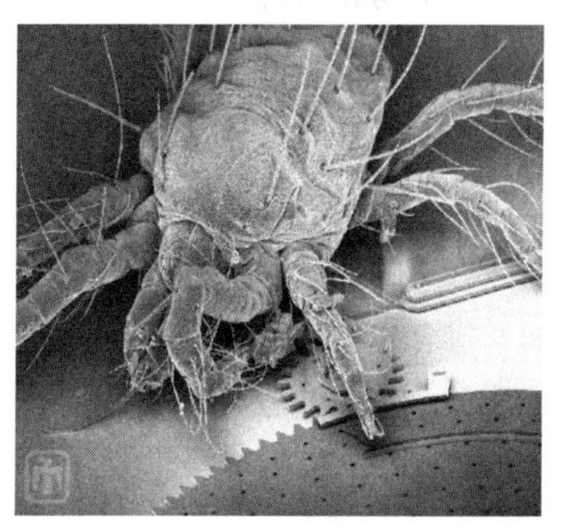

图 1-6　微齿轮组和一只蜘蛛
(Sandia 国家实验室)

图 1-7　一只蜘蛛和微镜装配示意图
(Sandia 国家实验室)

1.2 MEMS研究现状

MEMS的发展，可以追溯到1959年的美国物理年会上。诺贝尔物理奖获得者Richard P. Feynman(1965年诺贝尔物理奖，主要贡献在对量子电动力学的理解，1988年死于肾衰竭，终年69岁)(参见图1-8)在该次年会上作了题目为《There is plenty of room at the bottom(实际上大有余地)》的报告。他描述可用大机械来加工比自己小许多的小机械，而该小机械又可以制造更小的微小机械，即是一条Top-Down的路径。同时，他还描述了人们可按照自己的方式排列原子、分子，按照人们的意愿构造各种物质，即Bottom-Up路径。他还预言了原子信息存储、微观生物操作、量子计算机以及由此造成的微观摩擦润滑问题。Feynman教授的报告在当时还不被许多人理解，然而现在看来，Feynman教授的预言大多已经得到MEMS研究人员的证实。

图1-8 Richard P. Feynman

MEMS技术被誉为21世纪带有革命性的高新技术，它的诞生和发展是“需求牵引”和“技术推动”的综合结果。

1. 需求牵引是MEME发展的源泉

随着人类社会全面向信息化迈进，信息系统的微型化、多功能化和智能化是人们不断追求的目标，也是电子整机部门的迫切需求。信息系统的微型化不仅使系统体积大大减小、功能大大提高，同时也使其性能、可靠性大幅度上升，功耗和价格却大幅度降低。目前，信息系统的微型化不单是电子系统的微型化，如果相关的非电子系统体积小不下来，那么整个系统将难以达到微型化的目标。

电子系统可以采用微电子技术达到系统微型化的目标，而对于非电子系统来说，尽管人们已做了很大努力，其微型化程度却远远落后于电子系统，这已成为整个系统微型化发展的瓶颈。

2. 技术推动是MEMS实现的保证

MEMS技术涉及微电子、微机械、微光学、新型材料、信息与控制，以及物理、化学、生物等多种学科，并集约了当今科学技术的许多高新技术成果。

在一个衬底上将传感器、信号处理电路、执行器集成起来构成微电子机械系统，是人们很早以来的愿望。这个技术设想在1987年被正式提出，并在近10年来取得了迅速发展，主要原因有以下三点：

(1) 以集成电路为中心的微电子学的飞跃进步提供了基础技术。在过去的 40 年中，集成电路的发展遵循摩尔定律，即按每 18 个月特征尺寸减小为原来的 3/10，集成度每 18 个月翻一番的规律发展。据分析，IC 特征尺寸的指数减小规律还将继续 10 年至 20 年，工艺已进入超深亚微米阶段。IC 的发展为研制和生产 MEMS 提供了坚实的技术基础。

(2) MEMS 的发展始于 20 世纪 60 年代，是微电子和微机械的巧妙结合。MEMS 的基础技术主要包括硅各向异性刻蚀技术、硅/硅键合技术、表面微机械技术、LIGA 技术等，这些技术已成为研制、生产 MEMS 必不可少的核心技术。尤其是 20 世纪 90 年代开发的 LIGA 技术，成功地解决了大深宽比光刻的难题，为研制、开发三维微机械的加速度传感器、微型陀螺以及各类微执行器、微型构件如微电机、微泵、微推进器、微振子、微电极、微流量计等奠定了工艺技术基础。

(3) 新材料、微机械理论、加工技术的进步，使得单片微电子机械系统正在变为现实。由于 MEMS 技术的发展迅速，1987 年决定把它从 IEEE 国际微机器人与过程操作年会分开，单独召开年会。目前在美、日、欧三地每年轮回一次，名为 IEEE 国际微机电系统年会(Micro Electro Mechanical Systems Workshop)。

表 1-1 列出了 1987 年至 1996 年间 MEMS 的研究概况。

表 1-1　MEMS 领域部分课题研究年表

年	机械加工	电子学	材　料	传感器	微执行器
1987	微齿轮 涡轮机	—	多晶硅	伺服加速度计	双压电晶片静电滚筒
1988	—	—	CVD 钨	压力/加速度开关陀螺仪，多轴向伺服加速度计	静电电机
1989	硅片处理技术	—	ZnO		超导悬浮变速电机
1990	—	—	CaAs Mo. TiNi (形状记忆合金)	电子隧道传感器	空气悬浮器，超声静电薄膜，变速微电机
1991	三维光刻 LIGA 牺牲层铰链结构	提出集成 MEMS 项目	人造金刚石碳膜 PZT	—	电子控制执行器，磁性器件
1992	HARMS 束助三维工艺低温键合	键合型集成传感器	—	S 型静电执行器	—
1993	深 RIE 立体光刻干法剥离	充电电池	—	陀螺仪	刻痕驱动石英压电分布静电场

续表

年	机械加工	电子学	材　料	传感器	微执行器
1994	射流自组装	太阳能电池阵列，硅片互联执行器电路集成	氟化碳磁致伸缩膜	多轴伺服加速度计	电磁电机，空气喷嘴阵列
1995	能动铰链结构键合组装，三维微执行器	—	—	—	—
1996	二维自组装三维探针	ASIC 电机控制器，场发射器薄膜晶体管	永久磁铁膜	—	—

在国外，美、日、德等国在 MEMS 的研究与应用方面占据领先地位。鉴于 MEMS 技术的学科交叉特点，它的发展同许多学科有关，1954 年史密斯发现半导体电阻率随应力变化，即压阻效应；1958 年，研究人员通过测量贴在弹性体上应变片的应变，测量弹性体的受力情况；美国斯坦福大学在 20 世纪 60 年代利用硅片腐蚀方法，制造了应用于医学的脑电极列阵的探针，后来在微传感器方面的研究取得成功；20 世纪 70 年代初期，硅压力传感器出现。单晶硅既可以作为微电子材料，又可以作机械结构材料；到了 20 世纪 70 年代中期，微传感器出现在美国 Kulite 公司，通过在硅衬底上形成氧化硅或氮化硅，由各向异性腐蚀法加工出硅膜，利用键合技术组装该压力传感器。

1988 年 5 月 27 日，在美国加州大学伯克利分校(简称伯克利分校)，两个年轻人启动一个直径为 120 μm 基于表面牺牲层技术的静电微电机开关，在显微镜下观察电机的转动。虽然该电机仅仅只转了几秒钟，但却标志着 MEMS 时代的到来，引起国际学术界的轰动，人们由此看到了电路与执行部件集成制作的可能性。图 1-9 所示为 1988 年伯克利分校最早研制的静电微电机。

图 1-9　伯克利分校最早研制的静电微电机
(4th int. con. of sold state sensors and actuators)

《Small Machines, Large Opportunities》(小机械，大机会)是美国 1988 年出版的一本小册子，从其诱人的题目中可以看出，微机械将给科技带来巨大的机会，同时将给人们生活带来巨大变化。1993 年，美国 ADI 公司采用该技术成功地将微型加速度计商品化，并大批量应用于汽车防撞气囊，标志着 MEMS 技术商品化的开端。在 20 世纪 90 年代，发达国家先后投巨资并设立国家重大项目促进其发展。此后，MEMS 技术发展迅速，特别是深槽刻蚀技术出现后，围绕该技术发展了多种新型加工工艺。美国朗讯公司开发的基于 MEMS 光开关的路由器已经试用，预示着 MEMS 发展又一高潮的来临。目前部分 MEMS 器件已经实现了产业化，如微型加速度计、微型压力传感器、数字微镜器件(DMD)、喷墨打印机的微喷嘴、生物芯片等，并且应用领域十分广泛。近年来国际上 MEMS 技术的专利数正呈指数规律增长，说明 MEMS 技术全面发展和产业快速起步的阶段已经到来。1992 年“美国国家关键技术计划”把“微米级和纳米级制造”列为“在经济繁荣和国防安全两方面都至关重要的技术”。美国国家自然基金会(NSF)把微米/纳米列为优先支持的项目。在 MEMS 的重点研究单位 UC Berkeley 成立了由多所大学和企业组成的 BSAC(Berkeley Sensor and Actuator)。ADI 公司看到了微型加速度计在汽车领域应用的巨大前景，通过引入表面牺牲层技术并加以改造，使微型加速度计的商品化获得巨大成功。美国除在研究单位建立独立的加工实验室外，还建立了专门为研究服务的加工基地，如 MCNC、SANDIA 国家实验室等。

加利福尼亚大学伯克利分校在 MEMS 加工与微细加工技术方面发展很快，其静电电机的研究处于领先地位，在微器件、微机构的研究方面也取得很大进展。麻省理工学院、威斯康星—麦迪逊大学、凯斯西方储备大学、康内尔大学等在 MEMS 研究方面取得一定成就。另外，一些研究公司和实验室在 MEMS 的研究方面也做了大量工作，如朗讯公司在 MEMS 光开关研究方面处于世界领先水平，二维 MEMS 光开关研究基本成型，目前正在研究三维 MEMS 光开关；德克萨斯州仪器公司研究的数字微镜(Digital Micro-mirror Device，DMD)在 MEMS 领域曾引起轰动，对高清晰度电视、全光通信等领域的发展具有极大的推动作用；Northrop 公司利用硅片进行光波导技术研究，并研制出微光学陀螺仪(MOG)样机；Draper 实验室于 1989 年最先研制出双框架式微硅陀螺，并于 1993 年研制出由三个微硅陀螺、三个微硅加速度计和附加电路组成的微惯性测量组合(MIMC)；Litton 公司、Honeywell 公司和 Draper 实验室成功地将光波导移相器作成多功能集成光路芯片，应用于光陀螺。美国航空航天局(NASA)研制造价在不足 1 亿美元的“发现号”微卫星，并正在构思造价在 10 万美元以内的纳卫星(或称“芯片卫星”)。MEMS 的三个标志性成果分别为数字微镜(DMD)、静电微电机和微加速度计，均是由美国发明的，美国在 MEMS 研究的总体水平处于世界领先地位。

日本对 MEMS 的研究起步晚于美国，但受到政府、学术界和产业界高度重视，东京大学、东北大学在微细加工、微流量泵、微型传感器、微继电器等方面的研究取得了相当快的进展。日本在 1992 年启动了 2.5 亿美元预算的大型研究计划“微机械十年计划”。名古屋大学成功研制了直径 6 mm、具有 16 个爪的微管道流通微机器人；EPSON 公司研制出光诱导微型自行走机器人；东京大学生产技术部开发的在线放电磨削（WEDG）技术和特种放电电路，可加工出 5 μm 的细轴和微孔；岛津制作所研制出生物细胞微操作器；滋贺医科大学研制出用于眼科手术的微机械“GENGERO”；名古屋大学还利用形状记忆合金（SMA）研制出在血管中操作的有源导管等。日本在微机器人方面的研究处于世界领先地位。

德国 Karlsruhe 研究中心在微细加工方面首创了 LIGA 技术，即将 X 光深层光刻、微电铸和微塑铸三种工艺有机的结合，可实现高深宽比的微结构。LIGA 工艺可制造加工难度极大的微结构，微结构高度可达 1 mm，线宽尺寸小到 0.2 μm，深宽比可达 500，表面粗糙度可达 30 nm。美茵兹技术研究所（IMM）利用准分子激光烧蚀与 LIGA 技术结合研制出准分子激光工艺技术。德国在微细加工方面处于世界领先地位。另外，英国的 3M 计划提出揭示 DNA、有机高分子和超大分子的分子测量研制；瑞典 Uppsala 大学也在研制在显微镜下工作的微机器人。

我国对 MEMS 的研究始于 20 世纪 90 年代初，起步并不晚，在“八五”、“九五”期间得到了科技部、教育部、中国科学院、国家自然科学基金委和原国防科工委的支持。1995 年，国家科技部实施了攀登计划“微电子机械系统项目”（1995－1999）。1999 年，“集成微光机电系统研究”项目通过了国家重点基础研究发展规划的立项建议。我国已开展了包括微型直升飞机、力平衡加速度传感器、力平衡真空传感器、微泵、微喷嘴、微马达、微电泳芯片、微流量计、硅电容式微麦克风、分裂漏磁场传感器、集成压力传感器、微谐振器和微陀螺等许多微机械的研究和开发工作。

经过 10 年的发展，我国在多种微型传感器、微型执行器和若干微系统样机等方面已有一定的基础和技术储备，初步形成了几个 MEMS 研究力量比较集中的地区，包括京津地区，如清华大学、北京大学、中科院电子所、电子 13 所、天津大学、南开大学等；华东地区，如中科院上海冶金所、上海交通大学、复旦大学、上海大学、东南大学、浙江大学、中国科技大学、厦门大学等；东北地区，如电子 49 所、哈尔滨工业大学、中科院长春光机所、大连理工大学、沈阳仪器仪表工艺研究所等；西南地区，如重庆大学，电子 24 所、44 所和 26 所等；西北地区，如西安交通大学、西北工业大学、西安电子科技大学、航空 618 所、航天 771 所等。这些因地域而组成的研究集群已形成彼此协作、互为补充的关系，为我国的 MEMS 研究打下了良好的基础，其中，北京大学所属微米/纳米加工技术重点实验室分部开发出四种 MEMS 全套加工工艺和多种先进的单项工艺，已制备出加速度计样品，并开始为国内研究 MEMS 单位提供加工服务；上海交通大学所属微米/纳米加工技术重点实验室分部可以提供非硅材料的微加工服务；电子 13 所研究的融硅工艺也取得了较大进展，制备出微型加速度计和微型陀螺样品。

在科研能力积累上，1996 年建设的微米/纳米加工技术国家级重点实验室，使我国的 MEMS 加工技术研究得到较大提高。该实验室购置了当时国际上最先进的 MEMS 加工关键设备，如 STS 深槽刻蚀机、Karlsuss 双面光刻机/键合对准机、可用于硅/玻璃静电键合和硅/硅预键合的Karlsuss键合机、LPCVD、压塑机等，连同配套的IC设备，如溅射台、扩散炉、RIE刻蚀机、PECVD、光刻机等设备，初步构成了具有国际先进水平的MEMS加工线。这些设备结合一些分散于各研究机构的微电子工艺线和微加工设备，组成了目前我国的MEMS加工技术基础。在上述设备的基础上，已开发出具有一定水平的MEMS加工技术，如上海交通大学用LIGA技术制作高深宽比微结构的基本加工技术，紫外深度光刻(UV-LIGA)、高深宽比微电铸和模铸加工，功能材料薄膜制备等。

我国已在微型惯性器件和惯性测量组合、机械量微型传感器和制动器、微流量器件和系统、生物传感器和生物芯片、微型机器人和微操作系统、硅和非硅制造工艺等方面取得一定成果，现有的技术条件已初步形成MEMS设计、加工、封装、测试的一条龙体系，为保证我国MEMS技术的进一步发展提供了较好的平台。但是，由于历史原因造成的条块分割、力量分散，再加上资金投入严重不足，尽管已有不少成果，但在质量、性能价格比及商品化等方面与国外的差距还很大。

图1-10所示为MEMS各阶段发展的代表性成果。

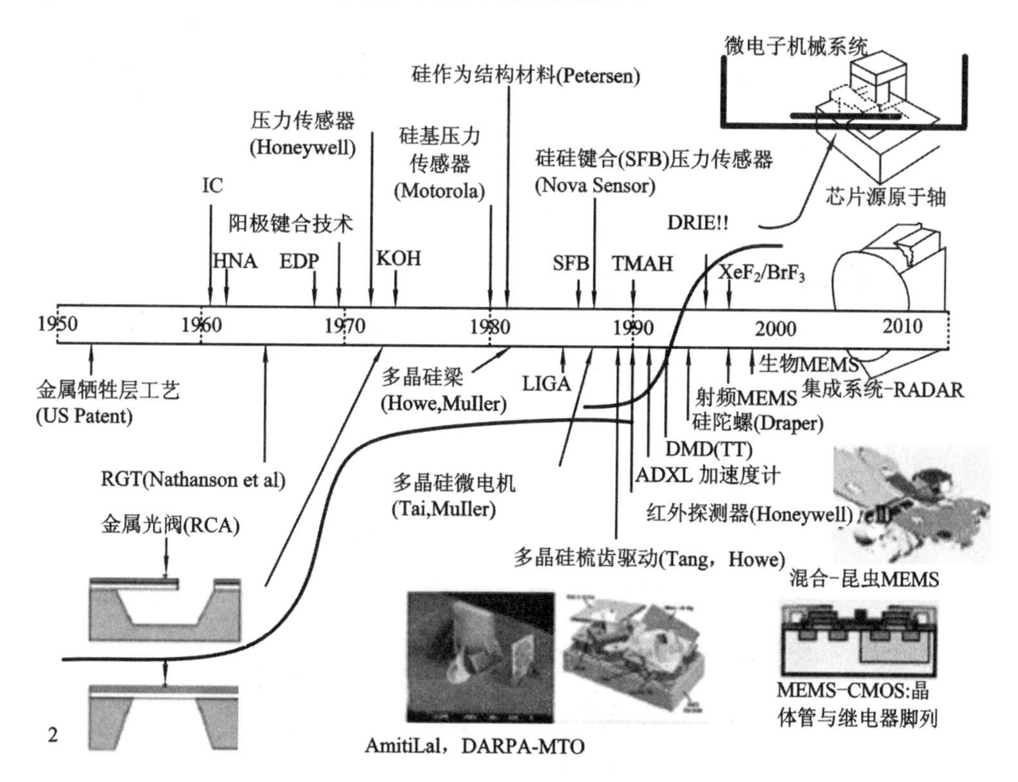

图1-10 MEMS各阶段发展的代表性成果

目前公认的 MEMS 标志性成果为微电机、微加速度计、DMD 数字微镜、RF 开关和原子钟。图 1-11、图 1-12 所示为 AD 公司研制的加速度计；图 1-13 所示为 TI 公司研制的 DMD 数字微镜；图 1-14 所示为 RF 开关，主要应用在如图 1-15 所示相控阵天线 T/R 组件转换装置上；图 1-16 所示为原子钟，其尺寸小于 1 cm^3，功耗小于 30 mW，精度小于 1×10^{-11}，即每天误差小于 1 μs，原子钟主要应用于图 1-17 所示的航天变轨、触发等领域。

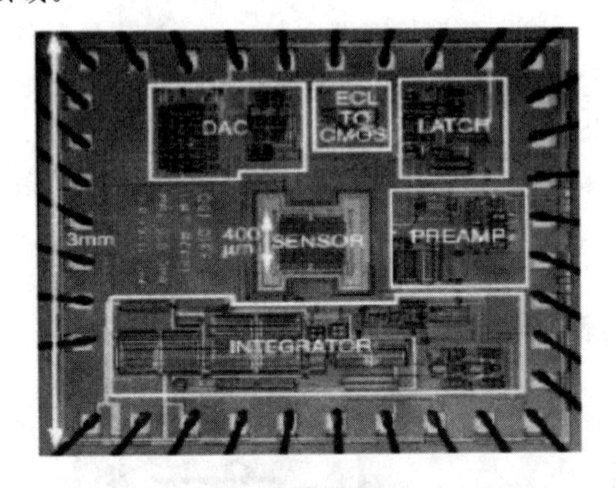

图 1-11　ADXL50 加速度传感器芯片(AD 公司)

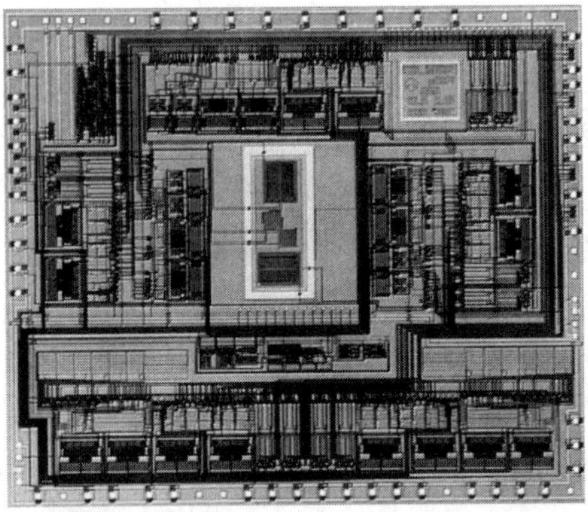

图 1-12　三轴微加速度计(AD 公司)

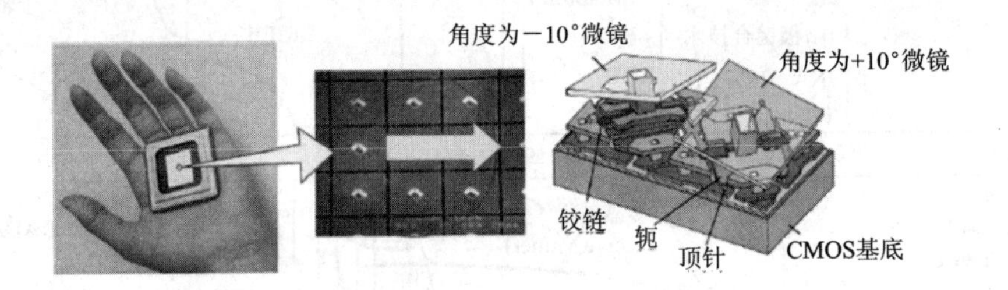

图 1-13　DMD 数字微镜(TI 公司)

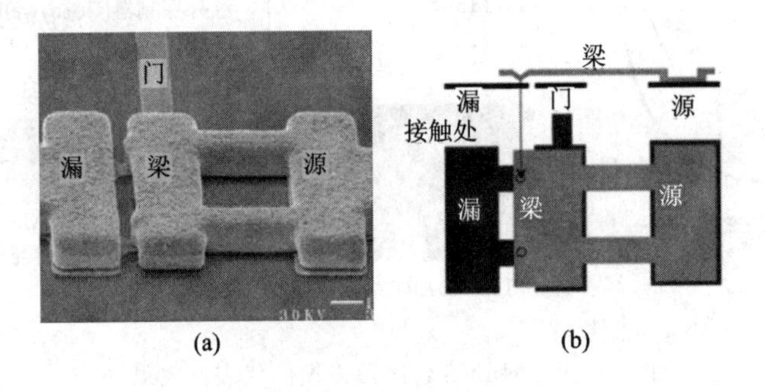

图 1-14　RF 开关(美国东北大学)

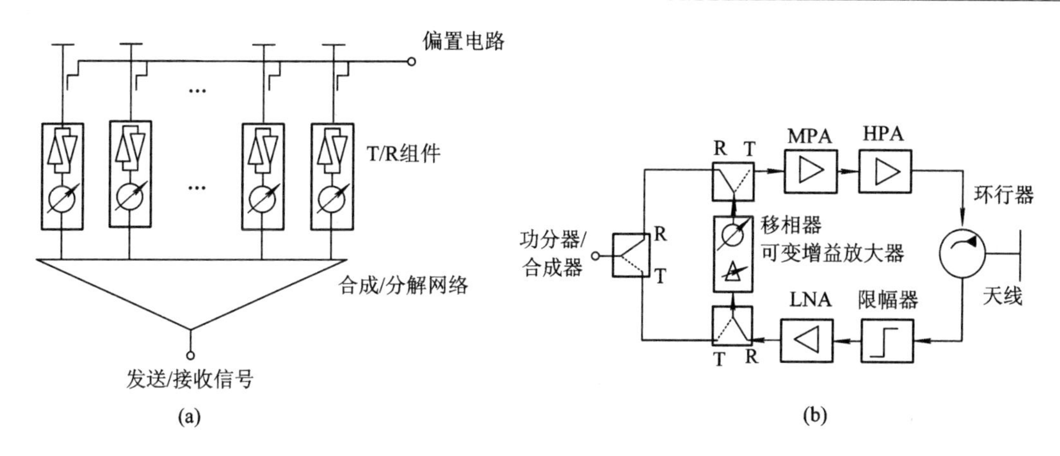

图 1－15　相控阵天线 T/R 组件

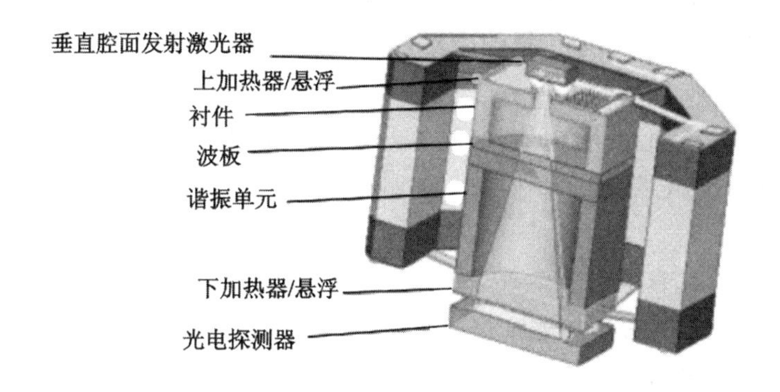

图 1－16　原子钟

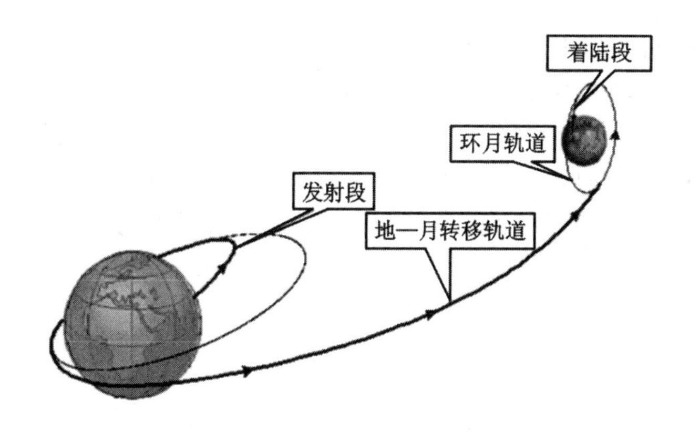

图 1－17　航天变轨、触发示意图

1.3 MEMS的特点和存在的问题

同传统机械相比，MEMS具有如下特点：

1）系统微型化

MEMS器件体积小，精度高，重量轻，惯性小，谐振频率高。MEMS的体积可小至亚微米以下，尺寸精度可达到纳米量级，重量可轻至纳克，谐振频率可达上百千赫。例如，一个压力成像器的微系统含有1024个微型压力传感器，整个膜片尺寸仅为10 mm×10 mm，每个压力芯片尺寸为50 μm×50 μm。

2）制造材料性能稳定

MEMS主要材料是硅，硅材料的机械、电子材料性能优越，强度、硬度和杨氏模量同铁的相当，密度和导热性能类似于铝的。

3）批量生产成本低

MEMS器件适于大批量生产，成本低廉。MEMS能够采用与半导体制造工艺类似的方法，像超大规模集成电路芯片一样，一次制成大量完全相同的零部件，制造成本显著降低。

4）能耗低，灵敏性和工作效率高

完成相同工作，MEMS所耗能量仅为传统机械的1/10或几十分之一，而运作速度及加速度却可达数十倍以上。由于MEMS几乎不存在信号延迟等问题，从而更适合高速工作。

5）集成化程度高

在MEMS中，可以将不同功能、不同敏感方向的多个传感器、执行器集成在一起，可以形成阵列，也可将多种功能器件集成在一起形成复杂的多功能系统，以提高系统的可靠性和稳定性。特别是应用智能材料和智能结构后，更利于实现MEMS的多功能化和智能化。MEMS包含有数字接口、自检、自调整和总线兼容等功能，具备在网络中应用的基本条件，具有标准的输出，便于与系统集成在一起，而且能按照需求灵活地设计制造更多样式的MEMS。

6）多学科交叉

MEMS技术包含电子、机械、微电子、材料、通讯、控制、扫描隧道等工程技术学科，还包含物理、化学、生物、力学、光学等基础学科。MEMS融合了当今科学技术中的许多最新成果，通过微型化、集成化，探索MEMS的新原理、新工艺，开辟新领域。

7）微流动系统

微流动系统是由微型泵、微型阀、微型传感器等微型流动元件组成的，可进行微量流体的压力、流量和方向控制及成分分析的微电子机械系统。作为微机电系统的一个较大分支，微流动系统同样具有集成化和大批量生产的特点，同时由于尺寸微小，可减小流动系统中的无效体积，降低能耗和试样用量，响应快，在液体和气体流量配给、化学分析、微型注射和药物传送、集成电路的微冷却、微小型卫星的推进等方面具有广阔应用前景。

鉴于 MEMS 以上特点，同常规机电系统相比较，MEMS 又存在以下问题：

1）尺寸效应

正方体如图 1－18 所示，边长为 L，则体积 $V=L^3$，表面积为 $S=6L^2$，表面积体积比为

$$\frac{S}{V}=6L^{-1} \tag{1-1}$$

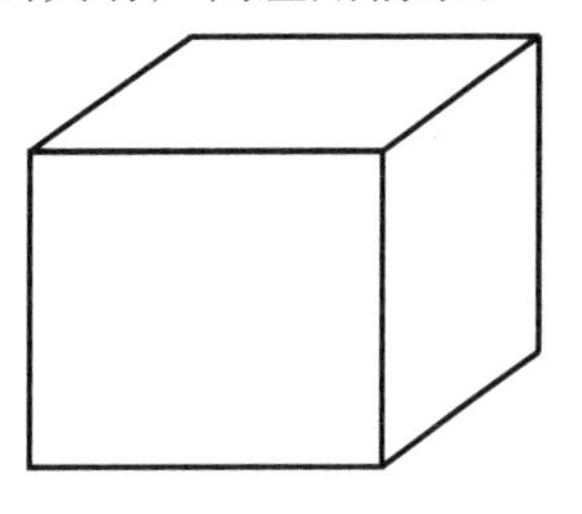

图 1－18　边长为 L 正方体

如果长度缩小到原来的 1/10，则表面积缩小到原来的 1/100，体积缩小到原来的 1/1000，表面积体积比增大到原来的 10 倍。以大象和蜻蜓作比喻，大象和蜻蜓的表面积体积比分别为 $10^{-4}\ \mathrm{mm^2/mm^3}$ 和 $10^{-1}\ \mathrm{mm^2/mm^3}$，则不同的 S/V 可以解释为何大象不能飞而蜻蜓能飞。大象虽然慢走，但由于体积大，消耗的能量很大；而蜻蜓纵然快速飞行，由于体积小，所消耗的能量也很小。参见图 1－19。

图 1－19　大象和蜻蜓

随着 MEMS 尺寸的减小，各种物理性能将发生变化。原先在宏观系统中占主要的量在 MEMS 中将退居次要位置，而在宏观系统中被忽略的量在 MEMS 中却成为影响 MEMS 性能的主要因素。表 1－2 所示为各物理参数的尺寸效应。

由表 1－2 可以看出：

（1）长度尺寸比面积尺寸缩小得慢，面积尺寸比体积尺寸缩小得慢；

（2）惯性力比重力缩小得快；

（3）电磁力比静电力缩小得快；

（4）线弹性系数缩小得慢；

(5) 固有频率随尺寸缩小反而增大；

(6) 热传导相对热对流随尺寸缩小得慢；

(7) 转动惯性矩随尺寸减小变化很快。

表 1-2　各物理参数的尺寸效应

参　数	符号或/和关系式	尺寸效应	备　注
长度	L	L	—
表面积	$S\propto L^2$	L^2	—
体积	$V\propto L^3$	L^3	—
质量	$m\propto L^3$	L^3	—
重力	mg	L^3	—
惯性力	ma	L^4	—
静电力	$S\varepsilon E^2/2$	L^2	ε：介电常数；E：电场
电磁力	$S\mu H^2/2$	L^4	μ：导磁率；H：磁场强度
线弹性系数	K	L	—
固有频率	$(K/m)^{\frac{1}{2}}$	L^{-1}	—
转动惯量	I	L^5	—
雷诺数	Re	L^2	—
热传导	$\lambda\Delta TA/d$	L	λ：热传导率；ΔT：温差；A：断面积
热对流	$h\Delta TS$	L^2	h：温度传导率

由此可以得到如下结论：

(1) 所有同长度和面积成比例的力在 MEMS 中都成了必须考虑的力，如摩擦力、粘附力等成为 MEMS 必须考虑的因素。

(2) MEMS 中的电机主要是静电电机，宏观系统中的电机是电磁电机。

(3) MEMS 中系统的固有频率远远高于宏观系统中的固有频率。

(4) MEMS 有利于散热。

MEMS 中转动所需扭矩很小。

2) 粘附问题

如图 1-20 所示，当微表面静止接触或两表面间隙处于纳米量级时，由于表面粘附力使两表面粘附在一起，这不仅使微器件的性能受到严重影响，甚至导致动作失效，而且在微构件的制造中是造成废品的重要因素，并直接导致 MEMS 的一次成功率低、成本大。

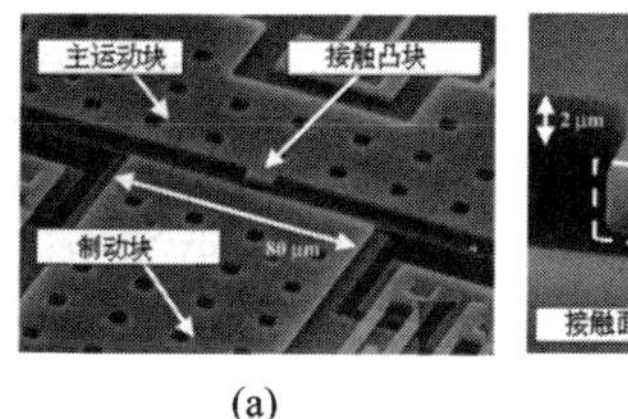

(a)

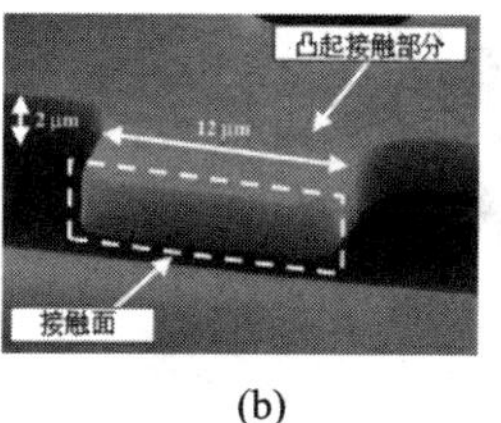

(b)

图 1-20　MEMS 粘附现象

粘附问题最早出现是 1980 年 IBM 遇到的，当时磁盘读/写头粘到盘片上了。对粘附力控制的好坏已成为 MEMS 减小废品率，提高性能，走向市场的关键因素之一。正如 Richard P. Feynman 预言的那样，在 MEMS 诞生的那一天，就伴随着粘附问题。粘附分为工艺粘附和工作粘附。工艺粘附是在 MEMS 加工运输过程中出现的粘附；工作粘附是 MEMS 器件在工作中出现的粘附。图 1-21 所示为 Bhushan 实验室研制叉指电容时拍摄到的扫描电镜图，图中下方的悬臂梁同基座粘附在一起。图 1-22 所示为 Sandia 实验室在加工悬臂梁组时发现，许多悬臂梁同基座粘附在一起而导致悬臂梁失效，其中图(a)为无粘附选两组，图(b)为部分悬梁水平粘附，图(c)为部分水平、垂直选两组粘附。图 1-23 所示是 Sandia 实验室制造多组悬臂梁时出现粘附失效的扫描电镜图。图 1-24 所示为典型的粘附塌陷结果。图 1-25 所示为垂直塌陷粘附。图 1-21 至图 1-25 所示均为工艺粘附。

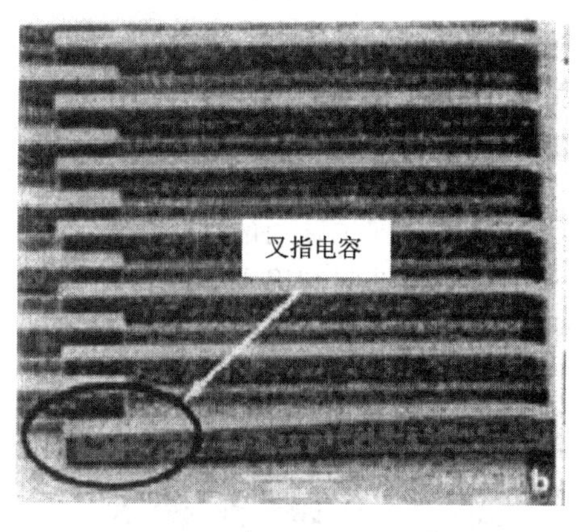

图 1-21　叉指电容粘附现象
(Bhushan 实验室)

(a)

(b)

(c)

图 1-22　粘附现象(Sandia 实验室)
(a) 无粘附；(b) 部分悬梁水平粘附；(c) 部分水平、垂直选两组粘附

图 1-23　微梁组部分粘附塌陷(Sandia 实验室)

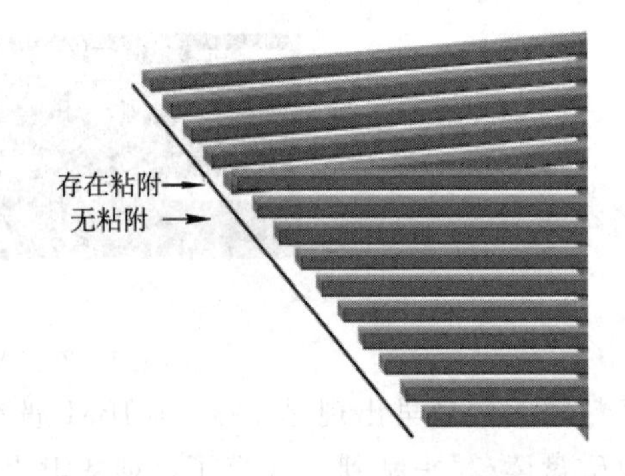

图 1-24　粘附塌陷结果(Mastrangelo C. H.)

静电微电机虽然已有十余年的研究历史，但真正用到工程实际的微电机寥寥无几，主要原因是转子同主轴间的粘附磨损使微电机很快失效。图 1-26 所示为伯克利分校拍摄到的静电微电机粘附磨损失效电镜图，是典型的工作粘附。

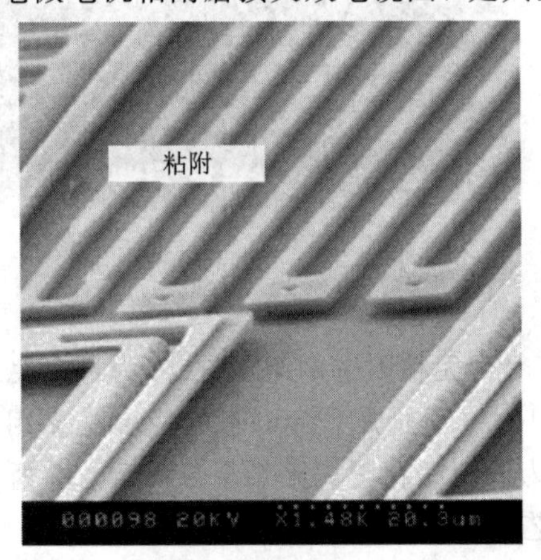

图 1-25　垂直塌陷粘附(Toronto 大学)

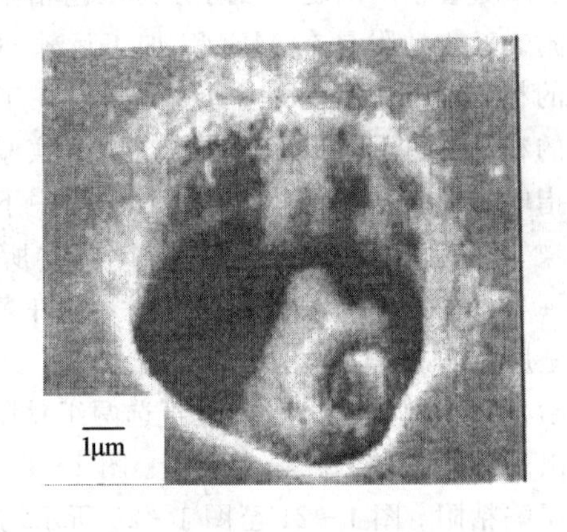

图 1-26　转子同轴的粘附磨损(伯克利分校)

当然，也有不少 MEMS 器件利用粘附来提高性能。如图 1-27 所示德克萨斯州仪器公司(德州仪器)研制的数字微镜(DMD)，镜片底部的弹性片与基底之间的粘附作用对镜片的缓冲、稳定和延长寿命起着至关重要的作用。朗讯公司的三维 MEMS 全光开关，正是利用粘附力稳定微镜片的转角位置来实现光的多通道传播的。图 1-28 所示为 IBM 公司研制的静电力驱动微夹子。图 1-29 所示是 Sandia 实验室研制的微镊子，通过控制镊子和被镊物体间的粘附力，以达到抓取物体的目的。另外还有许多 MEMS 微传动机构，如图 1-30、图 1-31 所示均为利用粘附传动运动。粘附力在工程中最成功的应用是 1985 年 Binning 发明的原子力显微镜(Atomic Force Microscope，AFM)，通过检测粘附力，使人类清晰地看到原子，并可实现原子操纵。Binning 在 1986 年为此获得诺贝尔物理奖。

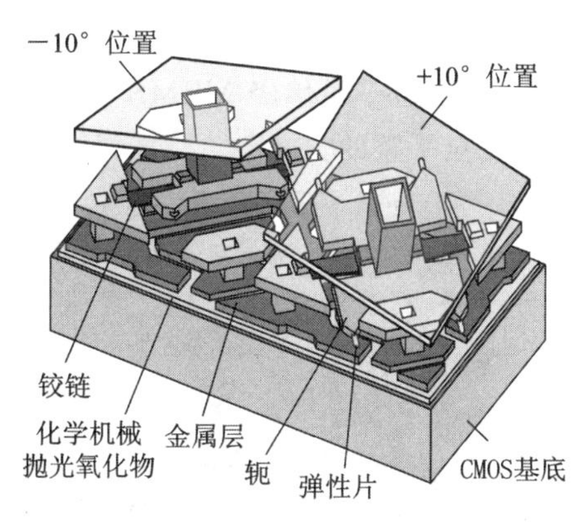

图 1 - 27　DMD 示意图(德州仪器)

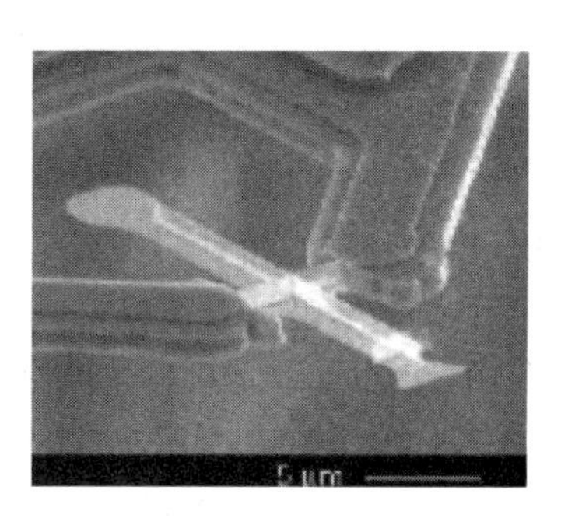

图 1 - 28　静电力驱动微夹子(IBM 公司)

图 1 - 29　微夹子(Sandia 实验室)

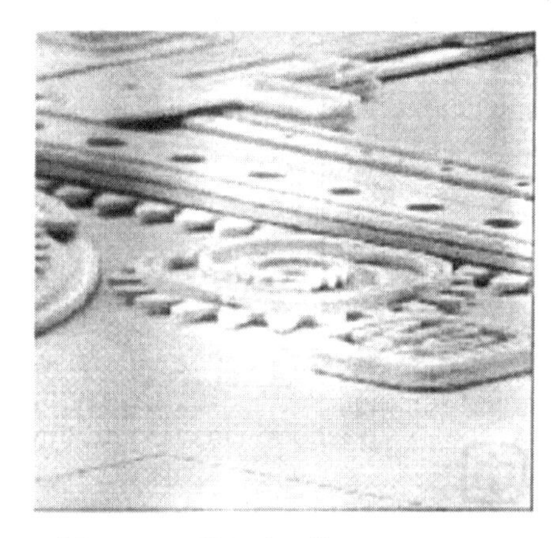

图 1 - 30　微驱动机构(Sandia 公司)

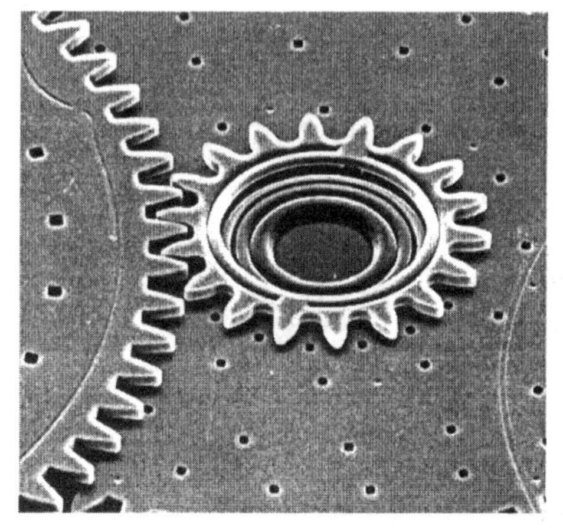

图 1 - 31　微驱动机构(日本东京大学)

3）表面粗糙度问题

目前 MEMS 工艺主要是以微电子工艺和 LIGA 工艺为主。虽然经 MEMS 工艺加工的物体表面相对于传统机械工艺要平整许多，但并非是完全平整的。

“粗糙”和“光滑”是相对的，宏观看着很光滑的平面，在微观扫描电镜观察下是凸凹不平的。微反射镜在我们的印象中是光滑的，但在微观观测中，却不是这样的。图 1-32 所示为 Hans Cappe 教授加工的 500 μm×500 μm 微镜；图 1-33所示为微镜镜面粗糙程度；图 1-34 所示为镜面粗糙轮廓图；图 1-35 所示为实测失真结果图。从图 1-35 中可以看出，镜面上表面的粗糙程度最好的均方根值(RMS)为 3.5 nm。

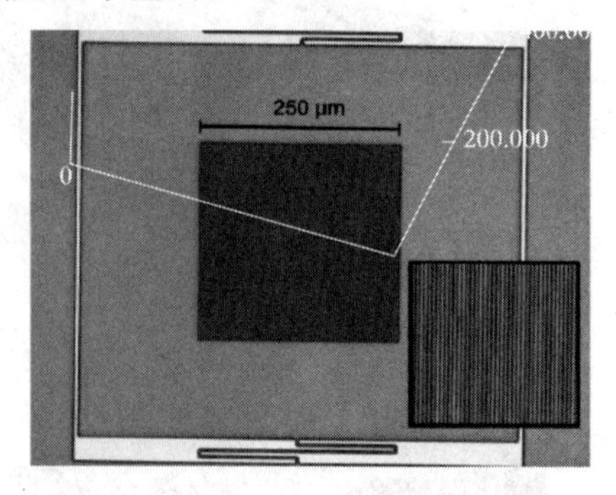

图 1-32　500 μm×500 μm 微镜（IMTEK 研究所）

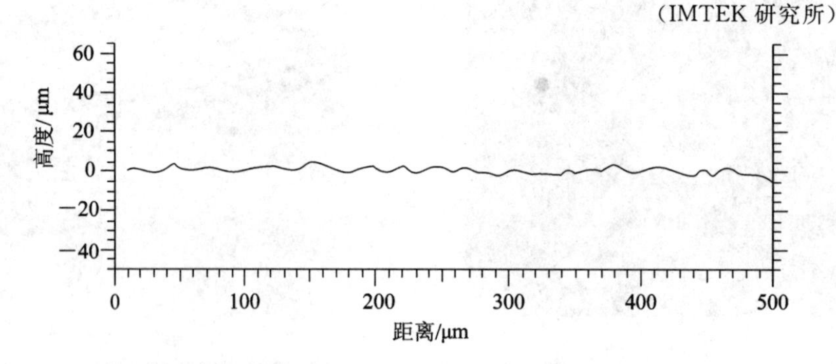

图 1-33　微镜表面的粗糙程度(IMTEK 研究所)

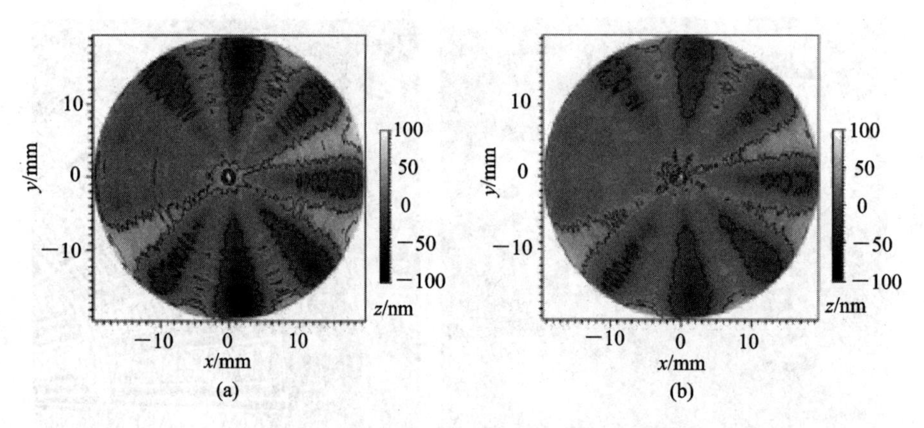

图 1-34　镜面粗糙轮廓图(IMTEK 研究所)

(a) PV=217.5 nm，RMS=23.8 nm；(b) PV=143.2 nm；RMS=18.0 nm

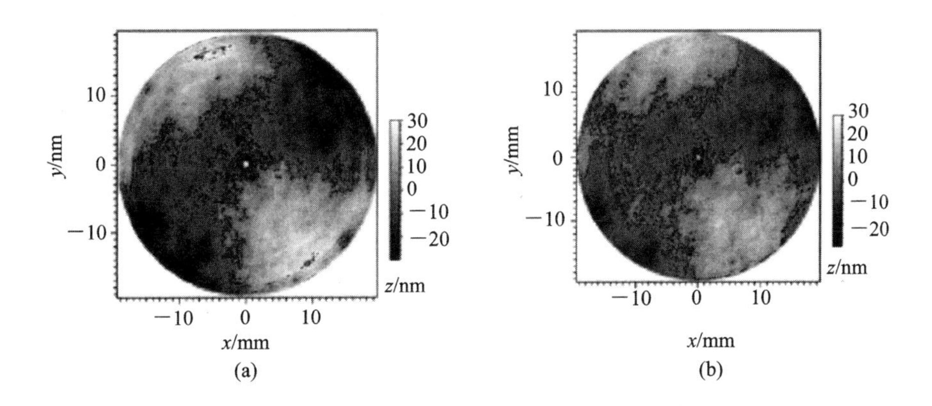

图 1-35 实际测试的失真结果(IMTEK 研究所)

(a) PV=89.8 nm, RMS=12.5 nm; (b) PV=68.1 nm, RMS=8.5 nm

虽然 MEMS 表面粗糙度的 RMS 很小，但由于 MEMS 尺寸效应，表面粗糙度对 MEMS 器件的粘附、摩擦、润湿、碰撞都有影响，尤其是在极板电容间距较小时，对电场均匀分布、极板边缘电场分布都会产生影响。因此，有必要对 MEMS 表面粗糙程度进行描述。

设粗糙表面函数为 $z=f(x, y)$，z 为垂直高度，x 和 y 为二维平面坐标。如图 1-36 所示，其表面由凸凹不平的波峰和波谷组成，具有不同的横向和纵向尺寸，且表面随机分布；图 1-37 所示为截面示意图；图 1-38 所示为在某常数 y 垂直切面、高度随 x 随机变化的分布结果。

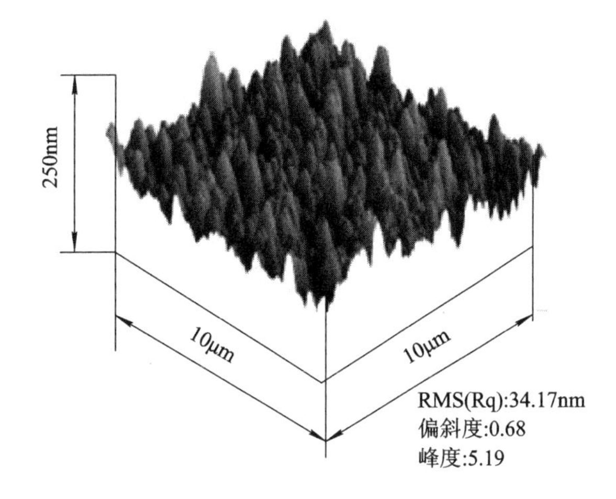

图 1-36 粗糙表面(N. Tayebi)

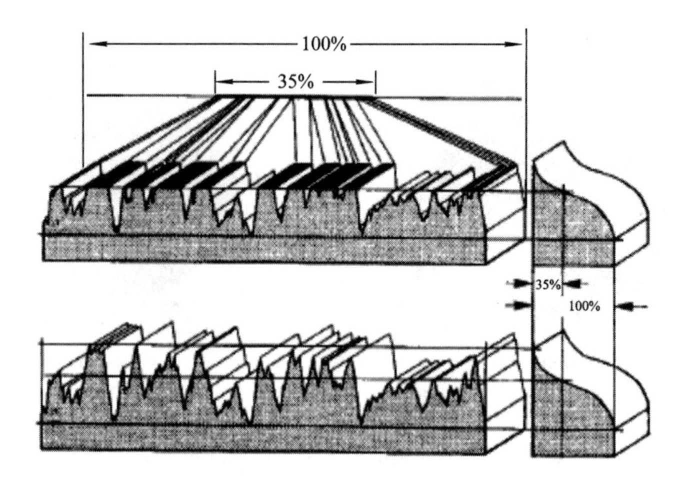

图 1-37 粗糙面截面(IEEE Solid-State Sensor and Actuator Workshop)

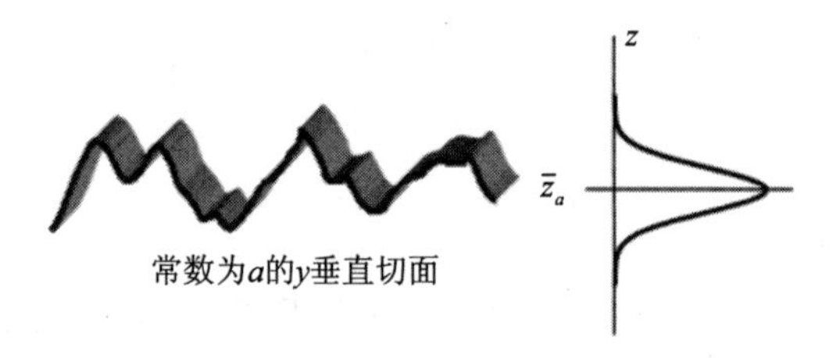

图 1-38 某常数 y 垂直切面，高度随机分布(IEEE Solid-State Sensor and Actuator Workshop)

4）静电力问题

静电力作为 MEMS 的主要驱动力，在 MEMS 的研究中具有不可替代的作用。无限大平板电容表达式是目前计算 MEMS 静电力的主要方法，且已被人们广为接受，然而随着 MEMS 特征尺寸的减小，极板电场是非均匀的，MEMS 极板模型已不符合无限大平行板电容模型。

如图 1-39 所示极板，随着长度尺寸 a 的减小，极板外的边缘电场占总电场的比重越来越大，无限大平行板电容模型需要修正。修正部分包括极板边缘电场部分、极板厚度部分、极板尖角部分、极板非平行效应等对静电力的影响。

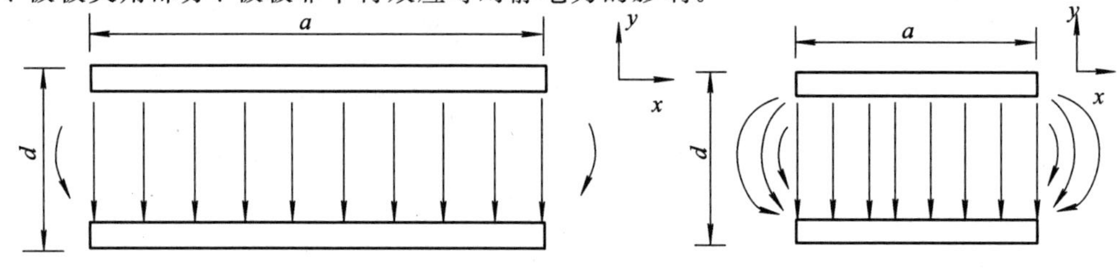

图 1-39 极板间电场分布

5）材料性能

图 1-40 所示为 Si/TaN/Cu 表面在 0.8 mA/cm^2 电流下，加 1.3×10^{-4} mol 硫脲液后淀积铜的 AFM 扫描结果，图(a)、图(b)、图(c)分别表示淀积时间为 2800 s、3240 s、3680 s 的 AFM 扫描结果。

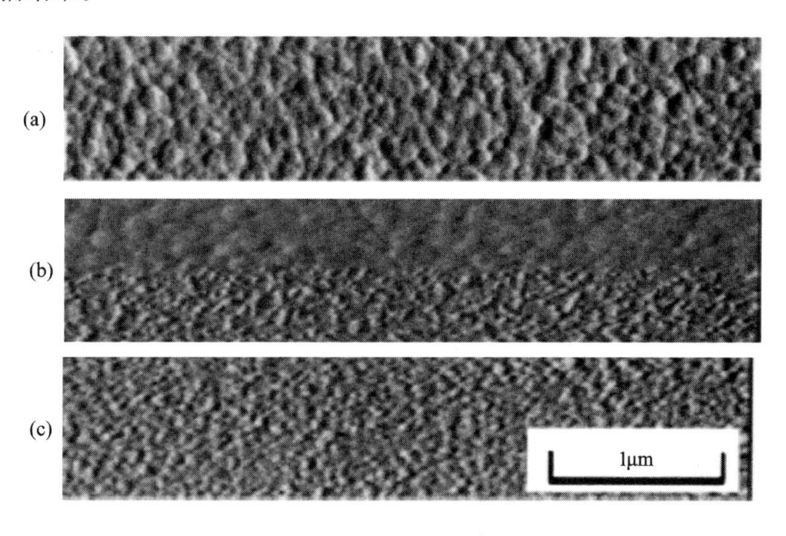

图 1-40 扫描结果示意图

在 MEMS 硅衬底上淀积有多种薄膜，这些膜的厚度从几十纳米到几十微米不等，加工方法也同常规方法不一样，其机械性能和电性能同常规材料的性能之间存在差异，有的差别还很大。如何准确掌握薄膜的机械性能和电性能，对 MEMS 的性能分析至关重要。

基于 MEMS 存在的以上问题，MEMS 面临着如下挑战：

(1) 由于尺寸效应导致的器件微型化、表面效应、材料及加工方法等新理论需要进一步研究。尺寸减小到一定程度，某些宏观物理量需要重新定义，需要对微机构学、微流力学、微动力学、微摩擦学、微光学和微生物学作进一步研究，而 MEMS 器件间表面界面问题成为对 MEMS 研究所不可避免的。粘附力、表面张力、毛细力、静电力、摩擦力等成为影响 MEMS 性能的主要因素，研究 MEMS 界面上的粘附、碰撞、分离、磨损、摩擦等行为以及相应对策，以期达到设计的目的。摩擦产生的原因分“犁沟效应”和“吸附效应”两部分。宏观摩擦主要表现为犁沟效应。随着尺寸的减小，在微观领域犁沟效应已退至次要地位，取而代之的是吸附效应。在 MEMS 中，由于尺寸效应的作用，摩擦力已成为 MEMS 必须考虑的作用力。

(2) MEMS 设计技术、新材料、复杂高深宽比结构加工、封装集成、微检测等需要技术开发。MEMS 技术设计是对设计方法的研究。CAD 是 MEMS 设计的强有力工具。虽然目前已经存在一些有关 MEMS 仿真分析软件、电路设计软件和工艺设计软件，但综合器件模型建立、仿真分析、优化、电路设计、掩膜设计、材料选择、系统校验的软件还有待进一步研究。

MEMS 材料包括各种敏感材料、智能材料、功能材料和结构材料，可用于微传感器和微执行器元件。这些材料不仅应具有良好的电气性能和机械性能，还应满足 MEMS 工艺加工的要求。

随着 MEMS 的不断发展，MEMS 器件结构越来越复杂，对深宽比的要求越来越高。如何开发为研究者接受的高深宽比加工工艺，也是急需解决的问题。

封装集成是将单元零部件、连接件、分析控制电路、各种接口及能源通过搬运、胶合、密封、固化等方法组成复杂的 MEMS。目前 MEMS 封装技术一直落后于对 MEMS 的整体研究。

微检测技术设计包括材料的缺陷检测、微结构参数的确定、电气性能的参数确定、微构件表面粗糙形貌的检测、粗糙模型的建立、材料数据库和系统模型的建立等。

(3) MEMS 必须全域商品化。MEMS 的应用主要集中在汽车工业、航空航天、家用电器、生物医学、环境保护、信息通讯、军事等领域。微传感器是 MEMS 商品化比较好的部分，而微执行器的商品化则并不乐观，除了 DMD 投影电视、投影仪、喷墨打印头外，微执行器得到成功商品化的产品还未见报道。对 MEMS 的研究目的就是应用，如何将 MEMS 产品商品化是今后研究的重点。

(4) 巨额投资需要实现设备共享。由于 MEMS 加工设备的昂贵以及微加工工艺的多样性，许多研究单位都不可能拥有自带的生产线和生产设备，因此迫切需要更有效的利用 MEMS 加工资源。现今光刻机的单价已超过 1000 万美元，巨额投资已成为制约我国机电产业发展加速的因素，所以需要建立设备共享机制，建立有效的高技术设备平台，提高资源利用效率。

(5) 需要高精确的模型设计。设计 MEMS 器件需要精确的解析模型和仿真系统来预测其行为，从 MEMS 到加工成品都需要满足可靠性能应用要求，所以需要高效率的模型设计和仿真工具，精确预测 MEMS 器件执行情况，以缩短研发时间。

(6) MEMS 质量控制标准需要建立。由于 MEMS 新工艺缺乏工程理论和实践支持，因此成品率不高，其基础理论研究还没有太大的突破，导致器件的设计单纯追求变小，对微米尺度基本现象的研究理论指导还不系统，所以需要建立 MEMS 质量控制标准，提高成品率。

(7) 专业技术人才匮乏的现状应改观。当前，MEMS 的专业技术人员非常匮乏，由于对 MEMS 专业人员的培养时间长、投入大，所要求的知识面广，因此需要建立完善的人才培训和保障机制，通过多种机制和特惠支持，引进高层次人才，积极开展国际层面的交流与合作，推动微机电系统技术的不断成熟。

参考文献

[1] Duchemin E, et al. The interaction of an atomic force microscope tip with a nano-object: a model for determining the lateral force. Nanotechnol, 2010, 21(45): 455704 - 455712.

[2] Hertlein C, Helden L, Gambass A. Direct measurement of critical Casimir forces. Nature, 2008, 451 (10): 172 - 175.

[3] Ball P. Feel the force. Nature, 2007(447): 772 - 774.

[4] Suryendra D, Sherman, Arjan Q, et al. Relationship between stickiness and surface roughness of composite materials: atomic force microscopy and intermolecular adhesion force measurement, Journal of nano research. 2009(6): 225 - 235.

[5] Das S, et al. A method to quantitatively evaluate the Hamaker constant using the jump-into-contact effect in atomic force microscopy. Nanotechnol, 2007, 18(3): 0355011 - 0355016.

[6] Amir Sanati Nezhad, Ion Stiharu, Muthu Packiricamy, et al. Bhat Mechanical, Modelling of Adhesive Forces in Nanotweezer. Advanced Materials Research, 2011: 403 - 408, 1122 - 1129.

[7] Tian W C, Wang L B, Jia J Y. Casimir force, Hamaker force and snap-back. Acta Phys. Sin, 2010, 59(2): 1175 - 1179.

[8] Fan K Q, Jia J Y, Zhu Y M, et al. Adhesive contact: from atomistic model to continuum model. Chin. Phys, 2011, B20(4) : 043401 - 043406.

[9] Hertlein C, Helden L, Gambass A, et al. Direct measurement of critical Casimir forces. Nature, 2008, 451(10): 172 - 175.

[10] Philip B. Feel the force. Nature, 2007, 447(14): 772 - 774.

[11] Feng Y Lin J Z. The collision e± ciency of spherical dioctyl phthalate aerosol particles in the Brownian coagulation. Phys. , 2008, B17(12): 4547 - 4553.

[12] Alonso R L, et al. Multiscale deformation of a liquid surface in interaction with ananoprobe. Phys. Rev. , 2012, E85(6): 061602 - 061612.

[13] Adam K, Dmitrii S. Quantum dynamic with fermion coupled coherent states: theory and application to electron dynamic in laser fields. Phys. Rev. , 2011, A84 (3): 033406 - 033412.

[14] Liang H, Nikolai S, Benjamin L, et al. Three classes of motion in the dynamic

neutron-scattering susceptibility of a globularprotein. Phys. Rev. Lett., 2011, 107 (14): 148102 - 148105.

[15] Castro L L, et al. Role of surfactant molecules in magnetic fluid: Comparison of Monte Carlo simulation and electron magnetic resonance. Phys. Rev., 2008, E78 (6): 061507 - 061517

[16] Mor B, Dominique C, Wayne D K. Nanometer-thick equilibrium films: The interface between thermodynamics and atomistics. Sci., 2011, 332 (6026): 206 - 209.

[17] Munday J N, Federico C V, Parsegian V A. Measured long-ranger epulsive Casimir-Lifshitz forces. Nature, 2009, 457(8): 170 - 173.

[18] Verzhbitskiy I A, et al. Double vibrational collision-induced Raman scattering by SF6-N2: Beyond the point-polarizable molecule model. Phys. Rev., 2010, A82 (4): 052701 - 052711.

[19] Tian W C, Jia J Y. Amelioration of the Hamaker homogeneous material hypothesis. Acta Phys. Sin., 2003, 52(5): 1061 - 1065.

[20] Tian W C, Jia J Y. Analysis of Hamaker continuum mediun hypothesis. Acta Phys. Sin., 2008, 57(9): 5378 - 5383.

[21] Tian W C, Jia J Y. Micro continuum analysis of wigner-seitz model. Acta Phys. Sin., 2009, 58(9): 5930 - 5935.

[22] Hamaker H C. The london - van der waals attraction between spherical particles. Phys., 1937, 4(10): 1058 - 1072.

[23] Sokolov I Y, Henderson G S. The height dependence of image contrast when imaging by non-contact AFM. Surface Sci, 2000, 464(1): L745 - L751.

[24] Argento C, French R H. Parametric tip model and force-distance relation for hamaker contact determination from atomic force microscopy. J. Appl. Phys, 1996, 80(11): 6081 - 6090.

[25] Sundarajan S. Micro/nano tribology and mechanics of components and coatings for MEMS. Doctor dissertation the Ohio state university, 2001.

[26] Landman U, Luedtke W D. Atomistic mechanisms and dynamics of adhesion, nanoindentation, and fracture. Sci., 1990, 248(4954): 454 - 461.

[27] Kraff D M. Micromachined inertial sensors: the state of the art and a look into the future. Measurement Control, 2000, 33: 164 - 168.

[28] 丁衡高. 微机电系统的科学研究和技术开发. 清华大学学报, 1997, 37(9): 1 - 5.

[29] 王立鼎, 等. 抓住机遇, 推动我国微型机械的快速发展. 中国机械工程, 1999, 10(2): 121 - 122.

[30] Ye W, et al. Optimal shape design of an electrostatic comb drive in microelectromechanical systems. IEEE J. of microelectromechanical systems, 1998, 7(1): 16 - 26.

[31] Yasumura K Y, et al. Quality factors in micro and submicron thick cantilevers. IEEE J of microelectromechanical systems, 2000, 9(1).

[32] Shao J H, et al. Nonlinear vibration of cantilever beam of tapping model atomic force microscopy. J. of China univ. of sci. and technology, 2001, 32(2): 247 - 253.

[33] Aksyuk V A, et al. Lecent microstarcromirrorarray technology for large optical crossconnects. Proceeding of SPIE, 2002: 178.

[34] Blwnenthal D J. All optical labels swapping with wavelength conversion for WDM-IP networks with subcarrier multiplexed addressing. Photonics technology letters, 1999, 11: 1497 - 1499.

[35] Bishop D J, et al. The rise of optical switching. Scientific American, 2001: 88 - 94.

[36] Wlodkowski D A, et al. The development of high-sensitivity, low-noise accelerometer utilizing single crystal piezoelectric materials. Sensors and actuators, 2001, A90: 125 - 131.

[37] Astumian R D. Thermodynamics and kinetics of a Brownian motor. Science, 1997, 276: 917 - 922.

[38] Crommie M F, et al. Imaging standing waves in a two-dimensional electron gas. Nature, 1993, 363: 524 - 527.

[39] Degani B, et al. Comparative of novel micromachined accelerometer employing MIDOS. Sensors and actuators, 2000, A80: 91 - 99.

[40] Fujita H. Future of actuators and microsystems. Sensors. and actuators, 1996, A56: 105 - 111.

[41] Bao M, et al. Future of microelectromechanical system (MEMS). Sensors and actuators, 1996, A56: 135 - 141.

[42] Taepark K, et al. Amultilink active catheter with polyimide-based integrated CMOS interface circuits. IEEE J of microelectromechanical systems, 1999, 80(4).

[43] Hertel T, et al. Deformation of carbon nanotabes by surface vander waals force. Phy. Rev. B, 1998, 58(20): 13870 - 13873.

[44] Socher E, et al. Optical performance of CMOS compatible IR thermoelectric sensors. IEEE J of microelectromechanical systems, 2000, 9(1): 38 - 46.

[45] Ayazi F, et al. Design and fabrication of a high-performance polysilicon vibrating ring gyroscope. Pro. IEEE microelectromechanical systems workshop, 1998, Heideberg: 621 - 628.

[46] 张泰华，等. MEMS材料力学性能的测试技术. 力学进展，2002，32(4)：543 - 562.

[47] Prakash S. Heirarchical method for approximating MEMS analysis. Pro. of Beenett conf, 1999.

[48] Feynman R P. There's plenty of room at the bottom annual meeting talk, american physical society. Caltech's Engineering and Science, 1996, http://www.zyvex.com/nanotech/feynman.html.

[49] Bhushan B. Tribology and mechanics of magnetic storage devices. 2ed. New York: Springer, 1996.

[50] Redmond J, et al. Microscale modeling and simulating. Sandia report, 2001.

[51] Bieger T, Wallrabe U. Microsystem technologies, 1996, 2: 63 - 70.

[52] W Merlijn van Spengen, Robert Puers, Ingrid De Wolf. A physical model to predict stiction in MEMS. J. Micromech, Microeng, 2002, 12: 702 - 713.

[53] Mastrangelo C H, Hsu C H. A simple experimental technique for the measurement of the work of adhesion of microstructures. IEEE Solid-State Sensor and Actuator Workshop (Cat. No 92TH0403-X) (New York: IEEE), 1992: 208.

[54] Raccurt, Tardif F, Arnaud Avitaya F, et al. Influence of liquid surface tension on stiction of SOI MEMS. J. Micromech. Microeng, 2004, 14: 1083 - 1090.

[55] Hariri, Zu J W, Ben Mrad R. Modeling of dry stiction in micro electro-mechanical systems (MEMS). J. Micromech. Microeng, 2006, 16: 1195 - 1206.

[56] Clint Morrow, Michael Lovell1, Xinguo Ning. A JKR-DMT transition solution for adhesive rough surface contact. J. Phys. D: Appl. Phys., 2003, 36: 534 - 540.

[57] Namozu T, et al. Plastic deformation of nanometric single crystal silicon wire in AFM bending test at intermediate temperature. IEEE J of microelectromechanical systems, 2002, 11(2): 125 - 134.

[58] Zayd C Leseman, Sai B Koppaka, Thomas J Mackin. A Fracture Mechanics Description of Stress-Wave Repair in Stiction-Failed Microcantilevers: Theory and Experiments. Journal of microelectromechanical systems, 2007, 16(4): 904 - 912.

[59] Shannon J Timpe, Kyriakos Komvopoulos. The effect of adhesion on the static friction properties of sidewall contact interfaces of microelectromechanical devices. Journal of microelectromechanical systems, 15(6), 2006: 1612 - 1622.

[60] Vijay Gupta, Richard Snow, Ming C Wu, et al. Recovery of stiction-failed MEMS

structures using laser－induced stress waves. Journal of microelectromechanical systems，2004，13(4)：696－670.

[61] Sai B Koppaka，Leslie M Phinney. Release Processing Effects on Laser Repair of Stiction-Failed Microcantilevers. Journal of microelectromechanical systems，2005，14 (2)：410－418.

[62] Fadziso Mantiziba，Igor Gory，George Skidmore，et al. Wet-etch release process for silicon-micromachined structures using polystyrene microspheres for improved yield. Journal of microelectromechanical systems，2005，14(3)：598－602.

[63] Bishnu P Gogoi，Adhesion Release. Yield enhancement of microstructures using pulsed lorentz forces. Journal of microelectromechanical systems，1995，4(4)：185－192.

[64] James W Rogers，Leslie M Phinney. Process yields for laser repair of aged，stiction-failed，MEMS devices. Journal of microelectromechanical systems，2001，10(2)：280－285.

[65] Robert Ashurst W，Christina Yau，Carlo Carraro，et al. Dichlorodimethylsilane as an anti-stiction monolayer for MEMS：a comparison to the octadecyltrichlosilane self-assembled monolayer. Journal of microelectromechanical systems，2001，10(1)：41－49.

[66] 石庚辰. 微机电系统技术. 北京：国防工业出版社，2002.

[67] 丁衡高. 微机电系统研究文集. 北京：清华大学出版社，2000.

第2章　MEMS材料

材料在MEMS加工制造中起着举足轻重的作用，能把各种功能互相联合在一起。一方面，在MEMS系统中，材料具有传统的几何成形的作用；另一方面，材料特性对于MEMS的特性又起着决定性作用。因此，用于制造微结构的材料，既要能保证微机械性能要求，又必须满足微加工方法所需的条件。

MEMS材料按其性质可分为结构材料、功能材料和智能材料。其中，结构材料具有一定机械强度，用于构造MEMS器件结构基体，如单晶硅(Si)等；功能材料是指压电材料、光敏材料等具有特殊功能的材料；智能材料不同于一般的结构材料和功能材料，它模糊了结构和功能的明显界限，趋向于结构功能化和功能多样化。功能材料和结构材料既可以是单一材料，也可以是材料组合体，而智能材料只能以材料组合体的形式出现。实际上，MEMS材料往往是多功能的。例如，Si晶体具有很好的强度，可用作结构材料，同时它又具有良好的传感性能，属于机电合一的功能材料。对于智能材料则更要求其结构性与功能性的统一，在MEMS中具有许多用途。

此外，按具体的应用场合，MEMS材料还可分为微结构材料、微执行材料与微传感材料。随着MEMS自身技术的发展，特别是向集成化方向的发展，也要求微结构材料具有功能性，并逐渐与微执行材料、微传感材料融为一体。

许多MEMS材料使用微电子材料(如硅和砷化镓)作为传感和执行单元，选择这些材料的原因是其尺寸稳定，并且可以利用现有的微电子技术实现MEMS的制造和封装。然而，也有一些MEMS材料，如石英、硼硅酸玻璃、聚合物、塑料、陶瓷等，很少用于微电子产品。下面将详细介绍各种材料。

2.1　硅及其化合物

2.1.1　硅

硅(Si)是地球上储藏量最丰富的材料之一。从19世纪科学家们发现了晶体硅的半导体特性后，它几乎改变了一切，甚至人类的思维。20 世纪 60 年代开始，硅材料取代了原有的锗材料。硅材料因其具有耐高温和抗辐射性能较好的特性，特别适宜制作大功率器件，成为应用最多的一种半导体材料。目前的集成电路半导体器件大多数是用硅材料制造的，我们生活中处处可见“硅”的身影。硅材料又可以分为单晶硅、多晶硅和非晶硅。在大多数情况下，硅总是与其他元素组成化合物。

1. 单晶硅

单晶硅也称硅单晶，是电子信息材料中最基础性材料，属半导体材料类。单晶硅是 MEMS 中使用最为广泛的衬底材料，大部分 MEMS 传感器都是用硅材料制作的。这不仅是因为硅具有极优越的机械性能和电性能，更重要的是采用硅微机械加工技术可以制作尺寸从亚微米级到毫米级的微元件和微结构，并且可以达到极高的加工精度。

1) 单晶硅的优良性能

单晶硅具有优良的机械和物理性质，如机械品质因数可高达 10^6 数量级，具体介绍如下：

(1) 单晶硅的力学性能很稳定，并且可被集成到相同衬底的电子器件上。如 p/n 型压阻信号转换电子元件，很容易将其集成到硅衬底上。

(2) 单晶硅几乎是一种理想的结构材料。它具有与钢一样的杨氏弹性模量（约为 210 GPa），但是却和铝一样轻，其质量密度约为 2.3 g/cm^3，而高的杨氏弹性模量可以更好地保持载荷与变形的线性关系。

(3) 单晶硅的熔点约为 1400℃，约为铝的两倍。高熔点的特性可以使得单晶硅即使在高温情况下也能保持尺寸的稳定性。

(4) 单晶硅的热膨胀系数为 2.33×10^{-6}/℃，比钢的小 8 倍，比铝的小 10 倍。

(5) 硅没有机械迟滞，因此是传感器和执行器理想的候选结构材料和功能材料。而且，单晶硅晶片非常光滑平整，可以在其上制作涂层，或附加薄膜层来形成微几何结构或者导电。

(6) 硅衬底在设计和制造中具有更大的灵活性，对其处理和制作技术都比较成熟。

在微电子领域，硅主要用来作集成电路的载体。在 MEMS 领域，硅是传感器和执行器的主要候选材料，也常被用作微流体器件的衬底。硅片不但在集成电路中经常使用，在 MEMS 中也同样是常用材料。然而，硅作为常用的三维几何结构器件的材料，需要经受力和热载荷，因此，对其进行力学性能分析是至关重要的。在 800℃以下，硅基本上是无塑性和蠕变的弹性材料，在所有的环境中几乎不存在疲劳失效。由于硅是脆性材料，在设计承受冲击载荷的 MEMS 时，需要考虑硅的这种不理想的脆性断裂行为。硅衬底的另一个缺点是各向异性。由于引入与方向有关的力学性能，因此对硅结构进行精确应力分析就变得很复杂。硅晶体不同方向上的杨氏弹性模量和剪切弹性模量如表 2-1 所示。

表 2-1 硅晶体不同方向上的杨氏弹性模量和剪切弹性模量

晶向	杨氏弹性模量 E/GPa	剪切弹性模量 G/GPa
〈100〉	129.5	79.0
〈110〉	168.0	61.7
〈111〉	186.5	57.5

2）单晶硅的制备工艺

要使用硅作为衬底材料，就必须采用单晶纯硅。熔融的单质硅在凝固时，硅原子以金刚石晶格形态排列成许多晶核。如果这些晶核长成晶面取向相同的晶粒，则这些晶粒平行结合起来便结晶成单晶硅。单晶硅的制作方法按晶体生长方法的不同，分为直拉法(CZ)、区熔法(FZ)和外延法。其中直拉法、区熔法生长单晶硅棒材，外延法生长单晶硅薄膜。直拉法生长的单晶硅主要用于半导体集成电路、二极管、外延片衬底、太阳能电池等；区熔法生长单晶主要用于高压大功率可控整流器件领域，广泛用于大功率输变电、电力机车、整流、变频、机电一体化、节能灯、电视机等系列产品；外延片主要用于集成电路领域。

由于成本和性能的原因，直拉法是所研制的几种生长纯单晶硅方法中最常用的方法，详细的直拉法生长单晶硅和切割晶片的工艺见 3.2.1 节。单晶硅片按其直径分为 6 英寸、8 英寸、12 英寸(约 300 mm，1 英寸＝2.54 cm)及 18 英寸(约 450 mm)等，直径越大的圆片所能刻制的集成电路越多，芯片的成本也就越低，但大尺寸晶片对材料和技术的要求也就越高。常用的硅衬底需要晶片 p 型或 n 型掺杂，p 型或 n 型掺杂可采用离子注入或者扩散的方法。常用硅的 p 型掺杂物为硼(B)，而常用硅的 n 型掺杂物为三氯化磷、砷(As)和锑(Sb)。

3）硅的晶体结构

为了研究晶体结构，可将构成晶体的原子、离子看成分立的点，这些点就构成了点阵。点阵具有不同的周期性和规律性，可以想象用直线把点阵中的“点”连接起来，形成各种格子，成为晶格。对于点阵，可以取一个体积最小的单元，这种单元呈平行六面体，将它沿着三个不同的方向位移，就可形成整体晶体，而这个最小的单元称为晶胞。

对于硅的原子，硅的晶格几何结构并不均匀，但是硅基本上是个面心立方体晶胞，如图 2-1 所示。图中，面心立方结构的晶胞在立方体的每个角上有一个原子，每个面的中心也有一个原子。然而，硅的晶体结构比一般的面心立方晶体结构更为复杂，可以考虑为两个互相贯穿的面心立方的结果，如图 2-2(a)所示。单晶硅包括额外的四个原子，参见图 2-2(b)，仔细观察这个结构可以看出，面心立方晶体内部的四个

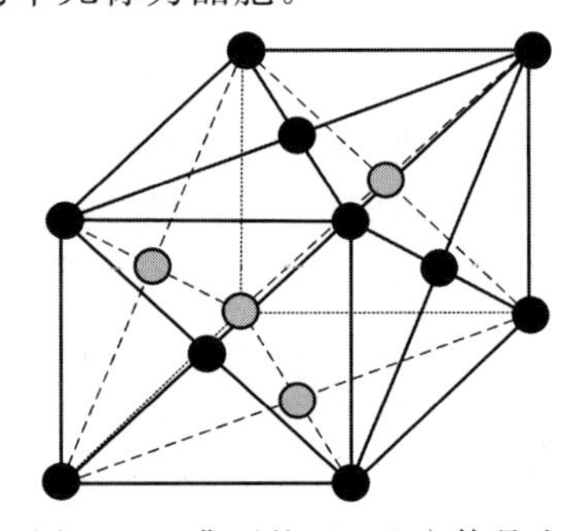

图 2-1 典型的面心立方体晶胞

附加原子(图中的虚线球)形成了一个金刚石晶格类型的子立方体晶胞。因此，一个硅单位晶胞有 18 个原子，其中 8 个原子在角部，6 个在面上，4 个在内部。许多人认为，硅的晶体结构可以看成是立方晶格间距为 0.543 nm 的金刚石晶格。在金刚石晶胞中，邻近原子的间距为 0.235 nm，四个位于四面体角点的等距的最邻近的原子组成了金刚石晶格。可以这样认为，硅的晶体可看成重复立方体的叠层，每个立方体在每个角和每个面中心都有个原子(面心立方晶体结构)。在块状单晶硅芯棒中，这些立方体与邻近的四个立方体是互锁的，而硅片是从单晶硅芯棒中切下来的。

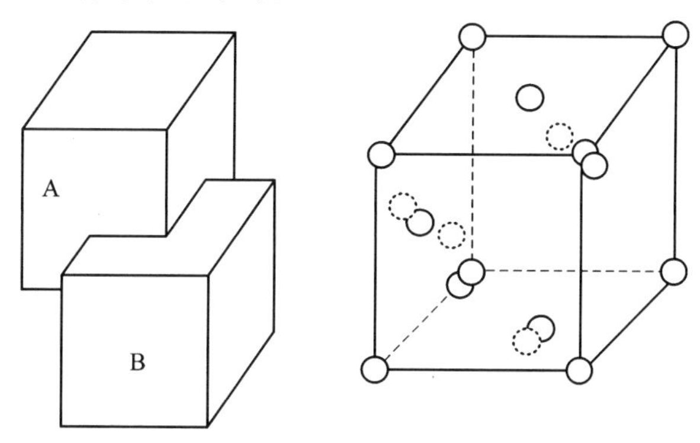

图 2-2　硅的晶体结构

(a) 两个面心立方晶体的结合体；(b) 结合一体的晶体结构

4) 晶面和晶面指数

由于晶体是由无数晶格规则排列而成的，因此硅片中可以出现许多互相平行的平面，这种任意平面称为晶面；这些彼此平行的晶面组成了晶面族。晶面族有以下性质：

(1) 每个晶面上结点排列的情况完全相同；

(2) 相邻的晶面之间距离相等；

(3) 一族晶面可以把所有的结点都包括进去。

晶体中晶面不同，晶面上的结点密度(也就是原子密度)就不同。

为了识别晶体内的一个平面，习惯上用晶面指数来标记。晶面指数与平面同坐标轴上的截距有关。在立方体结构中，选取晶胞中的顶角作为原点，以立方晶胞的边为坐标轴。假设在一个平面中，x、y 和 z 轴上的截距(从原点算起)分别为 p、q、r，取其倒数之比为 $h:k:l$，将 h、k、l 化为互质整数，就称之为密勒指数。假如晶面与坐标平行，则在无限远处，其密勒指数为零。若在一个轴上的截距为负数，则在相应的指数上划“ˉ”作为标记，如 $(\bar{1}11)$。

图 2-3 所示是硅晶胞中的三个主要晶面。在硅结构中的(100)、(010)、(001)三个面，虽然处在不同的方向上，但是它们的原子排列相同。这是指晶体结构对于这些平面有着同样的对称性，把这样的一族等价面叫做晶面族，用符号{100}来表示。同样道理，可以在硅

晶胞中得出方向不同、原子排列相同的六个{110}和四个{111}。

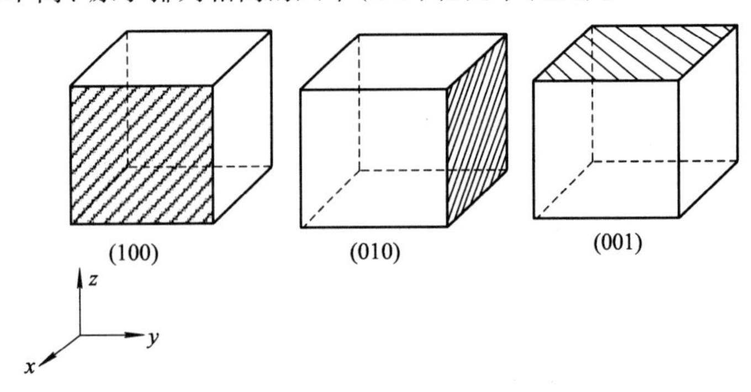

图 2-3　硅晶胞的主要晶面示意图

晶体中所取的方向不同，其物理和化学性质也不同，这就形成了晶体的各向异性。在硅晶体结构中，(111)晶面上相邻的原子间晶格距离最短，较短的原子间距使得该平面原子间的吸引力大于其他两个平面，因此晶体生长最慢，并且加工过程如刻蚀也是进行得最慢的。

5）晶向

在微电子机械系统制作中，除了解晶面外，更重要的是知道其晶向。

晶向可以用垂直于该晶面的法线方向来表示，如图 2-4 所示。(100)晶面的方向为[100]；(110)晶面的方向为[110]；(111)晶面的方向为[111]。由于硅晶体内原子排列的周期性，所以(100)晶面代表的是一系列互相平行而且等距的晶面。两个(100)晶面之间的距离称为晶格常数 a，这些完全等同的互相平行的晶面的晶向是相同的，即某一晶向标志着一组平行的晶面族。通常讲的结晶方向，就是指晶面的法线方向。

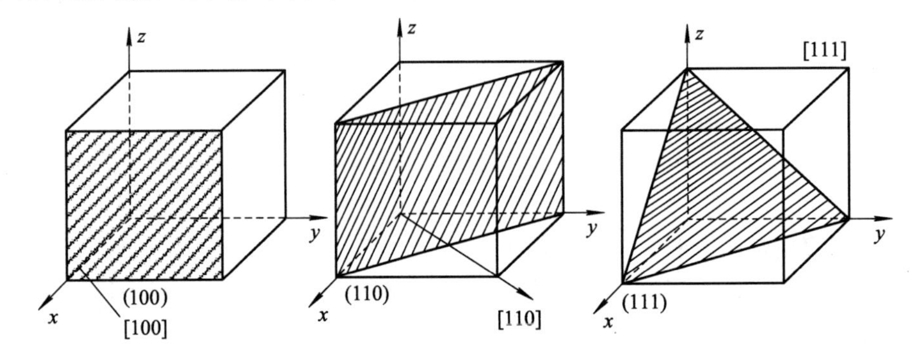

图 2-4　硅的主要晶向示意图

由于硅属于立方晶体结构，在不同晶面上原子的排列密度不同，导致硅晶体的各向异性。因此杂质的扩散速度、腐蚀速度也各不相同。硅单晶在晶面上的原子密度是以(111)＞(110)＞(100)的次序递减，因此扩散速度是以(111)＜ (110)＜(100)的次序递增，腐蚀速度也是以(111)＜(110)＜(100)的次序递增。

2. 多晶硅

单晶是指整个晶体内部原子都是周期性的规则排列，而多晶是指在晶体内各个局部区域里原子周期性排列，但不同区域之间的原子排列方向并不相同。多晶体也可以看做是由许多取向不同的小单晶体组成的，如图 2-5 所示。

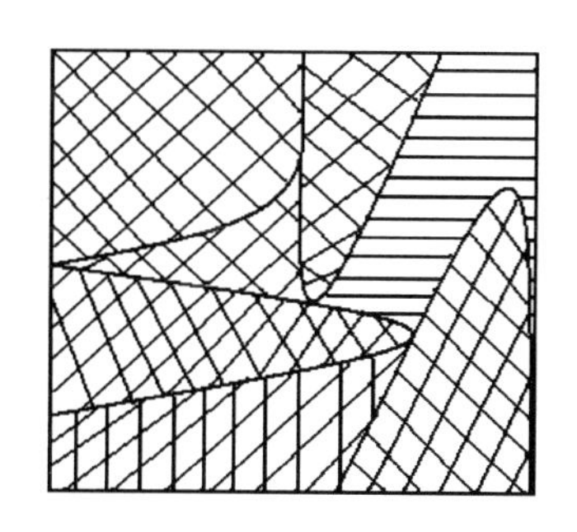

图 2-5　多晶体结构示意图

多晶硅是单质硅的一种形态。熔融的单质硅在过冷条件下凝固时，硅原子以金刚石晶格形态排列成许多晶核。如果这些晶核长成晶面取向不同的晶粒，则这些晶粒结合起来就结晶成多晶硅。多晶硅是具有随机的尺寸和取向的单晶硅的集合，在热和结构分析时，可看做各向同性材料，其中多晶硅薄膜材料多采用低压化学气相沉积方法进行制备。

多晶硅材料具有灰色金属光泽，密度为 2.32 g/cm^3～2.34 g/cm^3，熔点为 1410℃，沸点为 2355℃。多晶硅溶于氢氟酸和硝酸的混酸中，不溶于水、硝酸和盐酸。多晶硅的硬度介于锗和石英之间，在室温下是脆性材料，切割时易碎裂；加热至 800℃以上即有延性，在 1300℃时明显变形。常温下多晶硅不活泼，高温下与氧、氮、硫等反应。在高温熔融状态下，多晶硅具有较大的化学活泼性，几乎能与任何材料作用。多晶硅具有半导体性质，是极为重要的优良半导体材料，但微量的杂质即可大大影响其导电性。多晶硅重掺杂(砷、磷用于 n 型，硼用于 p 型)可以大大减少其电阻率，可作为导体和控制开关，是用于微电阻和简单欧姆接触的理想材料。多晶硅薄膜具有与单晶硅相近的敏感特性、机械特性，它在 MEMS 加工技术中，多用作中间加工层材料，而且在工艺上可与单晶硅工艺相近，又能进行精细加工，而且还可以根据器件的需要，随时充当绝缘体、半导体和导体。

多晶硅与单晶硅的差异主要表现在物理性质方面。例如，在力学性质、光学性质和热学性质的各向异性方面，多晶硅远不如单晶硅明显；在电学性质方面，多晶硅晶体的导电性也远不如单晶硅的显著，甚至于几乎没有导电性；在化学活性方面，两者的差异极小。多晶硅和单晶硅可从外观上加以区别，但真正的鉴别须通过分析测定晶体的晶面方向、导电类型和电阻率等。

3. 非晶硅

非晶态材料是一类新型的固体材料，包括我们日常所见的各种玻璃、塑料、高分子聚合物以及新近发展起来的金属、玻璃、非晶态合金、非晶态半导体、非晶态超导体，等等。对于晶体，原子在空间按一定规律作周期性排列，是高度有序的结构，这种有序结构原则上不受空间区域的限制，故晶体的有序结构称为长程有序。具有长程有序特点的晶体，宏观上常表现为物理性质(力学的、热学的、电磁学的和光学的)随方向而变，称为各向异性；

在熔解时有一定的熔解温度并吸收熔解潜热。对于液体，其分子在很小的范围(线度与分子间距同一量级)和很短的时间内，能像晶体一样作规则排列，但在较大范围内则是无序的，这种现象称为近程有序。非晶态固体与液态一样具有近程有序而远程无序的结构特征。非晶态固体宏观上表现为各向同性，熔解时无明显的熔点，随温度的升高而逐渐软化，粘滞性减小，并逐渐过渡到液态。非晶态固体又称玻璃态，可看成是粘滞性很大的过冷液体。晶体的长程有序结构使其内能处于最低状态，而非晶态固体由于长程无序使其内能并不处于最低状态。故非晶态固体是属于亚稳相，向晶态转化时会释放出能量。

非晶硅(α－Si：H)是一种新兴的半导体薄膜材料。它作为一种新能源材料和电子信息新材料，自20世纪70年代问世以来取得了迅猛发展。由非晶态合金的制备可知，获得非晶态，需要有高的冷却速率，而对冷却速率的具体要求随材料而定。近年来，发展了许多种气相淀积非晶态硅膜的技术，如真空蒸发、辉光放电、溅射以及化学气相淀积等方法，一般所用的主要原料为单硅烷(SiH_4)、二硅烷(Si_2H_6)、四氟化硅(SiF_4)等，且纯度要求很高。非晶硅薄膜的结构、性质和制备工艺的关系非常密切，其中辉光放电法制备的非晶硅薄膜质量高，设备也不复杂。辉光放电法就是利用反应气体在等离子体中发生分解而在衬底上淀积成薄膜，而非晶硅薄膜的生长，是硅烷在等离子体中分解并在衬底上淀积的过程。

非晶硅的用途很多，可以制成非晶硅场效应晶体管，用于液晶显示器件、集成式图像传感器以及双稳态多谐振荡器等器件中，作为非线性器件。非晶硅还可制成各种光敏、位敏、力敏、热敏等传感器，其中非晶硅太阳能电池是目前非晶硅材料应用最为广泛的领域。非晶硅的应用正在日新月异地发展着，相信在不久的将来会有更多的新器件产生。

4. 多孔硅

多孔硅(Porous Silicon，PS)最早是在1956年，由美国贝尔实验室研究人员Uhlir及Turner在稀释的氢氟酸溶液中研究硅的电抛光时偶然发现的。多孔硅因其孔径尺寸和孔隙率的不同可以分为三种类型，即大孔硅(Macro-PS)、介孔硅(Meso-PS)和纳米孔硅(Nano-PS)，其平均特征尺寸、孔隙率、比表面积等微结构参数都可以通过控制不同的制备工艺参数来实现。

随着人们对多孔硅的形成机理、特性以及可能的技术应用不断深入研究，出现了很多制备方法，比如火花腐蚀法、光化学腐蚀法、激光消融法、水热合成法、溅射腐蚀法以及蒸汽腐蚀法等。目前，多孔硅的制备方法主要包括化学腐蚀法、电化学腐蚀法、原电池法等。

1) 多孔硅性质

首先，多孔硅具有低的热导率(可低于1 W/(m·K))、大的表面积体积比(内部表面积体积比可达200 m^2/cm^3～800 m^2/cm^3)以及很高的化学活性，抗屈强度可以从孔隙率为20%时的83 GPa到孔隙率为90%时的0.87 GPa(晶体硅为160 GPa)。多孔硅随湿度变化而表现出较大的阻抗和介电常数变化，以及可调节的折射率的特性。

其次，与常规的表面微机械加工和体微机械加工技术相比，多孔硅技术具有如下优势：

(1) 可以制备出厚度更大(可达 100 μm 以上)和机械稳定性更好的多孔硅层；

(2) 可以在较低的腐蚀浓度下，以尽可能短的时间形成厚的多孔硅层，从而避免了腐蚀液离子对后序 IC 工艺的污染；

(3) 多孔硅技术与标准 IC 工艺完全兼容。

2) 多孔硅在 MEMS 中的应用

近年来，多孔硅以其优良性能成为 MEMS 中的新兴材料。在 MEMS 功能结构层、牺牲层和绝热层的制作中，多孔硅体现出其他材料无可比拟的优势。

(1) 功能结构层。由于多孔硅具有非常大的比表面积和很高的化学活性，因此可用于制作气敏、温敏、湿度等多种微传感器器件。当多孔硅表面的敏感材料吸附某种气体后，其电阻率发生改变，可通过检测电阻率的变化完成对特定气体的检测。

(2) 牺牲层技术。在 MEMS 器件中，微结构通常采用体硅腐蚀工艺或表面微机械工艺加工而成。但由于一般牺牲层材料(如 SiO_2、多晶硅)的厚度仅能做到几个微米，使得微结构和衬底的间距也仅有几个微米，容易导致微结构与衬底相粘连，这样就限制了一些特殊的微结构和微传感器(如热传感器)的制作加工。

采用多孔硅牺牲层技术制作微结构，不仅具有通常材料作牺牲层的优点，而且存在以下工艺优点：

① 形成的多孔硅可以很厚，使微结构和衬底的间距增大；

② 制备多孔硅牺牲层无须进行双面光刻，通过掩模设计就可以得到所需图形；

③ 多孔硅牺牲层的性质和形态不会因后序热处理发生很大的变化；

④ 在多孔硅表面不仅可以淀积出高质量的薄膜，而且可以外延单晶硅；

⑤ 在室温下，采用四甲基氢氧化铵(TMAH)溶液或者极弱的 KOH 溶液就能将多孔硅去除，腐蚀时间短，仅为几分钟，而且腐蚀液对 CMOS 工艺中单晶硅、Si_3N_4、SiO_2等结构层材料选择性极高，可以实现自停止腐蚀。

因此，多孔硅牺牲层技术不仅延续了表面微机械加工技术与 IC 工艺兼容的优点，而且其制备简便、腐蚀快速、厚度较大等特点可以很好地弥补硅工艺和表面微机械工艺的不足，该技术将是今后 MEMS 技术中最具潜力的牺牲层技术。

(3) 多孔硅绝热技术。最小化能量消耗是衡量传感器技术的一个重要技术指标，尤其是对于发展便携式以及在需要较高温度工作的微热传感器，器件操作的先决条件是热损失的最小化。但是随着微器件尺寸的减小，微器件与基底的热传导成为主要的热损失。

由于多孔硅热导率比单晶硅低二到三个数量级，且与二氧化硅相接近甚至更低，同时具有良好的机械性能以及与传统 IC 工艺相兼容性，因此可以很好地解决能量消耗问题。所制备出的多孔硅表面比较平整，不仅可以沉积出高质量的薄膜，还可以形成高质量的外延层，为进一步在多孔硅绝热层上制备传感器提供了条件。因此微器件采用多孔硅作为绝热层，可以获得快速的温度响应和低的热损耗，且比传统的悬空结构(悬台、悬梁等)有更好的机械强度，大大提高了系统的稳定性和可靠性。

2.1.2 硅化合物

二氧化硅(SiO_2)、碳化硅(SiC)和氮化硅(Si_3N_4)是MEMS中经常用到的三种硅化合物，下面简单介绍它们在MEMS中所发挥的作用。

1. 二氧化硅

二氧化硅在MEMS中有三个主要应用：① 作为热和电的绝缘体；② 作为硅衬底刻蚀的掩膜；③ 作为表面微加工的牺牲层。

二氧化硅可以通过在氧化剂(如氧)中加热硅得到，反应中可以选择通入蒸汽或者不通入。如果通入水蒸气，那么反应过程的速度可增加许多，高活性的水分子可加强反应。

2. 碳化硅

基于晶体结构理论，SiC属于一种同质多型体。至今已经发现的SiC结构有250多种，但研究最多的是六方相的4H－SiC和6H－SiC与立方相的3C－SiC。目前，SiC膜层的制备法包括化学气相沉积法(CVD)、磁控溅射法、分子束外延法(MBE)、电子回旋谐振等离子体淀积法(ERC)等。其中，CVD法可制得纯度较高、均匀致密且附着性良好的3C－SiC薄膜，是目前应用最广泛的方法。

3C－SiC薄膜除具有一般宽禁带半导体优异的电学特性(如高击穿场强、高饱和电子漂移速度和高热导率等)以外，还具有：

(1) 能以较低的生长温度(800℃～1300℃)在硅、二氧化硅、氮化硅、蓝宝石、SOS、SOI等基底上进行淀积，这种对衬底选择的随意性使得3C－SiC基MEMS器件的制造工艺变得相当灵活，既可以延用传统的表面微加工及对Si的体微加工技术，又易与IC电路实现单片集成。

(2) 力学性能在1000℃甚至更高的温度下仍能够保持相对稳定，相比Si，它具有更高的硬度、杨氏模量、断裂韧度及明显的耐磨损、耐腐蚀和抗粘附特性。因此，SiC材料在恶劣环境MEMS领域拥有更大优势。

SiC薄膜在MEMS中的应用方式主要有保护层和微结构层两种：

(1) 由于其具有低应力、高密度、良好附着力、耐腐蚀性及抗摩擦性能，可将SiC薄膜直接沉积在已制好的Si微结构上，提高器件的耐磨性和耐腐蚀性。

(2) 由于3C－SiC和无定形SiC可以异质外延生长在硅等其他基底上，若以这两种材料作为微结构层，只需使用传统的微机械加工法即可制成各种SiC微结构。

无论采用何种CVD法在Si基底上沉积SiC薄膜，需解决的主要问题是：3C－SiC与

Si 基底间存在巨大的晶格失配以及热膨胀系数差异(晶格失配度约为 20%，热膨胀系数相差约 8 %)，造成薄膜中存在巨大的失配位错和应力。

下面介绍提高 3C-SiC 基 MEMS 器件可靠性的方法。

首先，从材料生长的角度来说，研究表明 3C-SiC 薄膜的应力和应力梯度可以通过生长条件进行控制，如沉积温度、Si 源和 C 源气体的组分比、生长室压强等。从结构加工的角度来说，由于 SiC 材料自身的耐腐蚀性，湿法腐蚀速度极慢，只能依赖干法刻蚀对其进行加工。总之，要想最终获得可靠的器件，在加工中选择合适的刻蚀方法是非常重要的。

其次，要考虑金属欧姆接触的问题。由于 3C-SiC 基 MEMS 器件的最终应用领域是高温、高压等恶劣环境，因而必须保证金属与 SiC 的欧姆接触也能够胜任这样的环境。除了选择沉积那些耐受性好的金属如 Ni、Mo、Ti 等以外，选择合适的退火工艺(主要指退火时间和退火温度)也是至关重要的。

最后，要考虑后端工艺中可能引入的问题，尤其是高温引线键合和封装技术，这是 3C-SiC 基 MEMS 器件走向市场过程中不可忽视的一步。

目前来看，3C-SiC 基 MEMS 器件已成为国内外 MEMS 领域的一个重要研究方向。美国加州大学伯克利分校传感器与执行器研究中心(BSAC)作为世界 MEMS 研究领域的领跑者，率先提出了“TAPS(Temperature，Acceleration，Pressure and Strain)”计划，旨在将 SiC 作为核心材料制备温度、加速度、压力以及应变等一系列 MEMS 器件，并逐步实现多功能器件的单片集成，最终目标是实现从内部机械电子系统到外部封装材料的全 SiC 化，以充分发挥 SiC 潜在的物理化学特性。未来的 3C-SiC 基 MEMS 器件，将会在 Si 基或 SOI 基 MEMS 器件很难可靠工作的恶劣环境下发挥关键性的作用。

3. 氮化硅

氮化硅是在 MEMS 中使用较多的材料，其杨氏模量为 3.2×10^2 GPa，高于不锈钢的，而密度不到它的一半。氮化硅薄膜是一种绝缘材料，具有良好的抗高温性能，还能够承受诸如 KOH、HF 等腐蚀性较强物质的腐蚀作用。氮化硅还可以有效地防止杂质扩散以及离子污染，因而在传感器方面常用于制作高温保护膜和深层刻蚀掩膜。氮化硅还可以作光波导以及防止水和其他有毒流体进入衬底的密封材料，另外，氮化硅还可以用做高强度电子绝缘层和离子注入掩膜。

氮化硅可以利用含硅气体和氨气按下述反应产生：

$$3SiCl_2H_2 + 4NH_3 \rightarrow Si_3N_4 + 6HCl + 6H_2 \tag{2-1}$$

2.2 陶　　瓷

MEMS 所用的陶瓷材料与一般陶瓷不同，它是以化学合成的物质为原料，控制其中的组分比，经过精密成型烧结制成适合 MEMS 的多种精密陶瓷材料，通常称为功能陶瓷材料。功能陶瓷具有耐热性、耐腐蚀性、多孔性、光电性、介电性和压电性等许多独特的性能。

陶瓷材料在MEMS中主要有以下三方面的应用：

(1) 作为基板材料；

(2) 作为微执行器的材料；

(3) 作为微传感器的材料。

1. 作为基板材料

作为基板材料，陶瓷材料在微电子技术中已经得到了广泛的应用。用做基板材料的陶瓷材料有硅、氧化铝、氧化铍、氮化铝等，在基板上采用厚膜技术、薄膜技术、键合技术、粘连技术等来制造微电子电路和微机械系统。除去化学惰性、机械稳定性、表面质量外，陶瓷材料的热传导性和热膨胀系数也起着决定性的作用，表2-2给出了部分作为基板材料的陶瓷材料性能常数。

表2-2 在MEMS中作为基板材料的陶瓷材料性能常数

参数 \ 材料	硅	氧化铝	氧化铍	氮化铝
电解常数	11.9	9.5	7.0	10
膨胀系数/(10^{-7}/℃)	22.3	75	85	34
热传导系数/(kcal/(m·h·℃))	135	17	198	129

注：1 kcal(千卡)=4186.8 J。

2. 作为微执行器和微传感器的材料

微执行器和微传感器所用的陶瓷材料有压电陶瓷材料、弛豫铁电厚膜材料和逆铁电材料。

1) 压电陶瓷材料

压电陶瓷材料是一种电致伸缩材料，同时兼有正压电效应和逆压电效应。若对其施加作用力，则在它确定的两个表面上产生等量异号电荷；反之，当对它施加外电压时，便会产生机械变形。利用压电陶瓷的压电效应，它可以在MEMS中作微执行器和微传感器，并且这类微执行器和微传感器相对其他类型的微执行器和微传感器具有更为优良的频率特性和集成性。常用的压电陶瓷材料有钛酸钡(BT)、锆钛酸铅(PZT)、改性锆钛酸铅、偏铌酸铅(PN)、铌酸铅钡锂(PBLN)、改性钛酸铅(PT)、锆钛酸铅镧(PLZT)、高温压电和无铅压电陶瓷材料等。

2) 弛豫铁电厚膜材料

弛豫铁电陶瓷具有很高的介电常数、较小的温度变化率和相对低的烧结温度，是多层陶瓷电容器的重要材料。此外它还具有大的电致伸缩效应、压电效应等特点，在微位移器、致动器和智能材料与器件等方面也能获得广泛的应用。铁电厚膜兼顾了体材料和薄膜材料的优点。铌镁酸铅 $Pb(Mg_{1/3}Nb_{2/3})O_3$，简称 PMN 基弛豫铁电厚膜材料及器件，因其具有良好的电学性能而广泛应用于制备压电、铁电、热释电器件，其工作电压低、使用频率宽，能够与半导体集成电路兼容，而且电学性能优于薄膜材料。

3）*逆铁电材料*

对于逆铁电材料而言，在逆铁电态(AFE)转变为铁电态(FE)的相界附近具有丰富的结构相。在外场调控作用下，可以诱导产生 AFE－FE 相变效应。由于铁电相材料的元胞体积比逆铁电相材料的大，因此在发生结构相变的同时，伴随着材料体积的变化，引起材料的相变应变效应。逆铁电材料的这种场致相变应变效应所产生的应变量，可高达 0.8%以上，在很大程度上优于压电材料的逆压电效应，是一种优越的机敏材料。以微悬臂梁结构为机械构件形式，利用逆铁电材料电场诱导的相变开关特性和相变应变效应，实现逆铁电功能材料与 MEMS 技术的集成，将为快速响应、大位移量微驱动构件的设计和制造提供一种新的思路。

2.3 聚合物

聚合物，包括塑料、黏结剂、胶质玻璃和有机玻璃等多种材料，已经逐渐用于 MEMS 中的微结构、微传感器和微执行器制造。如包含 1000 个微管道、宽为 150 mm 左右的塑料板已经被生物医学工业用于微流体电泳系统。环氧树脂和硅橡胶等黏结剂已经成为 MEMS 常用的封装材料。

1. 聚合物类型和特性

聚合物分子较大，一般是由小分子(主要是碳氢化合物有机分子)构造成的链状分子。长链聚合物是由称为链节的结构化实体组成，而链节实体通过沿分子链连续重构，由许多聚合物构成体聚合物。聚合物材料的物理特性不仅与分子重量和分子链的构成有关，而且和分子链的排列有关。

聚合物可以分为三种类型：纤维、塑料和人造橡胶。按照起源的不同，聚合物还可分为两大类：自然聚合物和人造聚合物。其中自然聚合物来自植物和动物，如木材、橡胶、棉花、羊毛、皮革和丝绸等；人造聚合物是石油产品衍生物而来的。聚合物也可以按照受热后的形态性能分类，可分为热塑性聚合物和热固性聚合物。热塑性聚合物可以被反复加热再成型，而热固性聚合物一旦熔化加工就有了固定的外形，仅能加工一次。

聚合物在很多方面与金属和半导体的机械特性不相同，与聚合物相关的主要机械特性总结如下：

(1) 聚合物材料的杨氏模量有很大的变化范围。对于高弹性的聚合物材料，弹性系数可以低到几个兆帕；对于硬的聚合物材料，杨氏模量可高达 4 GPa。

(2) 聚合物的最大抗拉强度可以达到 100 MPa 量级，远远低于金属和半导体材料的抗拉强度。

(3) 聚合物有粘弹性行为。当有力施加在聚合物上时，首先会发生瞬时弹性变形，接着发生粘滞及时变应变。所以，在恒定持续作用力下，很多聚合物会随着时间的变化而产生形变，这种形变称为粘弹性蠕变。

(4) 聚合物的机械特性受很多因素的影响，如温度、分子重量、添加剂、结晶度以及热处理历史。在很小的温度范围内，特定聚合物的机械特性会产生急剧性的变化，如树脂玻璃 PMMA 在 4℃时完全是易碎的，但是在 60℃的情况下却是极具柔软的。应力-应变关系以及粘弹性行为受到温度的影响都很大。

很多有机聚合物是电解质绝缘体，但是，某些聚合物又存在一些有趣的导电现象。近年来，导电聚合物材料被用于制作晶体管、有机薄膜显示以及存储器，如聚吡咯、聚苯胺和聚苯硫。但是，聚合物中带电体的迁移率，仍然比硅以及化合物半导体材料中带电体的迁移率要小很多个数量级。

可以采用多种方法对聚合物进行处理，如喷射模塑法、挤压、热成型、吹模、机械加工、铸造、压模、旋转模制、粉末冶金、分散涂布、流化床涂布、静电喷涂、延压、热成型、冷模压、真空成型以及蒸发淀积等，其中很多技术可以和微制造技术相结合。

2. MEMS 聚合物

聚合物材料相对硅半导体材料而言有许多独特的优点。

(1) 聚合物材料的成本远远低于单晶硅的成本。

(2) 许多聚合物材料适合于独特的低成本批量制造和封装技术，如热微成型、热压以及喷射模塑。聚合物衬底可采用高产量的滚压制造方式，替代一次只能处理一片的方式。

(3) 某些聚合物具有硅以及硅的其他衍生物等材料所没有的一些独特电特性、物理特性和化学特性，如机械冲击容限、生物兼容性和生物降解性。

在 MEMS 中应用聚合物是存在一些障碍的。如在某些应用中，不希望出现粘弹性行为；很多聚合物材料有较低的玻璃化温度和熔化温度；较低的热稳定性限制了其加工方法和应用范围。尽管如此，最近几年还是有很多聚合物被应用到 MEMS 中，这些应用并不局限于加工硅片和黏合层，聚合物材料可以作为机构机械单元，如悬臂梁和隔膜。下面介绍已经在 MEMS 中应用成功并广泛应用的聚合物材料，需要说明的是，其中有些项指的是一类聚合物，而某些项则指的是某种特定产品。

1) 聚酰亚胺

聚酰亚胺代表了一类循环链键结构的聚合物，具有优异的性能，如：机械坚固性、耐久性、良好绝缘性、低于 400℃时的热稳定性、化学稳定特性、便宜的材料和处理设备。在微电子工业中，聚酰亚胺广泛作为绝缘材料应用。在 MEMS 中，聚酰亚胺可以用来作绝缘膜、衬底膜、机械元件(悬臂梁和隔膜)、弹性接头与连杆、黏合膜、传感器、扫描探针以及应力释放层。聚酰亚胺也可以用作传感器和执行器的结构单元。由于聚酰亚胺不能导电，对压力也不敏感，所以导体和应变计需要另外集成。通过热解、掺杂或加入导电纤维的方法，可以将聚酰亚胺材料改性，使之敏感。如聚酰亚胺和碳微粒压阻复合物，其有效应变系数在 2 至 13 之间。

2）SU－8 胶

SU－8 胶是一种近紫外负性光刻胶，首先是由 IBM 公司在 20 世纪 80 年代末发明的。SU－8 胶的主要作用表现在厚光敏聚合物上，可制造高深宽之比(大于 15)结构。光刻胶中的主要成分包括 SU－8 环氧树脂。环氧树脂在有机溶剂(GBL，γ－butyrolact on)中溶解，溶剂量决定了光刻胶的黏稠度以及得到的胶厚范围。经过处理可以得到 100 μm 厚的胶，可以实现低成本掩膜、成型和建造高深宽比结构。SU－8 光刻的成本明显低于其他制造高深宽比结构的技术的成本，如 LIGA 技术和深反应离子刻蚀技术。另外，SU－8 胶已被集成在许多微型器件中，包括微流体器件、SPM 探针以及微针等。在表面微加工中，SU－8 也可以作为厚牺牲层。

3）液晶聚合物

液晶聚合物(LCP)是一种具有独特结构和物理特性的热塑性塑料，当加工过程中成液晶态流动时，分子中的刚性部分会沿着剪切流方向一个接着一个对准排列，一旦排列方向形成后，分子的方向和结构将不再改变，即便 LCP 的温度冷却到低于熔融温度时也是如此，而其他大多数的热塑性聚合物的分子链在固态下是随机排列的。由于 LCP 具有这种独特的结构，使得它具有电学、热学、机械和化学等方面的综合特性，这是其他工程聚合物所不具有的。

最早在 MEMS 中应用的是 Hoechst Celanese 公司生产的 Vectra A－950 芬芳液晶聚合物。大量的实验表明，在下列的微制造中常用的化学药品：丙醇和酒精的有机溶剂，Al、Au 和 Cr 等金属的刻蚀剂，氧化物的刻蚀剂(49％的 HF 以及 HF 缓冲剂)，常见光刻胶和 SU－8 胶的显影液等，不会侵蚀 LCP 或者使其溶解。

LCP 膜有很好的稳定性，对湿气有非常低的吸收性(约 0.02％)和渗透性，可以与玻璃相媲美。对于包括氧气、二氧化碳、氮气、氩气和氦气在内的其他气体，LCP 的渗透性能也比平均水准要好。在高温气体中，LCP 的渗透性也不会受湿气的影响。另外，在制造过程中，可以对 LCP 膜的热膨胀系数进行控制，使该值很小，且可以进行预测。LCP 薄膜也表现出很好的化学稳定性。

由于 LCP 有很好的性能和稳定性，因此常常应用在空间和军事电子系统的衬底，如作为射频电磁元件、天线高性能载体等。LCP 的厚度可以从几个微米变化到几个毫米，在一边或者两边都有铜覆盖层，铜覆盖层的厚度一般在 15 μm～20 μm 范围内变化，在 LCP 的熔融温度附近真空压制成型。

4）聚二甲基硅氧烷

聚二甲基硅烷（PDMS）是属于室温硫化（RTV）硅树脂家族的一种人造橡胶材料。PDMS 能够承受较大程度的变形，并在变形载荷撤除后仍能恢复其原貌。PDMS 在 MEMS 应用中有许多优点，如透光性、电绝缘性、机械弹性、气体浸透性和生物兼容性，并被广泛应用于微流控器件中。但是，PDMS 在加工中需要注意如下问题：PDMS 在凝固时体积会收缩；在凝固的 PDMS 上淀积的金属膜会产生裂纹。解决这些问题可以化学处理或者电学处理，通过改变混合比来改善表面化学特性（如黏合能）。

5）聚甲基丙烯酸甲酯

聚甲基丙烯酸甲酯（也称丙烯酸树脂、树脂玻璃或者 PMMA）的形式很多，包括块状、薄片状以及用来旋涂的溶液。块状 PMMA 商业上常常称做丙烯酸树脂，用来制作微流控器件。感光 PMMA 薄膜是一种广泛应用的电子束和 X 射线光刻胶。旋涂 PMMA 可用作牺牲层。

6）聚对二甲苯

聚对二甲苯是一种热固性聚合物，它是唯一采用化学气相淀积的塑料，淀积工艺可在室温下进行。在 MEMS 应用中，聚对二甲苯薄膜表现出如下特性：非常低的内应力，可以在室温下淀积、保角涂覆、化学惰性以及刻蚀选择性。聚对二甲苯膜用作电绝缘层、化学保护层、防护层和密封层是十分理想。聚对二甲苯可用来制作微流控沟道、阀门、加速度计、压力传感器、麦克风和切应力传感器。

7）聚四氟乙烯

例如，特氟隆等碳氟化合物，由于有很强的 C－F 键而具有很好的化学惰性、热稳定性和非可燃性，可以用作表面覆盖层、绝缘层、抗反射膜或者粘附层。在 MEMS 中，特氟隆可以用作电绝缘层、粘附键合以及减小摩擦力。

除了以上提到的七种聚合物，目前正在尝试其他一些新的聚合物，用于功能结构层、特殊的牺牲层、粘附层、化学传感器和机械执行器，这些聚合物包括生物可降解的聚合物、蜡（石蜡）和聚碳酸酯。

生物可降解的聚合物材料已经开发和研究用于可植入医疗器械、药物传输工具和生物组织工程基体。生物可降解聚合物材料，如聚乙酸内酯、聚乙交酯、聚交酯以及聚交酯一共一乙交酯，已经在 MEMS 中使用。生物可降解聚合物是热塑性的，可以通过微成型来形成微流槽、储存池和针等微结构。

石蜡具有许多其他材料所没有的特性，如石蜡有很低的熔融温度（40℃～70℃）和高的体膨胀（14％～16％）；不同熔融温度的石蜡混合，可控制石蜡的熔融温度。一些特定的有机溶剂（如丙醇），可以在室温下有选择地刻蚀石蜡。同时，对于很多强酸溶液（如 HF），石蜡有很好的化学稳定性。

使用石蜡可以得到一些有意思的换能机制和微制造技术。在大尺度方面，石蜡可以作灵巧内窥镜中的线性执行器；在小尺度方面，将石蜡片与集成加热器封装到一起形成石蜡执行器，可以应用在微流阀和微泵中。另外，石蜡还可以当做制作复杂微结构的模具。

石蜡可以采用热蒸发的方法淀积，然后采用氧气与氟里昂 14 产生的气体混合物，生成等离子体刻蚀图形。由于石蜡熔融温度很低，在淀积后处理必须在低温下进行，或者在处理时对衬底冷却。

聚碳酸酯是一种坚固、尺寸稳定、透明的热塑性材料，它可以用于宽温度范围内需要高性能的场合中。商用聚碳酸酯有三种等级：机械级、窗口级和玻璃增强级。无切口的聚碳酸酯有很高的冲击强度、非常好的介电强度和电阻率。聚碳酸酯可以采用喷射模塑法、挤压、真空成型和吹模等方法加工。聚碳酸酯可以很容易实现键合和焊接。在 MEMS 中，可以采用牺牲刻蚀或者铸模的方法对聚碳酸酯微加工，制造微沟道。带有离子轨迹刻蚀孔的聚碳酸酯薄片，由于其孔具有纳米尺寸直径，而且一致性非常好，可以用于独特离子过滤功能的过滤器。

尽管最近聚合物有很大的进展，但是许多在宏观尺寸下广泛应用的聚合物在 MEMS 应用中仍并没有被开发。许多聚合物材料在 MEMS 中有潜在应用，如导电聚合物、电活性聚合物、可感光制图的凝胶、聚亚安酯、可收缩的聚苯乙烯膜、形状记忆聚合物和压电聚合物。而且，聚合物材料的改进方法是没有尽头，如最近发现很多聚合物的功能、电学以及机械特性可以通过添加纳米粒子、碳纳米管和纳米线来改进。

2.4 金　属

金属由于其具有良好的机械强度、延展性以及导电性，是 MEMS 技术的重要材料。除去镍、铜、金等金属材料，许多特殊金属材料在 MEMS 中也有广泛的应用。

2.4.1 磁致伸缩金属

磁致伸缩金属是一种同时兼有正、逆磁机械耦合特性的功能材料。当磁致伸缩金属受到外加磁场作用时，便会产生弹性变形；若对其施加作用力，则磁场将会发生相应的变化。磁致伸缩材料在 MEMS 中常被用作微传感器和微执行器材料。

典型的磁致伸缩金属有合金 Ni、NiCo、FeCo、镍铁氧体，其磁致伸缩系数 λ_s 可达到 $100\times10^{-6}\sim1000\times10^{-6}$，称为巨磁致伸缩材料。这类材料一般都含有铽、钐、镝等稀土元素，它们具有如下特点：在磁场的作用下，其长度、应力、弹性模量与声波在其中传播的速度均会发生改变；同时，因其磁畴呈直线，故可承受大致 1400 $\mu\varepsilon$ 的应变，比压电陶瓷高一个数量级，并且具有高的机电耦合系数和宽的工作温区。因此，这类材料在微传感器、微换能器、机器人、声纳系统等领域得到了广泛的应用。用磁致伸缩金属合金制成的超高精密执行器，具有高的精度与大的输出力，可有效地简化伺服系统。

2.4.2 形状记忆合金

1932年，瑞典人奥兰德在金镉合金中首次观察到“记忆”效应，即合金的形状被改变之后，一旦加热到一定的跃变温度时，它又可以魔术般地变回到原来的形状，具有这种特殊功能的合金称为形状记忆合金。

记忆合金的开发迄今不过20余年，但由于其在各领域的特效应用，正广为世人所瞩目，被誉为“神奇的功能材料”。形状记忆合金就是利用应力和温度诱发相变的机理来实现形状记忆功能的，即将已在高温下定型的形状记忆合金，放置在低温或常温下，使其产生塑性变形。当环境温度升高到临界温度(相变温度)时，合金变形消失，并恢复到定型时的原始状态。在此恢复过程中，合金能产生与温度呈函数关系的位移或力，或者两者兼备。

形状记忆合金分为单程记忆效应、双程记忆效应和全程记忆效应。其中，形状记忆合金在较低的温度下变形，加热后可恢复变形前的形状，只在加热过程中存在的形状记忆现象称为单程记忆效应。合金加热时恢复高温相形状，冷却时又能恢复低温相形状，称为双程记忆效应。合金加热时恢复高温相形状，冷却时变为形状相同而取向相反的低温相形状，称为全程记忆效应。

至今为止发现的记忆合金体系，包括Au－Cd、Ag－Cd、Cu－Zn、Cu－Zn－Al、Cu－Zn－Sn、Cu－Zn－Si、Cu－Sn、Cu－Zn－Ga、In－Ti、Au－Cu－Zn、Ni－Al、Fe－Pt、Ti－Ni、Ti－Ni－Pd、Ti－Nb、U－Nb和Fe－Mn－Si等。目前，最常用的形状记忆合金为Cu基合金，它不仅成本低，而且由于热导率极高，对环境温度反应时间短，对热敏元件而言是极有利的。性能最佳的是TiNi合金，这种合金可靠性最好，在强度、稳定性、记忆重复性与寿命等方面均优于铜合金。但是TiNi合金加工比较困难，成本较高，而且热导率比铜合金要低几倍甚至十几倍。此外，许多Te基合金因其成本低、刚性好、易加工也受到人们的重视。尽管形状记忆合金的种类很多，但是目前已经实用化的只有TiNi系合金和Cu基合金。

形状记忆合金的应用非常广泛，而且在某些领域已经达到了实用化程度，其主要应用包括以下几个方面：

1）形状恢复应用

人造卫星上庞大的天线可以用记忆合金制作。发射人造卫星之前，将抛物面天线折叠起来装进卫星体内。火箭升空把人造卫星送到预定轨道后，经加温后折叠的卫星天线因具有“记忆”功能而自然展开，恢复抛物面形状。形状记忆合金还可用于制造探索宇宙奥秘的月球天线，利用形状记忆合金在高温环境下制作好天线，再在低温下把它压缩成一个小铁球，使它的体积缩小到原来的0.1%，很容易被运送到月球上，太阳强烈的辐射使它恢复原来的形状，按照需求向地球发回宝贵的宇宙信息。

2）形状恢复时应力的应用

例如，用超弹性 TiNi 合金丝做眼镜框架，即使镜片热膨胀，该形状记忆合金丝也能靠超弹性恒定力继续夹牢镜片。这些超弹性合金制造的眼镜框架的变形能力很大，而普通的眼镜框则不能做到。

3）热敏感性的应用

将用记忆合金制成的弹簧放在热水中，弹簧的长度立即伸长；再放到冷水中，它会立即恢复原状。利用形状记忆合金弹簧，可以控制浴室水管的水温，在热水温度过高时，通过“记忆”功能调节或关闭供水管道，避免烫伤；也可以用它制作成消防报警装置及电器设备的保安装置，当发生火灾时，记忆合金制成的弹簧发生形变，启动消防报警装置，达到报警的目的。还可以将用记忆合金制成的弹簧放在暖气的阀门内，用以保持暖房的温度，当温度过低或过高时，自动开启或关闭暖气的阀门。

4）在生物医疗上的应用

用于医学领域的 TiNi 形状记忆合金，除了利用其形状记忆效应或超弹性外，还应满足化学和生物学等方面的要求，即良好的生物相容性。TiNi 可与生物体形成稳定的钝化膜。目前，在医学上 TiNi 合金主要应用有：牙齿矫形丝，即用超弹性 TiNi 合金丝做的牙齿矫形丝，即使应变高达 10%TiNi 合金牙齿矫形丝也不会产生塑性变形，而且应力诱发马氏体相变使弹性模量呈非线型特性，即应变增大时矫正力波动很少。这种材料不仅操作简单，疗效好，也可减轻患者的不适感。

脊柱侧弯矫形。各种脊柱侧弯症(先天性、习惯性、神经性、佝偻病性、特发性等)疾病，不仅使患者身心受到严重损伤，而且内脏也受到压迫，所以有必要进行外科手术矫形。采用形状记忆合金制作的哈伦顿棒，只需要进行一次安放矫形棒固定。如果矫形棒的矫正力有变化，可以通过体外加热形状记忆合金，把温度升高到比体温高约 5℃，就能恢复足够的矫正力。另外，外科中用 TiNi 形状记忆合金制作成各种骨连接器、血管夹、凝血滤器以及血管扩张元件等，同时该合金还广泛应用于口腔科、骨科、心血管科、胸外科、肝胆科、泌尿科、妇科等。随着形状记忆的发展，其医学应用将会更加广泛。

2.5　凝　　胶

凝胶是一种在一定条件下可产生膨胀和收缩效应的聚合物。在 MEMS 中可利用凝胶来制造传感器和执行器，它具有很高的机械转换效率。

凝胶至少由两种成分组成，一种是液体；另一种是由长聚合物分子组成的网状结构。

网状结构可与液体化合，也可重新分开。

当凝胶与溶解物化合时，其体积膨胀变大；当溶解物再次被释放出来时，凝胶的体积收缩变小。溶解物的吸收和释放过程，可以通过各种效应来加速和扩大。如果把单个聚合物分子放入溶液中，既可以扩展膨胀，也可以卷成团收缩。有的聚合物链具有亲水性，如果把它放到水溶液中，水分子与它化合，使得它扩展膨胀。如果聚合物链是疏水的，则在水溶液中，这些链相互卷成团，或者说，作为整体的凝胶会在有水时收缩。

聚合物也可以含有带电的团，聚合物链在绝缘的溶液中，会产生膨胀。而在绝缘溶液中加入电解液，就会使得凝胶再一次收缩。

具有可收缩和膨胀特性的凝胶有聚苯乙烯(膨胀性较差)、聚乙烯醇及其衍生物(膨胀特性较好)、聚丙烯酸盐(膨胀特性很好)。可膨胀凝胶的活性可通过以下方法来改变：改变溶液的 pH 值、热效应、光作用和静电相互作用。

2.6 电流变体

1947 年，美国人温斯洛把石膏、石灰和碳粉加在橄榄油中，然后加水搅拌成一种悬浮液，他想看看这种悬浮液是不是能导电。在试验中，他意外地发现一个奇怪的现象，即这种悬浮液在没有加上电场时，可以像水或油一样自由流动；可是当加上电场时，几毫秒内就立即由自由流动的液体变成固体，并且随电场强度和电压的增加，固体的强度也增加。同时这种现象也能“反过来”进行，即当撤去电场时，它又能立即由固体变回到液体。因为这种悬浮液的状态可以用电场来控制，所以科学家把它称为电流变体；并把这种现象称为温斯洛现象或电流变现象。

2.6.1 电流变体定义

电流变体是人工合成的一种材料，它是集固体属性与液体流动性一体的胶体分散体，是微米尺寸介电颗粒，均匀弥散地悬浮于另一种互相不相溶的绝缘载液中所形成的悬浮液体。在外加电场作用下，胶体粒子将被极化并沿着电场方向成链状排列，从而使得流变特性如黏性、塑性、弹性发生巨大的变化，或者由黏性液体转变成固态凝胶，或者其流体阻力发生难以预料的变化(如剧增)。

2.6.2 电流变体组成

电流变体一般包含以下几种成分。

1. 连续介质

连续介质(或称溶剂、载液)为低黏度液体，如硅油、石蜡油、橄榄油等矿物油，还包括辛烷、甲苯、水银、聚苯醚等。通常，这些液体应具有高密度、高沸点、高燃点、低冻点、低粘度、疏水性、电阻大、介电强度高、化学性能稳定好、无毒、价廉等特点。一般其凝固点为-40℃左右，粘度为 0.01 Pa·s～10 Pa·s，介电常数为 2～15。

2. 粒子介质

粒子介质(或称溶质、介电微粒)主要有三类：金属类(如铁、钴、镍、铜、铁氧体、氧化铁、四氧化三铁等)、陶瓷类(如压电陶瓷、高岭土、硅藻土、硅石、沸石等)、半导体高分子材料(如明胶和淀粉等)。粒子介质通常具有亲水性和多孔性，并且在稀流体中，在电场作用下呈现为分立的球形颗粒，各向异性。粒子的直径一般为 0.01 μm～10 μm，每克表面积约为 400 m^2。由介电粒子及其表面包覆层所构成的分散相，其介电常数多数在 2～40 范围内取值。一般情况下，粒子介质的体积约占连续介质的 15%～45%。

3. 稳定剂

稳定剂主要有油酸、亚油酸等不饱和脂肪酸、酒精、胺、聚胺类、磷酸衍生物、盐类、皂类、长链状高聚物等，其作用是增加悬浮粒子的稳定性或产生粒子间的胶态分子团桥，让粒子既不产生沉淀又不出现絮凝，从而使得流体始终处于溶胶或凝胶态。换言之，稳定剂的存在，使得分散粒子与连续介质之间形成许多亚微粒群，且这些群体的空隙中存在大量的流体。无论对于何种流变体，稳定剂的恰当使用都是极其关键的，量少则粒子产生沉淀，量多则流体呈浆糊状，一般用量为粒子重量的 0.05%～0.03%。

4. 添加剂

添加剂是指有机活性化合物、非离子表面活化剂和水等，通常也是电流变体的重要组成部分。对于电流变体而言，在许多场合下，用水作添加剂。由于添加剂的含量直接并显著影响电流变效应，太高或者太低都会使得电流变效应明显减弱，因此应该严格控制添加剂的含量，一般应占固体粒子重量的 5%～10%。此外，甘油、油酸、洗涤剂等有时也可以作添加剂。

2.6.3 电流变体应用

电流变体最先应用是制造汽车的离合器和刹车装置。汽车改变行车速度要换挡，要用离合器，而换挡至少也要几秒钟的时间，当遇到紧急情况刹车时，司机踩刹车让刹车片紧紧“抱住”旋转的轮子，也至少需要 1 s 左右的时间，可是，在这 1 s 的时间内就有可能车毁人亡。如果用电流变体作离合器或刹车装置，只需要千分之几秒的时间，就可以实现换挡或刹车目的。这是因为只要一按电钮，电流变体就立即变成固体，起到换挡和刹车作用。

近几年科学界正在研究有“感觉”和有“知觉”的仿生智能材料，而电流变体正好满足这一要求，智能材料的显著特点之一就是能随外界环境的变化自动调节其功能。比如电流变体能随施加的电压不同而改变自身的强度，因而可以充当智能材料的“肌肉”。因为一使劲

(加上电压)，肌肉就变硬；肌肉一放松(撤掉电压)，肌肉就变软。电流变体通过开、闭电场也能变硬和变软，其作用就相当于“肌肉”。

1991年，美国科学家甘迪用电流变体研制了一种能自动加固的直升机水平旋翼叶片。叶片在飞行中突然遇到疾风，猛烈振动有可能使其断裂，甘迪在叶片中事先埋入的电流变体变成固体，从而实现自动加固。电流变体还可以用来制作各种力学器件，如减震器(可在约1 ms内实现由低黏度到高黏度的变化，从而可独立而迅速地实现减震)和液压阀等等。

在MEMS中，电流变体主要用于制造微阀、微泵、微开关和其他没有机械运动的微执行器。

总之，电流变体的应用有可能开辟一个新世界。因此，美国密执安大学材料冶金系的教授菲利斯科甚至预言：“电流变体有可能产生比半导体更大的革命”。

2.7 新兴材料

随着MEMS工艺的成熟和发展，将有越来越多的材料用于MEMS，实现智能化的微系统。加之研究人员对各种材料的不断探索，已有不少新兴材料应用于MEMS，如石墨烯、碳纳米管、金刚石、硅烯、SOI材料等。下面介绍几种新兴材料在MEMS中的应用。

2.7.1 石墨烯

石墨烯(Graphene)自2004年被英国曼彻斯特大学的教授安德烈·海姆(Andre Geim)等报道后，以其奇特的性能引起了科学家的广泛关注和极大的兴趣，被预测很有可能在许多领域引起革命性变化。2010年10月，安德烈·海姆和康斯坦丁·诺沃肖洛夫因在石墨烯材料方面的卓越研究获得了诺贝尔物理学奖。

实际上，在两位诺贝尔奖得主的原始文献中对石墨烯的定义很明确，就是按蜂房结构密集排列的单原子层碳薄膜，如图2-6(a)所示。换言之，石墨烯实际就是二维单原子层石墨薄膜，若把这层石墨膜包围起来，可以构成一个零维的富勒球分子(参见图2-6(b))；若把单层(或多层)卷起来，则形成一维的碳纳米管(参见图2-6(c))；而把它们按三维堆积在一起，就构成了通常的体石墨(参见图2-6(d))。所以，石墨烯材料实际就是各种碳基材料的最基本的组成原料。

1. 石墨烯能带结构

石墨烯为复式六角晶格，基本结构为每个碳原子sp^2轨道杂化形成3个共价键，分别与周围最邻近的3个碳原子形成3个σ键，剩余的1个p电子垂直于石墨烯的表面，与周围的原子形成π键。即当碳原子彼此靠近形成单原子层碳晶格时，2s轨道与分子平面内的2个2p轨道重叠(sp^2杂化)形成$\sigma-\sigma^*$强共价键。此键十分坚固，把碳原子紧密地连接在

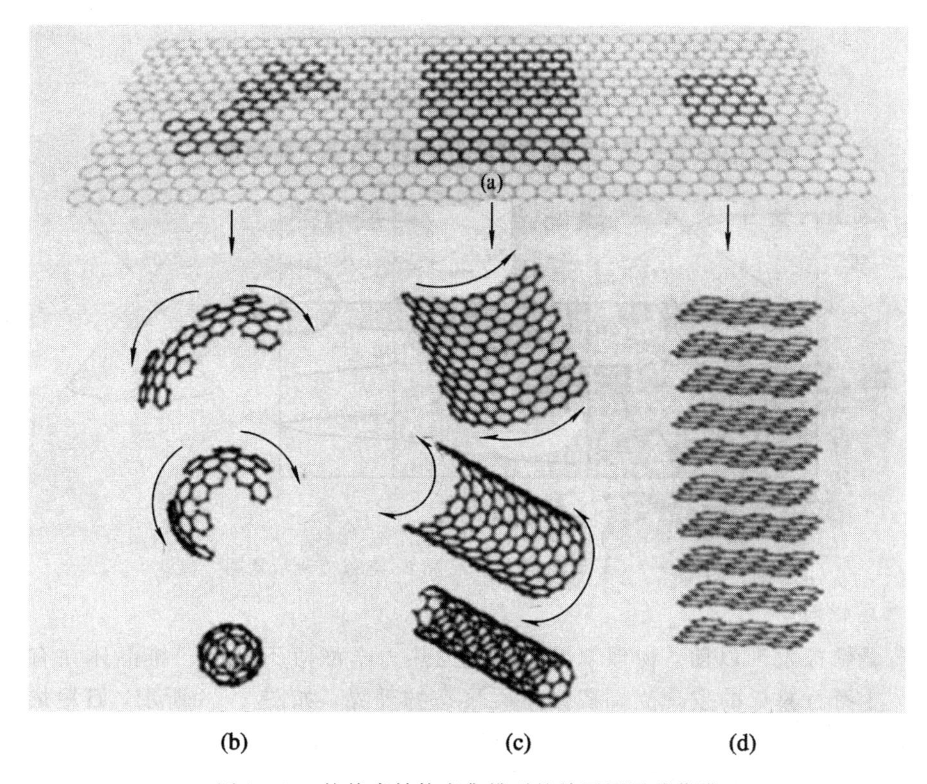

图 2-6　按蜂房结构密集排列的单原子层碳薄膜

(a) 单原子层碳薄膜；(b) 富勒球分子；(c) 碳纳米管；(d) 体石墨

一起，形成二维平面内的蜂房结构。此键对碳晶格的电导没有贡献。碳原子外层电子中剩下一个未成对的 2p 轨道，其方向垂直于分子平面，在形成碳晶格过程中，杂化形成 π 键(价带)和 π^*(导带)。导带与价带，在蜂房结构晶格布里渊区顶角的两个不等价点 K 和 K'(称之为“狄拉克点”)相互接触。低能量能带结构，近似为 K 和 K' 点上的两个对顶角圆锥(参见图 2-7)。在狄拉克点附近，载流子能量色散关系是线性的，电子的动力学是按“相对论”处理的。导带与价带的电子态具有相反的手征性(Chirality)，当多数电子具有相同的手征性时，其相互作用能量降低；与铁磁物质中大多数粒子具有相同自旋时，其相互作用能量降低的情况类似。

2. 石墨烯性质

1) 力学性质

石墨烯的特殊结构赋予其优异的力学性能。美国哥伦比亚大学的研究人员通过研究认为，石墨烯是世界上已知的最牢固的材料，其本征强度可达 130 GPa，是钢的 100 多倍，杨氏模量为 1100 GPa。如此高强、轻质的薄膜材料有望用于航空航天、微/纳机电系统等众多领域。

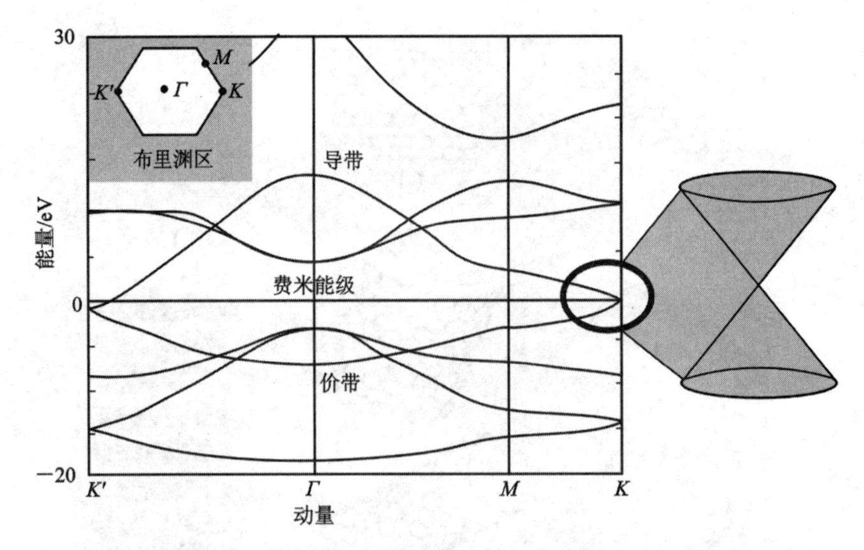

图 2-7　导带与价带在 K 和 K' 点相接触示意图

2）热学性质

在石墨烯被发现以前，物理学界一直认为热力学涨落不允许二维晶体在有限温度下存在，然而石墨烯的发现立即震动了凝聚态物理界。如图 2-8 所示，石墨烯之所以得以稳定存在，主要归功于其在纳米级别上的微观扭曲。研究发现，石墨烯的热导率可达 5000 W/(m·K)，是金刚石的 3 倍。

图 2-8　采用蒙特卡洛法模拟石墨烯表面的微观扭曲结构

3）光学性质

石墨烯具有特殊的光学性质。单层石墨烯可以吸收 $\pi\alpha\approx2.3\%$ 的可见光，其中 $\alpha=e^2/(2\varepsilon_0\hbar c)\approx1/137$（$c$ 为光速；ε_0 为真空介电常数，$\varepsilon_0\approx8.854\times10^{-12}$ F/m；h 为普朗克常数，$h\approx6.626\ 196\times10^{-34}$ J·s）为其精细结构常数。如图 2-9 所示，其不透明性与入射光波长无关，与石墨烯层数具有线性关系。单层石墨烯对光的显著吸收暗示其与传统的半导体材料 GaAs 相比，具有更低的饱和强度或更高的光载流子密度。这就意味着，原则上石墨烯在从可见到近红外波段的光照下很容易达到饱和。石墨烯的这一性质，使其可用作光纤激光器锁模的可饱和吸收体，产生超快激光。

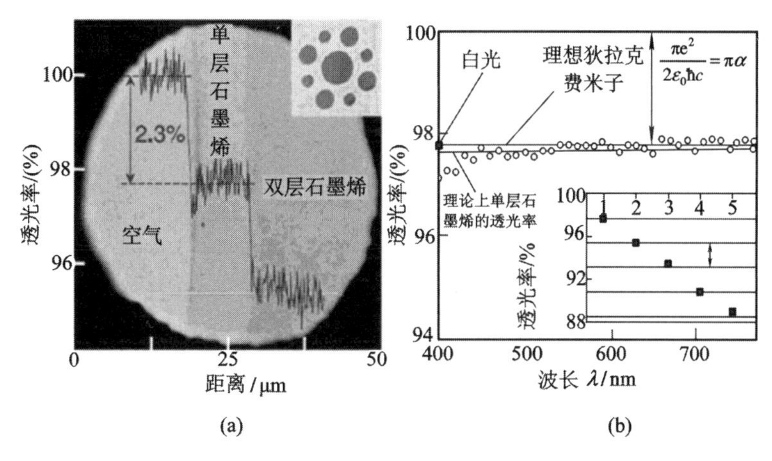

图 2-9　石墨烯光学性质示意图

(a) 单层与双层石墨烯对光的吸收情况；(b) 单层石墨烯的透过率与理想狄拉克费米子之间的差异

(内图为不同层数石墨烯的透过率，与层数具有线性关系)

4) 电学性质

稳定的晶格结构赋予石墨烯优异的导电性能。如图 2-10 所示，石墨烯的电子结构可以通过最近邻法紧束缚模型得到，石墨烯的每一单位晶格有 2 个碳原子，导致其在每个布里渊区有两个等价锥形相交点(K 和 K'点)，在这些相交点附近其能量与波矢量呈线性关系：

$$E = \hbar \upsilon_F \boldsymbol{k} = \hbar \upsilon_F \sqrt{k_x^2 + k_y^2} \tag{2-2}$$

式中，E 是能量；υ_F是费米速度，约等于 1×10^6 m/s；k_x与k_y分别是波矢量$\boldsymbol{k}$ 在x 轴和y 轴的分量。这使得石墨烯中电子和空穴的有效质量均为零。由于线性关系的存在，电子和空

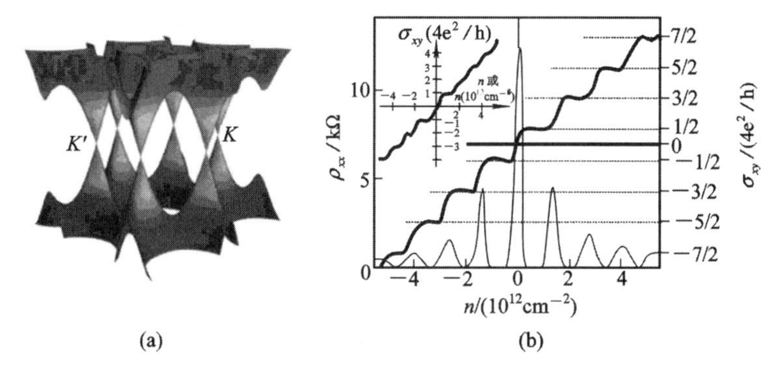

图 2-10　石墨烯电学性质示意图

(a) 石墨烯的能带结构；(b) 石墨烯中零质量狄拉克费米子的量子霍尔效应

(内图为双层石墨烯的量子霍尔效应)

穴在这些相交点附近的物理行为与狄拉克方程所描述的相对论粒子相似，因此石墨烯中的电子和空穴被称为狄拉克费米子；相交点称为狄拉克点。在狄拉克点附近其能量为零，故从这种意义上说石墨烯的带隙为零，石墨烯为零带隙的半导体材料。

载流子在石墨烯中以恒定的速率移动，且表现出优异的整数量子霍尔行为。其霍尔电导等于 $2e^2/h$，$6e^2/h$，$10e^2/h$，…为量子电导的奇数倍。由于电子在石墨烯中遵守相对论量子力学，其有效质量为零，与光子的行为极为相似。不仅如此，石墨烯还表现出分数量子霍尔效应，如实验人员在石墨烯中观测到了填充数为 1/3 的分数量子霍尔效应。量子霍尔效应的观测通常需要较低的温度(30K 以下)，而石墨烯的室温量子霍尔效应将原来的温度范围提高到 300 K，表明了其独特的载流子特性和优良的电学性质。

3. 石墨烯的制备方法

1) 微机械剥离法

微机械剥离法即为人们所熟知的撕胶带法。2004 年，英国曼彻斯特大学的 Novoselov 与 Geim 等人就是采用这一方法成功地从高定向热解石墨(HOPG)上剥离出单层石墨烯。首先利用氧等离子体干法刻蚀技术，在 1 mm 厚的 HOPG 表面进行等离子体刻蚀，刻蚀出宽为 20 μm～2 mm、深为 5 μm 的微槽，并将其用 1 μm 厚光刻胶粘到玻璃衬底上，烘焙后突出部的 HOPG 与母体分离。然后用透明胶带进行反复撕揭，将粘有微片的玻璃衬底放入丙酮溶液中超声。再将单晶硅片放入丙酮溶剂中，将单层石墨烯捞出。在范德华力或毛细管力作用下，石墨烯会吸附在单晶硅片上。Geim 等利用这一方法成功发现部分薄片仅由一层碳原子构成，即单层石墨烯。该方法可少量制备结构完整的石墨烯，主要用于基础物理等研究领域，但无法实现大规模的制备，且尺寸不易控制。

2) 晶体外延生长法

外延法是以一种晶体层作为生长基质(如 SiC)生长出另一种晶体层的方法。Berger 等人首先利用真空石墨化，在单晶 SiC 表面生长出单层与多层石墨烯片层，其厚度可通过加热温度进行控制，但采用此方法制备的石墨烯难以从 SiC 基体上分离下来。Peter 等人改用金属钌，先让碳原子在 1150℃下渗入钌，然后冷却至 850℃，之前吸收的大量碳原子就会浮出钌表面，形成镜面形状的碳单原子层孤岛，最终可长成完整的石墨烯；再在其上生长第二层，由于第二层与钌只剩下弱电耦合，很容易与钌分离。然而采用这种方法生产的石墨烯薄片往往厚度不均匀。采用外延生长法可以制备尺寸较大的石墨烯片层，如面积超过 50 mm^2 的石墨烯已在 SiC 表面以外延法生成，且具有较好的电学特性，表明石墨烯具有取代传统半导体的潜力。

3) 化学气相沉积法

化学气相沉积(CVD)法是一种常用的半导体沉积技术。采用该法制备石墨烯存在碳源与催化剂两个关键因素，目前常用的碳源包括甲烷、乙烯、乙炔、乙醇、环己烷或酞菁等；

催化剂可为铜、钴、镍、铁、铂等，其中铜和镍因成本低廉和催化性能良好而具有工业化的潜在优势。Wei 等人采用 CVD 法，以铜作为催化剂，以甲烷为碳源，氨气为氮源，制备了 N 掺杂的石墨烯。在石墨烯的形成过程中，N 原子可以部分取代 C 原子进入石墨烯的骨架结构，得到的石墨烯具有明显的 n 型行为，表明掺杂可以有效调控石墨烯的电子性能。除了传统的制备方法，有关微波增强 CVD 法、无基底 CVD 法以及无线电频率等离子体增强 CVD 法亦有报道。目前 CVD 法制备石墨烯的制造工艺正日渐成熟，已经可以制出面积达若干平方厘米的样品，使得石墨烯的未来更加光明。

4）化学氧化还原法

如图 2－11 所示，化学氧化还原法包括氧化石墨烯的制备与还原两步。氧化石墨烯的制备，采用 $KMnO_4$、$KClO_3$ 等氧化剂与硫酸、硝酸等强酸，对石墨进行氧化插层，再辅以超声等手段，将其分散为单片层状态。氧化石墨烯的还原是采用还原剂或者光、热等，将其片层表面的含氧基团除去，恢复其 sp^2 片层结构，并使其性能得到一定程度的恢复。采用该法制备的石墨烯，在电导率等物理性质上与剥离法制得的石墨烯仍有相当的差距，但化学氧化还原法可以实现石墨烯的大规模制备，而且表面基团的存在为石墨烯性能的进一步调控提供了基础，因此仍是非常有应用前景的一种方法。

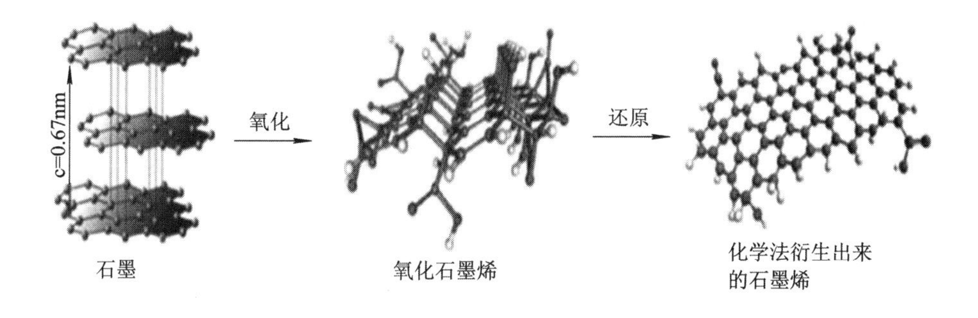

图 2－11　化学法制备石墨烯示意图

5）其他方法

除了上述提到的几种主要方法，其他诸如液相超声剥离法、电化学法、电弧法、化学有机合成法以及碳纳米管的剪裁等均可制备石墨烯。不论是哪一种方法，都有其自身的优势与缺点，因此制备方法的选择需以具体需要为准，而如何保证制备石墨烯的质与量兼备以及实现石墨烯的重复可控制备，仍然是当前面临的主要挑战。

4. 石墨烯表征

目前石墨烯的表征手段主要有原子力显微镜（AFM）、透射电子显微镜（TEM）、扫描隧道显微镜（STM）、光学显微镜（OM）以及 Raman 光谱等，其中以 AFM 和 Raman 光谱表征应用最为广泛。AFM 不仅可以直接观察到石墨烯的轮廓形貌，而且可以测出石墨烯的厚度，进而确定石墨烯的层数。Raman 光谱通过对与入射光频率不同的散射光谱进行分析，可以得到分子的振动、转动等结构信息。石墨烯的 Raman 光谱一般包括 G 峰(约为 $1580/cm^{-1}$)和 2D 峰(约为 $2700/cm^{-1}$)两个散射峰，分别由双重简并带中心 E_{2g}模和二阶区界声子引起。此外，当石墨烯存在缺陷时，在约为 $1350/cm^{-1}$存在 D 衍射峰(一阶区界声子)，而完整无损的石墨烯则不存在 D 峰，故常用 D/G 峰值强度比来评判石墨烯的规整度。石墨烯 Raman 光谱的形状、宽度、位置等与其层数密切相关，因此该方法可以精确确定石墨烯的层数。如图 2-12 所示，当石墨烯层数增加时，其 2D 峰向更高的波数移动并伴随着衍射峰的展宽。另外，研究还发现石墨烯 Raman 光谱的 G 峰和 2D 峰与温度及掺杂有关。

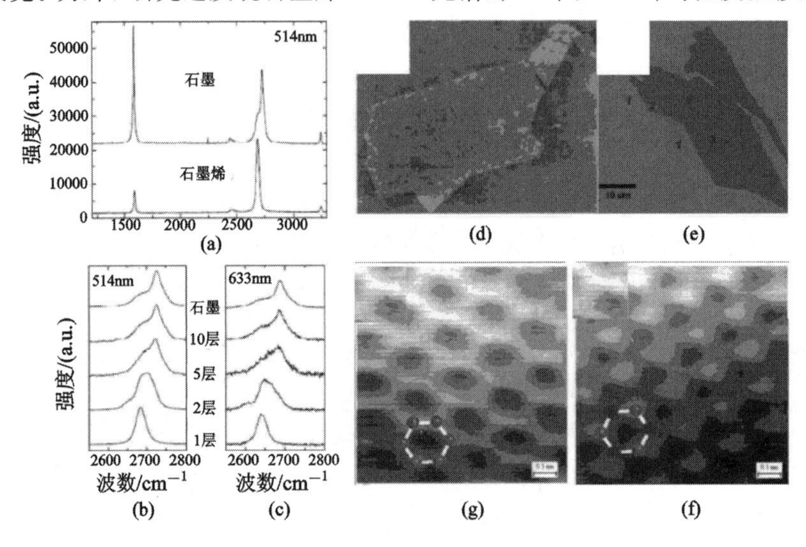

图 2-12　石墨烯表征示意图

(a) 石墨与石墨烯的 Raman 光谱对照图(激发波长 514 nm)；

(b) 2D 峰随层数的变化情况(激发波长 514 nm)；

(c) 2D 峰随层数的变化情况(激发波长 633 nm)；(d) 石墨烯的 AFM 图；

(e) 不同层数石墨烯的光学显微镜图片；(f) 石墨；(g) 石墨烯 STM 图片

5. 石墨烯在微/纳机电系统中的应用

石墨烯所具有的优异性能使其在纳米电子器件、液晶器件、传感器、能量存储、生物材料及复合材料等领域有光明的应用前景。下面介绍石墨烯在微/纳机电系统中的应用。

1) 石墨烯在生物传感器中的应用

由于石墨烯每个原子都在表面上，对外界分子的光响应与电响应极其灵敏。同时，嵌入生物传感器界面的石墨烯可增大电极的有效表面积，为石墨烯生物传感器的研发提供非常有利的基础。比如将石墨烯通过一定的方法修饰于电极表面，以高特异性分子识别物质凝血酶适体(TBA) 作为探针，凝血酶为目标蛋白，利用高灵敏性的电化学阻抗谱(EIS)建立检测蛋白质的新方法。将石墨烯应用于电化学适体传感器，为蛋白疾病的诊断和临床治疗提供具有应用价值的分析方法与技术。

如图 2-13 所示，陈国南研究组通过标记荧光染料的单链 DNA，吸附于氧化石墨烯上，制备出一种复合物，用于目标单链 DNA 的检测。氧化石墨烯对荧光标记的 ss-DNA 具有荧光淬灭作用。目标 ss-DNA 通过碱基互补配对原则，与荧光标记的单链 DNA 特异结合形成双螺旋，改变分子在氧化石墨烯片上的构象，从而使得荧光恢复，实现对单链 DNA 的高灵敏的选择性检测。

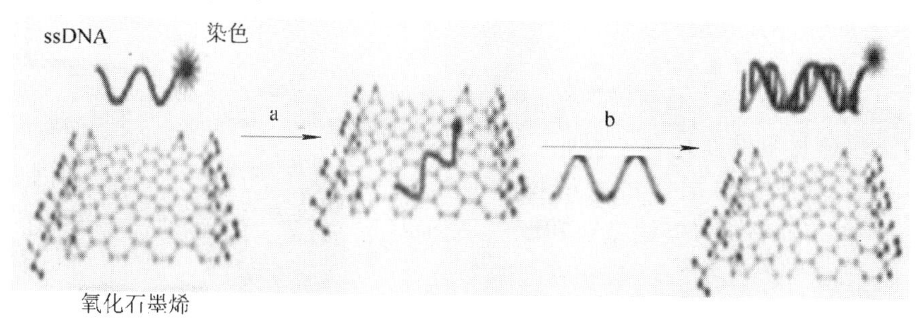

图 2-13 石墨烯诱导淬灭荧光 DNA 生物传感器(陈国南研究组)

2) 石墨烯在光学传感器中应用

石墨烯还可用于光子传感器，这种传感器用于检测光纤中携带的信息。2010 年 10 月，IBM 的一个研究小组，首次披露了研制的石墨烯光电探测器。湖南大学信息科学与工程学院微纳光电器件及应用教育部重点实验室，报道了石墨烯作为可饱和吸收体的被动锁模掺铒光纤孤子激光器。石墨烯可饱和吸收体的制备过程如下：将 3 mg 石墨烯与 10 mL 二甲基甲酰胺溶液混合，超声振荡 1 h，然后静置 24 h，再取上层溶液离心 30 min，完成后取上层石墨烯分散液备用。将一段单模光纤的一端连接 980 nm 半导体激光源，另一端接一个光纤接头浸入到石墨烯分散液中。在出纤功率约为 80 mW 的情况下通光 2 min，将该光纤头置于温度为 22℃、湿度为 16%的干燥箱中处理 2 h～3 h，最后连接另一光纤接头，作为激光器的可饱和吸收体。经测量，石墨烯厚度为 4～5 层，饱和调制深度约为 40%。

激光器实验装置如图 2-14 所示，总腔长为 56.3m，主要包括：掺铒光纤(EDF)、标准单模光纤(SMF)、光耦合器(OC)、980/1550 nm 波分波分复用器(WDM)、偏振无关隔离器(PII)和偏振控制器(PC)等。

3) 石墨烯在纳机电谐振器中的应用

固支梁纳机电谐振器是 NEMS 的典型器件之一。2007 年，美国康奈尔大学 P. L. McEuen 等人报道了首个石墨烯机械谐振器，采用光学方法激励与检测到的最高频率达 170 MHz，并在 2010 年采用 CVD 制备的石墨烯实现了大面积的纳机电谐振器阵列。微波纳机电谐振器对无线通信、生化检测、现代量子物理学等领域有着巨大的应用潜力。

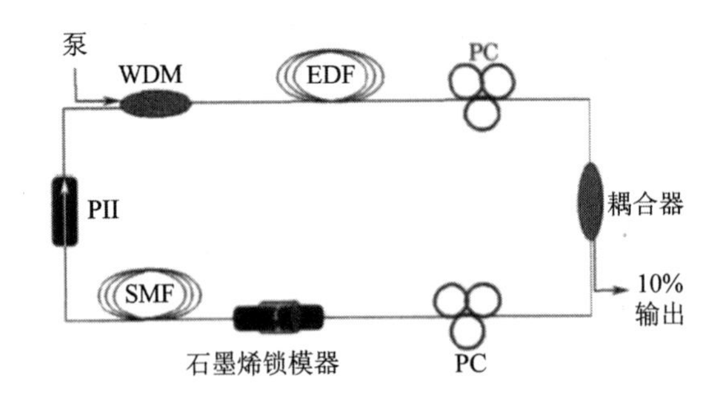

图 2-14　石墨烯被动锁模光纤激光器示意图(湖南大学信息科学与工程学院)

图 2-15　石墨烯/氧化石墨烯纳机电谐振器(电子科技大学及诺基亚和西门子公司)

由于石墨烯材料厚度太薄，因此目前工艺很难实现微波频段的石墨烯纳机电谐振器。如图 2-15 所示，电子科技大学及诺基亚和西门子公司的科研人员提出了基于石墨烯/氧化石墨烯复合材料(G/GO)的微波纳机电谐振器方案。氧化石墨烯不仅可以非常方便地实现高质量、纳米级尺寸的薄膜，而且具有极好的机械性能，非常适合 NEMS 应用。利用氧化石墨烯可补偿石墨烯厚度太薄的缺陷，从而降低实现微波频段机电谐振器对梁长要求。因此利用石墨烯/氧化石墨烯复合材料实现纳机电谐振器，既可以利用石墨烯的电学特性实现全电学激励与检测，又能较好地实现微波纳机电谐振器的批量化制备。

4) *石墨烯在纳机电共振器中的应用*

当 NEMS 中的共振器(如结构中的悬臂梁)尺寸降低到 100 nm 左右时，会产生非常高的工作频率(可高达 1 GHz)和极高的灵敏度，在此频率下传感器仍要保持一定的灵敏度。目前，Si 和 GaAs 并不能完全满足当前 NEMS 的需求。考虑到材料的共振频率由材料密度 ρ 和杨氏模量 E 决定，即

$$f=\left(\frac{E}{\rho}\right)^{\frac{1}{2}} \tag{2-3}$$

在现有的材料中，金刚石、碳纳米管、石墨烯等碳结构材料具有最高的 E/ρ 比值，而其中只有一个碳原子层的石墨烯最具吸引力。J. T. Robinson 等人利用石墨烯的优良性质(如轻巧、异常的坚硬和极高的杨氏模量等机械特性)制备了高品质的 NEMS 共振器。

要实现基于石墨烯的 NEMS 器件，制备大面积超薄石墨烯薄膜是器件实现的关键问题。解决这个问题的主要方法是使用氧化石墨烯(GO)。GO 可以溶于水，在超声作用下能

够完全分散成单层的氧化石墨烯，并通过简单的沉积，可获得连续的大面积薄膜；再通过水合肼蒸气还原为石墨烯。利用这种方法制成的石墨烯具有很高的机械强度。

5）石墨烯在纳米发电机中的应用

近年来，王中林教授研究组基于纳米结构 ZnO 的压电效应实现了纳米发电机，且它的性能不断得到提高。韩国的研究人员采用化学气相沉积技术制备了大面积的石墨烯，并通过掺杂等方法实现了电学特性(如功函数、电阻率等)的调控。在此基础上，进一步将石墨烯用于纳米发电机的制备。可完全卷曲的纳米发电机制备过程示意图如图 2-16 所示，具体过程如下：首先在镀 Ni 的硅片衬底上采用 CVD 技术生长面积达 5.08 cm^2 的石墨烯；再将其剥离并转移到软性的聚合物衬底上，形成一个电极；然后在石墨烯电极上用水热法生长定向排列的 ZnO 阵列；再覆盖一层石墨烯形成另一电极，这就构成了一个可完全卷曲的纳米发电机的原型器件。这种可软性的纳米发电机在卷曲后仍具有很好的电流输出。

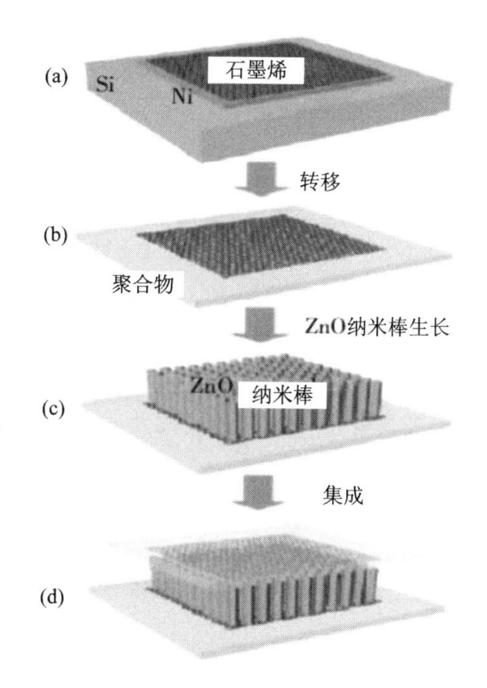

图 2-16　可完全卷曲的纳米发电机制备过程示意图(韩国成均馆大学研究组)

(a) 镀 Ni 硅片上生长石墨烯；(b) 石墨烯转移至柔性聚合物衬底；

(c) 生长 ZnO 纳米棒阵列；(d) 与另一层石墨烯集成

2.7.2　碳纳米管

1991 年，日本 NEC 公司基础研究实验室的电子显微专家 S. Iijima 在高分辨率透射电子显微镜下，检验石墨电弧设备中产生的球状碳分子时意外发现了管状的同轴纳米管，这就是今天被广泛关注的碳纳米管(Carbon NanoTubes，CNTs)。

1. 碳纳米管

碳纳米管是由一层或者多层石墨片按照一定螺旋角卷曲而成的、直径为纳米量级的圆柱壳体。根据石墨片层数的不同，碳纳米管可分为单壁碳纳米管(Single-Walled Carbon NanoTubes，SWCNTs)、双壁碳纳米管(Double-Walled Carbon NanoTubes，DWCNTs)和多壁碳纳米管(Multi-Walled Carbon NanoTubes，MWCNTs)。图 2-17 所示为具有不同层数的碳纳米管的结构示意图。

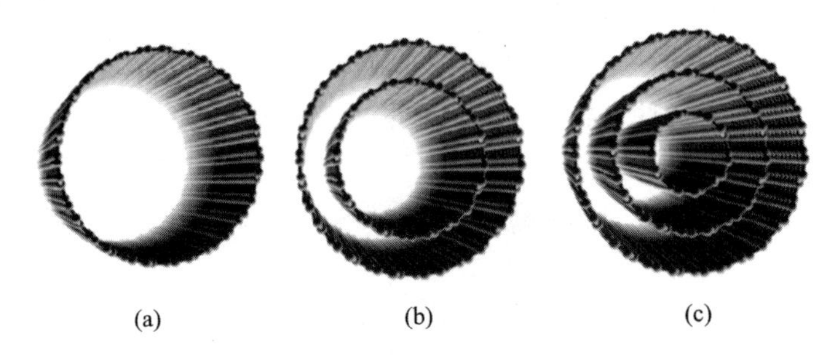

图 2-17　不同层数碳纳米管的结构示意图
(a) 单壁碳纳米管；(b) 双壁碳纳米管；(c) 多壁碳纳米管(三层)

双壁碳纳米管(参见图 2-17(b))具有独特的双层结构，其内外层间距并非固定为 0.34 nm，而是根据内、外层单壁碳纳米管的手征性不同，可以在 0.33 nm 和 0.42 nm 之间变化，通常可以达到 0.38 nm 以上，与最小直径的单壁碳纳米管 0.4 nm 相近。对于具有较小直径的双壁碳纳米管，由于其具有较大的内外层间距，内、外管之间存在相互作用会使碳纳米管的能带结构发生变化。

多壁碳纳米管(参见图 2-17(c))在开始形成时，层与层之间很容易成为陷阱中心而捕获各种缺陷，因而工业制备多壁管的管壁上通常布满小洞样的缺陷。与多壁管相比，单壁管是由单层圆柱型石墨层构成的，其直径大小的分布范围小，缺陷少，具有更高的均匀一致性。

碳纳米管可视为由石墨片卷曲而成的。根据石墨片卷曲方式的不同，可分为三大类：锯齿型、扶手椅型和螺旋型，如图 2-18 所示。

碳纳米管之所以具有优异的力学性质，是与其碳原子的化学键密切相关的。碳原子序数为 6，其电子结构是 $1s^2 2s^2 2p^2$。如图 2-19 所示，当碳原子构成石墨时，出现 sp^2 杂化，在这个过程中，1 个 s 轨道和 2 个 p 轨道组合成 3 个 sp^2 杂化轨道，在同一个平面内互成 120°夹角，这个面内的键称做为 σ 键。它是一个很强的共价键，因此，形成了碳纳米管的高硬度和高强度。p 轨道垂直于 σ 键所在平面，主要对层间相互作用有贡献，称为 π 键。

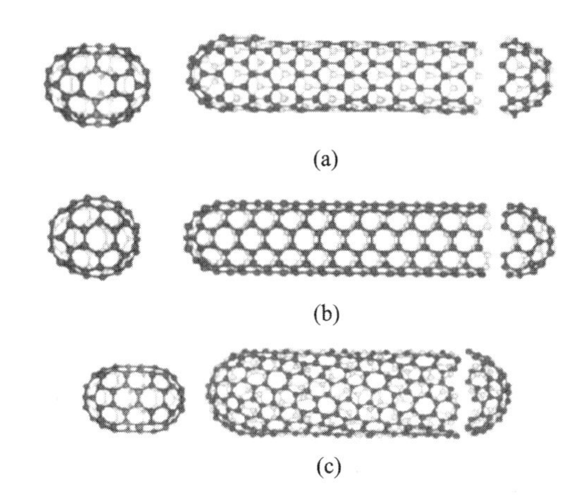

图 2-18　三种不同类型的碳纳米管结构示意图
(a) 锯齿型(Zigzag)；(b) 扶手椅型(Armchair)；(c) 螺旋型(Chiral)

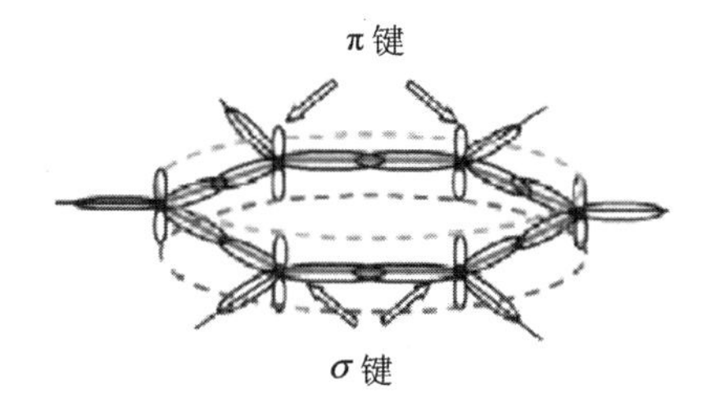

图 2-19　石墨烯片中 C—C 键形成的六边形结构

2. 碳纳米管制备

从 1991 年 Iijima 首次利用电弧放电法制备出 CNTs 后，CNTs 的制备取得了突飞猛进的进展，至今为止，已开发出 CNTs 的多种生产工艺。如图 2-20 所示，目前常用的 CNTs 制备方法主要有电弧放电法、激光蒸发法和化学气相沉积法(碳氢气体热解法)。除了上述的方法，还有等离子体喷射沉积法、火焰法、水中电弧法、太阳能法、低温固体热解法、辉光放电法、气体燃烧法以及聚合反应合成法等方法，但这些方法的制备工艺条件较难控制，产品质量和产量都相对较低。

(1) 电弧法。电弧法的原理为石墨电极在电弧产生的高温下蒸发，在阴极沉积出纳米管。这种方法简单、快速，但所产生的碳纳米管缺陷较多，究其原因是电弧温度高达 3000℃～7000℃，形成的碳纳米管被烧结于一体，造成较多的缺陷。

(2) 激光蒸发法。Smalley 研究小组在 1200℃下用激光蒸发石墨棒(使用镍、钴为催化剂)得到了纯度高达 70%、直径均匀的单壁碳纳米管束。

(3) 化学气相沉积法。Dai 等人采用 CVD 方法，以粒径仅有几纳米的钼粉作催化剂，在1200℃下裂解一氧化碳得到了单壁碳纳米管。成会明等人首先采用浮动催化工艺，以二茂铁为催化剂，苯为碳源，在1100℃～1200℃温度范围内制备了长达3 cm的单壁碳纳米管束，并且认为它是一种易于实现大批量生产单壁碳纳米管的方法。

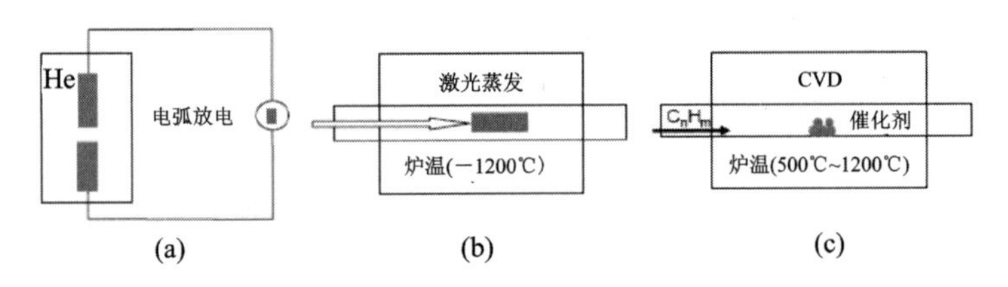

图2-20　CNTs制备方法示意图

(a) 石墨电弧法；(b) 激光蒸发法；(c) 化学气相沉积

3. 碳纳米管的性质

碳纳米管作为一种准一维纳米材料，重量轻，六边形结构完美连接，具有许多异常的力学、电磁学和化学性能等。

1) 力学性能

CNTs中每个碳原子与周围的3个原子以C—C共价键构成结合，形成严密的结构。而两端又是封闭的，不存在悬空的化学键，使整个结构更加稳定。理论计算表明，CNTs应具有极高的强度、弹性模量和极大的韧性。由于CNTs中碳原子间距短、单壁CNTs的管径小，使得结构中的缺陷不易存在。CNTs的强度是钢的100倍，弹性模量高达1000 GPa，与金刚石的相当，而密度却只有钢的1/6。另外，CNTs不仅具有较好的柔韧性，而且具有很强的抗压、抗拉、抗拆、抗疲劳性及各向同性能力，有望成为工业应用中理想的“超级纤维”材料。

2) 电磁性能

由于具有可变的直径以及不同的螺旋结构，碳纳米管既具有金属导电性，也具有半导体的导电性。碳纳米管的直径与螺旋结构主要由手征性矢量所确定，当手征性矢量满足一定要求时，单壁碳纳米管为金属导电性；否则为半导体导电性。某些特殊的缺陷也可能导致同一碳纳米管既具有金属的导电性，又具有半导体的导电性。通过在单个碳纳米管上引入缺陷，改变碳纳米管的手征性，制成了第一个碳纳米管的异质结。通过调整缺陷在碳纳米管上的位置，可在很大范围内改变碳纳米管的导电性能。

完美碳纳米管的电阻要比有缺陷碳纳米管的电阻小一个数量级或更多，并且碳纳米管的径向电阻大于轴向电阻。理论计算指出，直径为0.7 nm的碳纳米管具有超导性。这预示了碳纳米管在超导领域里的应用前景。Wang等人测得碳纳米管的轴向磁感应系数是径向的1.1倍，超出C_{60}的近30倍。

3) 热学性能

碳纳米管在平行于轴线方向的热传导性与金刚石的相仿，而垂直方向的又非常低。

1999 年，中科院物理所开发了一种同时测量细条状导电样品的热导率和比热容的 3 W 方法，并采用这种方法测量了定向多壁碳纳米管的热导率和比热容。结果表明，多壁碳纳米管层与层之间的振动耦合很弱，每一层可以单独考虑并具有理想的二维声子结构。

碳纳米管和石墨、金刚石一样，都是良好的导热体。分子动力学模拟结果表明：由于碳纳米管导热系统具有较大的平均声子自由程，其轴向导热系数高达 6600 W/(m·K)，与单层石墨基的导热率相当，为自然界中已知的最好的材料之一，是电子设备中高效的散热材料。

4）光学性能

物质的电子结构决定其特有的发光性质(如光谱等)。物质吸收足够的能量后，其电子会在不同能级间跳迁，在此过程中同时发射光子，即产生光效应。关于碳纳米管光学性质的研究，大都集中于单壁碳纳米管(SWCNTs)胶囊激光激发和荧光性方面。SWCNTs 的光致发光谱线存在多个强峰，峰值波长与 SWCNTs 的直径和手征性有关。由于 CNTs 之间相互影响，SWCNTs 管束在固态下不会产生荧光现象，必须分散到表面活性剂中才能进行研究。很多学者发现，用可见—近红外激光激发时，CNTs 的发光波长峰值集中在近红外区，即使高能量的光子入射后，也转变为低能量的光子释放出来，吸光性十分好。随着成本的降低和 CNTs 排列技术的日渐成熟，CNTs 将在太阳能领域有着广泛的应用前景。

5）场发射性能

由于自身结构特点以及卓越的力学、电学性能，碳纳米管表现出良好的场发射性能。相关测试表明，碳纳米管作为阴极可产生 $4A/cm^2$ 的电流密度；单壁碳纳米管的直径可以小到 1 nm 左右，如此小的尺寸可以在其半球形的帽端产生极大的局部电场。1998 年，Saito 等人将碳纳米管用于阴极射线管中，总电流可达 200 μA，寿命预计将超过 10 000 h。碳纳米管的化学性质稳定，不易与其他物质反应，并且机械强度高、韧性好，不要求过高的真空度。利用这些特性可以制造出高密度电子枪，从而制造出新一代高分辨显示器。

6）化学性能

碳纳米管的化学性质主要表现为：① 化学修饰及催化性质；② CNTs 的填充、包敷及空间限制反应。

碳纳米管的表面效应，导致它的表面积和表面能都迅速增大，表现出很高的化学活性。碳纳米管具有优良的电子传导能力，对反应物种和产物特异的吸附和脱附性能，特殊的孔腔空间立体选择性，碳与金属催化剂之间的相互作用，诸多性质都使人们对碳纳米管在催化化学中的应用抱有极大的期望。另外，还可将碳纳米管用于污水处理，如吸附有害物质，或将碳纳米管制成阵列取向膜，利用其纳米级的微孔，对某些分子或病毒进行过滤等。

7）碳纳米管的敏感性

CNTs 具有较大的比表面积，且毛细管力很强，能强烈吸附其他原子和分子。不同方法制备和纯化的 CNTs 具有不同的表面结构，但管壁都或多或少的带有各种功能团，使得 CNTs 对周围氛围的变化非常敏感。可以利用其敏感特性，制备出各种应用与各个领域的传感器。Ajayan 等人使用碳纳米管阵列，成功开发出了微型气体离子传感器样品。该传感器能够非常出色地定量及定性分析大气中的各种气体(He、Ar、空气等)和气体混合物。

4. 碳纳米管在微纳机电系统中的应用

碳纳米管因其独特的力学、电学及化学等特性，已成为全世界的研究热点，在场致发射、纳米电子器件、纳米机械、复合增强材料、储氢材料等众多领域取得了广泛应用。

1) 碳纳米管基微纳传感器

碳纳米管基微纳传感器在高灵敏度、响应速度快、尺寸小、低功耗要求等方面具有传统传感器无法比拟的优势。

(1) 碳纳米管气体传感器。传感器结构示意图如图 2-21 所示，基于 CNTs 的电阻式传感器和场效应晶体管(FET)传感器被广泛用于检测环境气体分子的变化。这是因为纳米管场效应晶体管(NTFET)中的 CNTs 导电通道几乎完全由表面原子组成，即使周围环境化学气体成分的微观变化，都会引起 NTFET 器件电导等其他性能变化。半导体型 CNTs 在通常的空气环境中是 p 型，即其多子是空穴，当还原性气体与其接触时，如果发生电荷转移，电子则会进入 CNTs 中与其中的空穴复合，从而导致半导体型 CNTs 电导下降，NTFET 的特征曲线 $I-U_G$ 向负电压移动。同理，如果氧化性气体与半导体型 CNTs 接触，CNTs 中电子被气体夺走，CNTs 的空穴数量增加，其电导上升，NTFET 的特征曲线 $I-U_G$ 向正电压移动。

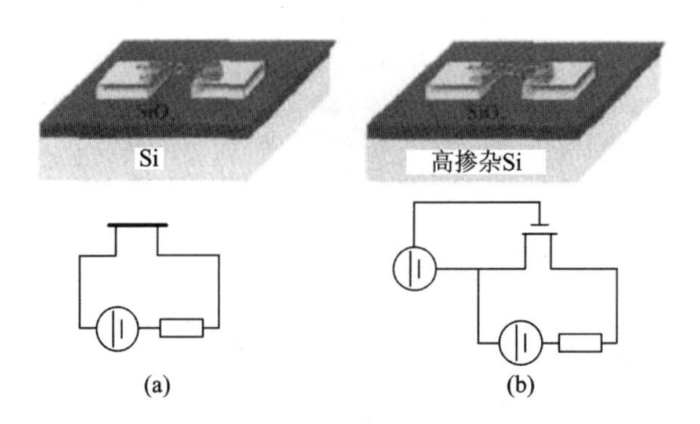

图 2-21　传感器结构示意图

(a) 碳纳米管(CNTs)电阻式传感器；(b) 场效应晶体管(FET)传感器

(2) 碳纳米管压力传感器。碳纳米管压力传感器研究大多基于其卓越的压阻特性，即受到力作用后产生形变，进而诱导电阻发生改变。如图 2-22 所示，苏黎世理工学院的 Stampfer 等人以单根 SWNT 为压阻器，电学连接并粘附于半径为 50 μm～100 μm、厚度为 100 nm 的 Al_2O_3 悬空隔膜上，采用微加工工艺制作了压阻式碳纳米管压力传感器。隔膜用于将受压形变转换为碳纳米管的电阻变化，可实现 0～130 kPa 的高精度压力测量，压阻因子为 210，高于硅材料制作的应力测力计。在此基础上，同一研究组的 Helbling 等人采用 Al_2O_3/ SiO_2 为悬空隔膜，单壁碳纳米管 FET 为压阻器，获得了更佳的性能参数，压阻因子达 450，灵敏度及精度分别为－0.54pA/Pa 和 1500 Pa，功耗为 100 nW。

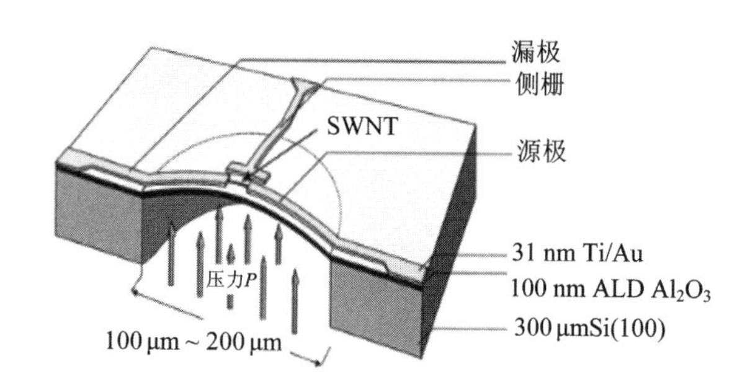

图 2-22　单壁碳纳米管 MEMS 压力传感器(苏黎世理工学院)

(3) 碳纳米管生物传感器。DNA 生物传感器主要分为两类：一类是 DNA 杂交生物传感器，主要用于基因检测、遗传性疾病的临床治疗、c-DNA 筛选和 DNA 杂化分析等分子生物学领域；另一类是非基因识别 DNA 传感器，主要应用于小分子的检测研究，如对药物、环境污染物、传染性病原体等的快速检测。近年来，研究者将 DNA 特有的分子识别功能与碳纳米管的优良性能相结合，通过化学吸附、共价联接、静电吸附等方法将 DNA 固定在碳纳米管上，以期获得性能更加优良的 DNA 生物传感器。单壁碳纳米管和 DNA 都具有手征性，当 DNA 缠绕到单壁碳纳米管上时，两者的跃迁偶极矩相耦合可产生强诱导圆二色谱(ICD)。如图 2-23 所示，Gao 等人将单链 DNA 包裹于单壁碳纳米管上，利用诱导圆二色谱的变化来检测水溶液中痕量汞离子(Hg^{2+})。单链 DNA 缠绕的多壁碳纳米管能够形成很好的悬浊液，该悬浊液具有较强的拉曼散射光谱；一旦单链 DNA 与互补链 DNA 结

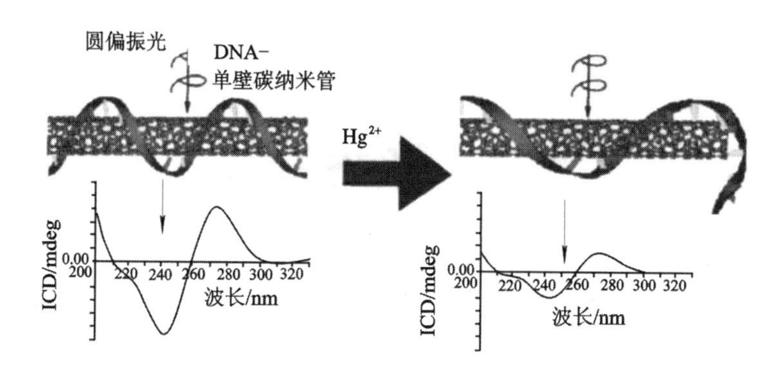

图 2-23　Hg^{2+} 诱导的 DNA 单壁碳纳米管诱导圆二色谱(ICD)信号强度变化示意图(Gao 等人)

合形成双链 DNA 后，多壁碳纳米管悬浊液不再稳定而沉积到杯底，其拉曼散射光谱大大降低。Zhang 等人利用这一现象制备了基于拉曼散射光谱的碳纳米管 DNA 传感器，检测范围为 8.6 nmol/L 到 86.4 nmol/L。

2）碳纳米管基微执行器

（1）碳纳米管执行器及轴承。如图 2-24 所示，美国加州大学伯克利分校的 Fennimore 等人在硅片上装配制作了基于 MWCNT 的纳米转子执行器。将 MWCNT 两端固定在基底 A1、A2 上并电学接触，MWCNT 为转子的支撑轴和转动轴，在 MWCNT 轮轴上放置一块金属薄片作为转子 R。在 MWCNT 和转子的两侧固定两个定子 S1、S2，在 SiO_2 表面下埋入“门”定子 S3。该执行器大小约为 500 nm，直径为 5 nm～10 nm，转子大小为 100 nm～300 nm。因石墨层间摩擦力极弱，故通过调整转子和定子上的电压信号可实现对转子位置、取向和速度的控制，频率可达几百兆赫到几个吉赫。该纳米执行器可在较大的温度范围内工作，并可适应不同的工作环境，包括高度真空和苛刻的化学环境。

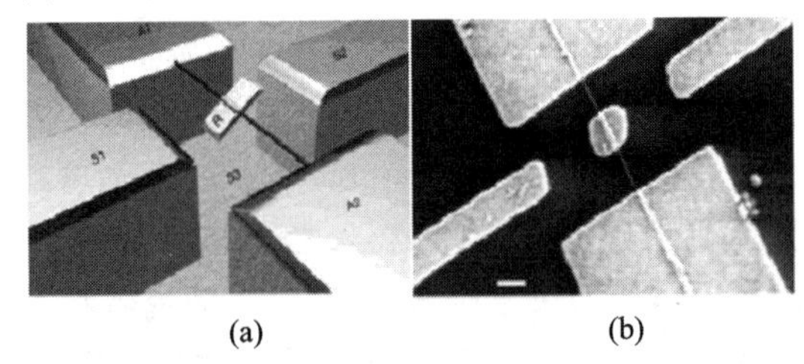

图 2-24 基于 MWCNT 的 NEMS 执行器（伯克利分校）

(a) 基于 MWCNT 的 NEMS 执行器示意图；(b) SEM 照片

基于多壁碳纳米管的嵌套结构、内壁光滑及滑移摩擦小等特性，瑞士联邦理工学院 Subramanian 等人采用双向电泳组装多壁碳纳米管，制备了纳米尺度超低摩擦性能的各种高密度轴承结构，多壁碳纳米管轴承两端与纳米电极桥式电学连接，形成悬空结构，如图 2-25 所示，其中图(a)为多壁碳纳米管轴承结构图；图(b)为纳米电极阵列设计；图(c)和图(d)为浮动电极双向电泳组装的多壁碳纳米管轴承及其 SEM 照片；图(e)为多壁碳纳米

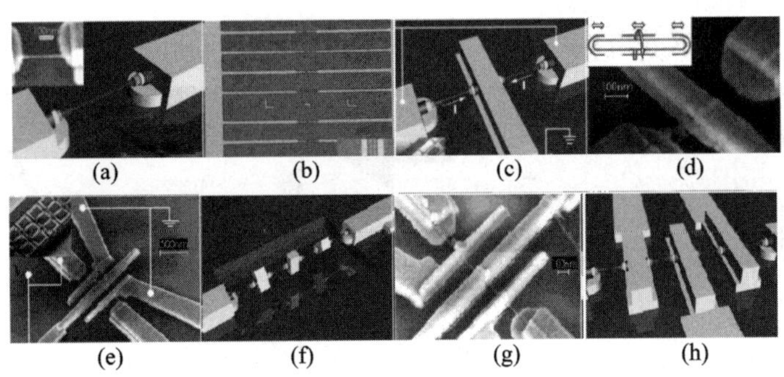

图 2-25 多壁碳纳米管轴承（瑞士联邦理工学院）

管组装在五个相互隔离的金属接触点；图(f)为高密度多壁碳纳米管旋转电机和自主轴承；图(g)为相互隔离的 6 nm～10 nm 间隙图；图(h)为节间间隔放大框架图。碳纳米管执行器及轴承制造与传统的硅微纳加工工艺相兼容，可用于制造更为复杂的纳米结构，为制造纳米机器人及其他纳米机电器件奠定了基础。

(2) 碳纳米管继电器及开关器件。近年来，传统的硅基电子器件接近其物理极限。碳纳米管用于继电器及开关器件的研究，成为纳米科技中重要的研究内容之一，以期获得更快的运行速度、更低廉的价格、更小的体积与更低的功耗。查尔姆斯理工大学的 Kinaret 等人在 Si 衬底台阶上制备了碳纳米管三端继电器，长度为 50 nm～100 nm，高为 5 nm，开关频率在 GHz 数量级，吸合电压为 3 V，吸合时间约为 20 ns。如图 2-26 所示，哥德堡大学的 Lee 等人采用 PECVD 沉积合成多壁碳纳米管制备的纳米继电器，长度为 2.0 μm～2.5 μm，直径为 20 nm～100 nm，源极高度为 150 nm，在 5 V 的门极电压作用下可与栅极力学/电学接触吸合。低压高频碳纳米管继电器在逻辑器件、存储单元、冲激发生器等方面具有潜在的应用。

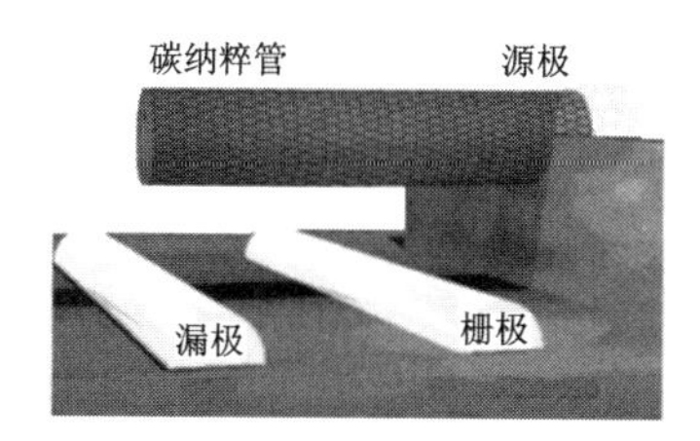

图 2-26　硅台阶衬底上的碳纳米管继电器(哥德堡大学)

加州理工学院的 Kaul 等人在 Si/SiO_2 衬底上采用直流磁电管溅射 200 nm 厚的 Nb 薄膜；采用 PECVD 方法沉积一层 SiO_2，刻蚀形成 20 nm 高的开关间隙；利用甲烷 CVD 方法生长碳纳米管制备 NEMS 开关，其示意图及 SEM 照片如图 2-27 所示。该 NEMS 开关的速度比静电驱动的 MEMS 开关高三个数量级，开关时间为 2.8 ns，吸合电压低于 5 V。

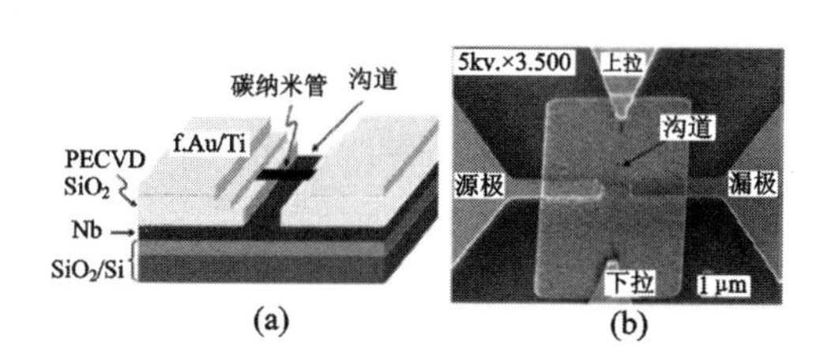

图 2-27　甲烷 CVD 生长碳纳米管制备 NEMS 开关(加州理工学院)

(a) 甲烷 CVD 生长碳纳米管制备 NEMS 开关示意图；(b) SEM 照片

(3) 纳米发电机及纳米水泵。我国国家纳米科学中心 Zhao 等人采用电子束曝光微纳加工技术，在 Si/SiO_2 衬底上制造了直径为 1.6 nm 的悬空单根单壁碳纳米管四电极多端器件。实验结果表明，该器件具备纳米水力发电机和纳米水泵的功能。因 SWCNT 内腔的水分子偶极子与碳纳米管中载流子存在耦合作用，载流子的定向运动诱使水分子定向流动，水流动速度与载流子大小呈线性关系(纳米水泵)；同时水的流动，又会使碳纳米管中的载流子产生一个电动势(纳米发电机)，其结构如图 2-28(a)所示。该项研究表明纳米通道中的流体表现出与宏观流体完全不同的特性。2010 年，该课题组又提出碳纳米管表面能发电机，如图 2-28(b)所示，即利用定向排列的单壁碳纳米管绳将极性表面液体的表面能转换为电能，获得高度的稳定电动势及高达 1770 pW 输出功率，并用于驱动热敏电阻，构成无需外部能源即可正常工作的自供电测温系统。该项工作对特殊环境下自供电纳米单元器件以及器件系统的研究开辟了一条新的路径。

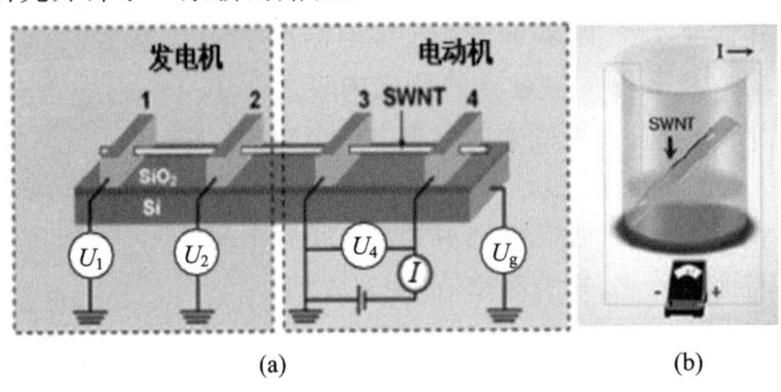

图 2-28　纳米发电机及电动机示意图

(a) 单壁碳纳米管纳米电动机、纳米发电机；(b) 表面能发电机(国家纳米科学中心)

3) 碳纳米管基微结构

(1) 碳纳米管 MEMS 微电极。具有较高深宽比、较小间距且边缘整齐的碳纳米管电极结构，在微生物、化学传感器中应用广泛。电极结构的加工需要与碳纳米管成膜工艺相配合，其图形化质量和应用性能与碳纳米管薄膜基本电学性能和表面平整性有关。目前有两种基于浆料成膜的新型碳纳米管 MEMS 微电极加工工艺。

① 微电铸方法：在基片上溅射金属导电层(Cr/Cu)作为电铸种子层，用光刻胶制作出所需电铸结构的负图形；电铸出具有一定深宽比结构的 Ni 基电极阵列；丝网印刷方法将碳纳米管浆料刷在 Ni 电极上，经加热干燥及烧结处理后使碳纳米管浆料固化。

由于 Ni 电极具有一定深宽比，且浆料热处理后会出现体积收缩的现象，因此，通过控制丝印操作可以使碳纳米管仅包覆在 Ni 电极顶部，形成间距可控的气体间隙碳纳米管微电极阵列。具体工艺流程如图 2-29(a)所示。

② 反应离子刻蚀(RIE)法：在基片上溅射金属导电层(Cr/Au)作为底电极；用丝网印刷方法涂覆碳纳米管浆料；经过加热干燥及烧结处理使其固化；在碳纳米管膜上用光刻胶形成所需的电极结构图形，将光刻胶层作为掩膜，用反应离子刻蚀法对碳纳米管层进行干法刻蚀，形成小间距的气体间隙碳纳米管微电极阵列。具体工艺流程如图 2-29(b)所示。

(2) 复合层微悬臂梁。为提高探测器的红外吸收特性，应用新型红外吸收层材料——碳纳米管，利用 IC 工艺和微机械加工技术，设计和制作硅/铝/碳纳米管三层微机械悬臂梁红外探测器。该探测器基于硅和铝两种材料热膨胀系数的差异而存在双物质效应，不同温度下梁的挠度不同，其形变可通过梁根部的压敏电桥检测。实验结果表明，涂覆碳纳米

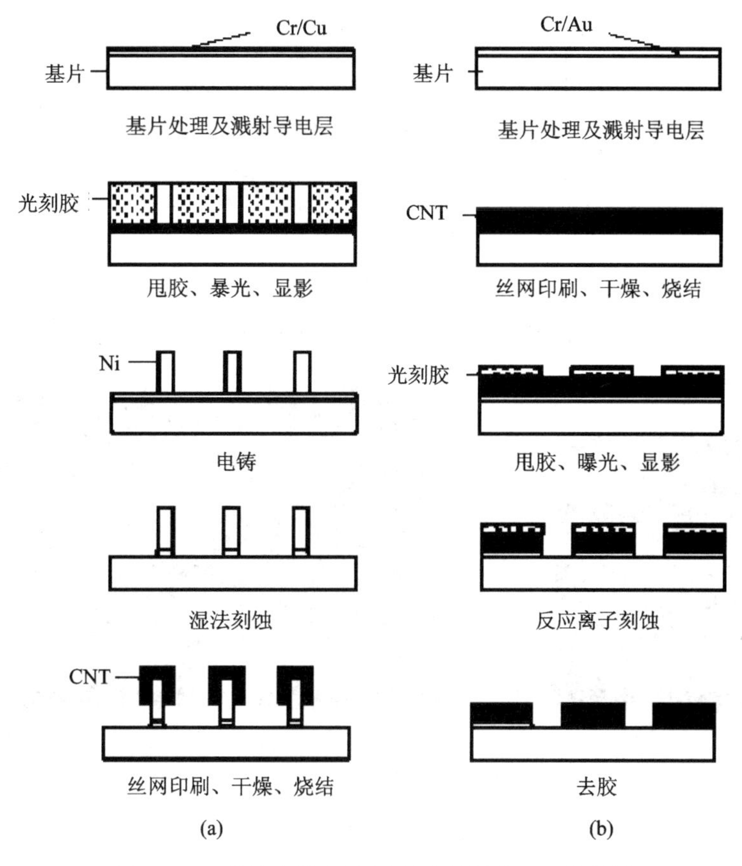

图 2-29　碳纳米管 MEMS 微电极制备工艺流程图
(a) 微电铸方法；(b) 反应离子刻蚀方法

管吸热层使响应灵敏度提高近 1 倍。

压阻微悬臂梁的结构如图 2-30 所示。该结构在 n 型(100)硅片正面上扩散 p 型硅，形成力敏电阻。力敏电阻构成惠斯通电桥形式，位于微悬臂梁的根部；经湿法、干法刻蚀形成悬臂梁；在微悬臂梁背面淀积一层铝，铝面上涂覆碳纳米管薄膜，形成硅/铝/碳纳米管三层微机械悬臂梁，其电镜照片如图 2-31 所示。

从近年来关于碳纳米管器件的最新报道来看，碳纳米管基 MEMS 器件的研究日益多样化，新器件开发实例层出不穷，已涉及的领域主要包括原子力显微镜(AFM)针尖、柔性力学及应变传感器阵列、场发射 MEMS 加速度计、碳纳米管红外探测器、数据存储器、碳纳米管电池、微囊藻毒素传感器、显示器用透明电极、微型光学器件、碳纳米管超级电容器、化学气体及流量微型器件、生物医用器件、微机构执行器等。基于碳纳米管的新特性研究与器件开发仍处于火热阶段，在电子、机械、能源、生物等领域具有潜在的巨大应用前景。

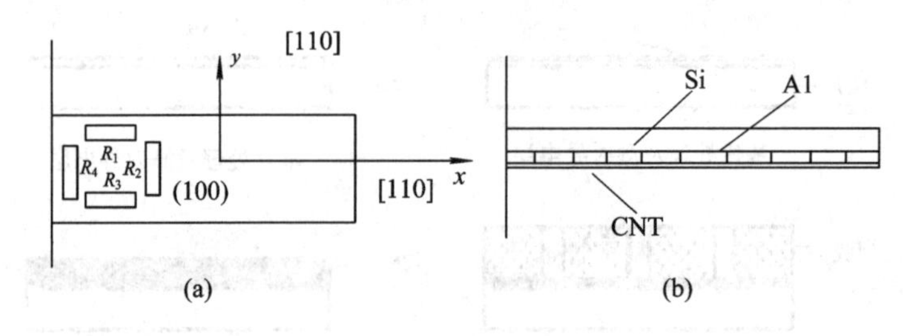

图 2-30 压阻悬臂梁结构

(a) 微悬臂梁俯视图；(b) 微悬臂梁截面图

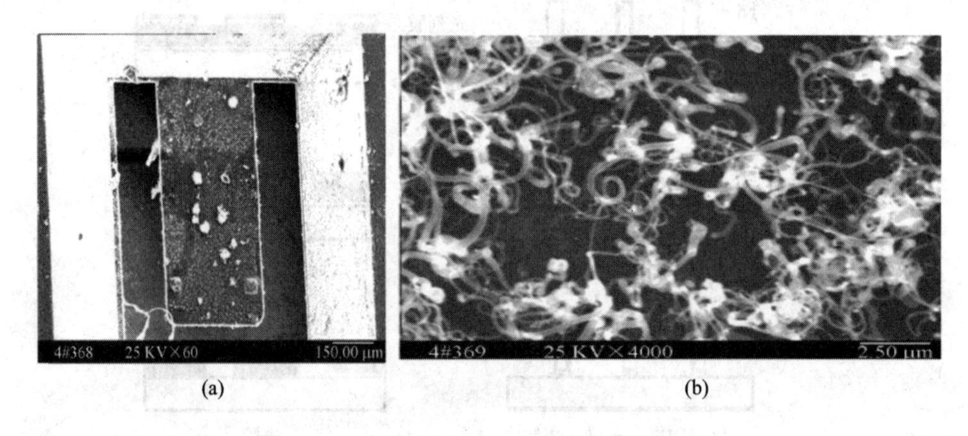

图 2-31 碳纳米管微机械悬臂梁的电镜照片

(a) 具有 CNT 涂层的悬梁；(b) CNT 涂层的表面形貌

2.7.3 金刚石

天然金刚石因含量稀少而价格极其昂贵，无法满足社会需求，因此人们不断地探索人工合成制备金刚石的新方法。20 世纪 50 年代，美国 GE 公司首先采用高温高压法人工合成了颗粒状金刚石；80 年代日本无机材料研究所，采用热灯丝化学气相沉积法（Hot Filament Chemical Vapour Deposition，HFCVD），在非金刚石衬底材料表面获得了金刚石薄膜。金刚石薄膜的制备和应用研究在全世界范围内引起了学术界和工业界的密切关注。

1. 金刚石简介

金刚石是碳的一种同素异形体，具有特殊的结构，是典型的原子晶体，属等轴晶系，其晶体结构如图 2-32 所示。在金刚石晶体结构中，碳原子呈高度对称排列，碳原子的基态电子层结构是 $1s^2 2s^2 2p^2$，2s 壳层只有一个电子轨道，两个电子在 2s 轨道上，而且自旋相反，2p 壳层有三个轨道，分别是 $2p_x$、$2p_y$、$2p_z$。当碳原子构成金刚石时，碳原子的 2s、$2p_x$、$2p_y$及 $2p_z$四个轨道将形成四个 sp^3 杂化轨道，它们的对称轴指向四面体的四个角，每个碳原子都用这种杂化轨道与四个碳原子形成饱和共价键，从而形成四面体。碳原子的配位数为 4，键间夹角为 109°28′；每个碳原子与相邻的 4 个碳原子之间的距离相等，键长为 1.54 nm。金刚石最常见的结构是面心立方结构，每个晶胞有 8 个碳原子，其具体结构如图 2-33 所示。

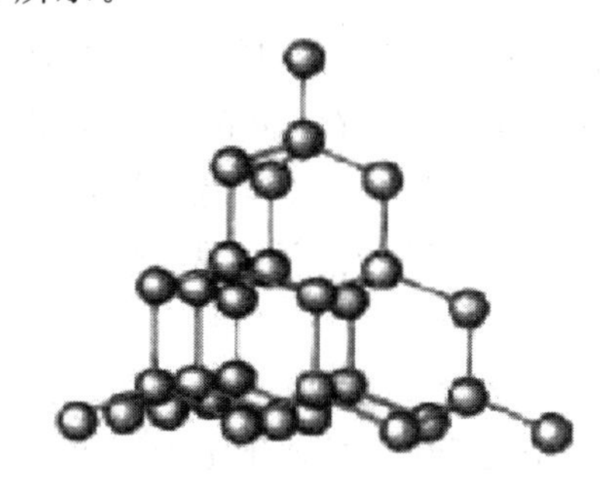

图 2-32 金刚石的晶体结构

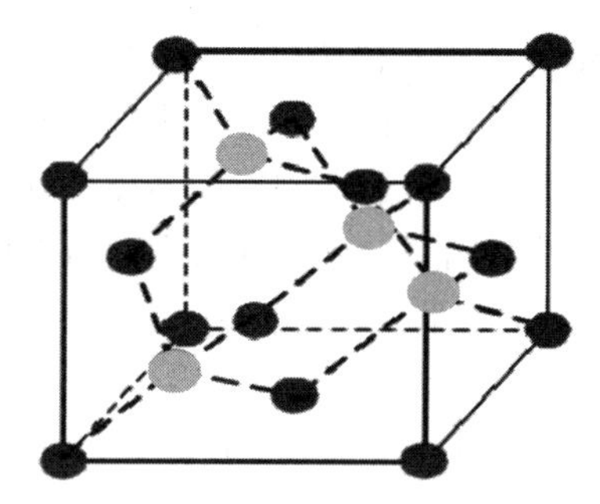

图 2-33 立方金刚石的结构

金刚石最常见的晶面主要有(100)、(111)和(110)，如图 2-34 所示。天然金刚石与人造金刚石表现出不同的晶面取向，通常天然金刚石大多呈(111)和(110)晶面，而人工合成的金刚石则主要以(111)和(100)晶面为主。

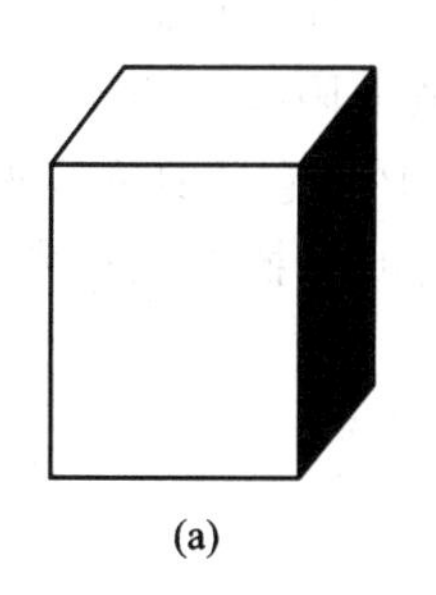

(a)

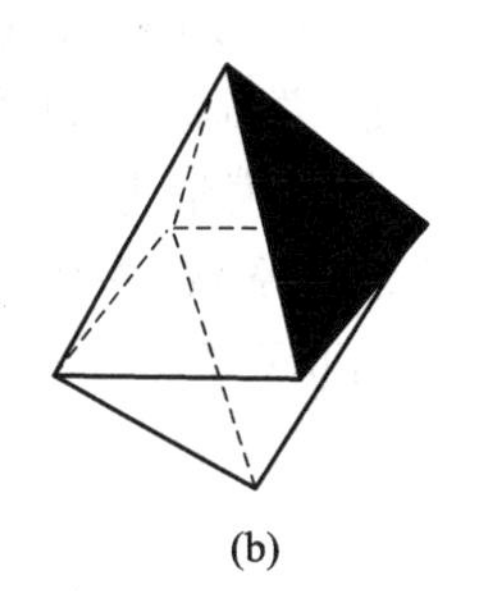

(b)

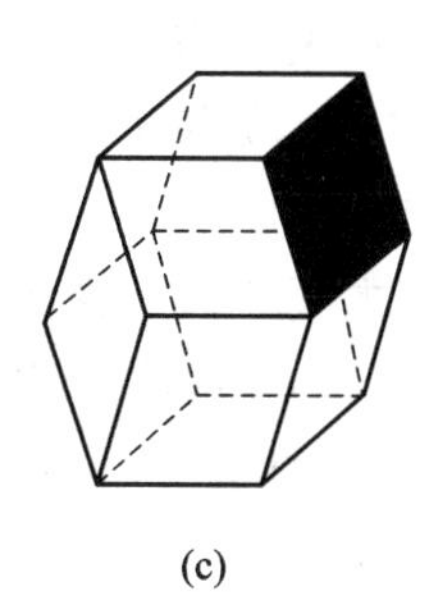

(c)

图 2-34 金刚石的典型晶面

(a) 100 晶面；(b) 111 晶面；(c) 110 晶面

微米级金刚石薄膜晶粒度较大，呈柱状生长，表面比较粗糙，其高硬度的表面为后续抛光处理带来很大困难，极大地限制了在涂层、厚膜等领域的推广、应用和产业化进程。随着 CVD 金刚石沉积技术的发展，纳米级金刚石薄膜也就应运而生了。

1）纳米金刚石薄膜

纳米金刚石薄膜(NanoCrystalline Diamond film, NCD)是指晶粒度小于 100 nm 的金刚石膜。随着晶粒尺寸的减小，晶界原子所占的比例越来越大，由此导致与块体材料很不相同的组织特征和物理化学性能。与许多其他纳米材料不一样，金刚石的晶界原子化学键性质(sp^2)与晶内原子化学键性质不同(sp^3)，因此，纳米金刚石膜与微米金刚石膜在性能上的差别更大。纳米金刚石不仅具有极其光滑的表面和比微米金刚石膜更低的摩擦系数，而且具有和重掺杂微米金刚石一样好的导电性和比微米金刚石膜更为优异的场发射性能。因此纳米金刚石膜在摩擦磨损、光学涂层、场发射、MEMS和电化学应用等许多领域比微米金刚石膜具有更好的应用前景。

2）超纳米金刚石薄膜

超纳米金刚石薄膜(UltranaNoCrystalline Diamond film，UNCD)是一种全新的纳米材料。“超纳米金刚石”的名字用来区别几十至几百纳米晶粒的金刚石，其晶粒尺度在几个纳米量级，既具备普通金刚石的高硬度和弹性模量、极好的耐磨性和化学稳定性，还具有非常优异的表面性能，例如低的表面粗糙度、摩擦系数和粘附性能。UNCD是制作高可靠性、长寿命MEMS器件的理想材料。

3）类金刚石膜

类金刚石膜(Diamond-Like Carbon，DLC)是一类非晶碳膜，类似于金刚石所具有高硬度、高电阻率、良好的光学性能等，同时又具有自身独特摩擦学特性。类金刚石膜的基本成分是碳，是一种亚稳态的非晶态材料，其碳原子间的键合方式是共价键，主要包含SP^2和SP^3两种杂化方式，在含氢类金刚石膜中还存在一定数量的C—H键。

类金刚石薄膜具有良好的光学特性，如良好的光学透明度、宽的光学带隙，其折射率范围为1.8～2.5，光学带隙范围为0.8 eV～4.1 eV，特别是在红外和微波频段的透过性和光学折射率都很高。具有可调节的高硬度，类金刚石硬度值上限接近金刚石（金刚石的硬度为100 GPa）的硬度，达到95 GPa；其杨氏模量为1100 GPa。它还具有良好的减摩特性和耐磨特性，在大气环境下表现出低的摩擦系数（多数材料的摩擦系数通常都在0.20以下），如果工艺适当，其摩擦系数最低可达0.005。

2. 金刚石薄膜性能

1）力学性能

金刚石是已知最硬的材料，硬度大约为90 GPa，同时也具有最高的强度和弹性模量(1050 GPa)，可压缩性为1.7×10^{-7} cm^2/kg，动摩擦系数低至0.05。金刚石的高硬度使它成为理想的切削工具，还可应用于磁盘涂层，以保护因高速摩擦而容易损坏的磁头。

2）热学性能

金刚石具有最高的热导率。在室温下，金刚石的热导率为20 W/(cm·K)，是铜的5倍；热膨胀系数为0.8×10^{-8}/K，低于殷钢的；熔点高于3500℃，沸点为4200℃。因此，它是理想的热交换（热沉和散热）材料。在电子应用上，金刚石被用作绝缘导热器；安装了金刚石的高功率激光二极管的性能得到明显改善，输出功率也得到了提高；在大规模集成电路(VLSL)和多芯模块(MCM)中，金刚石被用作散热器，以提高封装密度。

3）电学性能

由于金刚石具有很高的空穴迁移率（1200 $cm^2/(V\cdot s)$）、击穿电场（3.5×10^6 V/cm）、

饱和速率(2.5×10^7cm/s)、热导率以及较大的禁带宽度(5.5 eV)，它被认为是应用于高温、高电压、高功率、高频和高辐射环境下的理想的电子器件材料。此外，CVD 金刚石薄膜具备负电亲和势的独特性质，呈现了极其良好的场致发射性能，使它在场发射显示器方面获得了非常广泛的研究。研究还表明，纳米金刚石对场致发射性质具有增强效应。

4）光学性能

金刚石能带间隙宽度为 5.5 eV，从 225 nm 到远红外都有合适的光学折射率(约为 2.4)和较小的吸收系数。由于金刚石具有良好的光学透过性，因此是制备光学窗口的理想材料，已被用来作光学窗口或透镜的保护膜以及 X 射线光刻掩模等。

5）声学性质

金刚石具有高的杨氏模量和弹性模量，纵波声速达 18 km/s，特征声阻抗为 6.48×10^{11} kg/(m^2 · s)，有利于高频声学波的高保真传输，是制作高保真表面声波滤波器的理想材料。

6）化学性质

金刚石具有很好的化学稳定性，能耐各种温度下的非氧化性酸。金刚石的成分是碳，无毒，对含有大量碳的人体不起排异反应；加之它的惰性，又与血液和其他流体不起反应，因此，金刚石是理想的医学生物体植入材料，可制作心脏瓣膜。金刚石与大多数酸碱不发生化学反应，适合于在恶劣环境下工作。

3. 金刚石薄膜制备

最近几十年，随着金刚石薄膜合成技术的不断发展和日趋完善(如热灯丝 CVD、微波等离子体 CVD、等离子体喷射 CVD、低温 CVD、异质外延、织构生长等)，使获得高质量、大面积、相对低成本的金刚石薄膜成为可能，为金刚石薄膜在 MEMS 中的应用提供了前提条件。

尽管金刚石薄膜具有上述的巨大优越性，但由于其极高的硬度和极好的化学稳定性，难以用常规的半导体工艺实现其高精度图形化，因此要使金刚石膜在 MEMS 领域广泛应用，就必须采用特殊的加工工艺及方法。目前，广泛采用的是金刚石薄膜的选择性生长和刻蚀等图形化技术。

金刚石膜的选择生长是通过控制生长区域和非生长区域内的金刚石成核密度来实现金刚石的图形化的。通常采用金刚石颗粒打磨衬底，或在光刻胶中掺入金刚石粉，以增强生长区域的成核浓度；用 Ar^+ 离子或 O_2离子束刻蚀，以减少非生长区的核化浓度。近来又研制出直流偏压增强微波化学汽相沉积(MPCVD)金刚石薄膜的选择生长技术，可在未经打磨的 Si 和 SiO_2衬底上，实现成核选择比大于 10^6、间隙小至 1 μm～2 μm 的选择生长金刚石图形。此外，负偏压增强核化技术(BEN)在金刚石薄膜的图形化中也是相当有效的，它可使金刚石在 Si 衬底上的核化浓度高达 $10^{10}/cm^2$，且可有效防止衬底表面的损坏。

图形化刻蚀技术是另一种常用的加工技术，如离子束辅助刻蚀(IBAE)、反应离子刻蚀(RIE)、电子回旋共振刻蚀(ECR)和微波等离子体刻蚀以及激光刻蚀等。对大面积薄的金刚石膜，通常用SiO_2或Al作掩膜；对较厚的金刚石薄膜，常用铜或镍钛合金等金属作硬掩膜。近年来发展起来的“软刻蚀”技术，一般是通过表面复制有微细结构的弹性印模来转移图形的。该方法简单并可提高金刚石薄膜图形化的效率。另外，为了获得可独立运动的微机械元件，还研制了一种牺牲层面技术。该技术是将所需制备的独立部件用可选择生长的方法，制备在牺牲层上(如SiO_2等)，通过刻蚀牺牲层而获得独立的可运动部件。

4. 金刚石薄膜在微/纳机电系统中的应用

由于金刚石材料的独特性质，加之各种与金刚石薄膜有关的微机械加工技术的发展，将使金刚石在MEMS中充分展示其巨大的优越性。

1) 金刚石薄膜微传感器

(1) 金刚石薄膜压力传感器。压阻式金刚石薄膜压力传感器的性能和结构与制造工艺有着密切的关系，传感器基本结构的确定应同时考虑性能和工艺可行性这两个因素。图2-35所示是Wur D. R等人研制的压阻式金刚石薄膜压力传感器结构形式示意图。其中，1为掺硼金刚石的电阻条敏感元件，其电阻率随应力的变化而变化；2为该电阻与衬底间的绝缘隔离层，采用本征金刚石薄膜；3为电极；4为支撑层硅衬底，从背面经各向异性腐蚀制成压力窗口。

绝缘隔离层采用本征金刚石膜的优点如下：

① 因为敏感元件与隔离层均为金刚石结构，所以它们相互结合得很牢固。

② 当隔离层为本征金刚石时，可方便地利用掩模选择性生长法得到掺硼的金刚石薄膜图形，对制备敏感元件是十分必要的。另外，为了防止本征金刚石与硅衬底间的剥离，腐蚀孔的顶端可保留很薄的硅层。显然，残留硅层的厚度D将影响压力传感器测量的范围。对该原型器件的检测表明，正压下输出电压-压力曲线线性较好，重复性好，常温下的灵敏度较高，迟滞误差较小。

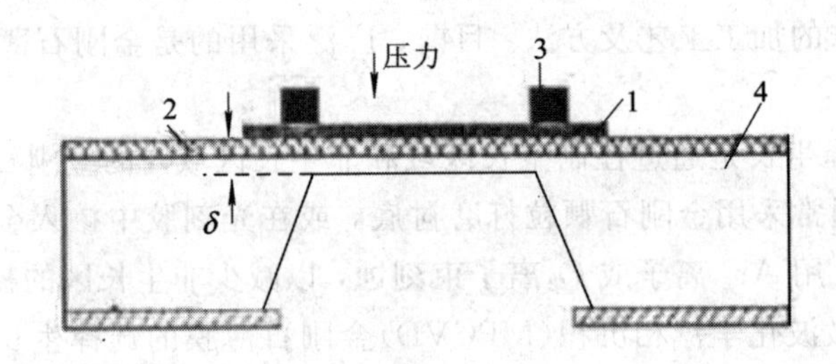

图2-35 金刚石压力传感器结构示意图(Wur D. R等人)

(2) 金刚石膜生物传感器。金刚石膜生物传感器是近年来在CVD金刚石膜领域的一大研究热点，其目标之一是研制可用于个人(家庭)健康状况监测的高性能生物传感器，并通过光纤网络和远程诊断系统形成一个由个人(家庭)金刚石膜生物传感器－社区诊所－中心医院组成的三级医疗保障系统。

建立这个系统的关键是高性能生物传感器。图 2－36 所示为高性能金刚石膜生物传感器的结构形式。在金刚石膜表面，连接选定的具有标记的 DNA 分子。这些 DNA 分子只能与特定 RNA 配对结合，因此对欲检测的 RNA 具有非常高的灵敏度。通过建立 DNA 阵列，可形成高灵敏度的分子识别系统。图 2－37 所示为金刚石膜生物传感器的原理。在氢终结的金刚石膜表面制作 ISFET 晶体管器件。在器件的门(Gate)位置引入微电极，将病人的体液(血液、尿液或唾液等)滴入(针刺的微滴即可)，通过检测 ISFET 的电学性质，分析其生化组分，这样在社区医院和中心医院，医生就可以通过远程医疗网络系统适时地监测病人的健康状况。

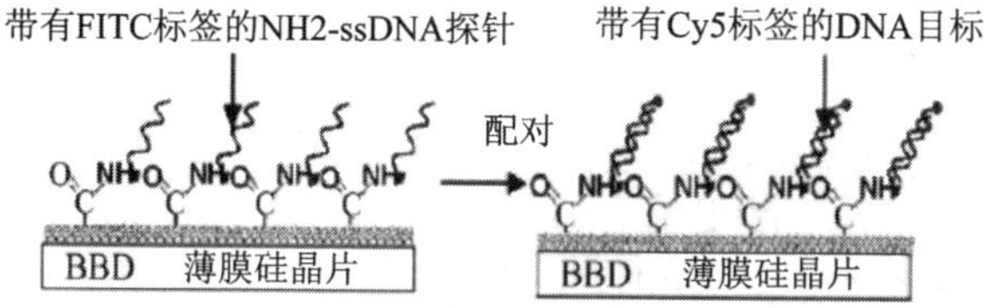

图 2－36　采用标记的 DNA 分子的金刚石膜

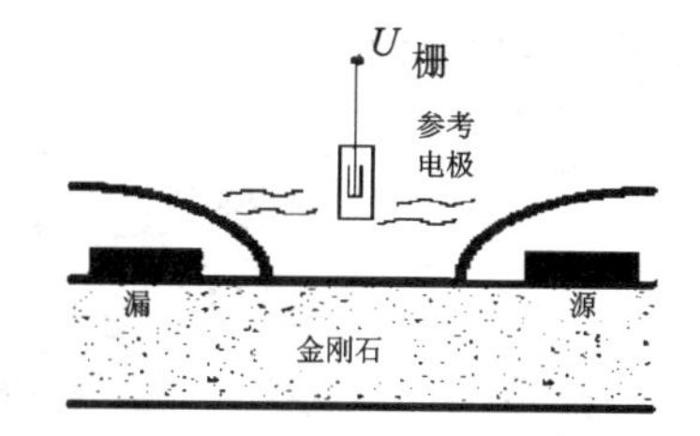

图 2－37　金刚石膜 ISFET 生物传感器结构示意图

除此之外，高性能金刚石膜生物传感器(探测器)还可用于对危险品的监测以及对战场环境生化武器的监测等。

2) 金刚石薄膜微执行器

(1) 微电子机械开关。图 2－38 所示为一种三维结构的金刚石微电子机械开关剖面图，其工作原理类似于双金属片。当电信号加于两金属片之间时，由于静电作用，使其端点相接触，电流通过为“开”状态，相反为“关”状态，实现“开”与“关”的目的。在此用重掺杂 p 型金刚石膜代替金属片。首先在 Si 衬底上生长定向未掺杂的金刚石膜，接着生长一层重掺 p 型金刚石膜；然后刻蚀出所要求的图案，在其上生长一层非金刚石层材料；最后生长重掺杂 p 型金刚石膜，并蚀刻出开关上电极膜片，去除非金刚石层。该开关长度为 1000 μm，两膜片(电极)之间空隙为 2.3 μm，膜片厚度为 5.5 μm；开态电压为 20.5 V，接触点通过的电流密度为 5×10^5 A/cm^2。在如此大的电流下，该器件温度高达 650℃，但对其开关特性毫无影响，这正是金刚石微电子机械开关的优点之处。

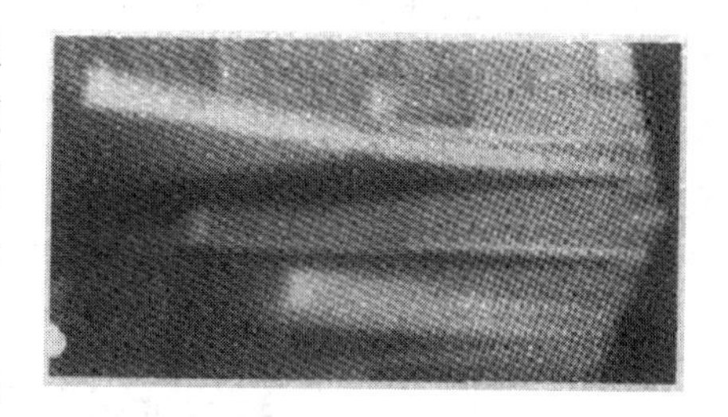

图 2－38　金刚石微电子机械开关

(2) 微型金刚石电机。图 2－39 所示为利用金刚石膜选择生长技术制备出的微型金刚石电机。电机的直径为 150 μm，厚度为 2.0 μm，转子与轴间隙为 1.6 μm，转子与定子之间孔隙为 3.0 μm。金刚石膜是利用直流偏压增强的微波等离子体化学汽相沉积法，在 Si 上合成金刚石膜，SiO_2作为掩模进行选择生长。为了更有效生长，对 SiO_2和 Si 进行一次浅化学腐蚀，使其在未经打磨的 Si 和 SiO_2上实现成核选择比大于 10^6、间隙为 1 μm～2 μm 的金刚石图形生长。

图 2－39　微型金刚石电机

(3) 金刚石微型电夹。图 2－40 所示为由静电力驱动的金刚石微型电夹的扫描电镜照片。它是由在 SiO_2牺牲层面上用可选择生长法生长的厚为 2 μm 的金刚石薄膜制造的，并且通过刻蚀牺牲层的方法，从 SiO_2基层释放。微型电夹带有一个静电电动机，电梳齿宽为 10 μm、深为 5 μm。

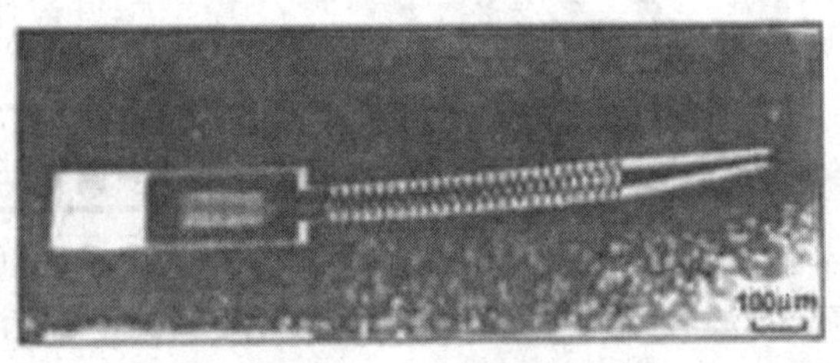

图 2－40　金刚石微型电夹

3) 金刚石薄膜微结构

(1) 金刚石薄膜探针。图 2－41(a)所示为使用 Si 压模技术制造的金字塔形的金刚石薄膜微型结构的扫描电镜照片。金字塔尖直径小于 50 nm，由硼掺杂的 p 型半导体金刚石构成，电阻率大约为 1×10^{38} Ω/cm。它可用作扫描隧道显微镜的探针，图 2－41(b)所示为用该金字塔作探针的扫描隧道显微镜测量划痕窄沟槽的 STM 照片，沟槽宽为 200 nm，深为 40 nm。在沟槽的端点凸起部分，是塑型物移动所形成的。此外，该金字塔也可用作抛光平面的机械工具，图 2－41(b)同时显示了当用该金字塔作为抛光 Si 面的机械工具时，在所抛

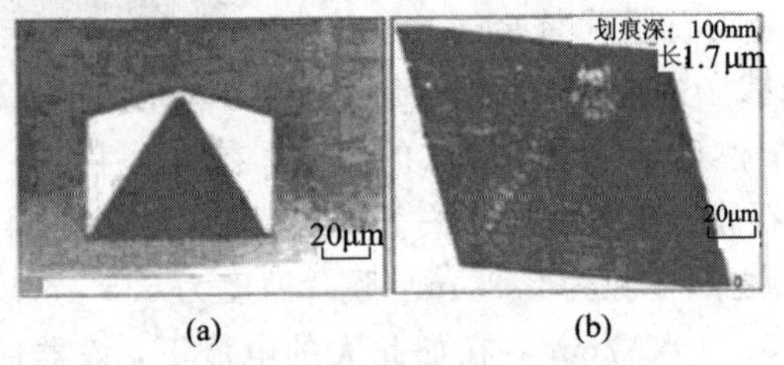

图 2－41　金刚石薄膜探针示意图

(a) 金刚石探针；(b) Si 表面窄沟槽的 STM 影像

光的 Si 表面所形成的微毫刻度的沟槽(深为 100 nm，长为 1.7 μm)的 STM 照片。

(2) 金刚石喷嘴。金刚石喷嘴的应用涉及一个新兴的领域——生物化学工程。在此领域，产品已经从高度的专业化发展到高度的商业化。微系统—生物芯片是非常重要的器件，通常是由分离、合成、放大、分析等若干反应室及分布于生化液体中的微型泵、微循环系统所混合集成的。芯片上的元件常常需要工作于具有很强腐蚀性的酸性或碱性生物溶液的环境中，所以组成这些元件的材料，必须同相应的恶劣环境相适应。由于金刚石有很强的抗腐蚀性和高的化学稳定性，因此成为制作生物芯片元件的理想材料，特别是那些需直接同腐蚀性液体接触的元件。

图 2-42 所示为采用上述加工技术制造的金刚石喷嘴装配组成的一个 DNA 链的片段(寡核苷酸合成的传统设计)。该反应器排列了 10 个反应室和其相应的连接线，每个反应室中安排了两个金刚石喷嘴，作为在反应室中的受控合成化学反应所需的酸性和碱性溶液的阳极分配器，酸性或碱性液体通过左、右两边的毛细管导入到喷嘴空腔中。金刚石喷嘴可以在 pH 值从 1 到 14 的各种液体环境中很好地运行，明显优于其他材料制成的喷嘴。可以预见，随着生物化学芯片的复杂性和功能的进一步发展，金刚石材料将进一步在这些芯片中展示其优越性。

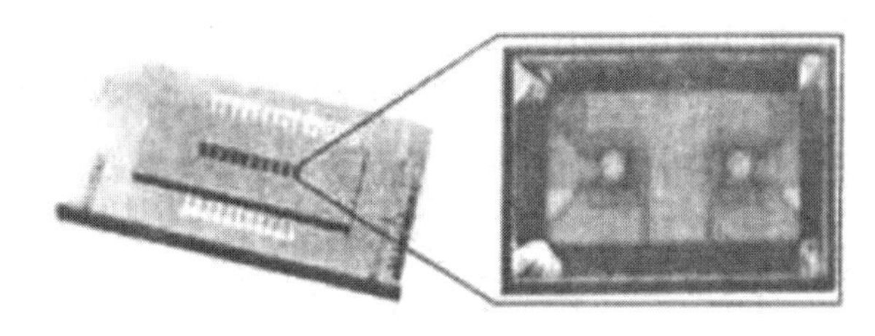

图 2-42　金刚石喷嘴装配的 10 个反应室及一个独立的反应室详图

(3) 微型金刚石齿轮。图 2-43 所示为金刚石微型齿轮的扫描电镜照片。利用聚焦的离子束刻蚀法，可将高压合成或 CVD 法合成的金刚石颗粒，刻蚀成微型齿轮。在40 kV 下，离子束流为 0.4 nA，处理时间为 30 min，10 μm 的金刚石颗粒刻蚀成厚约为 2 μm、外径为 10 μm 的齿轮。

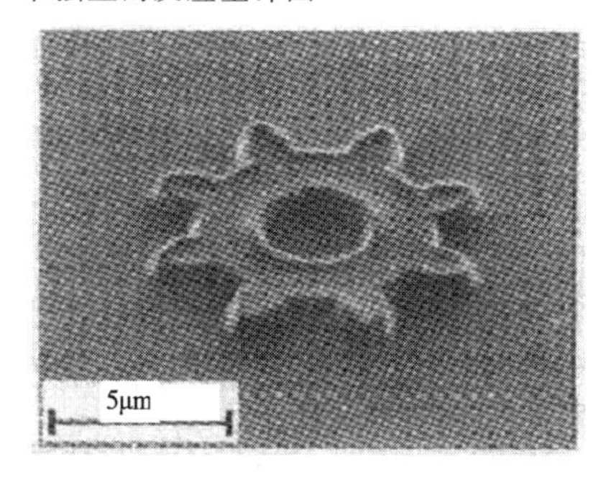

图 2-43　微型金刚石齿轮

目前，美国在微金刚石膜研究领域保持领先水平，以阿贡国家实验室 Gruen 博士为首的研究组是超纳米金刚石膜(UNCD)研究的先驱者。他们在数年前就已经研发出采用 UNCD 的金刚石膜微型转子、微型推进叶轮、微型输送泵等，并已成立公司，专门从事 UNCD 及其在 MEMS 和 NEMS 方面产品和技术研发。除美国外，欧盟、日本、俄罗斯等各先进国家和地区都在进行 NCD 和 UNCD 在 MEMS 和 NEMS 中的应用研究。我国除针对 NCD 和 UNCD 的一般性基础研究外，鲜有关于其在 MEMS 或 MEMS 方面应用研究的报道。

2.7.4 硅烯

硅与碳同属于元素周期表的Ⅳ族元素，同样在自然界和材料学中占据极其重要的地位。但以硅和碳为基础的晶体结构不同，碳原子多以 sp^2 杂化，形成层状的石墨结构；而硅原子多以 sp^3 杂化，形成面心立方的金刚石结构。多年以来，人们一直感兴趣的一个问题：硅是否能形成类似石墨的层状结构。十几年前有人就从理论上认为，这是可以实现的。

随着 2004 年石墨烯的发现，石墨烯的特殊 Dirac 型电子结构所带来的种种新奇效应，在量子材料学领域以及器件应用中带来了巨大的冲击。这促使人们重新思考：硅是否能形成石墨及类石墨结构。2007 年，Verri 等人提出，硅可以形成类似石墨的单原子层结构，并将之命名为硅烯(Silicene)。随后的一系列理论工作表明，硅烯具备与石墨烯类似的 Dirac 型电子结构，其布里渊区同样有六个线性色散的 Dirac 锥。由此，大多数在石墨烯中发现的新奇量子效应，都可以在硅烯中找到对应的版本，而且硅烯体系还具备石墨烯体系没有的一些优势。例如，硅烯中具有更强的自旋轨道耦合，因此能在其 Dirac 点打开更大的能隙，从而实现可观测的量子化自旋霍尔效应(QSHE)。

中科院物理研究所/北京凝聚态物理国家实验室(筹)表面物理国家重点实验室吴克辉研究员、陈岚副研究员等人率先利用分子束外延-低温扫描隧道显微镜/扫描隧道谱，对硅烯的制备及电子结构展开了研究，并获得了一系列突出成果。他们首先利用自行研制的分子束外延(MBE)系统对硅在 Ag(111)单晶表面的生长行为进行了系统的研究，发现随着衬底温度和 Si 覆盖度的提高，Si 在 Ag(111)表面能形成多种有序相，在合适的温度和覆盖度下能够形成单原子层，甚至多原子层的硅烯薄膜。有趣的是，实验上观测到的硅烯并不像石墨烯，或者之前理论预言的硅烯的 1×1 的蜂巢结构，而是形成一个更大周期的$\sqrt{3}\times\sqrt{3}$蜂巢结构。这种结构的起因是硅的成键具有更多的 sp^3 属性，因而导致额外的翘曲结构。

为了进一步验证硅烯的 Dirac 型电子结构，研究人员采用完全自行设计并制作的低温(4.2K)扫描隧道显微镜(STM)/扫描隧道谱(STS)系统，对所获得的硅烯薄膜的电子态进行了深入研究，观测到了由自由电子散射所形成的准粒子干涉图案。由于硅烯的布里渊区中有 6 个 Dirac 锥，准粒子散射可以发生在不同的 Dirac 锥之间(谷间散射)，以及同一个 Dirac 锥上的不同点之间(谷内散射)。前者对应短周期的散射图案(参见图 2-44)，后者对应长周期的电子波图案(参见图 2-45)。

实验中同时观察到了两种 QPI 图案，证实了硅烯的基本原子结构。同时，通过对能量-波长的拟合计算，证实了其能量-动量关系是线性的，且其费米速度达到 10^6 m/s，接近于理论预期的数值。这一实验结果证实了硅烯中的 Dirac 费米子的存在，为进一步研究硅烯中的新奇量子效应提供了坚实的基础。

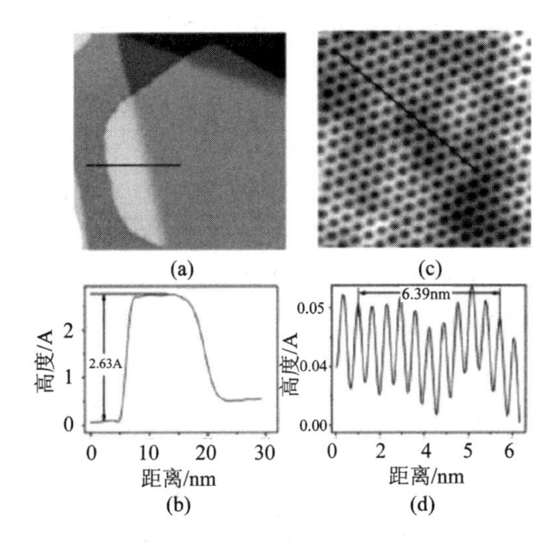

图 2-44　短周期的散射图案(吴克辉，陈岚)

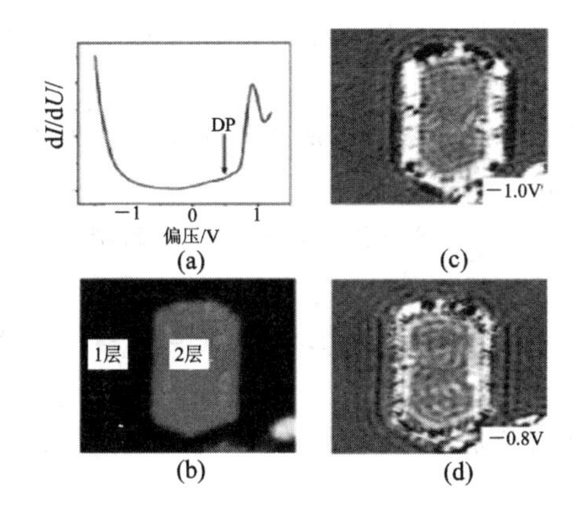

图 2-45 长周期的电子波图案(吴克辉，陈岚)

参 考 文 献

[1]　田文超. 电子封装技术、微机电与微系统. 西安：西安电子科技大学出版社，2012.

[2]　王灵婕，林吉申. 功能材料在 MEMS 中的应用及进展. 功能材料，2004，35(增刊)：939-942.

[3]　马家志，胡明，田斌，等. 多孔硅及其在 MEMS 中的应用. 固体电子学研究与进展，2003，23(1)：107-111.

[4] 郑丹，田娟，张熙贵，等. 基于多孔硅及MEMS技术的微型质子交换膜燃料电池. 化学世界，2008(2)：113-120.

[5] 房振乾. 微电子机械系统(MEMS)中介孔硅材料的热学、力学及电学特性研究. 天津大学博士论文，2007.

[6] 崔梦，胡明，严如岳. SiC薄膜材料在MEMS中应用的研究进展. 压电与声光，2004，26(6)：482-484.

[7] 范文宾. SiC薄膜及其缓冲层的制备与性能研究. 合肥工业大学硕士论文，2010.

[8] 杨挺，孙国胜，吴海雷，等. 立方相SiC MEMS器件研究进展. 微纳电子技术，2010，47(7)：415-423.

[9] 张平，罗崇泰，陈焘，等. 碳化硅薄膜制备方法及光学性能的研究进展. 真空与低温，2009，15(4)：193-196.

[10] 辛利鹏. 碳化硅一维纳米结构的制备与性能研究. 浙江理工大学硕士论文，2012.

[11] 张大志. 钛酸铋钠—钛酸钡无铅压电薄膜制备及性能研究. 湘潭大学硕士论文，2010.

[12] 赵亚，李全禄，王胜利，等. 无铅压电陶瓷的研究与应用进展. 硅酸盐通报，2010，29(3)：616-621.

[13] 赵振宇，卢荻，丑修建，等. 硅基反铁电薄膜微悬臂梁力学仿真分析. 测试技术学报，2010，24(5)：444-448.

[14] 曹淑伟，谢征芳，王军，等. Si—Zr—C—O纤维的耐高温抗氧化性能研究. 化学学报，2010，68(5)：418-424.

[15] 叶飞，黄学良. 基于新型光电材料PLZT的光电机结构设计和应用研究. 功能材料，2007，38(增刊)：396-399.

[16] 陈晋，樊慧庆. 铌镁酸铅基弛豫铁电厚膜的研究进展. 无机材料学报，2010，25(7)：673-677.

[17] 公超，颜红侠，马雷，等. 石墨烯在聚合物复合材料中的应用. 化学工业与工程，2011，28(5)：73-78.

[18] 庞渊源. 石墨烯在半导体光电器件中的应用. 液晶与显示，2011，26(3)：296-300.

[19] 范军领. 石墨烯传感器的研究进展. 材料导报A：综述篇，2012，26(4)：31-35.

[20] 杨文荣. 功能化石墨烯在生物医学研究中的应用. 云南民族大学学报(自然科学版)，2011，20(5)：327-332.

[21] 张学全. 石墨烯的功能化及其光电性能研究. 天津大学博士论文，2011.

[22] 高海源. 硅和石墨烯材料纳机电系统的机电耦合特性研究. 浙江大学博士论文，2012.

[23] 程应武，杨志，魏浩，等. 碳纳米管气体传感器研究进展. 物理化学学报，2010，26

(12)：3127 - 3142.

[24] 魏星，侯中宇，徐东，等. 碳纳米管在 MEMS 微电极中的应用研究. 微细加工技术，2007，4(2)：60 - 64.

[25] 郝平，高云燕，欧植泽，等. 碳纳米管在电化学和光化学纳米生物传感器中的应用. 影像科学与光化学，2011，29(1)：70 - 76.

[26] 叶雄英，郭琳瑞，周兆英. 碳纳米管在微机电系统(MEMS)中的应用研究. 微细加工技术，2004，3(1)：9 - 17.

[27] 梁晋涛，刘诗斌，刘君华，等. 碳纳米管压阻微悬臂梁红外热探测器. 光学精密工程，2008，16(4)：682 - 688.

[28] 曹伟，宋雪梅，王波，等. 碳纳米管的研究进展. 材料导报，2007，21(专辑Ⅷ)：77 - 82.

[29] 张冬至，夏伯锴，王凯，等. 基于碳纳米管的微纳机电器件应用研究. 电子元件与材料，2012，31(3)：71 - 76.

[30] 辛浩. 石墨烯/碳纳米管力学性能的研究. 华南理工大学博士论文，2010.

[31] 贺建. 碳纳米管薄膜液流传感特性研究. 重庆大学硕士论文，2007.

[32] 李楠. 基于碳纳米管和石墨烯的电化学传感器研究. 华南理工大学硕士论文，2011.

[33] 凌行，苹海维，张志明，等. 压阻式金刚石压力微传感器的制作与测试. 微细加工技术，2003，6(2)：69 - 75.

[34] 李敬财，何玉定，胡社军，等. 类金刚石薄膜的应用. 产业透视，2004(3)：39 - 42.

[35] 崔玉亭. 金刚石膜 MEMS 及其应用. 微纳电子技术，2004 (7)：27 - 30.

[36] 郭江. CVD 金刚石薄膜在微机电系统(MEMS)中的应用. 功能材料，2003，34(3)：349 - 351.

[37] 张继成. (类)金刚石薄膜的微细加工、表征及其在 ICF 靶制备中的应用. 中国工程物理研究院研究生部博士论文，2008.

[38] 徐锋. 纳米金刚石薄膜的制备机理及其机械性能研究. 南京航空航天大学博士论文，2007.

[39] 陶凤岗，许临晓，吴世晖. 硅烯. 有机化学，1983，6(3)：161 - 174.

[40] 汤彬，崔彬，周玉芳. 硅烯低聚体的电子结构性质. 山东教育学院学报，2010(6)：17 - 20.

[41] 中科院物理所. 硅烯制备研究获进展. [2013 - 1 - 3]. http://www.cas.cn/ky/kyjz/201208/t20120815_3627584.shtml.

第3章 MEMS工艺

MEMS的制造受集成电路制造技术的影响，在硅集成电路制造中常用的氧化、光刻、掺杂、腐蚀、外延、淀积、钝化等微细加工技术，在MEMS制造中经常用到。但是MEMS制造又具有一些独特的微细加工技术，这些独特的微细加工技术和常规集成电路工艺相结合，才能制造出具有复杂的微米量级的三维微结构、微器件乃至微系统。经过多年的发展，MEMS的制造已经取得了很大的进步。目前，国内外制造MEMS的微细加工技术主要有以下三类：

第一类：以日本为代表的利用传统精密机械加工技术的超精密和特种加工技术。经过不断地探索和实践，用传统的一些精细加工技术也可以加工出微米量级的微结构，比如在特殊场合应用的微型机器人、微型手术台和微型工厂等。

第二类：以美国为代表的利用化学腐蚀和集成电路工艺技术的硅基微加工技术。这种加工方法与传统的集成电路工艺相兼容，可以实现微机械和微电子的系统集成，并适合批量生产，具有高精度、低成本的优点，已经成为目前MEMS的主流技术。

第三类：以德国为代表的LIGA及其相关技术。它是利用X射线光刻技术，通过电铸成型和塑料铸模来形成深层微结构。LIGA技术可以加工各种金属、塑料、聚合物、陶瓷等材料，可以得到高深宽比的微细结构，其加工深度可达几百微米，是一种比较重要的有发展前景的MEMS加工技术。

微制造技术是MEMS进一步发展的基础，由于MEMS的应用对结构、器件和系统在材料、设计、加工、机电系统集成、封装、测试和可靠性等方面的苛刻要求，目前微制造技术还有很多问题有待进一步解决。

本章主要介绍目前国际上比较主流的MEMS制造技术，包括传统超精密和特种微细加工技术、硅基微加工技术、LIGA技术和准LIGA技术。

3.1 传统超精密和特种微细加工技术

3.1.1 传统超精密微加工技术

使用传统的超精密加工方法加工微结构有其不可替代的优点，可以加工各种材料的复杂形状并有较高加工精度的三维立体微型零件，包括微细车削、钻削、铣削、磨削、冲压等技术。

1. 微细车削技术

车削是加工回转类零件的有效方法，加工微小型零件也不例外。微车削的关键在于：

（1）微型化的车床；

（2）车削状态检测系统；

（3）高转速、高回转精度的主轴、高分辨率的伺服进给系统；

（4）刀尖足够小、硬度足够高的车刀。

如图 3-1 所示，日本通产省工业技术院机械工程实验室(MEL)于 1996 年开发了世界上第一台微型化的车床样机。车床长 32 mm、宽 25 mm、高 30.5 mm，重量为 100 g；主轴电机额定功率为 1.5 W，转速为 10 000 r/min。用该机床切削黄铜，进给方向的表面粗糙度为 R_{max} 1.5 μm；加工元件的圆度为 2.5 μm，加工出的最小外圆直径为 60 μm；切削试验中的功率消耗仅为普通车床的 1/500。

图 3-1　世界上第一台微型车床
（日本通产省工业技术院）

日本金泽大学的 Zinan Lu 和 Takeshi Yoneyama 研究了一套微细车削系统，由微细车床、控制单元、光学显微装置和监视器组成，机床全长约 200 mm。该系统采用了一套光学显微装置来观察切削状态，还配备了专用的工件装卸装置。主轴用两个微型滚动轴承支撑，主轴沿 z 方向进给，刀架固定不动，车刀与工件的接触位置固定，便于用光学显微装置观察。因为工件的直径很小，车削时沿 $x-y$ 方向移动的幅度不大，所以令刀架沿 $x-y$ 移动。车刀的刀尖材料为金刚石。驱动主轴的微电机通过弹性联轴器与主轴联接。机床的主要性能参数如下：主轴功率为 0.5 W；转速为 3000 r/min～15000 r/min，连续变速；径向跳动 1 μm 以内；装夹工件直径为 0.3 mm；x、y、z 轴的进给分辨率为 4 nm。以 0.3 mm 的黄铜丝为毛坯，可加工出直径为 10 μm 的外圆柱面，直径为 120 μm、螺距为 12.5 μm 的丝杠。该机床的明显不足是切削速度低，因此得不到满意的表面质量，表面粗糙度值为 1 μm 以下。但是微细车削系统的开发成功，证实了利用切削加工技术也能加工出微米尺度的零件。

从以上两例可知，并非机床的尺寸越小，加工出的工件尺度就越小、精度就越高。微细车床的发展方向，一方面是微型化和智能化；另一方面是提高系统的刚度和强度，以便于加工硬度比较大、强度比较高的材料。

2. 微细钻削技术

微细钻削用于加工直径小于 0.5 mm 的孔，已成为微细孔加工的最重要的工艺之一。微细钻削的关键是微细钻头的制备。要得到更细的钻头，必须借助特种加工方法，如用聚焦离子束溅射技术，制成直径分别为 13 μm、22 μm、35 μm 的钻头和铣削刀具；用电火花电极磨削技术，可以制成直径为 10 μm 的钻头，且最小直径可达 6.5 μm。由于钻头的直径很小，在微细加工中，钻头前端的晃动直接影响加工精度和钻的寿命，因此要采取适当的措施，以减小钻头的晃动。

3. 微细铣削技术

微细铣削技术可以实现任意微三维结构的加工，生产效率高，便于扩展功能，对于微型机械的实用化开发很有价值。微细铣削加工原理和传统的铣削加工原理基本上是相同的，主要目的是希望能制造微小铣刀，再以微小铣刀加工微零件。

日本发那科(FANUC)公司与电气通信大学合作研制的车床型超精密铣床，在世界上是首例用铣削方法实现了自由曲面的微细加工。这种超精密铣削加工技术，还可以使用铣削刀具对包括金属在内的各种可切削材料进行微细加工，还可以利用 CAD/CAM 技术实现三维数控加工，生产效率高，相对精度高。图 3-2 所示是用该铣削机床加工的微型脸谱“能面”。加工数据由三个坐标测量机在真实能面上采集，采用单刃单晶金刚石铣刀，在 18K 金材料上加工的三维自由曲面，其直径为 1 mm，表面高低差为 30 μm，加工后得到的表面粗糙度为 0.058 μm。美国也研究出了利用钻石刀具微铣削加工制造了直径为 75 μm 的刀柄，这是光刻技术领域中的微细加工技术，如半导体平面硅工艺、同步辐射 X 射线深度光刻、LIGA 工艺等所不能及的。

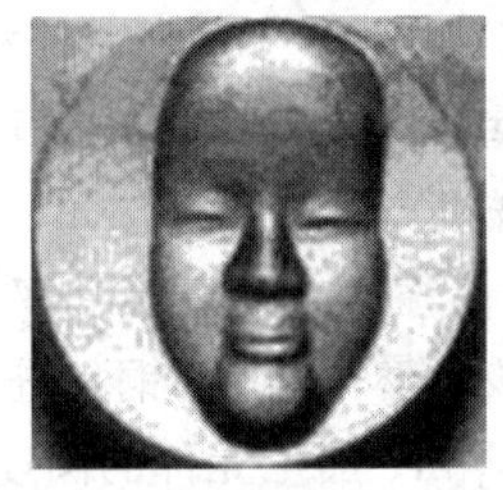

图 3-2　微型脸谱“能面”
（日本发那科(FANUC)公司）

4. 微细磨削技术

超精密磨削是在一般精密加工基础上发展起来的，包括机械研磨、化学机械研磨、浮动研磨等。磨削加工是切削加工的一种，可以把砂轮和砂带上的磨粒，近似看做一个个微小的刀刃，整个砂轮就可看做具有极多微小刃齿的铣刀。刃齿随机排列在砂轮表面，每个砂粒的几何形状和切削角度都有很大差异。其入口圆弧半径很小，比一般车刀、铣刀刃口半径都小得多，所以磨削厚度很小，可达微米量级；其加工精度也较高，可达到 IT6 或者更高；粗糙度也很小，可达 0.008 μm～0.1 μm；磨削速度快，效率高，可形成光洁表面。

微细磨削加工存在如下问题：

(1) 磨粒在高速、高压和高温作用下，后角会因磨损变得圆钝，使得磨削能力下降。

(2) 当磨粒上所受的作用力超过磨轮黏结磨粒的约束力时，磨粒有可能随机脱落，使得砂轮失去外形精度。

(3) 在磨削微型器件时，磨削径向分力较大；当机床夹具、工件和砂轮组成工艺系统刚性较差时，工艺系统容易变形，影响加工精度，当工件非常细长时，弯曲变形不能忽视。

(4) 磨粒需要承受很大的剪切应力和很高的高温强度和硬度，常用的磨料是人造金刚石和立方氮化硼(CBN)。

5. 微细冲压技术

在仪器仪表制造业中，常见到带有许多小孔的板件，板件上的小孔常用冲孔方法加工，生产效率高，加工的小孔尺寸稳定，凸模磨损慢，寿命长。在大批量生产时，其成本比其他方法低得多。冲小孔技术的研究方向是如何减小冲床的尺寸，增大微小凸模的强度和刚度，保证微小凸模的导向和保护等。

日本 NEL 开发的微冲压机床长 111 mm、宽 66 mm、高 170 mm，该机床带有连续的冲压模，可实现冲裁和弯板。日本东京大学生产技术研究所利用微细电火花加工技术和微细放电加工技术复合，可以制造微冲压用的冲头和冲模，然后进行微细冲压加工，在 50 μm 厚的聚酰胺塑料上冲出了宽度为 40 μm 的非圆截面微孔。

3.1.2　特种微细加工技术

目前，微细加工技术的研究大多集中在半导体制造工艺、光刻技术、蚀刻技术和 LIGA 技术上，并且取得了相当大的进展。但是，这些技术只能用来加工结构简单的二维或准三维微机械，不利于执行器的制作。如用这种微机械作为执行器，只能靠静电力驱动，驱动力太小。另外，这些加工方式的设备昂贵，一次性投入较大，适合于大规模批量生产。对于复杂的三维微机械结构，采用以上技术就难以实现或根本无法实现了；小规模的微机械生产也不宜采用以上方法，从而限制了其应用范围。特种加工技术在微小型三维立体结构和执行器的制作上有其独到之处，且其批量制作可通过模具加工、电铸、注塑等方法实现。

由于传统的机械加工过程存在着宏观的切削力，因此在加工微小零件，特别是微米尺度零件时，容易产生变形、发热等问题，精度控制较为困难。另外，表面容易产生应力而影响产品的使用性能。特种加工方法采用各种物理的、化学的能量及其各种理化效应，直接去除或增加材料以达到加工的目的。特种加工方法多属于非接触加工，一般没有宏观的切削力作用，因此在微小尺度零件的加工中有着不可替代的优越性。

如果能解决相容性问题，将特种微细加工技术与 MEMS 技术进行有机集成，以特种微细加工技术为主要技术手段，进行微三维实体零件制造，再用 MEMS 技术使其具有某些特殊功能，充分利用各种加工技术优势，必能得到单一技术所不能具有的优势，将大大提高复杂微结构设计与制造水平。特种微细加工技术极大地丰富了微细加工的内容，已经成为 MEMS 等微电子机械系统技术的有力补充和延伸。

特种微细加工技术的实用化研究，得益于 20 世纪 80 年代中期日本东京大学增泽隆久所在的研究室发明的线电极电火花磨削技术，并在 20 世纪 90 年代得到了重大发展。随后出现了微细电火花加工、微细电化学加工、微细超声加工以及微细激光加工等技术。

1. 微细电火花加工

近年来，随着对微小零件—微小齿轮、微小联接器、微小花键等特殊复杂零件的加工需求，微细电火花加工由于其独特的加工方法，即非机械接触的特点，特别适合微型机械的制造。微细电火花加工具有设备简单，可实施性强等特点，在微细轴、孔加工及微三维结构制作方面已经显示出了相当大的发展潜力，受到世界各国学者的普遍关注。

1）微细电火花加工原理组成

微细电火花加工的原理与普通电火花加工基本相同，利用工件和微细电极丝之间的脉冲性火花放电，产生瞬间高温使得工件材料局部熔化和气化，从而达到去除和加工的目的。其主要用于微米量级的零件加工，故需要特殊的设备和工艺技术。图 3－3 所示为微细电火花加工系统组成示意图，主要包括晶体管可控 *RC* 微能量脉冲电源、电极丝循环低速运动的恒张力走丝系统和基于压电陶瓷电动机的微驱动伺服进给系统等。在加工过程中，系统根据检测回路反馈电压值来识别加工状态；通过控制伺服进给，保持最佳放电加工状态进行加工。精密控制单个脉冲的放电能量，并配合精密微量进给，可实现极微细的材料去除，加工微细轴、孔、窄缝、平面及微三维曲面结构等。近年来，微细电火花加工发展很快，出现了很多新工艺、新方法。

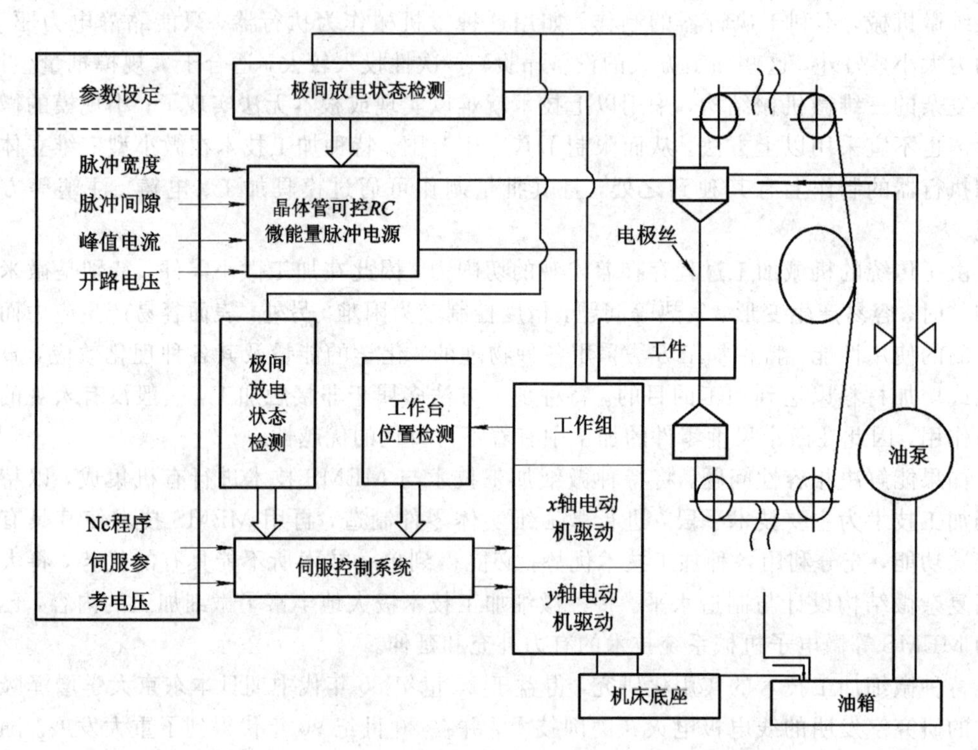

图 3－3　微细电火花加工系统组成示意图

1984 年，日本东京大学生产技术研究所增泽隆久等人在电火花反拷加工基础上，利用线电极代替反拷块研制成功了线电极电火花磨削（WEDG）技术，其工作原理如图 3－4 所示。在电火花磨削过程中，线状电极在导向器上连续移动，导向器沿工件的径向作微进给，而工具电极在随主轴旋转的同时作轴向进给。通过控制工具电极的旋转与分度，WEDG 不仅可以加工出圆柱状电极，还可加工出多边形、螺旋形等形状的电极，为微细电火花加工各种复杂形状的型腔提供了极为有利的工具。由于在电火花磨削过程中线电极与工件间为点接触放电，易于实现工具与工件电极间的微能放电。这种点接触式放电方式使得工件的加工精度更接近于机床的几何精度，同时由于线电极的连续移动，可以忽略线电极损耗对加工精度的影响，因此可控性好，易于通过数控程序加工出各种形状的电极。

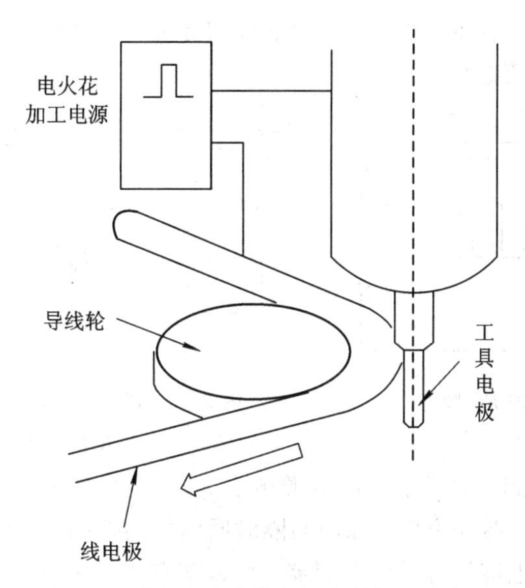

图 3 - 4　微细电火花线电极磨削加工示意图
（日本东京大学生产技术研究所）

2）微细电火花加工关键技术

影响微细电火花加工效果的因素主要有电极丝质量、放电检测、伺服检测和工作环境等。其中脉冲电源、走丝系统、伺服进给、工作液、控制策略和工艺规划对微小零件的加工精度和表面质量有着直接影响。因此，需对围绕微小复杂零件的微细电火花加工关键技术进行研究。

（1）微小能量脉冲电源技术。脉冲电源的作用是提供击穿间隙中加工介质所需的电压，并在击穿后提供能量，以蚀除工件材料。单个脉冲的蚀除量正比于单个脉冲放电能量，减小单个脉冲的放电能量，是提高加工精度，减低表面粗糙度的有效途径。微细电火花加工中，要求最小的放电能量控制在 10^{-6} J～10^{-8} J，需要考虑放电电压和电流以及脉冲宽度的减小。但是，放电电压和电流要有一定的取值范围，才能维持连续稳定的电火花加工。因此，减小脉冲宽度是单个脉冲放电能量和微小化的合理途径，要求相应的放电脉冲的宽度在微秒级至亚微秒以下量级。

微小能量脉冲电源有多种形式，其中采用晶体管可控 RC 脉冲电源是理想的选择，其电路拓扑结构如图 3-5 所示。其工作原理为：直流源 E 接通，晶体管 V 关断，直流源 E 向电容器 C 充电，电容器上的电压 U_C 按指数曲线上升到直流电源电压 U_E，脉冲电源处于脉间(t_{off})阶段。当电容器两端的电压满足 $U_C \geqslant U_D$(U_D为极间放电间隙击穿电压)，晶体管 V 开通，电容向间隙放电，脉冲电源进入脉宽(t_{on})阶段，电容器上存储的能量瞬时放出，形成峰值较大的脉冲电流 I_e。当晶体管 V 经过一段时间重新关断后脉宽阶段结束，脉冲电源重新进入脉间阶段。重复前述过程，便形成连续的脉宽、脉间波形，图 3-6 所示为脉冲电源电容两端的电压和电流波形。

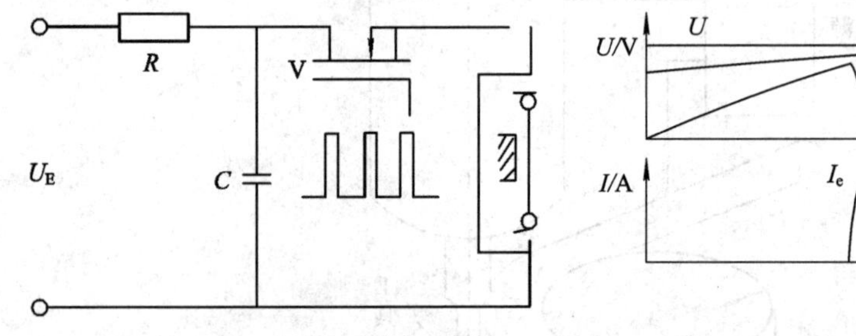

图 3-5 晶体管可控 RC 脉冲电源拓扑结构

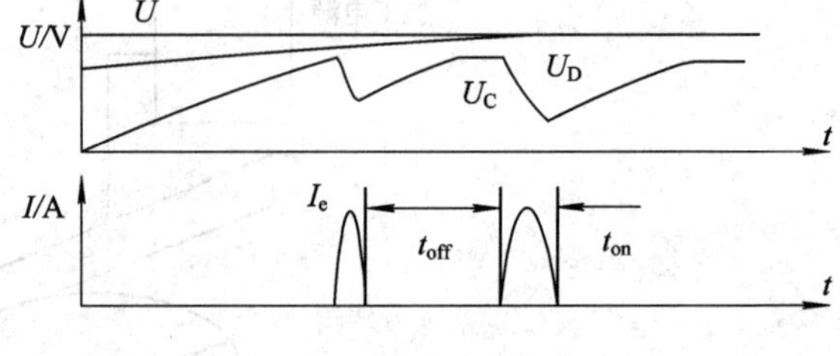

图 3-6 晶体管可控 RC 脉冲电源电容的电压和电流波形

从上述分析可以看到，微能量脉冲电源电容充/放电的时间，可以通过晶体管的开关来控制，因而可以实现对脉冲宽度、脉冲间隔时间的精确控制，实现微小能量的精确控制。此外，由于采用了一个电容值合适的电容器，可以实现不同的脉宽和脉间组合，因此使得脉冲电源的体积大大减小，同时减少了并联回路的数量，简化了电路结构，减少了系统干扰对加工效果的影响。另外，电容器的电压在整个脉冲期间是连续的，可以缩短电容器的充电时间，提高工作效率。

(2) 恒张力走丝系统。实现微细电火花加工的关键条件是需要特殊的走丝系统，其特殊性主要有以下两个方面：

① 低速运动的走丝系统。因为电极丝直径很小，而且为了提高加工精度和表面质量，要绝对保证电极丝运动的稳定，所以要求电极丝运动速度非常缓慢(10 cm/min～20 cm/min)，这样可以有效减少振动、冲击现象的发生，防止由于微细电极丝力学性能较差而发生的断丝，保证了零件加工的工艺指标。

② 高精确的张力控制。主要包括对张力大小和张力均匀分布的精确控制。在电极丝极限强度下尽量维持高而稳定的张力，可以保证加工在放电的爆炸力下有最小的滞后弯曲，并且合适的张力能够减小电极丝的振动幅度。张力太大容易断丝，张力太小会引起电极丝弯曲影响加工精度，一般要求张力在 4.5 N～5.5 N 左右。

因为利用微能量脉冲电源，电极丝的磨损非常小，所以采用电极丝循环低速运动的恒张力走丝系统，其原理示意图如图3-7所示。为了得到恒定张力，使用了响应速度快、精度高的恒定张力伺服控制系统。经过压力传感器，把压力检测回来，进而控制直流电动机来调节浮动轮使得压力恒定。恒定张力伺服控制系统采用PID控制器，能在线调整丝张力，使得丝张力达到最佳的恒定状态，减小电极丝的振动，而走丝系统稳定，不但能防止断丝，还能提高加工精度。

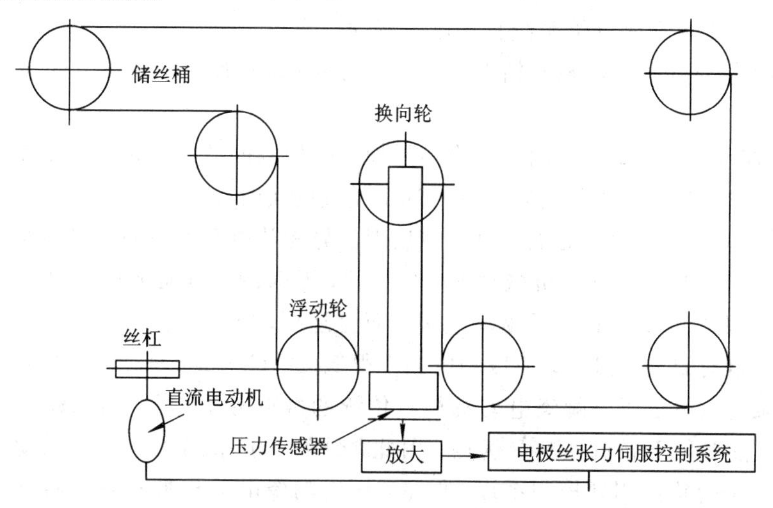

图3-7　恒张力走丝系统原理示意图

(3) 偏开路加工伺服控制策略。根据微细电火花加工原理可知，在加工过程中由于受放电力、材料蚀除、爆炸力、放电通道中的瞬时压力等影响，电极丝进给出现滞后现象，表现为电极丝发生一定程度的弯曲。这种电极丝出现的偏移现象，对零件的表面粗糙和几何精度有很大影响。由于电极丝只有30μm长，很容易产生较大的偏移，其中伺服参考电压对电极丝偏移量有较大影响。图3-8所示为微细电火花加工的单个脉冲放电状态，主要分开路、正常加工、偏开路和短路四种状态。因此，采用合适的伺服控制策略，对于保证加工过程的稳定性至关重要。

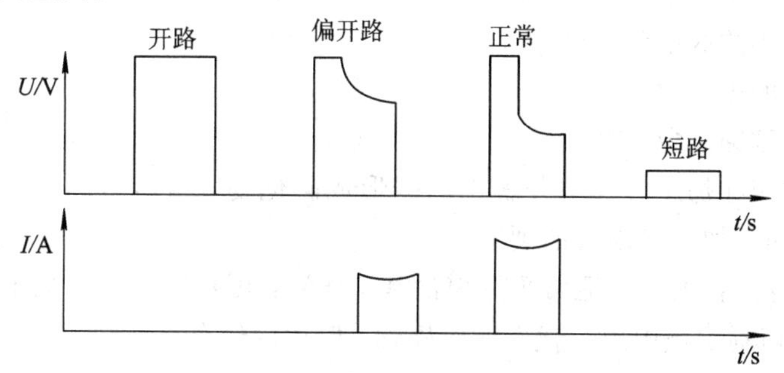

图3-8　微细电火花加工放电状态

对于微细电火花加工而言，偏开路加工是实际加工中经常用到的。偏开路加工的伺服控制策略，是指将伺服参考电压值设定在接近开路电压值的范围内，该值越接近开路电压，偏开路伺服控制效果越明显。这样做可减弱脉冲电源放电能量对电极丝偏移量的影响，提高加工精度。

(4) 微驱动伺服进给系统。伺服进给机构是实现零件加工的执行单元，须采用高精密的进给系统。满足高精度加工的需要，是实现微细电火花加工的前提和保证。对于微细电火花加工来说，要求伺服进给系统具备以下特性：

① 高精度。对伺服进给控制精度、执行单元的驱动精度、反馈环节的检测精度都提出了很高的要求。

② 闭环控制特性。闭环控制可以将实际加工时切割的位置，通过反馈环节反馈给控制系统，通过反馈量与控制量的比较实现对加工轨迹的实时控制。

③ 动态响应特性。为了对加工过程中出现的异常放电情况进行快速反应，要求伺服进给控制系统具有较高的电气和机械动态响应特性，及时调节异常放电情况。

传统的电极驱动系统不仅要驱动电极，而且还要驱动电极的装夹机构甚至主轴头运动。因为需要驱动的重量过大，所以响应频率很低(20 Hz～40 Hz)，严重影响了加工效率和工件表面质量。由于压电陶瓷电动机相对传统的微位移机构具有位移精度高、频响快、功耗小、不发热和便于微机控制等优点，因此，目前一般采用压电陶瓷电动机驱动，并且与精密光栅尺配合构成闭环控制系统。但是，压电陶瓷电动机拥有死区特性，需要采用带有死区逆自适应补偿的不完全微分 PID 控制器来对压电陶瓷电动机进行控制。针对微细电火花加工对微进给驱动的要求，超精密压电陶瓷电动机的驱动精度为 20 nm，重复定位精度为 0.1 μm；精密光栅尺的分辨率为 50 nm，这样就可以实现对加工位置的精确检测。

(5) 油基工作液和电极丝。在微细电火花加工条件下，由于加工零件的尺寸很小，而且有存在较小的圆角以及窄缝等特殊形状的零件，除了采用微细电极丝切割外，还必须要求加工时的放电间隙很小。此外，较小的放电间隙，同样要满足工件形状精度和表面质量的要求。

基于煤油的工作液具有如下特点：

① 可获得更小的放电间隙(3 μm～5 μm)；

② 具有更高的击穿阻抗；

③ 不会产生锈蚀现象。

④ 油基工作液在加工过程中分解出的碳形成碳化物，与熔融的金属结合在一起重铸到加工表面，增加了加工变面层的硬度。

因此，微细电火花加工中通常采用煤油基工作液，可获得良好的加工效果。

黄铜丝是线切割领域中第一代专业电极丝，但黄铜丝有如下缺点：

① 加工速度无法提高；

② 表面质量不佳；

③ 加工精度不高。

由于低熔点的锌对于改善电极丝的放电性能有着明显的作用，而黄铜中锌的比例又受到限制，因此联想到在黄铜丝外面再加一层锌，这就产生了镀锌电极丝，也导致更多新型镀层电极丝的出现。镀层电极丝的主要优点如下：

① 切割速度高，不易断丝；

② 加工工件的表面质量好，无积铜，变质层得到改善；

③ 工件表面的硬度更高，模具的寿命延长；

④ 加工精度提高，特别是尖角部位的形状误差、厚工件的直线度误差等均比黄铜丝有所改善。

减小镀层电极丝生产工艺主要有浸渍、电镀和扩散退火三种方法。电极丝的芯材主要有黄铜、紫铜和钢；镀层的材料则有锌、紫铜、铜锌合金和银。针对不同的加工可选择不同的电极丝。

3）微细电火花加工应用

WEDG 技术的出现，圆满地解决了微细工具的在线制作与安装这一长期制约微细加工技术发展的瓶颈问题。该技术的出现与发展，不但促进了微细电火花加工技术的实用化，而且极大地带动了相关微细加工技术的发展。

利用 WEDG 技术，日本东京大学增泽隆久等人已加工出了直径为 2.5 μm 的微细轴和 5 μm 微细孔，如图 3-9 所示。使用微小成形电极，利用传统的电火花成形加工方法进行微细三维轮廓的加工显然是不现实的，因为复杂形状的微小电极本身就极难制作，甚至无法制作，而且加工过程中严重的电极损耗现象将使成型电极的形状很快改变，而无法进行高精度的三维曲面加工。于是开始探索使用简单形状的电极，借鉴数控铣削的方法，进行微细三维轮廓的电火花铣削加工。东京大学生产技术研究所利用简单形状的微细电极，通过微细电火花铣削加工，制作出了微汽车模具及用其翻制出的微汽车模型，如图 3-10 所示，该微汽车的长、宽、高分别为 500 μm、300 μm、200 μm。1997 年，日本松下公司制作出了分度圆直径为 300 μm、齿高 50 μm 的微型齿轮及宽 5 μm、长 150 μm 的微槽。1999 年，日本庆应义塾大学谷村尚等人利用微细电火花加工技术加工出了直径为 150 μm、尖端部半径为 2.5 μm 的扫描探针，并用其完成了三维表面的轮廓测量。图 3-11 所示是用微细电火花加工技术在单晶硅上加工出的微结构；图 3-12 所示是用微细电火花加工技术加工出的合金转子；图 3-13 用微细电火花加工技术加工出的微三维结构，在 155 μm 的圆柱上有半球、槽、齿轮、蜗杆等形状；图

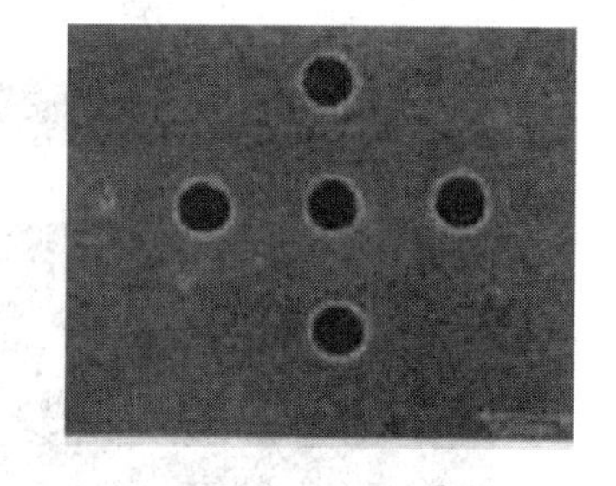

图 3-9　微细电火花加工的微孔照片（日本东京大学）

3-14 所示是对边长为 50 mm 的立方体绝缘陶瓷在两个方向上进行微细电火花切割而加工出来的微小椅子，加工时间为 24 个小时。

图 3-10　微细电火花铣削加工制作的微汽车模具和翻制的微汽车模型(日本东京大学)

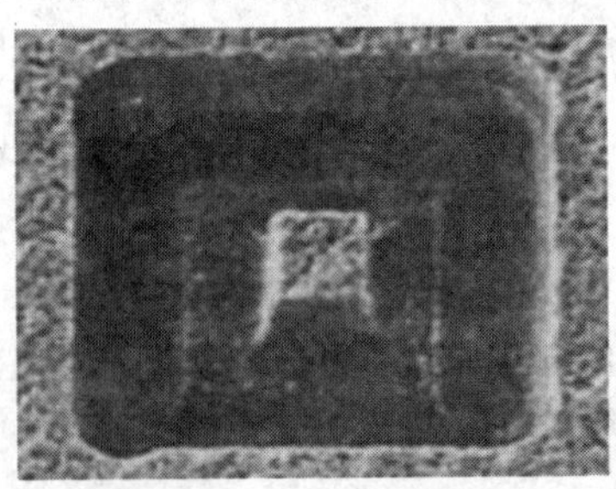
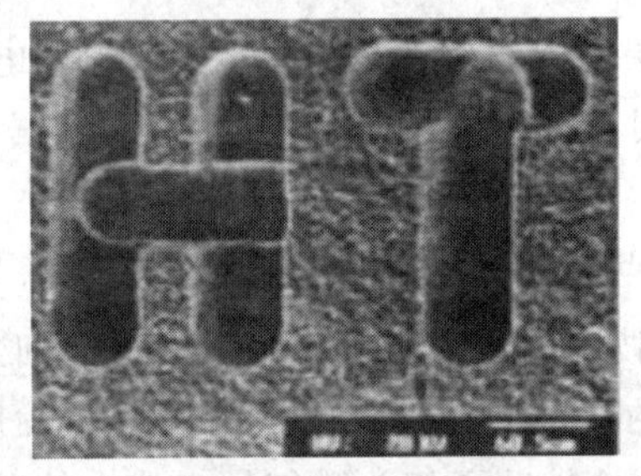

图 3-11　在单晶硅上微细电火花加工的微结构

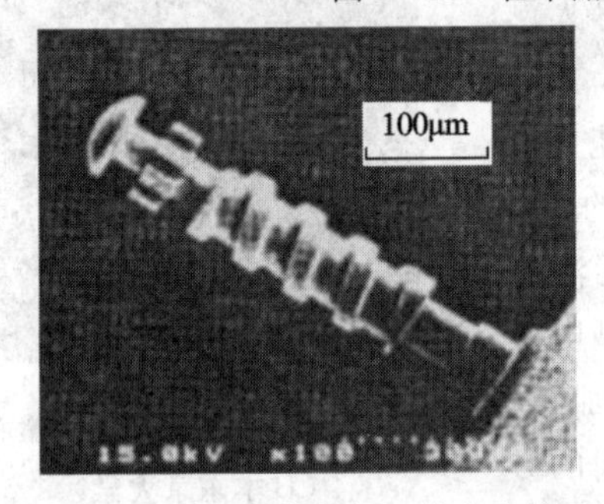

图 3-12 微细电火花加工的合金转子

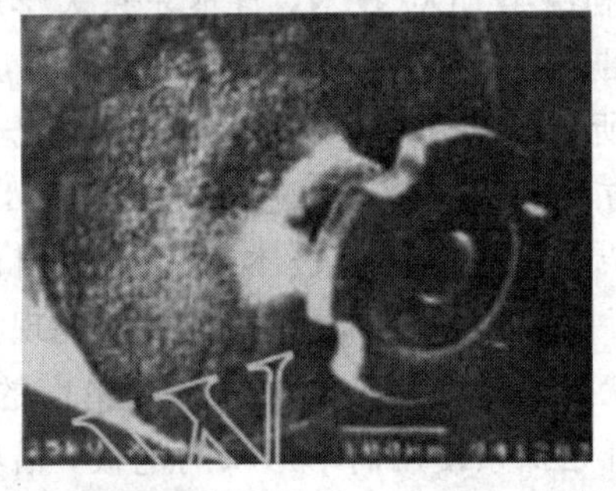

图 3-13　微细电火花加工出的微三维结构

图 3-14　微细电火花切割加工出的微小椅子

在硅微细加工方面，微细电火花加工显示出了良好的潜力。比利时鲁文大学的研究人员在 650 μm 厚的硅片上加工出 30 μm 宽的窄线。日本冈山大学冈田晃等人提出了用三角形截面电极进行复杂形状微结构加工的方法，这种方法使用经过拉拔成型的三角形截面银电极，精密数控技术较好地解决了成型加工中复杂成型微细电极制作的困难，及线切割加工中尖角变钝等技术难题，成功地加工出了五边形及六边形等具有尖角的微孔，并且在单晶硅材料上成功地制作出了微悬臂结构。这些研究成果的取得，进一步拓宽了微细电火花加工技术的应用领域，加速了微细电火花加工技术与 MEMS 技术一体化的进程，证实了用微细电火花加工技术进行微细三维结构加工与用半导体工艺实现运算和控制功能混合技术的可行性。

2. 微细电化学加工

1）微细电化学加工原理

电化学制造技术是一种特种加工技术，目前在微细加工中已占有重要的位置。如图 3-15 所示，电化学制造技术按原理可分为两类：

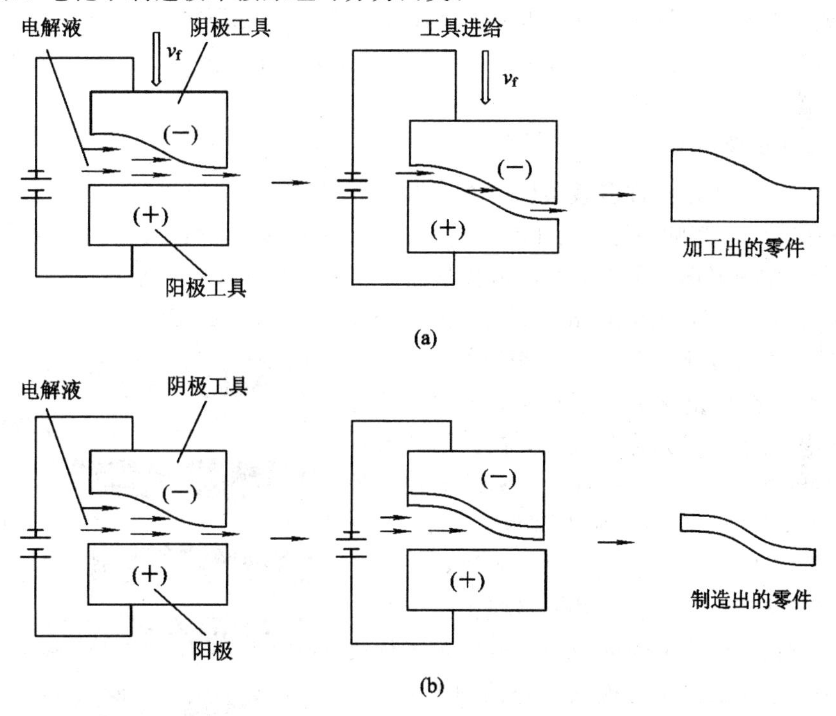

图 3-15 电化学制造技术原理

(a) 电解加工；(b) 电铸加工

(1) 基于阴极沉积的增材制造技术—电铸。电铸是电解加工的逆过程，利用金属离子在阴极上沉积来制造金属制品。在电铸过程中，电解液中的金属离子不断向阴极迁移，并沉积在阴极母模上，直到达到所需要的厚度为止。沉积的金属层被机械剥离，经过必要的后续加工获得所需的金属制品。电铸制品能够极其精确地复制母模的形状。

(2) 基于阳极溶解的减材法拉第定律，工件阳极开始溶解。溶解产物被流动的电解液排出加工区；工具阴极向工件恒速进给，以保持加工间隙的恒定。随着加工过程的延续，工件阳极的形状将复制工具阴极的形状。

电铸和电解加工这两种技术有一个共同点：无论是材料的减少还是增加，制造过程都是以离子的形式进行的。由于金属离子的尺寸非常微小，因此这种微去除方式使得电化学制造技术在微细制造领域具有重要的应用前景。

虽然目前实现微细加工的方法很多，但各种加工方法又有其各自的局限性，如微细电火花加工和激光束加工属于热加工，容易在工件材料上产生热影响层和热变形区；聚焦离子束加工需在真空中进行，设备成本高；超声加工只适合加工硬脆材料，加工面太窄，效率又低。与这些加工方法相比，微细电解加工不仅不产生热应力和机械应力，而且还具有高的加工效率和加工精度。只要精细地控制电流密度和电化学发生区域，就能实现微细电化学溶解或微细电化学沉积，即可达到对金属表面进行“去除”或“生长”的目的。采用电化学加工的微细结构表面光滑、无内应力、无裂纹等缺陷，比电火花加工和激光加工的工艺效果更好。

2) 微细电化学加工

目前电化学加工已在许多微型机械方面得到应用，如微型传感器、微型齿轮泵、微型电机、电极探针、微型喷嘴等。微细电化学加工技术多种多样，然而具有发展前景，可以真正进行复杂三维超微图形加工的微细电化学加工技术主要有以下两种：

(1) 约束刻蚀剂层技术(Confined Etchant Layer Technique，CELT)。1992 年，厦门大学田昭武院士等人提出了约束刻蚀剂层技术，用于三维超微/纳米图形复制加工新技术，其加工的基本原理：利用电化学或光化学反应，在三维图形模板表面产生刻蚀剂(如 Br_2)；初生的刻蚀剂在向外扩散过程中迅速与溶液中的捕捉剂发生(均相)氧化/还原反应而失活；不被还原的刻蚀剂只能被约束在紧贴模板表面的微小区域内；当模板靠近被加工工件的表面时，被约束的刻蚀剂与待加工工件表面发生反应；进而加工出与模板互补的图形。作为三维电化学微加工的这项技术，距离敏感性是其进行复杂三维微加工技术的关键。这种加工方法需要采用其他技术制作加工所需要的高精密模板，并选择合适的刻蚀系统，达到纳米级精度刻蚀。图 3－16

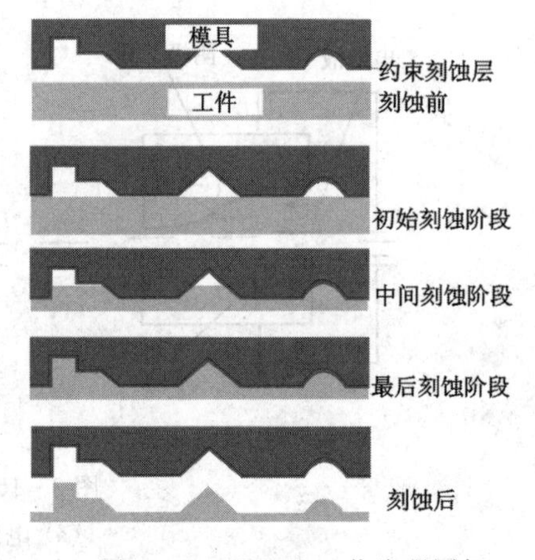

图 3－16　CELT 工艺流程图解
(厦门大学)

所示是约束刻蚀剂层技术加工工艺流程图解。

基于 CELT 的思想，德国 Rolf Schuster 和 G. Ertl 等教授提出了一种基于约束刻蚀思想的双电层约束刻蚀加工超微立体图形的电化学微加工法。其加工用的电解槽，安装在一个具有 x、y、z 三个自由度的压电陶瓷驱动微定位平台上，通过微定位平台的空间运动，在硅片上加工出超微三维立体图形，图 3-17 所示为其加工效果。用 CELT 技术可以实现微米、纳米尺度上各类复杂三维零件的复制和加工，也可以用于批量加工，对被加工的基片表面平整度要求不高，而且不需要抗蚀剂，省了许多工序。

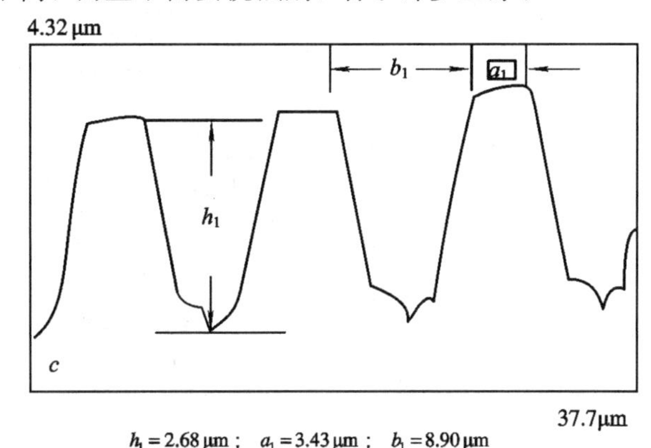

图 3-17　双电层约束刻蚀加工效果(德国 Rolf Schuster 和 G. Ertl)

(2) 3D 电化学微细加工(Electrochemical 3D Micromachining)。超微电极电解加工是微细电化学加工的又一发展方向，其中超微电极是指电极的一维尺寸为微、纳米级的一类电极，该电极具有常规毫米级微电极无法比拟的许多优良电化学特性。德国 Friz-Halber 研究所 Rolf Schuster 等人采用持续时间以纳秒计的超短脉冲电压进行电化学微细加工新技术，成功加工出微米级尺寸的微细零件，加工精度可达几百纳米。其加工的基本原理如图 3-18 所示，工具电极和工件之间间隙控制在微米范围内；施加一个纳秒级的超短脉冲电源，对工具电极和工件电极的双电层进行充电；双电层极化控限电极顶尖部位在微、纳尺寸范围内；在离电极顶尖越远处，充电能力越弱。

由于电解反应的速率与双电层内的电位降成指数关系，电解液间的电阻和两个电极之间的距离成线性关系，因此采用该种方法，电解刻蚀的速率与两个电极之间的间隙呈指数关系变化，刻蚀加工便被限制在该区域内。通过在三维方向上控制成型工具电极的位置(例如采用压电陶瓷工作台控制)，可以对工件进行三维刻蚀加工。

在图 3-18 中，用示波器观察电极与基底的电压和电流；高频脉冲发生器产生方波，叠加在工具电极上，使工具电极下的基底发生氧化反应，进行电解加工；双电位稳压器控制工具电极与基底的电压，使工具电极与工件在脉冲期间氧化与还原反应处于动态平衡；纳米级工作台采用压电陶瓷作纳米级微进给和纳米级定位。图 3-19 所示是该研究所在纳秒级脉冲作用下加工出的微三维结构零件样图，图(a)所示图是直径为 10 μm、材料为铂的圆柱电极在 0.1 mol/L 的 $CuSO_4$ 和 0.01 mol/L 的 $HClO_4$ 混合溶液中在铜基体上加工样件；图(b)所示是质量浓度为 10 g/L 的 HF 溶液中，用直径为 50 μm 的铂电极在 p－Si 基体上加工的样件；图(c)所示是微细钨工具电极，在 0.2 mol/L 的 HCl 溶液中，在金属镍上加工 5 μm 深螺旋结构样件。脉宽为 3 ns，脉冲幅值为 2 V，频率为 33 MHz，螺旋结构表面光滑，侧面加工间隙只有 600 nm。

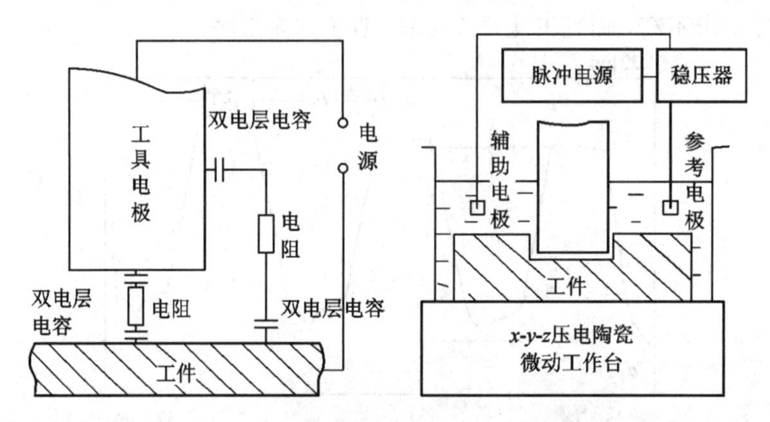

图 3－18　超微细电极电化学加工原理与实验安装图(德国 Friz-Halber 研究所)

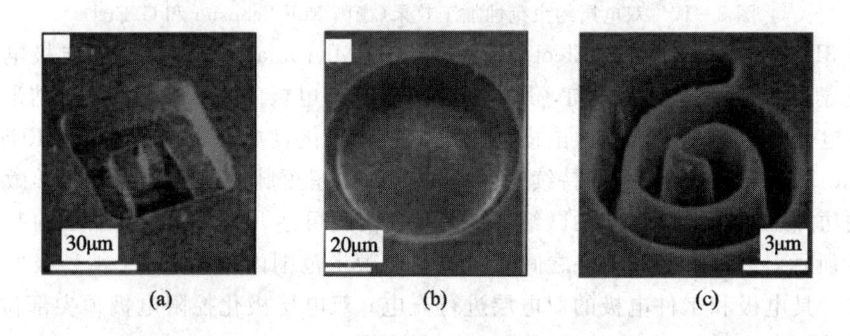

图 3－19 微细电化学加工出的三维微细零件样件图(德国 Friz-Halber 研究所)

3. 微细超声加工

随着晶体硅、光学玻璃、工程陶瓷等硬脆材料在微机械中的广泛应用，硬脆材料的高精度三维微细加工技术已成为世界各国制造业的一个重要研究课题。目前，适用于脆硬材料加工的手段主要有光刻加工、电火花加工、激光加工、超声加工等特种加工技术。超声加工与电火花、电解、激光等加工技术相比，既不依赖于材料的导电性又没有热物理作用；与光刻加工相比，则可加工具有高深宽比的三维形状。这决定了超声加工技术在陶瓷、半导体硅等非金属脆硬材料加工方面有着得天独厚的优势。随着压电材料及电力电子技术的发展，压电或磁致伸缩产生的振幅已能满足微细超声加工的要求，因而不再需要变幅杆。目前，微细超声、旋转超声、超声复合等加工技术成为了当前超声加工研究的热点。

1）微细超声加工原理

波是属于声音的类别之一，属于机械波。声波是指人耳能感受到的一种纵波，其频率范围为 16 Hz～20 kHz。当声波的频率低于 16 Hz 时为次声波；高于 20 kHz 时为超声波。超声波具有以下特性：

① 超声波可在气体、液体、固体、固熔体等介质中有效传播，而且其运动轨迹按余弦函数规律变化。

② 超声波可传递很强的能量，超声加工中的能量强度可达几百瓦每平方厘米，且其中的 90%作用于工件表面。

③ 超声波会产生反射、干涉、叠加和共振现象。

④ 超声波在液体介质中传播时，可在界面上产生强烈的冲击和空化现象，空化现象可以加强超声加工的进行。

当声波通入某物体时，声波振动使物质分子产生压缩和稀疏的作用，将使物质所受压力产生变化(声压作用)。由于超声波所具有的能量很大，因此有可能使物质分子产生显著的声压作用。当超声波振动使液体分子压缩时，液体分子受到来直四面八方的压力；当超声波振动使液体分子稀疏时，液体分子受到向外散开的拉力。液体易于承受附加压力作用，所以在受到压缩力的时候，不会产生反常情形；但是在拉力作用下，液体就支持不了，在拉力集中的地方，液体会断裂开来。这种断裂作用易发生在液体中存在杂质或气泡的地方，因为这些地方液体的强度特别低，经受不起几倍于大气压力的拉力作用。发生断裂，其结果导致液体中会产生许多气泡状的小空腔，这种空泡存在的时间很短，一瞬时就会闭合起来。空腔闭合时，会产生很大的瞬时压力，可以达到几千甚至几万个大气压力。液体在这种强大的瞬时压力作用下，温度会骤然增高。断裂作用所引起的巨大瞬时压力，可以使浮悬在液体中的固体表面受到急剧破坏，这种现象称为空化现象。

2）微细超声加工基本原理

微细超声加工在原理上与常规的超声加工相似。典型的超声加工系统由振动头、悬浮液供给单元和机床本体所组成。超声加工是一种纯粹的磨蚀过程。如图 3-20 所示，在超声加工时，高频电源连接超声换能器，由此将电震荡转换为同一频率、垂直于工件表面的超声机械振动。此时，磨料悬浮液(磨料、水和煤油等)在工具的超声振动和一定压力下，高速不停地冲击悬浮液中的磨粒，并作用于加工区，使该处工件

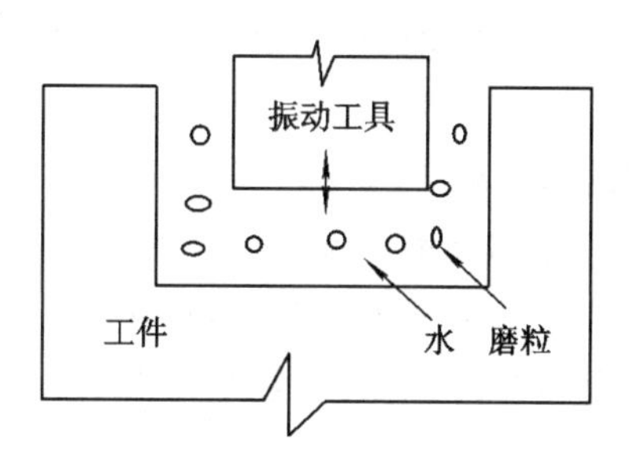

图 3-20　超声加工方法基本原理示意图

表面材料变形，直至击碎成微粒和粉末。同时，由于磨料悬浮液的不停搅动，促使磨料高速抛磨工件表面；超声振动产生的空化现象在工件表面形成液体空腔，促使混合液渗入工件材料缝隙内；空腔瞬时闭合产生强烈的液压冲击，强化了机械抛磨工件材料作用，并有利于加工区磨料悬浮液的均匀搅拌和加工产物的排除。随着磨料悬浮液的不断循环，磨粒不断更新，加工产物不断排除，实现了超声加工目的。

超声加工是磨料悬浮液中的磨粒，在超声振动下的冲击、抛磨和空化现象综合切蚀作用的结果，其中以磨粒不断冲击为主。因为硬脆的材料受冲击作用更容易被破坏，故尤其适合用超声加工。

Thoe 总结了详细的超声加工材料的去除机理，这些机理包括：

(1) 磨料粒子冲击工件表面引起的机械冲蚀；

(2) 磨料粒子自由运动产生的微切屑；

(3) 悬浮液的空化作用；

(4) 与所用液体发生的化学反应。

通过调整输入参数，实际材料的去除过程可以是上述机理之一，也可以是几种机理的复合作用。

在超声加工过程中，大量输入参数对加工的效率、表面质量、形状精度和工具损耗有影响，比如，超声振幅和频率、磨料类型和粒度、悬浮液浓度、基液种类和化学活性、轴向静载荷、进给速度、工具转速、工具材料和韧性、工具的直径和长度、工件硬度、工件韧性、工件厚度、工件表面粗糙度。

微细超声加工是通过减小工具直径、磨料粒度和超声振幅来实现的。减小工具直径，会给加工带来一些困难，主要表现如下：

(1) 制作 5 μm～300 μm 细小的工具既非易事，也难以在超声头上安装和校正；

(2) 使用这么细小的工具，很容易发生损坏；

(3) 工具在长度方向的损耗变大，导致固定加工深度非常困难；

(4) 对于细小工具来说，加工载荷变得太小，很难设置和检测；

(5) 毛细效应使得悬浮液进入工具端部与工件之间的狭小加工区域变得十分困难。

所有这些因素，都影响着加工工艺的稳定性、加工的表面质量和加工效率以及所能达到的形状精度。

3) 微细超声加工的特点

(1) 适合加工各种硬脆材料，尤其是玻璃、陶瓷、宝石、石英、锗硅和石墨等不导电的非金属材料，也可以加工淬火钢、硬质合金、不锈钢、钛合金等硬质或耐热、导电的金属材料。

(2) 由于去除工件材料主要依靠磨粒瞬时局部的冲击作用，故工件表面的宏观切削力很小，切削应力和切削热更小，不会产生变形和烧伤，工件表面粗糙度也较低，可达

Ra 0.63 μm～0.08 μm，适合加工薄壁、窄缝和低刚度零件。

(3) 工具可用较软的材料制作成比较复杂的形状，且不需要工具和工件做比较复杂的相对运动便可加工复杂型面。一般微细超声加工的机床结构简单，操作和维修比较方便。

(4) 超声加工本身的效率比较低，一次单独使用的场合不多，但是超声振动带来的一系列力学效应不容忽视。由于可利用超声振动所带来的均化和空化作用以及加速度大的特点，因此超声电火花复合加工、超声电解加工、超声铣削研磨等复合加工技术受到了广泛的关注。

4. 微细激光加工

激光技术是 20 世纪中后期发展起来的一门新兴技术。将激光技术应用于材料加工方面，逐步形成了一种崭新的加工方法——激光加工。20 世纪 60 年代到 70 年代，是二氧化碳激光器和钇铝石榴石(YAG)激光器的时代，主要应用于金属的加工。进入 20 世纪 80 年代，出现了准分子激光器，利用激光的短波长对聚合物、陶瓷等材料进行精密加工。20 世纪 90 年代，飞秒($1\ fs=10^{-15}\ s$)钛蓝宝石激光器进入加工领域，推动激光加工技术向三维微细加工方向的发展。

与硅基 MEMS 加工相比，激光微细加工技术不仅适用于多种材料，而且能够加工出具有亚微米精度的三维微型结构。多种激光微加工技术在 MEMS 中具有良好的应用前景，如激光直写微加工技术、激光- LIGA 技术、激光辅助沉积和刻蚀、激光立体平版印刷技术、激光表面修饰技术、激光辅助操控和装配技术等等。

1) 红外激光微细加工

CO_2和 YAG 激光器均输出红外光。红外光的光波长，光子能量小。红外光子作用于固体物质，只能激发其振动能级；受激电子通过碰撞，使晶格振动，导致被辐照物体温度升高，进而熔化或气化，完成各种 MEMS 加工。在红外光作用下，激光加工过程本质上是热作用过程，即激光作为特种加热工具而使用，常用于加工聚合物。

同光刻技术相比，红外激光微加工大大简化了整个制作过程。可利用红外激光的高能束，在 PMMA 基片上直接加工微通道。在聚焦 CO_2激光的基础上，加上图形 CAD/CAM 软件、扫描运动、深度进给、控制软件等必要的辅助环节，可以建立 CO_2激光直写微加工系统。CO_2激光的波长为 10.6 μm。被加工的聚合物 PMMA(俗称有机玻璃)是一种无色透明的高分子材料，具有良好的力学强度和抗腐蚀性，但是其热稳定性差，在 200℃左右即发生解聚。

下面以 CO_2激光直写 PMMA 微通道为例说明其加工机理，加工原理如图 3-21 所示。激光束聚焦在 PMMA 基片的表面；升温，在 115℃玻璃态温度之前一直是固态；继续升温，PMMA 变成可塑橡皮状，并开始热降解；PMMA 聚合链断裂并发展为单体 MMA(甲基丙烯酸甲酯)；挥发出 PMMA 基片；热降解主要发生在 370℃左右；CO_2激光器以一定的速度，并根据给定的轨迹在 PMMA 基片上制作成微通道。图 3－22 所示为 CO_2 激光加工聚合物 PMMA 实验系统。

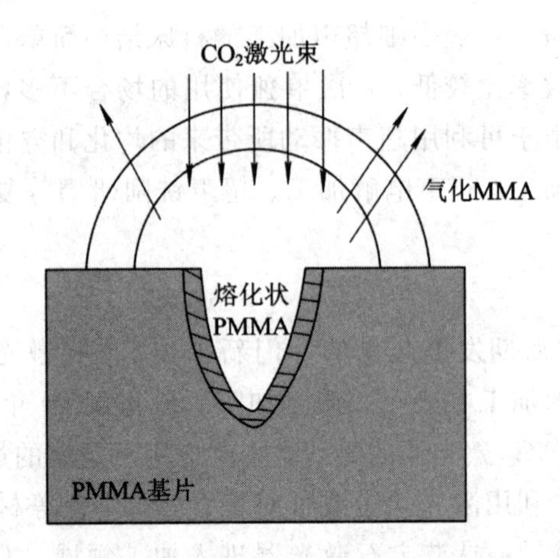

图 3－21　CO_2 激光直写 PMMA 微通道加工原理示意图

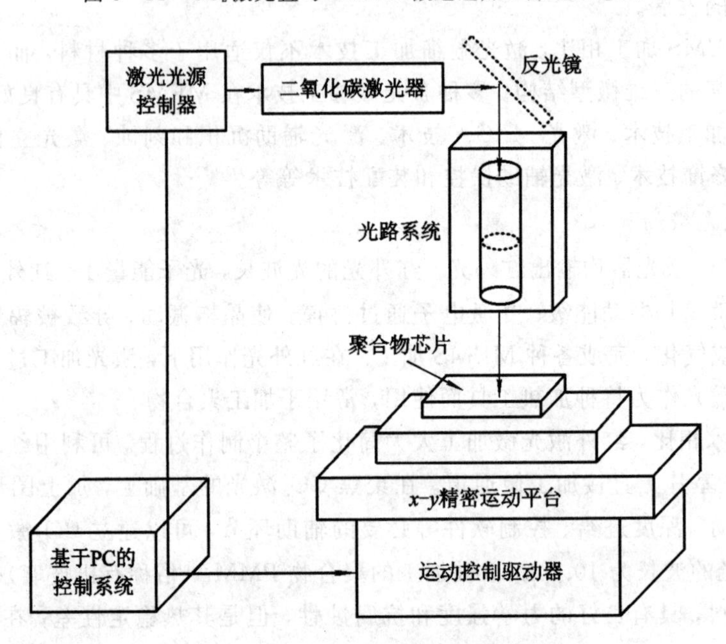

图 3－22　CO_2 激光加工聚合物微通道实验系统

2）准分子激光微细加工

准分子激光器输出紫外光，其光子能量达到 5 eV，高于某些物质分子的结合能。物质在紫外光光子的作用下，发生电子能带跃迁。对某些聚合物，还出现互斥电子状态，打破或削弱分子间结合键，实现对该材料进行刻蚀加工。准分子激光微细加工作用机理是光化学作用，可以排除热影响，从而得到极高的加工质量。

准分子激光是由气态氟化氩(ArF)在激发状态下激发的“冷激光”。之所以称为准分子，是因为它不是稳定的分子。激光混合气体受到外来能量激光触发，引起一系列物理及化学反应，形成转瞬即逝的准分子，其寿命仅为几十毫微秒。准分子激光是一种脉冲激光，因谐振腔内充入不同的稀有气体和卤素气体的混合物而产生具有不同波长的激光，波长范围为 157 nm～353 nm。准分子激光以其高分辨率、高光子能量、冷加工、直写加工特性以及广泛适应的加工材料，成为一种重要的 MEMS 微细加工技术。准分子激光微细加工原理图如图 3-23 所示。

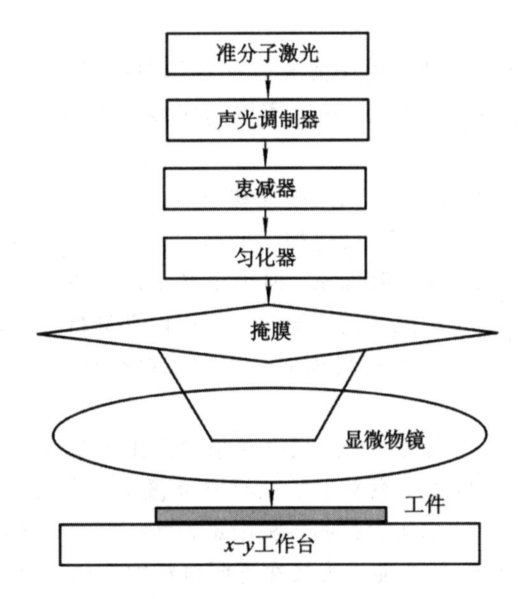

图 3-23　准分子激光微细加工原理图

在准分子激光微细加工系统中，大多采用掩膜投影加工。当然也有可不用掩膜的，直接利用聚焦光斑刻蚀工件材料。综合激光光束扫描运动与 $x-y$ 工作台的相对运动以及 z 方向的微进给，实现三维微结构加工，其原理与快速成形制造系统类似。一般的光束处理与调节环节包括：准分子激光器、声光调制器、衰减器、光束匀化器与显微物镜等。声/光调制器控制准分子激光的通、断；衰减器调节激光束能量；光束匀化器使激光光强分布均匀化；显微物镜用于光束聚焦。为了满足不同加工批量与结构形状的需求，按加工过程中掩膜与工件、工作台之间的相对关系，将准分子激光微细加工系统分为三类：静态掩膜与工件、动态掩膜或工件、(同步)动态掩膜与工件。

(1) 静态掩膜与工件。在该模式的加工过程中，掩膜与工件都保持静止。加工的微结构小而简单，或由规则的几何形状重复构成，主要用来加工微细孔。该方式有两种改进的加工模式：一是当基本的图形单元加工完成后，工件在水平方向移动一定位置，重复加工掩膜图形；二是当某一掩膜图形加工完成后，更换另一掩膜，直到所有掩膜加工完成为止。

(2) 动态掩膜或工件。在该模式的加工过程中，掩膜或工件有一方在运动，可精确控制深度方向的能量梯度(脉冲数不同)，因此可以加工斜面结构。该加工方法在微流体器件、微光电器件方面具有广泛的用途。

(3) 同步动态掩膜与工件。在该模式的加工过程中，掩膜与工件保持同步运动，因此该模式也称为同步扫描。因为掩膜有一定的缩小倍数M，所以必须精确控制掩膜的运动位移是工件的M倍。该加工模式主要用于前述加工模式无法达到的较大图形加工，如图形印刷、印刷电路板与平板显示器等。

3) 飞秒激光微细加工

在红外激光微细加工技术中，由于激光脉冲持续时间较长，远大于材料的热扩散时间，造成吸收的光束能量不可避免地扩散到周围的区域。对于材料的微加工来说，这一条件绝非理想。

紫外激光的微加工也存在着固有的局限性和缺点：一方面，由于紫外激光与物质的作用在本质上仍基于共振吸收的原理，使得加工处理的材料种类和范围受到严格限制；另一方面，尽管在作用过程中没有热扩散现象，但单个光子的线性吸收足以使材料发生变化。因此这种穿透性实际上阻止了激光越过表面深入材料内部进行三维结构修复和制作的可能性，使得紫外激光加工只能停留在材料表面一维和二维操作，具有较差的空间方位选择能力。

当前，微制造技术的快速发展向加工尺度和精度提出了挑战，需将加工精度延伸到亚微米甚至纳米量级，并且实现真正意义上的三维立体微加工。利用飞秒激光微加工技术，有望克服上述传统激光加工技术所面临的各种困难，可以突破光学微加工方法中由于衍射极限给加工精度带来的限制，并有能力直接在透明材料内部加工出真正的三维微结构。

(1) 飞秒激光的加工机理。在飞秒激光脉冲和材料作用过程中，电子通过对入射激光的多光子非线性吸收方式获得受激能量；所获能量仅在几个纳米厚度的吸收层上迅速聚积，作用区域内的温度瞬间急剧上升，并远远超过材料的熔化和汽化温度值；物质发生高度电离，最终处于前所未有的高温、高压和高密度的等离子体状态。由于受辐射持续时间只有飞秒量级(10^{-15} s)，远小于材料中受激电子通过转移、转化等形式的能量释放时间，因而从根本上避免了热扩散的存在和影响；飞秒量级脉冲具有非常高的瞬时功率，产生的光电场强度比原子内部库仑场高数倍，材料内部原有的束缚力已不足以遏止高密度离子、电子的迅速膨胀，最终使作用区域内的材料以等离子体向外喷发的形式得到去除，实现了激光对材料的非热熔性加工。

(2) 飞秒激光微加工的特点。飞秒激光脉冲凭借其固有的超短和超强特性，较传统激光加工有着许多不可比拟的独特优势。

① 加工材料的广泛性。在飞秒激光加工过程中，脉冲的超高峰值使得材料对入射激光进行多光子吸收，而非线性共振方式吸收，导致飞秒激光加工高度依赖于激光强度，并具有确定阈值的特性。多光子吸收程度和电离阈值仅依赖于材料中的原子特性，与其中的自由电子浓度无关。因此，当脉冲持续时间足够短、峰值足够高时，飞秒激光可以实现对任何材料的精细加工、修复和处理，而与材料的种类和特性无关，从铼、钛等熔点很高的金属到生物的心脏柔软组织，甚至是细胞内部的线粒体都可以进行加工。

② 非热熔加工和精确加工。飞秒激光在极短的时间和极小的空间内与物质相互作用。由于没有能量扩散等影响，向作用区域内集中注入的能量，可获得有效的高度积聚；等离子体的喷发几乎带走了原有全部的热量；作用区域内的温度骤然下降，恢复到激光作用前的状态。这样就消除了类似于长脉冲加工过程中的熔融区、热影响区、冲击波等多种效应对周围材料造成的影响和热损伤，大大减弱和消除了传统加工中热效应带来的如裂纹等负面影响，实现了相对意义上的"冷"加工。由于加工过程所涉及的空间范围大大缩小，决不会"伤及无辜"，提高了激光加工的精确程度。

③ 亚微米加工和 3D 空间分辨。在飞秒激光和物质作用的过程中，材料对激光能量的吸收与光子强度的 n 次方成正比。激光强度在空间上呈高斯型分布，即入射激光经过聚焦后，在焦斑中心位置强度最大，趋向于焦斑边缘时强度逐渐减弱。因此调节入射激光束，使得焦斑的中心强度刚好满足材料的多光子电离阈值，加工过程中的能量吸收和作用范围被仅仅被局限于焦点中心位置处很小一部分体积内，而非整个聚焦光斑所辐照的区域。若激光束聚焦后的衍射极限光斑直径约为 1 μm，对于不同的多光子吸收过程，通过不断地降低光束中心强度，相对提高多光子吸收阈值，则实际加工区域范围小于 0.1 μm，仅为原始光斑的 1/10，这对于长脉冲加工系统来说是不可思议的。因此飞秒激光加工可以突破光束衍射极限的限制，实现尺寸小于波长的亚微米或纳米级操作。

④ 低加工能量。飞秒激光的脉冲持续时间非常短，能量在时间上高度集中，例如，10 fs 脉冲宽度的激光，0.3 mJ 能量就可以在直径为 2 μm 的焦点达到 1018 W/cm^2 的峰值强度；而脉宽宽度 10 ns 的长脉冲激光，则要用 300 J 的能量，才能达到同样的峰值强度。飞秒激光加工所需的脉冲能量阈值一般为毫焦耳或微焦耳量级，较传统激光加工消耗的光能量大大降低。

(3) 飞秒激光在 MEMS 中应用。飞秒激光以其独特的超短持续时间和超强峰值功率，开创了材料超精细、低损伤和空间 3D 加工及处理的新领域，广泛应用在各种材料的微细加工中。飞秒激光主要有以下四种方式的加工类型。

① 利用飞秒激光去除物质，对加工对象进行精细雕刻。大部分微纳米机械部件都属于这一类型，利用飞秒激光进行微机械的加工。例如，瑞士 BERN 大学应用物理研究所和英国 EXITECH 激光公司，采用脉宽为 150 fs、能量为 54 mJ 的钛宝石激光(输出波长为 800 nm)对 1 mm 厚的人造 CVD 金刚石进行了钻孔和切割处理，如图 3 - 24 所示。同长脉

冲激光加工技术相比，超快速能量激发电子的方法避免了热弛豫对样品造成的破坏，消除了边缘炭化效应的存在，具有非常高的处理精度。这一方法使金刚石晶片的固定安装技术向前推进了一步，这正是下一代半导体激光器研制急需解决的问题。

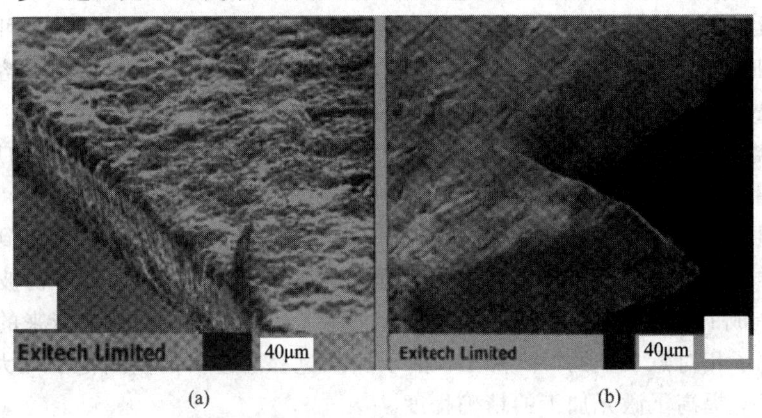

图 3-24 激光对CVD金刚石的切割处理(瑞士 BERN 大学等)

(a) 纳秒激光；(b) 飞秒激光

德国汉诺威激光中心的 B. N. Chichkov 研究小组在真空靶室放置 100 mm 厚的钢片，然后分别将能量为 1 mJ、宽度为 3.3 ns 和能量为 120 μJ、宽度为 200 fs 的聚焦激光对其表面进行加工。经过 10^4 个脉冲照射后，比较两者的处理结果具有显著的不同，图 3-25(a)和(b)所示分别为各自处理结果的 SEM 图像。其中，前者的材料去除是通过熔化和蒸发获得的，由于气化过程的反冲压力，导致了液相材料向外膨胀，从而造成环绕加工位置边缘的“冠状物”存在，大大降低了加工质量和清洁度；而对于后者，金属表面没有材料熔化的痕迹，孔的边缘也显得较为光滑清洁。

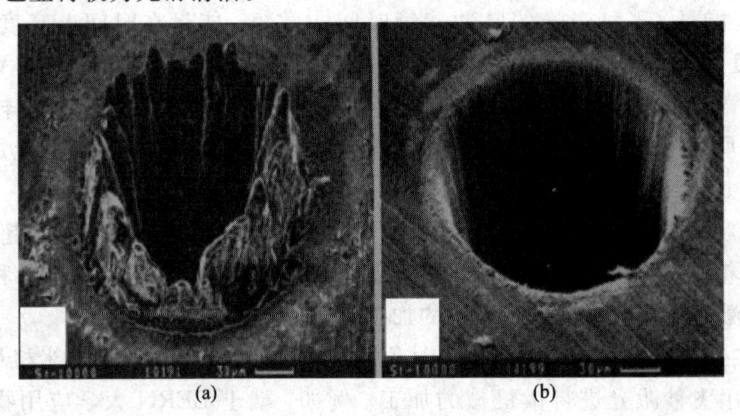

图 3-25 激光对钢片的加工(德国汉诺威激光中心)

(a) 纳秒激光；(b) 飞秒激光

该技术对于汽车工业中燃料注射喷嘴的制作非常重要，运用飞秒激光加工技术，无疑将会使燃料喷嘴制作变得更加清洁。只有更加清洁的喷油孔，才能使油料燃烧的更加充分、干净，从而能够更好地满足制造商的需求。

② 利用飞秒激光对加工对象进行局部改性，如折射率的改变。该技术在光通信领域中的光波导、光分束器、光耦合器、微型光栅和光开关等微光学领域中具有广泛的应用前景。如京都大学的 K. Hirao 等人将波长为 810 nm、脉宽为 120 fs、脉冲重复率为 200 kHz 的锁模钛蓝宝石激光，经过 20 倍的显微物镜聚焦到掺锗石英玻璃中，焦点处峰值功率密度达 10^{14} W/cm^2，通过非线性多光子吸收机制，焦点区域的物质结构由玻璃态向结晶态转变，折射率变化最高可达 0.035。

③ 利用飞秒激光对微纳米区域的物质进行转移。该技术利用飞秒激光将特定的物质"搬移"到特定的部件上，形成极其精密的特定物质图案，如掩膜等。2002 年 10 月，IBM 公司的研究人员报道了光掩模缺陷修复技术的新突破。他们使用持续时间为 100 fs、三倍频波长为 266 nm 的深紫外飞秒激光脉冲，对掩模版上残留的铬吸收体进行去除。如图 3 - 26 所示，黑色部分为金属铬吸收材料覆盖区域，白色部分为裸露的硅衬底，线宽为 0.75 μm。其中图(a)所示为具有缺陷的光掩模图像，显然在反转的"L"线型和竖线中间，存在一部分多余的铬吸收体；图(b)所示为飞秒激光修复后的光掩模图像，修复后刻线的边缘，具有很高的锐度性，对于制造高质量集成电路芯片至关重要。光掩模修复整个过程均暴露在空气中进行，无需特殊的真空环境，而且修复后也未发现碎片的产生和衬底硅的损伤。这一技术为工业上生产亚 100 nm 线度无缺陷光掩模提供了新的工具。

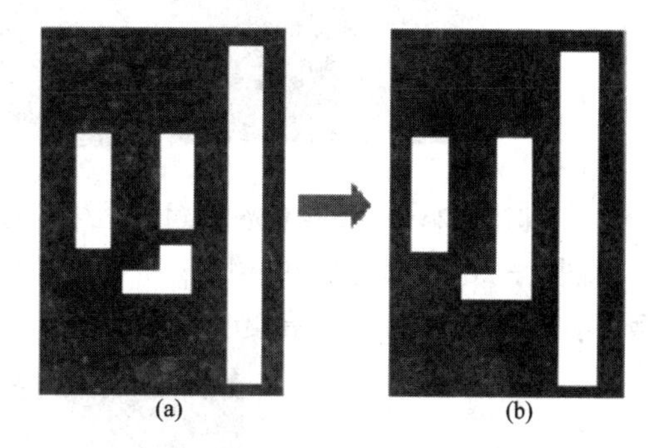

图 3 - 26　飞秒激光修复光掩膜(IBM 公司)

④ 利用飞秒激光双光子聚合使聚合物变形加工成各种微型器件。飞秒激光双光子聚合法，是将飞秒激光经过高倍显微物镜聚焦到光敏聚合材料内部；再利用双光子吸收激活光引发剂，诱发聚合反应，形成固化高聚物材料；通过控制聚焦光束的空间移动或激光束的干涉得到立体的微细结构；而未曝光的材料，用溶剂将其溶解掉，得到所需的固化三维结构。由于双光子吸收概率与光强度的平方成正比，由双光子吸收引发的光化学反应将被局限在光强度很高的焦点附近极小的区域内，光束途经的其他部分几乎不受影响。通过控制激光焦点在材料内部各个方向的扫描运动，可以实现超高精度的三维微细加工。飞秒激光双光子聚合三维微细加工技术在微电子、计算机、光通信、生物医学等高技术领域得到了广泛应用。

2001 年日本大阪大学应用物理系的研究小组，在快速实现亚衍射极限的激光微纳米三维制作方面取得了重大进展。如图 3－27 所示，利用钛蓝宝石再生放大器，输出重复频率 76 MHz、波长为 780 nm、能量为 0.6 μJ、脉冲宽度为 150 fs 的激光，经过高度聚焦后，照射到感光聚合树脂材料上。基于双光子吸收效应，利用光扫描技术在树脂材料上成功地硬化出一幅类似于红细胞大小的长度为 10 μm、高度为 7 μm 的公牛图像。这一结果对于制作微传感器、微齿轮等多种 MEMS 具有非常重要的意义。

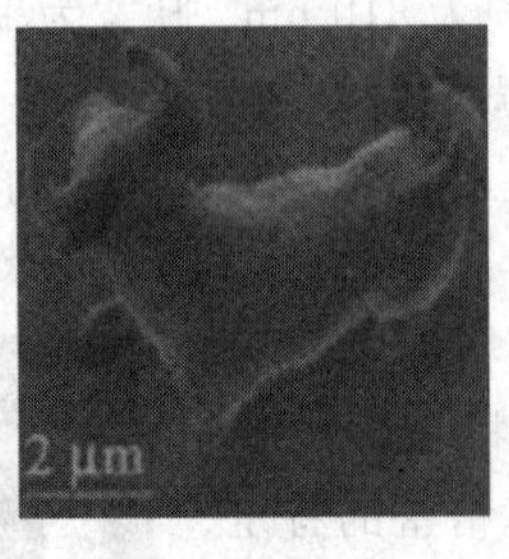

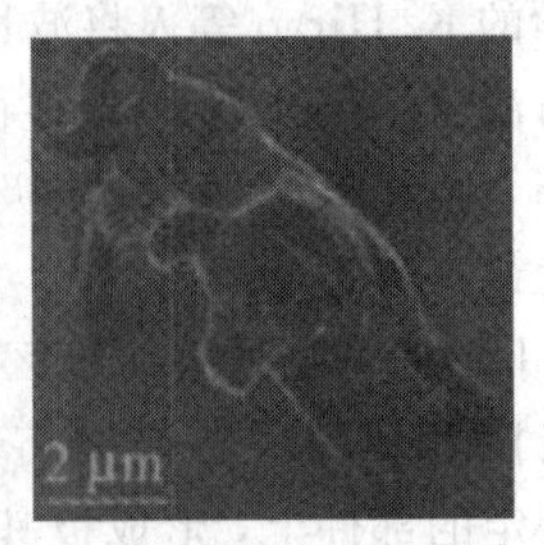

图 3－27　用飞秒激光逐点扫描法在聚合材料内部加工出来的纳米牛（日本大阪大学）

图 3－28 所示是在 SOMOS 环氧光敏树脂上利用双光子聚合加工出来的“CHINA”模型，字母宽度为 5 μm、高度为 10 μm。

图 3－28　双光子聚合加工的“CHINA”

图 3－29 和图 3－30 所示分别是利用双光子聚合加工出的光镊驱动齿轮和微纳齿轮。

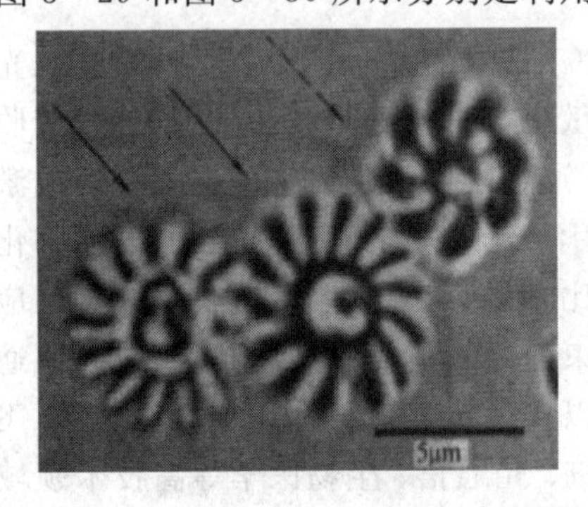

图 3－29　双光子聚合加工的光镊驱动齿轮

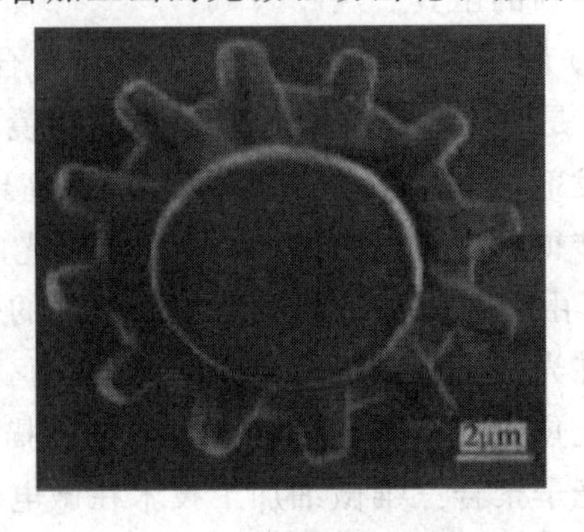

图 3－30　双光子聚合加工的微纳齿轮

3.2　硅微机械加工技术

3.2.1　MEMS 常用 IC 工艺

MEMS 制造技术是在集成电路工艺和理论的基础上发展起来的，其中除了特种微细加工外，还大量应用了常规的集成电路工艺，如光刻、氧化、掺杂、淀积等微细加工技术，这类工艺是 MEMS 技术迅速发展的关键工艺。常规的集成电路工艺主要包括：晶体生长、晶体加工、晶片制备、薄膜层成型、光刻、掺杂、蚀刻、切片和封装等技术。

1. 晶体生长和晶片制备技术

硅是地球上最丰富的材料，但是它总是与其他元素组成化合物。单晶硅是用于 MEMS 最广泛的衬底材料。要使用硅作为衬底材料，必须采用单晶纯硅。生长单晶硅的方法有 CZ 法(切克劳斯基法，直拉法)和 FZ 法(悬浮区熔法，外延生长法)，其中 FZ 法用于获得超高纯度单晶，外延生长法用于获得薄膜状单晶。但一般来说，为了便于制造大直径的单晶片多采用 CZ 法。

未加工的硅主要以石英砂的方式存在。如图 3-31 所示，用碳(煤、焦炭、木片等)将未加工的硅在石英坩埚中熔化，坩埚放在高温炉子上加热。籽晶放在拉伸机的尖端，使其与熔化的硅接触，以形成更大的晶体。熔晶硅不断沉积，拉伸机缓慢向上拉。随着拉伸机不断上拉，沉积的熔融硅凝聚，形成了几英寸的腊肠状单晶硅芯棒，也称硅锭。

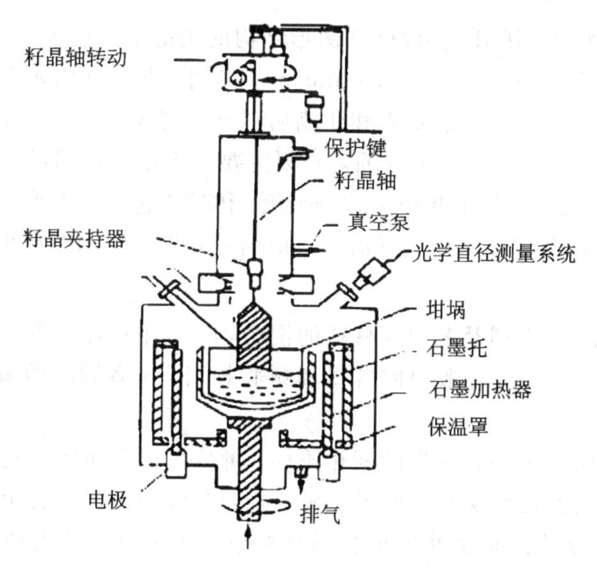

图 3-31　生长单晶的 CZ 直拉法示意图

硅是硬而脆的材料，对硅进行整形和切割最适合的材料是工业纯金刚石。将拉制好的单晶硅按照晶体取向切成薄片，经过机械磨削、切割、抛光处理，制备成晶片。晶片处理需要很小心，在超净车间进行，避免污染。主要加工步骤如下：

(1) 切割掉硅锭的籽晶、锭尾以及电阻率和完整性检测不合格的部分；

(2) 外圆研磨，以确定硅锭的直径；

(3) 直径磨削好后，沿硅锭的纵向磨出一个或几个小平面；

(4) 把硅锭切成晶片；

(5) 对晶片的边缘轮廓进行倒角整形；

(6) 化学腐蚀法去除晶片表面和边缘的损伤和玷污；

(7) 对晶片进行抛光。

硅晶片的直径大约以每九年增大1.5倍的速度不断增大而向大面积化发展，而大面积化是提高半导体器件生产效率的重要手段。目前硅晶片的主流直径为300 mm，正逐渐向450 mm过渡。硅晶片的厚度大约为数百微米。

作为薄膜的载体，往往将晶片作为衬底，也有用玻璃、陶瓷、金属和塑料作为衬底的。对于微型结构，常用的衬底为玻璃和硅。为了使薄膜牢固附在衬底上，应选择两者相互浸润比较好的材料，另外衬底的表面状态对在其上生长的薄膜结构及其物理性质的影响也很大。在大多情况下，对衬底表面活化处理可以增加薄膜的附着力。对衬底表面处理的方法很多，如水洗法、溶剂清洗法、超声清洗法、离子轰击法、射线辐照法等，以达到除掉表面物理和化学污染的目的，用研磨和蚀刻可以改变该表面粗糙度。

2. 光刻技术

光刻是加工集成电路和MEMS器件微细图形结构的关键工艺技术。光刻(Lithography)来源于两个希腊词：石版(Litho)和写上(Graphein)。光刻工艺是利用成像和光敏胶膜在基底上图形化，即将掩膜上的图形经过曝光和印刷后转移到薄膜或基底表面上，通过选择性刻蚀获得所需微结构的方法。在微电子方面，光刻主要用于集成电路的p－n结、二极管、电容器等；在MEMS方面，光刻主要用来做掩膜版、体硅工艺的空腔腐蚀、表面工艺中牺牲层薄膜的淀积和腐蚀以及传感器和执行器初级电信号处理电路的图形化处理。

1) 光刻胶

光刻胶主要是树脂、感光剂及溶剂等材料的混合物，其中树脂是黏合剂；感光剂是一种光活性极强的化合物，它在光刻胶里的含量和树脂相当，两者同时溶解在溶剂中，以液态形式保存，便于使用。

根据光刻胶在曝光前、后溶解特性的变化不同，可分为正型和负型光刻胶两种：

(1) 正型光刻胶。正型光刻胶本身难溶于显影剂，但遇到光之后会引起感光树脂中的新分子裂解，被裂解的分子在显影液中很容易被溶解，从而与未曝光部分形成很强的反差。正型光刻胶主要有如下两种：① PMMA(聚甲基丙烯酸甲酯)光刻胶；② 由DQ(重氮醌酯，质量比占20％～50％）和N（酚醛树脂）两部分组成的DNA光刻胶。

正型光刻胶对紫外线敏感，且在220nm时具有最大敏感性。PMMA同时也可以用作电子束、离子束和X射线的光刻胶。大多数正型光刻胶都能用碱性溶剂如KOH（氢氧化钾）、TMAH（四甲基氢氧化铵）、丙酮或醋酸盐显影。

（2）负型光刻胶。负型光刻胶曝光后会产生链接，使其结构加强而不被溶于显影液中。负型光刻胶主要有芳基氮化物橡胶光刻胶和Kodak KTFR（敏感氮化聚异戊二烯橡胶）光刻胶。

负型光刻胶对光线和X射线的照射不敏感，但对电子射线很敏感。常用二甲苯溶剂处理负型光刻胶。由于负型光刻胶经曝光后显影时，显影液会浸入已链接的负型光刻胶分子内，使其体积增加，导致显影后光刻胶图案与掩膜上的图案误差增加，因此负型光刻胶一般不用于特征尺寸小于3μm的制作中。

要能完整地进行图案转移，光刻胶的分辨率、抗蚀刻性、灵敏度、附着性以及稳定性都要好。一般而言，正型光刻胶比负型光刻胶更能使图形边界清晰，更适合于制作高分辨率的微型结构。

2）光刻工艺流程

光刻主要由涂胶、曝光、显影等主要步骤组成。为了增加图案传递的精确性和可靠性，整个光刻过程中还包括去水烘烤、涂底、软烤和硬烤等步骤。光刻工艺的流程如图3-32所示，主要有掩膜制作、光刻胶涂布、前烘、曝光、烘烤、显影、固膜、蚀刻、去胶等。

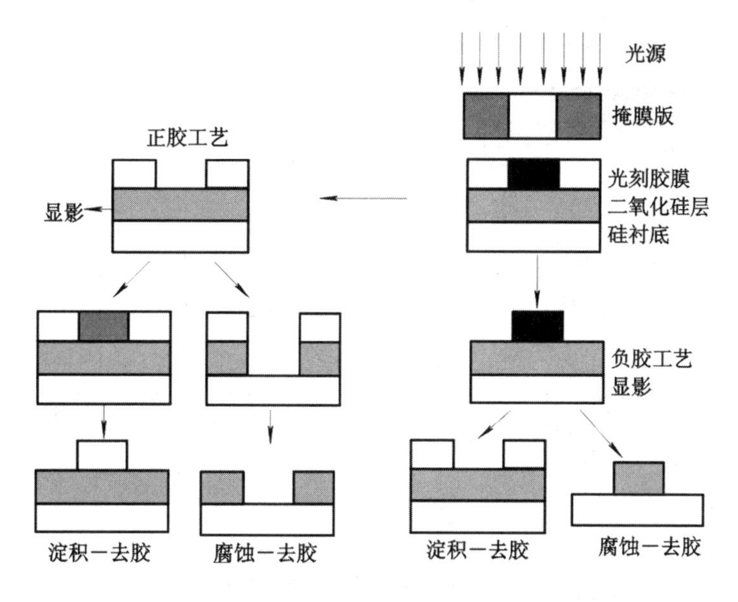

图3-32　光刻工艺流程示意图

(1) 掩膜制作。掩膜类似于照相底片，是光刻时对被加工工件的一种掩蔽用的膜片。制作掩膜的过程如下：

① 掩膜原图绘制。利用绘图机将图形绘制在涂有红色醋酸乙烯树脂保护膜的塑料膜上。原图是最终图形的几十倍乃至几千倍，在设计时还要考虑一些特定的修正，以应对诸如衍射效应的影响。当被加工工件的尺寸小到 0.1 μm 以下时，光通过掩膜后的衍射效应更不可忽视。为了使图形达到设计要求，要采用光学计算来精确地决定掩膜的形状，以便曝光后得到准确的图形。

② 掩膜母板制作。原图制作好后，用缩版机缩成规定尺寸，进行照相，制成掩膜母板。

③ 工作掩膜制作。用母板复制出工作掩膜，母板用来保存。

制作掩膜不仅需要原图尺寸精度高、对比度大，还要求照相时工作场所洁净无尘，避免污染。由于制作一个微结构需要一组(几块或几十块)相互套刻的掩膜，因此要求掩膜套刻准确、耐磨。

(2) 光刻胶涂布。光刻前，将被刻蚀表面涂布光刻胶。光刻胶的涂布一般有浸渍法、旋转法、喷雾法、滚筒涂布法以及挂流法等。如图 3-33 所示，常用的方法是把光刻胶滴在硅片上，然后使硅片高速旋转，液态胶在旋转中因离心力的作用，由轴心沿径向移动飞溅出去，粘附在硅表面的光刻胶受附着力的作用而被留下。在旋转过程中，光刻胶所含的溶剂不断挥发，可得到一层分布均匀的胶膜。

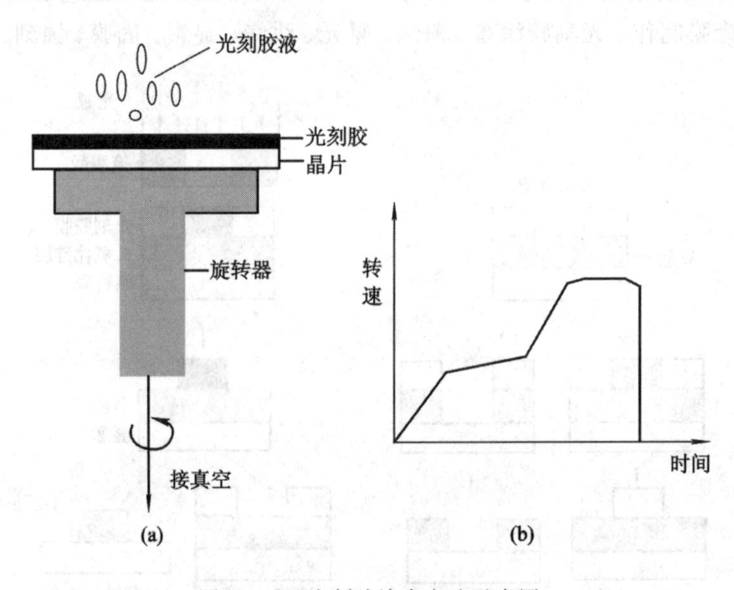

图 3-33　光刻胶涂布方法示意图

(a) 涂布光刻胶用的旋转结构侧视图；(b) 典型涂布光刻胶的转速与时间关系

光刻胶膜的厚度除与本身黏度有关外，还与涂布时旋转速度有关。转速越大，胶膜越薄，厚度均匀性越好，光刻胶膜的厚度与涂胶时晶片的转速的平方根成反比。光刻胶里含有有机溶剂，其挥发性极强，一旦光刻胶液滴到硅晶片上后，胶液的黏性也就随着溶剂的挥发而改变。如果旋转涂胶的转速和时间关系控制不当，那么光刻胶的均匀性会受到很大影响，因此必须适当控制转速的变化。加胶液后的转速必须尽快加速，使硅晶片达到最高转速的时间缩短，以减小因胶液中溶剂挥发所导致的黏性变化。

要使光刻胶精确地转换掩膜上的图形，光刻胶和硅晶片之间必须有良好的附着能力。可通过以下两种方法来提高附着力。

① 在涂胶之前，通常将晶片置于加温的环境中数分钟，以便将晶片表面的水分子蒸除，也叫去水烘烤。

② 在经过去水烘烤的晶片上涂上一层用来增加光刻胶和晶片表面附着能力的化合物——六甲基二硅胺脘(HMDS)。

(3) 前烘。曝光前烘烤，或称为软烤是将涂好光刻胶的硅晶片进行烘烤，以便让光刻胶中溶剂缓慢、充分的挥发掉，使光刻胶干燥。前烘是热处理过程。前烘温度和时间不仅会影响光刻胶的固化，还影响曝光及显影的结果。如果前烘的温度和时间不够，会降低光刻胶膜对晶片的附着力和曝光精度；如果前烘的温度太高或时间太长，会减低光刻胶的附着力和对光的敏感度，使得显影变得困难。因此，必须对前烘的温度和时间精确控制。

前烘的方式主要有三种：

① 利用热空气对流。

② 利用红外线辐射。

③ 利用热垫板传导。

(4) 曝光。曝光是使受光照射的光刻胶膜发生光化学反应，即感光，是光刻工艺的核心步骤。它不仅确定了图案的精确形状和尺寸，而且要完成顺序两次光刻图案的精确套制。

由于曝光光源不同，曝光可以分成光学曝光、软X射线曝光、紫外线曝光、电子束曝光和离子束曝光。X射线和紫外线曝光需要通过掩膜，适合大批量制作，但是对一些特殊微细结构缺乏灵活性；用电子束和离子束曝光不需要掩膜，灵活性大，精度高，但是曝光时间长。离子束曝光比电子束曝光精度更高，不过这两种方法的设备成本较高。

在光学曝光系统中，根据掩膜位置的不同，又可分成接触式曝光、接近式曝光及投影式曝光。其中，接触式曝光是用掩膜和被加工工件直接接触，曝光设备简单，操作容易，但掩膜容易磨损，精度不够高；掩膜和被加工工件距离在10 μm左右的曝光称为接近式曝光；投影式曝光是把掩膜的像投影到被加工工件上。后两种曝光，特别是投影式曝光，因避免磨损延长了掩膜寿命，模板尺寸可以作得很大，缩小聚焦了晶片，精度高，但是设备精度要求高，操作时要防止振动。

(5) 烘烤。曝光时可能产生一种驻波现象，这是因为入射光产生干涉形成的驻波，使得光刻射线光通过光刻胶时，部分没有被吸收的光经硅晶片变面反射后与光刻胶的侧面形成波纹状，从而使光刻胶的宽度发生变化，影响光刻的精度。

为了减小这种因驻波引起的影响，在曝光之后，增加一个烘烤光刻胶程序，可以使得曝光后的光刻胶结构重新排列，减小驻波影响。烘烤温度一般在110℃至130℃，时间约为一分钟至两分钟。对同种光刻胶而言，烘烤温度一般高于前烘温度。

(6) 显影。显影是把已经曝光的硅晶片浸入显影液中(一般为有机溶剂)，通过溶解部分光刻胶的方法使胶膜中潜影显现出来的过程。为了避免光刻胶因为其他可能的副反应而改变其化学结构，在曝光后应尽快显影。

(7) 固膜。光刻胶显影后留下的图形作为后部工序对制品进行加工的保护膜，要求它与硅晶片粘附牢固，并且保持未变形。但是，光刻胶在显影时被泡软，为了去除显影后光刻胶层内残留的溶剂，使显影后的光刻胶进一步变硬并使光刻胶与硅晶片附着牢固，必须对显影后的光刻胶再进行一次烘烤，称为固膜。固膜通常使用热垫板的方式来进行，温度控制在100℃至130℃，时间约为一分钟至两分钟。

(8) 蚀刻。蚀刻是利用蚀刻液或者蚀刻气体，对坚膜后的晶片上未覆盖光刻胶的部分进行蚀刻处理。蚀刻分为湿法和干法两种。

① 湿法蚀刻：根据被蚀刻膜材料的不同，配制不同配方的蚀刻液。湿法蚀刻有一些明显的缺点，如存在侧向蚀刻、蚀刻液有毒性，蚀刻后必须立即清洗等。但是此方法所用设备简单，操作方便，生产效率高，是一般集成电路生产中常用的方法。

② 干法蚀刻：有多种干法蚀刻方法，如等离子蚀刻、反应离子蚀刻、物理溅射蚀刻等等。干法蚀刻具有分辨率高，各向异性好，均匀性好，易于自控连续操作等优点，目前越来越多的采用干法蚀刻进行蚀刻。

(9) 去胶。蚀刻完成后，在膜上刻蚀出所需图形，需要去除留在膜上的胶层。去胶分湿法和干法两种。

① 湿法去胶：对非金属膜(如多晶硅、二氧化硅、氮化硅等)上的胶层，用硫酸去胶。硫酸可以使得光刻胶层氧化，并溶于硫酸中。金属膜上的胶层用专用的有机去胶剂，有机去胶剂对金属无腐蚀作用。

② 干法去胶：干法去胶和干法腐蚀原理一样，只是所用气体腐蚀剂为氧气。

3. 掺杂技术

在半导体材料中，与本身不同的物质称之为杂质。所谓掺杂技术，就是人为地将某种或几种杂质通过基片上的掩膜，有控制地将一定量的杂质掺入基片上规定的区域，达到规定的数量和符合要求的分布，改变材料电学性质、制造p-n结、互连线的目的。在微机械加工中，可通过掺杂技术来实现自停止蚀刻以及构造薄膜层。掺杂的方法很多，一般多用扩散和离子注入工艺。

1）扩散技术

由于热运动的存在，任何物质都有一种从浓度高向浓度低处的运动，使其趋于均匀分布的趋势，称之为扩散现象。显然，温度越高扩散越快。在实际生产中，扩散工艺形式各异，但从扩散规律看，总可以归纳为两种扩散：恒定表面源扩散和有限表面源扩散。

恒定表面源扩散是由气态源将杂质原子输送到半导体基片表面，并向体内扩散。在扩散过程中，虽然有杂质不断进入基片内部，但表面浓度保持不变。

有限表面源扩散是将固定恒定量的杂质淀积在半导体基片表面薄层内，杂质逐渐向半导体基片内部扩散。在扩散过程中不再有新源补充。

这两种扩散方法因边界条件不同，杂质在半导体基片内的分布形式也不一样，恒定表面源扩散呈余误差函数分布，有限表面源呈高斯分布。

扩散方法很多，杂质源可以是气态，也可以是固态和液态。

（1）气态杂质源扩散。气态杂质源扩散是将半导体晶片放入扩散炉内，通过携带气体（多为氮气或其他惰性气体）使携带希望杂质源的蒸汽通过晶片上面。在高温下，杂质由半导体晶片表面向内部渗透，在一定蒸汽压力下，扩散杂质进入晶片的深度取决于扩散时间和扩散温度。

（2）液态杂质源扩散。与气体相似，液态杂质源扩散是将干燥的携带气体（如氮气）经过盛有液态杂质源的容器，再经过石英管中加热了的晶片。这种方法由于采用了液态源，携带气体不断将液态源的杂质蒸汽带到晶片周围，在较低温度下获得所需杂质蒸气压，生产效率高，扩散层质量好。

（3）固态扩散。固态扩散分为两个步骤：第一步为预淀积，低真空中，在氮气保护的气氛下，杂质原子从杂质源转移到加热（约750℃）的晶片表面扩散，形成淀积层。进入晶片表面的杂质原子数量，受杂质在晶片材料中固体溶解度的限制。第二步为“驱入”，将扩散炉内的晶片加热（约1200℃），在惰性气体的氛围内，预淀积层中杂质得到重新分配，使杂质到达晶片内部所期望的深度。

为了使得杂质扩散到选定区域，必须采用掩膜材料，使其在一定区域能抵御杂质原子的侵入。在晶片上生长一层掩膜材料（如二氧化硅膜），然后在膜上蚀刻出一些窗口，即为“扩散窗口”，这样扩散时，杂质可通过扩散窗口进入所选择区域的晶片内部。掩膜的最小厚度与杂质源材料、扩散时间和扩散温度有关。常用硼作p型掺杂剂，砷和磷作n型掺杂剂，这三种杂质均可容易得到很高的掺杂浓度。

2）离子注入

离子注入技术是20世纪60年代开始发展起来的一种掺杂工艺。与扩散方法相比，离子注入法可以精确控制掺入杂质的数量，具有重复性好、无侧向扩散问题、掺杂种类多、加工温度低、热影响小等优点，而且还可以发展为无掩膜技术。但是，离子注入设备比较复杂、昂贵，成本较高。

离子注入装置主要包括如下六大部分：

(1) 离子源：使含有掺入杂质元素的化合物或单质，在气体放电作用下产生电离，形成所需注入杂质元素的正离子；然后用一负高压把正离子吸出来；再由初聚焦系统聚成离子束射向磁分析器。

(2) 磁分析器：具有不同荷质比的离子在磁场中的运动轨迹不同，可以选出所需单种杂质离子束，通过可变狭缝进入加速管。

(3) 加速管：加速管两端加有高压，可达几十万伏特。在强电场作用下，离子将加速到按照注入要求所需的能量。

(4) 聚焦和扫描器：经过加速获得高能量的离子束，由静电聚焦透镜使其聚焦成很细的离子束，要实现无掩膜的选择性注入，要求该离子束直径达到微米级以下。聚焦后的离子束再经过 $x-y$ 方向的扫描，进入偏转系统。由于离子束与真空系统中的气体碰撞后成为中性离子，因此不会受扫描的控制，将只打在固定的位置上，引起注入不均匀。采用 5℃～7℃ 的偏转板后，使中性粒子直线前进，带电离子经偏转后则直接进入靶室打在样片上。

(5) 靶室：安放样片的地方。

(6) 辅助装置：包括真空系统、控制设备工作的微机系统等。

离子注入也称为离子掺杂，它是用杂质元素的离子束轰击晶片以达到掺杂的目的。离子注入包括“强迫”自由微粒，如硼或者砷带电后注入基底，改变质子与电子数之间的平衡，从而影响原子的结构。不管是硼原子还是砷原子，都必须带有足够的动能，以便注入硅基底。因而，离子注入过程是离子加速以获得足够动能的过程。

如图 3-34 所示，基底上的离子注入主要步骤如下：

(1) 离子源产生用于注入的离子，并形成一个离子束；

(2) 离子束被导入一个离子控制器中，在控制器中调整离子束的尺寸和方向，离子束在加速器中增加能量，在加速器中离子最终获得进入基底表面的能量；

(3) 离子束中的离子聚焦后，通过由二氧化硅作成的保护挡板打在基底上；

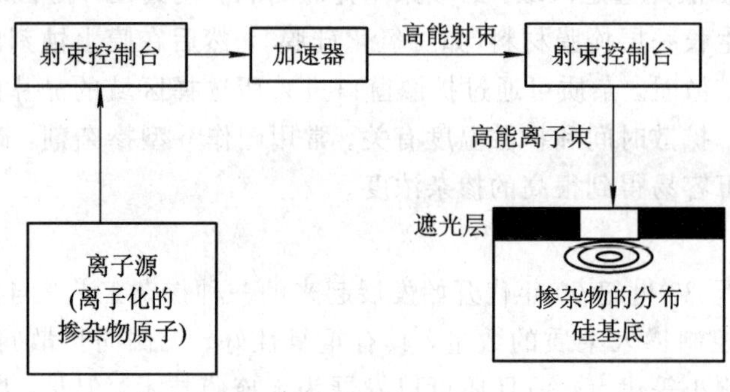

图 3-34 基底上的离子注入

(4) 高能离子进入基底并撞击基底中的电子和原子核；

(5) 在撞击中，离子将把它们所有的能量传给基底，并且最终停留在基底的某一深度。

离子注入不需要高温处理，这样在基底与保护层之间就不会产生很大的应力；其缺点是在基底中分布不均匀。

4. 薄膜层成型技术

在 MEMS 中存在各种薄膜，如多晶硅膜、氮化硅膜、金属或合金膜、磷硅玻璃膜、硼硅玻璃膜等。它们可以被加工成各种梁、桥等结构形式，有的作为传感器的敏感膜，有的作为起绝缘层作用的介质膜，有的在表面微加工中作为牺牲层，有的作为起尺寸控制作用的衬垫层。薄膜层的作用主要有两点：一是完成所确定的功能；二是作为辅助层，薄膜层的厚度为几个纳米到几个微米之间。

薄膜层成型技术多种多样，其中，氧化膜制作法有自然氧化、干氧氧化、水蒸气氧化和湿氧氧化法；金属膜制作方法有：真空蒸镀、溅射、电镀以及气相淀积法等。薄膜层的生长主要有气相生长法，气相生长法又可分成物理淀积法和化学淀积法。

1) 氧化

在微电子和 MEMS 中，氧化是一种非常重要的基础工艺。将硅晶片氧化的目的主要有：

(1) 钝化晶体表面，形成化学和电的稳定表面；

(2) 作为后面工艺步骤扩散或离子注入的掩膜；

(3) 形成非导电介质膜；

(4) 在基片和其他材料间形成界面层或牺牲层。

硅在常温下与空气可以自然氧化，生长出二氧化硅氧化层(约 2 nm 厚)。较厚的氧化层需要在高温作用下氧化，称为热氧化法或热生长法。热氧化法通常在高温炉里进行，根据炉内不同的氧化氛围，可分为干氧氧化法、水蒸气氧化法和湿氧化法。其中，干氧氧化法生长的氧化膜质量好，但是速度慢；水蒸气氧化法生长速度快，但是质量差；图 3-35 所示为采用兼有两者优点的湿氧氧化法。氧化的速度受到氧气压力和晶体取向的影响，在给定温度下，氧化层厚度与时间的关系曲线呈抛物线。

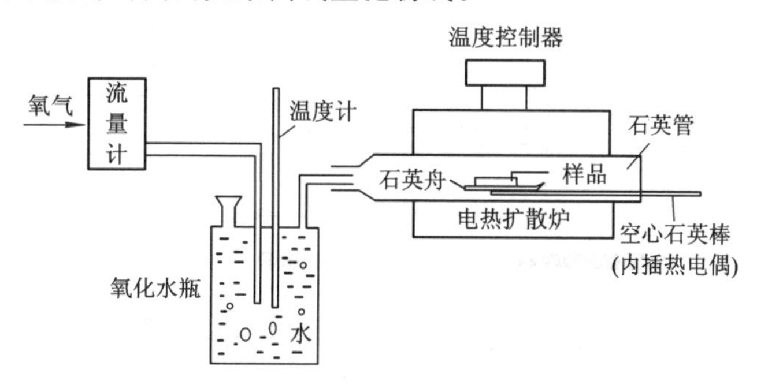

图 3-35　湿氧氧化设备示意图

2）物理气相淀积方法

物理气相淀积(PVD)是通过能量或动量使被淀积的原子、分子或原子团逸出，经过一段时间后落到基片上而淀积成薄膜的方法。物理气相淀积技术可分为蒸发法、溅射法、离子束外延和分子束外延。

(1) 蒸发法。真空蒸镀法也叫真空蒸发法(简称蒸发法)，即在真空中将要蒸发的材料放在一个坩埚里，利用热源或电子束等能源进行加热，如图 3-36 所示。在加热过程中，材料被蒸发，蒸发产生的大量原子落到基片上，并淀积成膜。在蒸发之前，通过给杂质层加热对基片表面进行清洁。加工过程在真空中进行。在集成电路制造工艺中，常用这种方法淀积铝或铝合金等熔点较低的材料作为电极或连线，对器件进行金属化。

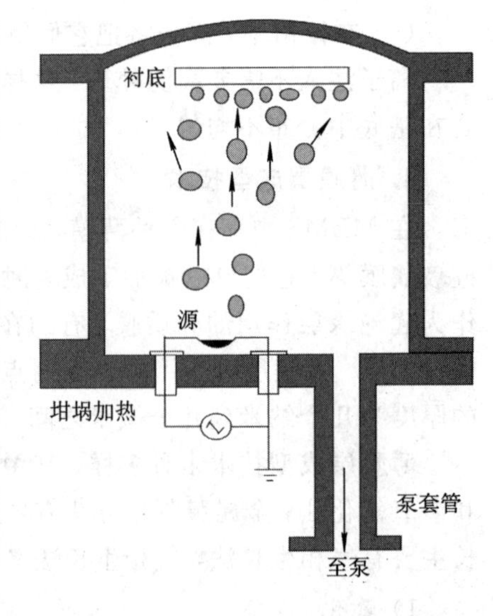

图 3-36 真空蒸镀法过程示意图

真空蒸镀法的优点是薄膜生长过程容易控制法，可用来制备高纯度的薄膜层，但是薄膜的附着性较差。

(2) 溅射法。溅射法通常用来在基片表面淀积 100 埃米厚度金属膜。如图 3-37 所示，溅射过程是在低真空室中，用高压电(通常在 1000 V 以上)使气体(多为惰性气体)电离而形成等离子体，将待溅射物质制成靶并且置于阴极，等离子体中的正离子以高能量轰击靶面，使靶上待溅射物质的原子离开靶面，淀积到阳极工作台上的基片上而形成薄膜。

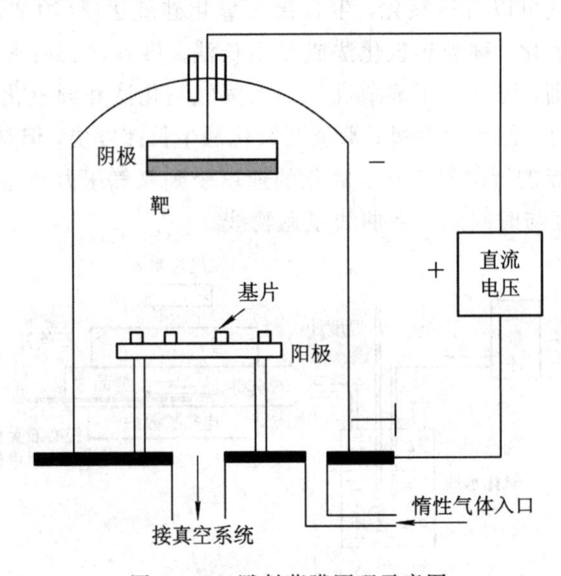

图 3-37 溅射薄膜原理示意图

溅射方式有射频溅射、直流溅射和反应溅射等多种，其中射频溅射应用更为广泛。图 3-38 所示为介质射频溅射原理示意图。用高频交流电压来进行溅射，其最大优点是不仅可以溅射合金薄膜，也可以溅射介质薄膜，如二氧化铝、氧化镁、二氧化硅以及氮化硅等。常见的溅射频率是 5 MHz～30 MHz，这个频率属于射频范围，故常将高频溅射称为射频溅射。当射频高电压通过匹配器和耦合电容加到阴极与阳极之间时，由于离子的质量远远大于电子的质量，离子的迁移率远小于电子的迁移率，因此在上半周期，即阴极为正、阳极为负，电子迅速达到靶面；在下半周期，则因离子运动速度慢，阴极表面所带的负电荷不会很快中和，这样将使得靶面上负电荷积累，从而形成一个自建电场 E 使得正离子加速并能以较大能量轰击靶面，产生靶材原子的溅射，淀积成薄膜。

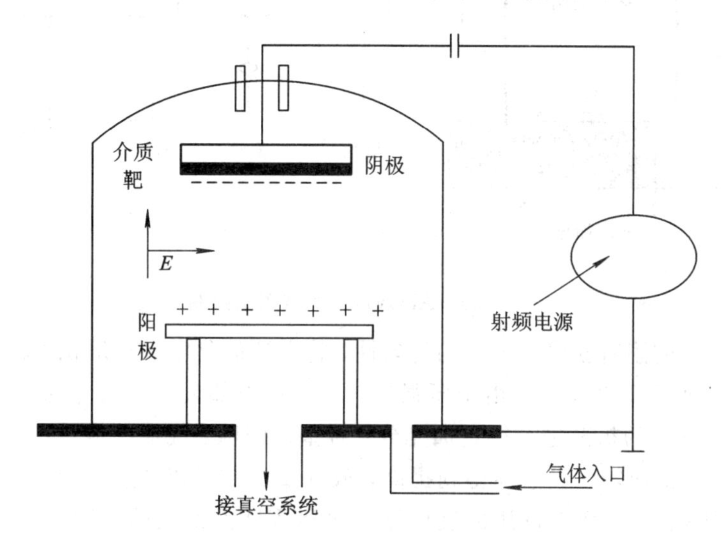

图 3-38　介质射频溅射原理示意图

溅射方法形成的薄膜牢固，能制备出高熔点的金属、合金和化合薄膜，其化学组分基本不变，但是设备较复杂，成膜速度较慢。

3）化学气相淀积法

化学气相淀积法(CVD)是把含有构成薄膜元素的一种或多种化合物、单质气体供给基片，借助于气相作用或在基片上化学反应生成所需的薄膜。CVD 是比 PVD 更为复杂的工艺，PVD 涉及的是粒子对热基片的轰击，而 CVD 涉及热对流和物质转换，同时伴随着化学反应的扩散。但是 CVD 能够淀积各种材料的薄膜(如金属膜、介质膜、多晶硅膜等)，附着性好，淀积速度快，薄膜纯度高和致密性好，设备简单，而且一次能对大量晶片进行淀积，有利于批量生产。

化学气相淀积法多种多样，如常压化学气相淀积(APCVD)、低压化学气相淀积(LPCVD)、等离子增强化学气相淀积(PECVD)、金属有机物化学气相淀积(MOCVD)等。

下面介绍两种比较常用的 CVD 工艺：LPCVD 和 PECVD。

图 3-39 所示是常压化学气相沉积(APCVD)工艺装置的示意图，由反应室、气体控制系统、衬底加热器和尾气回收几部分组成。反应气体进入反应室后，在衬底表面发生化学反应，同时在基片上淀积所需的薄膜。为了使淀积薄膜均匀性好、致密度高，要求气体混合比例和气体流动方向为最佳，同时要求整个系统高清洁度和气体高纯度。

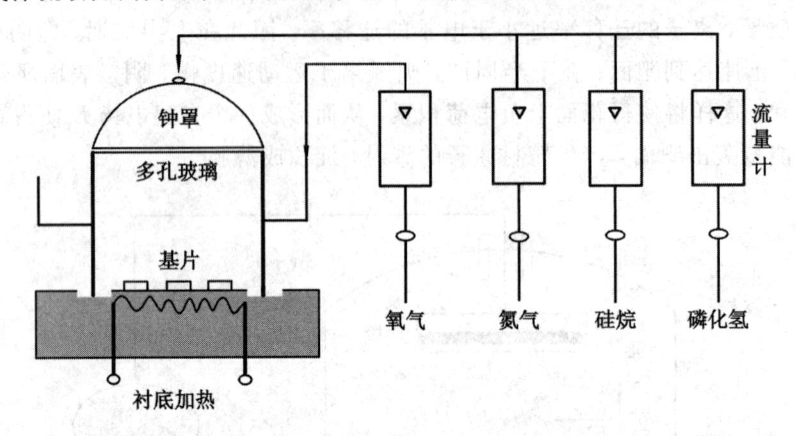

图 3-39　APCVD 工艺装置示意图

为了改善生成的附着膜厚度分布的均匀性，将上述的化学气相沉积方法稍加改良就成为低压化学气相沉积(LPCVD)。由于压强低，反应管内部大部分气体为反应气体。这样，反应气体向基片表面的扩散进行得更加充分。对基片间隙、气体的流量和压强进行最佳选择，可使膜厚的分布均匀性成倍地得到提高，放片量也成倍增加，从而提高生产率。在大约 100 Pa 真空中操作，LPCVD 用的反应器与 APCVD 没太大的不同。LPCVD 在操作中的反应室必须是真空密封的，而且结构强度足以抵抗真空压强。与 APCVD 相比，LPCVD 具有均匀性好、片量大、成本低、安全性好等优点。

CVD 工艺需要基片和载体气体达到高的温度，以至于有足够的动能来发生化学反应。但高温能损害基片，尤其是镀过金属的基片。等离子增强化学气相淀积法是利用无线射频等离子体将能量传递到反应物气体中，允许基片保持在低温状态。PECVD 的装置如图 3-40 所示，它包括反应室、真空系统、射频电源、气体控制系统和尾气回收等。无线射频源(3 kHz～300 GHz 的电磁射线或交流电流)加在两块平行的不锈钢板上，上极板加高电压，下极板接地并可旋转，把低压原料气体输入真空室内，输入电能使其成为等离子状态，通过反应使薄膜淀积在基片上。

表 3-1 列出了三种常用的 CVD 工艺的总结和比较，可为设计师在选择 MEMS 中 CVD 工艺时提供一个有用的指导方针。

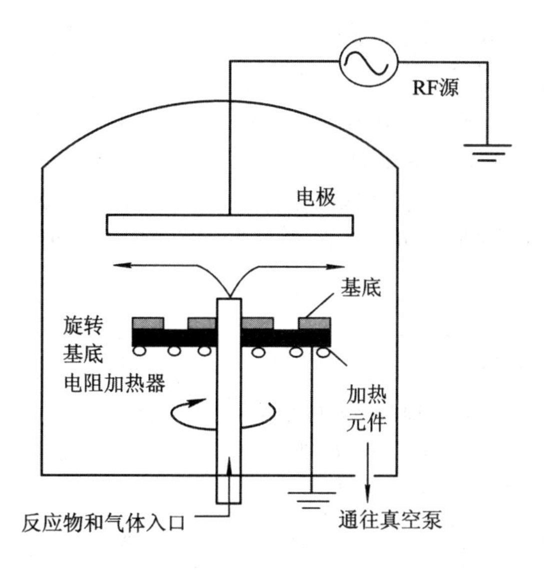

图 3-40　PECVD 反应器示意图

表 3-1　三种主要 CVD 工艺的总结和比较

CVD 工艺	压强/温度	通常的淀积速率 (10^{-10} m/min)	优　点	缺　点	应　用
APCVD	100 Pa～10 kPa/ 350℃～400℃	二氧化硅：700	简单、高速、低温	较差的覆盖度，微粒污染	掺杂或非掺杂氧化物
LPCVD	100 Pa～1100 Pa/ 550℃～900℃	二氧化硅：50～180 氮化硅：30～80 多晶硅：30～80	纯度和均匀性高、晶片容量大	温度高，高的沉积速率	掺杂或非掺杂氧化物、氮化物、晶体硅、钨等
PECVD	20 Pa～700 Pa / 300℃～400℃	氮化硅：300～350	较低的晶片温度、附着性好	易受化学污染	在金属上或钝化物的低温绝缘体上

4）外延

在单晶基片上，沿着原来结晶方向再生长一层单晶薄膜，这层薄膜就像由基片向外延拓一样，所以称之为外延技术。外延层可以按基片晶向生长，并可根据需要控制其导电类型、电阻率、厚度等，而且这些参数不依赖基片中的杂质种类和掺杂水平。长有外延层的晶片称为外延片。

外延生长技术可分为液相外延(LPE)、卤素气相外延(HVPE)、分子束外延(MBE)等。

(1) 液相外延。在液相外延中，半导体原料的溶液覆盖在单晶硅片上，使溶液中半导体原料不断在基片上析出，并沿着基片晶向再结晶，生长出一层新的单晶薄膜。液相外延具有操作简单，单晶生长温度低、速度快的优点，但是只能生长厚度有限的外延薄膜，且生长过程中很难改变杂质的浓度梯度。

(2) 卤素气相外延。在卤素气相外延中，将硅材料(常用的有四氯化硅、二氯甲硅烷、硅烷等)和氢气在高温作用下生成的高纯度硅蒸汽淀积在单晶硅片上，使其沿着单晶方向生长有一定厚度的单晶层，生长速度取决于源气材料和生长温度。相比液相外延，卤素气相外延法可得到较厚的外延膜，可任意改变杂质的浓度梯度，但是，该方法外延生长温度高、生长时间长、设备较复杂。

(3) 分子束外延。分子束外延是在超高真空中，由分子束源向基片喷射而形成的外延膜的一种工艺。其生长速度非常慢，每分钟生长一个原子层。但是，巧妙的利用结晶生长的特性，可制成三维、二维的微细结构(可达 100 nm 左右)。

外延还可分为同质外延和异质外延。同质外延为在基片上生长与其同种类型的材料；异质外延为在基片上生长不同材料。

外延技术应用广泛，可解决高频功率器件的击穿电压、器件间隔离、CMOS 电路制造中的闩锁效应和串联电阻等等。在 MEMS 中，外延技术是三维微几何体的重要加工手段，可形成单晶薄膜和 p－n 结，还可以实现自停止腐蚀。例如，可在硅基片的特定位置沉积硅薄膜，以增加微结构的厚度。

3.2.2　表面微加工技术

表面微加工是将 MEMS 器件完全制作在基片表面，不穿透基片表面的一种加工技术。典型的表面微加工需要依靠牺牲层技术。牺牲层技术，是在微结构中嵌入一层材料，在后续工序中利用化学腐蚀方法将这层材料溶解释放掉，而不影响结构层本身，这层释放掉的材料就称为牺牲材料。其目的是分离结构和衬底晶片，制作可变形或可运动的微结构。

表面微加工器件有三种典型的部件组成：牺牲层部分、结构层部分和绝缘层部分。在实际制造中，主要衬底材料是单晶硅片。化学气相淀积主要结构层材料是多晶硅或氮化硅。氮化硅薄膜同样可用于微电子结构的钝化，它对水蒸气和钠具有良好的扩散阻碍作用。牺牲层是通过 LPCVD 技术将磷硅玻璃或者二氧化硅沉积在衬底上形成的，或者是厚度可达数百微米的多孔硅(PS)材料。

1. 表面微加工工艺流程

表面微加工的工艺过程主要包括以下五个步骤：

第一步：通过淀积法或掺杂、离子注入等在硅基片上生成微米级厚度的牺牲层；

第二步：根据结构要求的形状，腐蚀部分牺牲层；

第三步：通过淀积法，在剩下的牺牲层上生长硅层，即悬式结构材料，该层同时淀积在硅基片牺牲层已被腐蚀的部分；

第四步：化学或物理腐蚀方法腐蚀淀积的硅层；

第五步：腐蚀牺牲层，得到与硅基片略微连接或者完全分离的悬臂式结构。

如图 3-41 所示是采用表面微加工工艺制作的单自由度多晶硅梁的工艺过程。

第一步：如图 3-41(a)所示，在硅衬底上淀积一层绝缘层作为牺牲层，采用 LPCVD 方法淀积磷硅玻璃牺牲层。

第二步：如图 3-41(b)所示，在牺牲层上进行光刻，蚀刻出窗口，磷硅玻璃牺牲层在氢氟酸中的蚀刻速率比二氧化硅的蚀刻速率要高。

第三步：如图 3-41(c)所示，在蚀刻出的窗口及牺牲层上淀积多晶硅(或金属、合金、绝缘材料)作为结构层。当采用多晶硅作为结构层时，为了降低热应力效应，需在 1050℃ 高温氮气中退火 1 个小时。

第四步：如图 3-41(d)所示，采用干法刻蚀方法在结构层上进行第二次光刻。

第五步：如图 3-41(e)所示，采用湿法腐蚀从侧面将牺牲层蚀刻掉，释放结构层。

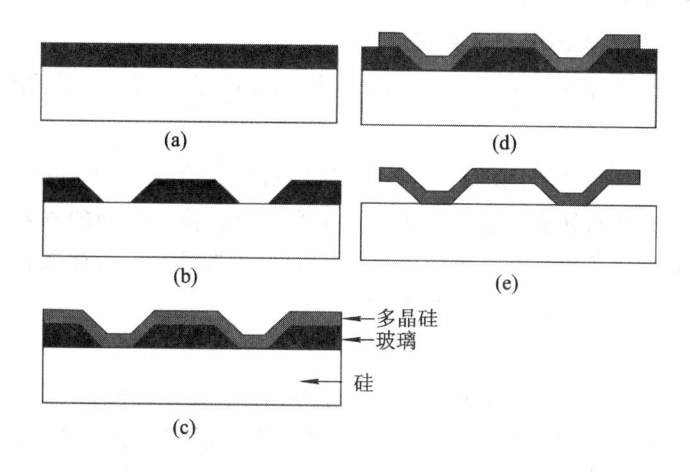

图 3-41　多晶硅梁的工艺过程示意图

通过硅片表面淀积的牺牲层和结构层，可以制作三维微结构。图 3-42 所示为两牺牲层和两个结构层的转子中心轴承的制作过程横截面示意图。主要步骤如下：

第一步：淀积第一层牺牲层，制作与凸起点匹配的凹坑；

第二步：淀积第一层结构层，制作转子图形，转子凸起点形成；

第三步：淀积第二层牺牲层，制作中心销轴承的指定区域；

第四步：淀积第二层结构层，转子中心嵌入牺牲层；

第五步：溶解牺牲层，释放转子。

利用表面微加工技术可以加工、制造各种悬式微结构，如微型悬臂梁、微型桥、微型腔等，这些结构可以用于微型谐振式传感器、加速度传感器、流量传感器和电容式、应变式传感器中。同时利用表面微加工技术，可以加工制造各种执行器，如静电式微电机、多晶硅步进执行器等。

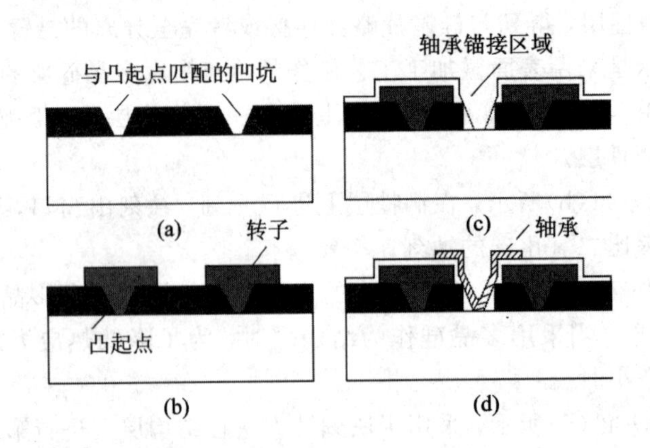

图 3-42　中心轴承制作步骤示意图

2. 表面微加工的力学问题和注意事项

表面微加工工艺中存在三个主要的力学问题：层间粘附、界面应力和粘连。

1）层间粘附

不管是相同的材料还是不同的材料，只要两层材料结合在一起，就可能存在一个分离层。双层结构容易在界面处造成层与层之间的脱落，或者由于界面的剧烈振动造成沿着界面的局部断裂。温度过高和应力是导致界面失效的最主要原因。表面条件如清洁度、硬度和吸附力也可以导致界面连接强度的降低。

2）界面应力

在双层结构中，存在三种典型的应力：热应力、残余应力、本征应力，其中最明显的是由于构件材料的热膨胀系数不匹配引起的热应力。当双层结构达到非常高的操作温度时，剧烈的热应力使多层结构连接处发生脱落。残余应力是微机械加工过程中固有的。在1000℃时的硅基梁，经过热氧化可以生成二氧化硅层。但在室温下，双层梁最后出现向下弯曲的现象，这是因为这两种材料的热膨胀系数有很大差异，在二氧化硅层将产生显著的拉应力，导致其变形，超强的拉应力可引起薄膜内产生多处裂缝。第三种应力为存在于薄膜结构中本身的应力，在微加工过程中，由原子结构局部变化产生。若过量掺杂会导致结构在表面微加工后，产生强大的残余应力。

3）粘连

在表面微加工中，两个分离薄膜层粘附在一起的现象称为粘连。粘连是表面微加工中最严重的问题，是表面微加工中产生大量废品的主要原因。它通常在从被分离的材料层中去除牺牲层时发生，要分开两个粘连的薄膜层，需要相当大的机械力，但会破坏精密的微结构。产生粘附现象主要有四种力：表面张力、水吸附力、静电力和范德瓦尔斯力。

防止结构层粘附或减少粘附的方法很多，大致可分为两类：

(1) 在加工干燥过程中，防止结构层和基片间的物理接触。主要方法有冷冻升华法、超临界法、HF 气体干法刻蚀法等，但是这些方法只能解决加工过程中的粘附问题，不能解决使用过程中的粘附问题。

(2) 直接减小粘附力的方法。通过减小表面来减小粘附，如通过表面改造增加表面粗糙度或者形成疏水表面等，这种方法能永久地减小粘附力。

在表面微加工中，对所用的材料有以下要求：

(1) 结构层。结构层必须保证应用所要求良好的电学性能(如静电驱动器件所需的导电结构元件、介电层需要的电绝缘材料)和高的力学性能(如薄膜层的残余应力、结构层的屈服应力和强度、蠕变和抗疲劳特性、静摩擦力和抗磨损能力等表面特性)。

(2) 牺牲层。牺牲层必须有足够好的力学性能(低残余应力和好的粘附力)，保证不引起制作过程中诸如分层或裂纹等结构的破坏。该层还必须经得起结构层或牺牲层的加工制作，而不产生不良影响。

(3) 腐蚀化学试剂。腐蚀所用的化学试剂必须蚀刻牺牲层材料而不腐蚀结构层材料，该化学试剂必须有合适的黏度和表面张力，以便充分去除牺牲层，不产生残留。

另外，在选择牺牲层和结构层材料后，淀积工艺必须要有良好的保形覆盖性质，以保证完成微结构设计要求。另外，还要注意与集成电路工艺的兼容性，以保证微机械结构的控制、信号输入和输出等。

表面微加工具有加工尺寸小，不受硅晶片厚度限制，薄膜材料的选择范围大，适合复杂形状等优点。但是，整个工艺耗时多，成本大，并需要复杂的掩膜设计及制造，有粘连力学问题等。

3.2.3　体微加工技术

体微加工技术是指利用腐蚀工艺，选择性去掉硅衬底，对硅体进行三维加工而形成微机械元件(如槽、平台、膜片、悬臂梁、固支梁等)的一种工艺。硅体微加工技术是最早在生产中得到应用的，并在 20 世纪 70 年代至 80 年代得到了发展。目前，体微加工主要用来制作微传感器和微执行器，如压力传感器、加速度传感器、触觉传感器、微热板、红外源、微泵、微阀等。

体微加工技术包括腐蚀和自停止腐蚀两种关键技术。腐蚀又分为采用液体腐蚀剂的湿法腐蚀和采用气体腐蚀剂的干法腐蚀，对应有不同的自停止腐蚀方法。

1. 湿法腐蚀

湿法腐蚀是一个纯粹的化学反应过程，主要由三个步骤构成：

第一步：蚀刻剂移动到硅片表面；

第二步：与暴露的膜发生化学反应，生成可溶解的副产物；

第三步：从硅片表面移去反应产物。

湿法腐蚀可分为各向同性腐蚀和各向异性腐蚀。各向同性腐蚀是在硅片的所有方向均匀腐蚀；各向异性腐蚀的腐蚀速率与单晶硅的晶向有密切关系，不同晶向的腐蚀速率差别很大。

各向同性腐蚀及各向异性腐蚀出的图形如图 3-43 所示，图(a)和(b)分别为各向同性腐蚀，前者带有搅拌，后者无搅拌；图(c)和(d)分别是在(100)和(110)晶面上的各向异性腐蚀。

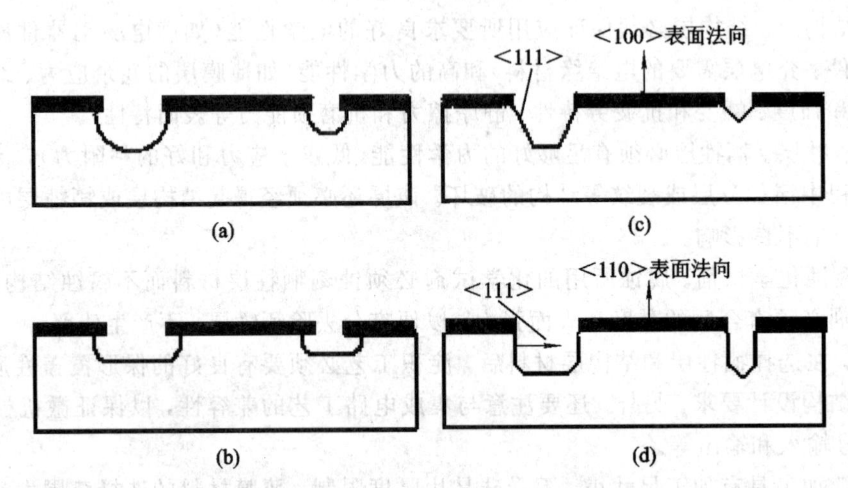

图 3-43　各向同性腐蚀和各向异性腐蚀的比较
(a) 各向同性腐蚀(经过搅拌)；(b) 各向同性腐蚀(未经搅拌)；
(c) 各向异性腐蚀(100)面；(d) 各向异性腐蚀(110)面

在湿法腐蚀中，依据腐蚀剂的不同，既可以进行各向同性腐蚀，也可以进行各向异性腐蚀。同样，在干法腐蚀中，依据腐蚀方法的不同可以进行各向同性或各向异性的腐蚀。

1) 各向同性腐蚀

(1) 各向同性腐蚀。硅湿法腐蚀先将材料氧化，通过化学反应使氧化物溶解。在同一种腐蚀液中，因为混有各种试剂，所以氧化和氧化物溶解是同时进行的。

各向同性腐蚀剂由氧化溶液组成。常用腐蚀剂是 $HF-HNO_3$，即 HNA，其中硝酸起氧化作用；氢氟酸起氧化溶剂作用。另外，水或者醋酸作为稀释剂与这两种组分混合。硅在 HNA 系统中的腐蚀，可选氮化硅和二氧化硅作为掩膜材料。腐蚀过程分为阳极氧化和络合两个反应。

首先，硝酸将硅氧化为二氧化硅，反应式如下：

$$Si+2h^+ \rightarrow Si^{2+}\ (h^+\text{为空穴})$$

$$H_2O \rightarrow (OH)^- + H^+$$

$$Si^{2+}+2(OH)^- \rightarrow Si(OH)_2$$

$$Si(OH)_2 \rightarrow SiO_2 + H_2$$

硝酸在腐蚀液中提供空穴，用醋酸作稀释剂比水的氧化能力更稳定，但是腐蚀速率较慢。

其次，通过氢氟酸将二氧化硅分解，即发生络合反应，反应式如下：

$$SiO_2 + 6HF \rightarrow H_2SiF_6 + 2H_2O$$

通过搅拌使可溶性络合物 H_2SiF_6 远离硅片。氢氟酸的作用是促进阳极反应，使阳极反应产物氧化硅溶解，避免硅与水的电极反应。

(2) 影响各向同性腐蚀的因素。硅在 HNA 系统中的腐蚀速率与环境温度、腐蚀液成分配比、掺杂类型与浓度以及外加电势都有关系。通常腐蚀速率随着环境温度的升高而增大，并呈线性关系。当腐蚀液成分相当于电化学的化学当量(即硝酸占 32%，氢氟酸占 68%)时，腐蚀速率最大；在高稀释 HNA 系统中，腐蚀速率与材料的电阻率有关，电阻率大的腐蚀速率远远小于电阻率小的腐蚀速率。快速搅拌可阻止硅局部发热，可使得硅片与新鲜的腐蚀液接触，有利于腐蚀反应。

(3) 各向同性自停止腐蚀。HNA 系统在高稀释情况下，可以对掺杂浓度不同的硅进行选择性腐蚀。经实验发现，用体积比为 $1HF + 3HNO_3 + 8CH_3COOH$ 的配方可以腐蚀重掺杂硅(电阻率小于 $1\times10^{-4}\,\Omega\cdot m$)，但不腐蚀轻掺杂硅(电阻率大于 $6.8\times10^{-4}\,\Omega\cdot m$)。利用这一特性，可实现硅的各向同性自停止腐蚀。

2) 各向异性腐蚀

各向异性腐蚀是指不同晶面所对应的腐蚀速率不同，即有的晶面对应的腐蚀速率快，有的却很慢。经过一段时间的腐蚀，腐蚀速率慢的晶面就会显露出来。例如，硅材料的(111)晶面的腐蚀速率最低，如果选用的硅晶片是(100)，则腐蚀后所显露出来的是腐蚀速率最低的(111)面，与表面成 54.74°。根据这个原理，在(100)晶面的硅材料上可腐蚀出具有一定夹角的槽。如果选用(110)晶面的硅材料，则可腐蚀出与表面垂直的沟槽。

(1) 各向异性腐蚀原理。各向异性腐蚀剂分为两大类：一类是有机腐蚀剂，如 EPW 系统(乙二胺、邻苯二酚和水)、联胺等；另一类是无机碱性腐蚀剂，如氢氧化钾、氢氧化钠、氢氧化氨、氢氧化锂系统等。几种腐蚀剂的腐蚀现象很相似，但对不同晶体取向的腐蚀速率比值，碱性腐蚀剂比有机腐蚀剂大得多。碱性腐蚀剂系统应优先选用氮化硅作掩膜材料；对于有机腐蚀剂系统，可用作掩膜的材料很广泛，如二氧化硅、氮化硅、金、铬、银、铜等。应该注意，EPW 系统和联胺都有毒性，而且联胺容易爆炸。

① KOH 系统腐蚀机理。KOH 系统由氢氧化钾、水和异丙醇(IPA)构成。在进行腐蚀时，KOH 首先将硅氧化成含水的硅化合物；然后与异丙醇反应，生成可溶解的硅络合物；络合物不断地离开硅表面，不断搅拌腐蚀液，提高腐蚀光滑度。其腐蚀过程的反应式如下：

$$KOH + H_2O \rightarrow K^+ + 2(OH)^- + H^+$$

$$Si + 2(OH)^- + 4H_2O \rightarrow Si(OH)_6^{2-} + 2H_2$$

$$[Si(OH)_6]^{2-} + 6(CH_3)_2CHOH \rightarrow [Si(OC_3H_7)_6]^{2-} + 6H_2O$$

加入异丙醇后，可以使各向异性的腐蚀特性增强。

② EPW系统腐蚀机理。EPW系统的腐蚀包括以下三个阶段：乙二胺的离子化、硅原子被氧化、含水硅原子的醇化。反应方程式为

$$NH_2(CH_2)_2NH_2 + 2H_2O \rightarrow {}^{+}H_3N(CH_2)_2NH_3^{+} + 2(OH)^{-}$$

$$Si + 2(OH)^{-} + 4H_2O \rightarrow [Si(OH)_6]^{2-} + 2H_2$$

$$[Si(OH)_6]^{2-} + 3C_6H_4(OH)_2 \rightarrow [Si(C_6H_4O_2)_3]^{2-} + 6H_2O$$

反应生成物 $Si(C_6H_4O_2)_3{}^{2-}$ 和 ${}^{+}H_3N(CH_2)_2NH_3^{+}$ 都溶于乙二胺，但溶解度随着温度的不同而变化，一般在EPW沸点115℃下进行。如果低于这个温度，那么硅表面会残留下不溶解产物，影响硅片的平整度和光洁度。另外，在此沸点下工作，会因为蒸发改变腐蚀剂配比。因此，反应中多采取致冷回流装置。不同EWP的配比影响对硅的腐蚀速率，当水和乙二胺的比例为2∶1时，腐蚀速率最大；当水或乙二胺为零时，腐蚀速率为零。邻苯二酚对腐蚀速率也有影响，增加邻苯二酚，可使腐蚀速率增大；但加到一定分量时，腐蚀速率就不再增加了。另外，不加邻苯二酚时腐蚀速率并不为零。

(2) 影响腐蚀特性的因素。腐蚀液的配比和掺杂浓度对各向异性腐蚀速率和腐蚀特性都有较为明显的影响，如在 $KOH-H_2O$ 系统中加入IPA，R(100)/R(111)明显增大。在 $KOH-H_2O$ 饱和IPA系统中，随着掺杂浓度的提高，腐蚀速率迅速下降。

(3) 各向异性自停止腐蚀。各向异性自停止腐蚀技术有以下几种：重掺杂停蚀；(111)面停蚀；电化学停蚀；p-n结停蚀。

① 重掺杂停蚀。利用掺杂的杂质对腐蚀速率的影响进行自停止腐蚀，如在硅的掺杂浓度超过 $5\times10^{19}\ cm^{-3}$ 时，KOH腐蚀系统对其的腐蚀速率很小；轻掺杂硅与重掺杂硅的腐蚀速率之比可达数百倍。因此，认为KOH腐蚀系统对重掺杂硅不腐蚀，而重掺杂硼的硅腐蚀自停止效应比重掺杂磷硅更为明显，所以工艺中常采用重掺杂硼的硅使腐蚀停止。

图3-44给出了(100)硅的各向异性自停止腐蚀工艺流程。首先在轻掺杂n或p型硅表面，通过扩散、离子注入或者外延工艺产生一层重掺杂 p^{+} 层（掺杂浓度大于 $5\times10^{19}\ cm^{-3}$）；然后在硅背面热生长二氧化硅或淀积氮化硅形成掩膜；最后按照需要，在掩膜上刻出窗口，窗口边缘沿〈110〉晶轴方向，并在腐蚀剂中腐蚀，得到重掺杂的p层后腐蚀就会停止。梯形侧面为(111)面，它与(100)面夹角为54.75°。硅膜片的厚度完全由重掺杂层 p^{+} 的厚度决定。

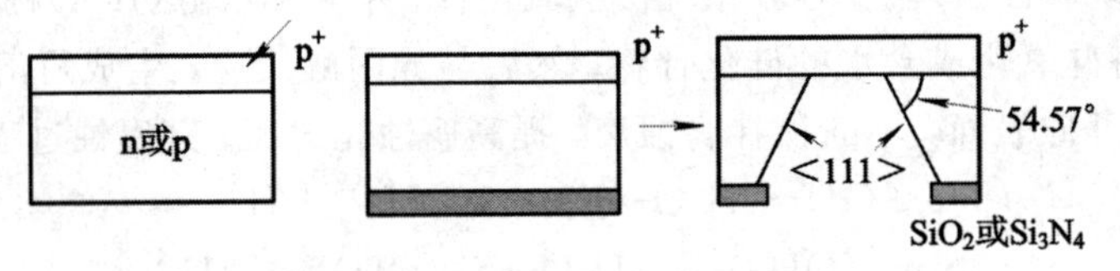

图3-44 重掺杂停蚀工艺示意图

② (111)面停蚀。由于 EPW 和 KOH 腐蚀系统对(100)和(111)面腐蚀速率比很大，因此可用(111)面作为停止腐蚀晶面，即可在(100)面上腐蚀出〈111〉取向的硅膜。

但是，在(100)硅片上不能直接生长(111)的硅，可利用热键合工艺将它们“黏合”在一起，并在(100)硅面上用二氧化硅作掩膜，形成腐蚀窗口。硅片放到腐蚀剂中腐蚀，到(111)面腐蚀就停止。利用该方法可以得到高精度硅膜，其工艺流程示意图参见图 3-45。

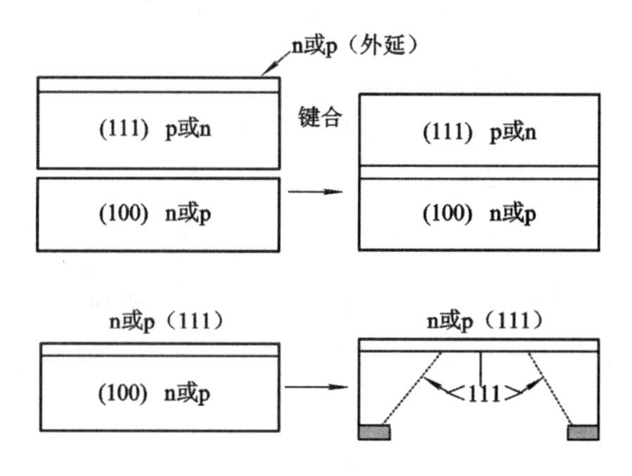

图 3-45　(111)面停蚀工艺示意图

③ 电化学停蚀。如图 3-46 所示，在电解槽中放入硅，注入 KOH 腐蚀剂系统，硅连接电源正极，另一电极铂连接电源负极。腐蚀液中的水与硅反应，形成 Si-OH 和 Si-H 键，并继续与 H_2O 和 OH^- 形成硅的复合物 $Si(OH)_2O^-$，溶于腐蚀液中。在电源电压下，水被电离，OH^- 被附有空穴的硅表面吸附，阻止 H_2O 分子进一步侵蚀硅表面，并且在硅表面形成低浓度的 SiO_2。随着硅电势进一步增加，导致硅腐蚀速率下降，氧化物生长率上升，最后 SiO_2 占主导地位形成钝化层，在阳极电势较高处会自动停止腐蚀。

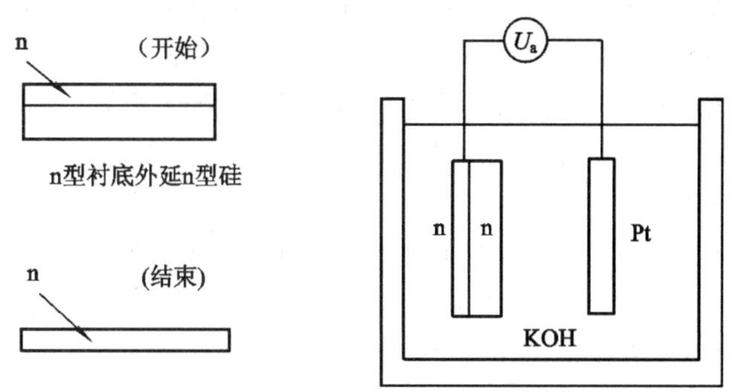

图 3-46　电化学停蚀工艺示意图

④ p-n 结停蚀。p-n 结自停止腐蚀技术，是一种用于各向异性腐蚀的电化学自停止腐蚀技术。

具体过程为：在腐蚀液中，p－n结的n区接正极，腐蚀液中的铂接负极；p－n结反向偏置，外电压落在p－n结上；p型衬底被腐蚀，随着腐蚀进行，p型衬底一旦被腐蚀完，p－n结就会被破坏，n型衬底就直接与腐蚀液接触，在外加电压作用下，n型硅被钝化，腐蚀就会自动停止。p－n结停蚀工艺示意图如图3－47所示。

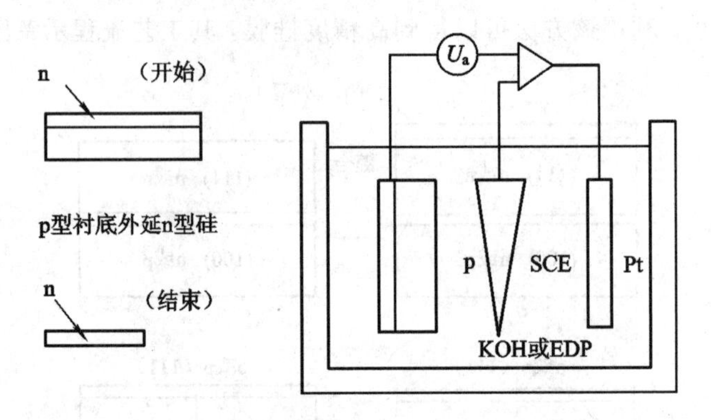

图3－47　p－n结停蚀工艺示意图

在许多制作单晶硅振动膜技术中，可用p－n结电化学自停止腐蚀技术加工出无应力的轻掺杂振动膜。p－n结自停止腐蚀技术也可以制作局部厚度不同的振动膜，而且膜从厚到薄的变化是缓慢的，增加了振动薄膜的稳定性。但是，这种电化学自停止腐蚀技术需要把电极连接到每一个硅片和振动膜上，不能批量生产。

2. 干法腐蚀

在微机械制造中，主要使用湿法腐蚀方法，湿法腐蚀有其突出的优点，例如对不同的材料具有非常出色的选择性。然而，湿法腐蚀也有不足的地方，对于各向异性湿法腐蚀，由于在侧壁上，光刻胶下面的材料也被腐蚀掉了，这样就出现了结构损失。

与湿法腐蚀不同，干法腐蚀(Dry Etch)不需要大量的有毒化学试剂，不需要清洗，而是利用气体腐蚀剂来进行基底材料的去除。而且，具有分辨率高，各向异性腐蚀能力强，腐蚀的选择比大，可得到较高深宽比，以及能进行自动控制等优点。干法腐蚀常用的气体有CF_4、CF_4+H_2、CF_4+O_2、C_2F_2、SiF_4+O_2等。

目前，出现了多种不同的干法腐蚀技术，从原理上讲干法腐蚀的过程可分为以下几个主要步骤。

第一步：腐蚀性气体粒子的产生。

腐蚀性粒子是在气体放电形成等离子时产生的。所谓等离子体，是由正离子、负离子、自由电子等带电粒子以及不带电的中性粒子(激发态和自由态分子)等组成的气体，由于正、负电荷相等，故称之为等离子体。等离子的产生过程大致是这样的：当在某些气体(如CF_4)上施加足够强的电场时，气体被击穿，存在该气体中的自由电子从电场中获得能量，并与气体发生弹性或非弹性的碰撞，使气体分子电离而发射出二次电子；二次电子进一步与气体分子发生碰撞，产生更多的离子和电子，使得分子分裂，将分子激发到高能态；分子分裂时可产生高活性的原子和自由原子团，称为游离基，而被激发的原子和分子到较低电子态时，可产生辉光。这样，就产生了离子、电子、中子以及自由原子团，形成了等离子体。

第二步，粒子向衬底的传输。

腐蚀性粒子的传输，既可以通过漫射，也可以通过定向来实现。这个过程对腐蚀过程的特性(包括各向异性、腐蚀速度和当前的选择性)影响很大。

第三步，衬底表面的腐蚀。

干法腐蚀是靠腐蚀剂的气态分子与被腐蚀的样品表面接触来实现腐蚀功能的。

第四步，腐蚀反应物的排除。

干法腐蚀主要有以下几种方法：

(1) 物理腐蚀技术：离子腐蚀(Ion Etching，IE)、离子束腐蚀(Ion Beam Etching，IBE)。

(2) 化学腐蚀技术：等离子体腐蚀 (Plasma Etching，PE)。

(3) 物理与化学结合的腐蚀技术：反应离子腐蚀(Reactive Ion Etching，RIE)、反应离子束腐蚀(Reactive Ion Beam Etching，RIBE)。

1) 物理腐蚀技术

在物理腐蚀方法中，利用放电时所产生的高能(大于等于 500 eV)惰性气体离子(如 Ar^+)对材料进行物理轰击，即气体放电把能量提供给轰击粒子，轰击粒子以高速运动与衬底相碰撞，而能量通过弹性碰撞传递给衬底原子。当能量超过结合能时，撞出衬底原子。由于这种腐蚀是通过动量向衬底原子转移而实现的，因此腐蚀速率与轰击粒子的能量、通量密度以及入射角有关。

(1) 离子腐蚀。离子腐蚀是一种利用惰性气体离子进行腐蚀的纯物理腐蚀方法，又称溅射腐蚀。由气体放电产生的惰性离子被加速到衬底上，轰击衬底表面发生溅射，去除衬底表面的某种介质层。离子腐蚀可以用来腐蚀固体表面，制作微细图形，为各向异性腐蚀，但是离子腐蚀的腐蚀速率低，缺乏选择性，易发生再淀积现象。

在离子腐蚀中，反应器是由真空容器和两个平面电极组成的，如图 3-48 所示。两电极之间的距离为 1 cm～5 cm，其面积大小不相同，电极作为电容器极板。被腐蚀样品放在底部电极上，可以与气体放电直接接触。对于惰性气体(大多为氩气)，其压力为 0.5 Pa～10 Pa。一个电极接地，另一个电极通过一个耦合电容与 0.1 kV～1 kV 的高频电压源相接。惰性气体在两个电极之间放电，出现一个放电区，被限制在两个极板之间的中间部分。在两极板之间的区域，暗区与每一个极板相接。由于电压降的大小与面积的四次方成反比，因此小电极暗区中的压降要比大电极暗区中的压降大。在放电期间，等离子区中离子的运动能力大于电子的运动能力，电子更容易到达电极，形成一个负电位。负电位使得等离子区的离子在电容器上加速，对衬底表面进行轰击，达到腐蚀的目的。

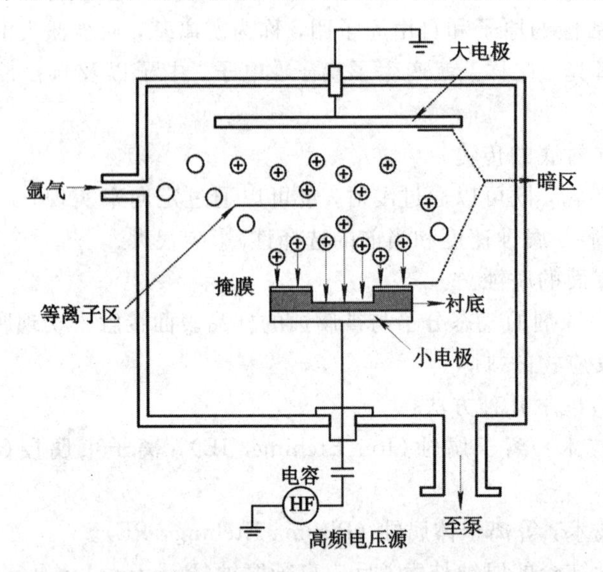

图 3-48 离子腐蚀平行板反应器结构原理图

(2) 离子束腐蚀。离子束腐蚀是一种利用惰性气体进行腐蚀的物理腐蚀。

如图 3-49 所示，在离子束腐蚀中，被腐蚀的衬底和产生等离子的区域在空间上分离。衬底位于高真空中(小于 10^{-2} Pa)，在与真空室相邻的空间以相对较低的压力(约为 0.1 Pa)触发气体放电。由于可在低压的情况维持气体放电，电子路径被加长，通过磁场强迫电子可在一个螺旋轨道上运动。等离子区产生百分之十到百分之三十的离子，通过热运动到达由两个加速栅组成的装置，通过 0.1 kV～1 kV 的高电压区被加速到衬底板上。大部分衬底支架可以旋转和摆动，因此离子的入射角度可以改变。

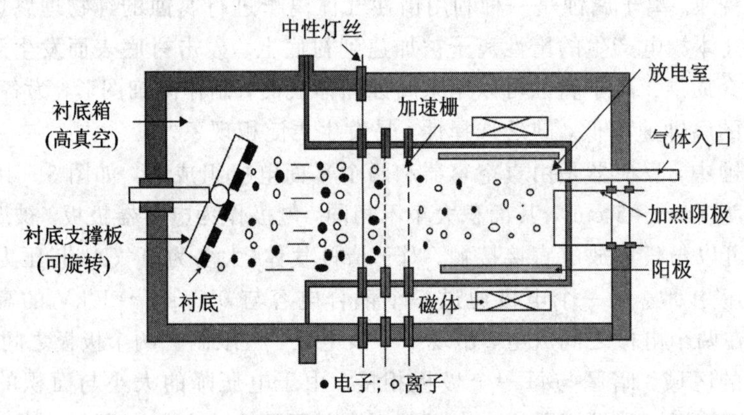

图 3-49 离子束腐蚀装置结构原理

与离子腐蚀相反，在离子束腐蚀中离子流密度和离子能量完全可以相互独立地来选择，离子在衬底上的入射角也可以自由选择。由于等离子区是与衬底分离的，因此使得由杂质表面的离子引起衬底所受的污染非常小。

离子束腐蚀为各向异性腐蚀，但是选择性很小。

纯物理腐蚀具有以下一些特性：

① 由于被腐蚀材料能重复在侧壁淀积，因此不能制造绝对垂直的侧壁。

② 由于在离子倾斜入射时，通过倾斜结构棱角的反射在结构底部离子流密度会被提高，因此腐蚀会使得槽倾斜。

③ 腐蚀速率很低(几十纳米每分钟)。

④ 选择性一般很小。

2) 化学腐蚀技术

在化学腐蚀中，过程气体(如 CF_4)在高频或直流电场中受到激发并分解(如形成 F^*)，然后与被腐蚀材料起反应形成挥发物质(如 SiF_4)，再由抽气泵排出。

等离子体腐蚀就是化学腐蚀，和离子腐蚀一样都是使用平行板反应器，但是不使用氩气，而是选择在气体放电中可以提供游离基的过程气体，例如 CF_4，它可以分解为 CF_3^*、F^* 和电子，所选择的气体压力一般为 10 Pa～100 Pa，比离子腐蚀的高。衬底被放在大电极上，这样可以降低撞击衬底的离子的能量。

因为在等离子体腐蚀中化学过程是主要的，并且物理过程中高的过程压力减少了各向异性，所以腐蚀过程一般为各向同性，有较好的选择性，而且腐蚀速率也比离子腐蚀的腐蚀速率高。

3) 物理和化学腐蚀过程相结合

由于物理腐蚀具有各向异性和化学腐蚀具有高选择性，因此目前主要将这两种方法结合起来使用，这样可以兼具物理腐蚀和化学腐蚀的优点。例如，在相同时间采用相结合方法的腐蚀速率，超过了物理腐蚀和化学腐蚀单独腐蚀时的速率。

(1) 反应离子腐蚀。反应离子腐蚀在干法腐蚀技术中占有重要位置，其兼有等离子体腐蚀、离子束腐蚀和离子腐蚀的优点，腐蚀方向性强，掩膜选择性高，腐蚀速率良好，应用极为广泛。

在反应离子腐蚀过程中，既有化学反应发生，又有离子的轰击效应，是比较复杂的过程。反应离子腐蚀的主要过程如下：

① 离子轰击表面产生物理溅射；

② 引起表面晶格损伤，形成化学活性点，加速化学反应；

③ 轰击加速表面反应产物的脱离；

④ 轰击破坏表面阻挡层；

⑤ 引起化学溅射。

在反应离子腐蚀中，使用平行板反应器。将被腐蚀样品放在小的电极上，气体压力选择为 0.1 Pa～1 Pa。

(2) 反应离子束腐蚀。在反应离子束腐蚀中，使用与离子束腐蚀相同的装置，用反应气体代替惰性气体，驱动离子源；腐蚀室保持高真空；只发生反应离子的轰击，未被充电的粒子不能通过高压栅被加速到衬底上，而只是由于离子源的扩散而进入腐蚀室。

(3) 深层反应离子腐蚀(DRIE)。通过使用等离子体腐蚀方法，可以获得腐蚀凹槽和腐蚀腔体，并且腐蚀速率有明显的提高，但是，凹槽内壁相对于深度方向上仍存在一个广角 θ（参见图 3-50(a)）。腔体夹角在许多 MEMS 结构中成为关键问题，比如，在梳状静电驱动的微夹子中的梳状电极，结构要求电极的各电极面或梳齿互相平行。为了有效地隔离电极，必须使得深度腐蚀槽中形成的 θ 角保持在最小值。如何获得带有垂直槽壁的深槽已成为体硅微加工生产中长期以来追求的主要目标。

深层反应离子腐蚀工艺延伸了体硅微制造技术，可以弥补以上不足。深层反应离子腐蚀与等离子腐蚀的不同之处在于：腐蚀过程中可以在侧壁形成几毫米厚的保护掩膜（参见图 3-50(b)）。利用高浓度的等离子源，使得基底材料的等离子腐蚀过程与在侧壁上腐蚀保护材料的沉积过程交替进行。SiO_2 和聚合物（光刻胶）经常被用作腐蚀保护材料。

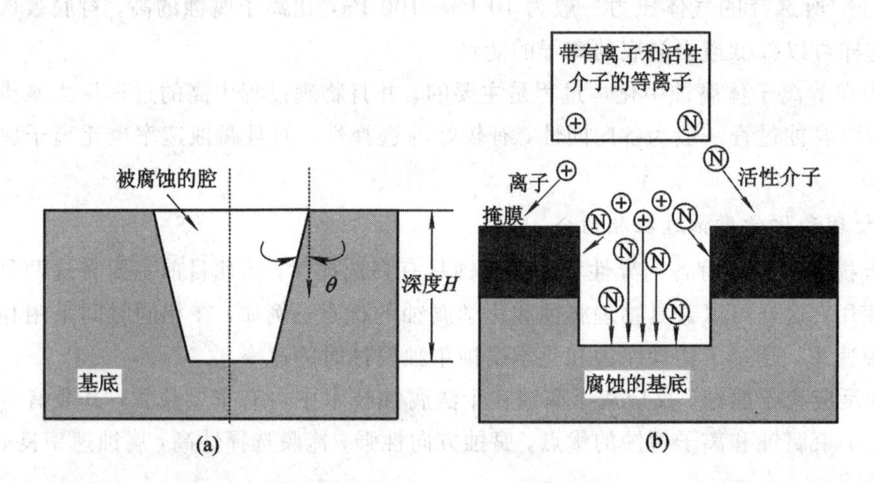

图 3-50　深层反应离子刻蚀工艺示意图
(a) 在一被腐蚀腔中的侧壁角；(b) DRIE 工艺原理示意图

带有聚合侧壁保护层的深层反应离子技术已经应用许多年了，它可以制作深宽比为 30 的 MEMS 结构，实际内壁垂直角度 θ 可达 $\pm 2°$。

某些反应气体可以应用到深层反应离子腐蚀中，如氩气离子等离子体中混有氟聚合物，当腐蚀发生时，这种反应物可以在侧壁上产生一种聚合保护层。

3.3 键合技术

对 MEMS 研究主要基于硅材料。MEMS 机械加工使用最广泛的技术，是表面微机械加工和体硅微机械加工工艺。由于表面微机械加工技术与 IC 平面工艺兼容性好，因此得到广泛应用，但表面微机械加工技术的纵向加工尺寸受到限制。体硅加工技术在各个方向都不受限制，具有极大的灵活性，但加工技术与 IC 工艺不太兼容。键合技术则可结合这两种技术的优点。

1998 年，荷兰屯特(Twente)大学 MESA 研究所采用直接键合技术制备出纵横比很高的多层衬底($Si-SiO_2-p-Si-SiO_2-Si$)。该结构具有优良的机械性能，器件结构灵活性增强，与 IC 工艺完全兼容，且是典型的三维衬底，适合于三维 MEMS 器件的制备。瑞典乌普萨拉(Uppsala)大学最早制出用于生物医学遥控压力检测的无源 Si 传感器，采用各向异性腐蚀技术，腐蚀出凹坑的硅片和 P^+ 层硅片薄膜，键合加工成传感器的敏感元件，形成共振电路的电容。1998 年 D. Goustouridis 等人将掺硼(扩散厚度 0.8 μm)、且表面热氧化层被腐蚀出图案的硅片与衬底进行直接键合，对键合后的整体结构进行机械、化学减薄，使带图案的硅片部分保留氧化层和掺硼的硅膜，制备出了面积最小的超小电容型压力传感器阵列。其间用铝连接起来，单个传感器的大小仅为 130 μm。2002 年，希腊的 S. Chatzandroulis 等人将表面磷掺杂，且表面刻蚀有图案的化学氧化层与另一片表面硼掺杂的 $Si_{1-x-y}Ge_xB_y$ 外延层的硅片进行直接键合，以此为基础制备了湿度感应器。

键合技术是制作微传感器、微执行器和较复杂微结构的连接方法。硅片键合技术通过化学和物理作用将硅片与硅片、氧化层、玻璃或其他材料紧密连接在一起形成一个整体。硅片键合技术经过几十年的发展，已经形成了适合不同领域的多种键合技术。按照硅片之间有无中间层可将硅片键合技术分为两大类：无中间层键合技术和有中间层键合技术。无中间层键合技术主要有硅-硅直接键合技术(也称硅热键合)和阳极键合技术(也称硅-玻璃静电键合技术)。有中间层键合技术按照中间层的不同可分为金-硅共熔键合技术、焊料键合技术、玻璃釉料键合技术、黏合剂键合技术、共晶键合技术等。下面主要介绍几种较为常用的键合技术。

1. 直接键合技术

直接键合(Silicon Direct Bonding，SDB)也称硅热键合或硅熔融键合(Silicon Fusion Bonding，SFB)，该技术不需要黏合剂，直接将两片经过表面处理(如抛光)的硅片贴合一起，在 800℃～1100℃温度下进行高温处理实现键合，即两片硅片粘接成一块硅片。经亲水处理的硅片模型如图 3－51 所示。

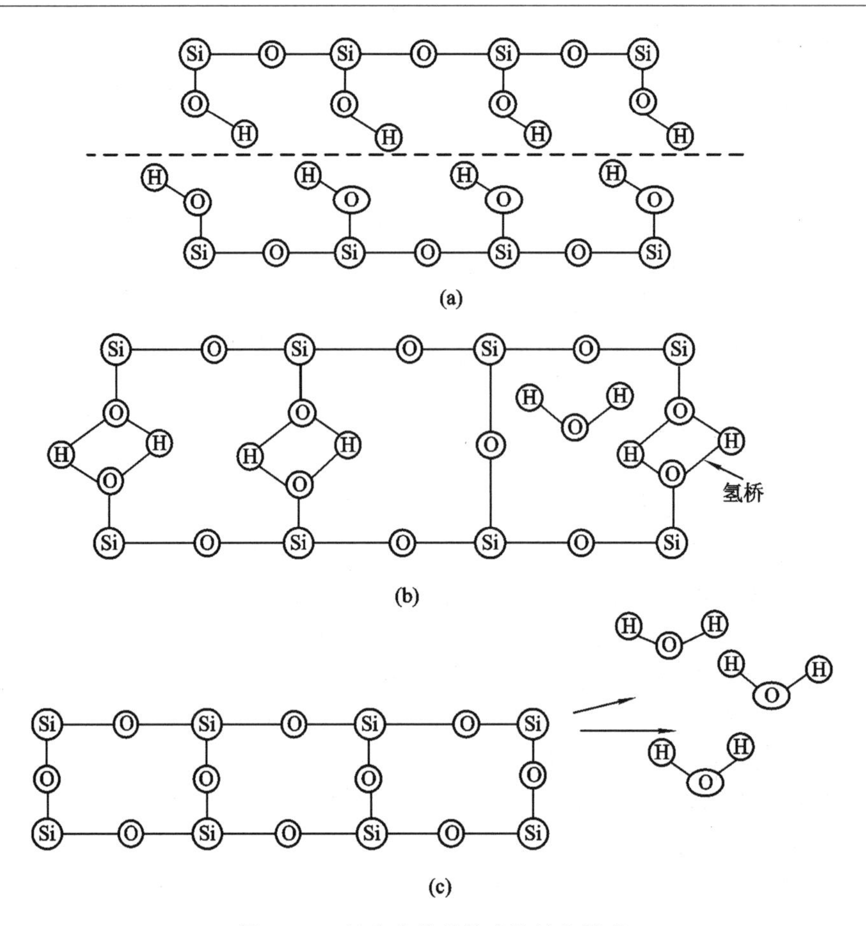

图 3-51 经亲水处理的硅片键合模型

(a) 经亲水处理后的硅片表面态；(b) 低温预键合和初期贴合时氢桥及 Si—O—Si 键的形成；(c) 退火后 Si—O—Si 键的形成

直接键合的具体工艺步骤为：

第一步：将两片抛光的硅片在 OH 的溶液浸泡，并用去离子水漂洗和干燥；

第二步：在室温下将两片硅片面对面贴合在一起(或抽真空在大气压力下挤压在一起)；

第三步：将贴好的两片硅片，在 O_2 和 N_2 环境中经过数小时的高温处理(最低要 800℃，一般在 1000℃)。

由于温度高，硅片产生塑性变形，会使界面间空洞消除。相邻原子产生共价键，形成良好的键合，而且键合强度随着温度的升高而增加。

直接键合工艺简单，成本较低，除了需要超净间和热处理炉外，不需要特殊的环境和设备，键合牢固、稳定。

直接键合需要注意：硅片表面必须清洁、光滑和平整；表面不能有粒子污染；氧化层尽量薄，键合前要抛光；硅表面微观的起伏在键合时可能会使得表面产生变形，键合后会有较高的残余应力。键合工艺流程与配套的检测如图 3-52 所示，在键合过程中有相应的检测方法和设备。

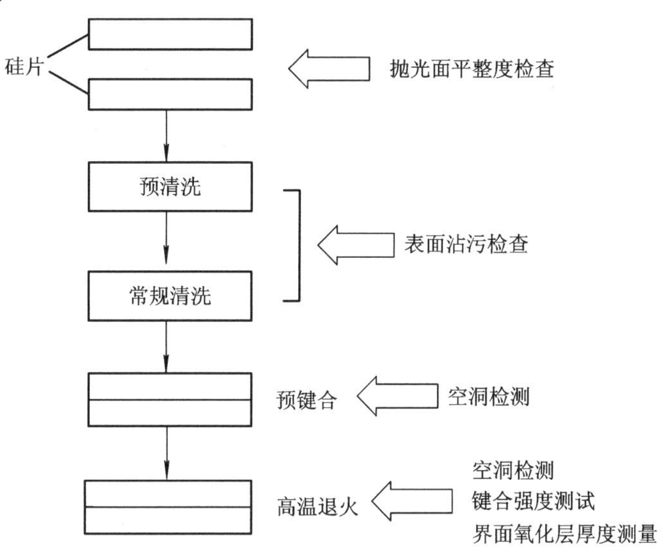

图 3-52　键合工艺流程与配套的检测

可以实现以下几种直接键合：

(1) 两片裸露的硅片之间。

(2)一片裸露硅片和一片带热氧化层的硅片之间。

(3) 两片带有氧化层的硅片之间。

(4) 一片带有 100 nm～200 nm 氮化层硅片和一片裸露硅片之间。

(5) 两片带有薄氮化层硅片之间。

直接键合用于键合抛光体硅基绝缘体硅(SOI)材料，而不用于封装 MEMS。在键合材料应力匹配要求不是特别高的时候，可以用静电键合材料代替 SOI 材料。直接键合最大的特点就是可实现硅一体化微机械结构，不存在界面失配问题，有利于提高器件的性能。由于采用两硅片直接制造器件，因此在设计时具有很大的灵活性，易于实现复杂的微机械结构。

2. 阳极键合技术

阳极键合(Anodic Bonding，AB)也称静电键合(EB)或电场辅助键合，该技术不需要黏合剂将玻璃与金属或体硅等半导体键合起来，键合界面有良好的气密性和长期稳定性，主要用于 MEMS 封装。

如图 3-53 所示，阳极键合的一般原理和工艺过程如下：

(1) 将被键合的玻璃/金属与硅片紧紧靠在一起；

(2) 硅片接阳极，玻璃/金属不与硅片接触的一面接阴极；

(3) 在阴极和阳极之间加 200 V～1000 V 的电压；

(4) 加 180℃～500℃的高温。

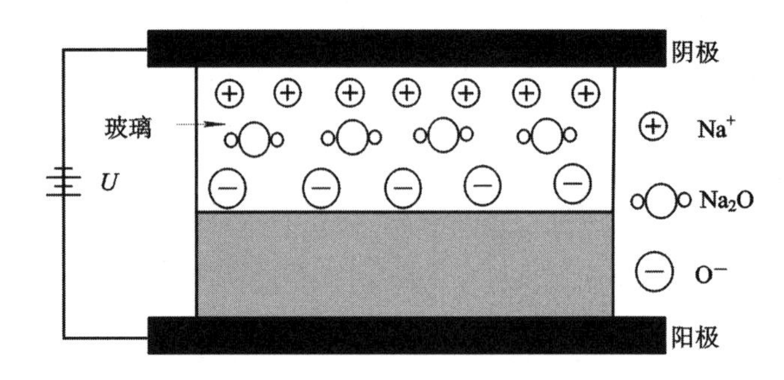

图 3-53　阳极键合工艺示意图

玻璃中的大量正离子(Na^+)产生漂移，和玻璃外表的阴极进行中和；玻璃中的负离子较大，迁移率小，所以在玻璃和硅片的交界面出现具有阴离子(SiO_2^-)的区域。过剩负电荷产生了一个强电场，使得玻璃和硅片的两个界面以极大的静电力键合在一起。键合强度同表面平滑度有关，最高可达数兆帕。

用于阳极键合的玻璃主要有派热克斯、康宁＃7070、苏打石灰＃0080、碳酸钾苏打铅＃0120 和铝酸硅盐＃1720 等型号，其中派热克斯是最常与硅进行键合的材料。

阳极键合工艺的优点主要是处理温度低，残余应力低，与直接键合相比对表面质量要求不是很高。阳极键合既可以在大气环境下进行，也可以在真空中进行。为了保证阳极键合顺利进行，需满足以下几个条件：

(1) 玻璃必须具有轻微的导电功能，只有这样才能建立空间电荷区。

(2) 温度必须保持在软化点以下。

(3) 保证金属电极不向玻璃注入电荷。

(4) 表面粗糙度必须低于 1 μm 以下，表面要清洁，无灰尘。

(5) 硅片表面氧化层，不论是本征的还是热生长的，其厚度必须低于 200 nm。

(6) 在温度范围内，被键合材料的线热膨胀系数必须相匹配。

近年来随着反应离子深腐蚀技术的突破，利用阳极键合技术制作 MEMS 的趋势越来越大。阳极键合技术既可以获得更厚的微机械结构(可用于加速度计和陀螺)，还可以作牺牲层。

3. 低温键合技术

为了获得良好的微元件表面键合效果，主要满足以下要求：

(1) 表面之间的紧密接合。

(2) 合适的温度。

温度提供键合所需能量。大多数键合需要的预键合温度都较高，如阳极键合温度高达450℃，硅融合键合的温度高达1000℃以上。当两种不同热膨胀系数的晶片在高温下键合在一起的时候，键合过程中和键合结束后将会产生热应力和应变，其中过大的残余热应力在较小热膨胀系数晶片的键合表面造成裂痕；而过大的残余应变则可能导致膨胀系数较大的晶片(如玻璃与硅晶片键合中的玻璃晶片)键合表面变形、凸起。另外，高温退火还会导致掺杂源扩散，金属引线熔化变形等。虽然阳极键合技术应用于无表面层的微元件键合，可以降低温度效应对微元件的损伤，但是阳极键合所需的高电压将产生更强的电场，会严重干扰微元件的电流，尤其是对于大规模集成电路。

因此，降低退火温度实现晶圆低温键合，并达到需求的键合力具有十分重要的意义。低温健合技术避免了杂质的互扩散、异质材料间的热应力以及孔洞和缺陷的产生。目前发展的低温键合法主要有以下几种：

(1) 表面活化(低温)键合(Surface Activated bonding，SAB)。利用电离离子撞击晶圆表面破坏键接等手段，在预键合表面产生悬浮键，增加晶圆表面的自由能。当晶圆键合时，可快速形成原子键结，达到所需的键合强度。

(2) 中介层键合。中介层键合主要是在两晶圆表面涂布一层低熔点的介质，以较低退火温度达到所需的键合强度。

1) 表面活化键合技术

半导体晶片表面经过特殊处理，如高温热处理、离子轰击加退火、真空解理、真空外延、热蚀、场致蒸发等，在 1.33×10^{-7} Pa～1.33×10^{-8} Pa 的超高真空下获得原子级清洁表面。经过 4～6 个原子层后，原子的排列与晶体内部间距已相当接近(如晶格常数差小1 nm)，这个间距可以看做实际清洁表面的范围。在室温下，如果将两个具有原子级清洁表面的晶片贴在一起，表面张力驱使晶片间的表面原子间形成 Van der Waals 分子键，从而降低表面能。表面悬挂键越多，键合强度越大。

目前，等离子体活化表面键合技术已成为低温键合的主流技术。在晶片直接键合之前，用等离子体活化其表面，在低温条件下就可以实现较高的键合强度。晶片表面活化主要是通过离子对晶片表面的机械撞击及溅射来增加悬挂键的，对晶片表面赋能。电离过程中产生的原子各异(如 Ar、O_2、N_2、NH_3等)，但它们对晶片表面活化效果并无显著影响，活化了的表面具有很强的吸附能力。在较低的温度下，两个面对面相合的晶片界面具有较高的键合强度；经过适当温度的退火，键合界面的原子悬挂键发生网络重组，可形成相当完善的共价键网络。

2) 中介层键合技术

中介层键合是利用键合中介物将两圆片进行键合的一种技术。中介层一般通过沉积生长等方法，预先在待键合的圆片表面形成中介层；然后在键合时两圆片利用中介层形成可靠的连接，从而完成键合。目前常用的中介层材料有高分子材料(参见图 3－54)、玻璃类材料(参见图 3－55)。

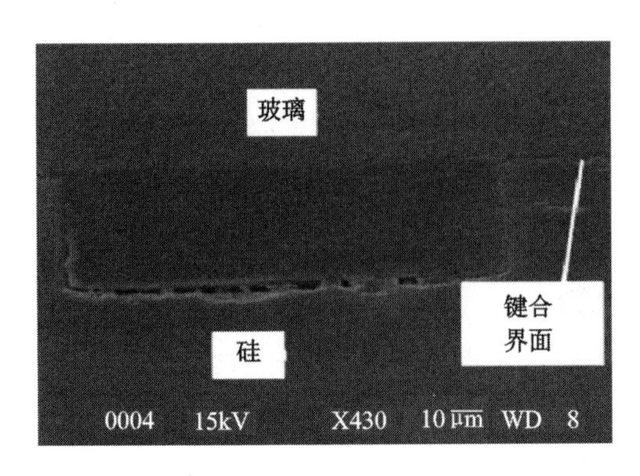

图 3－54 高分子材料硅-玻璃(Pyrex)中介层键合的 SEM 照片

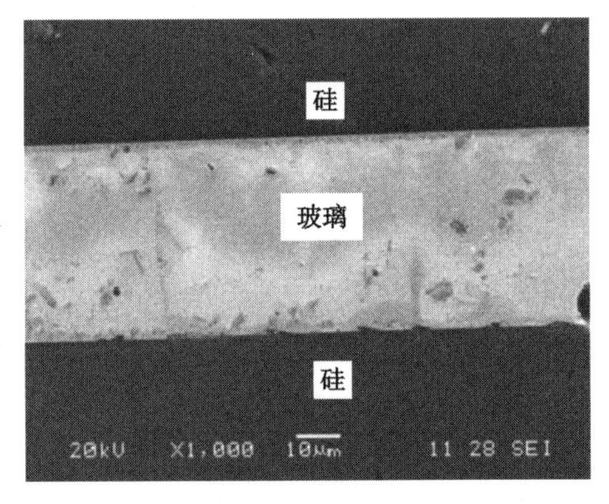

图 3－55 玻璃中介层硅-硅圆片键合横断面 SEM 照片

与其他键合技术相比，中介层键合具有以下优点：

(1) 键合温度低。一般来说，键合中介层材料都是利用一些低熔点、低转化温度的材料，所以在键合时工艺温度比较低，故而对键合器件的热损伤小，残留的热应力也小。

(2) 工艺条件容忍性好。与阳极键合和直接键合相比，中介层键合对圆片表面质量不敏感，键合表面的污染颗粒、缺陷和微观几何形貌对键合的影响都不大。所以中介层键合技术对键合表面的工艺条件容忍性好，容易实现键合。

(3) 材料适用性高。中介层键合技术对键合圆片材料特性几乎没有什么要求，键合圆片的晶格结构对键合的影响也不大。因此，适用于中介层键合的圆片材料非常多，特别是一些异质异构的材料，中介层键合是其键合最简便的方法。

(4) 键合强度高。无论采用何种键合中介材料，中介层键合都可以形成强力键合，足以满足一般应用。

(5) 低成本。中介层键合所用材料普通，工艺简单，对设备要求也不高，因此中介层键合是一种经济、简便的键合方式。

由于很多中介层材料与键合圆片材料的物理性能不同，导致键合后气密性不佳，键合质量的长期可靠性也无法保障，因此中介层键合一般用在对键合质量要求不太高的领域。

4. 金属键合技术

金属键合是指通过纯金属或合金，依靠金属键、金属与晶片表面间的扩散、金属熔融等作用，使两个晶片面对面地键合在一起。金属键合属于中间层键合。良好的金属键合应满足以下要求：

(1) 键合制备的样品表面应平整光滑。

（2）键合工艺过程不减弱器件性能。

（3）键合后的样品能够进行一般器件工艺制作过程，键合强度大。

金属键合技术具有很广泛的实际应用与商业开发价值，可以代替厚外延薄膜材料的外延生长，直接把所需的外延层材料或器件键合到衬底上，从而可简化器件工艺，降低成本，改善器件的导电、导热性能等。

金属键合的一般流程如图 3-56 所示，金属键合的工艺流程分为三步：蒸镀金属膜、键合、腐蚀去除衬底。

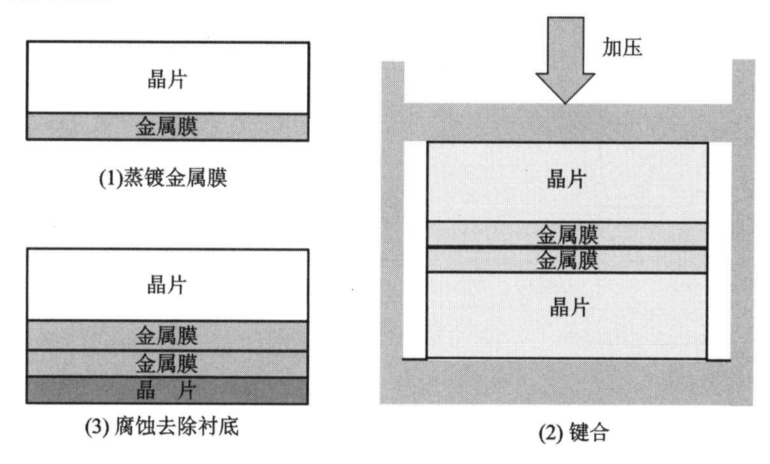

图 3-56　金属键合的一般流程

（1）蒸镀金属膜：对键合材料先进行表面清洗，使表面平整、干净无沾污，并达到后面蒸镀金属膜所需的合适界面和易于欧姆接触。通常，对于 Si 片和Ⅲ-Ⅴ族化合物半导体，常用的表面腐蚀液有 $H_2SO_4/H_2O_2/H_2O$、$NH_4OH/H_2O_2/H_2O$、HF/H_2O 等；常用的清洗液有异丙醇、四氯化碳、丙酮、无水乙醇。磁控溅射、电子束蒸发或电镀等，在材料上蒸镀各种金属膜。依据欧姆接触、金属键合条件等设置好各层金属膜的厚度及组分。

（2）键合：蒸镀完金属膜的晶片需要快速退火，主要是为了保证待键合材料与金属间形成良好的欧姆接触以及牢靠的黏结。当然某些金属键合不需要快速退火这一步。随后对晶片进行腐蚀及再清洗；利用化学机械抛光等降低键合晶片的表面粗糙度；利用化学溶液对晶片进行清洗，去除晶片表面上附着的各种沾污，增加金属键合时施力的均匀性，减少金属键合层间的空洞和金属键合缺陷；将晶片预对准，面对面地紧紧叠合在一起，通过键合装置施加适当压力，放进退火炉中退火；在退火时，应在保护气氛下进行，并设置好升温速率、退火温度、退火时间、降温速率等。在退火过程中，金属间、金属与半导体间发生扩散、互熔融等，通过金属键、共价键、氢键、范德瓦耳斯力、熔融流体力或原子扩散等牢靠地键合在一起，键合强度高。

（3）腐蚀去除衬底：利用化学溶液等腐蚀，对金属键合好的晶片去除衬底，以便进行器件制作的后步工序。

金属键合的关键是选择合适的金属膜，即选择的金属膜须与晶片材料保持良好的欧姆接触，具有小的扩散系数以及低的金属熔点等。目前，国内外金属键合通常采用的金属有Au、Cu、In、Ti、Pt、Cr、Ge、Ni 等。在蒸镀金属时，溅射质量比真空蒸发质量好，其欧姆接触性能也更好，更易于键合。表 3-2 列出了国内外常用的金属键合方法。

表 3-2 常用的金属键合方法

键合材料	金属媒介	退火条件
GaN - Si	Ni/Au - In - Au/Pt/Ti	230℃，15 min
Si - Si	Ti/Au - Au/Ti	420℃，30 min～120 min
InP - Si	Cr/Au/Ni/AuGe - GeAu/Ni/Au/Cr	320℃，60 min
Si - InP/GaAs	Pd - Pd	200℃
InP - GaAs	Ti - Ti 或 Pt - Pt	—
GaAs - GaAs	Cr/Al/Cr/In - Sn - Sn - In/Cr/Al/Cr	250℃，15 min
Si - SiO_2	Ti/Cu - Cu/Ti	600℃，30 min
Si/SiO_2 - GaAs	AuBe - Au	300℃，20 min
Si - InP/GaAs	Cr/Sn - In/Au/In/Cr	140℃

5. 共晶键合技术

共晶键合是利用某些共晶合金熔融温度较低(如 W(Au)81%- W(Si)19% 合金共晶温度为 363℃，比纯金或纯硅熔点低得多)的特点，将其作为中间介质层，在较低的温度下，通过加热熔融实现共晶键合。共晶温度可实现共晶合金两种金属相互接触，经过互扩散后在其间形成具有共晶成分的液相合金。随着键合时间的延长，液相层不断增厚，在冷却后液相层不断交替析出两种金属，每种金属一般以自己的原始固相为基础而长大，结晶同时析出。因此，两种金属之间的共晶能将两种金属紧密地结合在一起。由于温度分布不均匀和杂质的影响，共晶键合的作业温度略比共晶点高。为了形成可靠的键合，防止键合面的污染和氧化，共晶键合一般在真空或惰性气体环境中进行。常用的共晶键合包括 Au/Si、Au/Sn、Pb/Sn、Sn/Bi、Sn/In 等。

由于 Au /Si 共晶键合液相黏结性好，键合强度高，对界面的粗糙度不很敏感，与铝互连线兼容性好，并且键合硅芯片本身可含有金的电极或电路，因此在 MEMS 和 IC 键合中得到广泛应用。金在二氧化硅表面润湿性差，而硅表面存在本征氧化物，导致键合强度低。通常有三种解决方法：

(1) 采用擦试超声振动以去除氧化物，该法不适于含图形对准的键合。

(2) 在键合前，采用 HF 溶液除掉硅片表面的自然氧化层；采用氩离子溅射清洗，并直接镀金。

(3) 在硅片上溅射一层与二氧化硅黏结良好的中间金属薄层，再镀金膜。双面溅金的金硅共晶键合贴片示意图如图 3－57 所示，常用的中间层金属包括 Ti 和 Cr，从而形成 Si/SiO_2/Cr(Ti)/Au的多层结构。

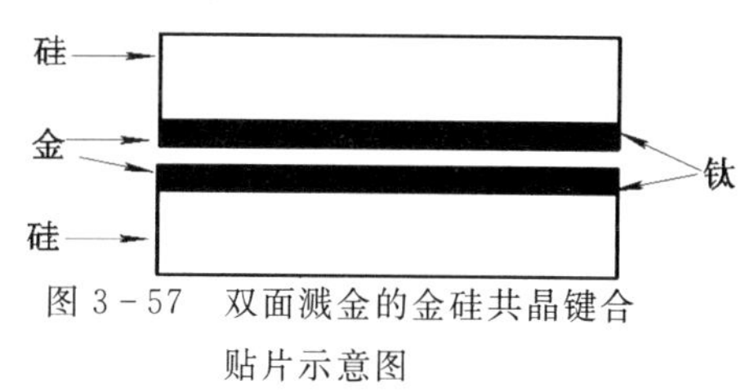

图 3－57　双面溅金的金硅共晶键合贴片示意图

Au/Si 键合过程如下：

第一步：采用溅射、蒸发或电镀方式，在硅衬底上镀铬(或钛)和金膜。铬(或钛)作为金和二氧化硅的粘结层和 Au/Si 间的扩散阻挡层。

第二步：将用 HF 清洗过的另一块硅片置于上述已镀金膜的硅衬底上。

第三步：施加一定的压力，并将温度升高到金硅共晶点(温度为 363℃)以上。

第四步：Au/Si 相互扩散，在界面形成共晶化合物。

第五步：温度继续升高，在超过共晶点时，形成更多的共晶合金，直到硅或金消耗完为止。冷却后就形成了共晶键合层。

如图 3－58 所示为 Au/Si 键合的绝对压力传感器工艺流程图。

表 3－3 列出了 MEMS 共晶键合时相关材料的有关数据。热膨胀系数与热传导率是判断材料间热失配应力大小的重要物理量。另外，键合可靠性与材料匹配、作业温度、键合层厚度、工艺及程序等有关。因此，必须通过模拟计算来选定合适的键合面积，这对共晶键合尤其重要。

表 3－3　300K 下共晶键合相关材料的性质

材料及组成	熔点/共晶温度(℃)	CTE/(10^{-6}/℃)	热传导率/[W/(m·K)]	比热/(4.2×10^{-2}J/g℃)	杨氏模量/GPa
Si	1415	2.6～4.2	84～144	17.6	1.87
Au	1063	14.6	297	3.09	—
Sn	232	46	65.5	5.2	—
In	156.6	33.0	24	5.7	—
Al	660	23.8	240	21.4	—
Cr	1857	6.7	66	10.5	—
Au/20Sn	280	15.9	57	—	59.2
Au/2.85Si	363	12.3	27	—	82.7
Au/19In	487	14.7	28	—	—

续表

材料及组成	熔点/共晶温度（℃）	CTE/（10^{-6}/℃）	热传导率/[W/(m·K)]	比热/（4.2×10^{-2}J/g℃）	杨氏模量/GPa
In/48Sn	118	20	34	—	—
Pb/63Sn	183	25	49	—	31
Al_2O_3	大于 1500	7.2～7.5	17～25	27	275
SiO_2	1983	0.5	1.38	26.0	70
GaAs	1240	6.86	0.46	8.8	—

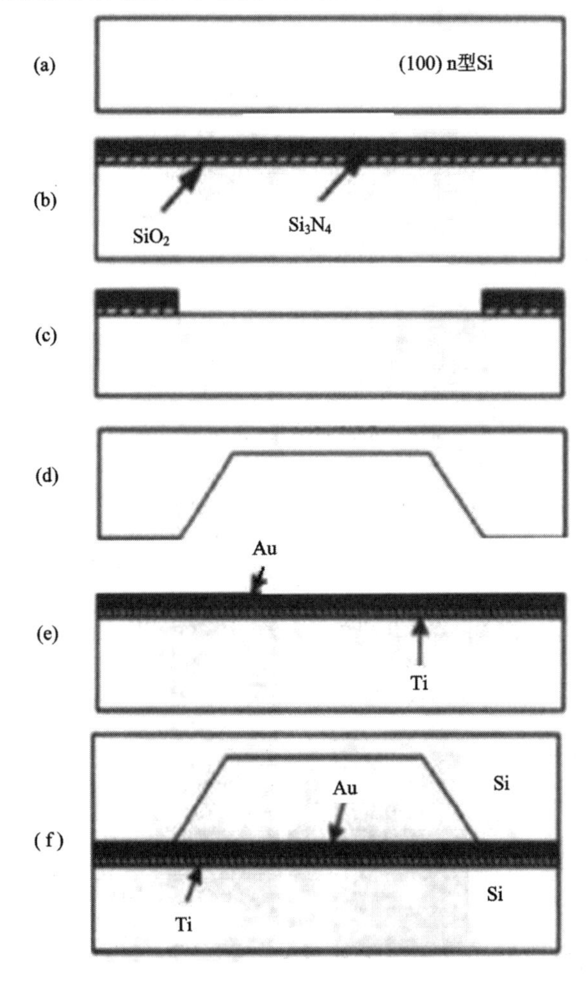

图 3-58　应用金硅键合的绝对压力传感器的工艺流程图

(a) 清洗；(b) 热氧化；(c) 光刻漂洗；(d) 体硅腐蚀；(e) 离子溅射；(f) 贴片

表 3-4 给出了各种键合技术的比较。在实际应用过程中，根据键合材料、工艺水平、键合力、键合可靠性等要求，适当地选择键合技术，制作出安全可靠的 MEMS 器件。

表 3-4　各种键合技术的比较

方　法	温度	施加压力（4 英寸晶片）	电　压	小于 2 μm 的对准能力
玻璃浆料键合	350℃～450℃	<3 kN	无	否
阳极键合	350℃～450℃	<5 kN	500 V～1000 V	否
硅片直接键合	700℃～1000℃	无	无	是
等离子体键合	室温～300℃	无	无	是
金属扩散键合	400℃～450℃	<20 kN	无	是
金属共晶键合	250℃～325℃	<3 kN	无	可能
BCB、SU8 及聚合物键合	200℃～250℃	<2 kN	无	是

注：对准精度取决于基底、对准标记、对准方法和键合方法。

6. 键合技术应用

在 MEMS 工艺中，键合是一项关键技术。通过键合可把 MEMS 部件组装成完整的器件，把整个硅片或者每个小单元键合在一起。

首先，可以用键合工艺来制作绝缘体硅片(SOI)。图 3-59 给出了制作 SOI 硅片的工艺流程，使用 SOI 硅片制作的 MEMS 器件可以减小寄生电容和泄漏电流，具有很好的器件特性。

其次，键合技术不仅在制作微传感器和微结构中使用灵活多样，还可以得到比较微小带有空腔的结构，并可以满足多层结构的需要。下面介绍几种常用的键合技术应用实例。

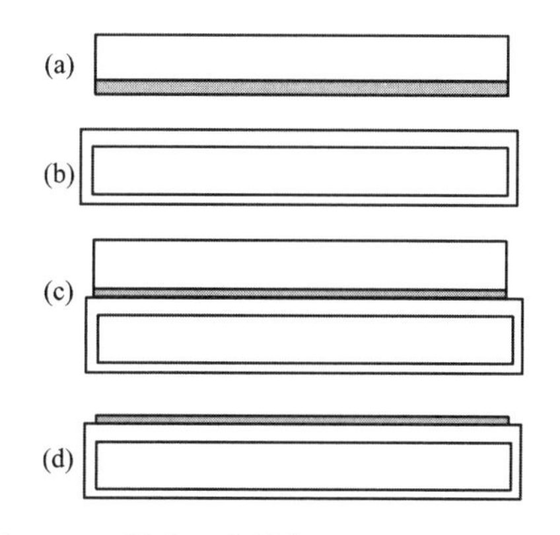

图 3-59　键合工艺制作 SOI 硅片的工艺流程
(a) 首先通过离子注入或延生长的方法在第一个硅片上生长一重掺杂层；(b) 在第二个硅片上热生长一层二氧化硅；(c) 将两个硅片清洁、接触后，退火形成一个稳定的键合；(d) 腐蚀第一个硅片，直到重掺杂时腐蚀自停止，这样就在二氧化硅绝缘层上形成一薄层硅，从而形成 SOI 结构

1) 微压力传感器

硅直接键合制作压力传感器工艺过程示意图如图 3-60 所示。

第一步：两块硅片为(100)型，其中一块为 p 型硅，在它上面外延一层 n 型硅膜，如图 3-60(a)所示。

第二步：另一块为 n 型硅，在它上面利用各向异性腐蚀法腐蚀出锥形槽，如图 3－60(b)所示。

第三步：将两块硅片直接键合在一起，如图 3－60(c)所示。

第四步：腐蚀掉第一块硅片的 p 型衬底，并在其上采用离子注入方法制作电阻，如图 3－60(d)所示。

第五步：用抛光方法，按照设计尺寸减薄第二块硅片，形成压力传感器核心芯片，如图 3－60(e)所示。

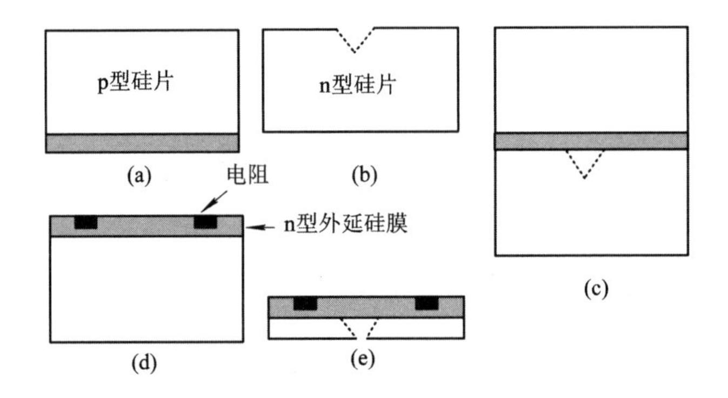

图 3－60　硅直接键合制作压力传感器工艺过程示意图

2）微惯性器件

图 3－61 所示为利用体硅加工工艺和阳极键合工艺相结合制作的微惯性器件，涉及三层结构。其加工过程为：

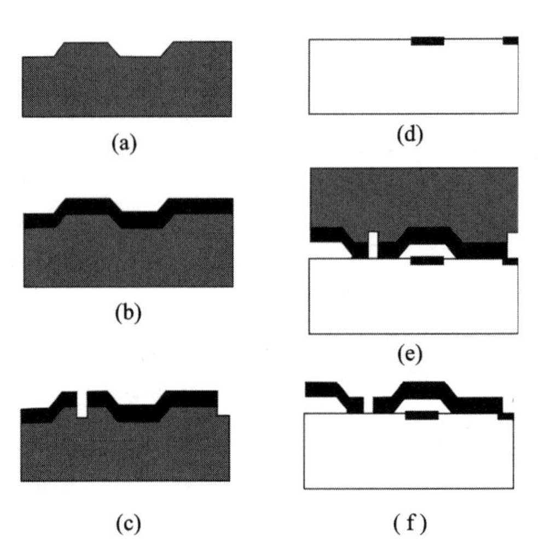

图 3－61　微惯性器件的制造过程示意图

第一步：在 p 型硅(100)晶面上，用 KOH 溶液腐蚀出窗口(参见图 3-61(a))；

第二步：在高温下，对腐蚀出的窗口以及未腐蚀的晶面上扩散一层厚度为 5 μm～10 μm 的硼(参见图 3-61(b))；

第三步：利用反应离子腐蚀技术对硼层和硅衬底进行腐蚀(参见图 3-61(c))；

第四步：在玻璃基板上腐蚀出两个窗口，并淀积 Ti、Pt 或 Au 等金属膜(参见图 3-61(d))；

第五步：将加工好的硅片与玻璃基板进行阳极键合(335℃，1000 V)(参见图 3-61(e))；

第六步：把键合好的硅片和玻璃放入 EDP 溶液中，将 p 型硅腐蚀掉，得到所需要的结构(参见图 3-61(f))。

3) 电容式微加速度传感器

利用键合技术可以制作三层电容式微加速度传感器。其中上、下层分别为定极板的玻璃板，中间一层为动极板的硅。利用阳极键合技术将中间硅层分别与上、下两层的玻璃板键合在一起，构成一个差动式的电容传感器，这样做不仅提高了传感器的灵敏度，还可以降低环境温度的影响，使得传感器的性能得到提高。

3.4　LIGA 技术

体硅微加工技术和表面微加工技术涉及微加工过程，都是从微电子技术演变而来的。因此，大多数用于微电子产品和集成电路的理论、经验以及设备，经过细微调整后都适用于 MEMS 及微系统加工。然而，在这些微电子技术良好继承性的背后，存在两个主要欠缺：

(1) 几何宽深比低(微结构中深度和表面尺寸的比率，一般不大于 10 μm)。

(2) 要使用硅基材料。

大部分硅基 MEMS 和微系统都使用标准尺寸和厚度的晶片作为基底，通过在这个基底上腐蚀和沉积薄膜来形成所需要的三维体型结构，因此材料的深度尺寸不可避免地受到限制。其他的限制来自于材料，硅基 MEMS 结构排斥聚合物、塑料和金属等传统材料，还排斥制作微结构和薄膜的金属。

20 世纪 80 年代中期，德国卡尔斯鲁厄核研究中心的 W. Ehrfld 教授及其同事创造了 LIGA 技术。开发研究 LIGA 技术的初始目的是为了加工出能够将铀同位素进行分离的特别微小的管嘴。LIGA 这一词来源于德文缩写，LI(Lithographie)指深度 X 射线光刻；G(Gulvanik)指电铸成型；A(Abformung)指塑料铸模。LIGA 技术自开发出来以后发展非常迅速，在美国、日本和一些欧联盟国家也有较高的研究和制造水平。中国科学院高能物理研究所、中国科技大学、中国科学院长春光学精密机械研究所也进行了LIGA技术相关的研究，制作出了多种光刻胶和金属的微结构。

3.4.1 标准LIGA技术

1. 标准LIGA技术的基本原理和工艺步骤

标准LIGA技术包括深层同步X射线光刻、电铸成型及塑料铸模三个重要环节。

(1) 深度X射线光刻：利用同步X射线光刻，将掩膜图形复制在几十或几百微米厚的光刻胶上，刻蚀出高深宽比(一般大于100)、精度为亚微米的光刻胶图形。

(2) 电铸成型：将金属沉积在光刻胶图形的空隙里，直至金属填满这个光刻胶空隙。

(3) 塑料铸模：向电铸成型的金属模腔填入塑料，然后脱模得到塑料模具。

经过以上三个工艺过程后，就可以制造出一个塑料模具，利用塑料模具可以大量复制金属或非金属(如陶瓷)材料的微结构元件。这三个工艺过程也可以相互独立，根据产品用材需求，各工艺过程的产品也可作为最终产品使用。

图3-62是标准LIGA技术的工艺路线图，标准LIGA技术可总结为以下四步制作过程：

第一步：X射线掩膜版制备。

X射线板必须有选择地透过和阻挡X射线。目前，用厚胶工艺可以直接制备透X射线掩膜，该掩膜由聚酰亚胺、钛、铍、氮化硅、金刚石和石墨等材料组成，应用较多的掩膜材料为氮化硅、碳化硅和聚酰亚胺。

第二步：X射线深层光刻工艺。

目前，同步辐射光源是标准LIGA技术研究的最理想光源。这种光源具有高亮度和高强度，并且在前进方向上具有高度的准直性。连续光谱允许对X射线波长进行调节，以满足不同蚀刻深度的要求。当刻蚀较厚光刻胶时，应使用波长较短的X射线，最理想的深度同步辐射光刻波长为0.2 nm。标准LIGA工艺中对光刻胶也有许多要求，比如：对X射线敏感，高的分辨率，对湿法或干法腐蚀有强抗腐蚀性，未曝光部分在整个过程中完全不溶解，在电镀过程中与基底必须保持良好的黏合性。基于以上所列出的要求，目前较为理想的X射线光刻胶是PMMA(聚甲基丙烯酸甲酯)基聚合物。

第三步：微电铸工艺。

电铸成型是根据电镀原理，在显影后的光刻胶空隙中用微电铸的工艺填上各种金属，如镍、铜、金、铁镍合金等。由于要电铸的孔较深，必须克服电铸液的表面张力，使其进入微孔中。另外，还要使得获得的用于微复制工艺的微结构模具无应力。因此，标准LIGA工艺对电铸液的配方和电铸工艺参数都有特殊要求。

第四步：微复制工艺。

对用微电铸工艺制造出的微复制模具进行塑料微结构的大批量生产。可以将陶瓷材料填充进塑料微结构中，经过烧结后可获得陶瓷微结构。微复制工艺不仅可以制造出由高分子材料或陶瓷组成的微器件，而且还可以在此基础上进行第二次微电铸，进行金属微器件的大批量生产。

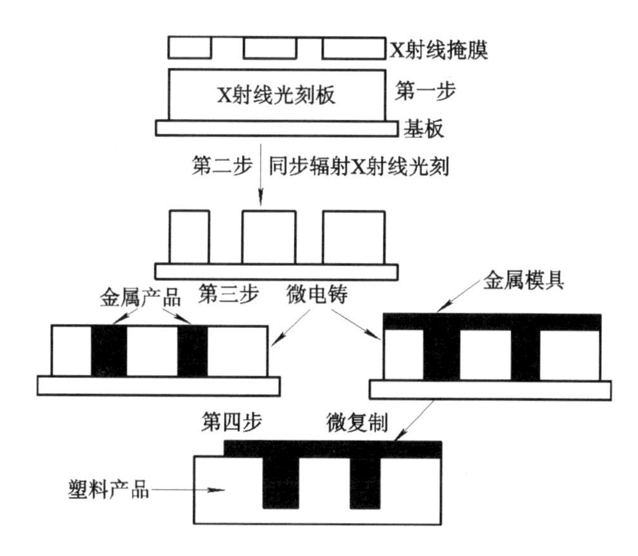

图 3-62　标准 LIGA 技术的工艺路线示意图

表 3-5 给出了利用标准 LIGA 技术加工的微结构典型参数。

表 3-5　利用标准 LIGA 技术加工的微结构典型参数

名　称	参　数	名　称	参　数
结构深度	20 μm～500 μm (最大可达 1 mm)	表面粗糙度	0.03 μm～0.05 μm (峰谷差)
深宽比	200	加工精度	0.1 μm
最小尺寸	2 μm	最大结构尺寸	20 mm×60 mm
表面最小细节	0.5 μm		

2. 标准 LIGA 技术的特点

一般来言，与其他立体微加工技术相比，标准 LIGA 技术有以下几个特点：

(1) 可制造有较大深宽比的微结构。标准 LIGA 技术可制作的深度达 1000 μm，深宽比可大于 200，且沿深度方向的直线性和垂直度非常好。

(2) 对微结构的横向形状没有限制，可小到 0.5 μm，加工精度可达 0.1 μm。

(3) 取材广泛。原材料可以是金属、塑料、高分子材料、玻璃、陶瓷以及它们的组合。

(4) 可制作任意复杂、高精度的图形结构，而且可以实现大批量生产，降低了成本。微结构的形状只取决于所设计的掩膜。

但是，标准 LIGA 工艺所需要的设备投资大、工艺周期长，组件尺寸难以减小，而且得到的形状是直柱状的，难以加工含有曲面、斜面和高密度微尖阵列的微器件，不能生成口小肚大的腔体等。目前，将 LIGA零件装配成部件或整机仍有一定的困难。图 3-63、图 3-64、图 3-65 所示分别为利用标准 LIGA 技术制造的微齿轮、复杂三维结构、微电极。

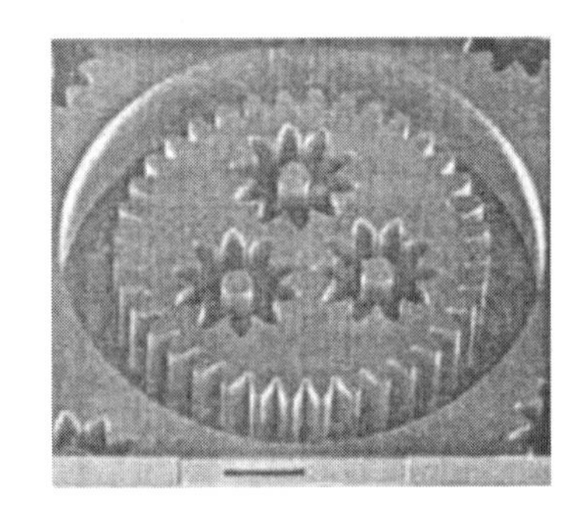

图 3-63　用标准 LIGA 工艺制作的微齿轮结构

图 3-64　采用标准 LIGA 技术制造的复杂三维结构

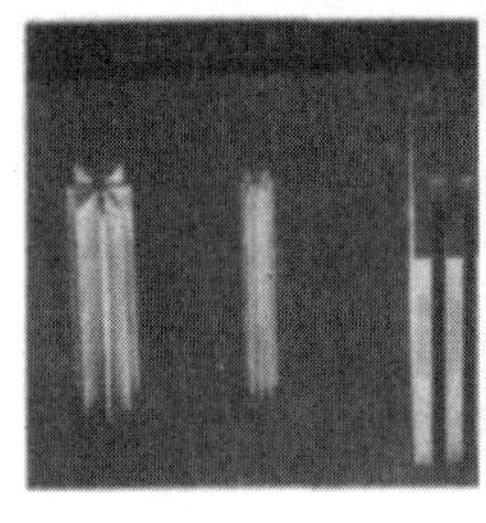

(a)

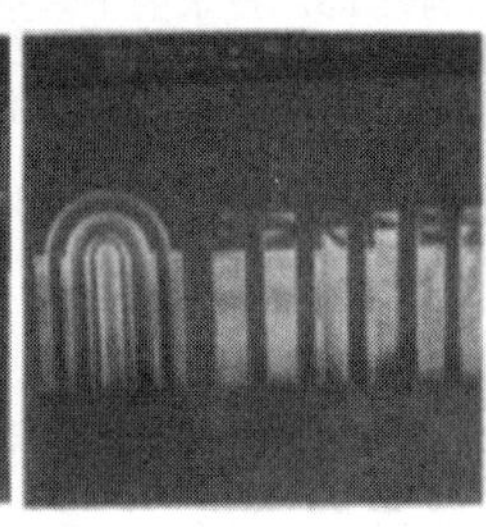

(b)

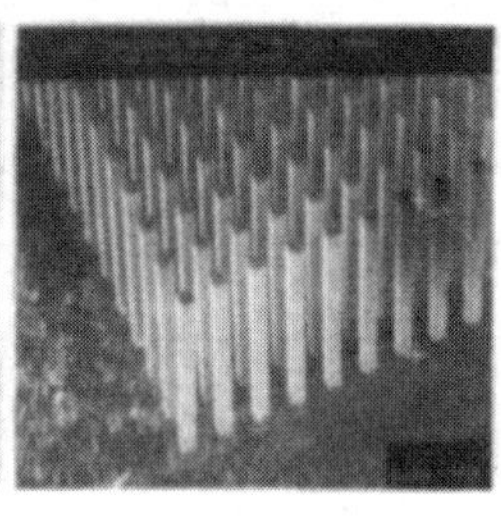

(c)

图 3-65　标准 LIGA 技术所制造的微电极(完全不受形状的限制)

(a)“米”字电极结构；(b) 半圆和“BSRF”字母镍电极结构；(c) 大高宽比方形截面阵列电极

3.4.2　准 LIGA 技术

标准 LIGA 技术虽然具有突出的优点，但是也存在以下缺点：

(1) 工艺步骤比较复杂，成本费用昂贵。为了获得 X 光源，需要复杂而又昂贵的同步加速器；

(2) 用于 X 射线光刻的掩膜本身就是三维结构，可用的光刻胶种类又不多。

这使得 LIGA 技术的发展在一定程度上受到限制，阻碍了它工业化应用的进程。为此，科研工作者们又开展了一系列准 LIGA(也称 LIGA 技术的变体)技术的研究，即在取代昂贵 X 光源和特制掩膜版的基础上开发新的三维微加工技术，其中有紫外线(UV－LIGA)、激光(Laser)－LIGA、硅深刻蚀工艺的 Si－LIGA、基于电子束光刻的 LIGA 技术以及用质子或离子束刻蚀的 IB－LIGA 技术等。

1. UV－LIGA 技术

UV－LIGA 技术使用紫外光源对光刻胶曝光，光源来自于汞灯，所用的掩膜板是简单的铬掩膜板。该工艺分为两个主要的部分：厚胶的深层 UV 光刻和图形中结构材料的电镀。其中主要困难在于稳定、陡壁、高精度的厚胶膜的形成。为了实现较厚的结构，可以有两个方法，第一种方法是进行涂胶、软烘、再涂胶、软烘、……的重复涂胶法；第二种方法是选用特殊的光刻胶，例如 MEMS 领域比较流行的 SU－8 光刻胶，这种胶可以涂敷得很厚，可达几百甚至上千微米，是一种极有前途的光刻胶。SU－8 胶是一种基于环氧 SU－8 树脂的环氧型、近紫外光、负光刻胶。

如图 3－66 所示，UV－LIGA 典型工艺流程为：

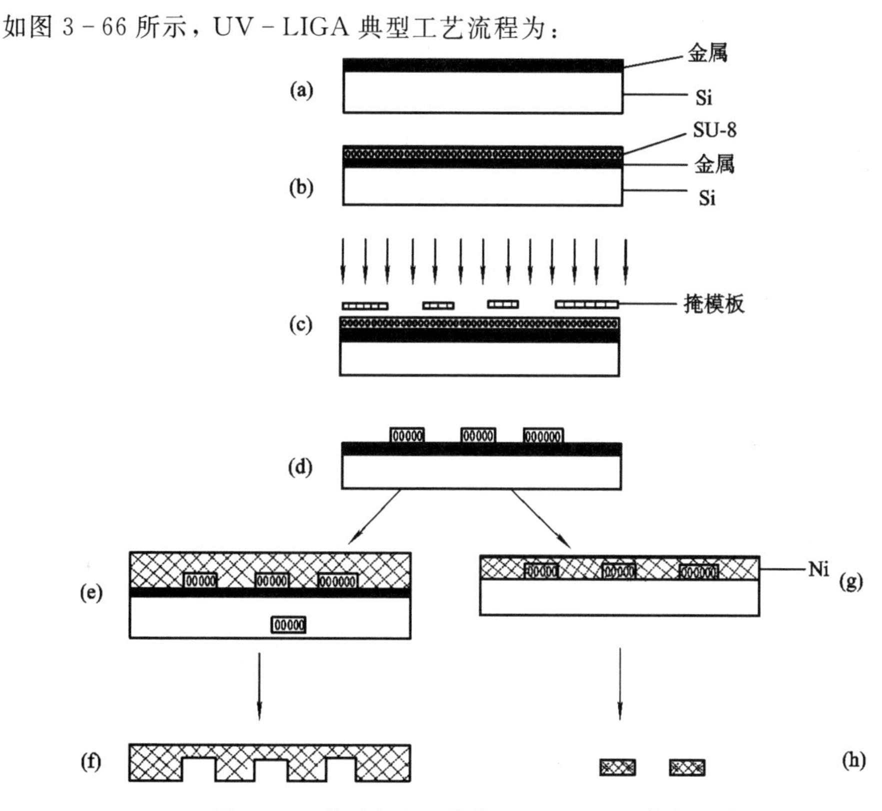

图 3－66　基于 SU－8 胶的 UV－LIGA 工艺流程图

(a) 测射金属；(b) 甩胶，前烘；(c) 光刻，后烘；(d) 显影；(e) 电铸模具；(f) 获得金属模具；(g) 电铸部件；(h) 获得金属微结构

第一步：在基片上淀积电铸用的种子金属层，再在其上涂上光刻胶；

第二步：用紫外光源光刻，形成模子；

第三步：电铸金属，去掉光刻胶，形成金属结构。

图 3-67 所示是在铜基底上，采用 UV-LIGA 工艺制造微流道 SU-8 胶模的扫描电镜(SEM)照片。

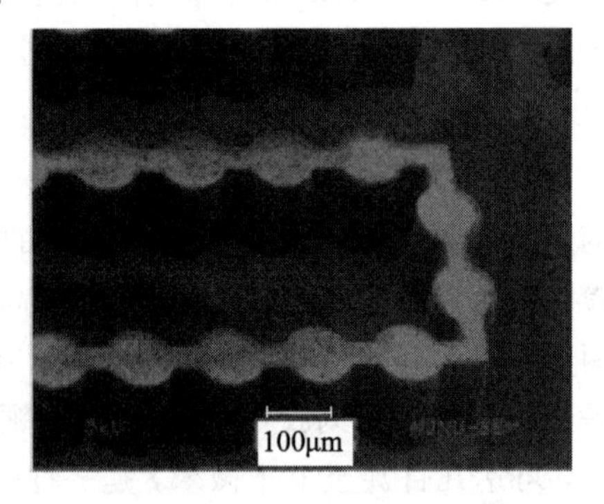

图 3-67　铜基底上微流道胶模 SEM 照片

表 3-6 列出了标准 LIGA 技术和 UV-LIGA 技术的主要特点。从表中可以看到，UV-LIGA 是极具有推广前途的一种微加工技术。UV-LIGA 技术艺制成的金属微结构与 Si 结构相比，更具韧性，受温度影响小，制作方便，设备成本低，适合中小型工厂制作各种微结构，因而发展十分迅速。利用 UV-LIGA 技术可以制成镍、铜、金、银、铁、铁镍合金等金属结构，厚度能够达到几百个微米。还可以利用牺牲层技术释放金属结构，制成可动的部件，如微齿轮、微电机等等。

表 3-6　标准 LIGA 技术和 UV-LIGA 技术的主要特点

	标准 LIGA 技术	UV-LIGA 技术
光源	同步辐射 X 光	常规紫外光(350 nm～450 nm)
掩膜版	以金为吸收体的 X 光掩膜版	标准的铬掩膜版
光刻胶	常用 PMMA	正性和负性光刻胶，常用 SU-8
深宽比	最大达 500	一般小于 10，最大 27
胶膜厚度	几十微米至 1000 μm	几十微米，可达 600 μm
生产成本	较高	较低，为左者的 1/100
生产周期	较长	较短
侧壁垂直度	可大于 89.9°	可达 88°
最小尺寸	亚微米	1 微米至数微米
加工材料	多种金属陶瓷及塑料等材料	多种金属陶瓷及塑料等材料

2. Laser-LIGA 技术

Laser-LIGA 技术是 W. Ehrfeld 等人在 1995 年首次提出并使用的。采用波长为 193 nm 的 ArF 准分子激光器直接消融光刻 PMMA 光刻胶，取代 X 射线光刻工序，其精度为微米级，深宽比适中(小于 10)，侧壁和底部比较粗糙，特别是可进行塑料微结构原型样品的快速制备。

Laser－LIGA 工艺流程如图 3－68 所示。

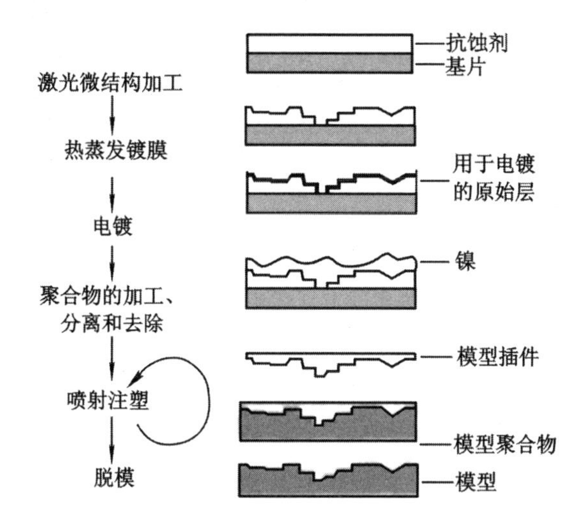

图 3－68　Laser－LIGA 工艺流程图（W. Ehrfeld）

主要工艺过程为：

（1）激光消融。在基片上布设一层光刻胶，然后用准分子激光对光刻胶进行切除加工，产生三维光刻胶结构。

（2）电铸。采用蒸汽镀膜的方式，在形成的光刻胶微结构上镀上一薄金属层，该金属层用作电镀工艺的阴极；然后通过电镀工艺，将金属填充到光刻胶三维结构的空隙中，在整个光刻胶图形上形成一个足够厚的金属层；最后将金属结构从背面进行研磨加工到一个标准的厚度。

（3）喷射注塑。将金属部分和聚合物部分进行分离，以金属部分为模型插件进行喷射注塑，加工出与原聚合物结构完全相同的微结构。

图 3－69　Laser－LIGA 微结构照片

图 3－69 所示为使用 Laser－LIGA 工艺加工出的微结构电镜照片。

3. DEM 技术

DEM 技术是由上海交通大学和北京大学开发出的具有自主知识产权的准 LIGA 技术。DEM 是该技术三个主要工艺的英文缩写（Deep-etching Electro-forming Microreplication，DEM），DEM 技术由深层刻蚀工艺（ Deepetching Process）、微电铸工艺（ Electroforming Process）和微复制工艺（ Microreplication Process）共同构成。图 3－70 所示为 DEM 技术工艺路线。

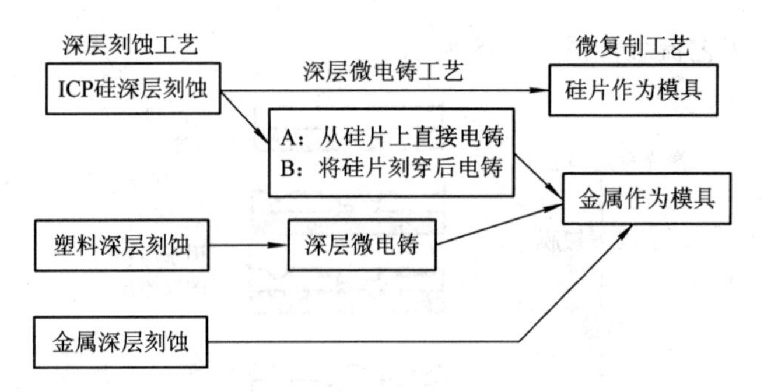

图 3-70　实现 DEM 技术的工艺路线(上海交通大学和北京大学)

DEM 技术利用感应耦合等离子体(Inductively Coupled Plasma，ICP)深层刻蚀工艺来代替同步辐射 X 光深层光刻，然后进行后续的微电铸和微复制工艺。其主要工艺流程如图 3-71 所示。

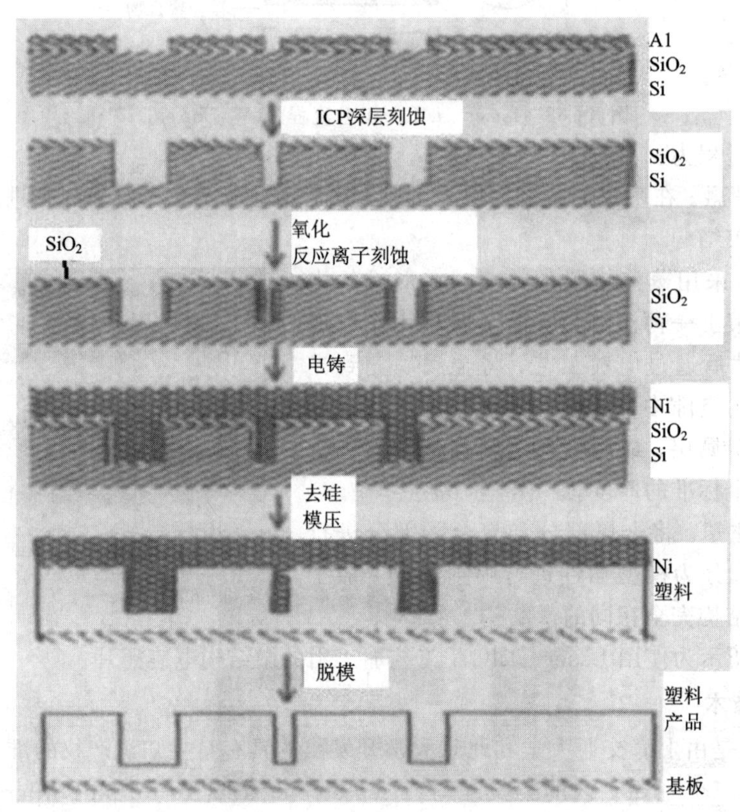

图 3-71　DEM 工艺流程图(上海交通大学和北京大学)

DEM 工艺流程主要为：

(1) 在氧化过的低阻硅片(电阻率小于 1 Ω·m)上溅射一层金属膜，利用紫外光刻和刻蚀工艺获得掩模。

（2）利用 ICP 刻蚀机对硅进行深层刻蚀，再通过氧化和反应离子刻蚀对硅的侧壁进行绝缘保护。

（3）利用深层微电铸工艺进行金属镍电铸后，再用氢氧化钾将硅片腐蚀掉，获得由金属镍组成的微复制模具。

（4）利用该模具可对塑料进行模压加工，进行塑料产品的批量生产，或对模压后获得的塑料微结构再进行第二次微电铸，就可进行金属产品的批量生产。

图 3 - 72 为使用 DEM 工艺加工出的微结构电镜照片。

DEM 技术是继硅微加工技术和标准 LIGA 技术之后发展起来的一种全新的非硅三维微机械加工技术。该技术不需要标准 LIGA 技术中昂贵的同步辐射光源和特制的 X 光掩模板，且具有加工周期短、成本较低、深宽比大于 20 等优点。目前，在 100 μm 至 200 μm 厚度范围内，DEM 技术可取代标准 LIGA 技术进行非硅材料的三维微加工。

图 3 - 72　DEM 微结构照片

4. 基于电子束光刻的 LIGA 技术

电子束光刻已经在半导体工业中得到广泛的应用，主要用于光掩模和 X 射线掩模的制造，通用光刻机的电子束能量一般为 20 keV～30 keV。基于电子束的 LIGA 技术使用电子束来代替同步 X 射线对抗蚀剂进行曝光，经过显影后得到所需的三维微结构，再对该结构进行电铸和注塑等。如图 3 - 73、图 3 - 74 所示分别为加速电压、曝光剂量等电子束参数对刻蚀深度的影响。

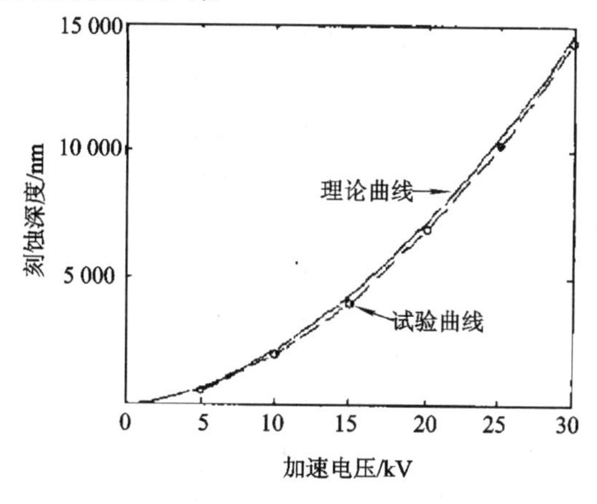

图 3 - 73　有效刻蚀深度-加速电压曲线图

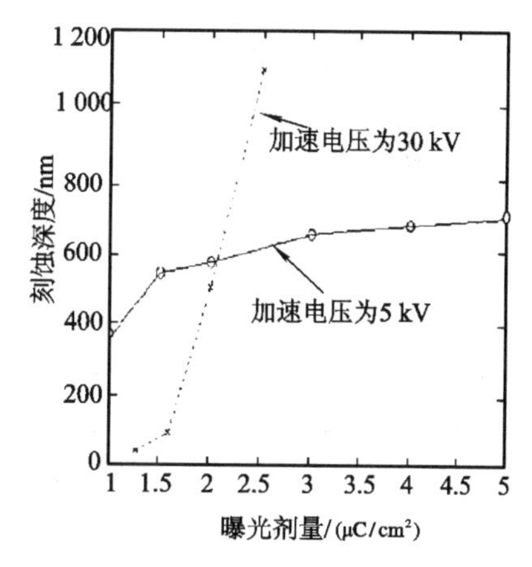

图 3 - 74　刻蚀深度-剂量关系图

受电子束在抗蚀剂中散射效应的影响，电子束的有效光刻深度比较小，因而一次不能刻蚀较厚的抗蚀剂。为了能够加工出任意高度的微结构，可以采用多层曝光技术。多层曝光技术是指在对第一层抗蚀剂曝光、显影、电铸之后，采用机械打磨方式对形成的PMMA-金属结构进行磨平、抛光，形成一个新的平面，且金属和PMMA结构具有同样的高度。将预制好的PMMA薄膜(约1 mm厚)融化粘接到这个新平面上，形成第二层抗蚀剂。采用同样的机械打磨方式将第二层PMMA磨平到所需的抗蚀剂厚度，重复电子束刻蚀工艺，完成第二层的加工。依此类推，直到加工出所需结构和高度的三维器件。

目前，电子束光刻技术被公认为最好的高分辨率图形制作技术，主要用于0.1μm～0.5μm的超微细加工。在实验室条件下，已能将电子束聚焦成尺寸小于2 nm的束斑，可以实现纳米级曝光。电子束具有无掩模直写功能，精度高、灵活性大，可以直接由计算机控制电子束的扫描。因此基于电子束光刻的LIGA技术必然会在MEMS的发展中发挥更大的作用。

5. 基于多层光刻胶工艺的LIGA技术

由于一般的准LIGA技术只是用紫外光对光刻胶进行大剂量的曝光，因此光刻胶不能太厚，一般在十几微米以下。另外，显影后光刻胶图形的侧壁陡直度不好。为此，将多层光刻胶工艺应用于LIGA技术上，形成了一种新的准LIGA技术。它具有以下优点：用普通光学曝光机进行光刻，光刻分辨率高，光刻胶较厚(可达数百微米)，光刻胶图形侧壁较陡直，截面形状近似为矩形，与集成电路制作工艺兼容性较好等。

多层光刻胶光刻工艺(Multilayer Resist, MLR)是为克服单层光刻胶光刻工艺(Single Layer Resist, SLR)中所存在的一些缺点而发展起来的。多层光刻胶光刻工艺有多种，如两层光刻胶工艺、三层光刻胶工艺、准MLR工艺等。三层光刻胶工艺是应用最多的一种多层光刻胶工艺，因此以三层光刻胶工艺为例加以介绍。

三层光刻胶工艺包括上层光刻胶层、中间介质层及下层光刻胶层三层结构。其中，下层光刻胶层一般应足够厚以使其表面平整，有利于光刻分辨率的提高。中间介质层一方面将上、下两层光刻胶分离开来；另一方面还为采用RIE刻蚀下层光刻胶来转移图形提供阻挡作用。因此，中间介质层不宜太厚，可足以阻挡对下层光刻胶的RIE刻蚀即可(如100 nm)。中间介质层可以用PECVD方式形成，也可以用溅射、涂敷等方式生成，但生长中间介质层时的温度一定要低，以防下层光刻胶发生龟裂。由于此时表面已经相当平整，上层光刻胶可以涂得很薄(如600 nm)，以提高光刻的分辨率。图3-75给出了三层光刻胶光刻工艺的流程。

三层光刻胶光刻工艺流程主要为：

第一步：在硅衬底上涂敷较厚的下层光刻层，并进行烘干，在其上形成中间介质层；

第二步：在中间介质层上涂敷较薄的上层光刻胶层，并进行前烘，形成三层结构；

第三步：对上层光刻胶进行光刻，得到光刻后的图形；

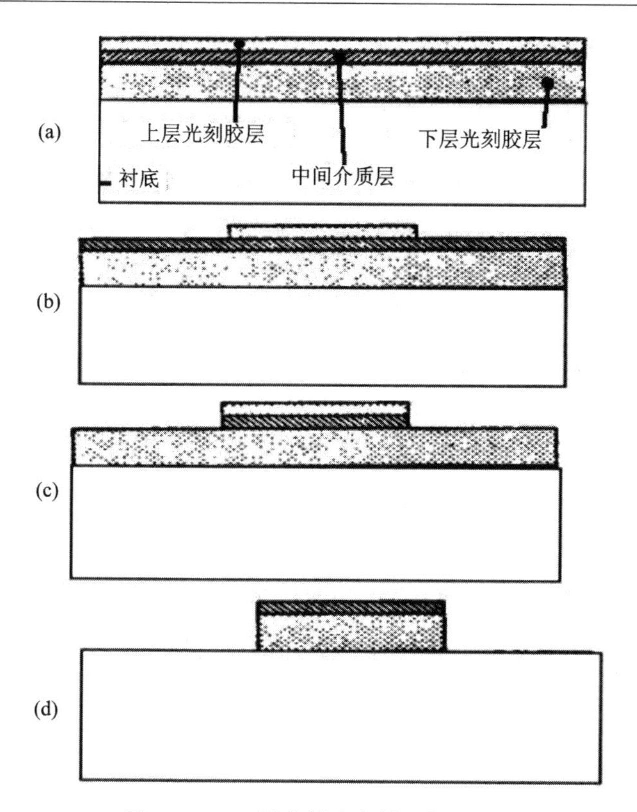

图 3 - 75　三层光刻胶光刻工艺流程图

(a) 三层光刻胶结构；(b) 上层光刻胶光刻；(c) RIE 中间介质层；(d) RIE 下层光刻胶

第四步：以上层光刻胶的图形作掩蔽，采用 RIE 刻蚀下面的中间介质层；

第五步：用中间介质层的图形作掩蔽，采用 RIE 刻蚀下层光刻胶，实现光刻图形向下层光刻胶的转移。

三层光刻胶工艺有如下的优点：

(1) 表面较平整，光刻分辨率较高；

(2) 光刻胶图形侧壁几乎是垂直的，其截面为矩形；

(3) 仅对上层光刻胶一次曝光。

在三层光刻胶工艺中，由于不直接对下层光刻胶进行曝光，下层光刻胶可以较厚。另外，下层光刻胶是用 RIE 刻蚀方式来转移图形的，因此光刻胶图形侧壁的陡度较大。三层光刻胶工艺非常适合用于 LIGA 技术中。图 3 - 76 所示为利用三层光刻胶工艺的准 LIGA 技术的工艺流程。

在利用三层光刻胶工艺的准 LIGA 技术中，关键工艺步骤为 RIE 刻蚀下层光刻胶，直接影响着下层光刻胶的刻蚀深度和刻蚀的深宽比。只要 RIE 刻蚀的各向异性足够好，刻蚀

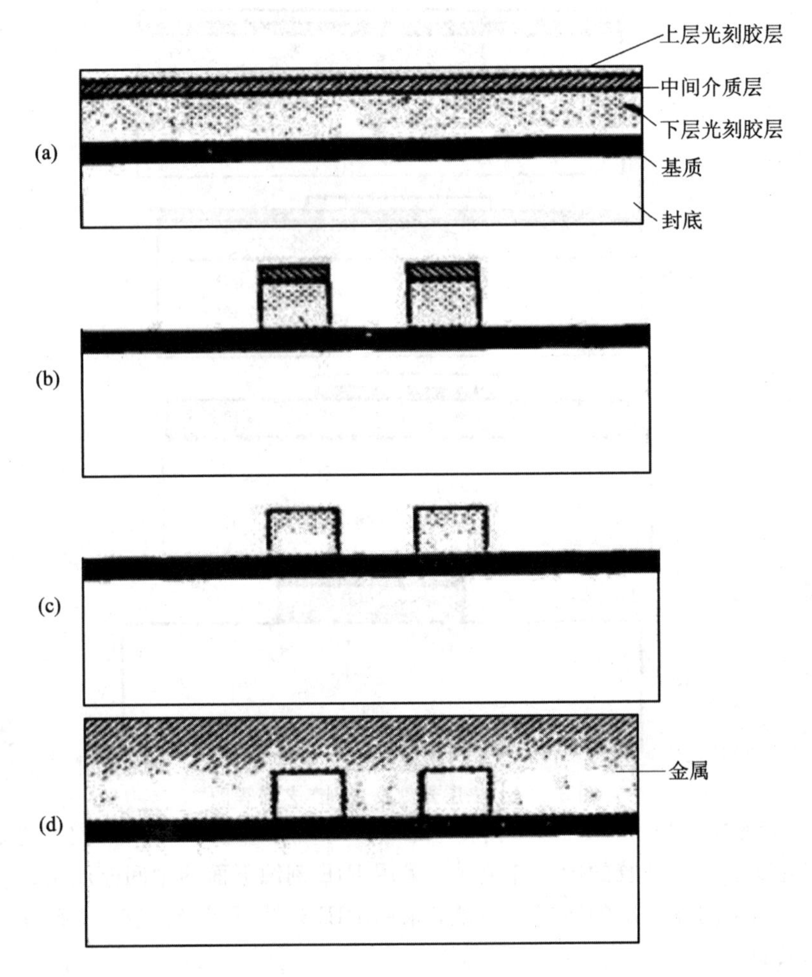

图 3-76　利用三层光刻胶工艺的准 LIGA 技术工艺流程

(a) 三层光刻胶结构；(b) 三层光刻胶工艺；(c) RIE 中间介质层；(d) 电镀

的深宽比就可以做得很大，下层光刻胶的刻蚀深度也就可以做得较大。

通过实验证明，标准 LIGA 技术仍然是目前加工高深宽比微结构最好的方法。与标准 LIGA 技术相比，准 LIGA 技术虽然能简化操作，大大降低成本，却是以牺牲高准确度、大宽深比为代价的。如紫外光厚胶光刻可达到毫米量级，但是深宽比不超过 20；等离子体刻蚀深宽比大，但是一般深度不超过 300 μm；Laser-LIGA 技术加工的准确度，在一定程度上受聚焦光斑的影响。因此，准 LIGA 技术只适用于对垂直度和深度要求不高的微结构进行加工。目前，用标准 LIGA 和准 LIGA 技术已经开发和制造了微传感器、微电机、微执行器、微机械零件、集成光学和微光学元件、微波元件、真空电子学元件、微型医疗器械和装置、流体技术微元件、纳米技术元件及系统以及各种层状和片状的微结构等等。

3.4.3　其他相关 LIGA 技术

标准 LIGA 技术和准 LIGA 技术虽各自具有突出的优点，但是应用其技术加工得到的形状是直柱状的，难以加工含有曲面、斜面和高密度微尖阵列的微器件，不能生成带有空腔或可活动的微结构。因此，针对其不足之处和实际应用的需要，发展了一批与 LIGA 技术相关的加工技术，其中有牺牲层 LIGA 技术(SLIGA)、掩膜移动 LIGA 技术(M^2LIGA)、抗蚀剂回流 LIGA 技术、封装后释放准 LIGA 技术及 IH 工艺等。

1. 牺牲层 LIGA 技术

SLIGA 技术是 H. Guckel 教授等人结合硅面加工技术和标准 LIGA 技术而开发出的一种新工艺。在这个工艺中，牺牲层用于加工形成与基片完全相连或部分相连或完全脱离的金属部件。利用 SLIGA 技术可以制造活动的微器件。SLIGA 工艺流程如图 3-77 所示。

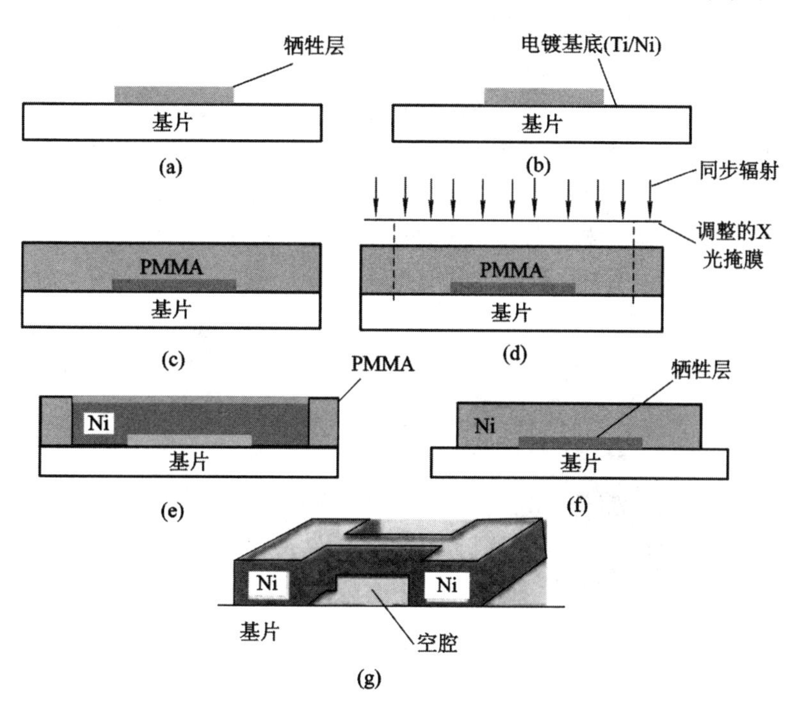

图 3-77　SLIGA 工艺流程图(H. Guckel 教授等)

SLIGA 工艺流程主要为：

第一步：在平面基板上布设一层牺牲层材料，如聚酰亚胺、淀积的氧化硅、多晶硅或者某种合适的金属等(与电镀的材料相比，这些材料比较容易被有选择地去除)；

第二步：在基片和牺牲层上溅射一层电镀基底，其后的工艺与常规 LIGA 工艺相同；

第三步：在完成 LIGA 技术的微电铸工艺之后，将牺牲层去除就可获得可活动的微结构。

图 3－78　SLIGA 微结构照片

图 3－78 所示为使用该工艺加工出的活动微结构电镜照片。

在包括光刻胶做牺牲层的多种牺牲层技术中，常常采用湿法刻蚀释放。由液体的毛细作用和表面张力所致，湿法刻蚀释放会导致悬起结构与衬底的粘附，从而导致静磨擦力的出现，进而引起器件失效。基于等离子体与有机物牺牲层的干法释放机制很好地解决了这个问题。有机物的各向同性氧等离子体刻蚀是 IC 工业中的常用技术，用来在晶片清洁中去除光刻胶，确保了干法释放与 IC 工艺的兼容性。

2. 掩膜移动 LIGA 技术

为了控制 PMMA 微结构的侧壁倾斜度，便于形成具有不同倾斜度的斜面、锯齿、圆锥或圆台等微结构，日本 Osamu Tabata 等科研人员在 1999 年提出了 M^2LIGA 技术。该技术采用移动掩模 X 光深度光刻(Moving Mask Deep X-ray Lithography，M^2DXL)技术代替常规的静止掩模 X 光深度光刻。在光刻时，X 光掩模不是固定不动的，而是沿着与光刻胶基片平行的方向移动或转动，这样，光刻胶的曝光量就会随着掩模的移动而变化，从而形成具有相应深度和形状的微结构。改变掩模图形、掩模运动轨迹和速度可以形成各种不同的微结构。图 3－79 所示为 M^2DXL 的示意图。

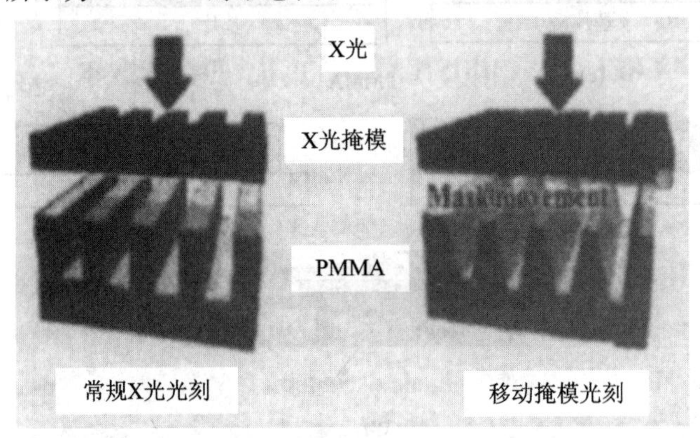

图 3－79　M^2DXL 工艺流程图(Osamu Tabata 等)

M^2DXL 完成之后，再采用微电铸和微复制工艺，生成具有高深宽比的微结构。图 3－80 所示为使用该工艺产生的微结构。

3. 抗蚀剂回流 LIGA 技术

为了制造广泛用于光学通信、光学存储系统中的微透镜和微透镜阵列，德国微技术研究所(IMT)于 1997 年研究并提出了抗蚀剂回流 LIGA 工艺。该工艺与常规 LIGA 的主要

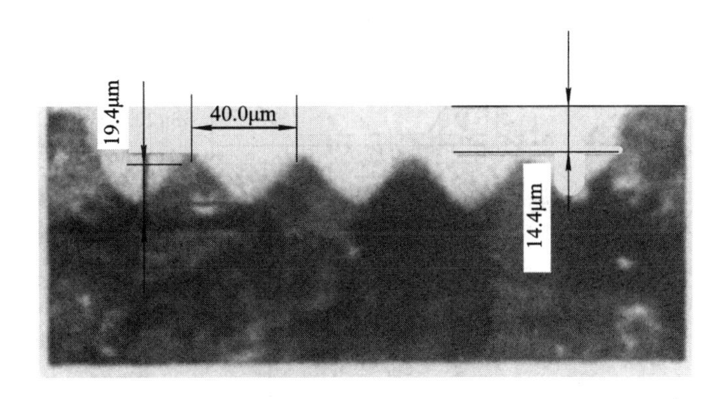

图 3-80　M²LIGA 微结构照片

区别在于：光刻胶显影后的第二次曝光和后续的热处理。PMMA 被曝光后，发生了降解反应，其分子量减少，玻璃化转变温度降低，因而造成了曝光的 PMMA 和未曝光的 PMMA 之间玻璃化转变温度的差异。基于这一特点，在热处理过程中，利用抗蚀剂体积变化的差异、表面张力和回流的影响就可生成微透镜。微透镜的结构是由 PMMA 吸收的 X 光剂量、加热温度和加热时间等因素来决定的。如图 3-81 所示，该工艺主要包括如下几个过程：第一次 X 光光刻 PMMA 光刻胶，显影，第二次 X 光曝光，热处理、微电铸、微复制等。

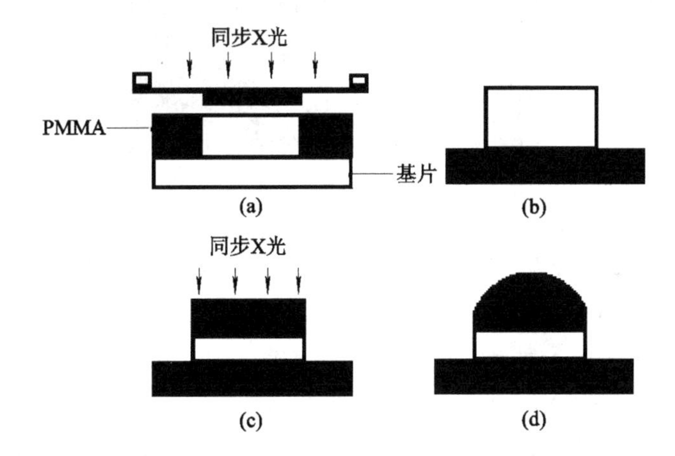

图 3-81　IMT 的微透镜工艺流程图(德国微技术研究所)

(a) 第一次 X 光曝光；(b) 显影；(c) 第二次 X 光曝光；(d) 热处理

上述回流 LIGA 技术需要两次 X 光曝光，从加工工艺的角度来说显得复杂。2002 年，Pohang 科技大学(POSTECH)提出了只使用“一次”光曝光和“一次”热处理的回流 LIGA 技术，其工艺原理如图 3-82 所示。图 3-83 为利用上述工艺加工出的微透镜结构，其表面光洁度小于 1 nm。

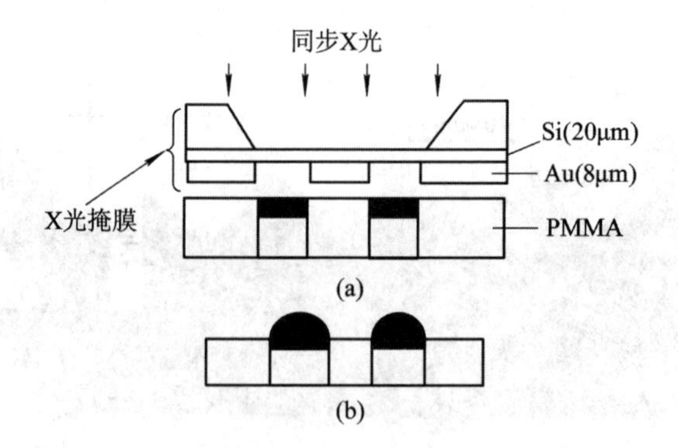

图 3-82 POSTECH 的微透镜工艺流程图(Pohang 科技大学)
(a) 同步 X 光曝光；(b) 热处理

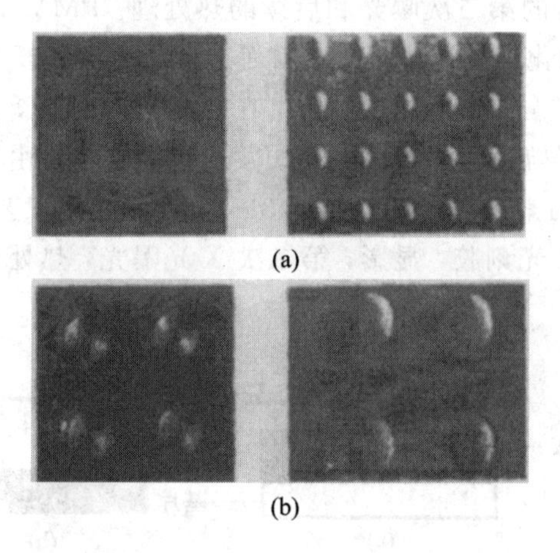

图 3-83 PR-LIGA 微透镜照片
(a) 直径为 100 μm 的微透镜；(b) 直径为 500 μm 的微透镜

4. 封装后释放准 LIGA 技术

封装后释放的准 LIGA 工艺利用无氰电铸制作金结构层，采用 PECVD 制作的无定形硅作为牺牲层，二氟化氙(XeF_2)干法腐蚀，对材料选择性好。采用先部分封装，然后腐蚀牺牲层释放的结构工艺流程，避免了划片、压焊等封装工艺对可动敏感结构造成的破坏。由于在封装时，可动结构尚未释放，因此可以采用普通的设备进行封装，从而降低了加工成本，提高了成品率。基于无氰电铸的准 LIGA 加工技术可以利用倒装焊凸点制造的设备与工艺，降低了工艺研发周期和成本。

金电铸工艺按照电镀液的不同主要分为氰化物电铸和无氰电铸两种。其中氰化物电镀得到的 Au 结构较硬，但是镀液有剧毒，且与正性光刻胶不兼容。无氰电铸得到的金结构较软，电流效率高，沉积速度快，孔隙少，且电镀过程中始终是中性溶液，与正性光刻胶兼容。由于无氰电铸具有安全、高效等优点，在倒装焊凸点制造中获得广泛应用。

封装后释放准 LIGA 技术的基本工艺流程如下：

第一步：在制作了电路的硅片上生长钝化层，然后制作无定形硅牺牲层，如图 3－84(a)所示。

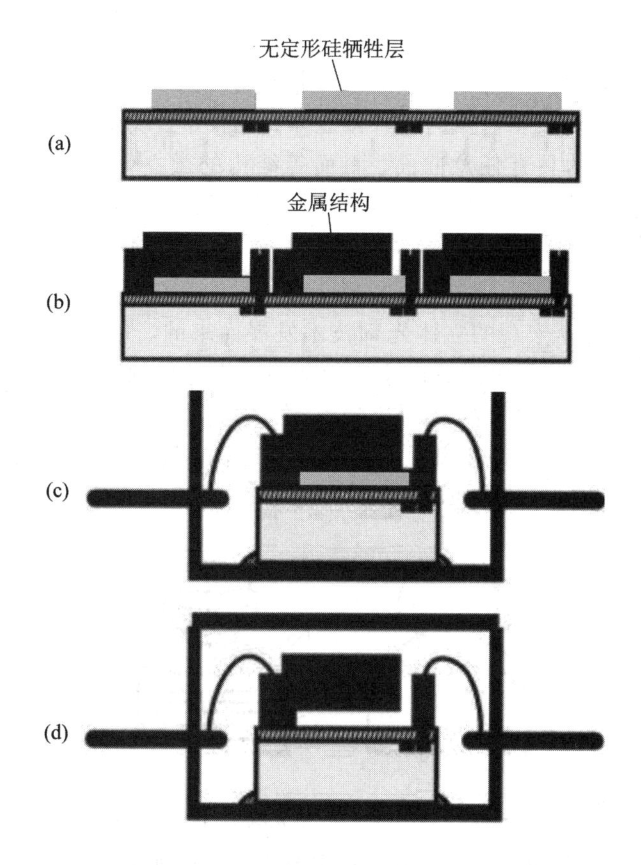

图 3－84　封装后释放的准 LIGA 技术基本工艺流程

(a) 在已制作了电路的硅片上制作无定形硅牺牲层；(b) 微电铸制作金结构层；(c) 划片、贴片、压焊；(d) 牺牲层腐蚀、封帽

第二步：溅射 TiW/Au 种子层，涂胶并光刻制作电铸掩模。采用无氰电铸技术制作金结构。用反镀工艺去除不需要的金种子层，用双氧水(H_2O_2)腐蚀去除不需要的 TiW 层。如图 3－84(b)所示。

第三步：利用深反应离子刻蚀设备，在金结构的侧壁制作类特氟隆薄膜作为防粘附层。

第四步：对硅片划片、贴片、压焊。由于结构未释放，因此采用一般的封装设备加工，如图 3－84(c)所示。

第五步：用二氟化氙(XeF_2)干法腐蚀无定形硅牺牲层，释放结构。XeF_2腐蚀具有较好的选择性，几乎不腐蚀光刻胶、二氧化硅、铝线等，对金与 TiW 的腐蚀速率也很低，不会对封装材料造成显著影响，可以实现封装后释放。最后封帽完成器件制作。如图 3-84(d)所示。

5. IH 工艺

IH (Integrated Harden Polymer stereo Lithography——集成固化聚合物立体光刻)工艺是日本 Ikuta 教授于 1992 年研发的一种微立体光刻技术。该工艺可以加工出硅加工工艺和 LIGA 技术难于加工的具有任意曲面、斜面等结构的微立体构件，实现了微结构的真三维加工。在其后近十年的时间里，Ikuta 教授又相继开发出了 Mass-IH、Super-IH、Hybrid-IH 和 Multi-Polymer IH 等一系列新工艺，并使用这些工艺加工出了相应的微三维结构。

IH 立体光刻工艺是从宏观的立体光刻技术发展而来的，光刻的对象是液态紫外抗蚀剂，该抗蚀剂能够在紫外光的照射下产生固化现象。为了得到紫外光聚合物的三维结构，首先需要加工出二维片状结构，称之为片状单元。这些片状单元可以很容易地通过 CAD 系统得到。图 3-85 所示为三维结构和片状单元之间的关系，即三维结构是由紫外线固化液体抗蚀剂形成的二维片状单元堆积而成。

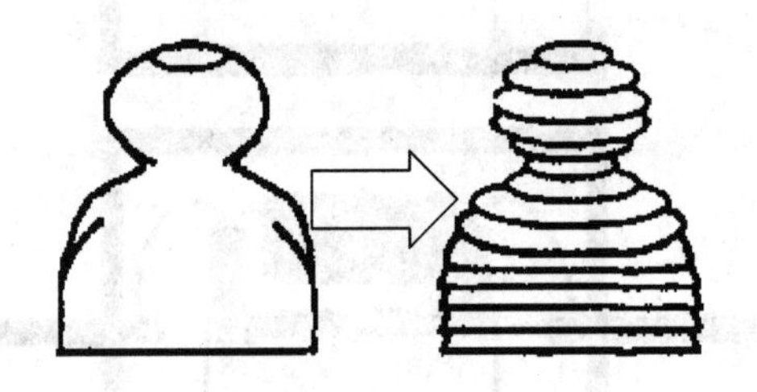

图 3-85　三维结构和片单元状图(Ikuta 教授)

IH 工艺的加工设备如图 3-86 所示，其主要工艺步骤如下：

(1) 光刻时，在计算机控制下，固定在 Z 工作台上的透明玻璃板下降到抗蚀剂中，使其保持与容器底平面一个分层厚度的距离，该厚度内充满了抗蚀剂。

(2) 紫外光通过光闸、透镜以及透明玻璃板聚焦到液态抗蚀剂上，将抗蚀剂固化形成二维图形(即片状单元)。

(3) Z 工作台、玻璃板和镜头轻轻提升，液态抗蚀剂又充满玻璃板和刚刚固化的抗蚀剂之间。

重复该作图过程直到最终形成三维聚合物结构。

用这种结构作模版进行电铸，又可获得三维金属微结构。使用该技术，已加工出微型螺旋弹簧、聚合物弯曲管等三维微器件。

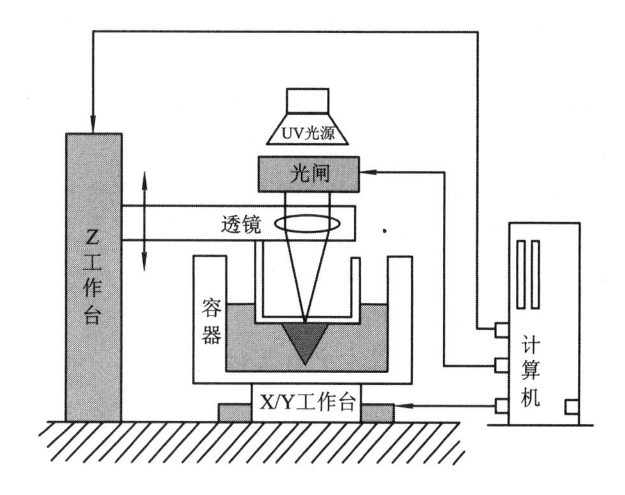

图 3-86　IH 工艺设备图

IH 工艺主要具有如下优点：

(1) 不需掩膜，并与 CAD/CAM 系统相连，具有极大的加工灵活性。

(2) 成型材料多样性。

(3) 设备简单，成本低，生产周期短。

(4) 理论上可以制作深宽比为任意值的复杂三维器件。

由于该工艺中使用的光源为紫外光源，光斑尺寸和光刻分辨率受到光学性质的限制；再加上 x、y 向的扫描是靠机械移动来完成的，其加工精度受到限制，目前分辨率仅为亚微米级。如果能将电子束曝光技术引进到 IH 工艺中，上述问题就可能得到解决，这将为 MEMS 的发展提供更多、更好的微器件。

参 考 文 献

[1] 肖滢滢. 硅硅直接键合的理论及工艺研究. 合肥工业大学硕士论文，2005.

[2] 何国荣，陈松岩，谢生. Si-Si 直接键合的研究及其应用. 半导体光电，2003，24(3)：149-153.

[3] 聂磊. 低温圆片键合理论与工艺研究. 华中科技大学博士论文，2007.

[4] 饶潇潇. 晶圆低温直接键合技术研究. 华中科技大学硕士论文，2007.

[5] 韩伟华，余金中. 低温键合技术. 飞通光电子技术，2001，1(2)：68-70.

[6] 谢正生，吴惠桢，劳燕锋，等. 金属键合技术及其在光电子器件中的应用. 光学器件，2007，44(1)：31-37.

[7] 张东梅，叶枝灿，汪红，等. 用于MEMS器件的键合工艺研究进展. 电子工艺技术，2005，26(6)：315-318.
[8] 陈明祥，易新建，刘胜，等. 基于共晶的MEMS芯片键合技术及其应用. 半导体光电，2004，25(6)：484-488.
[9] 刘兵武，张兆华，谭智敏，等. 用于MEMS器件的单面溅金硅共晶键合技术. 半导体技术，2006，31(12)：896-898.
[10] 虞国平，王明湘，余国庆. MEMS器件封装的低温玻璃浆料键合工艺研究. 半导体技术，2009，34(12)：1173-1176.
[11] 陈迪，雷蔚，李昌敏，等. DEM技术中微复制工艺研究. 微细加工技术，2000(1)：61-65.
[12] 孔祥东，张玉林，宋会英. LIGA工艺的发展及应用. 微纳电子技术，2004(5)：13-18.
[13] 张永华，丁桂甫，李永梅，等. MEMS中的牺牲层技术. 微纳电子技术，2005(2)：73-76.
[14] 孔祥东. 电子束液态曝光技术的研究. 山东大学博士论文，2005.
[15] 孔祥东，张玉林，魏守水. 基于电子束光刻的LIGA技术研究. 微细加工技术，2004(1)：18-21.
[16] 孙自敏，刘理天，李志坚. 利用多层光刻胶工艺的准LIGA技术. 微细加工技术，1999(2)：52-55.
[17] 陆松涛，俞正寅，庞洁，等. 一种封装后释放的准LIGA加工工艺研究. 微细加工技术，2008(3)：40-45.
[18] 路亮. 紫外激光曝光光刻SU-8胶的工艺研究. 北京工业大学硕士论文，2006.
[19] 吴广峰，胡鸿胜，朱文坚. LIGA工艺基础及其发展趋势. 机电工程技术，2007，36(12)：89-91.
[20] 孔祥东，张玉林，尹明. IH工艺的发展及应用. 微纳电子技术，2003(11)：34-39.

第 4 章　MEMS 典型器件

如图 4－1 所示，典型的 MEMS 产品主要由微传感器、数字处理电路、微执行器、微能源等组成。鉴于数字处理电路发展较微传感器和微执行器成熟，而微能源的发展又未全面开展，目前 MEMS 产品主要依赖数字电路能源。因此，本章主要介绍微传感器和微执行器以及典型的 MEMS 器件，包括微加速度计、微陀螺仪、微谐振器、数字微镜、射频开关等器件。

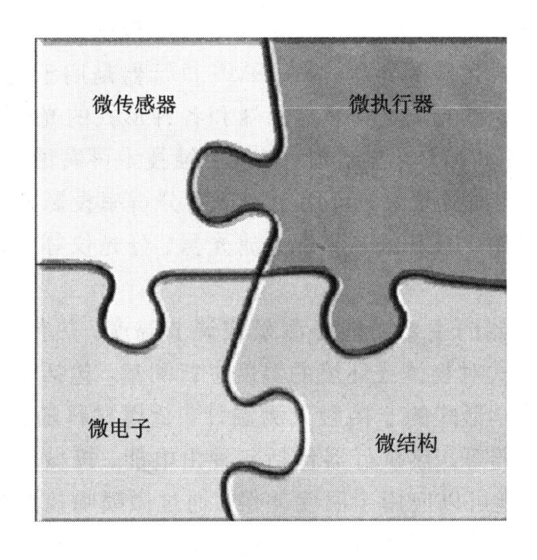

图 4－1　MEMS 组成

4.1　微传感器与微执行器

当前，研究比较集中、成熟的微传感器和微执行器，主要有力学、光学、热传感器与执行器，微流体器件，微机械磁传感器，化学和生物传感器与执行器等。

(1) 力学传感器和执行器是应用最为普遍的 MEMS 器件。力学传感器与执行器利用微结构的基本力学原理，通过各种方式来感知或产生应变、压电、压阻、电容、静电力等。微加速度计是利用弹性力学方法，通过测量已知质量和刚度的微结构变形来直接或间接度量加速度值的传感器件。微加速度计具有量程范围更宽、抗冲击性能更强、成本更低、实现方式多样化等特点，已用于汽车安全气囊和心脏脉动探测等。微机械陀螺是另外一种根据科里奥利力测量物体旋转速度和旋转角度的传感器。同宏观陀螺结构不同，微机械陀螺多采用内、外框架形式的振动结构，它与微加速度计组合在一起形成微惯性测量组合(MIMU)，可用于飞行器导航、车辆及摄像机的姿态控制等。其他力学传感和执行器件还包括力传感器、液体或气体压力传感器，用于麦克风的将说话气流转换成电能的传声器(气流不断变化的压力传感器)，机器人操作手上的触觉传感器，以及各种静电执行器、热膨胀执行器、机械谐振器、机械继电器和射频电路的机械 RF 开关等。

(2) 光学传感器与执行器——MOEMS 微光机电系统主要涉及微光学传感器、执行器以及微小光学结构等，是 MEMS 与光学相交融的技术。MOEMS 的基本原理是将微光学器件、光波导器件、半导体激光器、光电检测器件等集成在一起形成各种微小光学系统。MOEMS 传感器是用于探测光的器件，如直接光电效应传感器、结型光电监测器、电荷耦合的电容式传感器、热电式光检测器等；MOEMS 执行器是用于光发射和光调制的器件，如各种形式的发光二极管、激光器、液晶显示器和各种形式的光调制器。此外，利用微机械加工还可以得到各种 MOEMS 光学结构。异性腐蚀技术可腐蚀出光滑完美的晶体平面，其晶体面积小、精度高、反射效果好，可用于制造高分辨率投影显示器件。还有用于光通信的光传导器件、光栅器件，用于光谱分析的滤光器、分光仪等，这些都是目前 MOEMS 技术研究的热点。

(3) 热传感器和执行器的主要功能是测量或调节温度。热传感器利用微机械加工器件，根据不同的热传导形式对物体或环境的温度进行测量，包括电阻随温度变化的薄膜热阻传感器，采用红外等光学形式的非接触式测温计，金属材料随温度线性膨胀的热-力传感器，微机械热电偶传感器等。热执行器包括各种由电能、机械能、化学能转换成热能的加热器，如电阻器，加热丝可以应用于温度补偿；通过微喷嘴控制的循环冷气。在与微流体领域相交叉的研究方面，还包括热气体压力传感器、热流体压力传感器等。

(4) 微流体器件，如微阀、泵，微管道、喷嘴等都属于微流体器件，是 MEMS 应用于微流体领域的研究热点。尽管目前对发生在微尺度范围内的微流体力学的规律还没完全认识，但 MEMS 在微流体力学领域将产生很多有价值的技术方向，如基于微机械加工的流动传感器，对流体黏度和密度进行测量的黏度/密度传感器，采用热膨胀、压电致动、静电致动等方式来控制流体流动的微阀等。

(5) 微机械磁传感器的基本原理与宏观器件一样，主要是根据霍尔效应制造各种基于微机械加工的磁力计、位置传感器、电流传感器等。磁执行器则是在线圈电流的作用下产生磁场，对磁场中的器件产生机械力以实现致动。如用于磁盘驱动器读、写的磁头，既是磁传感器也是磁执行器，当从磁介质上读取数据时，磁头作为磁传感器传感磁介质表面的磁场而产生电流；当向磁介质上写入数据时，磁头作为执行器在电流的作用下，产生机械力来改写磁介质表面内容。

(6) 化学和生物传感器与执行器的学科交叉相当广泛，涉及多学科的知识。化学传感器通过与环境中气体、液体、固体化学物质相互作用，来检测和识别某一种化学物质，包括特定元素传感器、气体传感器、化学反应传感器等，可用于食品环境监测、医学病理诊断、电化学反应等。其中，生物传感器主要是指包含生物分子的传感器；化学执行器是指能够引起化学反应的器件，它通过化学反应产生电能。

4.1.1 MEMS 微传感器

传感器(Sensor，Transducer)由敏感元件和转换元件组成，是将外部信号转变为电信号的一种装置，能感受规定的被测量，并按照一定的规律转换成可用的输出信号。敏感元件(Sensing Element)是传感器中能直接感受或响应外界信号的部分；转换元件(Transduction Element)是指传感器中能将敏感元件感受或响应的外界信号转换成适合于传输或测量的电信号的部分。微机电传感器是利用微机械加工技术与微电子加工技术制作的各种传感器，与传统技术制作的传感器相比，具有以下特点：

(1) 微型化和集成化；

(2) 高精度、高寿命；

(3) 低成本；

(4) 低功耗；

(5) 快速响应。

MEMS 微传感器的种类繁多，分类方法也很多，按其工作原理可分为物理型、化学型和生物型三类；按照被测的量又可分为加速度、角速度、压力、位移、流量、电量、磁场、红外、温度、气体成分、湿度、pH 值、离子浓度、生物浓度及触觉等类型的传感器。综合以上两种分类方法，MEMS 传感器的分类体系如图 4-2 所示。

每种 MEMS 传感器又有多种细分方法，如微加速度计按检测质量的运动方式划分，有角振动式和线振动式加速度计；按检测质量支承方式划分，有扭摆式、悬臂梁式和弹簧支承方式；按信号检测方式划分，有电容式、电阻式和隧道电流式；按控制方式划分，有开环式和闭环式。

MEMS 传感器不仅种类繁多，而且用途广泛。作为获取信息的关键器件，MEMS 传感器对各种传感装备的微型化发展起着巨大的推动作用，已在太空卫星、运载火箭、航空航天设备、飞机、各种车辆、生物医学及消费电子产品等领域中得到了广泛的应用。随着制造技术的日益精进，MEMS 传感器的参数指标和性能也不断提高，而与多种学科的交叉融合又使传感器不断推陈出新，应用领域不断拓宽。

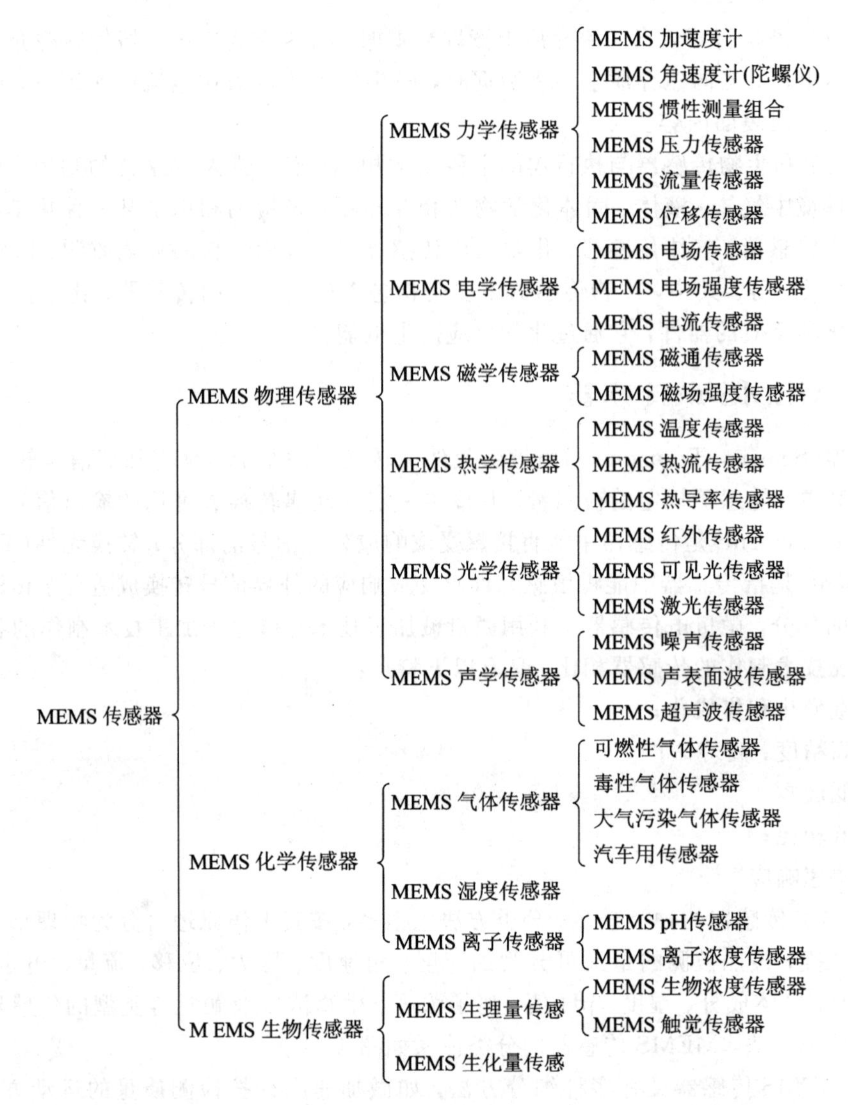

图 4-2　MEMS 传感器的分类

1. 压阻传感器

压阻传感器(Piezoresistive Microsensor)是利用半导体材料的压阻效应进行测量的微传感器。

1856 年英国物理学家 W. Thomson 首先发现金属的电阻应变效应，并由 B. W. Bridgemen 于 1923 年实验验证。随着机械变形变化，金属电阻阻值也发生变化的现象称为电阻应变效应。基于电阻应变效应的传感器为压阻传感器。对于 MEMS，电阻应变包括金属应变和半导体应变两部分。

1）金属应变

如图 4－3 所示，金属片的截面积为 A，长为 l，则其变形前电阻为

$$R = \rho \frac{l}{A} \tag{4-1}$$

式中，ρ 为电阻率。

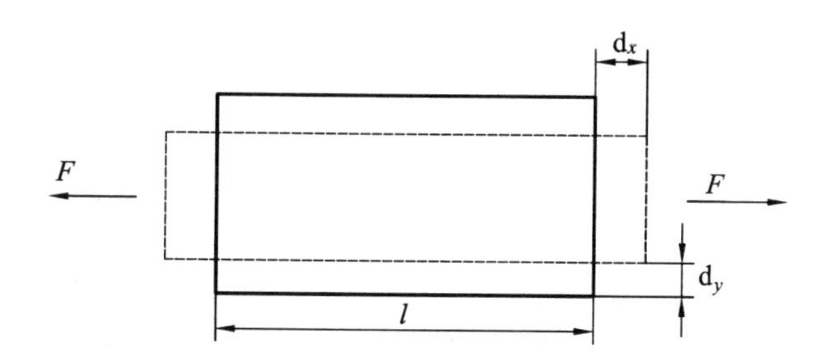

图 4－3　金属片受轴向力作用变形

当金属片受轴向拉力 F 作用时，其电阻变化率为

$$\frac{dR}{R} = (1 + 2\mu)\varepsilon \tag{4-2}$$

式中，μ 为泊松比；ε 为应变。

2）半导体应变

半导体也存在压阻效应，而且其压阻系数通常要比金属的大得多。对于单晶半导体，$d\rho/\rho$ 为半导体材料的电阻率相对变化率。实验证明：半导体材料电阻率相对变化率与所受应力 σ 或应变 ε 之比为常数 π。π 称为半导体材料的压阻系数，其同半导体材料的种类和应力方向及晶轴夹角有关。

综合考虑半导体材料和金属应变效应，总的电阻变化率为

$$\frac{dR}{R} = (1 + 2\mu + \pi E)\varepsilon \tag{4-3}$$

式中，E 为弹性模量；$1+2\mu$ 为材料几何形状变化引起的电阻变化；πE 为压阻效应引起的电阻变化。实验证明，对于半导体材料，$1+2\mu \ll \pi E$，则式(4－3)变为

$$\frac{dR}{R} \approx \pi E\varepsilon \tag{4-4}$$

半导体材料电阻值的变化主要是由电阻率变化引起的，而电阻率的变化又主要是由应变引起的。半导体材料电阻率随应变变化的效应为压阻效应。

随着 MEMS 技术的发展，基于半导体压阻效应的微传感器已经逐渐商品化。图 4－4 所示为斯坦福大学研制的压阻式微加速度计，它利用惠斯通电桥测量变化的电阻阻值。通过检测电阻的变化量，可检测到外界激励量。

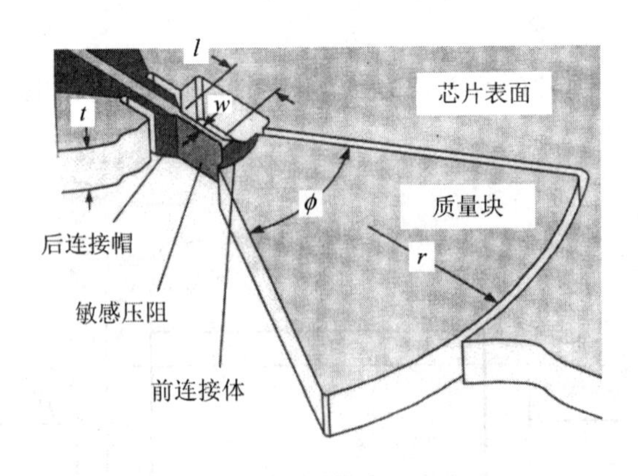

图 4-4　压阻式微加速度计(斯坦福大学)

图 4-5 所示为斯坦福大学研制的另一种压阻式微加速度传感器。惯性质量块由悬臂梁支撑，在加速度为 a 的加速度场中，由于惯性力的作用，质量块上下运动，使悬臂梁发生与加速度 a 成正比的形变，在悬臂梁上产生应力和应变。如在悬臂梁上做一个扩散电阻，根据硅的压阻效应，扩散电阻的阻值会发生与应变成正比的变化，若将电阻接入惠斯通电桥，则通过桥测量法测量输出电压的变化就可以得到压力变化的情况。而压力是由作用在质量块上的加速度获得的，与加速度成正比。因此，输出电压的变化可以直接反映加速度的状况。因为在悬臂梁的根部应变最大，所以为提高传感器的灵敏度，应变电阻制作在靠近悬臂梁根部的位置，而在基片的固定部分制作了另一个电阻，以补偿由温度变化引起的输出漂移。

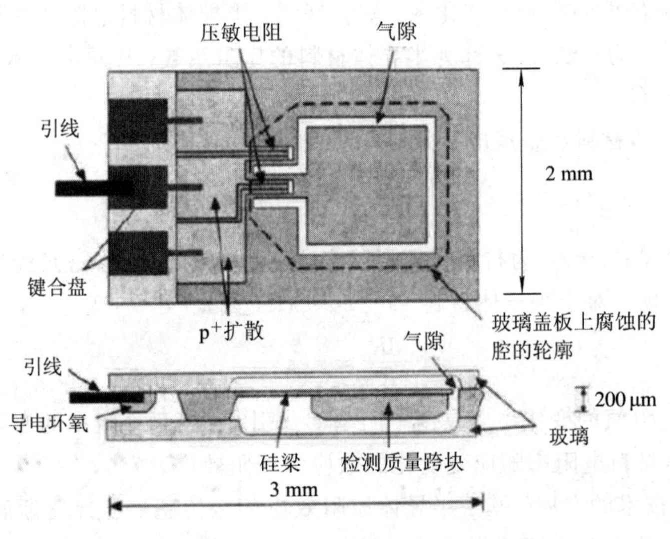

图 4-5　压阻式微加速度计(斯坦福大学)

图 4-6 所示为二维压阻传感器。这种传感器是为测量心脏壁的运动研制的，它的外形尺寸为 2 mm×3 mm×0.6 mm，质量为 0.02 g，测量范围为±200 g，最大过载量为±600 g，灵敏度为 0.05 mV/g，一阶共振频率为 2.33 kHz，线性度为±1%，横向灵敏度为 10%。

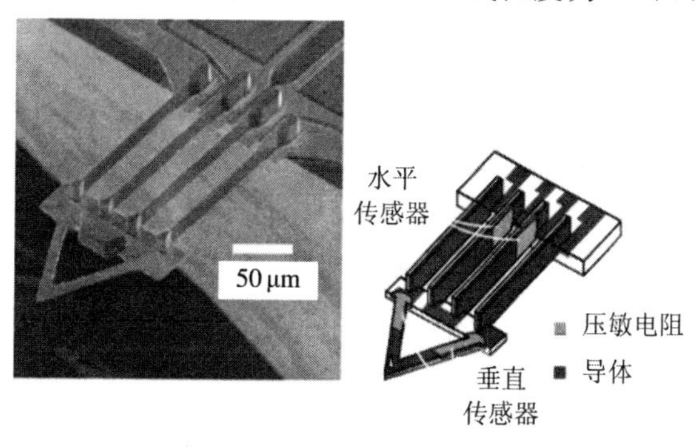

图 4-6　二维压阻传感器(Ben Chui)

压阻传感器加工工艺简单，频率响应高，体积小，检测方法简单，线性度好，但灵敏度低，温度效应差。

由于压阻传感器对外力敏感，输出阻抗小，且输出在很大范围内是线性的，因此，目前市面上出现的传感器主要是压阻传感器。

2. 电容传感器

电容传感器(Capacitive Microsensor)是利用电容的变化进行测量的微传感器。

如图 4-7 所示为平行板电容，其长、宽分别为 l 和 b，两板间相距 d，则电容为

$$c = \frac{\varepsilon A}{d} \tag{4-5}$$

式中，$A=b\times l$。式(4-5)为无限大平板电容的表达式。在两极板上加电压，极板间形成电场。当外界激励导致 d 或 A 发生变化时，由式(4-5)可知电容产生相应的变化。因此通过检测电容的变化量，可检测到外界的激励量，即为压容原理。

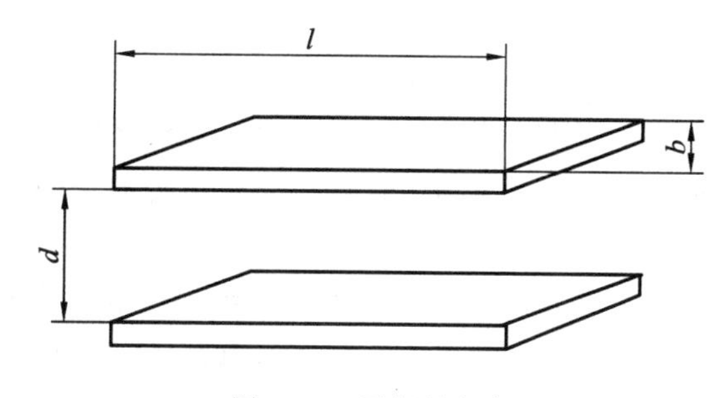

图 4-7　平行板电容

压容原理主要应用在微传感器上，如微加速度计、微陀螺仪等。图 4－8、图 4－9 所示分别为英国 Imperial 大学研制的双轴梳状微加速度计和日本 Yokohama 研究中心研制的振动微陀螺仪，可以通过监测固定极板和可动极板间的距离变化量，达到测量激励加速度和角加速度的目的。

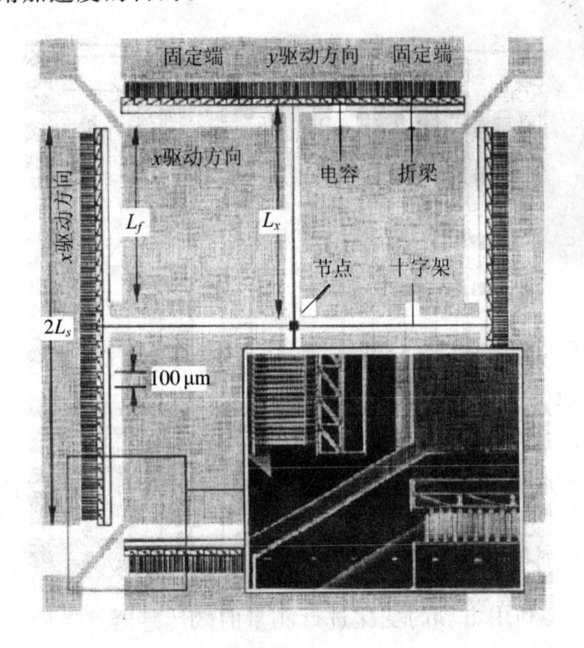

图 4－8　双轴梳状微加速度计（Imperial 大学）

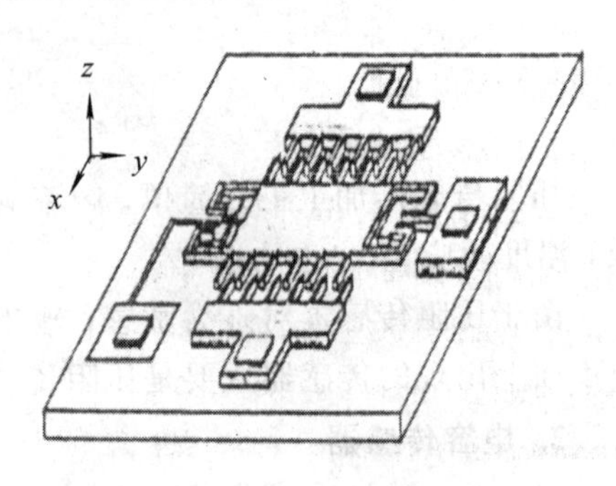

图 4－9　振动微陀螺仪（Yokohama 研究中心）

电容传感器对压力的灵敏度比压阻传感器要高两个数量级，受温度影响小，功耗低，因此电容传感器在 MEMS 发展中具有广泛的应用前景。

3. 压电传感器

压电传感器（Piezoelectric Microsensor）是利用压电材料的压电效应进行测量的微传感器。

通常，电场的作用可以引起电介质中带电粒子的相对位移而发生极化，但是，在某些电介质晶体中也可以通过纯粹的机械作用而发生极化，导致介质两端表面内出现极性相反的束缚电荷，且其电荷密度与外力成正比。这种由于机械力的作用而激起晶体表面的荷电的效应，称为压电效应。

晶体的压电效应如图 4－10 所示。图 4－10(a)所示为压电晶体中的质点在某方向上的投影，此时晶体不受外力的作用，正电荷的重心与负电荷的重心重合，整个晶体的总电矩等于零，因而晶体表面不带荷电。但是，当沿某一方向对晶体施加机械力时，晶体就会由于发生形变而导致正、负电荷重心不重合，也就是电矩发生了变化，从而引起晶体表面的荷电现象。图 4-10(b)所示为晶体表面受拉伸时的荷电的情况；图 4-10(c)所示则是压缩时的荷电情况。在这两种情况下，晶体表面带电的符号相反。反之，如果将一块压电晶体置于外电场中，由于电场作用，则会引起晶体内部正、负电荷重心的位移。这一极化位移又导致晶体发生形变，这个效应就称为逆压电效应。

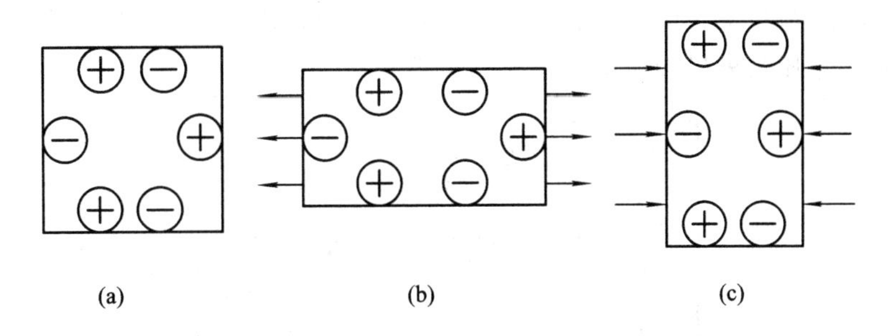

图 4-10 晶体压电效应示意图

由此可知，压电效应是由于晶体在机械力的作用下发生形变而引起带电粒子的相对位移，从而使得晶体的总电矩发生变化而造成的。晶体是否具有压电效应，是由晶体的总电矩是否发生变化决定的。具有对称中心的晶体永远不可能具有压电性，在这样的晶体中，正、负电荷的中心对称式排列，不会因为形变而遭受破坏。所以，仅仅机械力的作用并不能使它们的正、负电荷重心之间发生不对称的相对位移，也就是不能使之产生极化。换言之，晶体必须有极轴才有压电性。

目前，压电材料是致动器结构中应用最多的一种材料，因而对它的研究越来越受到重视。其中由于铁电材料具有高介电常数和高压电系数，因此尤其受到青睐。

有关压电方程的推导可以参阅相关压电学书籍，这里直接给出表达式：

$$\begin{cases} \sigma = E\varepsilon - e_F E_i \\ D = \varepsilon E_i + e_F \varepsilon \end{cases} \tag{4-6}$$

其中，σ 为应力；ε 为应变；E_i 为电场强度；D 为电位移；E 为弹性模量；ε 为介电常数；e_F 为压电应力常数(简称压电常数)。该方程组称为第二类压电方程组，为压电传感器的理论基础。

图 4-11 所示为压电传感器的工作原理图。敏感质量块与压电晶体相连，当输入加速度时，质量块导致的惯性力作用在压电晶体上。由于压电效应，输出的电信号同外界加速度成比例变化。

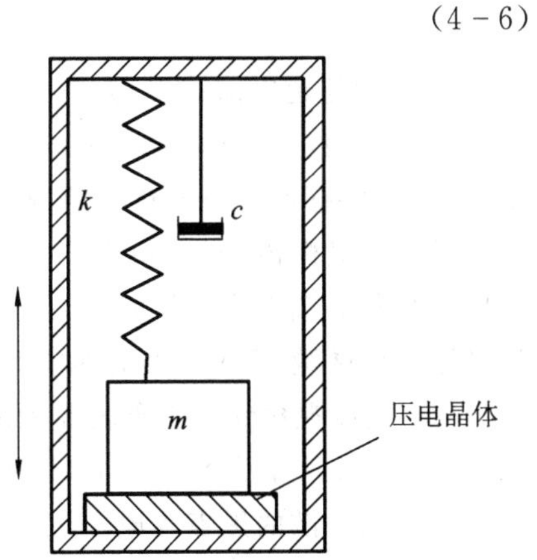

图 4-11 压电传感器的工作原理

压电式微传感器多为梁结构，测量范围为 $\pm 5g \sim \pm 5000g$，频率响应范围为 150 Hz～10 kHz，灵敏度为 0.1 mV/g～15 mV/g。图 4-12 所示为美国 EG&G IC Sensors 公司生产的 3255 微加速度传感器。整个传感器采用三层结构：上层为顶盖，由凹槽、限位装置和自检电极构成；中间层由敏感质量块、四个悬梁和框架组成；下层为底盖，由凹槽和限位装置组成。四个悬梁都加有两个压敏电阻，互相连接后形成惠斯通电桥。当传感器感受到加速度作用时，质量块上下移动，由压电效应可得到，四个压敏电阻的阻值增大，另外四个电阻的阻值减小。电桥的输出电压与外界加速度成正比例关系。

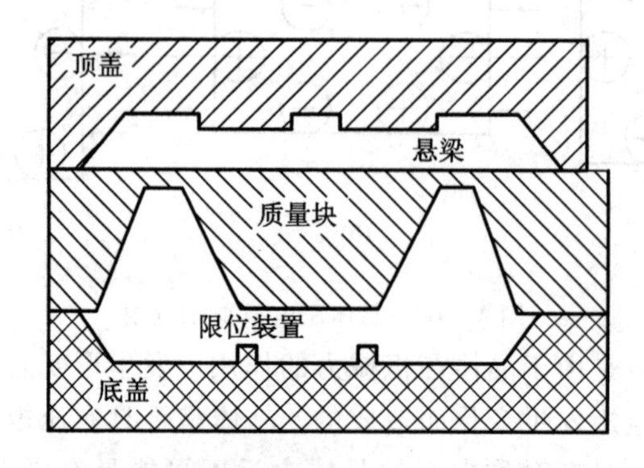

图 4-12　3255 微加速度传感器(EG&G IC Sensors 公司)

EG&G IC Sensors 公司生产的微传感器可用在汽车安全气囊、模态分析、振动试验、飞行动力测量、运动控制、飞行导航、引信装置等方面。

4. 隧道传感器

隧道传感器(Tunneling Microsensor)是利用隧道电流进行测量的微传感器。

在室温下，当两个金属电极间的势垒足够小时，在两极间发生电子隧穿，此现象为隧道效应。隧道电流同极板间距的关系式为

$$I_{\text{tun}} \propto U_{\text{tun}} \exp(-\alpha_i \sqrt{\varphi} x) \qquad (4-7)$$

其中，I_{tun}为隧道电流；U_{tun}为加在隧道电极上的电压；φ 为隧道结势垒宽度；x 为金属电极间距；α_i为常数。通过测量隧道电流的变化，可以获得电极之间的距离变化。隧道微传感器是 MEMS 传感器的一个新兴领域，同时又是富有挑战性的领域。隧道原理的最成功应用是扫描隧道显微镜(Scanning Tunneling Microscope，STM)的发明。1981 年，IBM 公司苏黎世研究所的瑞士物理学家 Ruschlikon Binning 和 Heinrich Rohrer(参见图 4-13)发明了扫描隧道显微镜 STM，观察到了 Si(111)表面清晰的原子结构，从而使人类第一次进入原子世界，直接观察到了物质表面上的单个原子。

图 4-14 所示为 STM 的基本原理图。图中圆圈为原子，中间深色部分为原子核，周围浅色部分和分散的黑点为电子云。上面六个原子代表探针针尖，下面十一个原子代表被测试样面。

Ruschlikon Binning

Heinrich Rohrer

图 4-13　STM 发明者

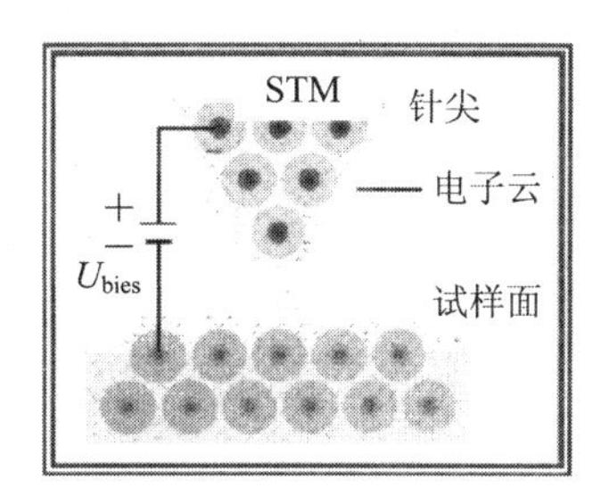

图 4-14　STM 基本原理图

STM 的基本原理是基于量子隧道效应的。当针尖和试样面距离足够小时(小于 0.4 nm)，在针尖和试样面间施加一偏置电压，便会产生隧道效应，电子在针尖和试样面之间流动，形成隧道电流。在相同的偏置电压作用下，随着探针同试样面的距离减小，隧道电流增大很快(可增大 1～2 个数量级)，同时针尖原子和试样面原子的电子云部分重叠，使两者之间的相互作用大大增强。由于隧道电流随距离呈指数形式变化，因此，试样面上电子排列形成的“凸凹不平”表面导致隧道电流剧烈的变化。检测变化的隧道电流，并经计算机处理，便能得到试样面的原子排列情况。STM 的横向分辨率为 0.1 nm，纵向分辨率可达 0.01 nm，隧道电流为 1 nA。

图 4-15 所示为加州理工学院研制的基于隧道电流的小型高灵敏度宽频带加速度计。当敏感质量块感受到加速度时，尖角和隧道电极之间距离发生变化。通过测量隧道电流，可以得到输入加速度。

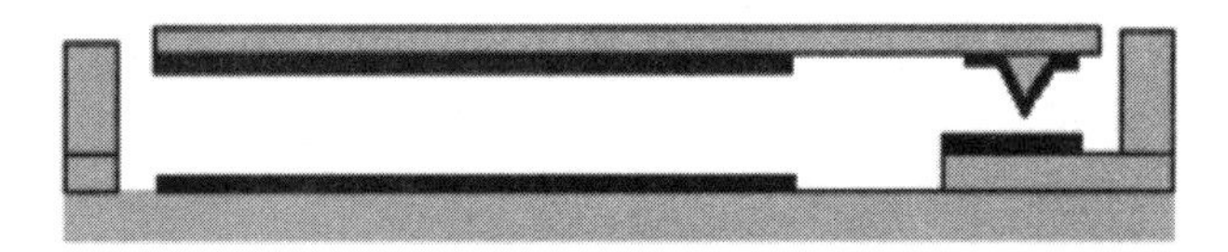

图 4-15　基于隧道电流的加速度计(加州理工学院)

图 4-16 所示为体微机械隧道加速度计。当施加加速度时，采用静电驱动来维持恒定的隧道电流，因此其顶部实际上没有明显的移动，而加在静电板上的电压随加速度变化。

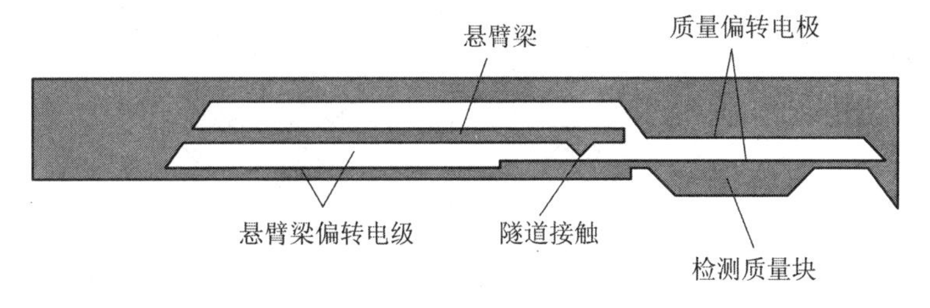

图 4-16　体微机械隧道加速度计(Rockstad，H. K.)

图 4－17 所示为扭摆结构隧道加速度计，由两个支撑基座、一对挠性梁、一块含隧道尖的质量块组成。当外界激励加速度输入时，敏感质量块偏转，隧道电极距离减小，导致隧道电流呈指数增加。

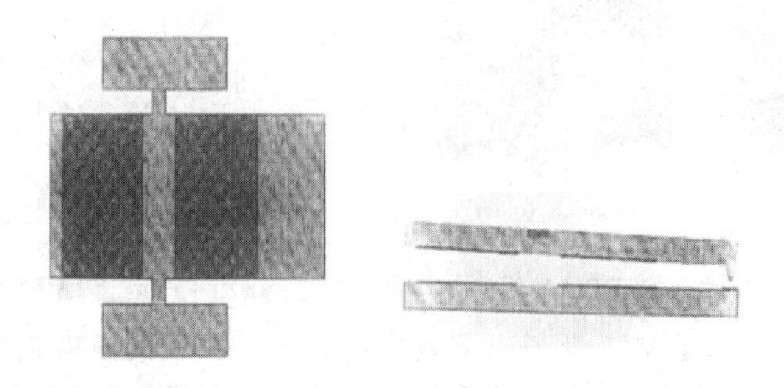

图 4－17　扭摆结构隧道加速度计(东南大学)

对位移变化的测量，除了隧道电流以外，还可以通过检测力、电容、光、热等的变化达到目的。基于探针在被测试样表面上进行纵、横向扫描引起相关检测量变化的原理研制的设备，称为扫描探针显微镜(Scanning Probe Microscope，SPM)。

图 4－18 所示为 SPM 原理简图。图中深色部分为被测试样面，当探针在水平方向进行扫描时，由于被测表面因原子排列而形成的“凸凹不平”，导致针尖在垂直方向有变化的 Δz。由 Δz 的变化引起在接触区域的力、电流、电容、热、光的变化，检测这些变化量，导致各种系列的 SPM 的产生，如原子力显微镜(Atomic Force Microscope，AFM)、力调制显微镜(Force Modulation Microscope，FMM)、相位检测显微镜(Phase Detection Microscope，PDM)、静电力显微镜(Electrostatic Force Microscope，EFM)、电容扫描显微镜(Scanning Capacitance Microscope，SCM)、热扫描显微镜(Scanning Thermal Microscope，SThM)和近场光隧道扫描显微镜(Near-field Scanning Optical Microscope，NSOM)等。探针的水平扫描可达 100 μm，垂直扫描可达 4 μm。探针多由 Si、W 或 Ni 材料制成。

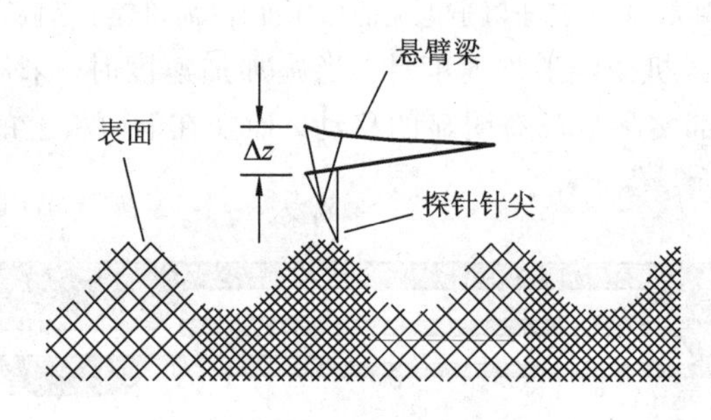

图 4－18　SPM 原理简图

4.1.2 微执行器

微执行器(Micro Actuator)是 MEMS 中的重要组成部分，主要用于将其他形式的能量通过各种方法转变为机械能，执行机械运动，从而完成设计目的。鉴于 MEMS 的微小化和尺寸效应，其微执行器已不是简单的传统机械的缩小化，驱动方法也不同于传统机械。

微执行器将电能、化学能等各种能量转化为运动能量，用于执行机械动作，如微静电执行器由微静电驱动，微磁执行器由微磁场驱动，微压电执行器靠微压力场来传递位移或能量。按照执行原理不同，微执行器可分为静电执行器、电磁执行器、压电执行器、形状记忆合金执行器等。

1. 静电执行器

静电执行器(Electrostatic Microactuator)是利用静电力驱动的微执行器。

静电驱动是 MEMS 微执行器的主要驱动方式，其基本工作原理基于库仑定律和平行板间的静电力。

图 4-19 所示的两块平行极板长、宽分别为 l、w，它们的间距为 d，两端加电压 U，则电容为

$$C = \frac{\varepsilon w l}{d} \tag{4-8}$$

其电势能为

$$E = \frac{\varepsilon w l U^2}{2d} \tag{4-9}$$

则垂直于平行板的静电力为

$$F_d = \frac{\partial E}{\partial d} = -\frac{\varepsilon w l U^2}{2d^2} \tag{4-10}$$

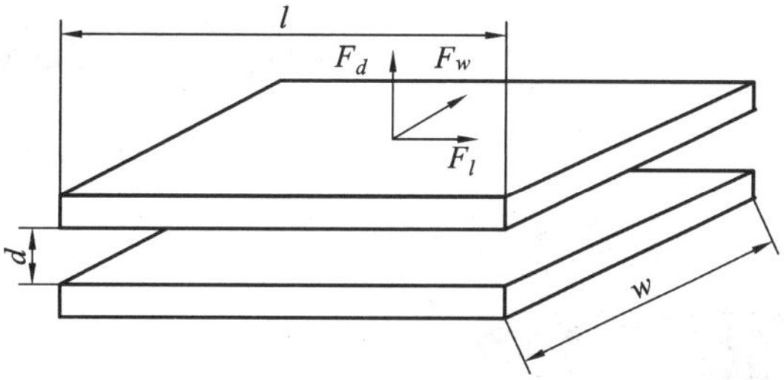

图 4-19　平行极板

同理，可以得到 w、l 方向的静电力分别为

$$F_w = \frac{\partial E}{\partial w} = \frac{\varepsilon l U^2}{2d} \tag{4-11}$$

$$F_l = \frac{\partial U}{\partial l} = \frac{\varepsilon w U^2}{2d} \tag{4-12}$$

由上式可以看出，沿 w、l 方向的静电力同 w 和 l 无关。

静电驱动原理在 MEMS 驱动中广泛应用。图 4-20 所示为 EPSON 公司生产的静电力驱动喷墨打印头，衬底上的电极静电力驱动墨滴在腔中流动，控制墨滴喷射。

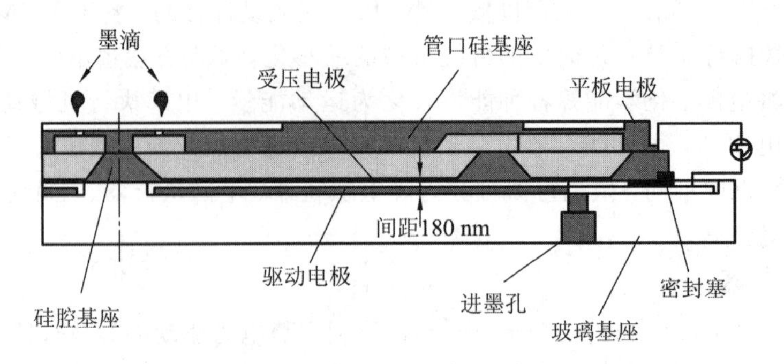

图 4-20　静电力驱动喷墨打印头(EPSON 公司)

图 4-21 所示为朗讯公司研制的微光镜，镜片底下的静电力驱动镜片转动。图 4-22 所示为 Michigan 大学研制的静电力驱动的机械滤波器。静电力在微夹子中也是主要的驱动方式。图 4-23 和图 4-24 所示分别为 PI 公司和伯克利分校研制的微夹子。

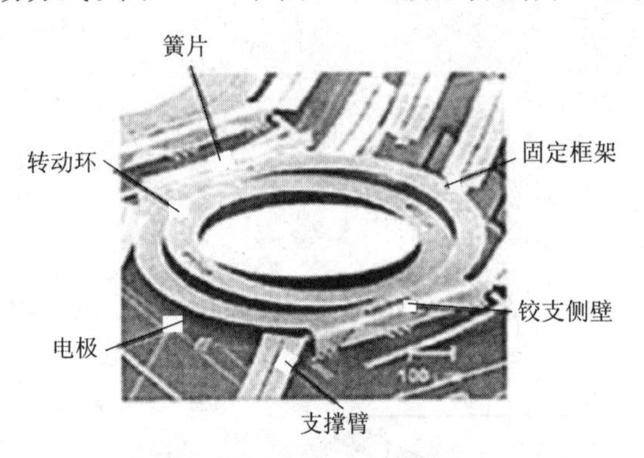

图 4-21　微光镜(朗讯公司)

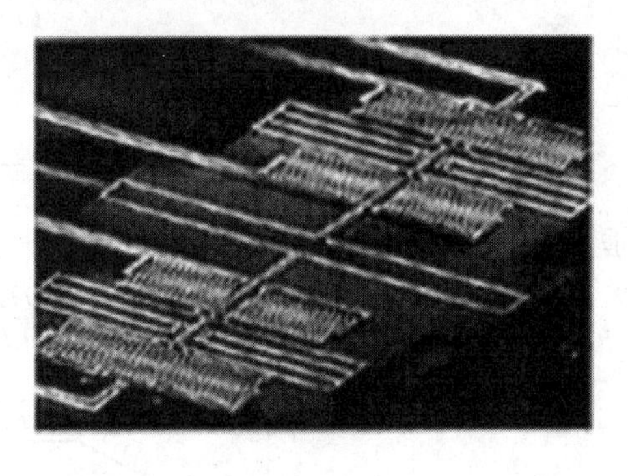

图 4-22　机械滤波器(Michigan 大学)

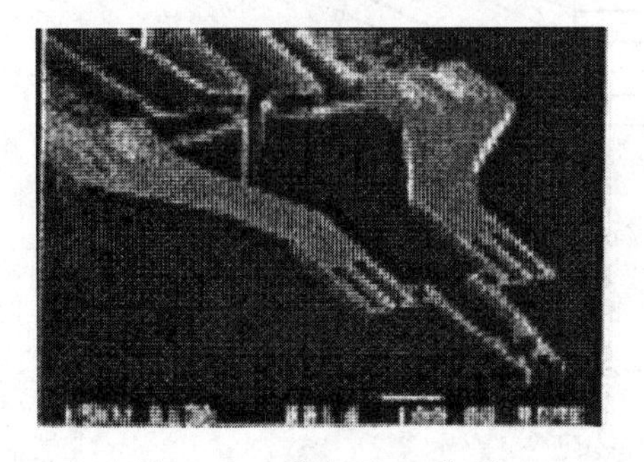

图 4-23　微夹子(PI 公司)

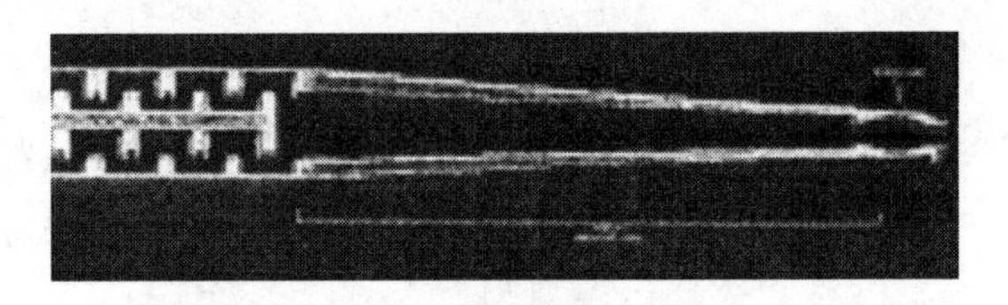

图 4-24　微夹子(伯克利分校)

图 4-25、图 4-26、图 4-27 所示为韩国 Kwangju 科技所研制的静电驱动的 2×2 光开关。从图 4-27 可以看出，响应时间为 5 ms，在 12 V 和 24 V 电压输入下，驱动位移分别为 12 μm 和 45 μm。

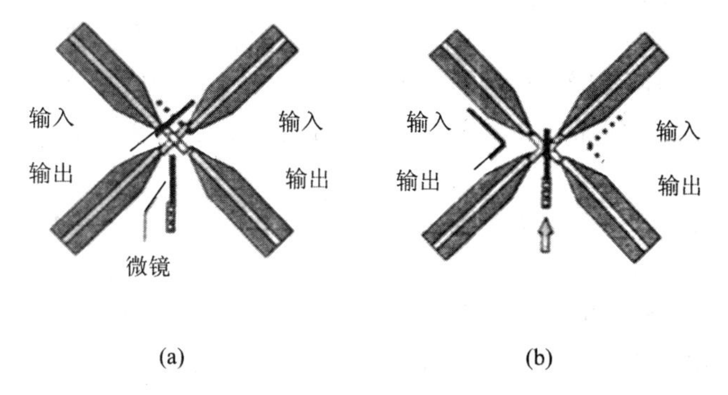

图 4-25　静电驱动 2×2 光开关工作原理(韩国 Kwangju 科技所)

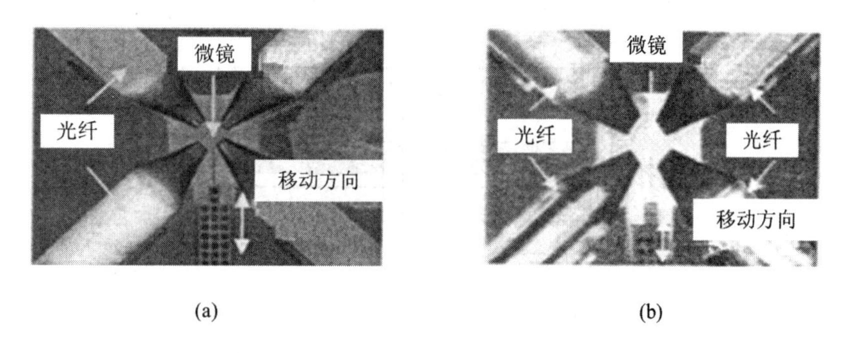

图 4-26　静电驱动 2×2 光开关(韩国 Kwangju 科技所)

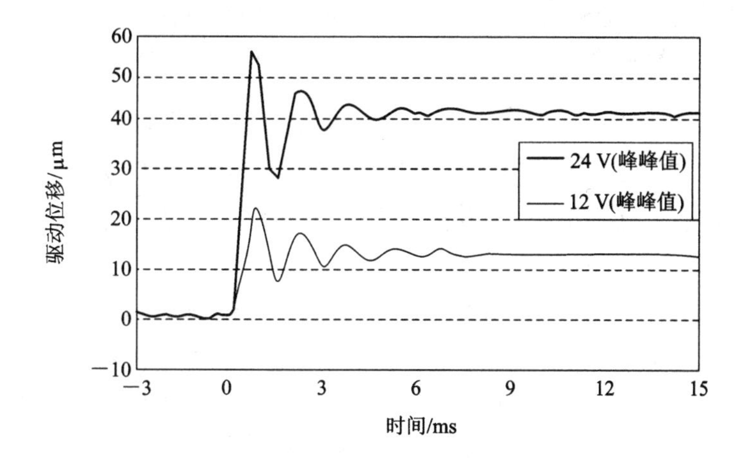

图 4-27　静电驱动 2×2 光开关响应结果(韩国 Kwangju 科技所)

2. 电磁执行器

电磁执行器(Electromagnetic Micromotor)是利用电磁力驱动的微执行器。

任何载流导体在磁场中都要受到洛仑磁力的作用。磁驱动器就是以洛仑磁力作为主要的驱动力。静电执行器的特点是驱动范围小；而电磁执行器是在数毫米时发生作用力，动作幅度大。基于电磁效应，已经开发出电磁电机、微泵、光开关、微镊子等。目前电磁执行器存在的问题是电磁线圈的加工和磁性材料的生成。下面主要介绍上海交大研制的电磁型微电机和电磁压电式微机器人。

电磁型微电机利用通电导体在磁场中受磁场力而运动，具有输出力矩大、运行寿命长、转速范围广的优点。图 4-28 所示为上海交大研制的电磁型微电机，定子为高性能磁钢，采用超精密装配技术安装。其外形尺寸为 1.2 mm×1.2 mm×1.3 mm，转子直径为 0.913 mm，最大输出力矩为 1.5 μNm，最高转速为 18 000 r/min。

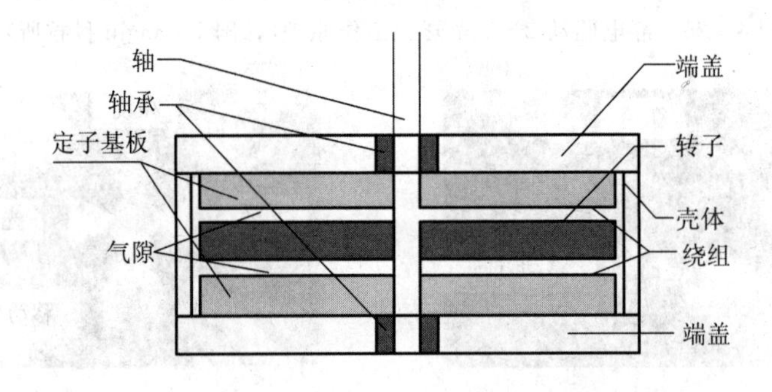

图 4-28　电磁型微电机(上海交大)

图 4-29 所示为电磁压电式微型多节蠕动机器人结构原理图。机器人由若干驱动单元、单元弹性密封膜、后舱和前舱构成，各驱动单元之间以及前、后舱与驱动单元件之间通过万向节连接，并用弹性密封膜密封。驱动单元由电磁压电式微型直线驱动器构成。

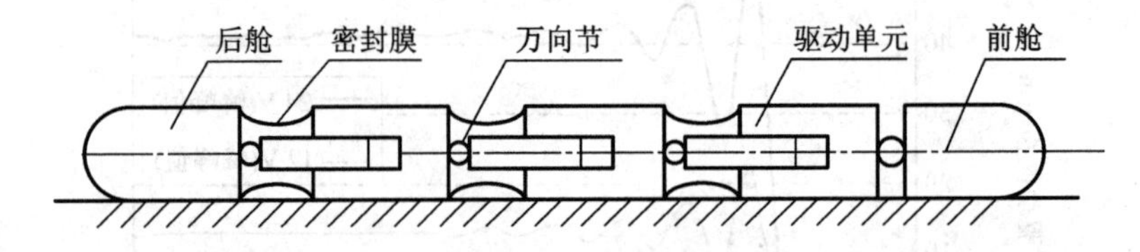

图 4-29　电磁压电式微机器人结构原理图(上海交大博士论文)

图 4-30 所示为驱动单元结构。驱动单元由驱动器和导磁套筒构成，其中驱动器由两个电磁铁 EM1、EM2 和一个层积式压电陶瓷 PZT 构成。压电体与两个电磁铁之间固定粘接。驱动器与套筒之间有微小间隙，能够在套筒内前后运动。其外形尺寸为 3.5 mm×4.5 mm×10 mm。

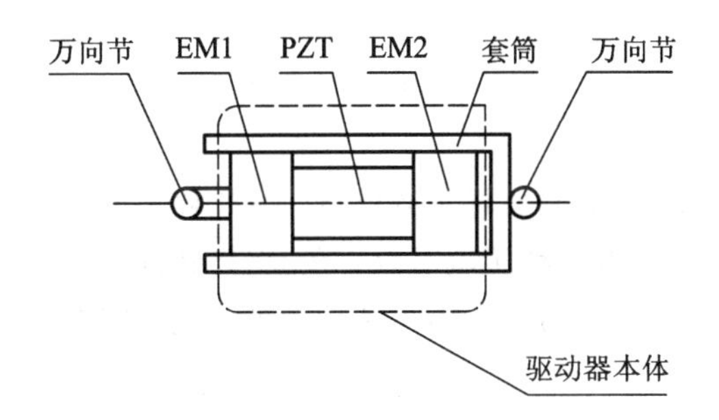

图 4-30　电磁压电驱动单元(上海交大博士论文)

驱动单元的套筒由导磁材料制成。在一定的控制时序下，驱动器两个电磁铁交替地吸附在套筒上，或者放松压电体伸长，或者收缩。若改变控制时序，则驱动器输出位移的方向发生改变。机器人的每个驱动单元的驱动器与下一节驱动单元的套筒连接。在控制信号作用下，机器人系统将实现蠕动爬行动作。改变控制信号频率，机器人蠕动爬行速度发生改变；改变控制信号时序，机器人蠕动爬行方向发生改变。图 4-31 所示为微型电磁压电型蠕动机器人实物图。

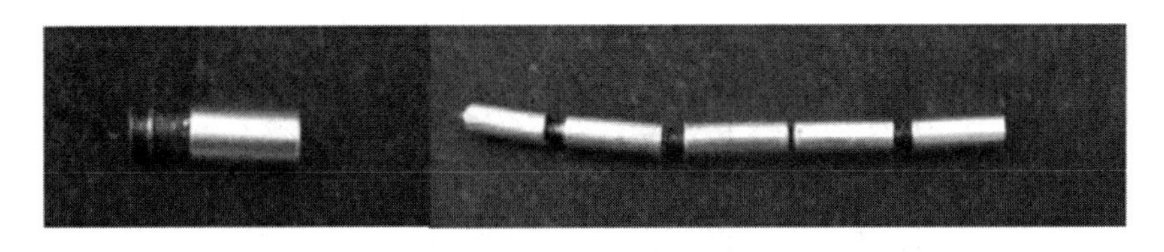

图 4-31　微型电磁压电型蠕动机器人系统及其驱动单元件(上海交大博士论文)

微型电磁压电式微机器人综合了电磁和压电驱动的优点，既能产生较大驱动力和较快的运动速度，又控制可靠、运动稳定，适于微型管道和柔软弯曲环境下的运动，是进入微小空间或微小管道完成在线和实时检测的一种新手段。

3. 压电执行器

压电执行器(Piezoelectric Microactuator)是利用压电材料产生运动和(或)力的微执行器。

压电执行器通过利用逆压电效应在压电材料上加不同驱动电压，实现驱动的功能。与其他形式的驱动形式相比，压电驱动具有结构简单、无噪音、控制方便等优点。压电驱动器驱动电压在 10 V～100 V 之间，其中主要问题是存在非线性现象。

压电执行器可分为单压电晶片元件、双压电晶片元件等各种类型，主要的压电材料是锆钛酸盐(PTZ)。其特点如下：

(1) 响应快；

(2) 单位体积应力输出大；

(3) 结构简单，易于小型化；

(4) 移动范围有限，易于实现微距控制；

(5) 能量转换效率高。

压电器件可用作微执行器，例如超声微电机、微位移环节、泵、扬声器、微阀、微弹簧等。图 4 - 32、图 4 - 33 所示为一种压电微泵，在 PZT 材料上加驱动电压，利用 PZT 的逆压电效应产生上下振动，实现驱动腔内体积和压力的变化，完成液体的驱动。

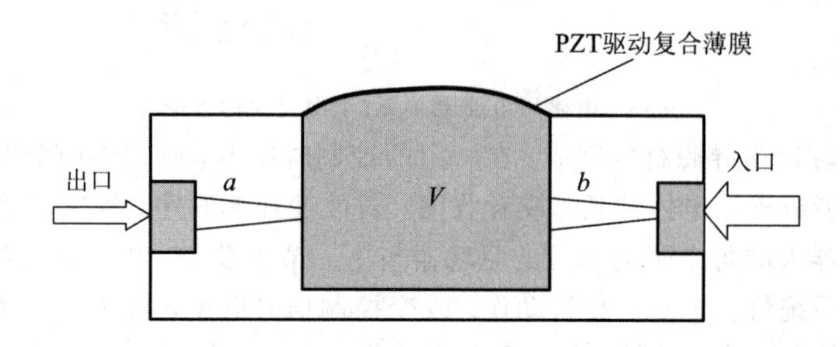

图 4 - 32 压电微泵(进水状态)

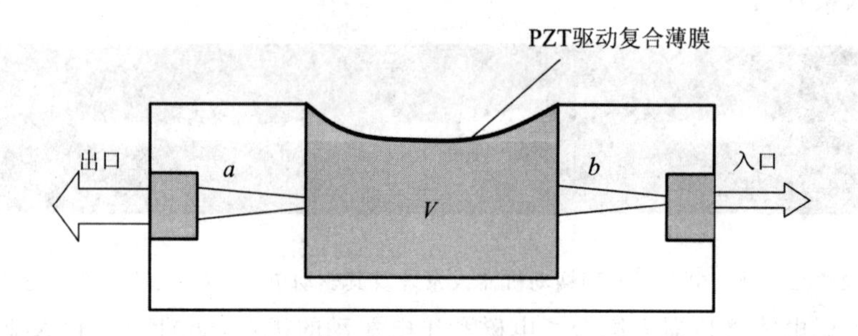

图 4 - 33 压电微泵(出水状态)

图 4 - 34 所示为瑞典 Erik Stemme 研制的无阀门压电微泵。它利用管件的收缩、扩张实现流体的流动，最大输出流量为 16 mL/min，最大输出压力为 19.6 kPa，工作频率为 100 Hz。由于取消了阀门，无阀门压电微泵的反向止流性较差。

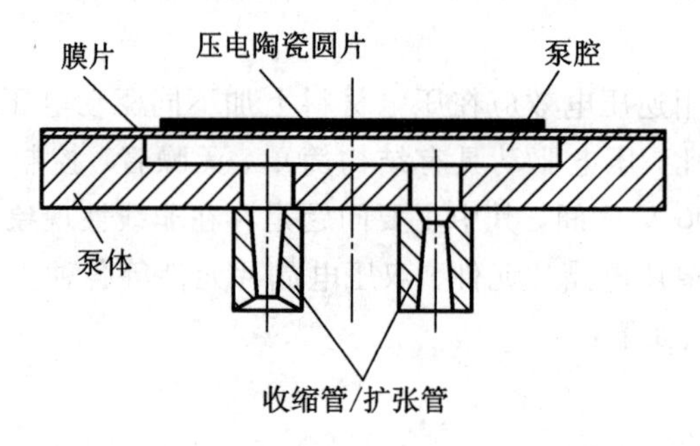

图 4 - 34 无阀门压电微泵(Erik Stemme)

鉴于压电驱动器位移小、驱动电压大的缺点，可利用双压电原理实现大位移驱动，即在驱动构件两侧都贴上压电材料，通相反电压，实现双压电效应，如图 4-35 所示。

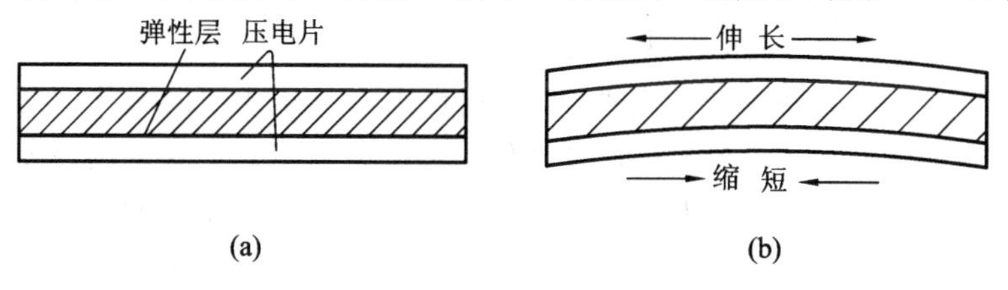

图 4-35　双压电效应

(a) 变形前；(b) 变形后

图 4-36 所示为利用双压电效应研制的微风扇，驱动电压加在双压电片上，悬臂梁弯曲。当外加电压频率和悬臂梁固有频率一致时，振动幅度最大，周围气体形成风。该风扇体积小，可用在半导体器件的冷却装置上。

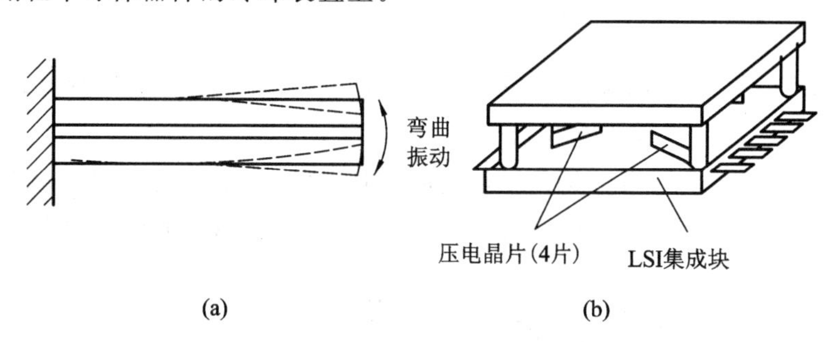

图 4-36　双压电微风扇

图 4-37 所示为美国 Boston 大学设计的压电致动蠕动泵。通过在压电片上顺序施加电压，使压电片弯曲变形，三个单元分别执行出、入口单向阀和泵腔的功能，循环往复导致流体的定向流动。施加电压为 80 V，谐振频率为 15 Hz，无背压时的流量约为 100 μL/min。

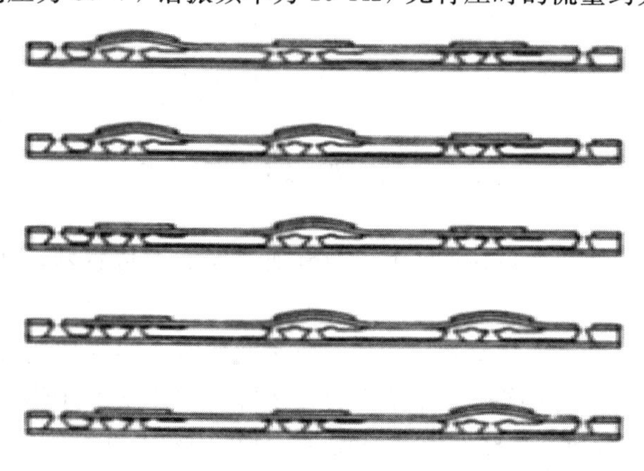

图 4-37　压电致动蠕动泵（Boston 大学）

4. 形状记忆合金执行器

形状记忆合金执行器(Shape Memory Alloy Microactuator)是利用形状记忆效应产生运动和(或)力，完成驱动功能的微执行器。

形状记忆合金由于其特殊的相变机理，不仅可以有单向或双向形状记忆效应，同时还可以产生大的应变和驱动力。形状记忆合金作为智能材料得到广泛应用。将形状记忆合金薄膜和微加工技术结合制作的各种微小型驱动器，不仅满足小型化的要求，而且可以实现批量生产。形状记忆合金的薄膜驱动功能密度达 5×107 J/m^3，比静电、压电微驱动器的驱动功能密度要大 100 倍，因此受到广泛关注。形状记忆合金执行器主要应用如下：

(1) 管接头、天线、套环等，主要利用单程形状记忆效应的单向形状恢复原理。

(2) 热敏元件、机器人、接线柱等，主要利用外因形成的双向记忆恢复功能。即利用单程形状记忆效应并借助外力随温度升高和降低做反复动作。

(3) 热机、热敏元件等，利用内因形成的双向记忆恢复功能。即利用双程记忆效应随温度升高和降低做反复动作。

(4) 血栓过滤器、脊柱矫形棒、牙齿矫形丝、脑动脉瘤夹、接骨板、髓内针、人工关节、避孕器、心脏修补元件、人造肾脏用微型泵等。

形状记忆合金存在的主要问题是响应时间太长。图 4 - 38 所示为 Hoddaido 大学研制的微泵。该微泵利用 TiNi 薄膜通、断电完成加热、冷却，实现泵膜的弯曲和恢复。

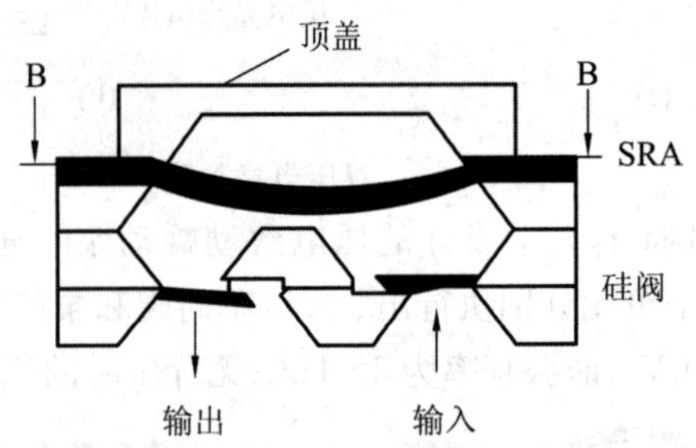

图 4 - 38 TiNi 薄膜微泵(Hoddaido 大学)

4.2 微加速度计

微加速度计(Microaccelermeter)是用于测量加速度的微传感器，可提供相关的速度和位移信息。

加速度计典型结构包括软弹簧和质量块。加速度计通过感受加速质量块受运动惯量作用而产生的位移，或测量消除这一位移需要的力来检测加速度。MEMS 加速度计的主要性能指标包括测量范围、分辨率、标度因数稳定性、标度因数非线性、噪声、零偏稳定性和带宽等。

目前，加速度微传感器有电容式、压阻式、压电式三种，其性能比较如表 4-1 所示。

表 4-1　电容式、压电式和压阻式加速度计的性能比较

技术指标	电容式	压电式	压阻式
尺寸	大	小	中等
温度范围	非常宽	宽	中等
线形度误差	高	中等	低
直流响应	有	无	有
灵敏度	高	中等	中等
冲击造成的零位飘移	无	有	无
电路复杂程度	高	中等	低
成本	高	高	低

压阻式加速度计通过压敏电阻阻值的变化来实现对加速度的测量，具有结构、制作工艺和检测电路都相对简单的特点。随着技术的不断提高和新材料的应用，压阻式加速度计的性能提升很快。2009 年，R. Amarasinghe 等人制作了一个超小型 MEMS/NEMS 三轴压阻式加速度计，由纳米级压阻传感元件和输出电路构成。该加速度计制作在 n 型 SOI 晶圆上，采用 EB 光刻和离子注入工艺制作纳米级压电阻，并用 DRIE 工艺精细制作梁和振动质量块。该加速度计可在 480 Hz 的频率带宽下测量 20 g 的加速度，x、y 和 z 轴的平均测量精度分别为 0.416 mV/g、0.412 mV/g 和 0.482 mV/g，具有高性能、低功耗、抗振动和耐冲击的特性。

电容式加速度计中的惯性质量块在加速度作用下引起悬臂梁变形，进而引起电容变化，通过检测其电容的变化，获得加速度的大小。2010 年，Kistler North America 公司采用硅 MEMS 可变电容传感元件，制作了 8315A 系列高灵敏度、低噪声的电容式 MEMS 单轴加速度计。其中 8315A2D0 型加速度计的灵敏度达 4000 mV/g，工作温度 -55℃～125℃，工作电压 6 V～50 V，可测量沿主轴方向的加速度和低频振动，具有良好的热稳定性和可靠性。电容式 MEMS 加速度计因灵敏度高、噪声低及漂移小等优势在汽车和工业领域中应用广泛。

压电式 MEMS 加速度计采用压电效应，运动时内置质量块会产生压力，使支撑的刚体发生应变，最终把加速度转变成电信号输出。它具有尺寸小、重量轻和结构较简单的优点。

此外，谐振式加速度计易于实现高精度测量，这也成为微传感器的一个重要发展方向。它利用振梁的力频特性，通过检测谐振频率变化，获得输入加速度的大小。Draper 实验室在谐振式加速度计技术上处于世界领先地位，主要应用于对稳定性要求较高的领域。

其研制的加速度计采用差分式结构，基频为 20 kHz，标度因数为 100 Hz/g，标度因数稳定性为 3×10^{-6}，零偏稳定性为 5 μg，品质因数 Q 的典型值大于 1×10^{5}。

4.2.1 线微加速度计

图 4－39 所示为线加速度计力学模型。

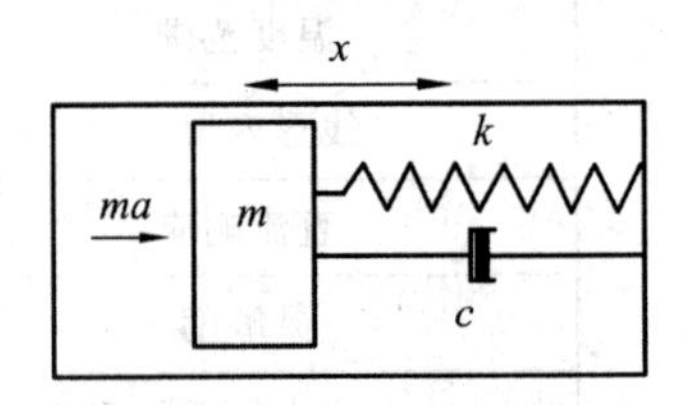

图 4－39　线加速度计力学模型

根据牛顿第二定律，质量块 m 的微分方程为

$$m\frac{\mathrm{d}^2x}{\mathrm{d}t^2}+c\frac{\mathrm{d}x}{\mathrm{d}t}+kx=ma \tag{4-13}$$

式中，m、c、k 分别为质量、阻尼系数和刚度，a 为激励加速度，x 为敏感质量块相对箱体的位移。对上式进行零初始条件下的拉普拉斯变换，得到

$$(ms^2+cs+k)X(s)=mA(s) \tag{4-14}$$

以质量块对箱体的位移为输出变量，激励加速度 a 为输入变量，则传递函数为

$$\frac{X(s)}{A(s)}=\frac{1}{s^2+2\xi\omega_{\mathrm{n}}s+\omega_{\mathrm{n}}^2} \tag{4-15}$$

$$\omega_{\mathrm{n}}=\sqrt{\frac{k}{m}} \tag{4-16}$$

$$\xi=\frac{c}{2\sqrt{mk}} \tag{4-17}$$

式中，ω_{n}、ξ 分别为系统的固有频率和阻尼比。

将包含有加速度计的箱体固定在载体上，将敏感质量块在敏感轴上的相对位移检测出来，就可以间接测出激励加速度值。对加速度一次积分可得箱体的速度，二次积分可得箱体的运动位移。

当系统处于稳态、常加速度输入下，敏感质量块相对箱体的位移为

$$x=\frac{ma}{k}=\frac{a}{\omega_{\mathrm{n}}^2} \tag{4-18}$$

由式(4－18)可知，敏感质量块越大，刚度越小，系统振动频率越低，敏感质量块的相对位移越大，加速度计灵敏度越高。

4.2.2 差动电容微加速度计

差动电容微加速度计在 MEMS 工程中很常见，其表头结构如图 4－40 所示。敏感质量块 m 上、下表面镀金。当外界激励加速度为零时，质量块位于中央平衡位置，质量块上、下表面同两电容极板分别构成电容 C_1、C_2。

$$C_1=C_2=C_0=\frac{\varepsilon A}{d_0} \tag{4-19}$$

式中，A 为极板面积；d_0 为极板间隙。外界激励加速度 a 导致敏感质量块偏离平衡位置，向上移动 x，如图 4-41 所示。

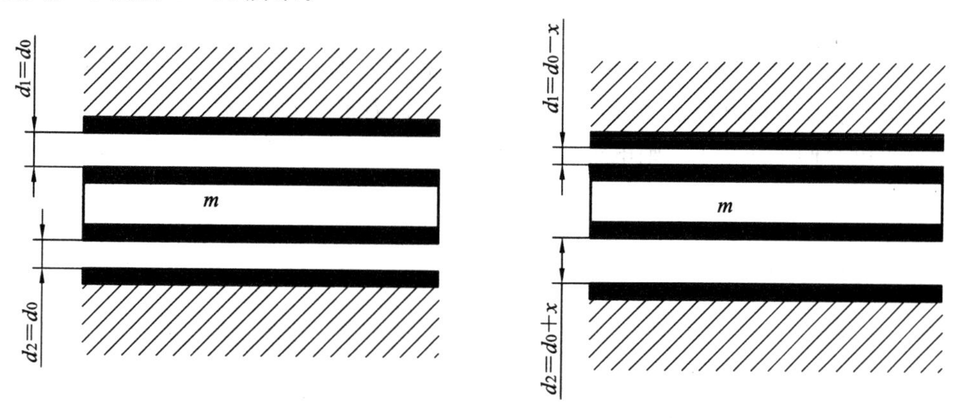

图 4-40 差动电容表头结构(激励加速度为零)　图 4-41 差动电容表头结构，激励加速度为 a

C_1、C_2电容分别为

$$C_1=\frac{\varepsilon A}{d_0-x}=C_0\left(\frac{1}{1-\frac{x}{d_0}}\right) \tag{4-20}$$

$$C_2=\frac{\varepsilon A}{d_0+x}=C_0\left(\frac{1}{1+\frac{x}{d_0}}\right) \tag{4-21}$$

在 MEMS 实际工程中，$x\ll d_0$，对以上两式进行级数展开，得到差动电容为

$$\Delta C=2C_0\left[\frac{x}{d_0}+\left(\frac{x}{d_0}\right)^3+\left(\frac{x}{d_0}\right)^5+\cdots\right] \tag{4-22}$$

略去高阶小量，得到差动电容为

$$\Delta C=2C_0\,\frac{x}{d_0} \tag{4-23}$$

式(4-23)表明，外界激励加速度 a 导致敏感质量块向上移动 x 的位移，可以转换为差动电容的变化。当系统处于稳态常加速度输入下，差动电容的变化量为

$$\Delta C=2C_0\,\frac{a}{d_0\omega_{\mathrm{n}}^2} \tag{4-24}$$

不同激励加速度对应不同的差动电容的变化量，通过检测差动电容的变化量就可以得到激励加速度的大小。系统灵敏度为

$$\frac{\Delta C}{a}=\frac{2C_0}{d_0\omega_{\mathrm{n}}^2} \tag{4-25}$$

差动电容微加速度计的灵敏度同平衡位置极板电容 C_0、间隙 d_0和固有谐振频率有关。极板电容 C_0越大，间隙 d_0越小，固有谐振频率越低，系统灵敏度越高。

激励加速度的最小分辨率为

$$a_{\min}=\frac{d_0\omega_{\mathrm{n}}^2}{2C_0}\cdot\Delta C_{\min} \tag{4-26}$$

差动电容微加速度计的分辨率同平衡位置极板电容 C_0、间隙 d_0 和固有谐振频率与电容检测能力有关。极板电容 C_0 越大，间隙 d_0 越小，固有谐振频率越低，系统分辨率越高。

设极板电容间电压为 U，则电场能为

$$W=\frac{1}{2}U^2C \tag{4-27}$$

极板电容间电场力为

$$F=\frac{\partial W}{\partial d}=\frac{1}{2}\cdot\frac{\varepsilon AU^2}{d^2} \tag{4-28}$$

外界激励加速度 a 导致敏感质量块偏离平衡位置 x，则敏感质量块受到总的电场力为

$$F_e=\frac{1}{2}\cdot\frac{\varepsilon AU^2}{d_0^2}\left[\frac{1}{(d_0-x)^2}-\frac{1}{(d_0+x)^2}\right] \tag{4-29}$$

敏感质量块受到的弹性力为

$$F_k=kx \tag{4-30}$$

为实现质量块振动而不至于塌陷粘附在电容极板上，必须满足：

$$F_k\geqslant F_e \tag{4-31}$$

即

$$k\geqslant\frac{4\varepsilon U^2A}{d_0^3}=\frac{4U^2C_0}{d_0^2} \tag{4-32}$$

可见，减小系统刚度(降低系统固有频率)，增大极板电容 C_0，减小间隙 d_0，可以提高灵敏度和分辨率，但容易导致敏感质量块塌陷粘附问题，因此，合理设计差动电容式微加速度计的结构，对其性能非常重要。

4.2.3　跷跷板式微加速度计

跷跷板式微加速度计又称为扭摆式微加速度计(Pendulous Micro-machined Silicon Accelerometer，PMSA)，当质量块分别位于支撑梁两边，且质量和惯性矩不相等。当存在激励加速度时，质量块将围绕支撑梁扭转，导致电容大小发生改变。通过测量电容的改变量，可以得到激励加速度的大小。

扭摆式微加速度计力学模型如图 4-42 所示。敏感质量块输入加速度 a，导致惯性力矩，按照牛顿第二定律，得到摆角转动微分方程为

$$J\frac{\mathrm{d}^2\theta}{\mathrm{d}t^2}+c\frac{\mathrm{d}\theta}{\mathrm{d}t}+k\theta=K_\theta a \tag{4-33}$$

式中，J、c、k 分别为转动惯量、阻尼系数和扭转刚度；a 为外界激励加速度；K_θ 为激励加

速度扭转系数，与扭摆大小有关，其扭矩为

$$K_{\theta}a = \int_{摆片} ardm = J\ddot{\theta} \quad (4-34)$$

式中，$\ddot{\theta}$ 为等效的输入角加速度。

对式(4-33)进行零初始条件下的拉普拉斯变换，得到

$$(Js^2 + cs + k)\Theta(s) = K_{\theta}A(s) \quad (4-35)$$

质量块的转角为输出变量，激励加速度 a 为输入变量，其传递函数为

$$\frac{\Theta(s)}{A(s)} = \frac{K_{\theta}/J}{s^2 + 2\xi\omega_n s + \omega_n^2} \quad (4-36)$$

可见，不同的外界激励加速度 a 对应不同的转角，即通过测量转角，可以间接测量外界激励加速度。系统固有谐振频率为

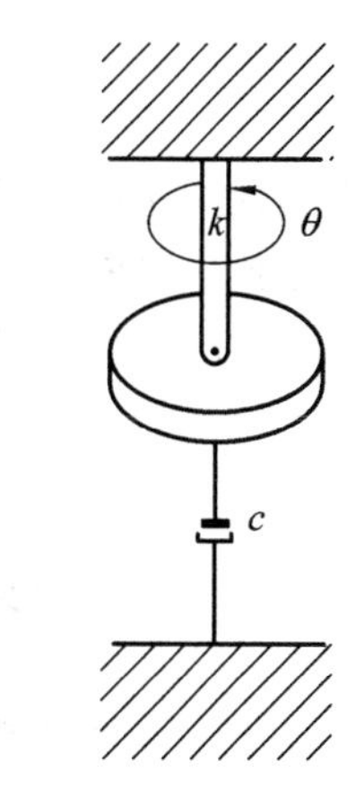

图 4-42 扭摆式微加速度计力学模型

$$\omega_n = \sqrt{\frac{k}{J}} \quad (4-37)$$

$$\theta = \frac{K_A}{J\omega_n^2}a = \frac{K_a}{k}a \quad (4-38)$$

刚度越小，转动惯量越大，固有谐振频率越低，加速度计的灵敏度越高。

图 4-43 所示为一种典型的扭摆式微加速度计结构。

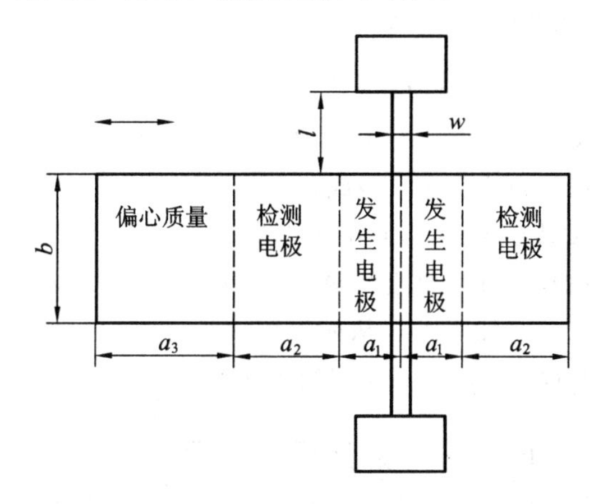

图 4-43 扭摆式微加速度计结构(清华大学)

在图 4-43 中，l、w 分别为支撑梁的长、宽。质量块厚度为 h(由于是二维图，故没有标出 h)。惯性扭矩产生的转角为

$$\theta = \frac{\rho a_3 bl(2a_1 + 2a_2 + a_3)}{4G\beta w^3}a \quad (4-39)$$

$$G=\frac{E}{2(1+\mu)} \tag{4-40}$$

式中，a 为输入加速度；ρ 为材料密度；G 为剪切模量；β 为与 h/w 有关的因子；E 为弹性模量；μ 为泊松比。转角同支撑梁宽度三次方成反比，同质量片厚度无关。

图 4-44 所示为另一种扭摆式加速度计。

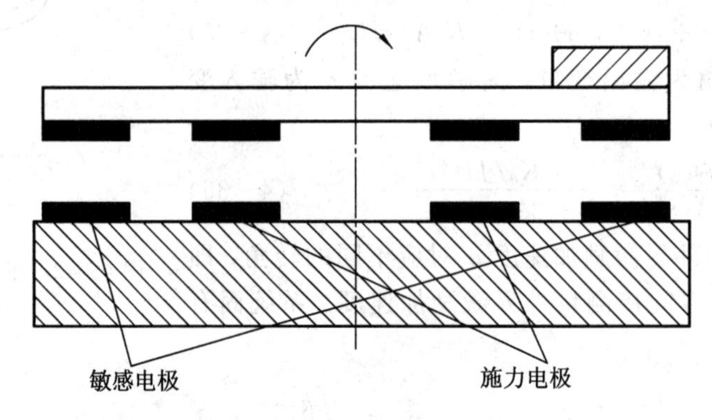

图 4-44　扭摆式加速度计

检测质量块受到加速度激励引起惯性力矩，产生角位移，导致相应电极输出电容变化；将电容变量作为控制信号，经过电子线路转换成施力电压加在施力电极上，从而平衡惯性力矩。

4.2.4　三明治式微加速度计

三明治式微加速度计又称悬臂梁微机械加速度计(Cantilever Beam Micro-machined Silicon Accelerometer，CMSA)。夹在中间的敏感质量块同上、下检测电极形成差动电容，并同上、下施力电极形成静电力反馈，构成闭合回路。

三明治式电容加速度传感器的基本结构如图 4-45 所示，固定电极在两边，敏感质量块上、下两面均作为动极板。当有加速度输入时，敏感质量块发生摆动，一对电容极板间距变大，而另一对电容极板间距变小，从而形成差动检测电容。这种结构需要双面光刻，要求工艺设备多，工艺难度大。因为悬臂梁所能承受的应力有限，所以这种传感器所能测量的最大加速度值较小。

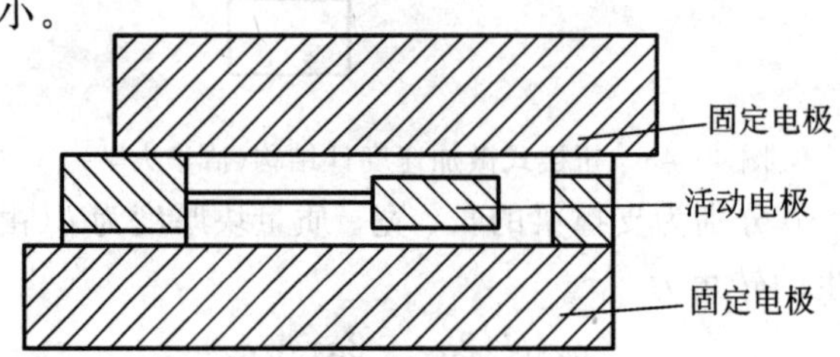

图 4-45　三明治式电容加速度传感器结构

美国 Litton 公司、德国 Litef 公司、日本日立公司等采用体硅加工方法，分别研制出高精度的微加速度计。

图 4 - 46 所示是开环立体硅工艺电容式微加速度传感器的一种典型结构。敏感元件是玻璃一硅一玻璃的“三明治”结构，外围用硅封装，整个芯片尺寸为 8.3 mm×5.7 mm×1.9 mm。中间的单晶硅片制成框架、敏感质量块和悬臂梁。敏感质量块和玻璃的内侧面均沉积了铝膜，构成三端差动电容。敏感质量块作活动电极，两块玻璃作固定电极，并起过载保护作用。电容介质为空气，改变气压可调节系统的阻尼。在两个固定电极上，加了反相调制电压 U_o和$-U_o$。当垂直于硅片方向上有加速度 a 输入时，惯性力使敏感质量块偏移，上、下两个电容发生变化，在中间活动电极上产生检测信号。经过采样/保持、低通滤波等环节，得到输出电压为

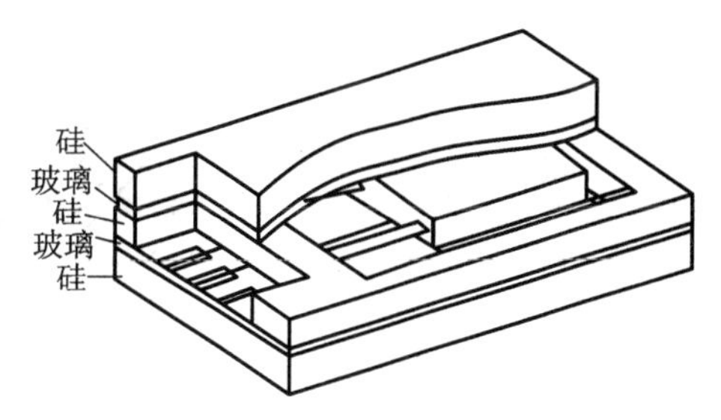

图 4 - 46　开环立体硅工艺电容式微加速度传计(Sensors and Actuators)

$$u_m = \frac{k'ma}{kd_0} \tag{4-41}$$

式中，k'为检测电路的增益；m 为敏感质量；k 为悬臂梁的刚度系数；d_0为静态电容间隙。

图 4 - 47 所示为完全对称结构的立体硅工艺电容式微加速度传感器。中间的敏感质量块由 8 根对角分布的悬臂梁支撑，只能上、下平动，从而减小了横向灵敏度，并使线性误差小于 0.5%。采用这种结构，电容极板面积较大，静态电容达到 10 pF，传感器也更牢固，寿命更长。该传感器的灵敏度为 1 pF/g，测量精度为 10^{-3} g，谐振频率为 3.5 kHz(100 Pa 气压下)，整个传感器的尺寸为 3.5 mm×7.0 mm。

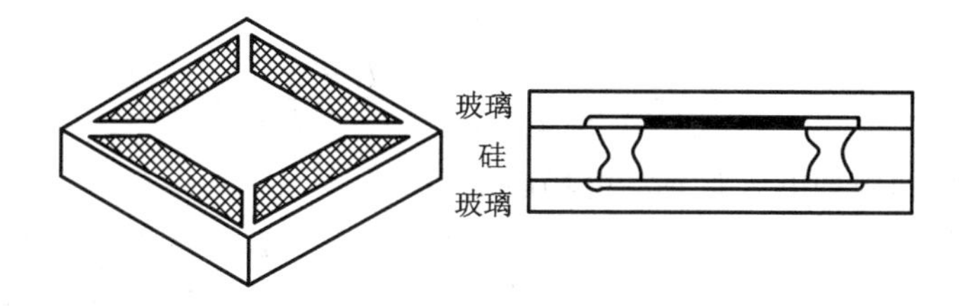

图 4 - 47　完全对称结构电容式微加速度传感器(Sensors and Actuators)

图 4 - 48 所示是一种典型的静电力平衡式硅微加速度传感器。其基本结构仍是玻璃一硅一玻璃“三明治”式。上、下两块玻璃上沉积了金属层，与中间的掺杂硅片有 2 μm 间隙，构成 10 pF 的差动电容，既用作测量电容，又用作施力电容，质量块由两根扭转轴支持，可敏感垂直于硅片方向的加速度。采用这种扭转结构，用很小的敏感质量就能获得较高的灵敏度。因此中间硅片作得很薄，厚度仅为 1.3 μm，扭转轴可由此硅片经简单的二维刻蚀制

成。它的精度达到 2.5×10^{-3} g，灵敏度为 $4\%g^{-1}$，工作范围是 $0.01g\sim10g$，工作频带为 0～200 Hz。

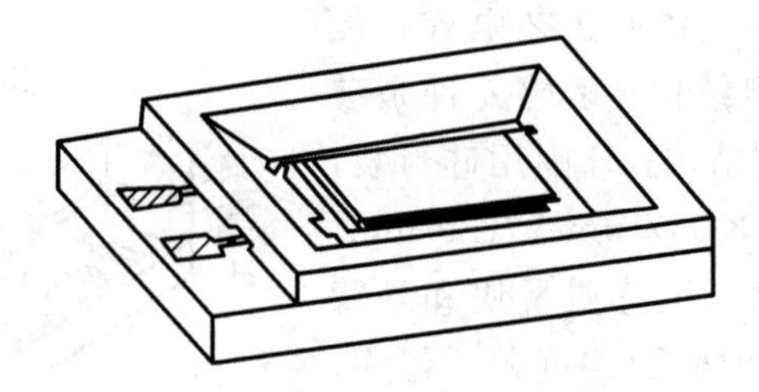

图 4-48 静电力平衡式硅微加速度传感(Sensors and Actuators)

4.2.5 梳齿式微加速度计

梳齿式微加速度计也称为叉指式微加速度计，图 4-49 所示为梳齿结构。

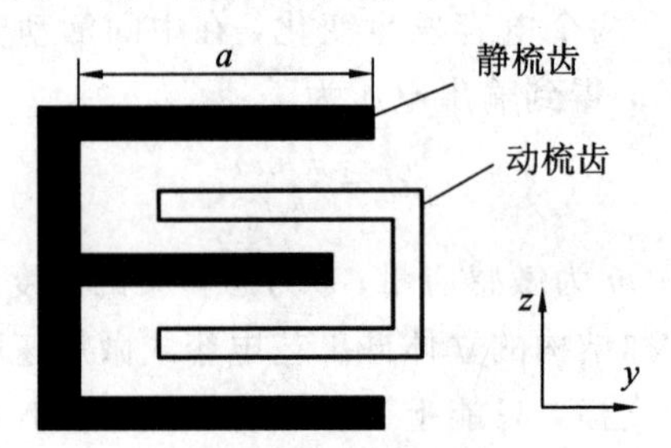

图 4-49 梳齿结构

梳齿有效宽度为 a，有效长度为 b(由于图 4-49 为二维图，故没有标出 b)，梳齿在 z 方向间距均为 d_0，为提高静电力，组成 n 组梳齿。动梳齿与静梳齿在 x、y 平面重合长度分别为 $l_1(0<l_1<b)$、$l_2(0<l_2<a)$，则总电容为

$$C=n\varepsilon\left[\frac{(l_1-x)(l_2-y)}{d_0-z}+\frac{(l_1-x)(l_2-y)}{d_0+z}\right] \tag{4-42}$$

当在两梳齿中间施加电压 U 时，电场能量为

$$W=\frac{1}{2}CU^2=\frac{n\varepsilon U^2}{2}\left[\frac{(l_1-x)(l_2-y)}{d_0-z}+\frac{(l_1-x)(l_2-y)}{d_0+z}\right] \tag{4-43}$$

则动梳齿和静梳齿之间的静电力为

$$F_x=\frac{\partial W}{\partial x}=-n\varepsilon U^2\,\frac{d_0(l_2-y)}{d_0^2-z^2} \tag{4-44}$$

$$F_y=\frac{\partial W}{\partial y}=-n\varepsilon U^2\,\frac{d_0(l_1-x)}{d_0^2-z^2} \tag{4-45}$$

$$F_z=\frac{\partial W}{\partial z}=2n\varepsilon U^2\,\frac{d_0z(l_1-x)(l_2-y)}{(d_0^2-z^2)^2} \tag{4-46}$$

由式(4-46)可见，沿 x、y 方向的静电力同重合齿的长度无关。上式推导是以无限大平行板电容器理论为基础的，未考虑极板边缘效应。

世界上第一种用表面硅工艺大批量生产的加速度传感器 ADXL50，是由 Analog Devices 公司和 Siemens 公司于 1993 年联合研制成功，用于汽车气囊保护系统。该传感器量程为 $\pm 50g$，灵敏度为 20 mV/g，精度达到 0.25%，工作温区为 -55℃～125℃，采用与集成电路工艺兼容的表面微机械加工技术制造，微结构与信号处理电路集成在同一硅片上，长度为 380 μm，宽度为 580 μm，如图 4-50 所示。整个传感器的尺寸为 9.4 mm×4.7 mm，是真正廉价而高性能的现代传感器。

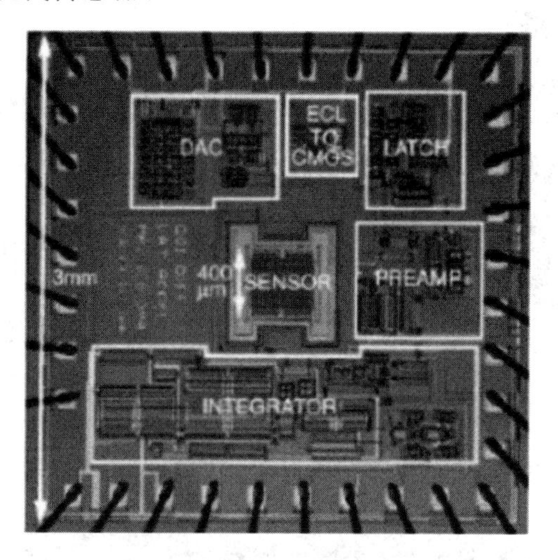

图 4-50　ADXL50 加速度传感器芯片(AD 公司等)

图 4-51 所示为加速度传感器 ADXL50 的结构。它的敏感元件具有硅基片表面的梳状电容结构，由厚 2 μm 的多晶硅膜刻蚀而成。中间的敏感质量块为 H 形，由两根两端固定的细长梁支撑，可沿平行于基片的方向平动。质量块两侧伸出 42 个“梳指”，每个梳指就是一个活动电极，与两旁固定的多晶硅电极有 1.3 μm 的间隙，构成一个平行极板差动电容单元。将这些差动电容单元并联，可得到 0.1 pF 的总电容。

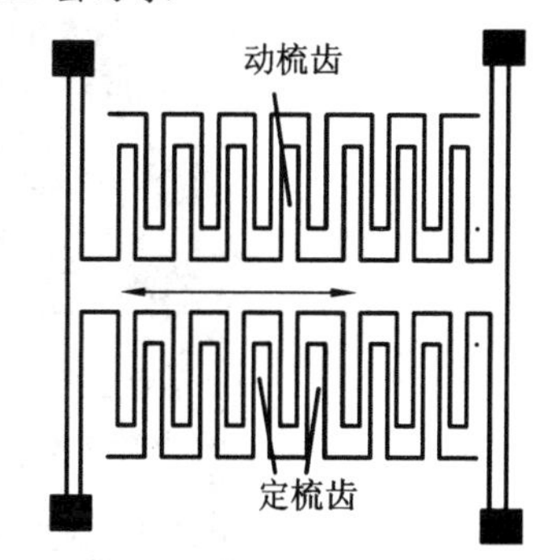

图 4-51　加速度传感器 ADXL50 的结构(AD 公司等)

ADXL50 加速度传感器工作于静电力平衡方式并具有自检功能。自检电路定时向活动电极施加一定的电压，产生的静电力使敏感质量块产生偏移。其效果等同于惯性力的作用，可用来对传感器的工作状况进行模拟检测。自检功能进一步提高了传感器的可靠性，也使产品检验简单化。例如寿命试验，只要提供周期性的电压，无需使用振动装置。

图 4－52 所示为中国工程物理研究院研制的梳齿微加速度计。敏感质量块由双齿结构长方体构成，敏感方向为 y 轴。敏感质量块由双“回”字悬梁支撑。固定电极 1、2 分别与活动电极构成差动检测电容，活动电极也作为反馈电极。

图 4－53 为清华大学研制的梳齿式微加速度计。敏感质量块是一个双侧梳齿结构；检测质量为“H”型，“H”型的四根细梁将检测质量固定。梳齿由质量块向外伸出形成活动极板，同相邻的两个定齿构成电容。定齿形状为“T”和“L”形状，以增大面积。

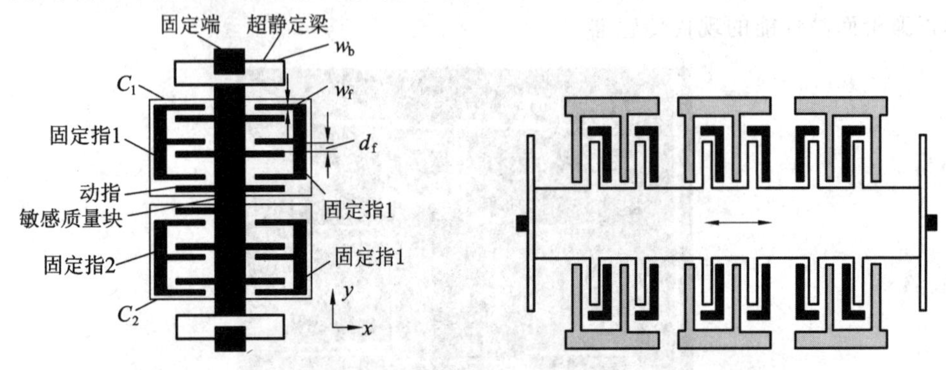

图 4－52　梳齿微加速度计(中国工程物理研究院)　　　图 4－53　梳齿微加速度计(清华大学)

图 4－54 所示为 Sandia 国家实验室研制的三轴微加速度计。

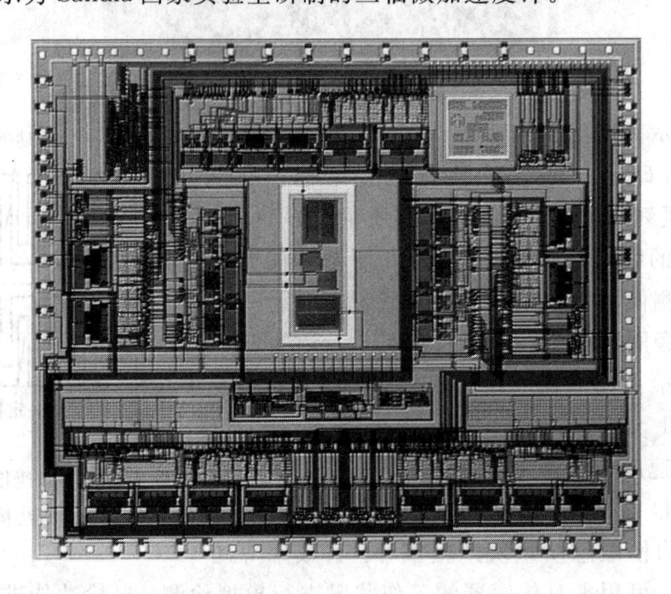

图 4－54　三轴微加速度计(Sandia 国家实验室)

4.2.6 MEMS 微加速度计研究方向

MEMS 微加速度计除了向高精度、高灵敏度和高集成度方向发展，在低功耗和小尺寸方面也表现出了巨大优势。超低功耗的代表产品为 2009 年模拟器件公司推出的三轴、数字加速度计 ADXL346，采用 1.7 V～2.75 V 单电源供电，100 Hz 下供电电流为 140 μA，10 Hz 下为 30 μA，待机模式下为 0.2 μA。R. Amarasinghe 等人制作的 MEMS/NEMS 压阻式加速计是超小尺寸的代表，尺寸为 700 μm×700 μm×550 μm，完全能满足生物医药和其他小型化应用对空间和重量的要求。

微加速度计作为 MEMS 最早的产品已经发展许多年了，在获得大量实验和理论基础的同时，还存在以下问题有待研究。

1. 频率响应特性的改善

频率响应范围过窄是现有微加速度传感器中存在的一个重要问题。由于其结构本身的原因，谐振频率一般只有几千赫兹，因而工作频带通常还不到 1 kHz，严重制约了应用范围。扩大带宽最根本的办法是提高谐振频率，这就需要提高弹性元件的刚度或减小惯性质量，但是采用这些方法势必导致灵敏度下降。目前，扩大带宽最常用的办法是使传感器工作在临界阻尼状态，由于谐振频率的制约，这种办法并不能大幅度扩展工作频带。改善频率响应特性仍是微加速度传感器研究的重要课题。

2. 阻尼控制

微加速度传感器大多工作在临界阻尼状态，对阻尼的控制显得格外重要。充油的方法已很少被采用，因为有如下缺点：

(1) 产生附加质量，使频响范围变窄，灵敏度下降。

(2) 油的黏度较大，电容间隙必须作得较大，降低了灵敏度。

(3) 当温度变化时，油的粘度随之改变而使阻尼发生变化。

目前较常用的方法是降低封装气压和微结构的优化阻尼设计，前者给封装工艺带来很大麻烦，比较而言，后者是更好的办法。国外已尝试用电技术来控制阻尼。

3. 横向灵敏度的抑制

过高的横向灵敏度将产生较大的交叉耦合误差，严重影响测量精度。横向灵敏度过高的原因主要有：

(1) 弹性元件(悬臂梁)的横向刚度不够。

(2) 敏感质量块和悬臂梁的质心不在同一个平面上。

(3) 敏感质量块的测量位移过大。

目前，抑制横向灵敏度主要有以下几种办法：

(1) 工作方式选用静电力平衡式，但信号检测与处理电路复杂，频响范围更窄。

(2) 采用横向刚度高的结构。这种方法往往要增加悬臂梁的个数，使敏感轴方向的刚度也增大，致使灵敏度下降。

(3) 在固定电极上加较高的直流电压，提高微结构的电刚度。但这样会降低灵敏度，并增加功耗。

(4) 使敏感质量块和悬臂梁的质心在同一个平面上。对于大多数立体硅工艺加速度传感器，这势必增加制作难度，而对薄膜结构几乎不可能做到这一点。

所以，研究有效抑制横向灵敏度的方法仍是一个重要课题。

4. 温度漂移的抑制

产生温度漂移的原因主要有：

(1) 制作中的残余应力。

(2) 微结构由热膨胀系数不同的材料构成。

(3) 微结构与基片的热膨胀系数不同。

(4) 电子元件的温度漂移。目前大多用温度补偿电路来抑制温度漂移，也有通过改变微结构，改善温度漂移。电容式微加速度传感器的温度漂移低于压阻式。

5. 信号检测与处理电路

微加速度传感器的信号检测与处理电路比较复杂，一直是研究的重点。已有多种电路被报道，仅差动电容的信号检测电路就有交流不平衡电桥式、电流差动式、PWM 脉冲调宽式、开关电容运放式等。信号检测与处理电路正在朝着高精度、多功能、智能化的方向发展。

6. 封装

封装应牢固可靠，便于大批量生产，而且还要有保护作用，使内部元件免受外界环境的污染，并能承受一定的冲击，提供可靠的引线和安装方式。微加速度传感器的封装还要考虑：

(1) 为敏感元件提供临界阻尼。

(2) 组装产生的内应力对敏感元件的影响。

(3) 如果封装材料与敏感元件材料的热膨胀系数不同，应考虑温度变化对敏感元件的影响。

封装技术一直是微加速度传感器研究的难题，目前这方面研究的进展还很有限。有关硅电容式微加速度传感器的封装，现在大多采用“玻璃－硅－玻璃”阳极键合或“硅－硅－硅”直接键合的方式，这种方式能一次完成同一硅片上多个敏感元件的封装，生产效率很高。但键合要在高温下进行，只能用于热膨胀系数相近的材料之间的结合。阳极键合还需加高电压，动、定电极间有强烈的静电引力，很可能使两块极板粘结，彻底损坏微结构。这种封装方式给结构设计和材料选用带来极大限制。ADXL 系列产品是用 10 个引脚的金属壳进行封装的，其外观和安装完全等同于电子器件，这种封装方式有很好的工作界面并且工艺成熟，应当是 MEMS 产品的发展方向。

4.3 微陀螺仪

绕一个支点高速转动的刚体称为陀螺。通常所说的陀螺是特指对称陀螺，它是一个质量均匀分布的具有轴对称形状的刚体，其几何对称轴就是它的自转轴。而现在一般将能够测量相对惯性空间的角速度和角位移的装置称为陀螺。

1850 年法国的物理学家莱昂·傅科(J. Foucault)为了研究地球自转，首先发现高速转动中的转子(Rotor)，在惯性作用下，旋转轴永远指向一固定方向，他用希腊字 Gyro(旋转)和 Scope(看)两字合为 Gyroscope 一字来命名这种仪器。

陀螺是一种既古老而又很有生命力的仪器，从第一台真正实用的陀螺仪问世以来已有大半个世纪，但直到现在，仍在吸引着人们对它进行研究，这是由于它本身具有的特性所决定的。陀螺仪最主要的基本特性是它的稳定性和进动性。人们从儿童玩的地陀螺中早就发现高速旋转的陀螺可以竖直不倒而保持与地面垂直，这就反映了陀螺的稳定性。研究陀螺仪运动特性的理论是绕定点运动刚体动力学的一个分支，它以物体的惯性为基础，研究旋转物体的动力学特性。

陀螺是一种即使无外界参考信号也能探测出运载体本身姿态和状态变化的内部传感器，其功能是测量运动体的角度、角速度和角加速度。陀螺仪的定轴性和进动性两个特性可在导弹等运载器的飞行过程中建立不变的基准，从而测量出运动体的姿态角和角速度。同时由加速度计测出其线加速度，经过必要的积分运算和坐标变换，确定弹(箭)相对于基准坐标系的瞬时速度和位置。也就是说，可以利用陀螺的特性建立一个相对惯性空间的人工参考坐标系，通过陀螺仪和加速度计测出运载器(包括火箭、导弹、潜艇、远程飞机、宇航飞行器等)的旋转运动和直线运动信号，经计算机综合计算，并指令姿态控制系统和推进系统，实现运载器的完全自主导航。惯性制导技术的第一次应用是在第二次世界大战时德国的 V22 火箭上。20 世纪 60 年代后，美国和前苏联争霸，扩充军备，大力发展惯性制导技术，现代导弹、宇航飞行器等多采用惯性制导的方法。1970 年，我国人造地球卫星发射成功，其中也应用了惯性制导技术。在 20 世纪 90 年代的海湾战争中，法国的 AS230 激光制导空对地导弹命中率为 95%，美国的斯拉姆导弹则创造了“百公里穿杨”的记录。为攻击一座水电站，一架 A26 飞机在 116 km 的距离上，发射了一枚斯拉姆导弹，而附近另一架 A27 飞机发射的第二枚导弹，竟穿过第一枚导弹打开的墙洞击中目标。

自 1910 年首次用于船载指北陀螺罗经以来，陀螺已有近 100 年的发展史，发展过程大致分为四个阶段：第一阶段是滚珠轴承支撑陀螺马达和框架的陀螺；第二阶段是 20 世纪 40 年代末到 50 年代初发展起来的液浮和气浮陀螺；第三阶段是 20 世纪 60 年代以后发展起来的干式动力挠性支承的转子陀螺；目前陀螺的发展已进入第四个阶段，即静电陀螺、激光陀螺、光纤陀螺和振动陀螺等。

1976年，美国犹他大学的Vali和R. W. Shorthil首次提出了光纤陀螺(Fiber Optic Gyro)的概念。它标志着第二代光学陀螺——光纤陀螺的诞生(第一代光学陀螺为激光陀螺)。光纤陀螺不仅具有环形激光陀螺的各项优点，而且在某些方面还优于环形激光陀螺，无论在军用还是民用领域里都拥有极强的竞争能力和广阔的潜在市场。随着光纤技术和集成光路技术的发展，光纤陀螺正朝着高精度和小型化方向发展。

弹性驱动陀螺仪是一种快速启动的陀螺仪，它最突出的特点是启动时间很短。电动陀螺仪采取快速启动措施后，启动时间为5 s；火药燃气驱动陀螺仪和高压冷气驱动陀螺仪的启动时间0.2 s～0.3 s；弹性驱动陀螺仪的启动时间可以达到10 ms数量级，一般都在0.1 s以内。

MEMS微陀螺仪(Microgyroscope)是基于MEMS加工制造技术产生的高技术产品，是当代微机电系统领域和惯性领域新兴的十分重要的分支，是利用MEMS技术研制的一类新型的惯性仪表，具有体积小、重量轻、成本低、功耗低、可靠性高、动态性能好等特点，可广泛应用于制导弹药、中近程战术导弹、轻小型动能武器、鱼雷水雷以及微小卫星、无人作战平台、火控稳定系统等武器装备系统中。MEMS微陀螺仪起步于20世纪80年代后期，经过多年的努力，微机电陀螺仪技术取得了长足的进步与发展，已开发研制出数十种微机电陀螺。

4.3.1 陀螺仪原理

陀螺仪在工作时快速旋转，其转速一般能达到几十万转每分钟；然后用多种方法读取轴所指示的方向，并自动将数据信号传给控制系统。

振动陀螺仪的工作原理与古典的单自由度旋转陀螺仪类似，只是用振动运动代替了旋转运动。工作时，给固定的定子梳齿施加正弦驱动电压，则在定子梳齿间形成梳齿电容，使定齿与动齿间形成圆周方向的静电驱动力。在静电驱动力的作用下，带有陀螺仪检测质量和梳齿的振动轮绕垂直于该轮的中心轴做简谐角振动。当在基片平面内有一沿垂直于扭杆方向的角速度输入时，作用在陀螺检测质量上的哥氏力将使振动轮绕扭杆做周期性振动，位于振动轮下面的电容将发生变化，根据其电容变化的大小就可测得输入角速度的值。

硅微振动陀螺仪是20世纪80年代发展起来的一种新型MEMS陀螺，根据陀螺原理，利用MEMS加工技术制造而成的。硅微振动陀螺仪通过振动质量块敏感哥氏力来测量转动角速度，包括驱动和敏感两个模态。驱动模态的稳定性和一致性对陀螺的性能有着重要影响。在单个驱动模态中，自激驱动可使陀螺驱动自动稳定在陀螺仪驱动模态的固有频率上，而锁相驱动通过调整相位，也可使得驱动模态谐振。单驱动模态的硅微振动陀螺仪对系统轴向加速度的干扰十分敏感，故在设计中采用双驱动模态。由于MEMS加工误差的影响，固有频率存在偏差，无法保证双驱动模态的一致性(同频、等幅、反相)，不利于后续的信号处理。为减小加工误差的影响，自适应控制器在陀螺中得到了应用，但要求有特殊的驱动结构。基于自适应控制原理，对硅微振动陀螺仪采用固定频率信号驱动。通过对振动速度的检测和反馈，实现自适应调谐，运用于双驱动模态的硅微振动陀螺仪驱动中，保持陀螺振动稳定和一致。

图 4-55 所示为梳状电极的结构组成。在梳状电极形成电容器内的电容量为

$$C = 2n\varepsilon\frac{lh}{d} + (2n+1)\varepsilon\frac{bh}{a} \tag{4-47}$$

式中，ε 为介电常数；l、a、b、d 参见图 4-55；h 为电极厚度；n 为两侧都有交叠部分的叉指数目。若在固定电极上施加驱动电压 u，对梳状电极形成电容器存储的电场能量为

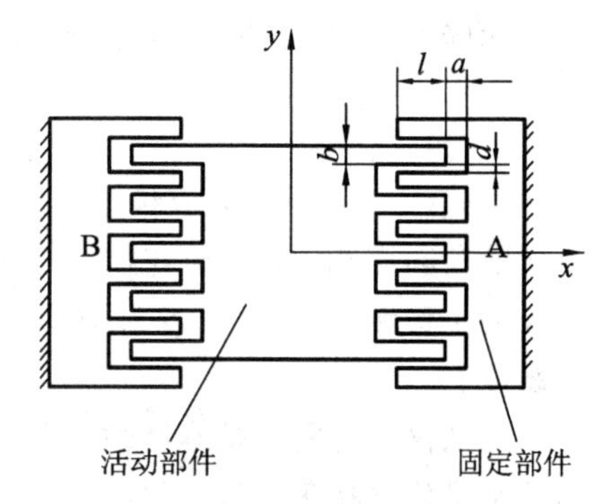

图 4-55　梳状电极

$$E = \frac{1}{2}Cu^2 = n\varepsilon u^2\frac{lh}{d} + \left(n+\frac{1}{2}\right)\varepsilon u^2\frac{bh}{a} = E_1 + E_2 \tag{4-48}$$

将电场能量 E 对 x 轴向位移求偏导数，则得沿 x 轴方向的静电力

$$F = \frac{\partial E}{\partial x} = \frac{\partial E_1}{\partial l} + \frac{\partial E_2}{\partial a} = n\varepsilon u^2\frac{h}{d} + \left(n+\frac{1}{2}\right)\varepsilon u^2\frac{bh}{a^2} \tag{4-49}$$

$$F = n\varepsilon u^2\frac{h}{d},\quad bh \ll a^2 \tag{4-50}$$

在固定电极上施加的是带有直流偏置的交流电压。为使 A、B 两端梳状电极以推挽方式驱动，两端固定电极上交流电压的相位应当相反，即

$$u_A = u_P + u_D\sin\omega_D t \tag{4-51}$$

$$u_B = u_P - u_D\sin\omega_D t \tag{4-52}$$

式中，u_P为直流偏置电压；u_D为交流电压幅值；ω_D 为角频率。在该电压作用下，A、B 两端固定电极对活动电极的静电吸力按下式计算：

$$F_{A_x} = n\varepsilon\frac{h}{d}(u_P^2 + 2u_P u_D\sin\omega_D t + u_D^2\sin^2\omega_D t) \tag{4-53}$$

$$F_{B_x} = n\varepsilon\frac{h}{d}(u_P^2 - 2u_P u_D\sin\omega_D t + u_D^2\sin^2\omega_D t) \tag{4-54}$$

静电吸力的方向总是使电极之间的电场能量趋于最大。因此 A 端固定电极对活动电极的静电吸力沿 x 轴的正向，B 端的静电吸力则沿 x 轴的负向，两个静电吸力的合力就是梳状电极的静电驱动力，其表达式为

$$F_x = F_{A_x} - F_{B_x} = 4n\varepsilon\frac{h}{d}u_P u_D\sin\omega_D t \tag{4-55}$$

即

$$F_x = F_{xm}\sin\omega_D t \tag{4-56}$$

式中，F_{xm}为静电驱动力的幅值

$$F_{xm} = 4n\varepsilon \frac{h}{d}u_P u_D \tag{4-57}$$

实际工作中，常取 u_P和 u_D相等，式(4－51)变为

$$F_{xm} = 4n\varepsilon \frac{h}{d}u_D^2 \tag{4-58}$$

由式(4－55)可得，梳状电极静电驱动力是随时间按简谐规律变化的，其角频率与驱动电压的角频率相同，幅值与梳状电极的几何参数及驱动电压有关，而与活动电极相对固定电极的位移无关。因此，这种驱动方式的振幅可以设计得较大，有利于提高陀螺仪的测量灵敏度。

陀螺仪具有两个基本特性：定轴性(Inertia or Rigidity)和进动性(Precession)，这两种特性都是建立在角动量守恒的原则下。

1) 定轴性

当陀螺转子以高速旋转时，若没有任何外力矩作用在陀螺仪上时，则陀螺仪的自转轴在惯性空间中的指向保持稳定不变，即指向一个固定的方向，同时反抗任何改变转子轴向的力量。这种物理现象称为陀螺仪的定轴性或稳定性。稳定性随以下的物理量而改变：

(1) 转子的转动惯量愈大，稳定性愈好；

(2) 转子角速度愈大，稳定性愈好。

2) 进动性

当转子高速旋转时，若外力矩作用于外环轴，则陀螺仪将绕内环轴转动；若外力矩作用于内环轴，则陀螺仪将绕外环轴转动。转动角速度方向与外力矩作用方向互相垂直。这种特性，叫做陀螺仪的进动性。进动角速度的方向取决于动量矩 H 的方向(与转子自转角速度矢量的方向一致)和外力矩 M 的方向，而且是自转角速度矢量以最短的路径追赶外力矩。

进动角速度的方向可用右手定则判定。即伸直右手，大拇指与食指垂直，手指顺着自转轴的方向，手掌朝外力矩的正方向，然后手掌与 4 指弯曲握拳，则大拇指的方向就是进动角速度的方向。

进动角速度的大小取决于转子动量矩 H 和外力矩 M 的大小，其计算式为进动角速度 $\omega = M/H$。

进动性的大小也有三个影响因素：

(1) 外界作用力愈大，其进动角速度也愈大；

(2) 转子的转动惯量愈大，进动角速度愈小；

(3) 转子的角速度愈大，进动角速度愈小。

4.3.2　MEMS 陀螺仪

MEMS 陀螺仪利用科里奥效应测量运动物体的角速率，如图 4-56 所示，根据科里奥效应，当一个物体(m)沿 $\boldsymbol{v}$ 方向运动且施加角旋转速率 $\boldsymbol{\Omega}$ 时，该物体将受到 y 反方向的力。基于电容感应结构可以测到科里奥效应最终产生的物理位移。

目前市面上的 MEMS 陀螺仪多数采用一种调音叉结构。这种结构由两个振动并不断地做反向运动的物体组成，如图 4-57 所示。当施加角速率时，每个物体上的科里奥效应产生相反方向的力，从而引起电容变化。电容差值与角速率 $\boldsymbol{\Omega}$ 成正比，如果是模拟陀螺仪，则电容差值转换成电压输出信号；如果是数字陀螺仪，数字陀螺仪输出的是数字信号，则将输入量转换为数字量输出。

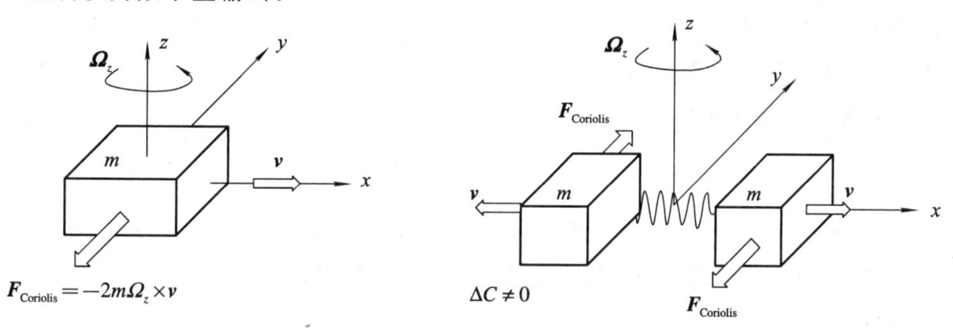

图 4-56　科里奥效应　　　图 4-57　施加角速度的科里奥效应

如果在两个物体上施加线性加速度，这两个物体则向同一方向运动，因此不会检测到电容的变化。陀螺仪将输出零速率或数字量，这表示 MEMS 陀螺仪对倾斜、撞击或振动等线性加速度不敏感。

音叉振动式 MEMS 陀螺仪的特点是沿驱动轴为线振动而绕输出轴为角振动，它的动力方程可用二阶线性微分方程表示。

$$J\ddot{\theta} + c\dot{\theta} + k\theta = T_{\mathrm{m}} \cos\omega_{\mathrm{n}} t \tag{4-59}$$

式中，J 为音叉绕中心轴的转动惯量；c 为阻力系数；k 为扭转刚度；T_{m} 为哥氏惯性力矩；ω_{n} 为音叉激振角速度；θ 表示音叉绕中心轴的角位移。

引入音叉无阻尼振动固有角频率 ω_0 和相对阻尼系数(或称阻尼比)ζ，即

$$\omega_0 = \sqrt{\frac{k}{J}} \tag{4-60}$$

$$\zeta = \frac{C}{2\sqrt{kJ}} \tag{4-61}$$

可把式(4-59)写成如下形式：

$$\ddot{\theta} + 2\zeta\omega\dot{\theta} + {\omega_0}^2\theta = \frac{T_m}{J}\cos\omega_n t \tag{4-62}$$

由式(4－62)可以看出，音叉振动陀螺仪的动力学方程是一个典型的有阻尼受迫振动二阶微分方程。当输入角速度 ω 为常值时，它的解为

$$\theta = \alpha e^{-\zeta\omega_0 t}\sin(\sqrt{1-\zeta^2}\omega_0 t + \gamma) + \frac{T_m}{J\sqrt{({\omega_0}^2 - \omega_n^2)^2 + (2\zeta\omega_n\omega_0)^2}}\cos(\omega_n^t - \varphi) \tag{4-63}$$

$$\varphi = \arctan\frac{2\zeta\omega_0\omega_n}{\omega_0^2 - \omega_n^2} \tag{4-64}$$

式中，α 和 γ 分别为由初始条件决定的任意常数；φ 为相位移。

从式(4－63)可以看出，音叉绕中心轴的角运动由两个分量组成；一个是有阻尼的衰减角振动分量；另一个是强迫角振动分量。因固有角频率 ω_0 通常取得很大，衰减角振动分量很快衰减。如果选取激振角频率 ω_n 等于固有角频率 ω_0，则相位移 $\theta=90°$，在这种谐振状态下，音叉强迫角振动成为

$$\theta_n = \frac{T_m}{2J\zeta\omega_0^2}\sin\omega_0 t \tag{4-65}$$

$$T_m = 2sF = 2ms_0\omega x_m\omega_n \tag{4-66}$$

其中，s 为集中质量至音叉中心轴的垂直距离；x 为振幅。将式(4－60)、式(4－61)代入式(4－65)，有

$$\theta_n = \frac{2ms_0 x_m}{c}\omega\sin\omega_0 t \tag{4-67}$$

音叉绕中心轴强迫振动角位移由传感器检测。设传感器标度因数为 K_u，则传感器输出的幅值为

$$U_m = K_u\frac{2ms_0 x_m}{c}\omega = K\omega \tag{4-68}$$

输出电压的幅值 U_m 与输入角速度 ω 成正比。

$$K = K_u\frac{2ms_0 x_m}{c} \tag{4-69}$$

K 称为音叉振动陀螺标度因数。将式(4－68)、式(4－69)代入式(4－67)，则

$$\theta_n = U_m\sin\omega_0 t \tag{4-70}$$

从式(4－67)可以看出，音叉绕中心轴的角位移 θ 以固有角频率 ω_0、幅值 U_m 振动，信号的相位与激振信号的相位关系，取决于输入角速度的方向。所以，输出信号需要用鉴相器与激振信号的相位进行比较，才能判别输入角速度的方向。

表 4－2 给出了不同级别陀螺的性能指标。速率级和战术级的陀螺只能用于测量相对短时间内的角速度，其角随机游走成为了限制其发展的主要因素。惯性级陀螺可以用于测量系统长期的表现，零漂就成了这种陀螺的关键指标。

表 4－2　不同级别陀螺的性能指标

性能指标	速率级	战术级	惯性级
零漂/((°)・h^{-1})	10～1000	0.1～10	小于 0.01
随机游走/((°)・$h^{-1/2}$)	大于 0.5	0.5～0.05	小于 0.001
标度因子/%	0.1～1	0.01～0.1	小于 0.001
最大输入角速度/((°)・s^{-1})	50～1000	大于 500	大于 400
1 ms 内承受最大冲击/(g・s)	103	103～104	103
带宽/Hz	大于 70	约为 100	约为 100
成本/美元	50～10 000	10 000～50 000	大于 100 000
应用范围	照相机、医学仪器、游戏、汽车等	商业姿态航向参考系统(AHRS)、制导弹药等	商用/军用飞机、船舶、航天器等

世界上已经研发出来的微陀螺仪还没有可以达到惯性级的，大多数商业应用也只是局限在提高速率级 MEMS 微陀螺的指标，只有美国的 Draper 实验室和 JPL 实验室等极少数的组织，研究成功了真正达到战术级的陀螺仪。

MEMS 微陀螺从作用原理上来说主要可以分为四类：哥氏加速度效应微振动陀螺、悬浮转子式微陀螺、微集成光学式陀螺和微原子陀螺。微机械陀螺仪按力学和数学模型可以大致分为以下几个大类。

1. 振动式 MEMS 微陀螺仪

振动式 MEMS 陀螺主要利用哥氏力的作用原理，把输入角速度量转换为一种位移，然后通过电容或压电等方式将其检测出来。振动式 MEMS 微陀螺仪是当前微机电陀螺的主流，此类微陀螺根据结构或者输入原理不同，可以分为框架式、音叉式和振动环式等；按驱动方式分，有电容驱动、电磁驱动和压电驱动；按检测方式分，有电容检测、电流检测、频率检测、电阻检测和压电检测等形式。

如图 4－58 所示，美国 JPL 公司的四叶片陀螺，采用纯硅结构，其零偏稳定性为 1°/h～10°/h。通过将微加工的硅片和常规加工的金属棒通过精密组装技术组装在一起，有效提高了陀螺动量矩，实现了混合结构的微机械陀螺，该陀螺的零偏稳定性达到了 0.1 °/h～0.01°/h，测量精度提高了两个数量级。

(a)

(b)

图 4-58 微机电陀螺(JPL 公司)
(a) JPL 纯硅结构陀螺；(b) JPL 混合结构陀螺

如图 4-59 所示，Litton 公司采用四层硅片，同时在每层硅片上进行一定的准三维加工，最终再组装到一起。利用微加工工艺和微组装工艺实现一个多层硅片构成的微机械陀螺，预计可实现的精度为 0.01°/h。

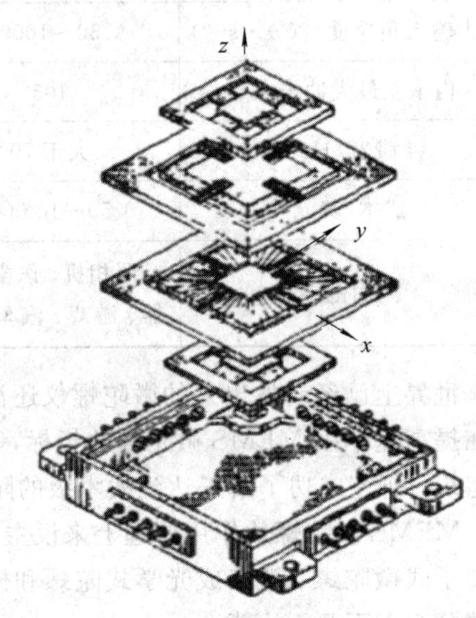

图 4-59 多层结构陀螺(Litton 公司)

由于在实际过程中出现了不必要的交叉耦合信号，因此之后一些研究集中在提高抵抗交叉耦合的鲁棒性上。美国的密西根大学设计了一种基于振动环结构的微陀螺，如图 4-60 所示，其拥有同样共振频率下的两种典型振动模态，避免了不必要的多轴耦合，偏移稳定性能达到 10°/s。德国的微系统与信息技术研究所(HSG-IMIT)基于解耦原理研究成功解耦角速度检测器，如图 4-61 所示，微陀螺的偏移稳定性达到 65°/h。2005 年，加州大学欧文分校设计了如图 4-62 所示一个的新颖结构：给质量块提供两自由度的振动电容，将驱动电极和检测电极的自由度都限制在同一自由度，提高了系统的解耦程度。该设计提高了陀螺的鲁棒性，却牺牲了系统的灵敏度。2006 年，土耳其中东技术大学开发了一种具有相同驱动和检测机构的对称设计悬臂梁，如图 4-63 所示，这种陀螺的偏移稳定性能达到 7°/s。Invensense 公司生产的 IDG-600 是一个双轴的微振动陀螺仪，采

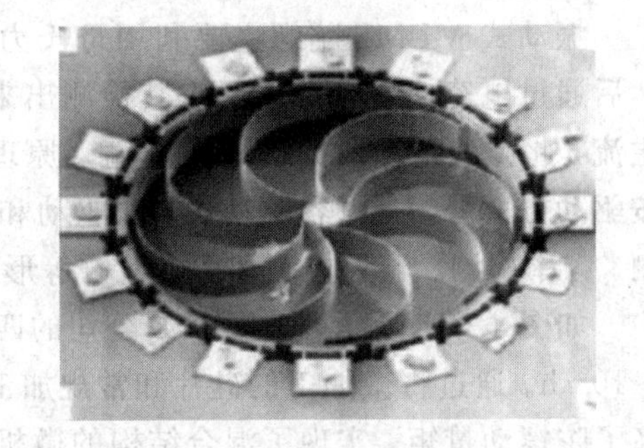

图 4-60 振动环结构微陀螺(密西根大学)

用了新型的纳西里(Nasiri)封装技术，现在已经批量生产，用于运动姿势传感。

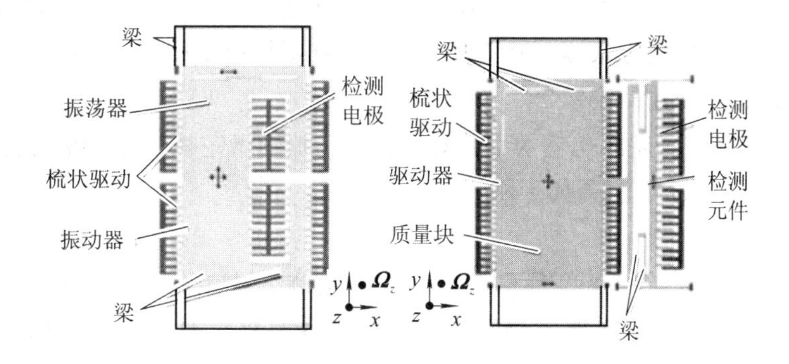

图 4-61　解耦线振动陀螺仪((HSG-IMIT))

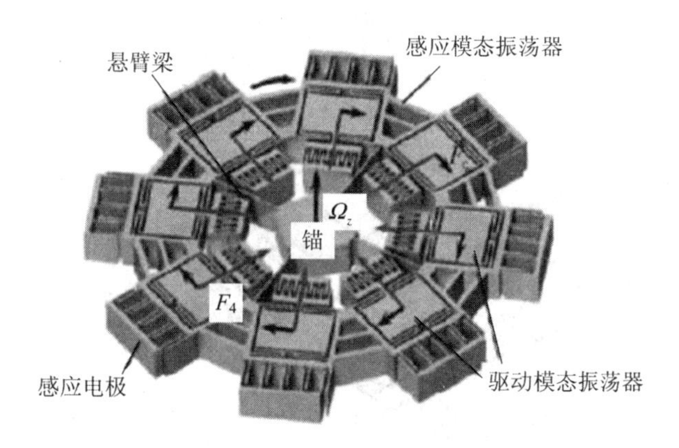

图 4-62　双自由度振动陀螺(加州大学欧文分校)

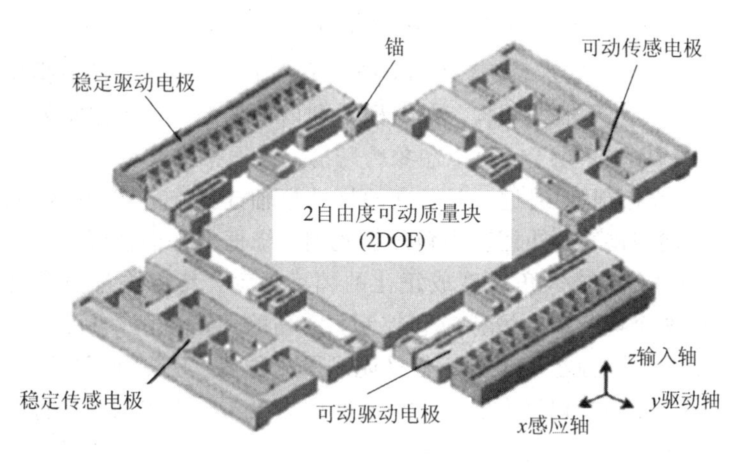

图 4-63　悬臂梁对称设计微振动式陀螺(中东技术大学)

由于哥氏力很弱，机械布朗噪声和电白噪声限制了器件的精度，传统的振动式陀螺在性能上尚未取得根本的突破，其零漂多数在几百到几十度每小时，只有极少数为战术级。虽然有接近于1°/h的陀螺报道，但实现高精度达到惯性级是相当困难的。

2. 刚体定点转动式微陀螺

刚体定点转动式微陀螺典型的主要有框架式角振动微陀螺、振动膜式硅微机械陀螺和振动轮式微机械陀螺，它们都属于刚体定点转动型。

1）框架式角振动微陀螺

框架式角振动微陀螺是以静电激励、电容检测方式工作的微陀螺。1988年Draper实验室研制出外框驱动、内框敏感、电容检测的微型双框架角振动陀螺仪，如图4-64所示。

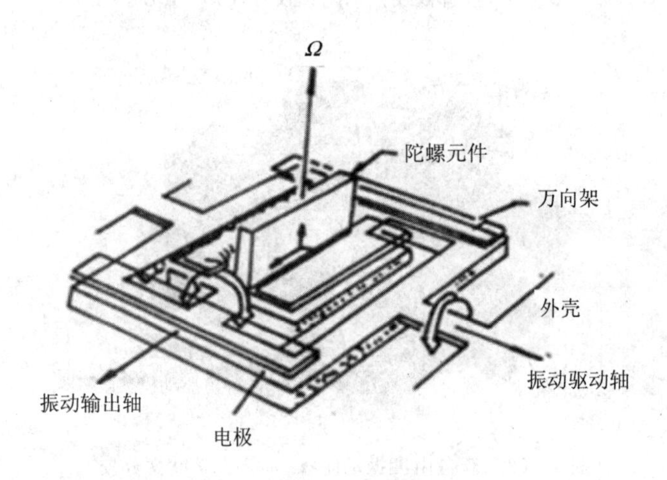

图4-64　框架式角振动陀螺仪原理结构(Draper实验室)

该陀螺实际上是将垂直摆片支撑在两对挠性元件上，该挠性元件能提供运动的两个正交自由度。它采用内、外环框架结构，在外框架和内框架的上、下方安装电极来施加力矩和敏感角速度。内环镀上一层金，可以想象为陀螺；外框架在交变静电力驱动下绕枢轴振动，可以看做电机。两个框架通过一对正交的挠性枢轴连接在一起。挠性枢轴在扭转方向较软，但在其他方向很硬。当外框以小角度振动时，绕框架平面法线有角速度出现，内框便以外框的振动频率和与输入角速度成正比的幅度振动，其相位与输入角速度的方向有关。外环轴运动由两个埋藏的电极感应和控制，内环的运动由两个桥式电极感应和控制。陀螺工作在力反馈状态，通过静电力矩保持陀螺平衡位置。检测和反馈信号加在同一对电极上，可借助于不同频率加以区分。输出角速度信号电压与克服内框元件陀螺力矩所需要的静电平衡力矩成正比。

在设计上，要求框架式角振动陀螺仪在真空状态下工作，以减少压膜阻尼和布朗效应。为了使微型双框架角振动陀螺仪满足战术武器以及其他中等精度的要求，内、外框架组合件的质心尽量要与挠性支撑中心重合，否则重力和惯性力作用在偏移的质心上将使该陀螺产生较大的漂移率。

2）振动膜式硅微机械陀螺

英国 Newcast 大学和 Durham 大学合作，在 1995 年研究出了一种振动膜式硅微陀螺，如图 4－65(a)所示。图中，截棱锥惯性质量位于四方形薄膜的中央；在硅膜上的金属层是四个电容的公共电极，其余电极镀在派热克斯玻璃上，这些电极同时驱动和敏感薄膜的振动运动。当它们工作时，公共电极接地，其他四个电极加相同的直流偏置电压。薄膜、惯性质量的初级运动由锁相回路控制。惯性质量围绕 y 轴的振动角速度 ω_p 的曲线如图 4－65(b)所示。如果陀螺的结构是完全对称的，那么绕 x 轴没有摆动运动，因而次极检测电容的变化等于零。当围绕 z 轴有空间角速度 Ω 出现时，由于哥氏力的作用，将产生绕 x 轴的次级运动，其倾斜振动角速度为 ω_s，由次级检测电容的变化来测量。

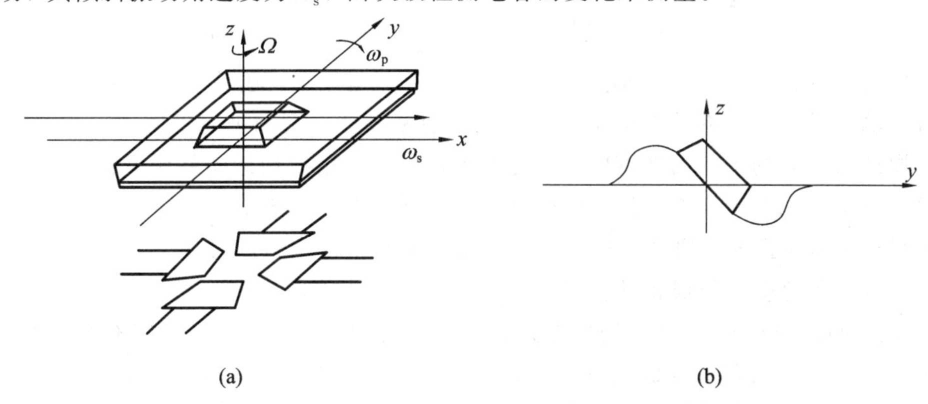

图 4－65　振动膜式硅微陀螺(英国 Newcast 大学和 Durham 大学)

3）振动轮式微陀螺仪

振动轮式微陀螺仪的结构如图 4－66 所示。它是一个平面摆，利用哥氏力测量空间角速度。陀螺的试验质量是轮型结构的外圈，由梳状机构驱动，做旋转振动。定子梳齿固定在基片上，轮上也有一排梳齿。除此而外，还有一组电气绝缘的梳齿作为读出轮子驱动振幅的检测电容，也可用做反馈传感器。轮子通过四根梁由中心轴支撑，中心轴又由两根扭杆焊接在派热克斯玻璃基片的两个台柱上。梁－中心轴－扭杆结构是轮子的有效框架，中心支撑挠性件有效地锁定转子，使得驱动和读出运动得到良好的机械隔离。这样，两种运动的机械参数可以分别优化，而不需要相互折中。这是在没有放弃其他轴的功能时允许的独立运动的最佳选择。

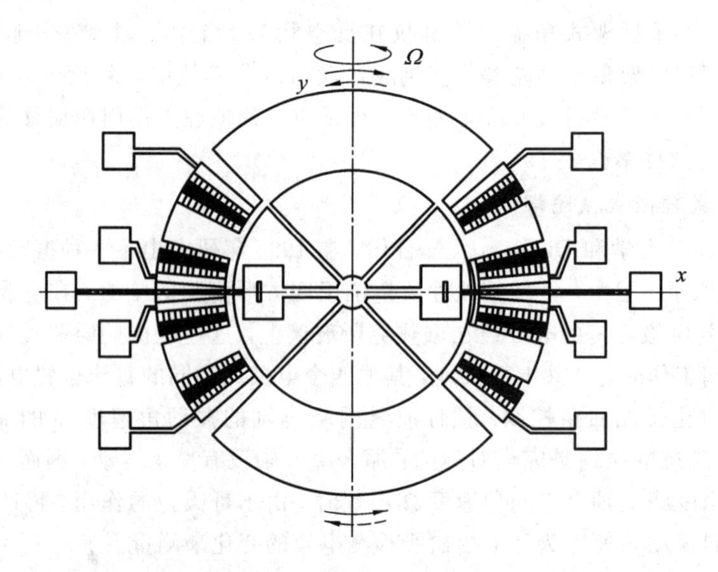

图 4-66　振动轮式陀螺结构示意图(IEEE Spectrum)

工作时，给定子加正弦驱动电压，轮子产生简谐角振动。在基片平面内，沿垂直于扭杆的方向输入角速度，哥氏力将使轮子绕输出轴做离开平面和进入平面的正弦倾斜运动。其工作原理与经典的单自由度旋转陀螺是类似的，只是用振动运动替代了旋转运动。第一振动模态是驱动轴振动模态，第二振动模态是检测轴振动模态。倾斜运动输出由位于轮子下面的平板电容来测量。两个质量片与下方玻璃基片上的电极间形成了一对差分电容，电容的变化量与角速度大小成正比。通过差动电容电桥，将电容变化转换为电压，经放大、校正，施加到加力电极上，产生的静电力矩使试验质量片保持在中间平衡位置。电容极板上的平衡电压和输入角速度成比例关系。因此可以通过检测电容极板上平衡电压的变化，实现对空间角速度的测量目的。

由于振动轮式微陀螺的轮子沿输入轴的质量和面积增加了，所以它的测量灵敏度得到改善。在输出区内，设有一小电极，用来在闭合回路工作时平衡输出运动。具有这种结构的微型陀螺仪，不仅制作简单，而且由于驱动和检测隔离，信噪比大，灵敏度高，经过结构和测试电路上的进一步改进，更高灵敏度的产品将被制造出来，因此它是一种极具前途的新一代陀螺仪。

图 4-67 所示为伯克利分校研制的双轴为陀螺仪，其灵敏度为 3%～16%。

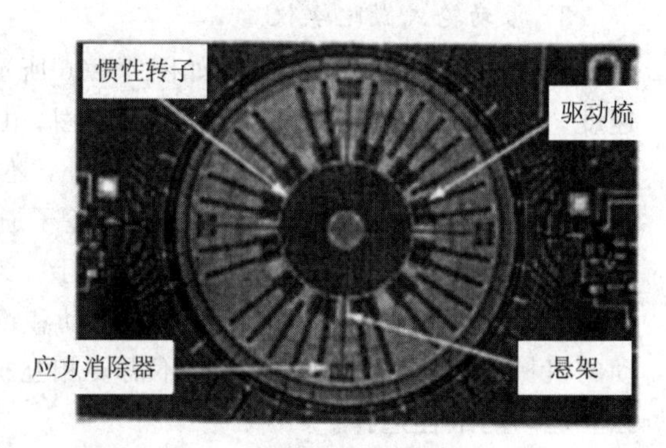

图 4-67　双轴为陀螺仪(伯克利分校)

图 4－68(a)所示为 Michigan 大学研制的振动轮式微陀螺仪；图 4－68(b)所示为其改进后的照片，灵敏度可达 0.5°/s。

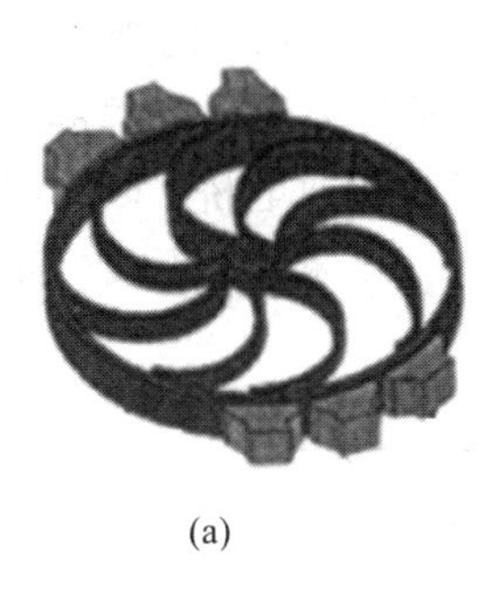

(a)

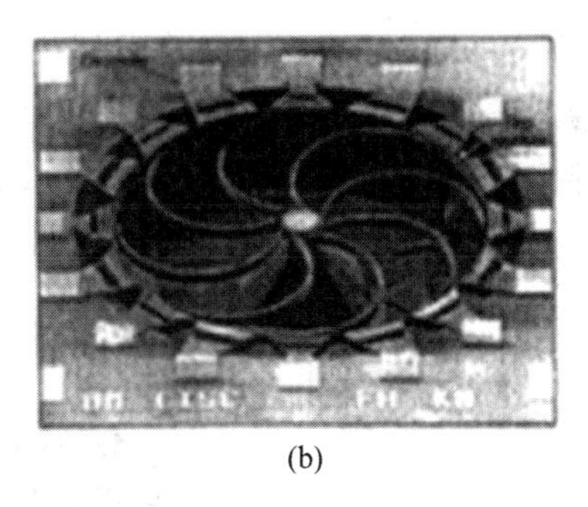

(b)

图 4－68　振动轮式微陀螺仪(Michigan 大学)

3. 刚体平动式微陀螺

刚体平动式微陀螺主要有电磁激励、电容检测型、电磁激励、压阻检测型，以及音叉式线振动陀螺。下面介绍各种微陀螺工作原理。

1）电磁激励、电容检测线振动微陀螺

电磁激励、电容检测线振动微陀螺是由日本东北大学于 1994 年研制出的，采用音叉式线振结构。该陀螺采用电磁激励，所以省去了梳齿结构，其原理图参见图 4－69。

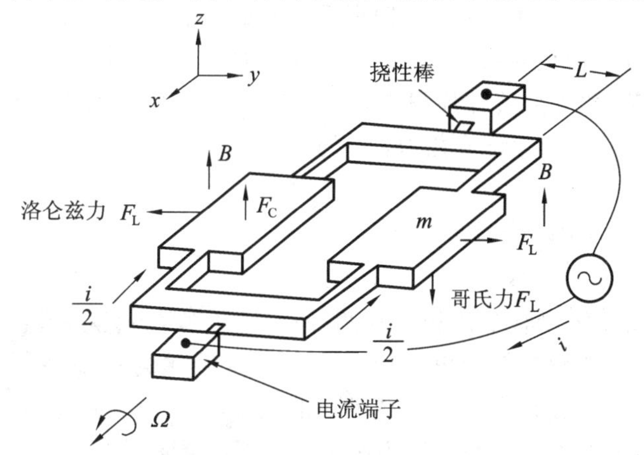

图 4－69　电磁激励、电容检测线振动微陀螺(日本东北大学)

它采用玻璃—硅—玻璃三层结构，图中所示为硅层的陀螺结构。音叉的两边通过挠性棒悬浮起来，硅层的上、下各有一层玻璃，永久磁铁粘贴在玻璃上，合理选择磁性使得两质量片分别处于方向相反的磁场中。在两层玻璃上分别有金属电极用于感应质量片的上、下振动。为了控制质量片在水平方向的振动，两质量片的外侧有谐振检测极。当有如图 4－69 所示的电流通过时，处于相反方向磁场中的两质量片受到相反的洛仑兹力 F_L，于是两质量片上下振动，振动的幅度正比于外加的角速率。

2）电磁激励、压阻检测硅微机械音叉陀螺仪

电磁激励、压阻检测微机械音叉陀螺仪是由瑞士 Neuchatel 大学的微技术研究所研制而成的。它采用音叉结构，两个振动质量块由四根挠性梁桥型架悬浮支撑起来，集中在外部悬架顶上粘贴于质量片上的四个 P 型压敏电阻器，接成惠斯通电桥，以检测由哥氏力产生的检测质量离开平面振动的陀螺效应。图 4－70 所示为电磁激励、压阻检测硅微机械音叉陀螺仪的结构。

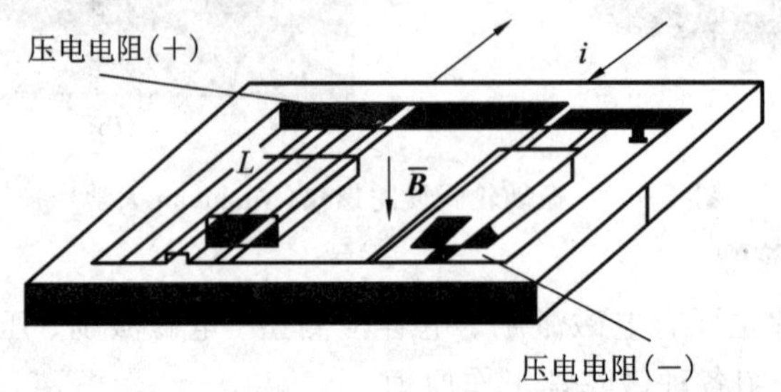

图 4－70　电磁激励、压阻检测微机械音叉陀螺仪结构原理(Neuchatel 大学)

这种陀螺仪是基于音叉原理的，通过在一个平面上做反向振动的两个叉指臂以及测量垂直平面的哥氏力来实现角速度检测工作。围绕平行于两个叉指臂轴的旋转，由哥氏力的作用产生一个平面的振动，两个叉指臂偏离平面的偏移量导致哥氏力改变。哥氏力的大小(F_C)与叉臂的质量(m)、反相振动的速率(v)和旋转的速率(Ω)有关。

当一个 AC 电流 i 沿着放置在检测质量顶部的金属导体(长度 L)流动时，这个电流与一个正交磁场 $\boldsymbol{B}$ 相互作用产生洛仑兹力，它的大小为

$$F_i = iBL \tag{4-71}$$

激振电流线的 U 形设计可形成一个反向振动力，引起共面谐振。

3）音叉式线振动微陀螺仪

音叉式线振动微陀螺仪有单片和双片两种；又可分为静电驱动、电容检测和静电驱动、电磁检测两种。单片微陀螺对线加速度是敏感的，相当于双片的一半，它采用单晶硅梳状结构产生静电力驱动音叉。双片的音叉式线振动陀螺仪如图 4－71 所示。谐振片通过八根挠性梁固定，支撑点将这个整体支撑起来，与下面的玻璃基片间保持一定的间隙，两个质量片与其下面基片上的两个电极各形成一只电容。图中有四对梳子，联结在整体上的四个可动极板，另四个极板固定在基

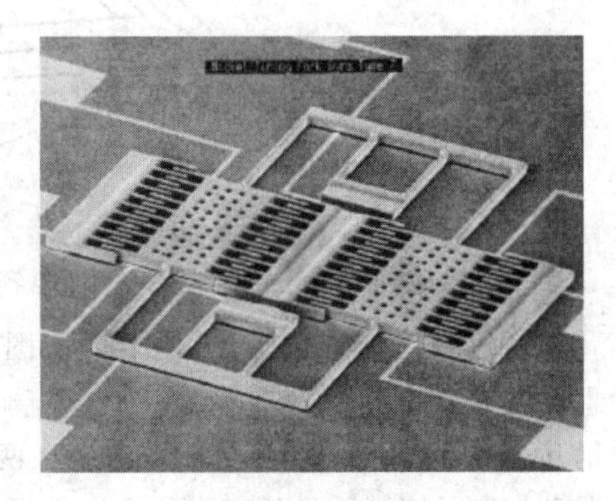

图 4－71　音叉式线振动微陀螺仪(Draper 实验室)

片上。该梳齿状结构是为了保证加上驱动电压以后，谐振片受到的静电驱动力的大小同驱动方向上的位移量无关。音叉设计本身是一平面设计，这种结构更容易优化。

图 4-72 所示为单片音叉式线振微陀螺简化模型。质量块悬在空中，可在其水平面内来回振动，亦可在其垂直平面内上下振动。当给质量块两侧的叉指电容加上交变电压时，在众多微弱静电力的作用下，质量块将在其所在平面内来回振动。此时，质量块便能检测同一平面内垂直于它运动方向的角速度。

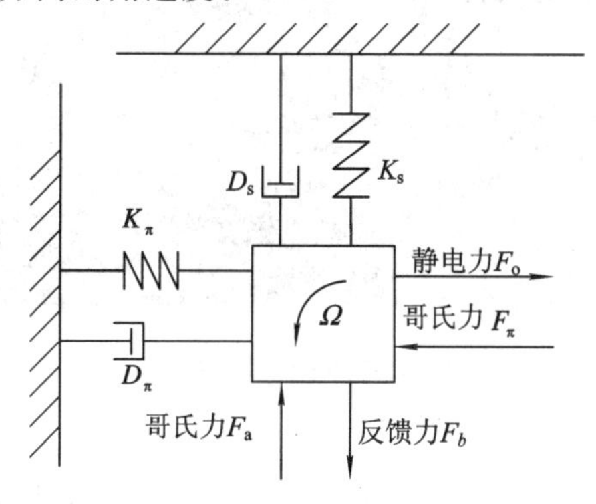

图 4-72　单片音叉式线振微陀螺简化模型

质量块(音叉)在平面内以音叉模态(两质量片速度方向相反)振动时，如果基片在振动平面内沿垂直于振动速度的方向有角速度出现，那么，在哥氏力的作用下，音叉的一个质量片向上运动，另一个质量片向下运动。两质量片与下方的电极形成了一对差分电容，电容的变化量与角速率成正比。这种差分运动产生增强的陀螺信号，同时不感应线加速度。折叠式悬臂桁架保证音叉(反平行)模态激励，而平移模态衰减。音叉模态的特征频率高于平移模态的特征频率。分开的特征频率使得音叉模态即使在质量和弹簧失配的条件下也容易得到激励。音叉工作在自激振荡回路中，故不管环境干扰如何，陀螺始终工作在谐振状态，从而限制了外部频率源。

图 4-73 所示为伯克利分校研制的微陀螺仪，其工作灵敏度可达 0.1°/s，工作带宽为 100 Hz，非线性为 1%。

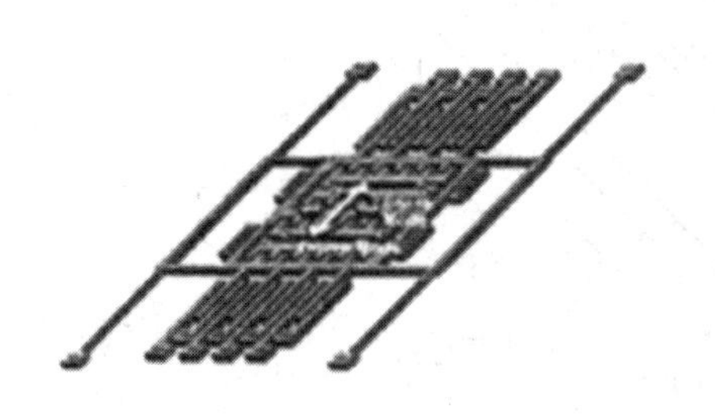

图 4-73　表面微机械工艺微陀螺仪(伯克利分校)

图 4-74 所示为 AD 公司研制的 ADXRS150 微机械陀螺仪，售价为 10 美元，工作灵敏度可达 12.5 °/s，工作带宽为 40 Hz。

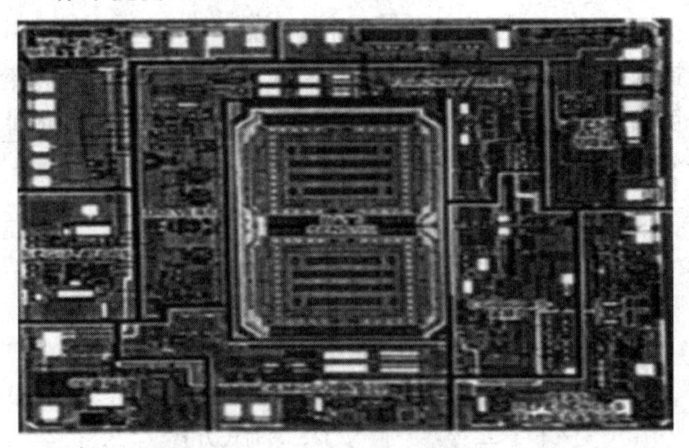

图 4-74 ADXRS150 微机械陀螺仪(AD 公司)

4. 振动棒式微陀螺

振动棒式角速率传感器原理结构如图 4-75 所示，它采用压电激励、电容检测方式。两个检测电极和一个谐振棒粘接在一个玻璃基片上，谐振棒一端固定，如图中⊗所示。谐振棒下面的玻璃基片上刻了 15 μm 的深槽，以便玻璃基片的表面不影响棒的谐振。槽中蒸镀了一薄层铬金属，这样，铬层和谐振棒之间便形成了检测垂直幅度的电容器，通过检测电容值的变化，就可检测出棒在垂直方向的振幅。带有两个硅电极和谐振棒的玻璃基片粘贴在一个压电执行器上，当给执行器上施加交流电时(其频率等于谐振棒的固有频率)，谐振棒在 x 方向振动，振动幅度由棒的品质因素 Q 决定。如果沿 z 轴方向施加一角速率，哥氏力使得谐振棒在 y 方向同频率谐振，y 方向的振动幅度正比于所施加的角速率。因此，通过检测棒和两个硅电极的电容变化就可检测出角速率。

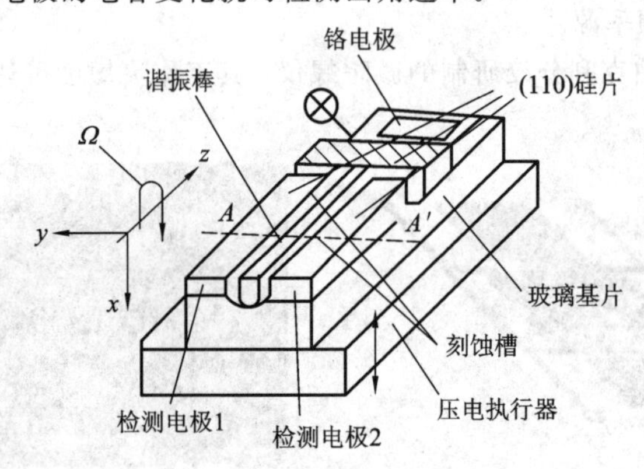

图 4-75 振动棒式角速率传感器原理结构

这种陀螺的缺点是对加速度敏感，这是由陀螺本身的结构设计造成的。改进的方法是采用更长的谐振棒，将棒的两端固定，改换为电磁激励，谐振方向为水平方向等。

5. 转子式微陀螺

转子式 MEMS 微陀螺仪是传统的转子陀螺与 MEMS 技术相结合的产物。MEMS 技术与静电陀螺技术结合，产生了静电悬浮式微陀螺；MEMS 技术与动力调谐陀螺技术相结合，产生了调谐式微陀螺。转子式微 MEMS 微陀螺仪能实现较高的精度(如导航级)，且为二自由度陀螺。其中，悬浮式微陀螺还可以测量沿空间三个方向的加速度。

悬浮转子微陀螺可分为磁悬浮式转子微陀螺和静电悬浮式转子微陀螺，前者主要分为电磁吸力悬浮、抗磁悬浮和电磁斥力悬浮三种；后者可分为静电吸力和静电斥力悬浮。目前研究较为深入、较为成功的是电磁斥力悬浮式转子微陀螺和静电吸力悬浮式转子微陀螺，它们都是通过使悬浮于平衡位置的转子高速旋转获得恒定角动量，产生陀螺效应，借助力矩再平衡回路来测量双输入轴角速度。

1) (电)磁悬浮式转子微陀螺

磁悬浮式转子微陀螺是英国 Sheffield 大学于 20 世纪 90 年代中后期提出。上海交通大学于 2006 年提出了一种将悬浮、稳定和旋转三种线圈分开的可进行闭环控制的磁悬浮式转子微陀螺，真空时，它能够获得约 5000 r/min 的转速和约 3°/s 的漂移稳定性。如图 4-76所示，2007 年上海交通大学又提出了一个新颖的抗磁悬浮微陀螺，在空气中其转速可以达到 10 r/min。

图 4-76　抗磁悬浮微陀螺(上海交通大学)

在实际应用中，电磁悬浮式转子微陀螺的电磁阻尼和涡流生热问题成为了该研究的瓶颈，其中，电磁阻尼是限制转子进一步提高转速的最突出因素；涡流生热使得器件的功耗较高，难以符合微系统集成的要求。另外，磁悬浮微陀螺的侧向刚度低，限制了转子悬浮和旋转的稳定性。

2）静电悬浮式转子微陀螺

静电悬浮式转子微陀螺工作时，陀螺微转子维持悬浮在壳体的零位平衡位置，并高速旋转产生陀螺效应，借助力矩再平衡原理测量双输入轴角速度。

球转子静电陀螺仪是目前精度最高的一种陀螺仪。美国斯坦福大学为验证爱因斯坦广义相对论，于2004年4月发射的引力探测器B(GravityProbe B)就使用了四个目前世界上精度最高的静电悬浮超导陀螺仪，该陀螺仪在失重和低温状态下的随机漂移率优于10^{-11}°/h。

日本Tokimec公司在2001年研制出盘形转子微陀螺，2002年又研制出了环形转子的微陀螺。与先前盘形转子相比，环形转子设计不仅有效增加了径向刚度和灵敏度，而且使微陀螺在转子重量一定的情况下，可获得较大的转动惯量。2005年，To kimec公司进一步提升了该微陀螺的性能指标，转速可以达到74 000 r/min，稳定性为0.01°/s，角随机游走0.085°/$\sqrt{\text{h}}$，如图4-77所示。该陀螺仪代表了目前静电悬浮转子微陀螺研究的较高水平。2009年8月，该公司给出了基于此原理的产品微陀螺MESAGTM102。

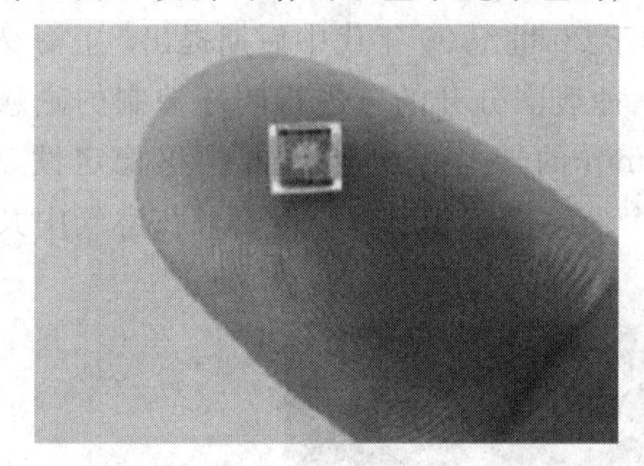

图4-77 环形转子陀螺芯片及其封装(日本To kimec公司)

如图4-78所示，调谐式转子微陀螺采用动力调谐陀螺仪电机驱动，将动力调谐陀螺仪转子和挠性接头改为MEMS技术加工的片状结构，而信号器、力矩器采用了硅微机械陀螺仪常采用的微电容检测和静电力反馈的形式。

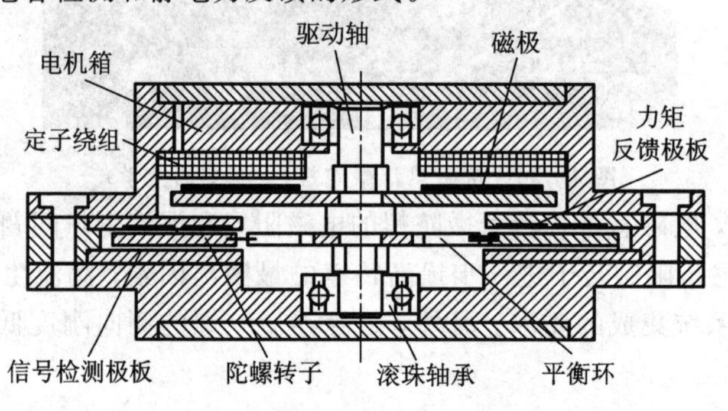

图4-78 调谐式转子微陀螺结构

陀螺转子体三环结构如图4-79所示。平衡环和驱动环之间及平衡环和陀螺转子之间均采用挠性杆连接，沿其自身轴线扭转刚度低，而绕与其垂直方向抗弯刚度则很高。两组挠性杆相互正交，并相交于一点，不仅起着支撑陀螺转子的作用，还提供了陀螺转子所需要的转动自由度。该转子体可以单独加工，通过精密组装技术与陀螺构成整体。

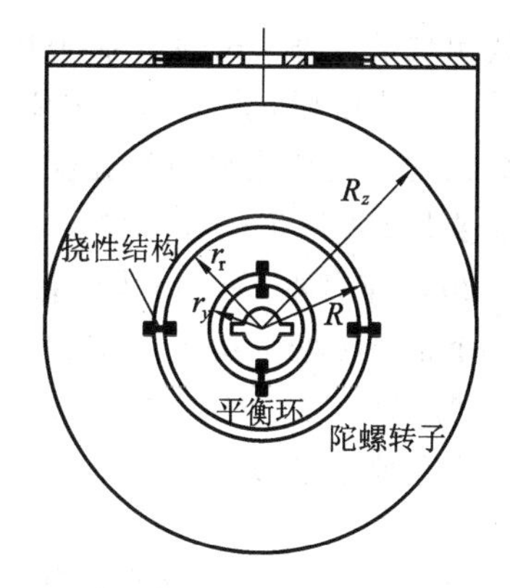

图4-79 转子体三环结构

调谐式微陀螺采用电容检测和静电力矩反馈形式，在其调谐中，除了考虑平衡环的负弹性力矩作用外，还要考虑静电力矩的影响。对于静电力矩中的电刚度补偿挠性扭杆的正弹性力矩，需综合调整平衡环的负弹性力矩和电刚度来补偿内、外扭杆的正弹性力矩。

2006年4月，在DARPA导航级集成微陀螺项目的资助下，美国Archangel Systems公司开始了静电悬浮环形转子微陀螺的研发。该项目采用标准MEMS工艺，用五次光刻掩模优化定子极板，制造三定子-双转子竖层堆叠结构；利用差动检测原理，提高分辨率和精度；使用轴向三对电极驱动，代替以往的四对电极，旋转驱动电极使用鱼鳞层叠装分布。2009年，研究成果显示，该器件可以在6 mT (1 mT=01133 Pa)的真空环境下以200 r/min的转速旋转2 h，还远远没有达到该项目的预期。

2001年，英国南安普敦大学也开始了静电悬浮式转子微陀螺的研究。该课题组在控制的建模与仿真方面做了大量研究，引入了2-$开关悬浮控制策略，有效避免了静电吸附现象。上海交通大学利用UV-LIGA和LIGA技术，设计并加工制作的静电悬浮式转子微陀螺采用非硅基工艺，上、下定子电极均排布在Pyrex玻璃衬底上，中间层主要为可自由活动的镍扁平转子和径向电极。

上海交通大学在磁悬浮式转子微陀螺研究基础上，于2003年开始了静电悬浮式转子微陀螺关键技术问题的研究，采用MEMS技术设计、制作了静电悬浮式转子微陀螺，并搭建了测控系统。清华大学从2006年开始研发可用于静电悬浮微陀螺的微马达。

静电悬浮式转子微陀螺的缺点是，由于静电力为吸引力，具有开环不稳定特性，且多自由度闭环测控系统比较复杂，故实现微转子五自由度悬浮且高速旋转具有很大的挑战性。

悬浮式转子微陀螺的优势在于，其排除了振动式微陀螺所固有的正交误差问题，无需频率调谐，可获得较高的陀螺精度，微转子可以同时检测两轴角速度和三轴线加速度，降低了微惯性测量组合(MIMU)的器件尺寸和研制成本。

6. 固体微陀螺

对声表面波陀螺(SAW)的研究是从20世纪70年代开始的，其结构几经变革，于90

年代出现了一种叉指换能器(IDT)的声表面波微陀螺。目前对IDT声表面波微陀螺的研究还处于起步阶段，所面临的主要问题是IDT声表面波传感器的输出电压太低，而机电耦合系数大的压电单晶材料的温度稳定性都较差，添加恒温装置又将极大地限制器件的应用，因而要将SAW陀螺器件实际应用还有很多困难需要克服。

2006年日本Hyogo大学报道了一种新型的压电振动固态微陀螺，其结构较简单，仅由一个带电极的锆钛酸铅(PZT)长方体构成。该压电振动固态微陀螺原理图如图4-80所示，利用PZT的逆压电效应激振，以第29阶纵向谐振模态作为参考线振动，通过压电效应检出角速率信号。

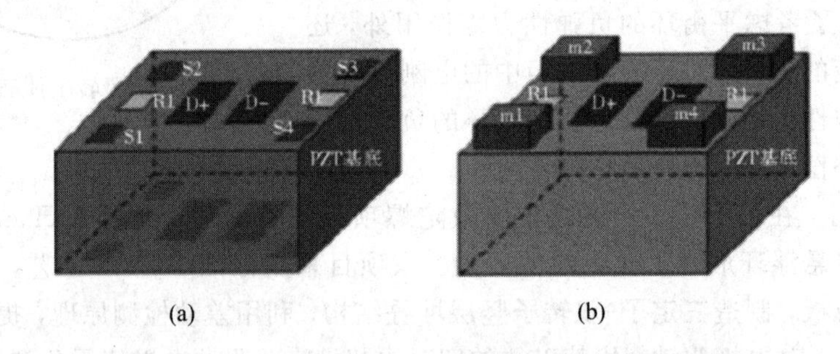

图4-80　PZT压电固态微陀螺原理图(日本Hyogo大学)
(a) 不带集中质量块；(b) 带集中质量块

2006年美国佐治亚理工学院提出利用体声波(BAW)制造陀螺仪。体声波是一种微波超声，可借助电、磁、光、热、超导隧道结等多种方法来产生体声波。常用的方法是压电激励，即在压电单晶薄片或压电薄膜上施加交变场，激发沿厚度方向的基频或谐频共振，从而获得高频体声波。2010年，佐治亚理工学院报道了厚度只有60 nm的BAW陀螺仪，测试可达到的动态响应范围为500 b/s，如图4-81所示。

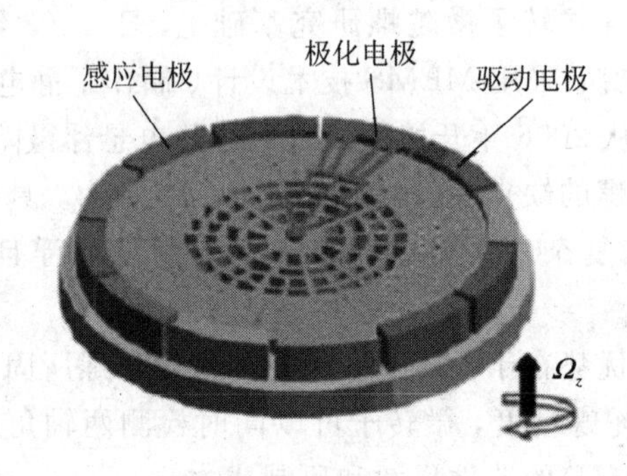

图4-81　体声波陀螺结构(美国佐治亚理工学院)

7. 介质类微陀螺

无论是振动微陀螺，还是转子微陀螺，都是通过检测质量敏感基座角运动产生的哥氏效应而工作的，无法摆脱悬振结构或旋转结构的影响。MEMS 声表面波陀螺是在一个压电材料基片上，沿某个方向制作一个声表面波震荡器 SAWR，在震荡器中间区域形成驻波，基片表面处于驻波区域的质点，敏感基座的角运动产生哥氏力，并激发沿该方向的声表面波，通过检测该声表面波实现对角速率的测量。由于 MEMS 声表面波陀螺没有机械悬浮结构，因而具有制作简单，抗高冲击等特点。

微流体陀螺将 MEMS 技术与传统的压电射流角速率陀螺有机结合起来，在哥氏力作用下使气流场发生偏转产生温度差，利用热敏电阻来检测，实现对角参数的测量。根据气流场在哥氏力作用下偏转的原理，基于热对流加速度计的性能特点而研制成的新型微惯性器件。声表面波陀螺和微流体陀螺具有如下特点：

(1) 承受高过载。由于没有活动部件，其承受过载的能力比一般微机械陀螺高。

(2) 响应速度快。

(3) 寿命长。由于它是一种固态陀螺，其寿命来自半导体器件。

(4) 成本低。该类陀螺仪制作工艺相对简单，因此成本比一般陀螺低。

介质类陀螺特别适用于高过载、高动态的场合。与传统陀螺仪相比，流体类陀螺仪由于没有悬挂质量块，结构大大简化，制作难度降低，更重要的是省去了复杂的活动部件。其抗冲击、抗振动能力大大提高，特别适合高冲击、高振动环境下使用。

射流气体陀螺是利用强迫对流气体的气流束和敏感元件的热阻效应测量角速率的。它结构简单，无活动检测质量，抗过载能力强，成本低，寿命长。如图 4-82 所示，日本立命馆大学研制了一种能测量双输入轴角速度的气体微陀螺，分辨率可达 0.05 b/s。射流陀螺可用于导弹、飞机、舰船、工业自动化和机器人等技术领域，是测量和控制角速度、角加速度和角度等参数的关键部件，也是制导炮弹和机器人姿态控制不可缺少的惯性器件。

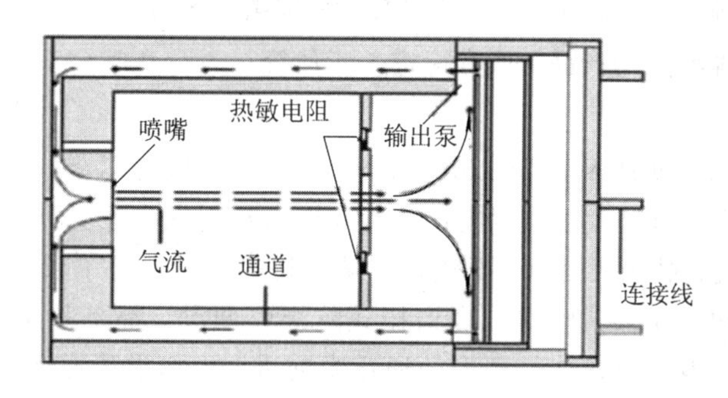

图 4-82　射流气体微陀螺(日本立命馆大学)

ECF(Electro Conjugate Fluid)流体是一种新型的流体材料，当在流体两端的电极上加上几千伏的电压时，ECF 流体可以产生很强的流动。如图 4－83 所示，2009 年东京工业大学利用 ECF 流体特性制作了基于 ECF 的流体陀螺，其精度较传统的流体陀螺提高了两倍。但是 ECF 流体陀螺所用的高电压限制了其应用场合，设法寻找新的 ECF 材料，或采取其他途径来降低所用的电压值，是 ECF 流体陀螺扩大应用场合的关键。

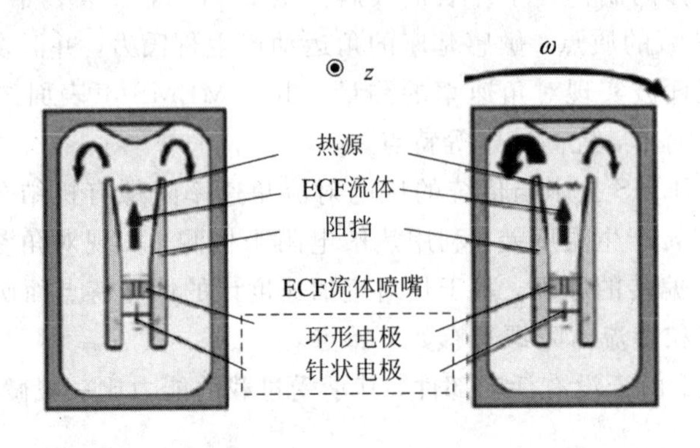

图 4－83　ECF 流体陀螺(东京工业大学)

超流体陀螺是基于超流体玻色-爱因斯坦凝聚和量子化涡流特性的。当利用低阻特性的超流体陀螺工作时，超流体黏滞系数很低，流体间以及流体对周围运动的阻尼很小。当承载容器与其发生切向运动时，超流体不会像通常的流体一样由于液体的黏性力发生随动，而是保持原来的状态。这样超流体与承载容器间就出现了相对流动，通过检测这个运动速度或它的某种放大量，就可以获得转动速度的信息。

利用量子化涡流，根据超流体的进动可以敏感外界角速度。另外，利用超流体效应检测角速度，在原理上具有远远高于常规陀螺的性能潜力。美国科学家通过实验表明，超流体惯性测量装置在测量地球自转时，精确度达到 99.5%。美国国防部的技术评估认为，超流体陀螺零偏稳定性可达 5×10^{-4}°/h 以上。超流体陀螺适用于各类高精度陀螺的场合，由于该方向的研究刚刚展开，如何将其与 MEMS 等微小型化技术相结合，开发具有高精度、低成本和小尺寸等特点的产品，还有待进一步研究。

8. 光纤陀螺仪

自 1976 年 Vali 和 R. W. Shorthil 提出光纤陀螺的概念以来，光纤陀螺得到了很大的发展，其角速度的测量精度已从最初的 15°/h 提高到现在小于 0.001°/h 的量级，并已在航空航天、武器导航、机器人控制、石油钻井及雷达等领域获得了较为广泛的应用。

光纤陀螺仪包括干涉式陀螺仪和谐振式陀螺仪两种，都是基于 Sagnac 理论发展起来的。Sagnac 理论：当光束在一个环形的通道中前进时，如果环形通道本身具有一个转动速度，那么光线沿着通道转动的方向前进所需要的时间要比沿着这个通道转动相反的方向前进所需要的时间要多。即当光学环路转动时，在不同的前进方向上，光学环路的光程相对于环路在静止时的光程都会产生变化。

基于光程的变化，如果用在不同方向上发射的光之间产生干涉来测量环路的转动速度，就可以制造出干涉式光纤陀螺仪。如果利用这种环路光程的变化来实现在环路中不断循环的光之间的干涉，也就是通过调整光纤环路光的谐振频率，进而测量环路的转动速度，即为谐振式光纤陀螺仪。干涉式陀螺仪在实现干涉时的光程差小，光源频谱宽度较大；谐振式陀螺仪在实现干涉时，光程差较大，但要求光源必须有很好的单色性。

谐振式陀螺仪通常主要采用在硅片上制造光波导谐振器的技术来实现。国外对谐振式 MOEMS 陀螺已经研发多年，美国 Northrop 公司于 1991 年研制出零偏为 10°/h 的微型光学陀螺仪(MOG)。2000 年美国 Honey - well 公司联合明尼苏达大学制造了一个指标优秀的谐振式 MOEMS 陀螺，其漂移稳定性在理论上可以达到 0.1°/h。

干涉式陀螺仪主要采用硅片上制造光波导或微镜阵列等技术替代光纤线圈，采用增加面积和增加光纤长度的办法增强 Sagnac 效应。由于 MOEMS 陀螺受限于空间尺寸的微小，如何在有限的空间内延长光路长度、增强 Sagnac 效应就显得尤为重要和突出。美国阿拉巴马大学制造的陀螺，在直径为 6.5 cm 时预计测量精度可达 0.001°/h。

与其他 MEMS 陀螺相比，微光机电陀螺无运动部件，灵敏度高，不需真空封装，且动态响应范围大，抗电磁干扰能力强，可在一些恶劣环境下使用。目前，国际上微光机电陀螺技术的研究多处于起步或初级阶段，还有许多难题需要攻克。随着集成光学、光电子、新材料以及微加工等相关领域的技术进步，可以预见，微型光学陀螺必将在微陀螺领域中占据一席之地。

4.3.3　进一步提高 MEMS 陀螺仪的性能

经过几十年的发展，MEMS 微陀螺研究取得了许多成果，但距离市场要求还存在一些差距，尤其是战术级和惯性级的高性能陀螺，还存在许多有待提高的地方，具体有以下几个方面。

1. 提高 MEMS 陀螺仪精度方法

MEMS 陀螺仪由于采用 MEMS 工艺加工，具有其他产品所不具有的优势，应用较广。提高 MEMS 陀螺仪的精度通常有三种方法：

(1) 采用真空封装工艺方法，可以有效地提高 MEM 陀螺仪的质量和精度。

(2) 在进行 MEMS 陀螺仪的设计时，可以通过改进 MEMS 陀螺仪的结构模型，进而有效地提高 MEMS 陀螺仪机械结构的灵敏度。

(3) 优化电路设计，尽量减小电路所产生的噪声，可以有效地提高 MEMS 陀螺仪的测试精度。

2. 减小温度对 MEMS 陀螺仪性能影响

在 MEMS 陀螺仪的实际应用中，工作现场的温度对 MEMS 陀螺仪的影响明显。由于 MEMS 陀螺仪采用薄硅片作为材料，当环境温度变化较大时，材料会有较大变形，而且内部电子元器件参数也会随温度的变化而变化，从而导致 MEMS 陀螺仪的零偏差会有很大的漂移，对 MEMS 陀螺仪的精度产生较大的影响。

当前，可以通过温度补偿来减小温度对 MEMS 陀螺仪性能的影响。建立陀螺仪温度补偿的数学模型，对各温度区间陀螺仪参数进行拟合，降低温度干扰。另外，由于加工工艺导致 MEMS 陀螺仪出现精度降低的问题，因此要进行温度试验，建立各种器件的温度补偿模型进行检验，从而使传感器输出误差最小，直至满足精度要求。

3. 减小微加工误差对 MEMS 陀螺仪性能的影响

对于一些体积较大的传统机械设备，加工误差对机械设备的性能影响较小，但是 MEMS 陀螺仪体积非常小，加工过程中产生的加工误差对陀螺参数影响非常大。因为在 MEMS 陀螺仪实际生产中，只能降低 MEMS 陀螺仪的微加工误差，而不能消灭误差，所以可以通过以下几种方法降低 MEMS 陀螺仪的加工误差。

(1) 加大科研投入，深入研究 MEMS 系统器件的加工工艺，提高加工工艺的稳定性，降低误差。

(2) 在进行设计 MEMS 系统的器件时，应该充分考虑现有的加工水平，对器件的设计和选择提前考虑加工误差对精度的影响，进而设计出具有较高精度的 MEMS 陀螺仪产品，提高 MEMS 陀螺仪技术水平。

4.4 微谐振器

MEMS 微机械谐振器(Resonant Microsensor)的工作过程是一个机械能和电能反复交换的过程，根据其工作过程，可以将其结构分为三部分：输入变换器、机械振子及输出变换器。其中，输入变换器将输入的电信号转换成机械信号；机械振子通过其机械振动频率滤出工作信号；输出变换器将机械信号再转换成电信号通过输出电极输出。输入换能和输出换能都是通过机械振子和电极之间的电容进行的。

对于 MEMS 微机械谐振器，谐振频率与品质因数 Q 值是两个重要的参数。谐振器的谐振频率的由它的几何形状、材料特性及振动模态决定的。$\omega_r = \sqrt{k_r/m_r}$，其中 ω_r 是某一模态的振动频率，m_r 是该振动模态下的模态质量，k_r 是系统的模态刚度。Q 值是和能量损耗相关的参数，$Q = 2\pi \frac{W_{回路储能}}{W_{周期耗能}}$，反映在机械结构上就是对等效阻尼的影响，在电参数上则反映了等效电阻的大小。要想降低能量损耗，减小等效电阻，就需要提高 Q 值。随着 Q 值的增大，微机械谐振器的等效电阻明显减小。比如在 FBAR(thin-Film Bulk Acoustic Resonators)中，Q 值表示器件声波能量的损失，能量损失越少，器件 Q 值越大，插入损耗也就越小；在滤波器中，通带拐角就越陡。

MEMS 谐振器主要应用在时钟、参考振荡器以及无线接收器前端的滤波器/混合器。涉及频率发射与接收的电子产品都需要谐振器。

4.4.1 梳状谐振器

梳状谐振器包括两个叉指换能器和连接叉指换能器的柔性梁。如图 4－84 所示，柔性梁通过锚固定在电极上，一侧电极输入直流电压 U_p，一侧叉指换能器的输入端输入交流电压 U_i，谐振器的可动部分受到交变静电力场的作用，产生横向振动。当激励电压产生的静电激振力的频率接近于谐振器固有频率时，就会发生谐振。在活动梳振动的同时，梳齿间交叠部分的面积发生变化，导致齿间的电容变化，最后实现机/电转换功能。

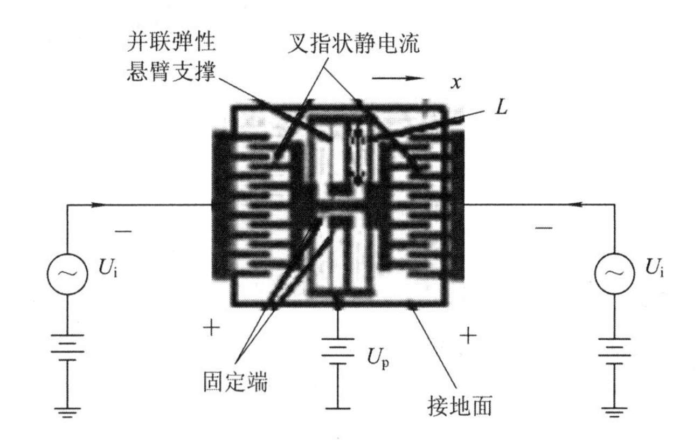

图 4－84 双端口折叠梁梳状谐振器

在约为 2.7 Pa 的真空条件下，谐振器的谐振频率为 100 kHz，其 Q 值可达 51 000，如果进一步提高真空度，Q 值可超过 80 000。梳状谐振器主要依靠质量块和柔性梁工作，谐振频率较低，一般在 500 kHz 以下，很难将其提高到中频和高频范围，该微机械谐振器可用于高 Q 值、低频率振荡器中。

4.4.2 梁式谐振器

1996 年，F. D. Bannon 等人设计的双端固支梁谐振器谐振频率为 8.5 MHz，在真空状态下 Q 值为 8000。双端固支梁谐振器消耗较多的能量，可采用双端自由弹性梁结构，支撑设在振动节点处，以减小振动锚损，提高 Q 值。

图 4－85 所示是一种沿侧面振动的自由梁(Free-Free Beam，FFB)微机械谐振器，谐振器中的自由梁通过四根挠性支撑梁悬浮在金属电极之间。一侧的金属电极与自由梁之间通过电容变化激励，通过检测另一侧电极与自由梁之间的振动感应而实现谐振器的谐振。采用二阶挠性支撑和优化的直流偏压抑制锚点损耗，从而获得了比较大的 Q 值。图 4－86 所示为此谐振器在原子显微镜下的结构图。测试表明，在频率为 10.47 MHz 时，其 Q 值超

过 10 000，可用于无线通信系统的高 Q 值振荡器和滤波器中。

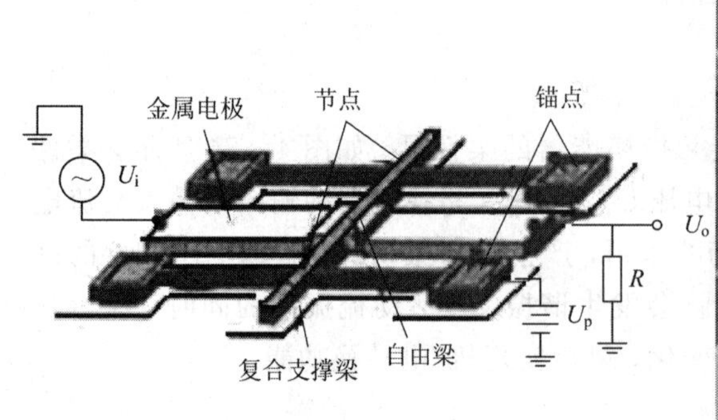

图 4 - 85　自由梁微机械谐振器结构
（Tsu W. T.）

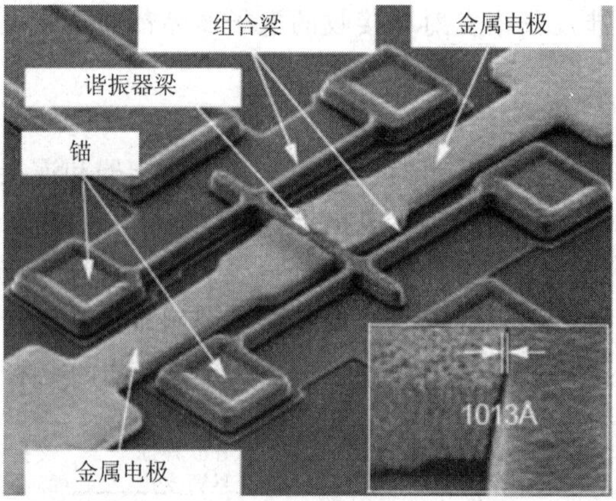

图 4 - 86　10.47 MHz 双端自由梁微谐振器
（Tsu W. T.）

4.4.3　盘式谐振器

圆盘谐振器出现于 1999 年，Michigan 大学研制的圆盘结构谐振器的直径为 34 μm，工作频率达到了 156 MHz，Q 值超过 9400，如图 4 - 87 所示。根据圆盘振动模式的不同，盘式谐振器可分为圆盘谐振器和酒杯式(圆型)谐振器。

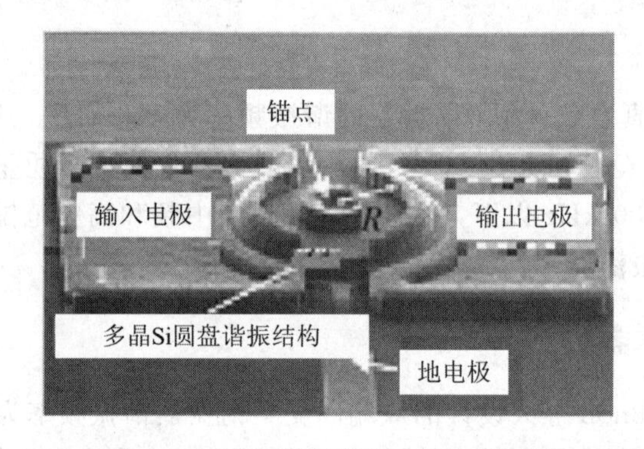

图 4 - 87　圆盘谐振器(Michigan 大学)

圆盘谐振器的振子是悬空在衬底表面的圆盘，采用多晶 Si 或其他高弹性模量材料(金刚石、碳化硅)制造，圆盘中心点通过锚固定在衬底上，周围侧壁与外电极形成电容换能。驱动电极通过支撑圆盘的锚来实现上下驱动，工作时通过径向伸缩模式实现高频振动。在圆盘上输入直流偏置电压，给驱动电极输入交流电压，圆盘径向伸缩振动，圆盘和输出电极间的电容随圆盘振动的变化而变化，在输出电极上产生一个和电容变化相关的电流，这个电流和圆盘的振动幅度成比例。

圆盘谐振器使微机械谐振器的谐振频率提高到 UHF(Ultra High Frequency)频段，采用金刚石作为谐振结构的圆盘谐振器可以达到 1.9 GHz 的振动频率，同时 Q 值在空气状态下大于 10 000。圆盘谐振器为微机械谐振器在较高频段的应用提供了可能。

圆盘谐振器频率达到 1.156 GHz，在这个频率时空气与真空中的 Q 值均大于 2650。图 4-88 所示为一种自对准圆盘谐振器，频率在 734.6 MHz 时，Q 值在真空与空气中分别是 7890 与 5160。

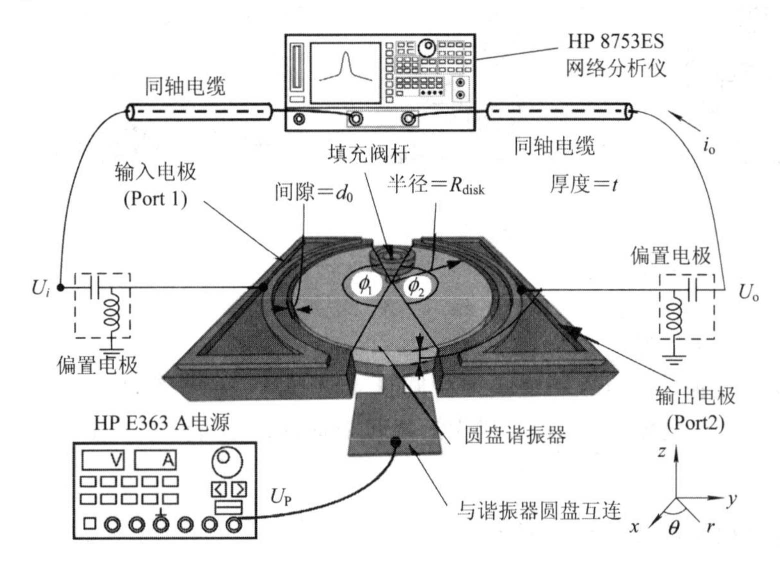

图 4-88　自对准圆盘谐振器两端口测试(Jing Wang)

图 4-89 所示为双材料金属/SiC 结构 MEMS 谐振器，用于实时时钟以及频率调制设备。真空中具有 U 型铝电极，圆盘谐振器可获得高达 7 MHz 的谐振频率，Q 值高达 23 000，高于梁式谐振器。直径为 90 μm 的圆盘在大气压下一阶模态频率是 7.79 MHz，振动幅度是 10 pm，二阶模态频率是 27.57 MHz，振动幅度是 5 pm。其仿真结果如图 4-90 所示。

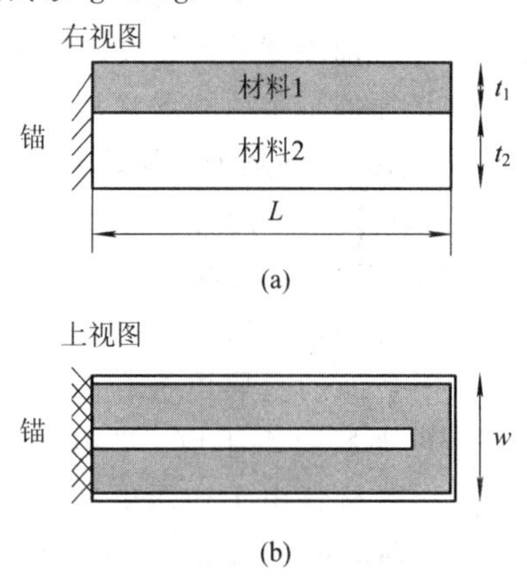

图 4-89　双材料悬臂梁的示意图
(Enrico Mastropaolo)
(a) 右视图；(b) 上视图

图 4-91 所示为 1.51 GHz 径向振动模式的酒杯式圆型谐振器，在真空中、室温时的 Q 值可达 11 555，空气中可达 10 100。谐振器中心圆盘直径是 20 μm，厚度是 3 μm，由钻石制作而成；周围用掺杂的多晶硅电极封闭，与圆盘间隔小于 80 nm。此谐振器的频率适用于很多商业无线设备的射频前端。

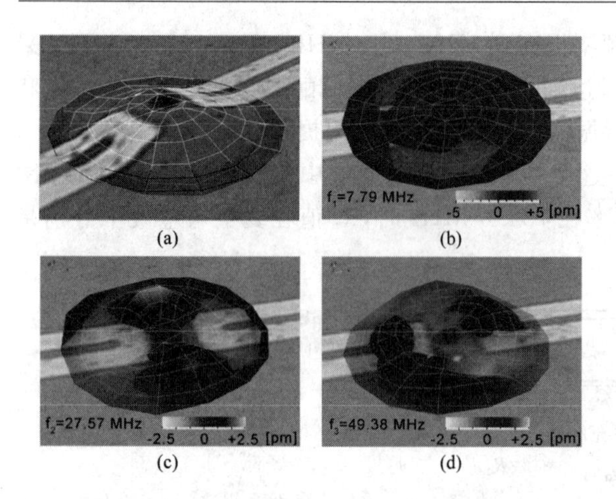

图 4-90　D-90 μm 的电热驱动圆盘检测快照
(Enrico Mastropaolo)
(a) 静载挠度；(b) 第一模式；
(c) 第二模式；(d) 第三模式

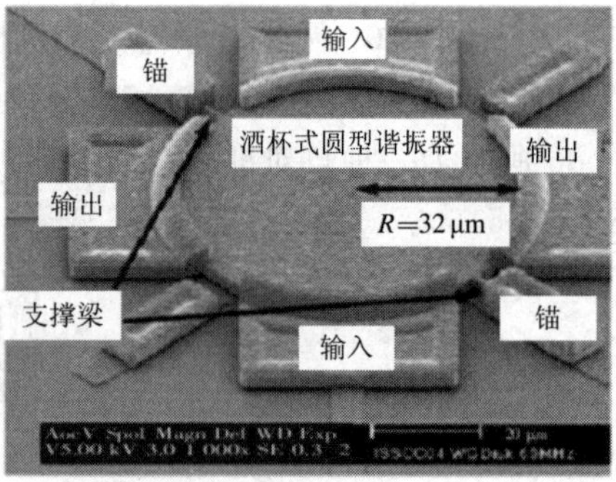

图 4-91　酒杯式圆型谐振器(Jing Wang)

酒杯式圆型谐振器悬空在衬底表面的圆盘靠圆盘外侧的支撑结构支撑，驱动电极从上、下电极变为侧壁电极，振动模式成为沿着两个垂直直径的伸缩，通过外张模式实现高频振动。

4.4.4　薄膜体声波谐振器

无线通信系统不断向高频段发展，薄膜体声波谐振器 FBAR 具有较大的发展潜力，易于射频系统前端滤波器集成，实现射频系统的微型化，谐振频率可达 1.5 GHz～7.5 GHz。体声波谐振器最常用的形状是圆盘形结构。第一个成功制造的多晶硅圆盘谐振器直径是 34 μm，谐振频率是 160 MHz，真空中的 Q 值可以达到 9000 多。

FBAR 是一种能与 CMOS 工艺兼容的器件，它具有高性能、小体积、高功率容量和高工作频率的特点，可以用来制备高性能的滤波器、双工器和低相噪射频振荡器等。

薄膜体声波谐振器结构如图 4-92 所示，由上、下平面的金属电极和夹在电极中间的一层压电薄膜材料组成。当电压施加在电极上时，压电材料由于逆压电效应产生机械形变，并在薄膜内激励出体声波，将电能转换为声能，声波在两电极平面之间来回反射形成机械谐振，谐振基频波长等于压电薄膜厚度的两倍。

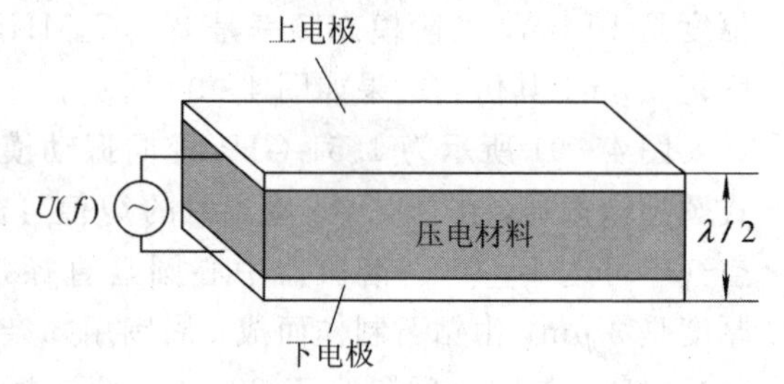

图 4-92　薄膜体声波谐振器(半导体技术)

目前 FBAR 主流结构主要有三种形式，结构如图 4－93 所示。

(1) 硅反面刻蚀型薄膜体声波谐振器。采用 MEMS 体硅微制造工艺，从衬底(Si)反面刻蚀，去除大衬底材料，在压电振荡堆下表面形成空气交界面，声波被限制在压电振荡堆之内。

(2) 空气隙型薄膜体声波谐振器。采用常规半导体加工工艺或者结合牺牲层技术，在硅片上表面形成一个空气隙，把声波限制在压电振荡堆内。空气隙采用去除部分硅片表面，形成下沉型结构，也可以直接在硅表面上形成的上凸型。这种结构不仅可获得较高的 Q 值，且具有较好的机械牢固度，并能与传统半导体集成电路工艺相兼容。

(3) 固态封装型薄膜体声波谐振器。采用布拉格反射层将声波限制在压电振荡堆之内，布拉格反射层为 W 和 SiO_2 低阻抗声学层。此种结构机械牢固度强，可集成性好，但需要制备多层薄膜，且 Q 值比空气隙型的要低。

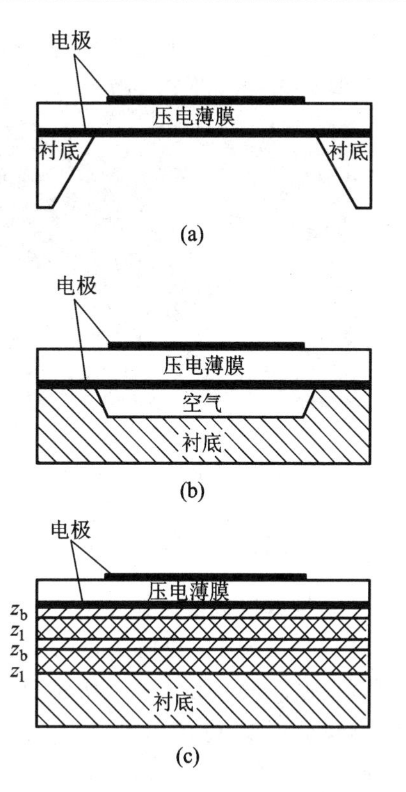

图 4－93　FBAR 三种主流结构示意图
(a) 硅反面刻蚀型薄膜体声波谐振器；
(b) 空气隙型薄膜体声波谐振器；
(c) 固态封装型薄膜体声波谐振器

图 4－94 所示为采用空气隙型结构、硅衬底、AIN 薄膜材料的 FBAR 微谐振器。对于工作在频率为 1.8 GHz 的谐振器，AIN 薄膜厚度约为 0.9 μm，A1 电极厚度约为 0.25 μm。电极形状采用非正五边形设计，这种两边不平行、两角不相等的不对称结构，可以消除横向声纵波的产生。

对 FBAR 微谐振器样品的测试结果为：器件的串联谐振频率 f_s 和并联谐振频率 f_p 分别为 1.781和 1.794 GHz，相应的有效机电耦合系数为 1.8%；串联谐振频率处和并联谐振频率处的 Q 值分别为 308 和 246。该谐振器样品实际尺寸为 0.45 mm×0.21 mm×0.5 mm。

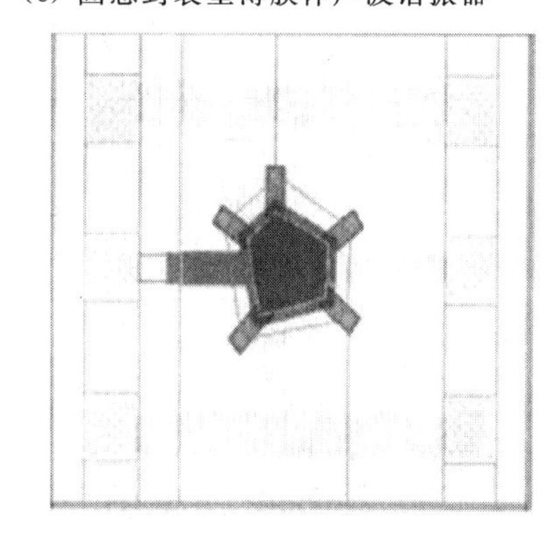

图 4－94　FBAR 微谐振器
(半导体技术)

FBAR 工艺与现有 Si 半导体工艺兼容，因此 FBAR 器件和低噪声功率放大器、混频器等器件可以进行集成，制造具有更高性能和更小体积的射频系统。利用 FBAR 技术可实现滤波器、双工器及振荡器这样的高性能、小体积的微波器件。

图 4－95 和图 4－96 所示分别为 Philips 与 Infineon 公司合作研制的 FBAR 微谐振器。

图 4－95 BAW/FBAR 微谐振器(Philips 公司)

图 4－96 BAW/FBAR 微谐振器(Infineon 公司)

4.4.5 腔结构微机械谐振器

腔结构微机械谐振器是采用 MEMS 加工技术加工，应用在微波/毫米波及其以上波段的无线通信系统中，可解决目前无线通信系统中高 Q 值、高频率(几吉赫兹～几十吉赫兹)、低插损谐振问题。图 4－97 所示是一种基于腔结构的微机械谐振器，其谐振频率可达到 30 GHz，此时其 Q 值可达 2050。该谐振器可应用在 LMDS(Local Multipoint Distribution Systems)或 PCS(Personal Communication Services)系统中的毫米波振荡器、低损耗滤波器和低相位噪声振荡中。

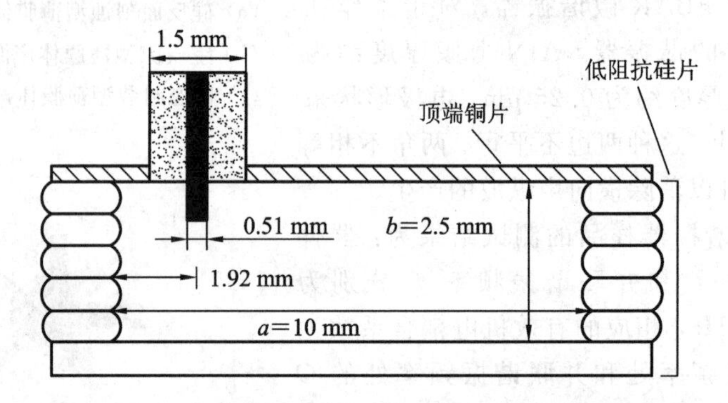

图 4－97 腔结构微机械谐振器(光学精密仪器)

4.4.6 声表面波谐振器

SAW 是在压电基片表面，由叉指换能器(IDT)激发产生并传播一种弹性波，其振幅随着深入基片材料的深度增加而迅速减少。图 4－98 所示为 SAW 谐振器输入端的结构，由压电基片、IDT 和反射器组成。将交变激励电压加到 IDT 上，在压电基片表面产生交变电场，导致压电基片的逆压电效应，在压电基片表面激发弹性振动。弹性振动在基片表面传播，形成声表面波。在输出端利用压电效应，将声波重新转换为电能输出。声表面波谐振器叉指电极的形状决定 SAW 谐振器频率。

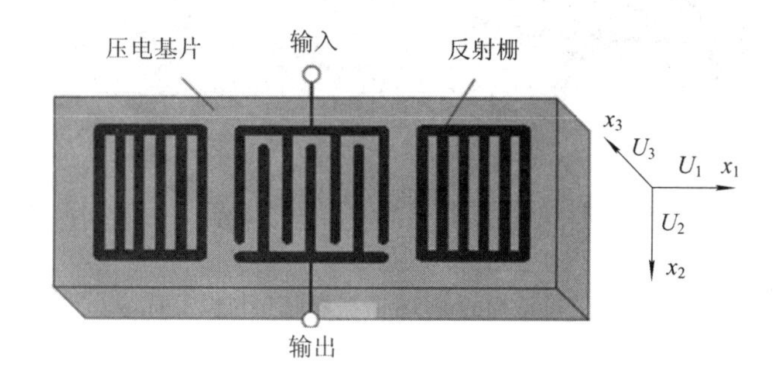

图 4－98　SAW 谐振器(陈营端等)

图 4－99 所示为 K 波段谐振器，含有通孔阵列结构，深度达到 500 μm，包含 28 个微机械通孔，谐振器单个芯片尺寸为 4.7 mm×4.6 mm，采用正面掩膜、ICP 多步刻蚀工艺。该 MEMS 谐振器的品质因数在 184～258 之间，谐振频率为 21 GHz。

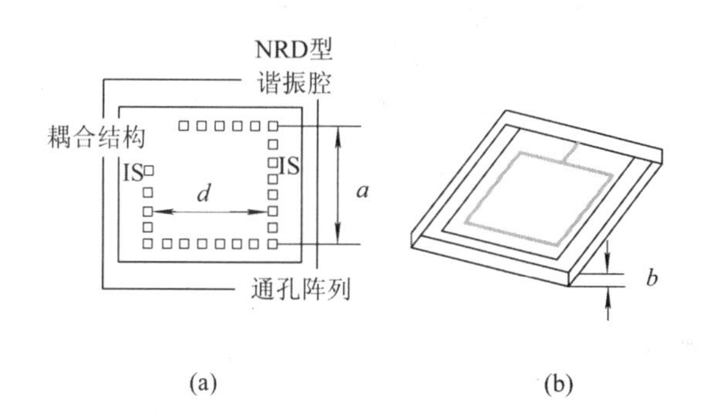

图 4－99　K 波段谐振器(郁元卫等)

(a) 正视图；(b) 三维结构图

图 4－100 所示为用于可重构缺陷地结构(DGS)的级联双并联共振电路模型谐振器。此谐振器宽带频率范围是 K 波段，固定带宽为 8.1 GHz。二维周期性 DGS 以高电阻率硅为衬底，周期单元的个数决定谐振频率，共有 5 个二维周期性 DGS 单元(2D PDGS)。在二维周期性 DGS 上，有双端固定梁 RF MEMS 级联电阻开关，以控制单元数目。如图 4－101 所示，共有 8 个双端固定梁 RF MEMS 级联电阻开关，可获得 K 波段范围内 64 种频率。

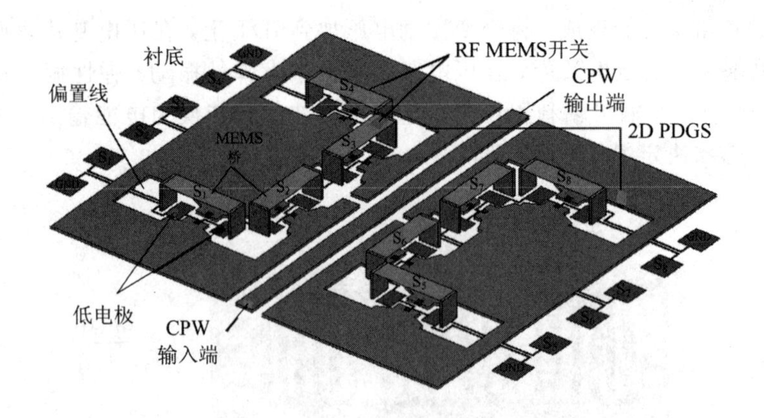

图 4-100 可重构的 DGS 谐振器(Ehab K. I. Hamad)

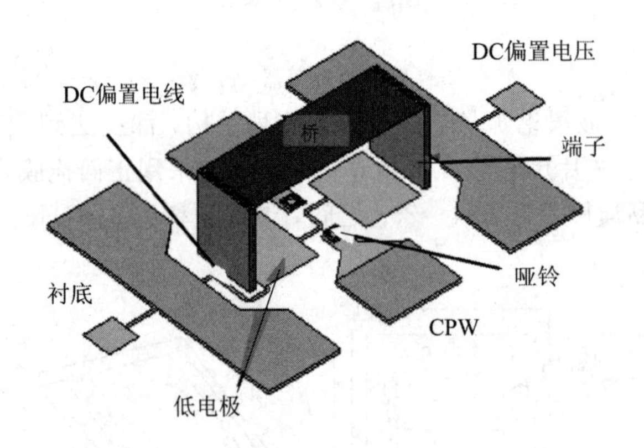

图 4-101 双端固定梁 RF MEMS 级联电阻开关(Ehab K. I. Hamad)

4.4.7 谐振器性能比较

压电薄膜体声波 MEMS 谐振器近年来已经成功用于高频率参考振荡器与滤波器，其主要缺陷是谐振频率依赖于薄膜厚度，当薄膜厚度固定时，很难在同一芯片上制造出拥有不同频率的谐振器。

静电驱动 MEMS 谐振器设计比较灵活，其谐振频率由几何形状所决定，通过修改几何形状获取不同的频率。最简单的 MEMS 静电驱动谐振器是梳状谐振器，但其谐振频率多在 500 kHz 以下，实用性不大。双端固接悬臂梁结构的谐振器可获取高频谐振，但锚点导致谐振器基底能量损耗。若想产生几百兆赫兹的信号，悬臂梁的长度须设计得非常小。当频率增大时，Q 值就会因为锚损而降低。50 MHz 的谐振频率，其 Q 值会降到 500 以下。双端自由梁谐振器通过减小基底能量损耗，可实现 Q 值提高。92 MHz 的谐振频率，其 Q 值可高达 7400。

UHF 频带的需求导致体声波谐振器的产生。体声波谐振器由于气体阻尼损耗很少，因而可获得高的 Q 值，而其高模态有效刚度可产生高频率。

表 4－3 列出了为各种振荡器的 Q 值、谐振频率和主要应用。酒杯式谐振器在真空中的 Q 值可达 98 000，在空气中可达 70 000。

表 4－3　各种谐振器的主要参数

谐振器结构	频率范围	Q 值	主要应用
梳状谐振器	1 kHz～1 MHz	51 000，100 kHz	实时时钟
双端固支梁谐振器	1 MHz～100 MHz	8000,10 MHz(vac) 300，70 MHz(锚损)	参考振荡器
双端自由梁谐振器	10 MHz～200 MHz	28 000，10 MHz～200 MHz(vac) 2000，90 MHz(空气中)	参考振荡器
圆盘/酒杯式谐振器	20 MHz～1.5 GHz	11 555，1.5 GHz(vac) 10 100，1.5 GHz(空气中)	参考/射频振荡器
环型谐振器	100 MHz～5 GHz	15 248，1.46 GHz(vac) 10 165，1.464 GHz(空气中)	射频振荡器
FBAR	1 GHz～8 GHz	2000，1.9 GHz	射频振荡器

4.5　数字微镜

作为 MEMS 的标志性产品，数字微镜在发明之初就引起人们的广泛关注，被誉为“魔镜”。

4.5.1　DMD 原理

数字微镜装置(Digital Micromirror Devices，DMD)技术起源于 1977 年美国德州仪器公司的一项联邦基金研究项目。1987 年 DMD 技术的研究转向数字技术，并取得了巨大成功。在此基础上发展起来以 DMD 和数字光处理技术(Digital Light Processing，DLP)为核心的数字微镜显示技术。

DMD 芯片是数字微镜显示技术的核心部件。图 4－102 所示为 DMD 芯片，主要由微镜片、镜片驱动机构、CMOS 电路的驱动、存储单元等组成。每个 SRAM(静态随机存取存储器)存储单元是由标准的六晶体管电路构成的，采用了标准的双阱、5 V、0.8 μm、双层金属镀膜工艺。镜片呈正方形，边长为 16 μm。对于每个微镜单元，一对寻址电极需要连接到其下方 SRAM 单元 CMOS 电路的电压互补端，所以每个微镜单元都有两个导电通道。系统依靠 SRAM 单元对每一个微镜进行寻址，并使用 CMOS 电路提供的静电力来驱动微镜绕固定轴转动。

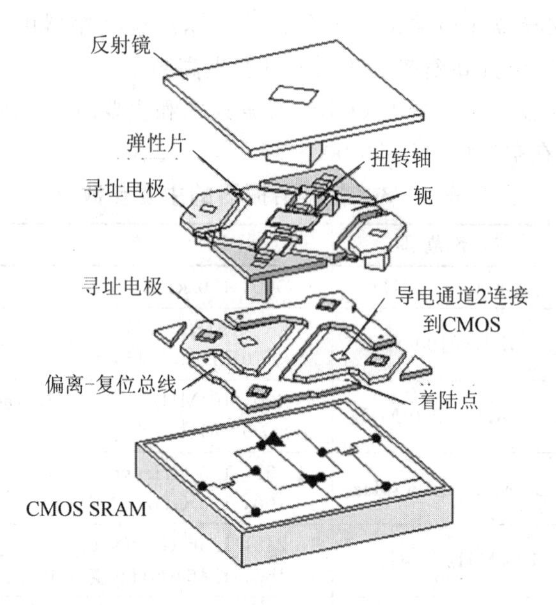

图 4-102　DMD 芯片(TI 公司)

图 4-103 所示为 DMD 芯片中的单个微镜片驱动机构；图 4-104 所示为相邻两个微镜片、不同工作状态的转向，分别处于＋10°和－10°两个状态。

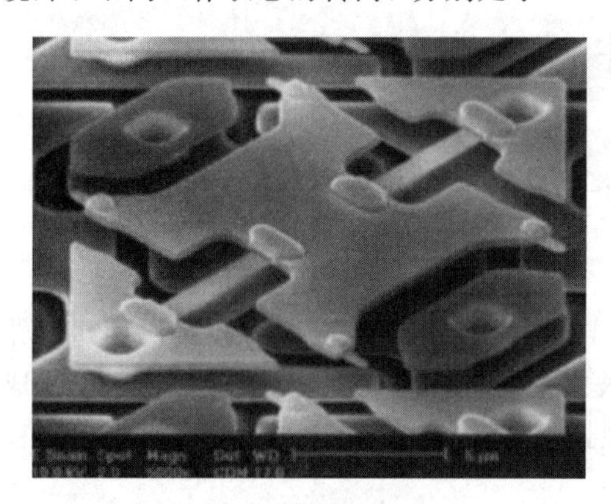

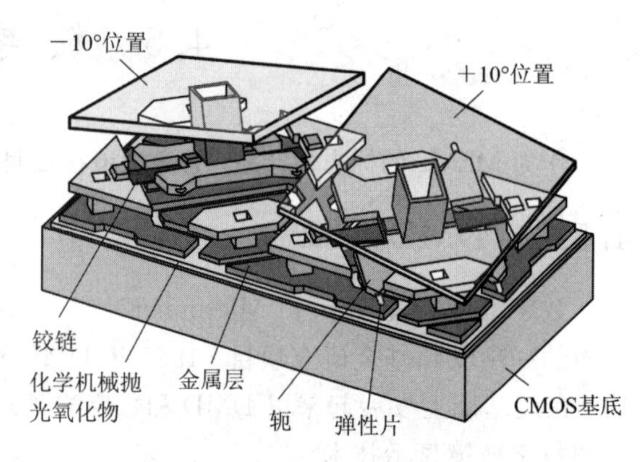

图 4-103　微镜片驱动机构(TI 公司)　　图 4-104　相邻两个微镜片不同工作状态(TI 公司)

DMD 采用静电力驱动微镜片完成状态转换，如图 4-105 所示。轭和反射镜片拥有相同的电位(两者固连在一起)，而两对寻址电极拥有不同的补偿电压。寻址电极 3 与反射镜片之间、寻址电极 4 与反射镜片之间、寻址电极 1 与轭之间、寻址电极 2 与轭之间因电位不同而产生静电效应。各个寻址电极是固定不动的，轭和反射镜片由于其左、右两侧受到的静电力不同，导致其绕铰链轴向某一侧转动。通过控制寻址电压 1、2 和偏离电压的大小，可以实现微镜稳定在±10°位置或向其他稳定状态翻转。当微镜片做旋转运动到达 10°

或－10°后，由于受到机械结构的限制和控制电压序列的作用，最终将稳定在该位置，直到下一个控制电压序列到来。当然，为了能够兼容标准 CMOS 工艺，这三个电压均采用了标准电压：0 V、5 V、7.5 V、24 V 和－26 V。工作时，由控制电路向 DMD 芯片不断发送重复的偏离电压控制脉冲序列，配合不同的寻址电压脉冲序列来完成微反射镜的各种动作。图 4－106 所示为周期控制电压序列。

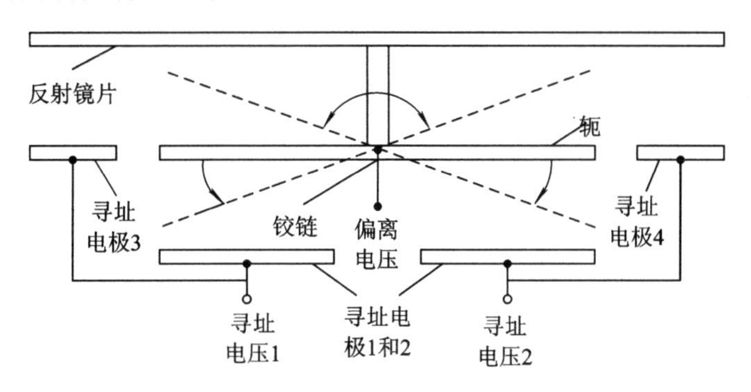

图 4－105　微镜片驱动原理(TI 公司)

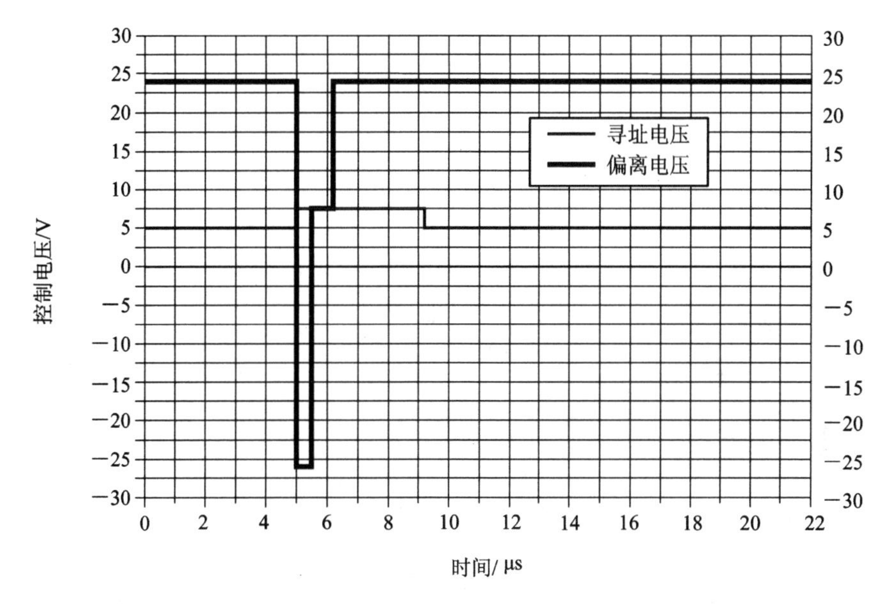

图 4－106　周期控制电压(TI 公司)

许多微镜片排列后形成的镜阵参见图 1－13。DMD 芯片上的微镜被划分成 $x-y$ 二维阵列，对应于屏幕上的二维解析点。当驱动电压信号施加于镜面与对应电极之间时，微镜片上各极板的电压随之变化，镜面根据驱动电压的不同发生倾斜。这样，入射光就被微反射镜反射到光学透镜，再投影到屏幕上形成一个亮的像素。当微反射镜偏转到另一方向时，入射光被反射到光学透镜以外，使屏幕上显示出一个暗的像素。

图 4-107 所示为 DMD 及 DLP 工作原理。以单片 DMD 为例，氙弧光灯发出的白光经过汇聚透镜、红绿蓝分色板、导光棒、透镜组、反射棱镜、DMD 芯片、全反射棱镜和投影镜头到达显示屏幕。光源发出的光是连续的，系统依靠 DMD 芯片上的微反射镜来控制某个像素点光路的通、断。

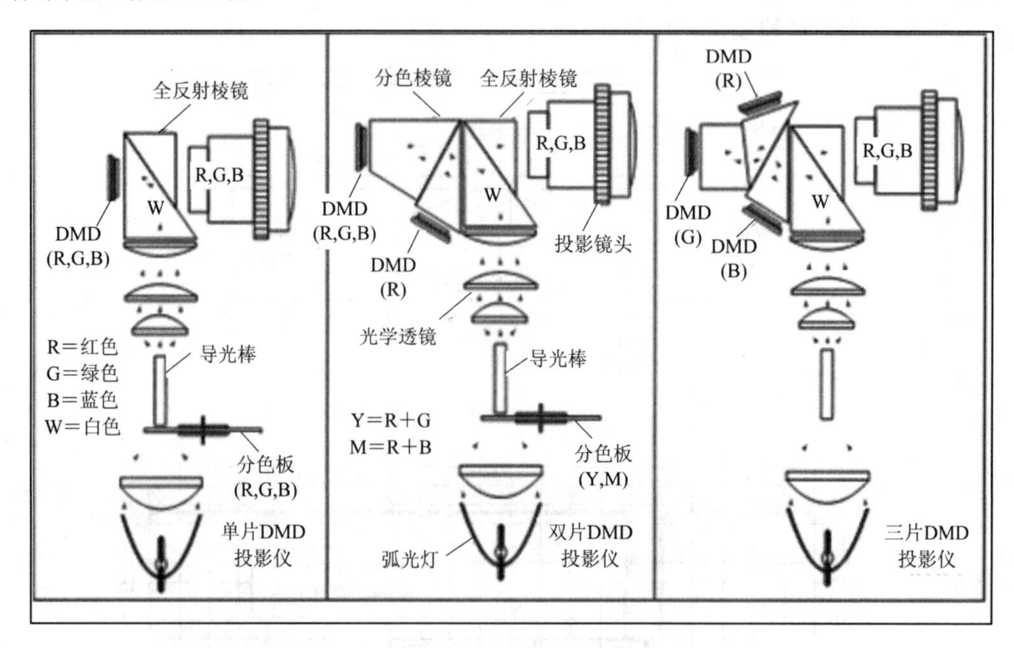

图 4-107　DMD 及 DLP 工作原理(TI 公司)

图 4-108 和图 4-109 所示分别为 DMD 平面加工和体硅加工示意图。

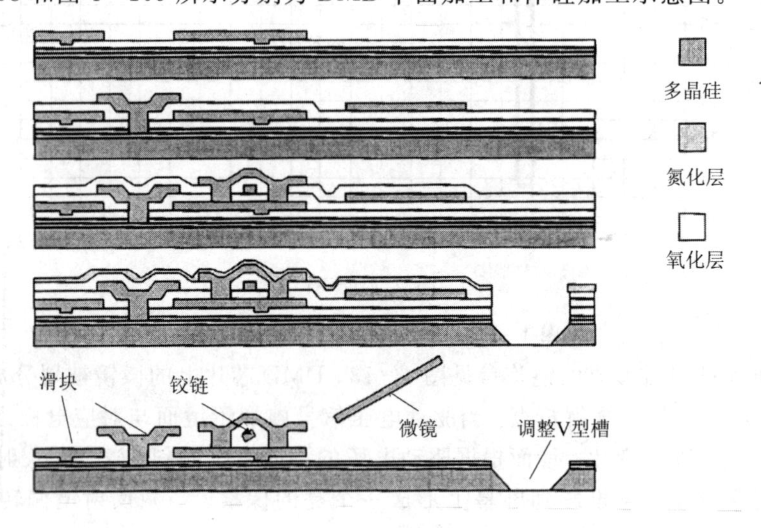

图 4-108　DMD 平面加工示意图(TI 公司)

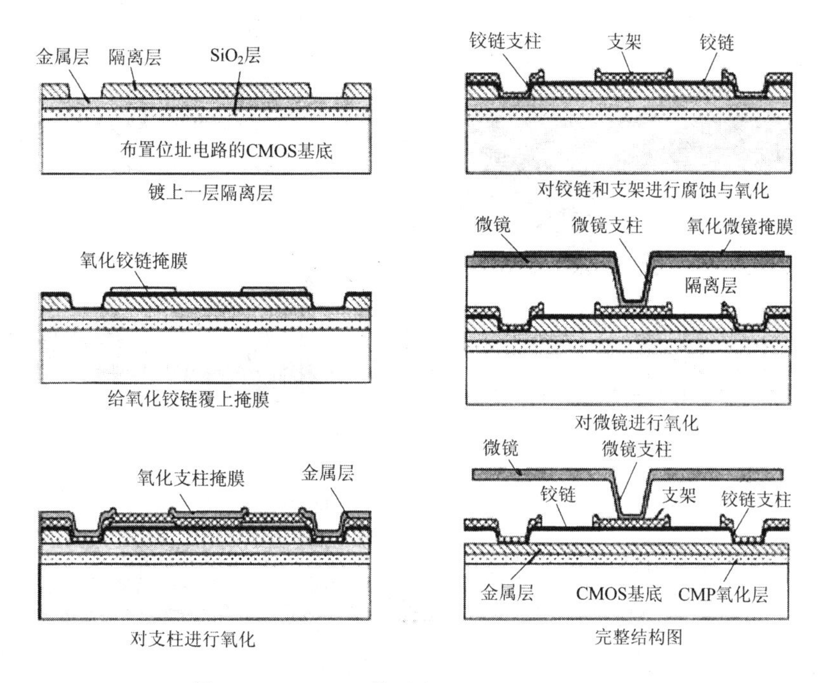

图 4-109 DMD 体硅加工示意图(TI 公司)

4.5.2 数字微镜的应用

目前，数字微镜的最成功应用是投影仪和高清晰度电视。图 4-110 所示为 DLP 投影仪工作原理框图；图 4-111 所示为 DMD 投影仪光学系统。将光源发出的光线聚焦后，以一定的角度射入 DMD 微镜阵列，通过 DMD 受控镜片的机械运动产生的光阀作用调制出含有图像信息的光束(带像光束)，并用成像物镜使之在屏幕上成像。

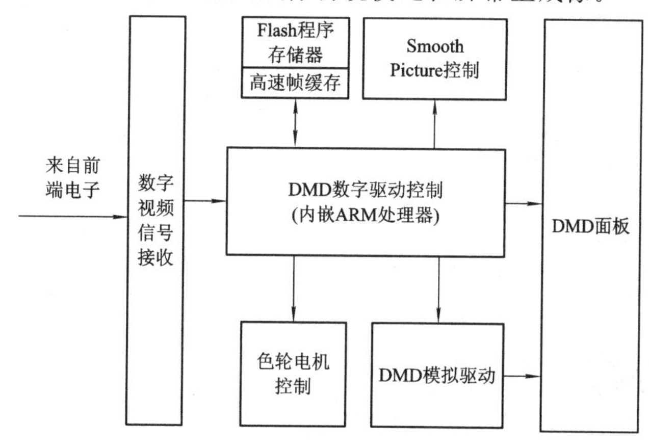

图 4-110 DLP 投影仪工作原理框图(TI 公司)

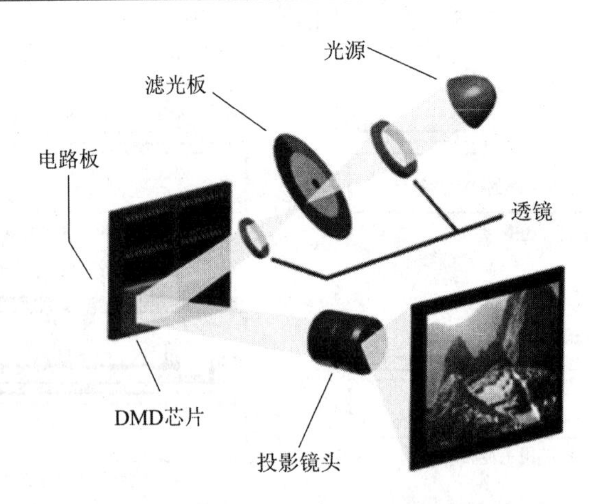

图 4-111　DMD 投影仪光学系统(TI 公司)

图 4-112 所示为信号处理流程图。视频或图像信号经过 DLP 的信号处理流程，被最终转换为控制 DMD 芯片上每一个微反射镜动作的一系列控制信号。这一信号处理流程包括了传输解码、格式转换、图像信号增强处理、缺陷补偿和图像显示信号生成等。

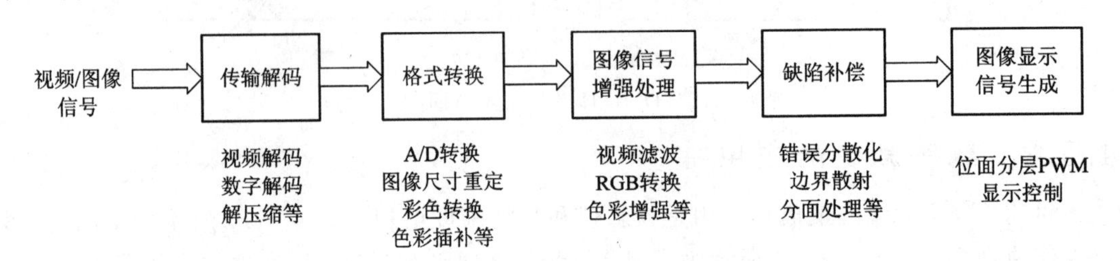

图 4-112　信号处理流程图(TI 公司)

图 4-113 所示为鹦鹉的原始图像和用液晶(LCD)与 DLP 投影仪投影出的鹦鹉眼睛图像。用 LCD 投影机来投影鹦鹉照片，可以看出 LCD 投影机中常见的像素点、屏幕门效应。同样这副鹦鹉的照片用 DLP 投影机投影成像，由于 DLP 的高填充因子，屏幕门效应不见了，所看到的是由信息的方形像素形成的数字化投影图像。相比于 LCD 投影仪，通过 DLP 投影，肉眼可以看到更多的可视信息，察觉到更高的分辨率。

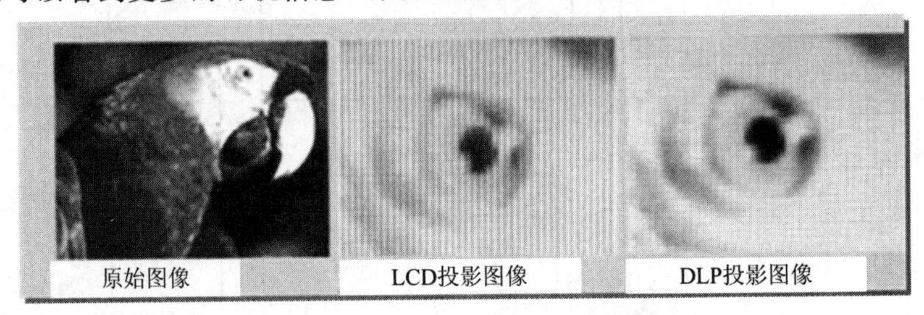

图 4-113　鹦鹉的原始图像和用 LCD、DLP 投影仪投影出的图像(TI 公司)

图 4-114 所示是 DLP 和 LCD 工作 3300 h 后的显示图像，其中，图(a)、(b)为 DLP 显示器显示的图像；图(c)、(d)是 LCD 显示器的图像。由图可以看出，在工作 3300 h 后，LCD 显示器的图像很模糊，而 DLP 显示器的图像仍然很清楚。

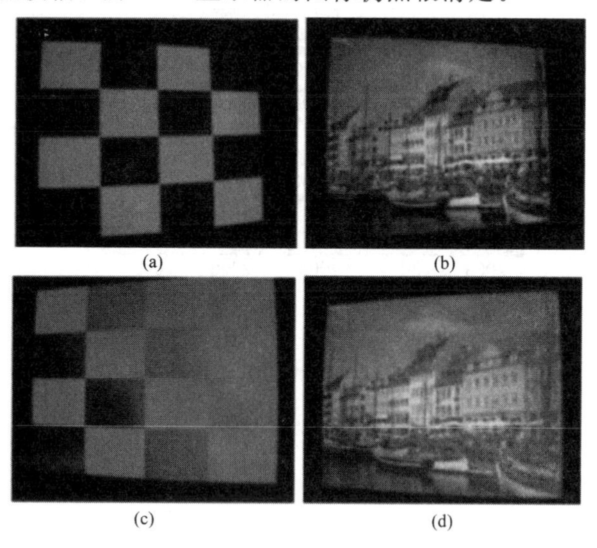

图 4-114 3300 h 后 DLP 和 LCD 显示图像(TI 公司)

图 4-115 所示是 DLP 和 LCD 显示技术的显示寿命图。图中，从上向下，第一条横道是 LCD 的平均显示寿命，为 2539.2 h；第二、三、四、五、六、七条浅色横道是 6 个 LCD 显示器显示的寿命时间；第八、九条深蓝色横道是两个 DLP 显示器显示的寿命时间。从图 4-115 可以看出，DLP 显示技术的显示寿命大于 4000 h，远远高于 LCD 显示技术的显示寿命。

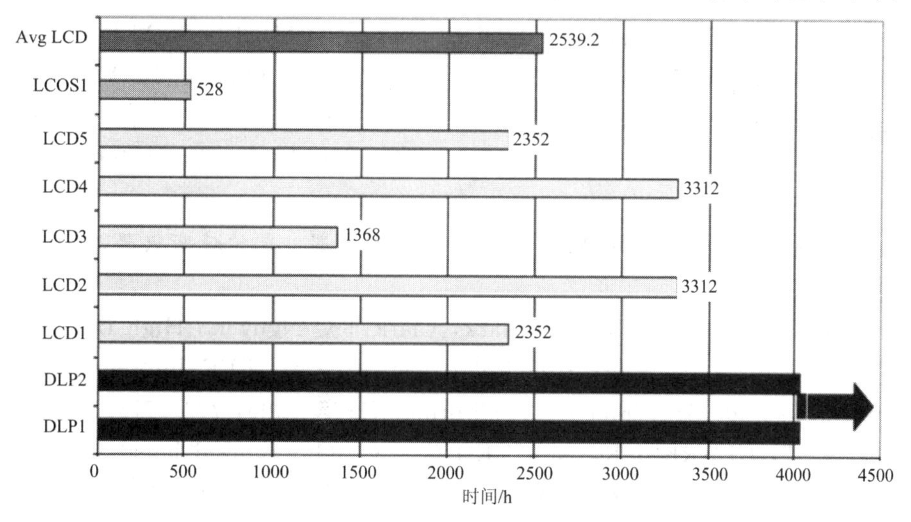

图 4-115 DLP 和 LCD 显示技术的显示寿命图(TI 公司)

图 4－116 所示为阴极射线管(CRT)显示器、液晶(LCD)显示器和 DLP 显示器 2003 年到 2007 年的销售情况表，可以看出 DLP 的销售量增幅很大。

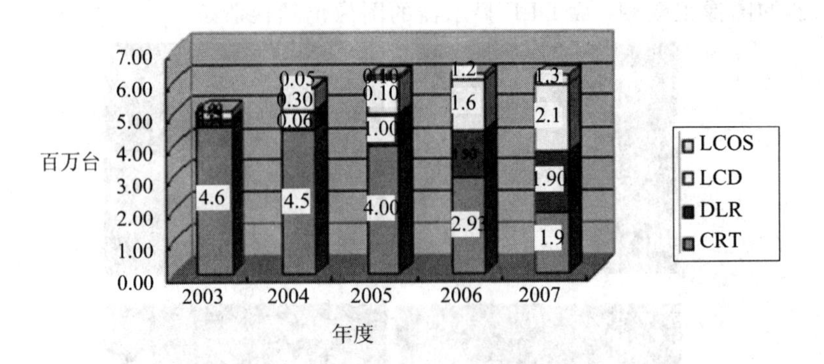

图 4－116　CRT、LCD 和 DLP 销售情况(TI 公司)

参 考 文 献

[1] Tian Wenchao, Yang Yintang. Molecular Dynamics Analysis of "Stiction"Based on Multi-Body EAM Potential Function. Journal of Computational and Theoretical Nanoscience, 2013, 10(4): 848－852.

[2] Wenchao Tian, Jianyuan Jia. Dynamic Analysis of Bistable Inductive Micro-Switch. Adv. Sci. Lett., 2013, 1: 1686－1690.

[3] Tian Wenchao, Chen Zhiqiang. MODELING AND MICRO SCALE ANALYZING OF MICRO-SWITCH APPLIED IN ALL-OPTICAL COMMUNICATION. Journal of Theoretical and Applied Information Technology, 2013, 48(1): 454－458.

[4] 贾英茜，赵正平，杨拥军，等. 电容式 RF MEMS 谐振器. 微纳电子技术，2011，47(2)：99－104.

[5] 李应良，潘武. 射频系统中 MEMS 谐振器和滤波器. 光学精密仪器，2004，12(1)：47－54.

[6] Frank D Bannon, 111, John R Clark, Clark T-C Nguyen. High frequency micro electromechanical IF filters technical digest. Proc of IEEE International Electron Devices Meeting. San Francisco. California, USA, 1996: 773－776.

[7] TSU W T, CLARK J R, NGUYEN C T C. O-optimized lateral free-free beam micromechanical resonators. Digest of Technical Papers, the 11th Int. Conf. on Solid－State Sensors & Actuators (Transducers 01), 2001(6): 1110－1113.

[8] CLARK J R, HSU W T, NGUYEN C T C, etal. High-Q VHF micromechanical contour-mode disk resonator. Proc of IEEE Electron Devices Meeting San Francisco California, 2000: 493-496.

[9] WANG J, YANG L, SABINO P, etal. RF MEMS resonators: getting the right frequency and Q. Proc of IEEE Compound Semiconductor Integrated Circuit Symposium. Portland, 2007: 1-4.

[10] Jing Wang, Zeying Ren. Clark T. —C. Nguyen. 1. 156GHz self-aligned vibrating micromechanical disk resonator. IEEE Transactions on Ultrasonics, Ferroelectrics, and Frequency Control, 2004, 51(12): 1607-1628.

[11] Enrico Mastropaolo, Graham S. Wood, Isaac Gual, Philippa Parmiter, Rebecca Cheung. Electrothermally Actuated SiliconCarbide Tunable MEMS Resonators. JOURNAL OF MICRO ELECTRO MECHANICAL SYSTEMS, 2012, 21(4): 811-821.

[12] Jing Wang et. al. 1. 51GHz nanocrystalline diamond micromechanical disk resonator with material-mismatched isolating support. IEEE17th Annual Conference on Micro Electro Mechanical Systems, 2004: 641-644.

[13] 王胜福，许悦，郑升灵，等. 1.8 GHz AIN薄膜体声波谐振器的研制. 半导体技术，2012，37(2)：146-149.

[14] 张亚非，陈达. 薄膜体声波谐振器的原理、设计与应用. 上海：上海交通大学出版社，2011.

[15] 金浩. 薄膜体声波谐振器(FBAR)技术的若干问题研究. 浙江大学博士论文，2006.

[16] 陈营端，高杨，白竹川，等. 声表面波谐振器传播状态的ANSYS仿真. 微纳电子技术，2009，46(12)：739-749.

[17] 郁元卫，张勇，朱健，等. K波段单片硅MEMS谐振器. 传感技术学报，2006，19(5)：1889-1891.

[18] Ehab K I Hamad, Amr M E Safwat, Abbas S Omar. A MEMS Reconfigurable DGS Resonator for K-Band Applications. JOURNAL OF MICROELECTROMECHANICAL SYSTEMS, 2006, 15(4): 756-762.

[19] 潘武，宋茂业，吴文雯，张雪莲. RF-MEMS谐振器和滤波器研究进展. 电子元件与材料，2011，30(9)：76-81.

[20] Nguyen Clark T -C. MEMS Technology for Timing and Frequency Control. IEEE Transactions on Ultrasonics Ferroelectrics and frequency control, 2007, 54(2): 251-270.

[21] John D Larson Ⅲ, et al. A BAW Antenna Duplexer for the 1900 MHz PC Band.

Proceedings-IEEE Ultrasonics Symposium，1999：887－890.

[22] Habbo Heinze，Edgar Schmidhammer，et al. 3.8×3.8 mm^2 PCS-CDMA Duplexer Incorporating Thin Film Resonator Technology. Proceedings-EEE Ultrasonics Symposium，2004：425－428.

[23] Diego E Serrano，Roozbeh Tabrizian，Farrokh Ayazi. Electrostatically Tunable Piezoelectric-on-Silicon Micromechanical Resonator for Real-Time Clock. IEEE Transactions on Ultrasonics，Ferroelectrics，and Frequency Control，2012，59(3)：358－365.

[24] Ark-Chew Wong，Nguyen Clark T -C. Micromechanical Mixer-Filters. JOURNAL OF MICROELECTROMECHANICAL SYSTEMS，2004，13(1)：100－112.

[25] 贾英茜，赵正平，杨拥军，等. 基于微机械圆盘谐振器的振荡器. 微纳电子技术，2011 ，48(6)：395－402.

[26] Wenchao Tian，Huorong Ren，Linbin Wang，HuanLing Liu. Sticking analysis of the bistable inductive micro-switch. Advanced Materials Research，2010，97－101：2876－2879 (EI：20101612863484).

[27] Wenchao Tian，Jianyuan Jia，Guiming Chen，Guanyan Chen. A static analysis of snap back in the cantilever with MEMS adhesion. Multidiscipline modeling in Material and Structure，2006，2(1)：83－94.

[28] Vanhelmont F，Philippe P，Jansman A B M，et al. A 2 GHz Reference Oscillator incorporating a Temperature Compensated BAW Resonator. Proceedings-IEEE Ultrasonics Symposium，2006：333－336.

[29] Bannon F，Clark J R，Nguyen C T -C. High-frequency micromechanical Filters. IEEE Solid-State Circuits，2000，35(4)：512－526.

[30] Tomas A Dusatko. Silicon Carbide RF-MEM Resonators. Montreal：The Master Degree Dissertation of Department of Electrical and Computer Engineering-McGill University，2006.

[31] Wan-Thai Hsu. Vibrating RF MEMS for Timing and Frequency References. Microwave Symposium Digest，2006.

[32] 田文超，陈贵敏，刘焕玲. AFM 针尖—测试面接触分子动力学研究. 计算物理，2010，27(1)：150－156.

第 5 章　MEMS 应用

一个完整的 MEMS 应包括微电源、微传感器、微执行器、分析控制电路和实体结构。包含以上五大结构的 MEMS 大部分还停留在研究阶段，真正进入市场的是 MEMS 的一些典型元件或构件，其中存在的主要问题是微电源和各种元件同外界接口技术问题及微细加工问题。然而这些问题并不能妨碍 MEMS 元件的应用。

继 MEMS 微加速度计成功应用于汽车安全气囊后，目前国际上已涌现出一大批面向应用的 MEMS 研究热点，涵盖了从民品到军品的各个应用领域。在民用方面，以微加速度计为代表，大量成熟的商业化 MEMS 产品已批量生产并取得效益；在军事方面，因 MEMS 能够满足武器装备体积小、重量轻、功耗低、智能化、集成度高等要求，目前已被广泛应用到武器系统中，在未来军事应用领域将起着举足轻重的作用。

(1) 军、民用加速度计、微加速度计应用范围很广，广泛用于汽车安全气囊的加速度计体积只有几立方毫米，售价仅为宏观加速度计的 1/10 左右，适于恶劣工作环境，具有巨大的市场潜力。在医疗方面，微加速度计可用于心脏脉动加速度测量，灵敏度可达 0.001g(重力加速度)；军事上用于抗冲击的高 g 值加速度计测量范围可达到上万 g 甚至十几万 g，在智能弹药引信中用于最佳起爆控制，其尺寸和重量可大大减小，能满足引信设计微型化的需求。

(2) 微惯性测量组合通过集成三轴 MEMS 陀螺和加速度计构成一个结构灵巧、价格便宜的惯性测量器件，可取代传统的惯性装置，用于车辆、摄像机等装置的稳定控制、姿态调节和个人导航系统。在军事上，惯性测量组合可装备各种精确制导武器，具有体积小、重量轻、抗高冲击性强等特点。美国陆军已在 51 mm 迫击炮弹和"神剑"155 mm 炮弹上进行了试验。此外，美国海军也正在研究低成本的惯性测量单元，用于鱼雷的惯性制导。

(3) 海量数据存储在硅片上制造的基于并行原子力分辨率的数据存储系统，将显著降低存储系统的尺寸、重量、存/取等待时间、失效率和成本，且存储数据量大，存储密度达到 1 Gb/cm^2～100 Gb/cm^2，远远高于目前的磁存储和光存储。

(4) MOEMS 目前正在研究的采用数字驱动微镜阵列芯片(Digital Micromirror Device, DMD)的光处理技术已开始应用到高分辨率的投影显示装置中。此外，对光通信领域中的光开关、光调制器、光滤波器和复用器的研究，目前也取得了一定的成果。

(5) 飞行器流体控制、自适应流体控制正在研究将“智能蒙皮”用作襟翼附着在飞行器表面，通过偏转襟翼改变湍流结构可获得更好的空气动力学性能，使飞机产生俯冲、翻滚所需要的力矩。此外，美国国防部 DARPA 还在开发机翼微喷管，发动机喷出的空气通过机翼下方的微喷管向外吹散，可以增加机翼下方的空气流量，增加升力的大小。这一技术还适用于微型飞行器的飞行控制。

(6) 智能微型机器人则是 MEMS 应用的高级形式，它是集成微传感器、微执行器、微机械元件和微控制技术的智能装置，总体尺寸在毫米左右。医疗上的微机器人可植入人体担当“外科医生”，随血液流动可提供冠状动脉信息，清除血栓；注入人体特定部位可针对癌细胞实施化疗。军事上的微型飞行器可用作战场环境信息侦察或用作外空间探测的无人操作机器人。航天领域目前正在研制的微型卫星重量不到 0.1 kg，可由一枚运载火箭同时向太空发射多个微型卫星，形成覆盖全球的微卫星网络。

(7) 分布式 MEMS 应用于研究物理上分布的多个 MEMS 传感/执行器件所构成的网络。借助人工智能技术，每个 MEMS 器件作为一个主体(Agent)均拥有自治性和社会性，单个 MEMS 主体可完成局部的任务；众多的 MEMS 主体具有群体组织能力，能够为完成全局性目标而相互协调、共同作用；可广泛用于分布式智能控制系统、空间探测的群体机器人等领域。

(8) 微型高能源目前开发的微型能源有太阳能电池、燃料电池、微型内燃机热泵和新型电池。微型能源可以突破成本和重量的限制，提供高能动力保障，其能量密度要比现有的最好电池高出几十倍。

本章主要叙述 MEMS 技术在汽车工业、军事、医疗、光通信、航空航天、手机、家用电器、生物芯片、物联网等领域的应用。

5.1 MEMS 技术在汽车工业中的应用

汽车工业已经成为 MEMS 的主要用户，尤其是智能汽车的发展将同 MEMS 密不可分。各种各样的微传感器被用于环境和道路的检测，微执行器则按要求完成各项动作。图 5-1 所示为传感器在汽车中的应用；图 5-2 所示为赛迪数据库对全球和中国汽车微传感器市场的调查和预测。下面从汽车安全系统、胎压测试系统介绍 MEMS 技术的应用。

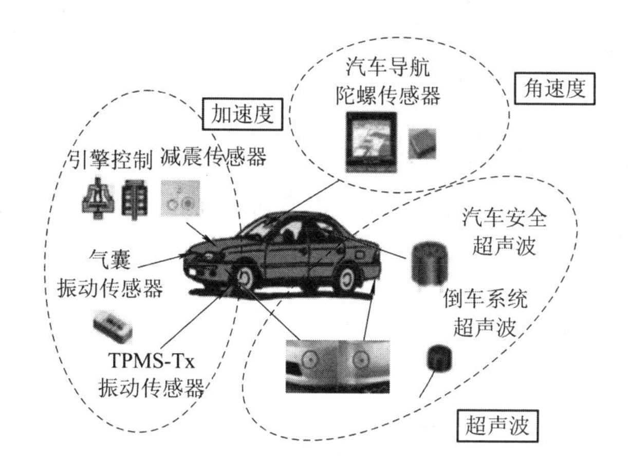

图 5－1　传感器在汽车中的应用(德尔福公司)

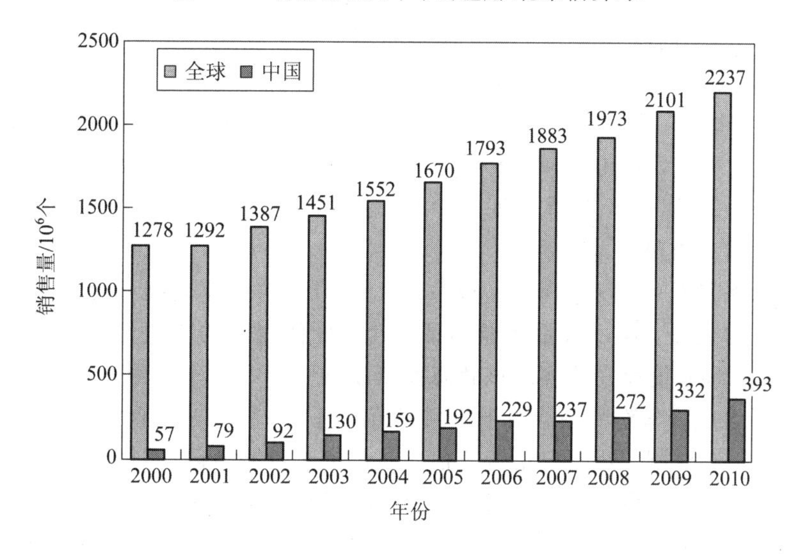

图 5－2　全球和中国汽车微传感器市场的调查和预测(赛迪数据库)

5.1.1　汽车安全系统

随着半导体行业的发展，MEMS 技术以微型化、集成化为基础，采用 MEMS 技术的传感器不仅变得微型化，而且还具有信息检测与控制等诸多功能，可以实现智能化。以 MEMS 技术为基础的微型化、多功能化、集成化和智能化的传感器将逐步取代传统的传感器而成为汽车传感器的主流。如用于汽车的发动机控制系统、车身控制系统和底盘控制系统等，典型产品有压力传感器、惯性传感器及倾角传感器。

安全气囊(SRS)系统主要由碰撞传感器、安全气囊的电脑(ECU)和充气元件、气囊三部分组成。碰撞传感器是SRS系统中主要的控制信号输入装置，其作用是在汽车发生碰撞时，由碰撞传感器检测车辆的碰撞强度信号，并将该信号输入ECU。电脑(ECU)可根据碰撞传感器的信号，判断是否引爆充气元件，使气囊充气参与工作。碰撞传感器多数采用惯性或机械开关结构，比如日本丰田车系所采用的MEMS传感器。在工作正常情况下，偏心转子和偏心重块在螺旋弹簧弹力的作用下，顶靠在与外壳相连的制动块上，此时旋转触点与固定触点不接触开关(OFF)。当汽车发生碰撞时，偏心重块由惯性力带动偏心转子克服弹簧弹力偏转。当碰撞强度达到设定值时，偏心转子偏转角度将旋转触点与固定触点接触而闭合，MEMS传感器向ECU输入一个“ON”信号，此时的电脑(ECU)只有收到MEMS传感器输入的“ON”信号时才会引爆充气元件。

安全气囊的ECU是安全气囊系统的控制中心，其功用是接收MEMS传感器及其他各传感器输入的信号，判断是否点火引爆气囊充气，并对系统故障进行自诊断。为了确保SRS系统工作的可靠性，防止误爆，气囊引爆必须满足一个条件，即侦测电路的触发传感器和MEMS传感器同时接通时，气囊才能被引爆充气。充气元件主要由电爆管、点火药粉，气体发生剂、充气元件组成。充气元件给气囊充气，气囊由尼龙布制成，表面敷有树脂。当车辆发生碰撞时，碰撞的冲击力促使碰撞传感器和触发传感器接通，ECU接通引爆电路，电流流过电爆管，使其发热将电爆管内的点火介质引燃，火焰随即扩散到火药粉和气体发生剂，产生大量气体，气体经滤网冷却后进入气囊内，气囊急剧膨胀，冲破方向盘等缓解了对驾驶员和乘员的冲击。

制动防抱死系统(Antilock Brake System，ABS)是防止车轮抱死，以避免发生侧滑、跑偏等危险状态的装置。通过大量实验验证，汽车最佳制动的方式是“将要抱死，又没抱死”的状态，而ABS系统就是为实现该状态而研制的。ABS由车轮速度传感器、电子控制器和压力调节器组成。车轮传感器用于检测车轮转速，并将车速转换成电信号传送给电子控制器。电子控制器监测、处理车轮转速信号，若车速急剧下降，则表示车轮将要发生抱死，则电子控制器向压力调节器发出指令。压力调节器是ABS的执行部分，负责调节制动器中的油压和气压，以确保车轮不发生抱死现象。压力调节器的工作过程为“隔断—减压—加压”三个过程，压力控制器在1 s内重复这三个过程，直到车轮不被抱死。

动力检测系统主要包括温度传感器、压力传感器、流量传感器、旋转传感器、浓度传感器、防震传感器。这些传感器器是汽车传感器的核心，可以提高发动机的动力性能，降低油耗，减少废气产生，预防事故发生，实现自动控制。目前，美国凯乐尔、特种测量、SSI、菲尔科、德州仪器、德国博世、日本电装等公司都投入大量资金研制动力传感器系统。

另外，奥地利微电子公司为汽车应用中的无刷直流感应和测量而研制的旋转编码器芯片AS5134，支持高达150℃的环境温度，工作温度为－40℃至＋150℃的较宽环境温度范围，无需额外进行温度补偿或校准。AS5134采用无铅SSOP－20封装。图5－3和图5－4所示为该AS5134外形和内部原理示意图。

图 5－3　AS5134 外形示意图(微电子公司)

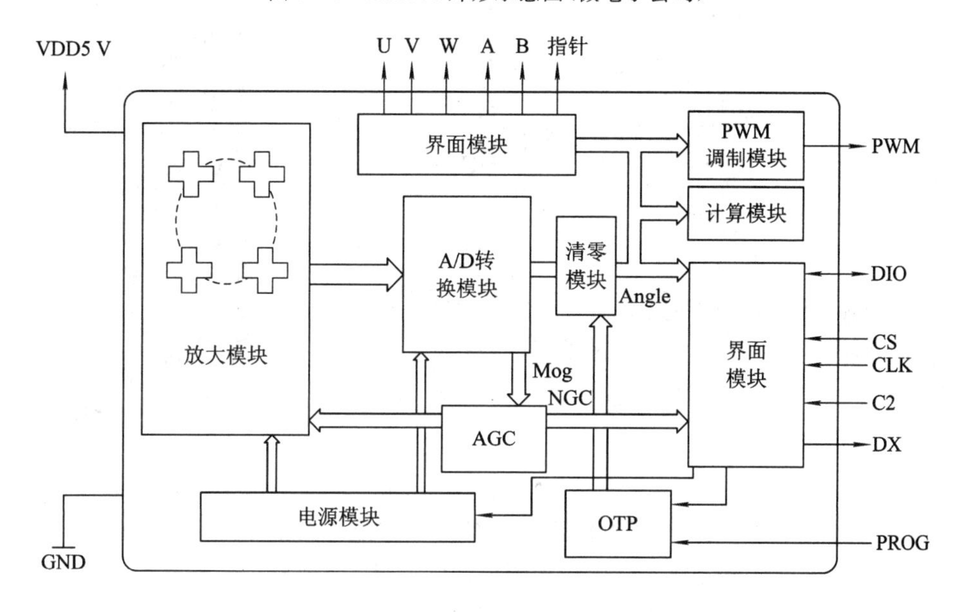

图 5－4　AS5134 原理示意图(微电子公司)

5.1.2　监测轮胎气压系统

近年来，汽车电子工业已使车辆安全性能得到了很大改善。汽车在行驶中轮胎爆裂会增加事故发生风险，某些数据说明对胎压监测系统存在迫切需求，例如，雷诺汽车的统计结果表明，在高速公路上，有 6％的致命意外事故是由充气不足的轮胎突然失效所引起的；而米其林的一项调查显示，英国 30％的驾驶员都依赖于汽修厂胎压检测的服务。因此迫切需要一种低成本、低功耗，可靠的小形状因子的监测车胎压力的精巧办法。

许多高端车辆将胎压监测系统列为标准配置的一部分。过去以轮对轮转速差测量为标准，来检查某个轮胎是否充气不足，从而提高车辆防抱死制动系统(ABS)的性能，以达到胎压监测的目的。然而，这类系统的精确度和反应时间不足以满足法定的要求，由于它依赖于差分测量，因此当所有的轮胎都充气不足时，该系统也不能发出可靠的警告。

监测轮胎气压系统(Tire Pressure Monitoring System，TPMS)出现于20世纪80年代后期，主要用于在汽车行驶时实时对轮胎气压进行自动监测，对轮胎漏气和低气压进行报警，以保障行车安全，是驾车者、乘车人的生命安全保障预警系统。图5-5所示是飞思卡尔公司研制的TPMS。

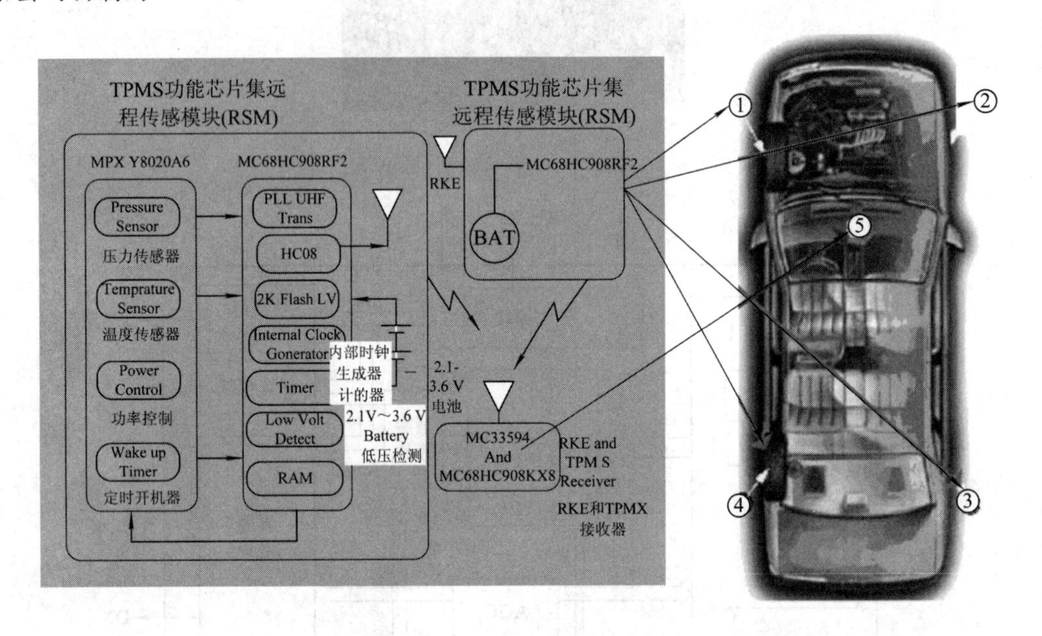

图5-5　TPMS(飞思卡尔公司)

在欧美等发达国家，由于TPMS已是汽车的标准配置产品，因而TPMS无论是在产品品种，还是在生产产量方面，都在急速增长。其所用MEMS芯片和IC芯片的技术发展进步很快，TPMS产品技术也因此而得到迅速发展。

TPMS的轮胎压力监测模块由五个部分组成：

(1) 压力、温度、加速度、电压检测和后信号处理ASIC芯片组合的智能微传感器SOC；

(2) 4～8位单片机(MCU)；

(3) 射频(RF)发射芯片；

(4) 锂亚电池；

(5) 天线。

图5-6所示是TPMS组成模块；图5-7所示是美国GE公司成品的实物图。其外壳选用高强度ABS塑料。所有器件、材料都要满足-40℃到+125℃的汽车级使用温度范围。

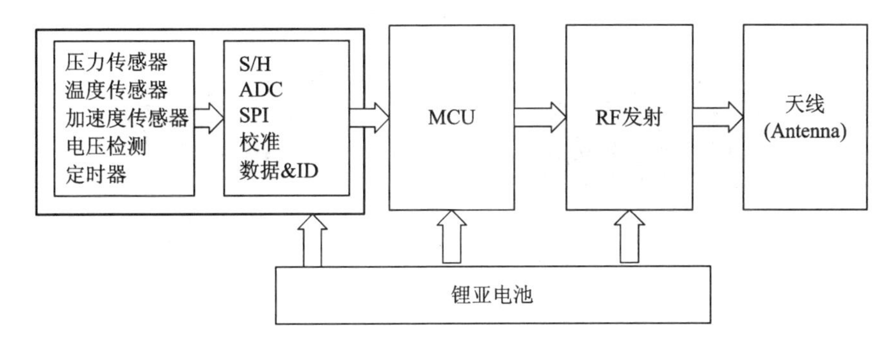

图 5-6　TPMS 组成模块

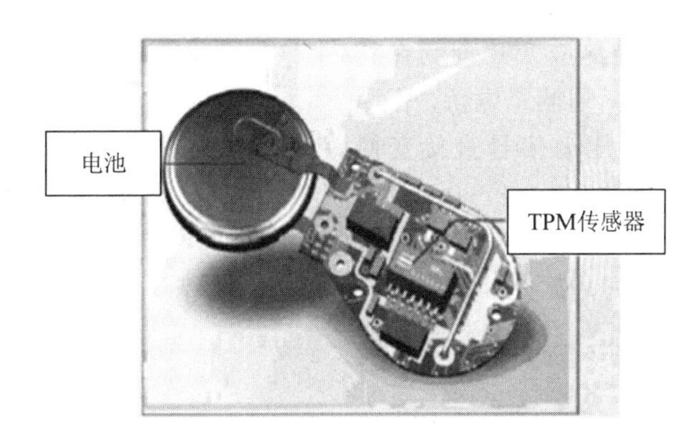

图 5-7　TPMS 成品实物图(GE 公司)

智能微传感器是集成了 MEMS 技术制作的压力传感器、加速度传感器芯片与一个包含温度传感器、电池电压检测、内部时钟和模数转换器(ADC)、采样/保持(S/H)、SPI 接口、传感器数据校准、数据管理、ID 码等功能的数字信号处理 ASIC 芯片，具有掩膜可编程性，即可以利用客户专用软件进行配置。它是由 MEMS 传感器和 ASIC 电路几块芯片，用集成电路工艺制作在一个封装空间中，如图 5-8 所示。在封装的上方，留有一个压力/温度导入孔，如图 5-9 所示。将压力直接导入在压力传感器的应力薄膜上，同时这个孔将环境温度直接导入半导体温度传感器上。

图 5-8　压力、加速度和 ASIC、MCU 组合封装在一起(GE 公司)

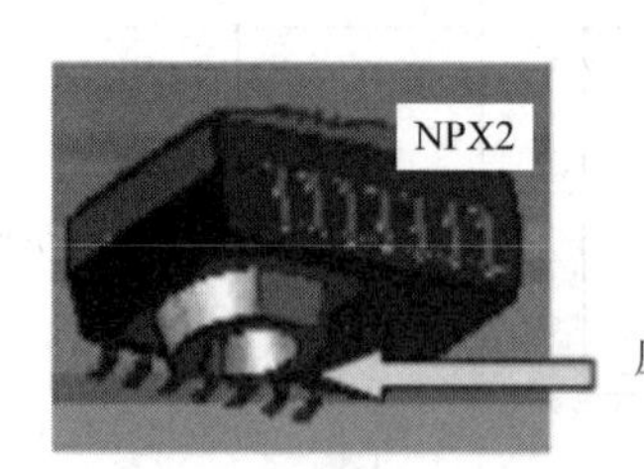

图 5-9　压力温度导入孔(GE 公司)

MEMS 硅压阻式压力传感器，采用周边固定的圆形应力硅薄膜内壁，利用 MEMS 技术直接将四个高精密半导体应变片刻制在其表面应力最大处，组成惠斯通测量电桥。作为力电变换测量电路的，将压力信号直接变换成电信号，其测量精度能达 0.01%～0.03%。硅压阻式压力传感器结构如图 5-10 所示，上、下两层是玻璃体，中间是硅片，其应力硅薄膜上部有一真空腔，使之成为一个典型的绝对压力传感器。

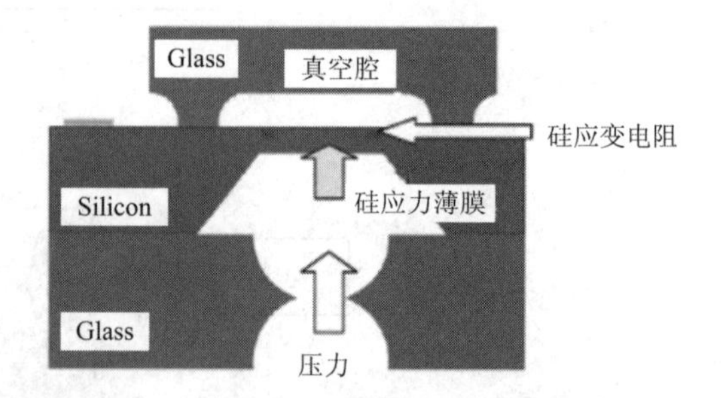

图 5-10　压阻式压力传感器(GE 公司)

同样，加速度传感器也是用 MEMS 技术制作的，图 5-11 所示是 MEMS 加速度传感器平面结构图；图 5-12 所示是加速度传感器切面结构图。图中间是一块用 MEMS 技术制作的可随运动方向而上、下自由摆动的硅基质量块，在其与周边固置硅的基梁上刻制有一应变片，与另外三个刻制在固置硅上的应变片组成一个惠斯通测量电桥，只要质量块随加速度力摆动，惠斯通测量电桥的平衡即被破坏，惠斯通测量电桥将输出一个与力大小成线性的变化电压 ΔU。

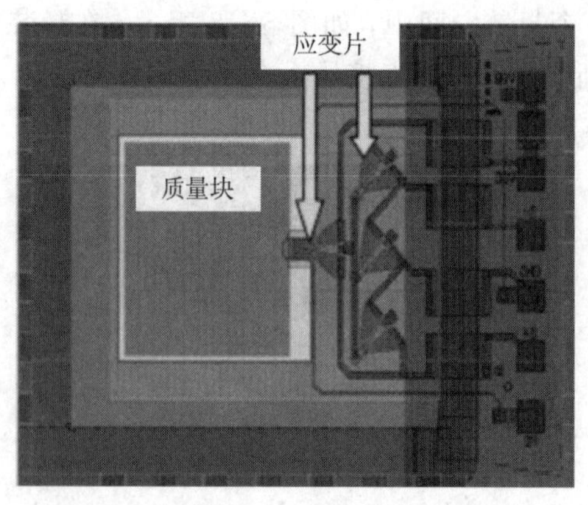

图 5-11　MEMS 加速度传感器平面结构图(GE 公司)

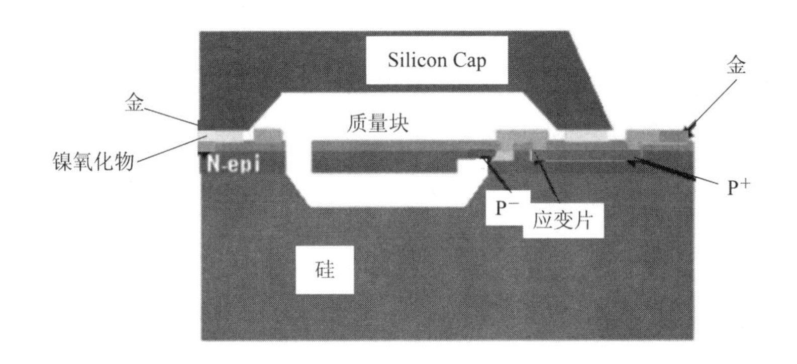

图 5-12　加速度传感器切面结构图(GE 公司)

压力传感器、加速度传感器、ASIC/MCU 是三个分别独立的裸芯片，它们通过芯片的集成厂商整合在一个封装的单元里，图 5-13 所示是美国 GE 公司研制的 NPX2 芯片；图 5-14 所示是去掉其封装材料后，能清晰地看到的三个裸芯片，三个芯片之间的连接、匹配也都制作在其中了。

图 5-13　NPX2(GE 公司)

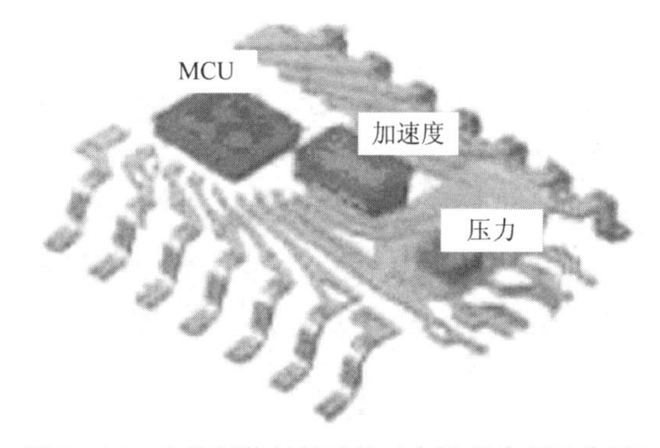

图 5-14　去掉封装材料后的三个裸芯片(GE 公司)

TPMS 传感器是一个集成了半导体压力传感器、半导体温度传感器、数字信号处理单元、电源管理器的片上系统模块。为了强化胎压检测功能，有不少 TPMS 传感器模块内还增加了加速度传感器、电压检测、内部时钟、看门狗，以及带 12 bit ADC、4 KB Flash、2 K ROM、128 B RAM、128 B EEPROM 及其他功能的 ASIC 数字信号处理单元或 MCU。这些功能芯片使得 TPMS 传感器不仅能实时检测汽车开动中的轮胎压力和胎内温度的变化，而且还能实现汽车移动即时开机、自动唤醒、节省电能等功能。电源管理器确保系统实现低功耗，使一节锂电池可以使用 3～5 年。

汽车轮胎压力监视系统是驾车者、乘车人的生命安全保障预警系统，因此，TPMS 将成为汽车安全保障系统之一。图 5-15 和图 5-16 所示分别为美国市场和国际市场对 TPMS 的预测。

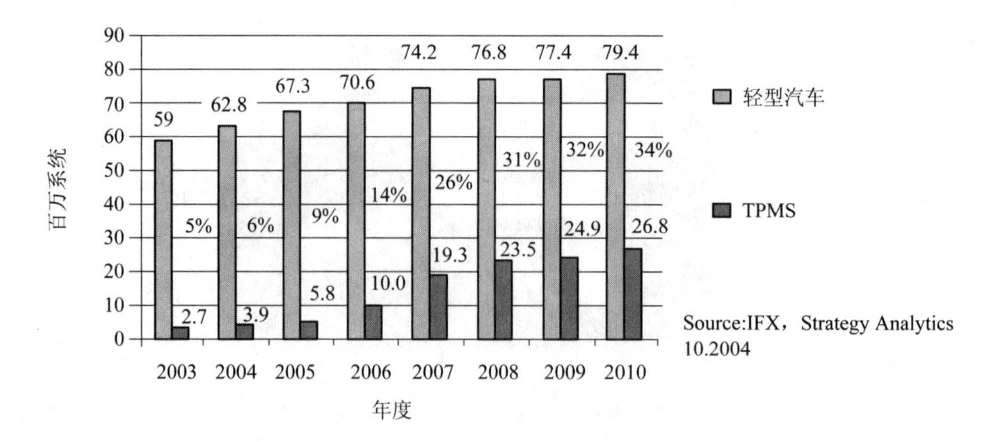

图 5-15 美国市场对 TPMS 的预测(美国国家高速公路交通安全管理局)

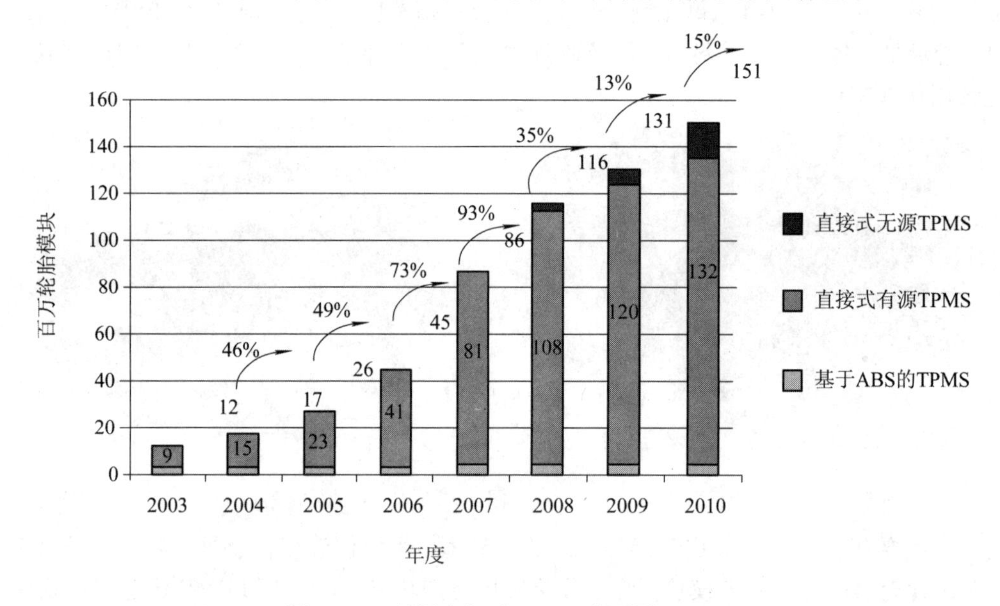

图 5-16 国际市场对 TPMS 的预测(IFX)

5.2 MEMS 技术在军事领域的应用

美国和西方国家为了掌握现代战争的主动权，将军用武器装备的小型化作为重要的发展方向。采用 MEMS 技术制造传感器和微系统，大力发展微型飞行器、战场侦察传感器、智能军用机器人、微惯性导航系统，以增加武器效能。下面介绍 MEMS 技术在微飞行器、微惯性导航系统和纳米武器方面的应用。

5.2.1　微飞行器

美国国防部通过对“21 世纪的战略策略与相关技术”的专题研究，由美国国防部高级研究计划局 DARPA(The Defense Advanced Research Projects Agency)牵头，将微型飞行器 MAV(Micro Air Vehicle)作为一个重点发展项目，其基本用途在于军事侦察。小尺寸使 MAV 灵活而易于隐蔽，同时也便于单兵携带和放飞，更适应现代复杂环境的单兵种作战。MAV 的尺寸仅为 10 cm，重量仅为 50 g。MAV 被制作成昆虫一样大小，配给单兵或个人使用，以适应军事或民用的隐蔽性侦察，城市或室内等复杂环境作战，跟踪尾随，化学或辐射等有害环境监测，复杂环境的救生定位等特殊任务。MAV 属于一种军、民两用的新型装备，目前 MAV 主要有微型固定翼飞行器、微型旋转翼飞行器和微型扑翼飞行器。

微型飞行器因尺寸小(小于 45 cm)、巡航范围大(大于 5 km)和飞行时间长(大于 15 min)，能够自主飞行，被认为是未来战场上的重要侦察和攻击武器，具有价格低廉、便于携带、操作简单、安全性好等优点。

如同苍蝇般大小的 MAV 袖珍飞行器可携带各种探测设备，具有信息处理、导航和通信能力。其主要功能是秘密部署到敌方信息系统和武器系统的内部或附近，监视敌方情况。这些苍蝇飞机可以悬停、飞行，敌方雷达根本发现不了它们，适应全天候作战，可以从数百千米外将其获得的信息传回己方导弹发射基地，直接引导导弹攻击目标。

目前，微型飞行器的研究主要集中在美、日、德等发达国家。美国 MLB 公司研制出翼展为 45 cm 的微型飞行器 Bat，该机飞行时间为 20 min，飞行速度大约为 64 km/h，飞行高度为 457 m。美国 Aero Vironment 公司研制出名为“黑寡妇”(Black Widow)的直径为 15 cm 的圆盘状微型飞行器，如图 5 - 17 所示，它的飞行时间为 22 min，飞行距离为 16 km。美国 Intelligent Automation 公司制作的长 15 cm、重 90 g 的微型飞行器，它装备有自动制导系统。该飞行器能以约 70 km/h～150 km/h 的速度飞行，飞行时间约为 20 min。

图 5 - 17　黑寡妇微型飞行器(Aero Vironment 公司)

美国微星(Micro-star)微型无人机如图 5－18 所示，是一种固定翼型无人机，它的翼展为 15 cm，起飞质量为 85 g，巡航速度为 48 km/h，最大飞行距离为 5.6 km，电力驱动，续航时间为 20 min。

图 5－18　微星(Micro-star)微型无人机

美国空中飞鸟微型无人机如图 5－19 所示，它的长度为 6 cm～20 cm，总质量为 10 g～100 g，巡航速度为 30 km/h～60 km/h，续航时间为 20 min～60 min，最大飞行距离为 1 km～10 km，由 GPS 导航。

图 5－19　空中飞鸟微型无人机

美国飞虫(D'spyfly)微型无人机如图 5－20 所示，它的翼展为 30 cm，总质量为 250 g，最小速度为6.4 km/h，最大速度为 48 km/h，手掷发射，定点着陆。

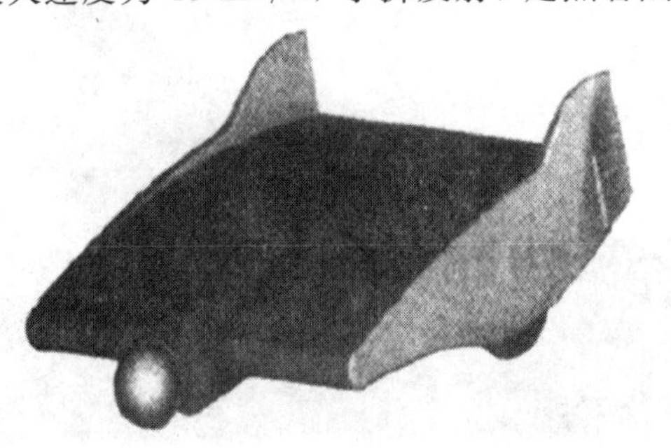

图 5－20　飞虫微型无人机

美国黑蜘蛛微型无人机翼展为 15 cm，质量为 56.7 g，航程为 3 km，巡航速度为 69 km/h，续航时间为 20 min。美国 MIT 的林肯实验室正在开发的微型飞行器重 57 g，长、宽均小于 15 cm，飞行速度约为 32 km/h～48 km/h，可控半径为 5 km，飞行时间为 1 h，具有摄像能力。1995 年，日本东北大学利用 MEMS 技术，制造出一个靠磁力矩驱动的飞行装置，该装置宽为 30 mm，长为 20 mm，重为 5.3 mg。

美国银狐微型无人飞机外形如图 5-21 所示，飞机长 1.8 m、翼展 2.5 m、重 8.6 kg。在 120 km/h 速度飞行时可续航 4 h～6 h。机身用玻璃纤维制做，使用标准飞行发动机，利用机腹着陆。机翼为可拆卸式，可分解装在一个大高尔夫球袋内。飞机带有微型摄像机和全球定位系统接收机。这种微型飞机已装备在美国海军陆战队。

美国龙眼微型无人飞机外形如图 5-22 所示。这种美国海军的无人驾驶微型飞机，已在 2003 年美国对伊拉克战争中正式使用。是一种全自动、可返回、手持发射的微型飞机。飞行重量为 2.3 kg。锂电池可供该无人机以 76 km/h 的时速飞行 1 h。平时飞机可装在兵士的背包中，使用时，二人组可在 10 min 内组装完毕并发射。这种微型机用于海军陆战队的小部队，可提供侦察和危险探测工作，可在巷战条件下侦察敌方射手的位置。士兵可通过戴在手腕上的屏幕观察到相关信息。每套微型飞机成本仅 6 万美元～7 万美元。

图 5-21　美国银狐微型无人飞机

图 5-22　龙眼微型无人飞机

5.2.2　微惯性导航系统

由微加速度计和微陀螺构成的微惯性测量组合(Micro Inertial Measurement Unit，MIMU)远远优于常规导航系统，在导弹精确制导系统、发火控制系统、固态电子引信系统和安全系统方面，有着极为广阔的应用前景。随着微惯性传感器的研制成功，微惯性测量组合(MIMU)的研究也取得了巨大进步。

微型惯性传感器的研究和生产主要集中在美国，其研究水平处于世界领先地位。从事 MEMS惯性仪表研究和生产的单位和机构，主要有五家公司(Draper Lab，Rockwell International Corp，Northrop Inc，Analog Device Inc 以及 Waddan System)和四所院校(MIT，University of California(Berkeley)，University of Michigan 以及 University of North Carolina)。

美国于 1999 年初将微型惯性传感器应用于海军的延长射程的 5 英寸制导炮弹上，取得了满意的效果。其陀螺的短期漂移稳定值为0.002°/s，加速度计的偏值稳定性为10^{-3} g。

美国国防部高级计划研究局设有MEMS研究室，重点推进MEMS传感器的研究计划，其中包括小型惯性测量装置、微全分析系统(μ-TASSystem)、RF微传感器、网络传感器、无人值守传感器等。研制出的MEMS加速度计能承受火炮发射时产生的近10.5g的冲击力，可以为制导导弹提供一种经济的制导系统。据美国国防部军械处的报告透露，在1991年海湾战争中共空投导弹1700万发，炮射导弹1380万发，其中哑弹率占5%，分别为85万发和69万发，大量哑弹的出现削弱了军事行动的效果，未爆弹药引起14起伤亡事故。若采用上述MEMS传感装置，预计可以使导弹的可靠性、性能及服务时间提高510倍，哑弹的数量减少一个数量级。

美国Draper实验室在1991年研制出一种用3个MEMS陀螺和3个MEMS加速度计组成的微型捷联式惯性导航系统样机，尺寸为2 cm×2 cm×0.5 cm，质量为5 g，陀螺漂移误差为10°/h。Draper实验室计划将漂移误差控制在1°/h～10°/h，并瞄准0.5°/h的新目标。CIS Draper实验室开发的火炮，由GPS和MEMS传感器构成测试制导系统，在价值3万美元的导弹中，包括陀螺和加速度计的费用为1000美元；如果采用MEMS器件，则只需20美元。

MEMS惯性传感器用于灵巧弹头和钻地弹头，其抗震能力足以做到在弹头钻入地下后，仍能对其进行制导、控制并引爆。

研制硅微加速度计比较著名的有美国的Draper Lab、Northrop Corp、Litton以及德国的LITEF GMBH，它们采用的原理相似，都是一种典型的力平衡扭摆式加速度计。1979年美国Stanford大学首先采用微加工技术研制出开环微型加速度计。此后，许多商业公司纷纷涉足这一领域。美国AD公司于1989年进行叉指式电容加速度计(ADXL50)的研究，同时与德国的Siemens公司合作开发其电子线路，1992年该产品完全满足汽车中央气袋的性能指标，并于1993年投产，现在已形成系列产品。这种加速度计采用的是面加工技术，它有四种不同量程(10 000g、100g、10g及1g)，其中10 000g为开环，其余均为闭环。高动态范围(0.001g～1000g)的装置用于炮弹等，低动态范围(0.1g～1.5g)的为商用。

美国LITTON公司采用体加工方法，研制成功高精度微机械加速度计。其中，传感器为玻璃－硅－玻璃或硅－硅－硅“三明治”结构，芯片尺寸为8.3 mm×5.5 mm×1.3 mm，挠性梁的厚度为5 μm，零偏稳定性小于250×10^{-6} g。

1988年，美国Draper Lab率先研制出了框架驱动式硅微角振动陀螺仪，其平面尺寸为0.3 mm×0.6 mm，由内、外两层框架组成，内框架上有惯性质量，外框架在交变静电力驱动下绕梳轴振动。当外框架以小角度振动时，内框架就能敏感框架平面法线方向的输入角速度，内、外框架运动的测量和控制都由电极进行，通过电极加矩，保持力矩平衡。零偏稳定性约为500/h，能承受80g的冲击，这是微机械陀螺的第一代产品。在此基础上，Draper Lab与Rockwell公司合作，于1993年研制出第二代微机械陀螺仪——硅微音叉式振动陀螺仪(Tunning Fork vibrating Gyro, TFG),该陀螺仪可以产生大幅度振动,提高陀螺的灵敏度,其线路包括驱动惯性质量的自激谐振回路和测量电路两部分。该陀螺仪性能大大提高,同样在 60 Hz 带宽下,其分辨率高达 1200/h,经过补偿后零偏置稳定性达 330/h,预期可达 10/h。微机械音叉式振动陀螺仪工艺流程得到简化,不仅提高了性能,也大大降低了成本。1996 年,Draper Lab 又研制出第三代陀螺仪——振动轮式陀螺仪(VWG)。VWG 和 TFG 的区别在于,VWG 采用角振动式梳状驱动谐振器,而 TFG 是采用线振动式梳状驱动谐振器。此外,VWG 比 TFG 更容易实现驱动轴和检测轴谐振频率的一致。

德国 Karlsruhe 微结构技术研究所采用 LTGA 技术加工了一种高精度的加速度计,该加速度计采用交流电容电桥测量法,量程为 $\pm 1g$,标度因数为 2.7 V/g,频带为 400 Hz/13 dB,分辨率为 $10^{-6}g$/Hz,动态范围为 110 dB。

日本 Himeji 技术学院与 Tamagawa Seiki 公司联合开发了一种谐振棒式角振动陀螺,采用玻璃作为基片,检测电极和谐振棒都焊接在基片上。该陀螺尺寸为 2 mm×5 mm×20 mm,分辨率约为 0.1°/s,线性度为满量程的 296,标度因数为 20 mV/(°/s)。日本东北大学研究出了一种电磁激励的硅谐振式音叉陀螺,它采用玻璃-硅-玻璃结构,振幅由试验质量片与基片之间的电容测量,该装置的灵敏度为 0.7fF/(°/s)。

英国从 20 世纪 90 年代开始,为陆军和海军提供一种远程多用途尾翼稳定子母炮弹。通过采用微惯性系统加 GPS 制导、火箭增程等技术,射程可达 100 km 以上。这些组合系统采用的 MIMU 均是 MIMU 系列产品中的高端产品,性能优异,可以和常规的陀螺及加速度计相提并论,当然价格在 MIMU 系列中也是较昂贵的。尽管如此,相对于采用常规陀螺及加速度计的系统来说,新系统不仅体积较小,能耗较低,性能差异不大,而且价格也偏低,属于低成本的系统。英国 Newcast 大学和 Durham 大学合作,研究出了一种振动膜式硅微机械陀螺,截棱锥惯性质量由硅片湿性刻蚀制成,角速率由次级检测电容的变化来测量,在 100 Hz 的测量带宽条件下,前置放大器等效噪声为 0.140/s。瑞士 Neuchatel 大学在 1996 年研究出了一种硅微机械音叉陀螺,其原理结构与日本东北大学的相似,但是,激励音叉的电磁力由恒磁场和流经试验质量片顶部的 U 型金属导体中 AC 电流的相互作用所产生。试验结果表明,陀螺的灵敏度随着试验质量片的尺寸加大而增加,在真空密封条件下,振动模态的品质因数可提高 4 倍。

目前,比较成熟的微惯性导航装置是美国模拟器件公司(Analog Devices, Inc.)推出一种新的 ADIS16355 惯性测量装置(IMU),该方案可以为卡车车队、农业装备、商用飞机与小型飞机、舰艇、坦克以及其他依靠 GPS 卫星导航保持精确位置信息的交通工具中的 GPS 信号损失或感应信号奇异性进行补偿。

由于采用 ADI 公司的 MEMS 运动信号处理技术,ADIS16355 惯性测量装置(IMU)允许工业设计人员首次在系统中使用高级运动分析与导航航迹推算功能,这是因为以前这个功能主要用于军事、宇航以及其他高端应用,而且其成本仅为军事等高端应用传感器成本的1/10。通过探测线性加速度与角运动的细微变化，ADIS16355提供航迹推算，允许车辆等交通工具保持航迹，直到丢失的GPS信号得以恢复。除了导航，ADIS16355还可以用于高度敏感的机器人与其他运动控制设备，其惯性测量装置有助于确保精确的动作可以准确地重复数千次。例如，ADIS16355可以使航空相机在拍摄运动画面时保持稳定；在工厂自动化中可以控制机器人的手臂；还可以确保假肢的稳定性。

ADIS16355惯性测量装置将3轴角速度感知与3轴加速度感知相结合，提供6自由度运动感知，嵌入式校准与传感器处理，以及传感器-传感器交叉补偿，大大提高了信号稳定性(使用偏移稳定性为0.015°/s)，其体积小于1立方英寸。工厂校准与嵌入式轴交叉排列补偿，使设计人员即使不掌握传感器技能也可以迅速、高效地集成运动感知技术，为其应用增添一项全新的性能。ADIS16355内置可编程串行外设接口(SPI)端口，便于对滤波、采样速率、电源管理、自测以及传感器状态与告警等编程特性的访问。惯性测量装置(IMU)的扁平封装尺寸是23 mm×23 mm×23 mm。

MEMS技术可用于开发一种成本低、体积小、功耗低(mW级)的个人导航器件。这种器件根据初始全球定位系统(Global Positioning System，GPS)基准更改个人位置，从而达到增强GPS功能的目的。

当GPS受到无线电干扰时，这种MEMS器件还可提供连续导航数据。DARPA支持开发了一种运动探测部件，它是具有一定灵敏度和稳定性的个人惯性定位装置所必需的。以MEMS为基础的惯性跟踪器，可以扩充现有的GPS系统，提供个人定位信息。

法国经过18个月的实验，于2000年由BAE系统公司成功地开发了直接打击目标的中程制导导弹应用的MEMS传感器，该公司也是采用这种工艺第一个生产硅惯性测量装置的公司。

5.2.3 纳米武器

2003年美国军方和马萨诸塞科技协会公布了“纳米科技战士”研发计划，希望十年内打造出目前只能在电子游戏中才能看到的刀枪不入的“超级战士”。这种“纳米科技战士”的装置仅有分子大小，可以像计算机一样连线运作，且可以改变作战服装的颜色、形状和大小。其可能配备的装备有：带传感器的头盔，使士兵多只后眼，不至于被打闷棍；藏有微处理器和药包的军服，自动感知士兵身体情况并敷药；有微涂层的军服，可以抵抗生化武器袭击；由“铰合分子”制造的比人体肌肉强壮10倍的“肌肉”，这种人造肌肉一旦装到手套、制服和军靴里，跳过高墙不在话下。该计划由美国著名的麻省理工学院主持。

最近，美国密西根大学生物纳米技术中心研究人员研制一种“纳米炸弹”。事实上，这种炸弹不会“轰”地一声爆炸，它们是一些分子大的小液滴，其大小只有针尖的1/5000，作用是炸毁危害人类的各种微小“敌人”，其中包括含有致命生化武器炭疽的孢子。在测试中，这些纳米炸弹获得了100%的成功率。在民用方面，这些装置也有着惊人的应用潜力，比如，只需调整这些炸弹中豆油、溶剂、清洁剂和水的比例，研究人员就能使它们具有杀灭流感病毒和疱疹的能力。据说，密西根大学的这个研究小组，正在制造更聪明的新型纳米炸弹，这些针对性极强的炸弹能够在大肠杆菌、沙门氏菌或者李氏杆菌进入肠道之前攻击它们。美国军方对纳米炸弹也十分感兴趣。

由于纳米器件比半导体器件工作速度快得多，可以大大提高武器控制系统的信息传输、存储和处理能力，可以制造出全新原理的智能化微型导航系统，因此使制导武器的隐蔽性、机动性和生存能力发生质的变化。利用 MEMS 技术制造的形如蚊子的微型导弹，可以起到神奇的战斗效能。蚊子导弹直接受电波遥控，可以神不知鬼不觉地潜入目标内部，其威力足以炸毁敌方火炮、坦克、飞机、指挥部和弹药库。

一种通过声波控制的微型机器人比蚂蚁还要小，但具有惊人的破坏力，可以通过各种途径钻进敌方武器装备中，长期潜伏下来。一旦启用，这些"蚂蚁士兵"就会各显神通：有的专门破坏敌方电子设备，使其短路、毁坏；有的充当爆破手，用特种炸药引爆目标；有的施放各种化学制剂，使敌方金属变脆，油料凝结，或使敌方人员神经麻痹，失去战斗力。

美国五角大楼认为，军用微型机器人的发展将有可能改变下一世纪的战场。目前，开发的微型机器人有三大类：

(1) 固定型微型机器人。它的外观像石头、树木、花草，装有各种微型传感器，可以探测出人体的红外辐射、行走时的地面振动、金属物体移动造成的磁场变化等，信号传送到中央指挥部，指挥部可控制防御区内的武器自动发起攻击。

(2) 机动式的微型机器人。它们装备有太阳能电池板和计算机，可以按照预定程序机动到敌人阵地与敌人同归于尽。

(3) 生物型微型机器人。研究将微型传感器安装到动物或昆虫身上，构成微型生物机器人，使其进入人类无法到达的地方，执行战斗或侦察任务。

鉴于微型机器人巨大的技术潜力和应用前景，美国国家航空航天局(NASA)喷气推进实验室(NASA/JPL)和 DARPA 合作，从 1996 年起，制定出一系列计划，进行空间和军用微型机器人的研究开发。如火星漫游微型机器人 Sojourner，1997 年 7 月在火星着陆，它长为 60 cm，高和宽分别为 30 cm，自重约 11 kg，装有摄像机和多种传感器等。

5.3 MEMS 技术在医学中的应用

传统的外科手术需要医生在病人身体上切开一个足够大的切口，对几乎所有的动手术部位提供最佳的显露途径，这样对病人的皮肤、肌肉、体内组织和骨头等造成很大的伤害，使病人感受更大的痛苦，并且需要长时间的恢复。与传统的外科手术相比，微创手术的优势在于其可大大减少手术创口面积，避免体内组织过多暴露，减少由此导致的感染，使患者身体更快恢复，以及缩短住院时间和减少医疗费用。结合先进的电子成像诊断技术(如CT、MRI等)，微创手术可将传统外科手术造成的体内创伤降低至最小程度。

微创、无创外壳手术是医疗发展的重要方向，医疗机器人是无创医疗的前沿。消化道微型诊疗机器人是医疗机器人中的重要分支，许多产品已经进入临床应用。近年来，新材料技术、传感器技术，特别是MEMS技术的迅速发展及其在医疗机器人系统中得到了深入应用，消化道微型诊疗机器人得到迅猛发展。

导管进入人体腔道内并在脏器间移动，利用激光或微型手术设备进行体腔内的手术，将创伤减轻到最低程度，是当前微创手术的基本思路。例如，利用腹腔镜胆囊切除手术，心血管介入治疗等。以医生的手动操作为主的消化道内窥镜，是当前消化道微创手术仪器的主流，但它并不属于严格意义上的机器人。

5.3.1 微创内窥镜系统

在微创外科手术中，内窥镜的应用十分广泛。医用无线内窥镜结合生物医学技术和MEMS技术，实现无创、微创，从而达到减小患者痛苦的效果。通过吞咽微传感器进入消化道，对食道、胃、肠等特定位置进行拍摄分析，完成对消化系统的检测，克服传统推进式内窥镜检测范围窄的缺点。日本在微创外科手术方面有关MEMS的研究走在世界前列，如日本东北大学、东京大学。浙江大学也在研制在胃肠中运动的微机器人。

内窥镜是当前腔道疾病的主要诊断工具，并将在相当长的时间内占据主流位置，是消化道疾病诊疗的主要工具。纵观医用内窥镜的发展趋势，光导纤维内窥镜将朝细小化及采用多种传感器等方向发展。电子视频内窥镜将采用更微型的CCD及实现周围图像实时高速处理等；超声内窥镜则向超声探头细径化和多扫描方式发展。但这些新技术的采用不能从根本上克服传统内窥镜的缺陷，即内窥镜的人为插入过程对人体内部软组织造成的擦伤和拉伤，并且由于内窥镜导管的左右摆动和扭曲等大幅度体内动作，使病人感受很大的痛苦。

主动引导式(Self Propelling)内窥镜和无线内窥镜是内窥镜无创发展的两个重要方向。主动引导式内窥镜利用可以主动运动的引导头，改变传统的内窥镜插入方式，减轻患者痛苦。而药丸式无线内窥镜(Wireless Endoscope)彻底改变了传统内窥镜的形态，是无创医疗的最新成果之一。

主动引导式内窥镜整体结构仍然是线缆式，其特点在于内窥镜系统由主动引导头引导进入人体腔道，避免了手动插入造成的软组织损伤。关键技术在于对主动引导头的微小型驱动器研制。目前微小型驱动器大致有以下几种：电磁驱动型、静电型、压电晶体型、SMA型(即形状记忆合金型)、气动型和热膨胀型。

J. Peirs 基于仿生学原理，研制了一种仿尺蠖运动的结肠内窥镜，如图 5 - 23 所示。它以电磁电动机驱动，有两个弯曲自由度，主动引导头(包括了摄像头)的总长度为 40 mm，直径为 12.5 mm。日本东北大学研究一种用形状记忆合金作为驱动器的自主式医用内窥镜。

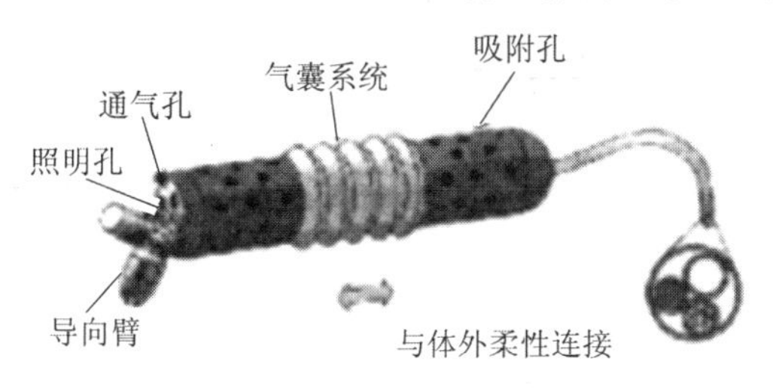

图 5 - 23　仿尺蠖运动的结肠内窥镜(J. Peirs)

上海交通大学研制了一种用于肠道检查的内窥镜微型机器人，如图 5 - 24 所示。该系统基于尺蠖运动原理，驱动器为一种基于电磁力的微小型蠕动驱动器。系统由头部、尾部、驱动单元、弹性模等组成，全长为 64 mm，外径为 7 mm，重为 9.8 g，通过调整驱动电压的频率来调节其运行速度。该头部携带 CCD 等微型摄像器件，将肠道的图像传输出来。机器人各个单元之间由二自由度的铰链连接，以适应蜿蜒盘曲的肠道。

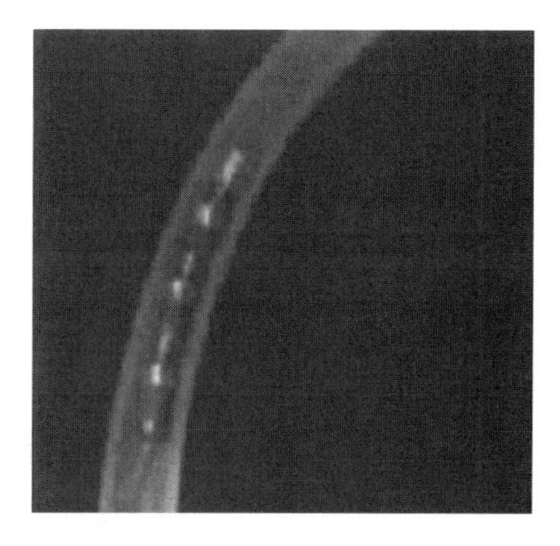

图 5 - 24　肠道检查机器人内窥镜原型(上海交通大学)

日本东北大学的江刺研究室研制了一种采用形状记忆合金(SMA)作为驱动器的自主式医用内窥镜，是利用 MEM 技术，研制适合于类似结肠等人体管道环境中的动作装置。它是一种可独立弯曲的多关节驱动的整支导管内窥镜，导管直径为 1.2 mm，每个关节的驱动器采用形状记忆合金微驱动器。通过电阻值反馈控制法，对导管实现安全的自动柔顺操作。这种能动型内窥镜可平稳地插入类似 S 状结肠等形状狭小、复杂、弯曲的管腔内，携带成像照明光学系统、前端物镜粘附物清除等装置，自动进入人体，完成体内诊断和体内微细手术等功能。

意大利 Mitech 实验室 P. Dario 与比利时 Leuven 大学的 J. Peirs 等人利用蚯蚓蠕动行走原理研制了一种肠道内窥镜式机器人，如图 5 - 25 所示。它采用压缩空气驱动，机器人本体由 3 个气囊驱动器组成，中间的驱动器能够轴向伸缩，产生轴向推进力，推动机器人前进。微机器人直径为 15 mm，收缩时长为 42 mm，伸胀时长为 80 mm，载有 CCD 微摄像头。两个夹嵌和一个伸缩执行器，在气压分配器的控制下实现在肠道中的蠕动。机器人的头部装有作业工具、摄像机及照明装置，用来在腔道内进行检查及手术操作。

弯曲气囊
抽气孔
水与空气的通道
照明设备
通过电墙线与
外部连接
作业工具和照相机

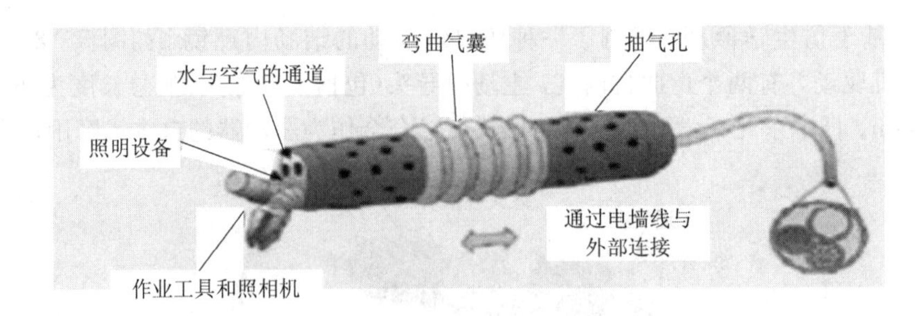

图 5-25　肠道内窥镜式机器人(P. Dario 等)

加州理工学院 A. brett Slatkin 等人以纤维内窥镜为基础研制了气压蠕动式内窥镜系统，如图 5-26 所示。它的直径为 14 mm，整个系统由信号控制引线、气动执行器导管和光纤束组成。气压动力源分为高压和低压部分，夹嵌和伸缩单元在气压的驱动下，撑紧肠壁和伸缩，产生类似蚯蚓的蠕动。该气压蠕动式机器人内窥镜的夹嵌模型运动原理如图 5-27 所示。

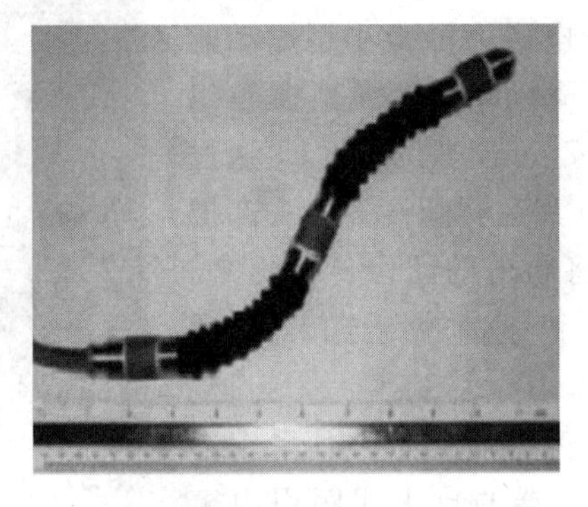

图 5-26　气压蠕动式机器人内窥镜样机(A. brett Slatkin 等)

收缩元件
膨胀元件
第一步
第二步
第三步
第四步
第五步
第六步
第七步(单一步)

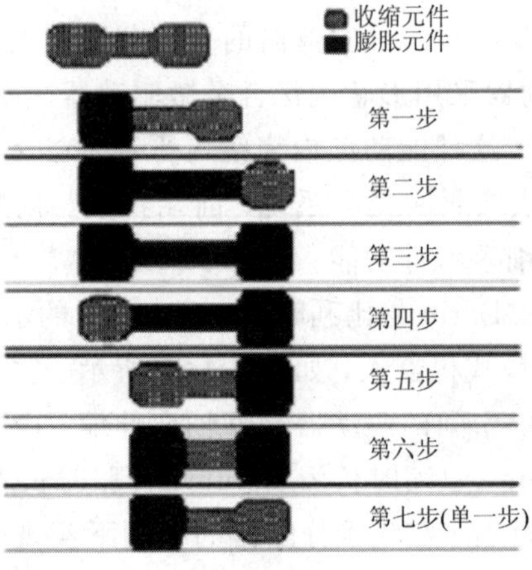

图 5-27　气动式肠道检查微机器人运动原理(A. brett Slatkin 等)

无线药丸式内窥镜又称为胶囊式内窥镜(Capsule Endoscope)，它是对内窥镜技术的突破，从整体结构上以药丸式取代了传统的线缆插入式，以吞服的方式进入消化道，实现了真正的无创诊疗，同时又可实时观察病人消化道图像，大大拓展了全消化道检查的范围和视野。在无线内窥镜系统研究方面，国外已有以色列、日本、德国、法国、韩国等国家都在投入巨资进行研发。最著名的产品就是以色列 Given Image 公司于 2001 年 5 月推出的一种称为 M2ATM 的无线电子药丸(无线肠胃检查药丸)，并于 2001 年 8 月获得美国 FDA 认证，如图 5-28 所示。该药丸由病人吞入食管，然后依靠肠胃自然蠕动，通过整个肠胃道后排出体内。该药丸直径为 11 mm，长为26 mm，重为 3.7 g，视野范围为 140°，放大倍率为 1∶8，最小分辨物小于 0.1 mm。其内部包括微型 CMOS 图像传感器、专用无线通讯芯片、照明白光 LED、氧化银电池等。

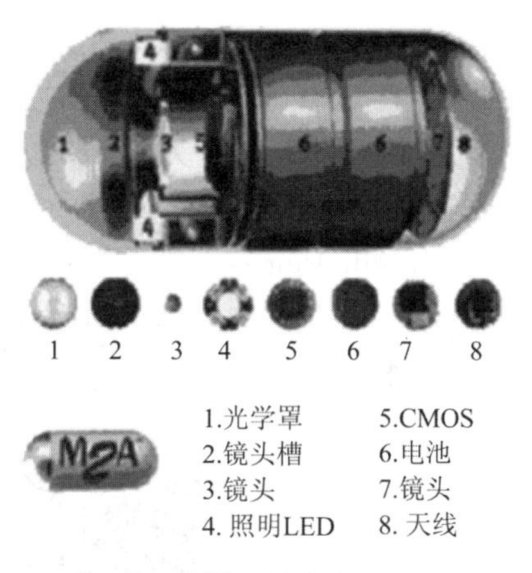

图 5-28　以色列 M2A™无线内窥镜(Given Image 公司)

病人服用“药丸”后，可以照常进行生活和工作。“药丸”在体内依靠人体肠胃道的蠕动而通过体内，并最终被排出体外。同时，它将拍摄到的体内情况通过无线方式传输出来，并存储在系在病人腰带上的接收装置里，最终可将图像下载到计算机上显示，利用专用软件进行处理，以供医生参考。目前推出的第三代 M2A™胶囊内窥镜中的摄像单元指标已经达到 VGA 分辨率，速度达到 5 帧/秒，功耗仅为 9 mW 左右。第三代 M2A™胶囊内窥镜代表了当今肠胃道检查机器人在摄像技术方面的最高水平。

日本 RF 公司推出 NORIKA3 胶囊内窥镜系统，如图 5-29 所示。NORIKA3 胶囊内窥镜系统采用超小型电荷耦合元件 CCD 摄像机，所需的电力从体外用电波形式输送，其运行速度和方向等均可以从体外控制，所拍摄的图像也使用电波传送到体外。

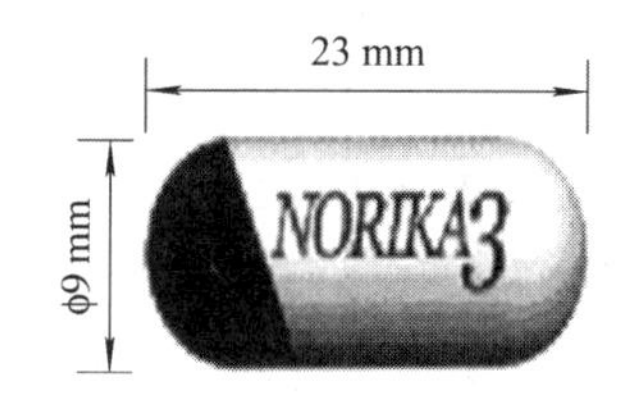

图 5-29　胶囊内窥镜系统(RF 公司)

5.3.2　特定部位药物释放药丸

消化道特定部位药物释放药丸(Site Specific Deliv Capsule，SSDC)，属于智能药丸(Smart Capsule)中的一种，主要用于口服药物、人体消化道吸收研究、长效药物释放、消化道特定部位的治疗等，是药物释放系统(Drug Delivery System)中的重要分支。SSDC 的特征在于该药丸可在人体消化道特定部位，在外界的遥控信号作用下释放药物。其中药丸式机器人(Cap sule Robot)在临床与科研中得到了最为广泛的应用。下面以药丸式机器人为重点，对消化道特定部位药物释放药丸进行简略的介绍。

对 SSDC 的研究目前主要有两个重点：一种是药物包衣方面，采用现代材料技术，在消化道内缓慢释放，但无法精确指定释放位置。另一种是遥控工程药丸，实现在指定位置释放。在工程药丸中，代表性的产品有 Phaeton Research 研究开发的 Enterion 药物传送药丸，如图 5-30 所示。Enterion 药物传送药丸尺寸为 32mm×9mm，每次可以携带 0.8 mL 的药物，药丸的位置检测采用闪烁扫描法。由 Innovative Device 公司开发的 Intelsite 药丸，如图 5-31 所示。图 5-32 所示为 IntelliDrug 定点投送药丸，它利用外界能量触发形状记忆合金来释放药物。法国 INSERM U61 开发的“Telemetric Capsule”，采用了内置电池，利用外部磁场触发磁开关，以进行药物释放。HF 药丸利用射频信号的热作用，触发药物的释放。

图 5-30　Enterion 药物传送药丸
(Phaeton Research)

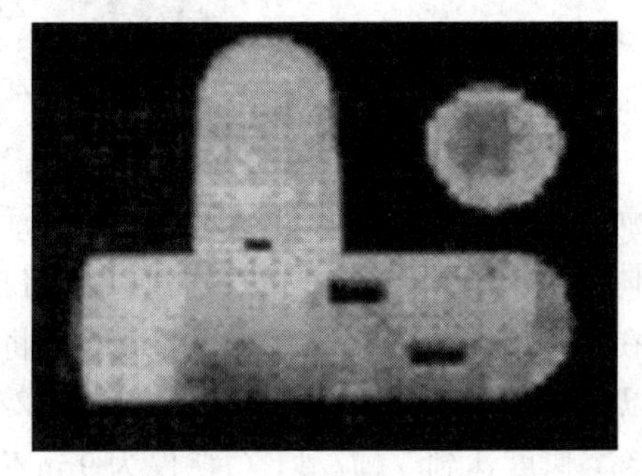

图 5-31　Intelsite 药丸
(Innovative Device 公司)

为了实现无痛苦的诊疗系统，日本设想研制一种如图 5-33 所示的微型机器人，该机器人能够进入人体器官甚至血管中进行药物投放。该微型机器人由微型传感器、微型泵和贮药囊组成，供患者植入皮下或吞入胃中，根据微型传感器测得血液或胃液中某种浓度数据，自动泵出适当的药量，并且由数据的改变适时、适量地输送药物。如果在微型机器人上携带诊疗系统，则能够在体内进行组织采样和治疗等功能。

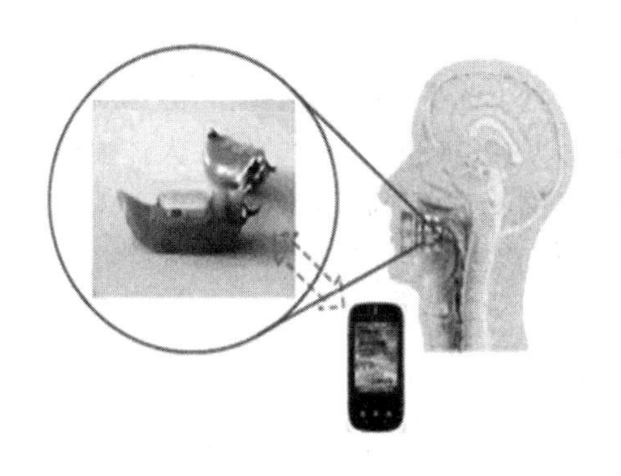

图 5 - 32　IntelliDrug 定点投送药丸

图 5 - 33　投放药物微型机器人

5.3.3　消化道采样及参数监测系统

消化道采样是消化道生理病理学研究的常用手段，而内窥镜是当前的主流工具，并将在很长时间内继续发展。肠道采样遥控工程药丸(Sampling Caplute)可进行小肠远端采样，同时具有无创的优点，也得到了广泛的关注。美国、日本等在 20 世纪 80 年代就开始了相关技术研究。真空吸附采样是目前的主流技术，随着 MEMS 技术的发展，许多研究机构开始利用 MEMS 技术设计采样药丸。图 5 - 34 所示为采集肠道液体微型泵吮吸系统。

图 5 - 34　采集肠道液体微型泵吮吸系统(Song，Choi)

早在 20 世纪 60 年代，德国就进行了消化道 pH 值测量的微型药丸的研究，利用 pH 药丸可以无创地进行人体胃肠功能研究，免除了插管采样带来的创伤。2002 年，美国肯塔基大学的 Craig Crimes 研究小组公开了一种胃内酸度测量微型药丸。该药丸由外包一种聚合物的微型磁带片组成，当受到外界磁场的刺激时，该微型磁带可放射出无线电波(电波频率决定于它的形状)以显示 pH 值的多少；外部传感器接受信号并进行分析处理。如图 5 - 35 所示，由 Medtronic 公司研制的 Bravo pH 药丸可以吸附在人的食道上，实时监测并无线传输食道 pH 值，监测时间可以长达 48 h。

图 5 - 35　Bravo pH 药丸(Medtronic 公司)

目前，正在研究一种能动导管，将其注射入人体血管内部，它能在人体血管里面自主运动，打碎人体血管内部的阻塞部位的血淤，疏通血管。医生可以通过X光图像看到里面导管的运动情况。但由于这个研究课题还存在着很大的困难和危险性，如在人体血管和肠道内壁复杂而又弯曲的内环境中如何正确控制能动微小型导管的运动，而且由于人体血管和腔道的内环境空间非常狭小，必然要求能动导管趋于微型化，其输出力矩则受到很大的限制。

由于能动导管要求微型化，一般要求能动导管的外径小于2 mm，这就需要微小驱动器的外形作得更加小，再加上要求该微小驱动器具有较大的输出力矩，因此目前的微驱动器大都采用形状记忆合金驱动，虽然形状记忆合金能较好地满足上述要求，但由于形状记忆合金材料的特殊性，其冷却和反应速度缓慢是很大的问题。因此最近出现了在硅片上沉积形状记忆合金薄膜的方法能产生较大的力矩，而且反应速度也比较快，是能动导管的一个发展趋势。

5.3.4 精微外科和软组织外科手术

精微外科手术包括中耳、脑和脊椎等部位的外科手术，以及手部的神经和血管重建，这类手术的精细程度超过医生手部的控制操作能力。利用MEMS技术，控制遥控手术系统，把医生手部的运动幅度控制量大大缩小，而且传递力距也大大衰减，从而实现精微外科手术。

韩国科技部支持的The Intelligent Mircosystem Program(IMP)项目提出了一种人体腔道多功能机器人系统，如图5-36所示。该系统在10 mm×50 mm的范围中，集成了微型摄像头、微型泵、微型注射器、组织活检钳、温度传感、pH值传感器、化学传感器、硬度传感器等微型设备。该系统可以同时将采集的图像、温度、pH值等信息无线传送到体外的接收装置，而且系统具有自适应功能，能够主动前进与后退，能够调整自身的位置与姿态。该系统可以完成药物局部释放、图像采集、温度监测、pH值测定、化学成分检测、组

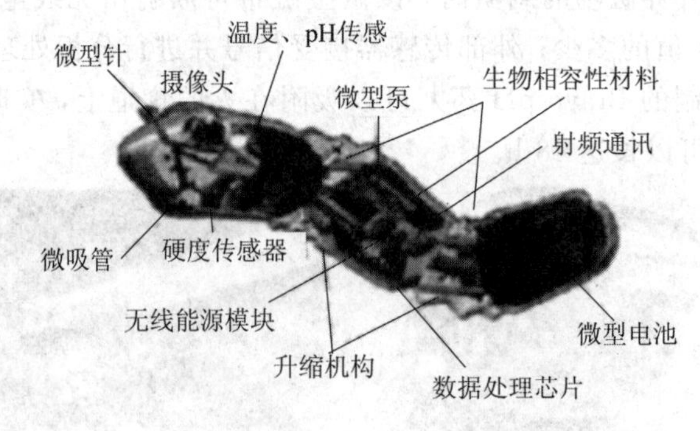

图5-36 人体腔道多功能机器人系统(韩国科技部)

织活检(BioSpy)、局部病变组织治疗等功能，能够进入人体消化道、呼吸道、子宫等位置。该系统的提出，为人体腔道诊疗微型系统，勾画了一个诱人的蓝图。随着新材料技术、微型加工技术、MEMS 技术、纳米技术的深入发展，该系统的实现也许就在不远的将来。

作为腔道系统的补充，微探针的发展也越来越受到重视。图 5－37 所示为浙江大学研制的用于检测嗅觉黏膜神经的微探针。图 5－38 所示为日本 Tohoku 大学研制的血管中运行的微机器人；图 5－39 所示为微机器人实物图。

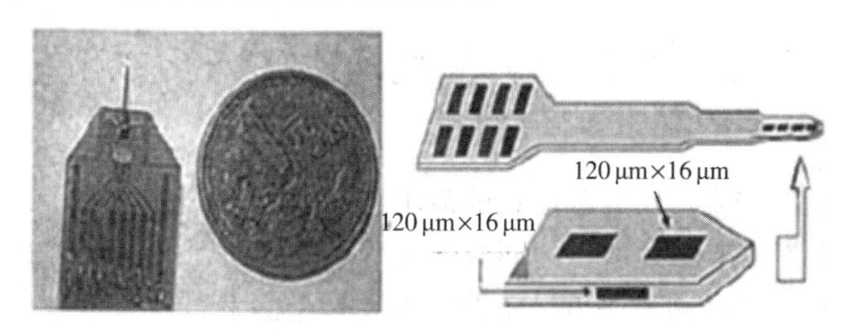

图 5－37　检测嗅觉黏膜神经的微探针(浙江大学)

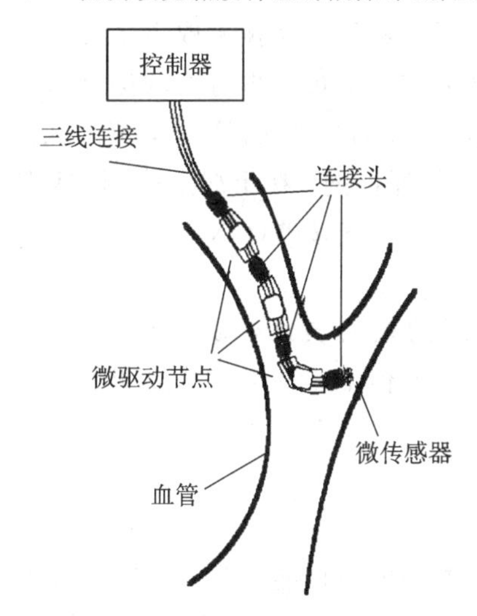

图 5－38　微机器人血管中运行示意图(Tohoku 大学)

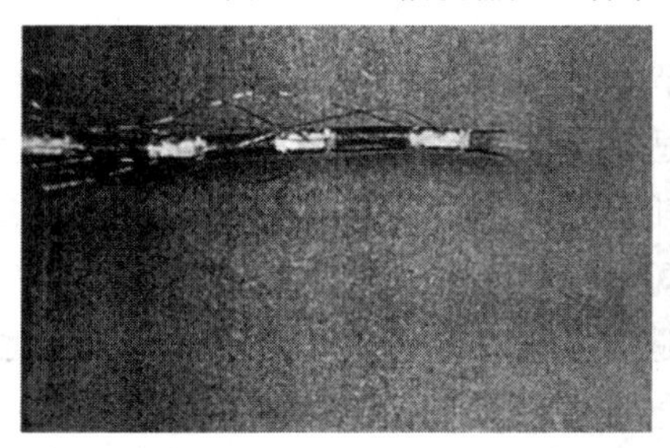
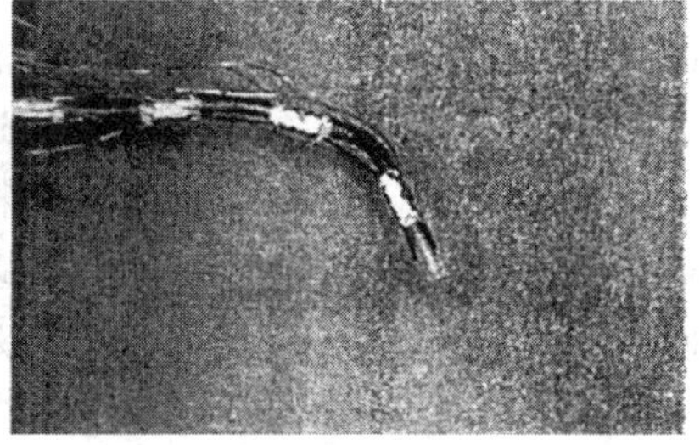

图 5－39　微机器人实物图(Tohoku 大学)

目前，对 MEMS 技术的研究不断有新的成果出现，但用于医疗时需要解决与人体的融入问题，而封装是将其应用于医学上的难题，故要使之广泛应用还需时日。随着 MEMS 技术的不断研究和开发，在医学上越来越多的新技术、新产品将被应用到临床治疗和疾病预防方面。随着纳米技术和生物基因工程的发展，MEMS 将在减轻病人手术痛苦，提高人类生理机能以及治疗目前不能医治的疑难杂症等方面必然会发挥巨大的作用。

5.4 MEMS 在光通信中的应用

随着网络化时代的到来，人们对信息的需求与日俱增。IP 业务在全球范围突飞猛进地发展，给传统电信业务带来巨大冲击的同时，也为电信网的发展提供了新的机遇。

从当前信息技术发展的潮流来看，建设高速大容量的宽带综合业务网络已成为现代信息技术发展的必然趋势。近几年来，密集波分复用(DWDM)技术的发展提供了利用光纤带宽的有效途径，使点到点的光纤大容量传输技术取得了突出进展。由于电子器件本身的物理极限，传统的电子设备在交换容量上难以再有质的提高，此时交换过程引入的电子瓶颈问题成为限制通信网络吞吐能力的主要因素。全光通信网是建立在密集波分复用(DWDM)技术基础上的高速宽带通信网，在干线上采用 DWDM 技术扩容，在交叉节点上采用光分插复用器(OADM)、光交叉连接器(OXC)来实现，并通过光纤接入技术实现光纤到家(FTTH)。

OXC 和 OADM 是全光网的核心技术，研制全光的交叉连接(OXC)和分插复用(OADM)设备，成为建设大容量通信干线网络十分迫切的任务。而 OXC 和 OADM 的核心是光开关和光开关阵列。

5.4.1 全光通信

光纤通信以其带宽资源丰富、抗干扰能力强、传输损耗低、保密性好等诸多优点，给通信领域的发展带来了蓬勃生机。随着通信业务需求的飞速增长，光纤通信正朝着网络化、智能化、超高速、大容量的方向发展。

目前的光纤通信系统中，信号在网络的节点处要经过多次光/电、电/光转换，不但网络节点庞大而复杂，而且其中的电子器件在适应超高速、大容量等需求上存在不少缺点，诸如带宽受限、时钟偏移、严重串话及高功耗等，由此产生了通信网中的电子瓶颈问题。为了解决这一问题，人们提出了全光通信的概念。

全光网络(All Optical Network，AON)是指光信息流从源节点到目的节点之间进行传输与交换中均采用光的形式，即端到端的完全的光路，中间没有电信号的介入，在各网络节点的交换，则使用高可靠、大容量和高度灵活的光交叉连接设备(Optical Cross

Connect，OXC)。

MEMS/MOEMS 技术在光纤通信中的应用，解决了传统光网络向真正全光网络过渡的三大障碍，即网络交换速度限制、微型化限制和成本限制。MEMS/MOEMS 光器件具有如下特点：微型化，高的交换速度，小的插入损耗，提供光功能器件和波导或光纤所需的亚微米定位精度，与 IC 工艺相容，可大规模生产，成本低。

利用 MEMS 技术可以制作光纤通信传输网中的许多器件，如：光分插复用器(Optical Add - Drop Multiplexer，OADM)、光交叉连接开关矩阵(Optical Cross Connect - Arry Switch，OXC - AS)、光调制器、光滤波器、波分复用解复用器、可调谐微型垂直腔表面发射半导体激光器(Vertical Cavity Surfaceemitting Laser，VCSEL)、可变光衰减器、增益均衡器及用于光路分配和耦合的微透镜阵列等多种微型化光器件。

MEMS 技术在光纤通信网络中的一个重要应用就是利用微动微镜制作光开关矩阵，微动微镜可以采用上下折叠方式、左右移动方式或旋转方式来实现开关的导通和断开功能。MEMS 技术制作的光开关是将机械结构、微触动器和微光元件在同一衬底上集成，结构紧凑，重量轻，易于扩展。

全光通信的兴起在很大程度上得益于 MEMS 技术。MEMS 技术使网络摆脱基于光/电转换的光网络在数传速率、带宽、延迟、信号损失、成本和协议依赖性等方面的内在局限。除了消除光/电/光(OEO)网络的许多限制之外，MEMS 有一个重要的优势就是，通过允许对光路外的光交换进行外部控制，可以独立调节电子和光学参数，以获得最优的整体性能。

当前，光通信网络主要进行将光信号转换为电信号的交换和路由等操作，然后将信号转换回光域。通常，将这些信号保持在光域可提供最大的效率。不过，至今为止，对光信号的处理还只能通过控制电信号来实现。

OEO 网络转换有很大的限制和缺点。OEO 系统必须与数据率、带宽和信号的协议相兼容，多次转换也增加了系统的延迟和成本。此外，密集波分复用(DWDM)系统必须将光分解到多波长部件中才能对光信号进行处理。

通过将信号保持在光域，透明的全光网络弥补了 OEO 系统的缺陷。建立在高反射率镜面上的光/光/光(OOO)物理交换结构，允许在信号损失最小的条件下，不经信号转换就可对光信号进行处理。无需信号转换意味着 OOO 系统可以不必依赖于数据率、带宽、协议，甚至 DWDM 结构。

OEO 系统与 OOO 系统之间的另一个差别是电子控制装置相对于光信号的位置。在 OEO 系统中，电子控制和转换的光信号是合二为一的，这就要求系统设计时在电子和光学之间进行折中。在 OOO 系统中，电子元件在光信号路径外控制光交换，这使系统的实现能够独立地将电子和光学系统最优化，以实现最佳的性能。

构建全光系统中最主要的困难是制造高性能、可靠和具有成本效益的部件。MEMS 技术的出现使部件的可制造性不再成为问题，其生产工艺类似于标准的半导体集成电路工艺，而且在许多场合下，MEMS 产品采用与 IC 制造一样的生产线，这使 MEMS 器件可以获得标准 IC 产品的质量、可靠性和成本效益。

全光系统中有两种光信号交换方法：传送交换法和反射交换法。在传送交换法中，信号通常被传送到一个特定的输出，除非被中断或被重新导向另一个输出；反射交换法则利用高反射率的表面微镜来改变光信号的方向。这两种交换方法都需要光开关来实现。

同机械式光开关和波导型光开关相比，MEMS 具有低插入损耗、低串扰的特点，与光信号的格式、波长、协议、调制方式、偏振、传输方向等均无关，是无源光开关，并且具有光路选择、多条光纤线路的交叉互连、上下光路和对故障光纤线路进行旁路等重要功能。MEMS 光开关优异的性能使其具有广阔的市场前景。

5.4.2 光开关

全光通信技术对光开关提出了更高的要求：

(1) 在技术指标上，要求器件具有更高的工作速度、低插入损耗和长工作寿命；

(2) 在体积上，由于单元器件的增多，要求更高的集成度；

(3) 在成本上，由于网络的扩大，所需器件的数量将大大增加，必须降低成本才能被用户接受。

采用传统的手段制造的光开关难以满足上述要求。利用 MEMS 技术制作的新型光开关，具有体积小、重量轻、能耗低等特点，可以与大规模集成电路制作工艺兼容，易于大批量生产、集成化，方便扩展、有利于降低成本。此外 MEMS 光开关与信号的格式、波长、协议、调制方式、偏振作用、传输方向等均无关，同时在进行光处理过程中不需要进行光/电或电/光转换，特别是对于大规模光开关阵列。而 OXC 必需使用大规模光开关阵列，因此大规模 MEMS 光开关阵列几乎成为目前发展全光通信唯一可行的技术路线。

另外 MEMS 光开关及其阵列在现有光通信中的应用范围也很广。如长途传输网中的光开关/均衡器，发射功率限幅器、城域网中的监控保护开关、信道均衡器、增益均衡器、无源网中的调制器等都需要光开关及其阵列。

利用微动微镜制作的光开关矩阵，比机械式光开关和波导型光开关具有更好的性能，如低插损、小串音、高消光比、重复性好、响应速度适中，与波长、偏振、速率及调制方式无关，寿命长、可靠性高，并可扩展成大规模光交叉连接开关矩阵。

在西方发达国家，基于 MEMS 技术的全光通信研究与开发成为光通信的焦点，光 MEMS 技术也成为 MEMS 领域最热门的方向。基于 MEMS 技术的全光通信系统已经看到胜利的曙光，这种高技术全光网络将以成倍价格的降低和成倍性能的提高迅速占领通信市场。

MEMS 光开关的优势体现在性能、功能、规模、可靠性和成本等几个方面。在关键的性能指标如插入损耗、波长平坦度、PDL(偏振相关损耗)和串扰方面，MEMS 技术能达到的性能可与其他技术所能达到的最高性能相比。比如基于 MEMS 技术制作的 2×2 光开关模块的插入损耗可达 0.4 dB，PDL 小于 0.1 dB，串扰小于－70 dB。在功能方面，微镜具有可靠的闭锁功能，能够保证光路切换的准确性。在规模方面，采用 2D 结构的 MEMS 光开关已有 64×64 的商用产品，采用 3D 结构的 MEMS 光开关也有上千端口数的样品，从而使构建中等规模和大规模光纤网络节点成为可能。在可靠性方面，单晶硅极好的机械性能可使制成的器件能够抗疲劳，由于单晶硅中没有位错，因此从本质上它不会产生疲劳，是一种完美的弹性材料。MEMS 光开关的寿命已超过 3800 万次，并且在温度循环、冲击、振动和长期高温存储等可靠性指标方面，均满足 Telcordia GR-1073-Core 标准。在成本方面，MEMS 光开关为降低系统成本提供了多种可能，MEMS 芯片的功能度使得更低成本的网络设置和架构以及光纤层的保护成为可能。MEMS 尺寸小和功耗低的特性使得系统的外形可以缩小，节省了中继器和终端节点占用的地盘。MEMS 器件的单批产量很高，经济性好，而且器件与器件之间重复性好。执行器与光器件集成在单个芯片上，可以在一个硅片上重复多次，从而可以提供价格更低的光器件。这些在成本方面的节约将使器件价格下降，最终降低设备和营运成本。

按功能实现方法，MEMS 光开关可分为光路遮挡型、移动光纤对接型和 MEMS 微镜反射型。MEMS 微镜反射型光开关方便集成和控制，易于组成光开关阵列，是 MEMS 光开关研究的重点。

MEMS 微镜反射型光开关有 2D(二维)数字和 3D(三维)模拟两种结构。在 2D 结构中，所有微反射镜和输入、输出光纤位于同一平面上，通过静电致动器使微镜直立和倒下或使微镜以“翘翘板”的方式处于光路和弹出光路的工作方式来实现“开”和“关”的功能，所以 2D 结构又称为数字型。一个 $N\times N$ 的 2D 光开关需要 N^2 个微反射镜。2D 结构的优点是控制简单；缺点是由于受光程和微镜面积的限制，交换端口数不能作得很大。在 3D 结构中，所有微反射镜处于相向的两个平面上，通过改变每个微镜的不同位置来实现光路的切换。一个 $N\times N$ 的 3D 光开关只需要 $2N$ 个微反射镜，但每个微反射镜至少需要 N 个可精确控制的可动位置，所以 3D 结构又称为模拟型。与 2D 结构相反，3D 结构的优点是交换端口数能做得很大，可实现上千端口数的交换能力；缺点是控制机理和驱动结构相当复杂，控制部分的成本很高。

1. 二维 MEMS 光开关

二维 MEMS 光开关采用反射率的微镜面，活动微镜和光纤位于同一平面上，对光信号进行重新导向，且活动微镜在任一给定时刻，要么处于开态，要么处于关态。对于二维器件，镜面翻转到一个设定位置以便将光从一个固定的端口反射到另外一个端口。如果要切换到一个不同的端口，需要将另一个镜面安装到位。如图 5－40 所示，对于 N 个端口，

需要 N^2 个镜面，这使得实现 32 或 16 端口以上的器件变得复杂和不具备成本效益(如 32 端口的交换需要 1024 个镜面，而其中在任意给定时刻只有 32 个镜面被用到)。此外，光路长度乃至光损耗取决于被用到的端口，这使光学设计变复杂化，在某些情况下，需要光信号调理功能来平衡所有信号的强度。

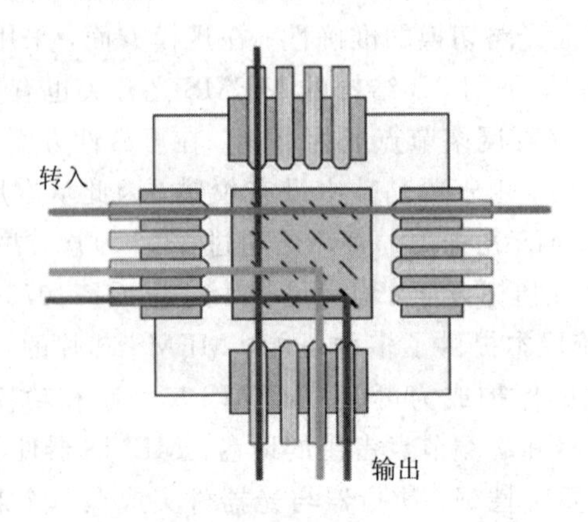

图 5-40　二维 MEMS 光开关

图 5-41 所示是 $N\times N$ 微镜阵列二维 MEMS 光开关。微镜位置是双稳的，即只有 ON 和 OFF 两个状态。光束在二维空间传输，每个微反射镜只有开(ON) 和关(OFF) 两种状态。光开关分别与输入光纤组和输出光纤组连接。当控制微反射镜(i, j)处于 ON 状态时，由第 i 根光纤输入的光信号经反射后由第 j 根光纤输出，实现光路选择；当控制微反射镜$(i, 1)$，$(i, 2)$，…，(i, N)处于 OFF 状态时，与输入光纤 i 相关的所有微反射镜全开，由第 i 根光纤输入的光信号直接由其对面的光纤输出。二维 MEMS 光开关可接受简单的数字信号控制，只需提供足够的驱动电压使微反射镜发生动作即可，减化了控制电路的设计。当二维 MEMS 光开关扩展成大型光开关阵列时，由于各端口间的传输距离不同，导致插入损耗不同，因此它只能用在端口较少的环路里。

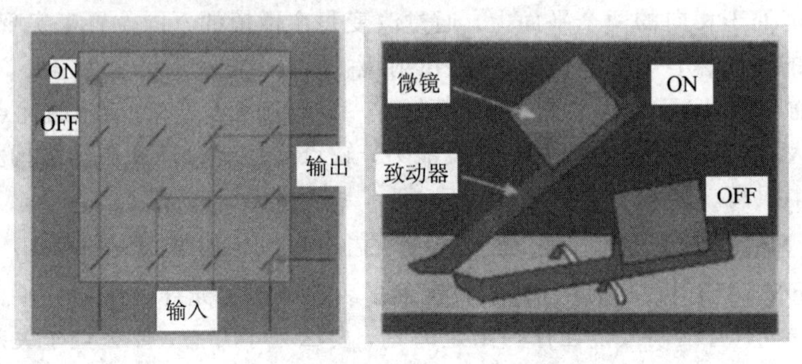

图 5-41　二维 MEMS 光开关阵列

图5-42所示为基于DMD数字微镜的光反射镜光开关，通过控制镜片的翻转实现光路的改变。图5-43所示为德国IMTEK研制的微反射镜，采用大位移、大变形结构，由静电力驱动微镜转动。图5-44所示为德国Karlsruhe研究中心研制的由电机驱动的微镜装配图，图(a)所示为六个由微电机驱动的微反射镜；图(b)所示为带限位的微电机，由LIGA技术加工。

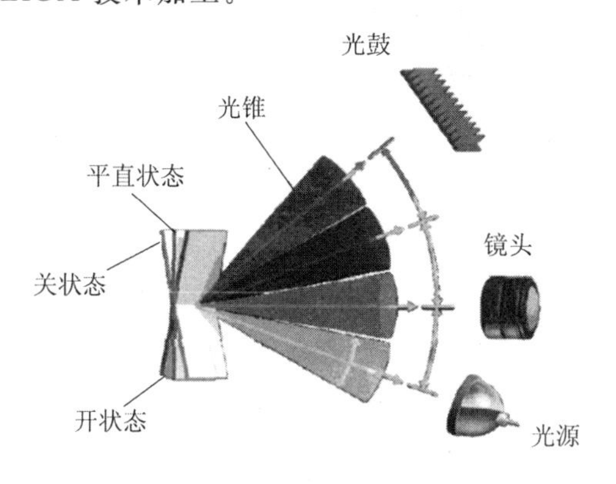

图5-42　基于DMD数字微镜的光反射镜

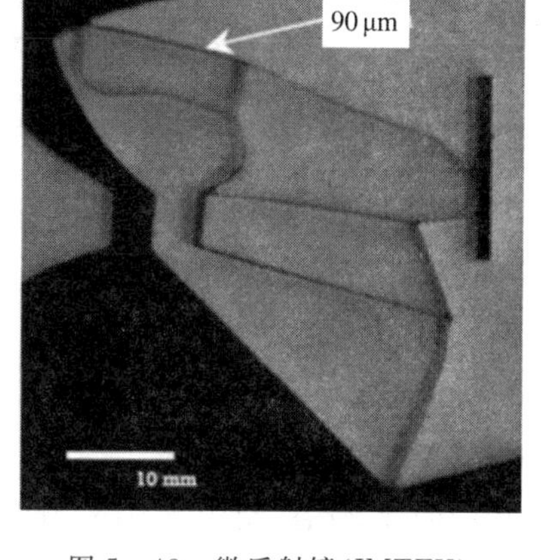

图5-43　微反射镜(IMTEK)

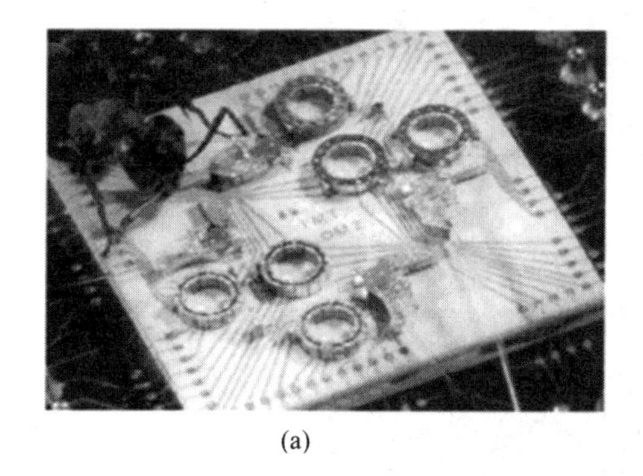

(a)

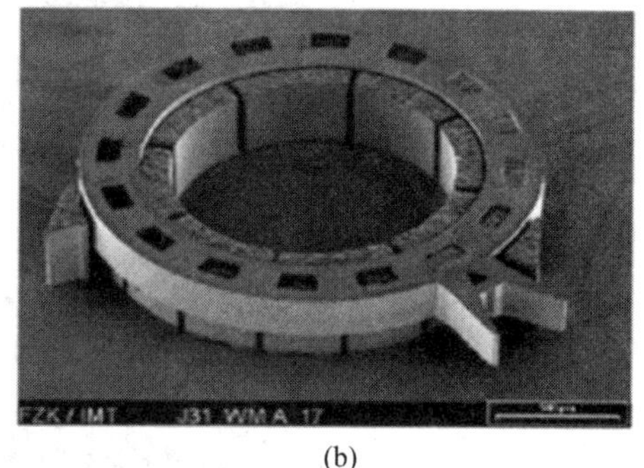

(b)

图5-44　电机驱动微镜(德国Karlsruhe研究中心)

图5-45所示为小型可调谐激光器的主体结构。可调谐激光器是由三维微反射镜、法布里-珀罗激光二极管和光纤构成的。三维反射镜安装在平移平台上，通过梳状驱动器驱动反射镜平移，用悬臂梁使平移平台悬挂在基片上。微反射镜表面与二极管激光器出射窗口中的一个平行，并向后反射部分激光入射到二极管激光器。耦合光改变激光腔中光的相位和振幅均衡条件，从而实现波长调谐。

通过不同的驱动电压驱动梳状驱动器，使三维反射镜产生位移，实现波长调谐。光纤近距对准二极管激光器的另一个窗口，达到直接与二极管激光器输出光束耦合，而无需再增添耦合透镜。

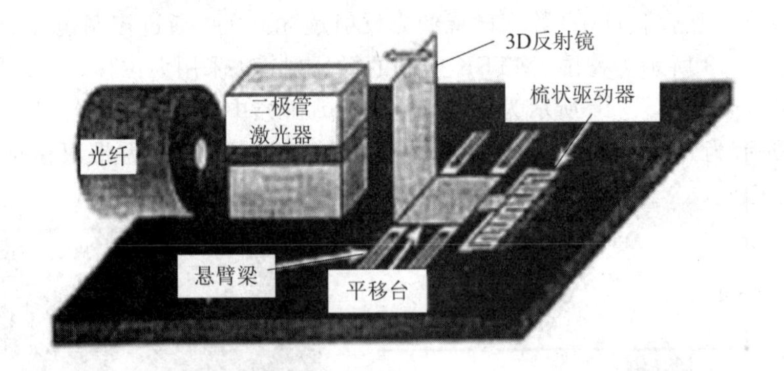

图 5-45 小型可调谐激光器的主体结构

图 5-46 所示为可调谐激光器的扫描电子显微镜图，是用表面微机械加工方法加工的微反射镜及其相关结构。将加工和刻蚀后的微反射镜提升在垂直方向的位置，由人工完成安装。二极管激光器和光纤对准并粘附在基底上。在光纤的小端面镀增透膜，以防止不必要的反射光进入二极管激光器。微反射镜和激光二极管之间的间隙为 0.01 mm，而光纤端面距二极管激光器的距离为 0.015 mm。

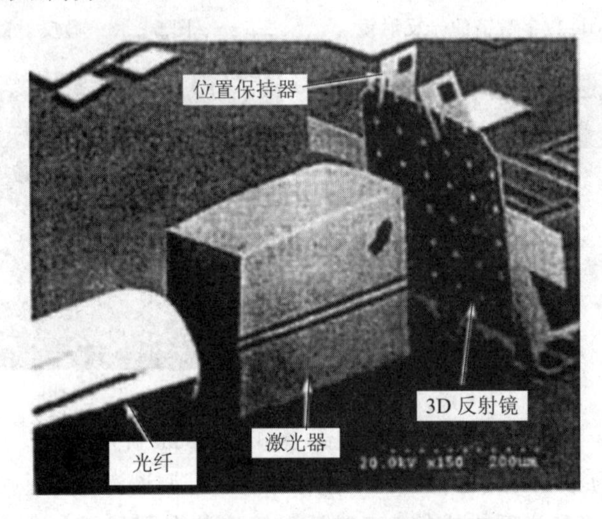

图 5-46 可调谐激光器的扫描电子显微镜图

图 5-47 所示为单光开关的结构。垂直三维微反射镜装在一个微型压紧装置固定的倾斜板上，用两个吊桥式梁插入板下部的孔，以保持板的倾斜角度。吊桥式梁和基底构成板的稳定支撑。通过改变梁的长度，可以得到不同的角度，最终确定微反射镜的工作距离。连接板上、下部的弯曲梁，用于防止弯曲和增加整个结构的强度(即限定开关时间)，用基底上板下的电极驱动微反射镜。

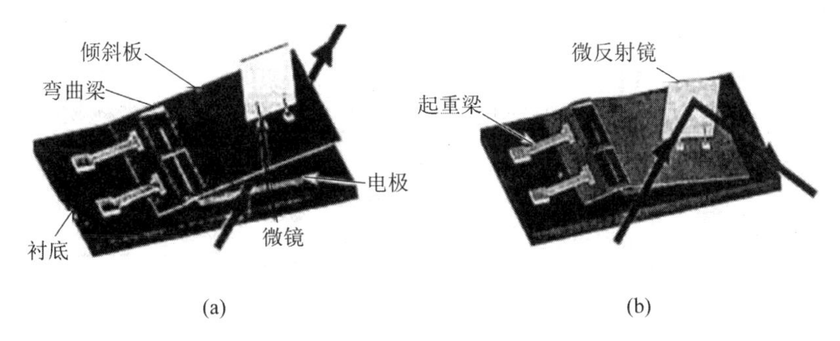

图 5-47 单光开关的结构
(a) 关状态；(b) 开状态

当在板和电极之间施加驱动电压时，静电力使板弯曲，并使三维反射镜向下移动。当不施加驱动电压时，微反射镜停留在升高的位置。如图 5-47(a)所示，光束通过，对应的光开关状态为“关”。如果施加足够的电压，使微反射镜向下倾斜移动，倾斜板的边缘与基底连接，光束重新定向，对应光开关状态“开”，参见图 5-47(b)。整个系统响应时间为 0.094 ms。

图 5-48 所示为加州大学戴维斯分校研制的对接光开关，它采用 1×4 光开关，利用光纤的移动和对准实现光信号的切换，插入最大损耗为 1 dB。对接光开关结构简单，采用电磁驱动，驱动精度要求低，多用于网络自愈保护。图 5-49 所示为 California 大学 Los Angeles 分校研制的 2D 光开关。图 5-50 所示为 OMM 公司加工的 16×16 的 2D 封装后光开关。图 5-51 所示为 California 大学 Los Angeles 分校研制 3D 转换和发射类型的光开关；图 5-52 所示为梳齿状光开关驱动结构。图 5-53 所示为静电驱动 2D 光开关的“通”、“断”结构原理图。图 5-54、图 5-55 所示分别为 Sandia 实验室设计的铰链-滑道光开关；图 5-56 所示为铰链-滑道光开关阵。图 5-57 所示为朗讯(Lucent)公司研制的静电力驱动光开关；图 5-58 所示为光开关截面结构图；图 5-59 所示为关开关阵列图。图 5-60 所示为静电驱动微光开关。

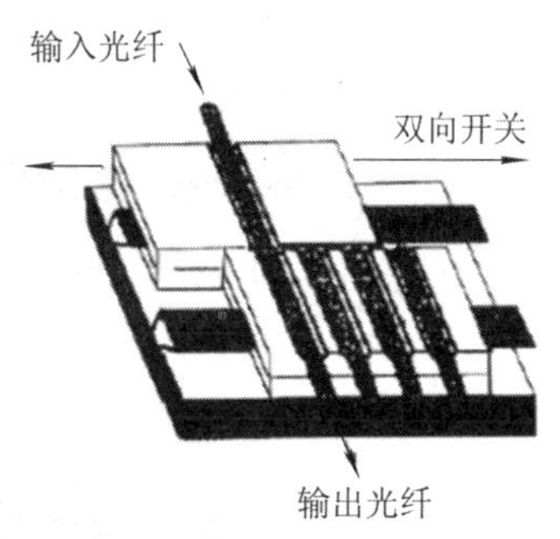

图 5-48 对接光开关
(加州大学戴维斯分校)

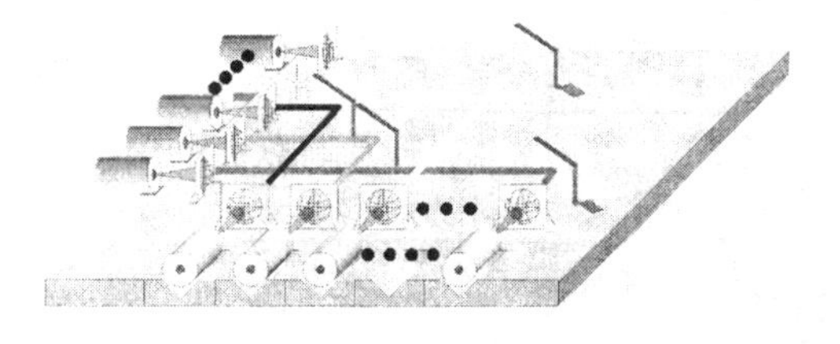

图 5-49 2D 光开关
(California 大学 Los Angeles 分校)

图 5-50 16×16 的 2D 封装后光开关
(OMM 公司)

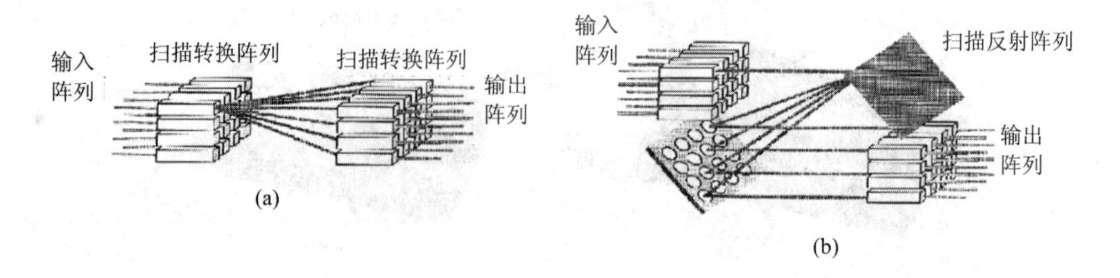

图 5-51　3D 转换和发射类型的光开关(California 大学 Los Angeles 分校)

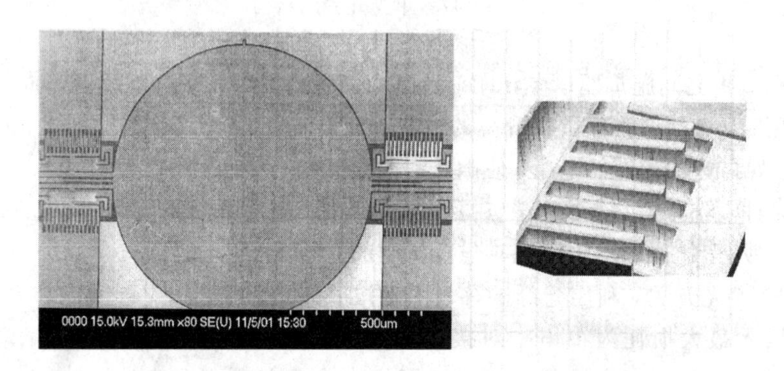

图 5-52　梳齿状光开关驱动结构(California 大学 Los Angeles 分校)

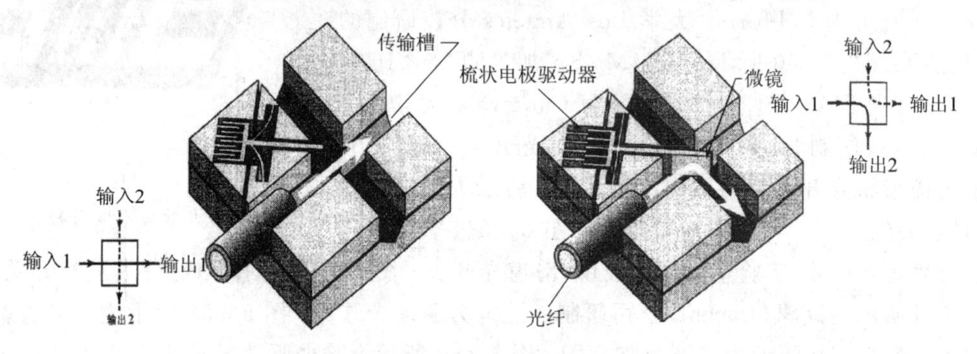

图 5-53　静电驱动 2D 光开关的"通"、"断"结构(Maful.)

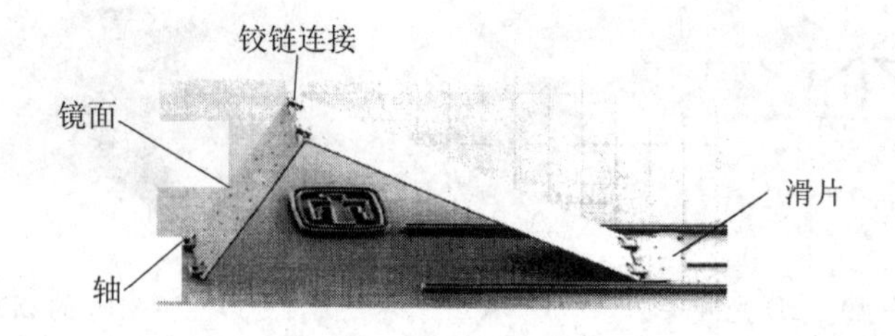

图 5-54　铰链-滑道光开关(Sandia 实验室)

图 5－55　光开关(Sandia 实验室)

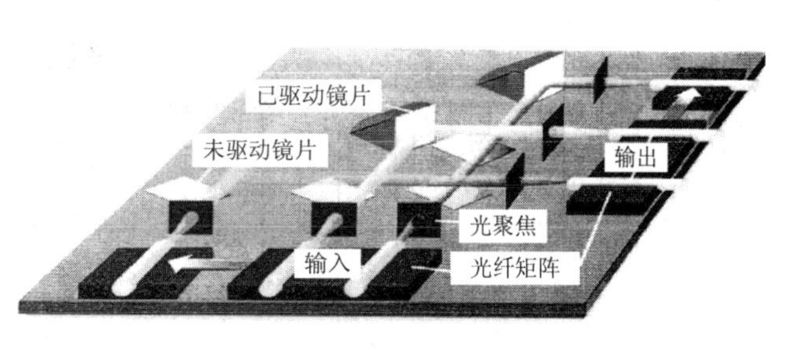

图 5－56　铰链-滑道光开关阵(Sandia 实验室)

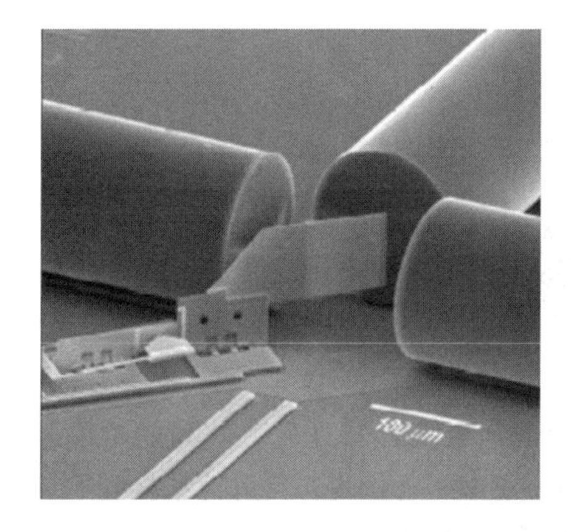

图 5－57　静电力驱动光开关(Lucent 公司)

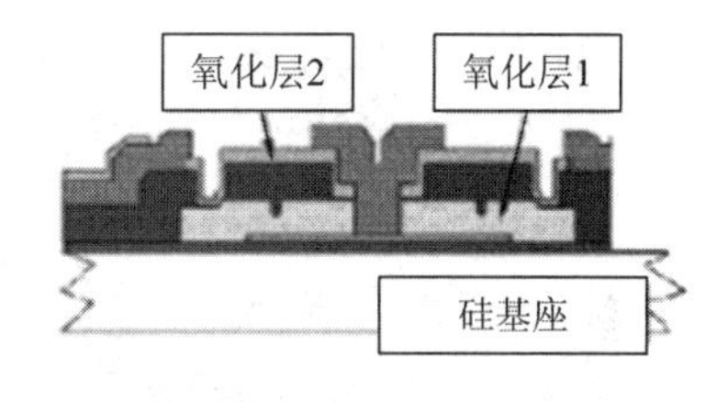

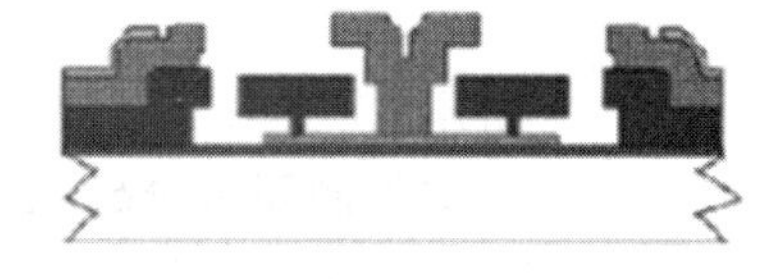

图 5－58　光开关截面结构图(Lucent 公司)

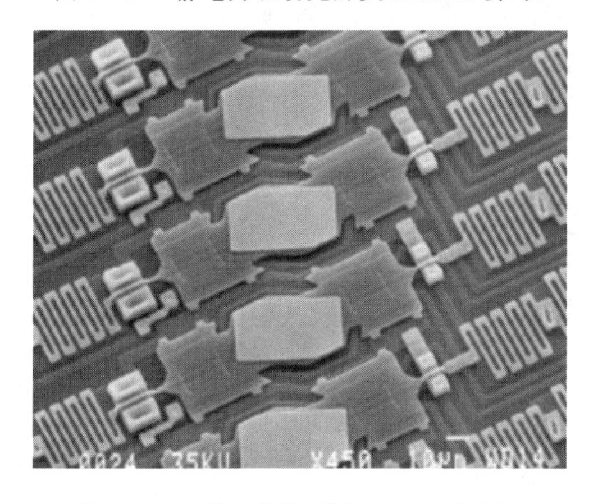

图 5－59　关开关阵列图(Lucent 公司)

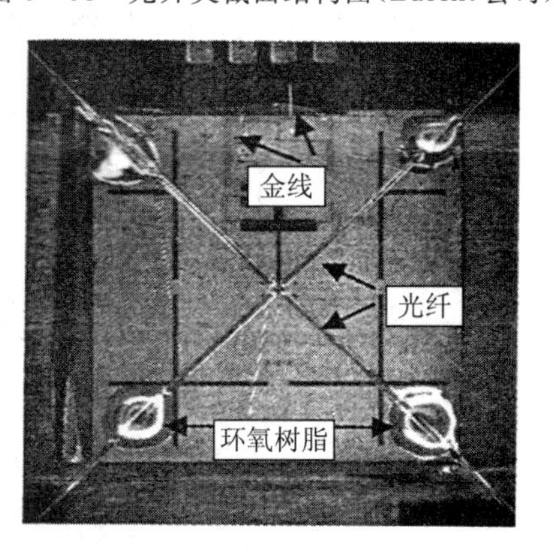

图 5－60　静电驱动微光开关(Ho Nam Kwon)

2. 三维 MEMS 光开关

二维光开关结构简单，但所需开关数量多，体积较大。三维 MEMS 光开关利用沿着两个轴向的镜面，将光信号从一个固定平面导入自由空间。三维结构通常使用两个镜面阵列，各自与一个输入或输出光纤阵列对准，这样，对于 N 个端口，需要使用 $2\times N$ 个镜面，大大少于二维结构。

如图 5-61 所示，三维 MEMS 光开关由三维微小镜面阵列组成，微反射镜能沿着两个方向的轴任意旋转，微反射镜和光纤不被束缚在平面位置，每根输入光纤有一个对应的输入微反射镜，每根输出光纤也都有一个对应的输出微反射镜。因此，$M\times N$ 阵列的三维 MEMS 光开关仅需 $M+N$ 个微反射镜。光束在三维空间传输时，输入光纤的光束由其对应的输入微反射镜反射到任意一个输出微反射镜，输出微反射镜可以将任意输入微反射镜的光束反射到其对应的输出光纤。

图 5-61　三维 MEMS 光开关

三维 MEMS 光开关结构使得由光程差所引起的插入损耗对光开关阵列的扩展影响不大，但对微反射镜位置控制要求较高，因此，三维 MEMS 光开关的反射镜结构和控制电路的设计变得较为复杂。为了提高开关性能，通常采取闭环控制方式，利用角度传感检测和反馈微反射镜位置，以提高开关瞬态性能，增大控制角度，提高位置稳定性。

如图 5-62 所示，三维 MEMS 的镜面能向任何方向偏转，这些阵列通常是成对出现

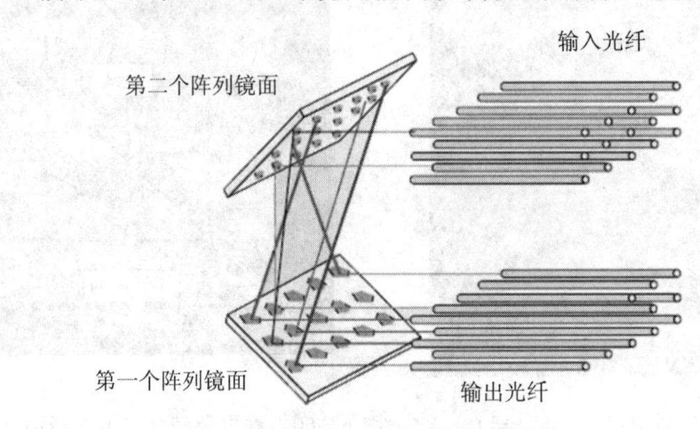

图 5-62　3D MEMS 光开关

的。输入光线到达第一个阵列镜面上被反射到第二个阵列的镜面上，然后光线被反射到输出端口。这种方案在节点数增加时较少受制于光的传播距离，因此可以把端口数作得很多，且插入损耗仍较低，均一性也很好。镜面的位置要控制得非常精确，达到百万分之一度。三维 MEMS 主要靠 2 个 N 微镜阵列完成两个光纤阵列的光波空间连接，每个微镜都有多个可能位置。由于 MEMS 光开关是靠镜面转动来实现交换的，因此任何机械摩擦、磨损或震动都可能损坏光开关。

图 5-63 所示三维 MEMS 光开关，采用中间反射表面来折射和缩短光路，从而实现三维光 MEMS 交换的实例。

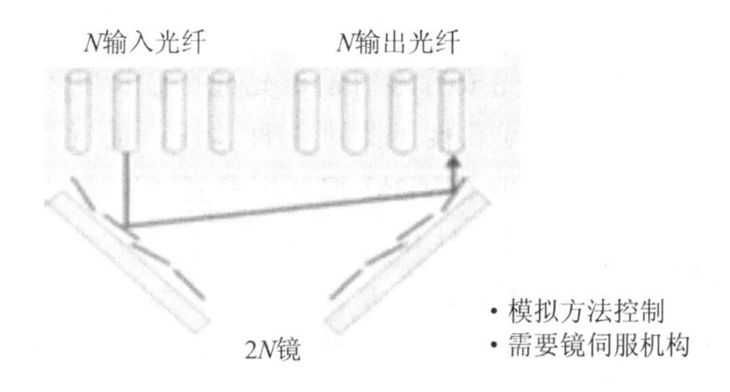

图 5-63　三维微反射光开关微结构示意图

如图 5-64 所示，镜面的驱动利用静电力来实现。镜面之下的电极与镜面本身形成一个电容器，在电极上施加一个电压，会产生一个将镜面拉向电极的静电力。随着镜面向电极翻转靠近，静电力增大，翻转镜面所需的电压变小，直到镜面碰触到硅片表面为止。

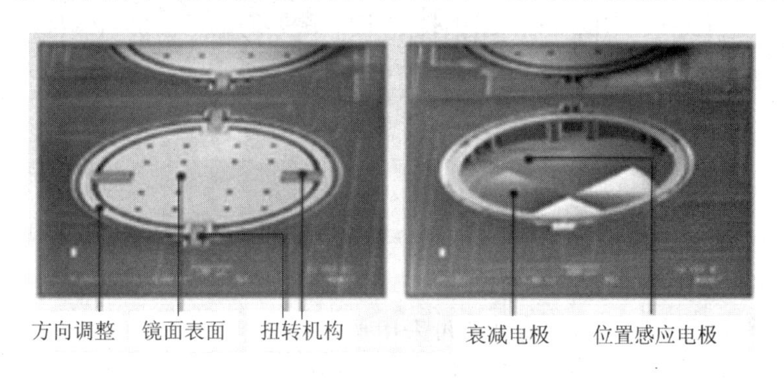

图 5-64　镜面下结构示意图(朗讯公司)

与二维 MEMS 光开关以及基于 OEO 的交换相比，三维 MEMS 光开关具有非常多的优越性。三维 MEMS 光开关的自由空间特性提供了与路径无关的损耗，确保了信号强度本身就是平衡的，而且三维 MEMS 阵列具有从 2×2 交换到 1024×1024 交换的可伸缩性。由于镜面倾斜程度可以控制，因而能够实现镜面与光纤的动态对准，从而降低了装配成本，并实现可变光放大器功能。二维 MEMS 镜面以数字方式工作，不具备三维 MEMS 镜面所具有的模拟倾斜精度。简而言之，三维 MEMS 适合于制作端口数目大小不等的交换器件和其他光学部件。

但是，为了充分利用三维 MEMS 光开关的优势，必须有个响应性好的闭环伺服控制来准确定位镜面，这恰好是难处所在，它在部分程度上妨碍了三维 MEMS 光开关技术的应用。在传统的三维 MEMS 技术中，位置控制需要光反馈。光反馈信号在受到冲激、振动以及其他短期不稳定性影响时无法修正。

3. 一维 MEMS 光开关

由于二维、三维 MEMS 光开关都是端口开关，完成对 DWDM 信号的波长交换必须先对输入光进行全部解复用，在交换完成后再对输出光进行波长复用，这就加大了端口管理的难度，并影响了器件的性能和可靠性。针对这种情况，最近有研究人员提出了一维 MEMS 光开关的概念，即将光交换与 DWDM 解复用和复用集成在一起，如图 5-65 所示。图中，在结构实现上采用透镜、分波元件和一维 MEMS 微镜的组合，输入光束在经过透镜的校准之后，由分波元件将波长分开，每个波长对应一个如图 5-66 所示的长方形微镜，并由此微镜将其导至所要输出的光纤，同时在此输出光纤内与其他导入波长一起完成复用并输出。一维 MEMS 光开关将光交换与 DWDM 的解复用和复用集成在一起，提高了器件的性能和可靠性，简化了端口管理，但制造工艺与控制方法复杂。

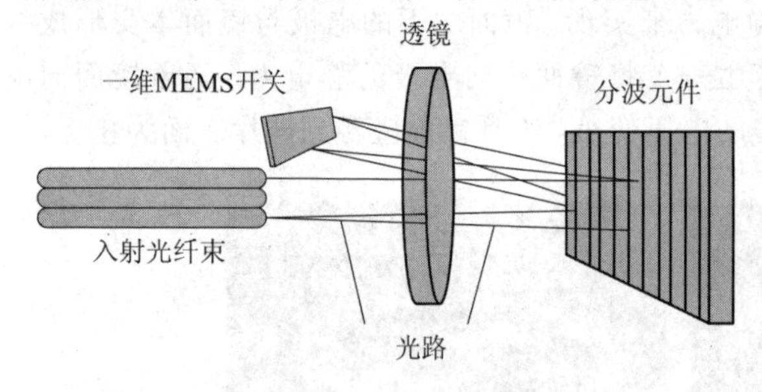

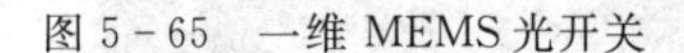
图 5-65　一维 MEMS 光开关

图 5-66　一维 MEMS 光开关微镜

4. MEMS 光开关驱动与控制方式

按能量供给方式分，MEMS 光开关可采用平行板电容静电驱动、梳状静电驱动、电致伸缩驱动、磁致伸缩驱动、形变记忆合金驱动、光功率驱动和热驱动等方式。不同的驱动方式对 MEMS 光开关的开关速度影响较大。形状记忆合金驱动或热驱动的光开关速度较慢，一般在毫秒(ms)量级，甚至更长；静电驱动方式则较快。当以微悬臂梁作为机械驱动部件时，在悬臂梁下加一个静电驱动电极，利用静电力，通过改变极板间电压(或在不同电极之间加相位差适当的脉冲)，就可驱动悬臂梁，实现微反射镜的移动功能。静电驱动具有功耗低、易制造、可重复、易屏蔽等优点。

MEMS 光开关根据路由信息的要求，通过控制光开关阵列中各微镜的升降、旋转或移动改变输入光的传播方向，实现光路的通、断。对于应用广泛的静电驱动、二维 MEMS 光开关，由于每个微反射镜只有 ON 和 OFF 两种状态，控制原理如图 5-67 所示。PC 机通过串口通信卡和串口通信线(如 RS232，RS485，CAN 等)将控制信息发送至微处理器；微处理器接收控制信息后，通过驱动电路实现电平转换，控制 MEMS 光开关阵列的微反射镜动作；MEMS 光开关阵列将自身的状态反馈给微处理器，并通过串口通信线上传至 PC 机。

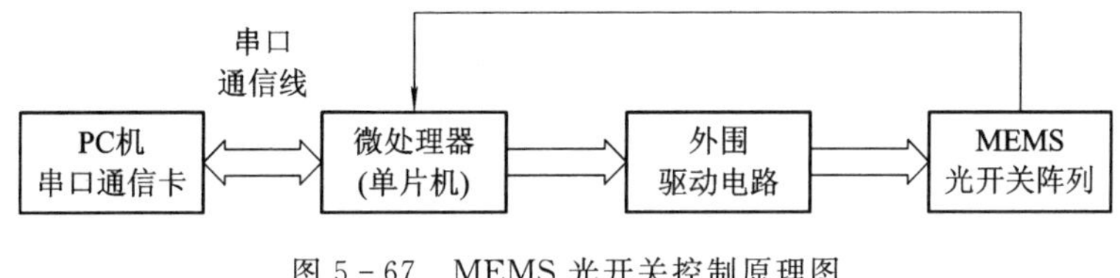

图 5-67　MEMS 光开关控制原理图

5.5　MEMS 技术在航空航天中的应用

航空航天领域，是 MEMS 技术大显身手的地方。针对 MEMS 特点及航空航天技术的要求，下面主要介绍微纳卫星、微型飞行器、微型机器人和美国航空航天局的一些工作。

5.5.1　微纳卫星

重量一直以来被视为是卫星、运载火箭的重要指标之一，从俄、美、法、日、中、英等国第一颗人造地球卫星重量为数千克乃至上百千克，到 2002 年欧洲航天局发射的重达 8000 kg 的“恩威萨特”号环境监测卫星，与重量逐步增加的是卫星性能的持续增强。

但是近些年来在卫星高性能、大体积、全功能的发展主流之外，卫星的超微化引起了人们的重视。微小卫星大致上是以重量分类的：纳星的重量在 1 kg～10 kg 之间；皮星的重量在 100 g～1 kg 之间；低于 100 g 的被称之为飞星。“麻雀虽小，五脏俱全”，卫星所具有的电池、轨道控制和定位系统、无线电通信系统等自身控制功能，超微卫星一应俱全，如果没有 MEMS 技术，这是难以实现的。

超微卫星因为重量轻，发射费用较之常规卫星呈数量级下降，卫星的制造成本也显著下降，以至于一些高校也有财力来制造卫星。在我国，哈工大和清华大学发射过纳星，浙江大学则发射过一颗皮星。而超微卫星最大的好处是可以像分布式计算机系统那样，将多颗卫星作分布式布局，这样不但可以提高可靠性，当其数量足够多时，性能还可以超过单颗常规卫星。可以通过适时发射，搭载新的应用超微卫星，升级超微卫星网络；而常规卫星发射后，很难增加新的应用。超微卫星还有一个优势是：一旦失效，在重返大气层时就会完全烧毁。

航天领域对器件的功能密度要求很高，因此，MEMS 的发展从一开始就受到航天部门的重视并得到应用，如微纳卫星。

美国于 1995 年提出了纳米卫星的概念，这种卫星比麻雀略大，各种部件全部用纳米材料制造，采用最先进的微机电一体化集成技术整合，具有可重组性和再生性，成本低，质量好，可靠性强。一枚小型火箭一次就可以发射数百颗纳米卫星。若在太阳同步轨道上等间隔地布置 648 颗功能不同的纳米卫星，就可以保证在任何时刻对地球上任何一点进行连续监视，即使少数卫星失灵，整个卫星网络的工作也不会受影响。

目前已发射的基于 MEMS 技术的微、纳卫星主要有：俄罗斯航天研究院 SPUTNIK－2、美国 Aeroastro 的 Bitsy、亚利桑那大学的 AUSat、斯坦福大学的 SQUIRT－2 和 PicoSat、英国 Surrey 大学的 SNAP－1、墨西哥 Anahuac 大学的 AniSat 等。2000 年，美国 DARPA 和 Aerospace 公司成功地发射了世界上第一颗微型卫星，重量仅 245 g，主要是试验 MEMS 的 RF 技术。

MEMS 卫星的组网与“虚拟卫星”是卫星技术发展的重要方向，是目前世界 MEMS 卫星的研究热点。由 DARPA、AFOSR 支持的著名的纳型卫星计划，旨在演示卫星组网与编队飞行技术，纳型卫星设计技术，立体成像控制与数据处理新技术，编队飞行的 RF 通信和通过 LEO 通信卫星的蜂窝电话通信技术，以及科学实验等。图 5－68 所示是 NASA 公布的卫星发展过程。NASA 在今后的工作中，针对卫星的设计将向超轻、智能、超低能耗、超小的方向发展。

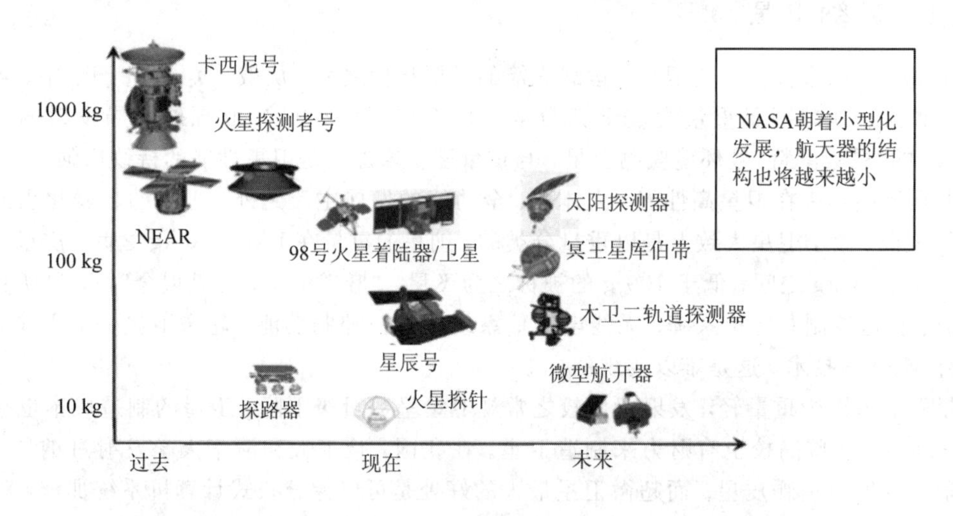

图 5－68 NASA 公布的微纳卫星发展过程(NASA)

星云状分布的超微卫星网络与无线传感器网络相差无几，其区别在于：一个天上，另一个地下；一个较贵，另一个较便宜。

5.5.2 太空望远镜调整系统

图 5-69 所示为 NASA 利用微驱动器修正太空望远镜波阵面。针对太空环境昼夜温差大的问题，NASA 利用 MEMS 技术，通过调节镜面下面的 PZT，改变薄膜的变形，修正反射波面，以达到提高反射精度的要求，如图 5-70 所示。图 5-70(a)所示为实物图；图(b)所示为 PZT 截面图。图 5-71(a)所示为驱动器阵列；图(b)所示为变形微镜面。图 5-72 所示为硅太空望远镜，在镜片联接处有微驱动器，可以进行调节。图 5-73 所示为镜片联接处的结构图，通过静电驱动器调节镜片的联接。图 5-74 所示为调节前、后的示意图。

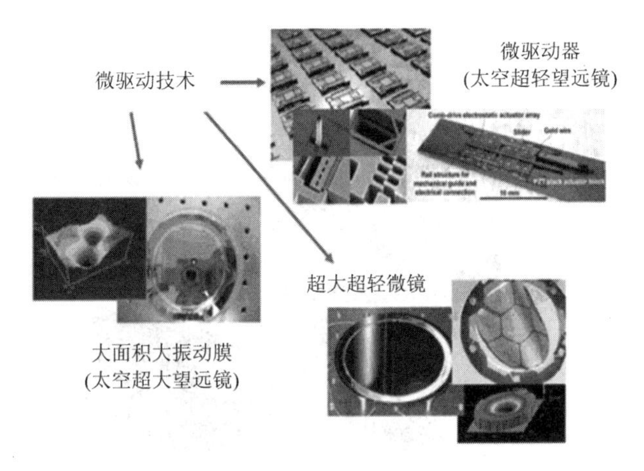

图 5-69 太空望远镜波阵面修正器(NASA)

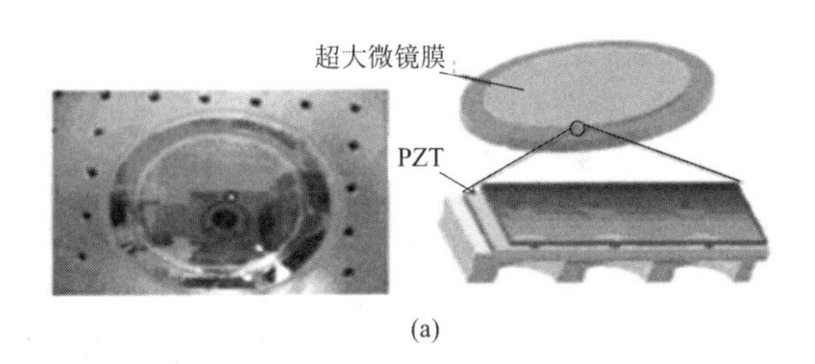

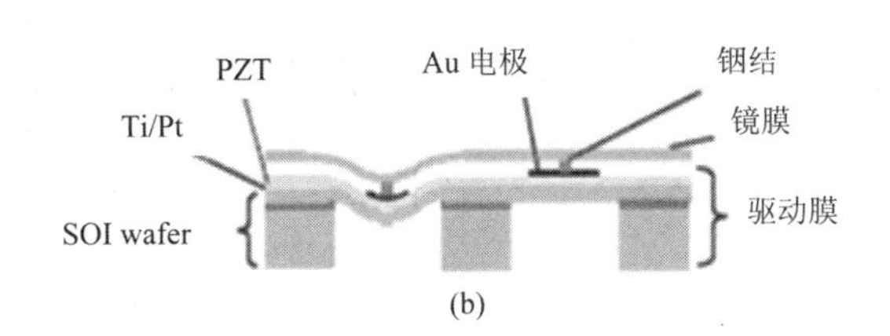

图 5-70 PZT 微驱动器(NASA)
(a) 实物图；(b) PZT 截面图

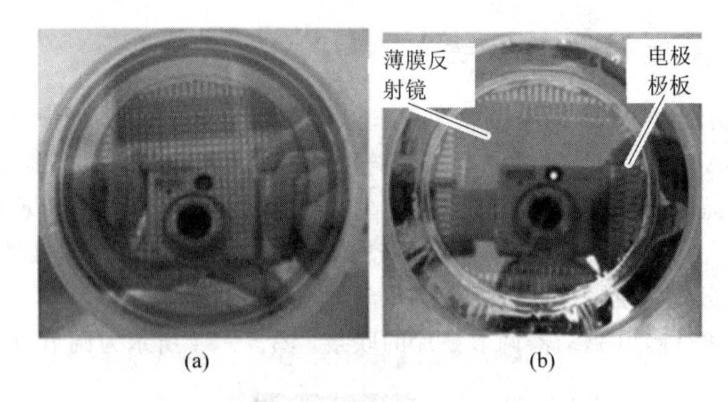

图 5-71　驱动阵列(NASA)
(a) 驱动器阵列；(b) 变形微镜面

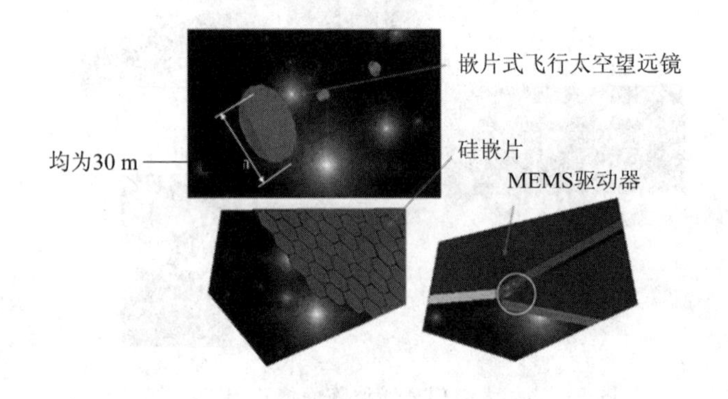

图 5-72　硅太空望远镜(NASA)

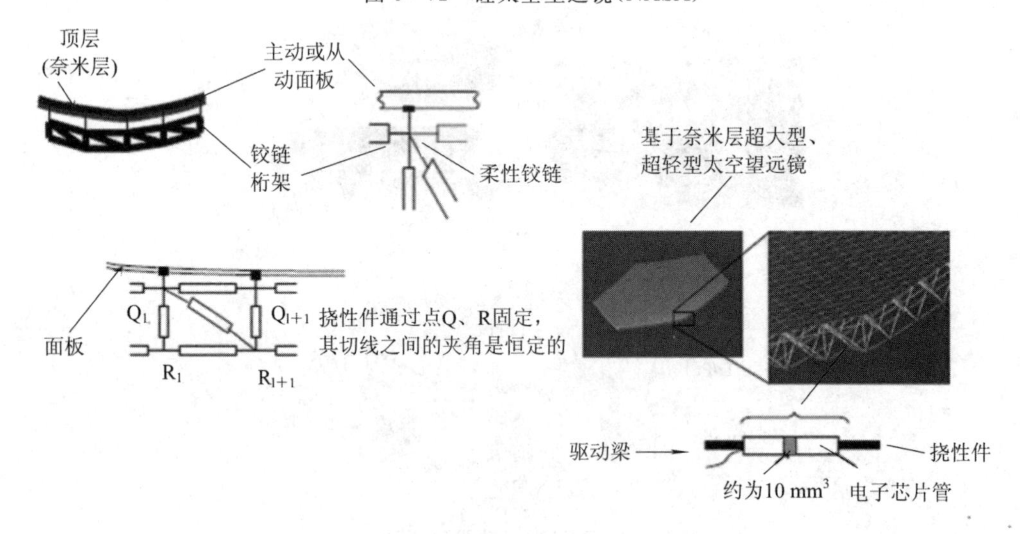

图 5-73　镜片联接处的结构图(NASA)

热测试方法:

- 最高温度为100°C;
- 最低温度为−55°C;
- 温度变化速率为5°C/min;
- 在进行热循环时,最高温度与最低温度处保持为15 min。

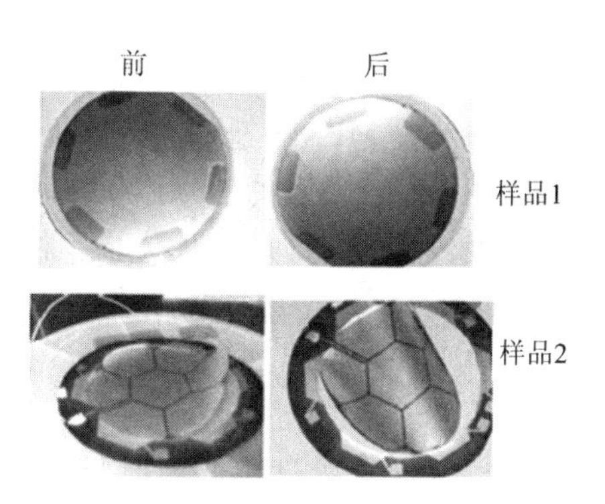

图 5-74 调节前、后的示意图(NASA)

5.6 MEMS 技术在手机中的应用

制造商正在不断完善手持式装置，提供体积更小而功能更多的产品。但矛盾之处在于，随着技术的改进，价格往往也会出现飙升，所以这就导致一个问题：制造商不得不面对相互矛盾的要求——在让产品功能超群的同时降低其成本。

解决这一难题的方法之一是采用 MEMS，它使得制造商能将一件产品的所有功能集成到单个芯片上。MEMS 对消费电子产品的终极影响不仅包括成本的降低，而且也包括在不牺牲性能的情况下使其尺寸和重量减小。事实上，大多数消费类电子产品所用 MEMS 元件的性能比已经出现的同类产品技术大有提高。

手持式设备制造商正在逐渐意识到 MEMS 的价值以及这种技术所带来的好处——大批量、低成本、小尺寸，而且成功的 MEMS 公司，其所实现的成本削减幅度之大，将影响整个消费类电子世界，而不仅仅是高端装置。MEMS 在整个 20 世纪 90 年代都由汽车工业主导，由于 iPhone 和 Wii 的出现，使全世界的工程师都看到运动传感器带来的创新，使 MEMS 在消费电子产业出现爆炸式的增长，成为改变终端产品用户体验以及实现产品差异化的核心要素。

国际金融危机对消费电子市场造成一定的影响，但单就 MEMS 加速传感器而言，其迅猛增长的趋势抵消了国际金融危机的负面影响。

以手机为例，继 iPhone 之后，包括索尼-爱立信、诺基亚在内的厂商纷纷在自己的新款产品中配置 MEMS 芯片，所以即使单一品牌出货量同比下降，MEMS 的销售仍然由于使用其产品数量的大幅增加而将持续增长。

MEMS 加速度传感器之前在手机和游戏机领域的发展造就了一个通过重力控制的应

用潮流，这些应用主要集中在游戏领域。MEMS芯片在其他应用中的表现还比较有限，典型应用如旋转照片或切换手机墙纸等，不足以吸引大多数尤其是追求性价比或不玩游戏的消费者在手机上为配置MEMS造成的价格提升而买单。

电子产品对用户影响最大的地方体现在手机之类产品的基本操控和应用程序操作上，这也应当是加速度传感器软件的发展方向。相信在不久之后，将有更多借助于MEMS在这方面实现新功能的应用成为亮点。例如在一些公司在开发计划中，将借助传感器让用户的动作对整个手机UI(用户界面)和主要应用程序进行操控，并把它叫做基于MEMS的"用户动作操控"。

据iSuppli公司称，手机目前是MEMS最具活力的市场，需求增长速度大大高于IT外设和汽车产品。

2012年，用于手机的MEMS全球出货额增至8.669亿美元，几乎是2007年3.048亿美元的三倍。MEMS在手机中的新应用，是推动该市场增长的主要动力。图5-75所示是2006—2012年全球手机MEMS传感器市场(单位是百万美元)。

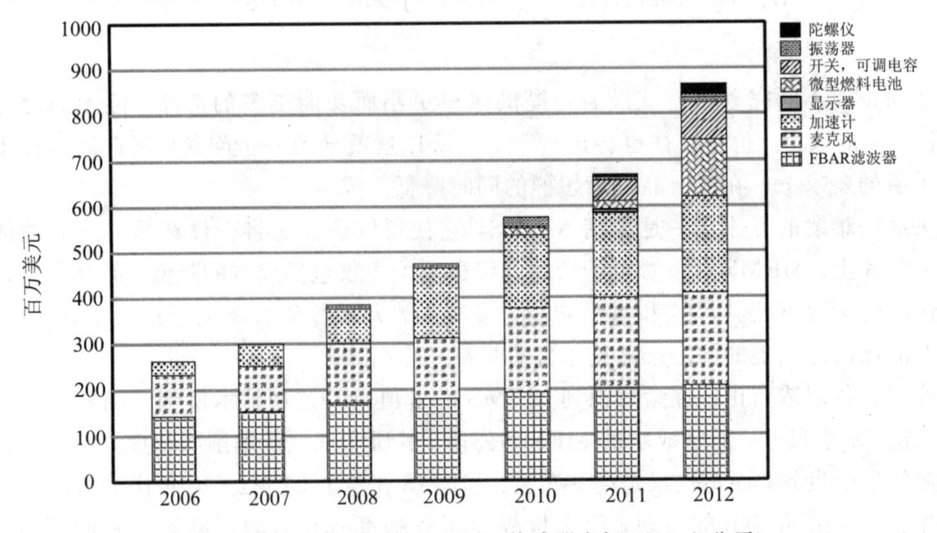

图5-75　全球手机MEMS传感器市场(iSuppli公司)

5.6.1　手机加速度计

2006年，手机中能够看到的MEMS，是由安华高科技和英飞凌商业化的薄膜体声波谐振器(FBAR)信号滤波器，以及由Knowles Electronics Inc.销售的麦克风，而用于检测运动的MEMS加速计在手机市场中的出货量则微乎其微。

苹果公司已经开始革命性创举，在iPhone手机中配备了加速度计，其示意图如图5-76所示。当用户改变设备的朝向时，该器件可以自动旋转图像，可以使显示器从纵向显示自动变成横向显示。现在苹果有大量创新的应用软件用到iPhone的加速度计，包括游戏、健康护理、体育训练以及大量开发人员殚精竭虑想出的无数其他应用。

从 2010 年开始，手机开始采用陀螺仪用于图像稳定、游戏和惯性导航。未来手机可能采用 MEMS 压力传感器检测高度。美国正在酝酿一项规定，要求全部手机装备压力传感器，以便于应急服务机构在收到高楼中的用户呼叫时提供救助。

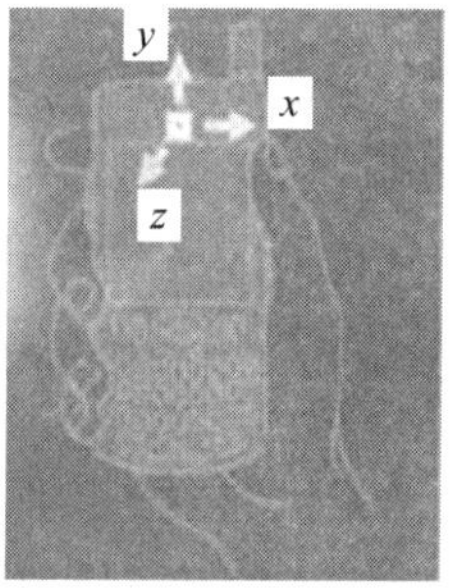

加速度计响应用户运动的能力可以将以前平淡无奇的操作(如手工滚动)转换成类似游戏中的体验(如通过倾斜实现滚动)，从而充分激发用户对移动手机的使用激情。

图 5-76 MEMS 加速计内置手机

加速度器加上 GPS，再配合地磁传感器，可以组成一套移动定位服务的硬件平台，如图 5-77 所示。移动定位服务将是未来移动通信增值服务中最具潜力的服务之一。

图 5-77 加速度传感器组合新应用

5.6.2 MEMS 麦克风

在忠心耿耿地为电子产业服务近 50 年之后，传统的驻极体电容麦克风开始给 MEMS 麦克风让出一些市场。MEMS 麦克风 2003 年开始在市场中出现，到 2012 年 MEMS 麦克风的营业额达到 2.115 亿美元，开始主宰手机市场。

与 ECM 的聚合材料振动膜相比，MEMS 麦克风在不同温度下的性能都十分稳定，不会受温度、振动、湿度和时间的影响。由于耐热性强，MEMS 麦克风可承受 260℃ 的高温回流焊，而性能不会有任何变化；其组装前、后敏感性变化很小，甚至可以节省制造过程中的音频调试成本。MEMS 麦克风外形较小，具备更强的耐热、抗振和防射频干扰性能。由于强大的耐热性能，MEMS 麦克风采用全自动表面贴装(SMT)生产工艺，而大多数驻极体麦克风则需手工焊接。这不仅能简化生产流程，降低生产成本，而且能够提供更高的设计自由度和系统成本优势。

与驻极体电容麦克风相比，MEMS 麦克风具有如下优势：可以利用表面贴装工艺生产；可以耐受较高的回流焊接温度；容易与 CMOS 工艺和其他音频电子集成；噪声消除性能得到改进；不受电磁干扰(EMI)影响。

MEMS 麦克风已经在手机市场取得一些成功。iSuppli 公司的手机拆机分析结果显示，MEMS 麦克风在摩托罗拉和 LG 手机中的份额强劲增长，诺基亚、索爱和 HTC 也开始采用 MEMS 麦克风。MEMS 麦克风进入笔记本电脑和蓝牙耳机，预计在未来将进入更多的类似数码相机和摄像机便携产品。

手机中的其他 MEMS 应用包括 MEMS 振荡器，如 Toyocom 公司的 Q-MEMS；高通的 MEMS iMoD 显示器；RFMD、Epcos 或 Wispry 公司的 RF MEMS 开关。

英飞凌麦克风 SMM310 内含两块芯片：MEMS 芯片和 ASIC 芯片，两块芯片被封装在一个表面贴装器件中。MEMS 芯片包括一个刚性穿孔背电极和一片弹性硅膜；ASIC 芯片采用标准的 IC 技术。MEMS 芯片用作电容，将声压转换为电容变化；ASIC 芯片用于检测 MEMS 电容变化，并将其转换为电信号，传递给相关处理器件，如基带处理器或放大器等。因此，这种双芯片式方法能够快速向 ASIC 增添额外功能。这种功能既可以是额外构件，如音频信号处理、RF 屏蔽，也可以是任何可以集成在标准 IC 上的功能。

5.6.3　远程信息处理

远程信息处理是计算机技术与通信技术的结合，它正被应用于包括汽车工业在内的几个快速成长的市场。远程信息处理支持远程诊断、按需导航、紧急救助、超速或被盗车辆追踪，以及智能运输系统。

随着汽车远程信息处理设备变得更为普遍，设计人员面临着与任何通信发展演进过程中相同的问题：要在增加功能的同时降低成本。尽管远程信息处理可以借助于无线电话和无线局域网(WLAN)经验，但该技术有着针对无线手机和 WLAN 适配器设计的先进集成电路(IC)无法轻易满足的特殊需求。

RF MEMS 开关具有高功率、宽频带、低损耗、低供电电压等优点，在远程信息处理系统中起着重要作用。RF MEMS 开关完成无线电发射和接收电路之间天线的连接，例如 ANADIGICS 的 AWS5532 RF MEMS 开关 IC，更适用于远程信息处理应用，它简化了外部电路设计并改善了性能。

5.6.4　多频段手机

目前，市场上大部分手机均在天线与手机芯片组的面接处采用发送/接收(T/R)开关，即一种频带开关和/或双工器，如图 5-78 所示。使用一只 T/R 开关还是使用 T/R 开关的组合要取决于运营商所采用的频带数量。这种开关中的每一类型均满足一个或另一个标准的严格的性能范围，例如 T/R 开关采用本质上是半双工的时分族标准(TDMA & GSM)。

码分族标准适合全双工使用频带，因此采用了一种双信道或多信道双工器。多频带手机可以组合使用这三种类型的T/R 开关器件，确保全球范围的电话业务运行。

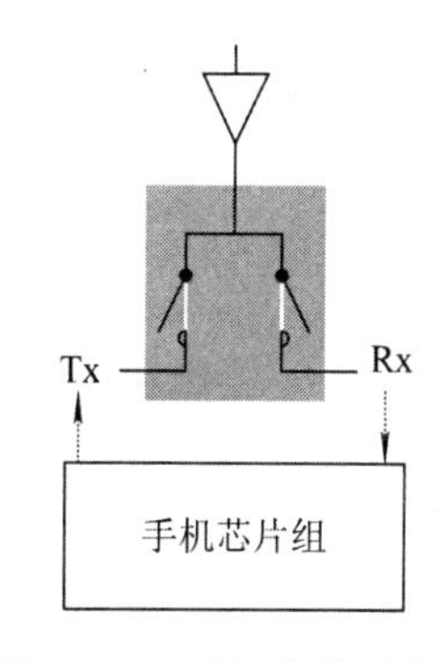

图 5-78　手机块状示意图

典型的天线开关，必须传输高达 5 GHz 的频率，并且支持绝缘体上硅(SOI)器件、复合半导体，如砷化镓(GaAs)或PIN 二极管。这类开关所耗功率极低(15 mW)，隔离度优良(根据封装，达 35 dB)，插耗低(0.8 dB)。GaAs 和 PIN 二极管方案由于功率处理和具有的灵活性等长期以来一直受到青睐。SOI 则为新技术进入这块竞争激烈的市场提供了切入点，但如果不采用新的设计技术，SOI 超越 4 GHz 的标尺还是很困难的。

对于 T/R 切换的一种替代方案是 RF MEMS 开关。这种开关功耗小、插耗低、隔离度高，且线性特性优异，过去由于空间和功率节省的好处非常突出，T/R 开关曾是 RF MEMS 研制厂商的开发重点。加之 RF MEMS 开关的推广速度缓慢和 T/R 开关具有价格竞争力的优势，使得 RF MEMS 的价格不为市场所接受。目前，新的切换应用已经出现，对于手机兼容性的需求已经迫使手机厂商实施三频带、四频带及多模方案。在多种不同的无线频带之间切换使开发一种单个容纳所有频带的世界性手机的可能性更加复杂。图 5-79 所示为适用于各类手机标准的一种多频带开关。RF MEMS 可以为现有的固态开关提供一种潜在的替代方案。

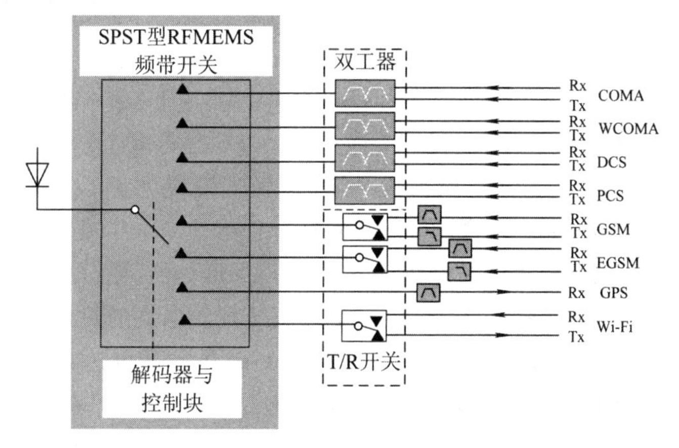

图 5-79　适用于各类手机标准的一种多频带开关

一般的 RF MEMS 器件是采用电磁或静电中的一种机械方式驱动的。静电驱动可能是机械切换最简单的方法，但它需要较高的电压产生力来驱动悬壁梁，这种方法要生成一个充电场(很像一个电容)使悬壁梁偏转。问题是 MEMS 开关需要更大的电压来生成所需要的电场，然而驱动电压已经从 100 V 降至 50 V 以下。此外，由于电子迁移产生的功率生成热量的原因，有些结构(根据设计)不能应对 500 mA 以上的大电流，因此，驱动电压不得不受制于电流(DC)，以避免对驱动机构造成破坏。

手机没有这类电压，因此 MEMS 开发商必须要提供一种折中措施，使 RF MEMS 开关能以低得多的电压来工作，可以采用 DC - DC 电压变换来解决这个问题。通过更高程度集成，电压变换器和逻辑控制器可以与高电压 RF MEMS 器件集成在一起生成一个低电压方案，如图 5 - 80 所示。CMOS 制造与 MEMS 结合在一起是可以实现的，但 MEMS 的驱动机构需要良好的触点材料，如金或金合金。金一般是作为芯片连接材料沉积在芯片的表面，但是将金植入于半导体层之间是复杂的，必须对一般的制造工艺流程加以修改。金工艺的障碍和用于电压变换电路的高压晶体管的可用性使集成 RF MEMS 开关变得复杂。

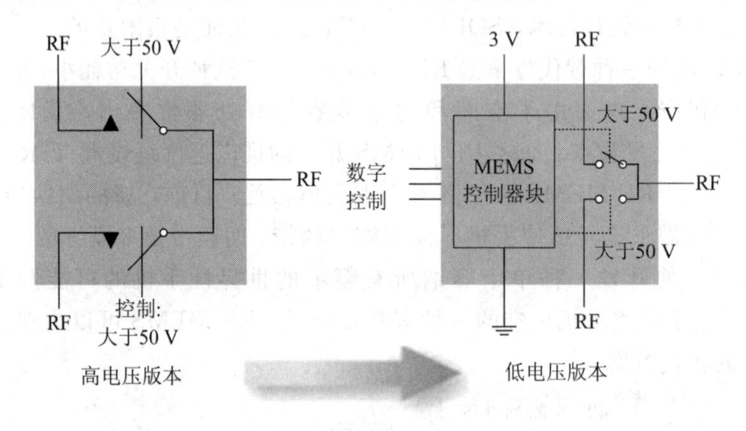

图 5 - 80　高电压型 RF MEMS 开关变换成低电压器件

单片微波集成电路(MMIC)和多芯片组件(MCM)均是将多个芯片集成于一个封装内，紧挨着 RF MEMS 开关进行的电压变换对单片微波集成电路(MMIC)和多芯片组件(MCM)是有影响的。从根本上来说，目标是实现一种单片即全集成的开关方案。

一般的 T/R 开关在其使用寿命期内，切换循环数预计约为数亿次，切换循环可以持续 2—4 年。但这种寿命循环可能会因在低电压下低电流到大电流的热切换而有变化。在使用寿命终止之前，RF MEMS 开关的动作在无负载和目前条件下可达数百亿次；但在热切换时，寿命循环可降到几亿次。这使 RF MEMS 开关已经可以用于 T/R 开关的应用。

此外，GSM/GPRS 手机内的 T/R 切换速度要求在数十纳秒之内进行利于收、发的无缝转换，在交谈和接听时，手机用户一般注意不到通话质量的差别。而 RF MEMS 器件的切换速度在数十微秒之内，这对于 T/R 开关应用来说太慢了。另一方面，作为一种频带开关，RF MEMS 器件具有切换速度和热切换寿命的双重优势，这使得它适合于这种(频带切换)应用。频带开关速度不需要比 T/R 开关快许多倍，一旦选择了一种频带，这种开关将与相应的“掷”(也就是“位”)保持连接直至探测到另一个频带或需要另一个频带。在典型的多频带应用中，频带开关、双工器和/或 T/R 开关一起使用。

频带开关起着路由器的作用，它让其他元件执行所需要的滤波和频带传输功能。由于频带开关是信号通路内的一个附加的元件，因此它必须对每个频带的整体性能几乎没有影响，因为 RF MEMS 开关功耗低、尺寸小、插耗低、隔离度高，所以它成为理想的选择方案。

手机的发展要求在以低插入损耗进行多频带和多模频带切换的同时，仍保持优良的线性特性，这推动了 RF MEMS 开关的应用和发展。随着新的复杂波形如 WiMAX 添加到混合信号上，多频带的切换问题变得更加突出。

目前，Peregrine Semiconductor 公司可提供一种面向 100 MHz～3000 MHz 应用的 SP6T(单刀、六掷)RF 开关，这超过了 GSM(全球通)和 WCDMA(宽带码分多址)系统中的蜂窝电话所需满足的严格性能标准。这款单片式器件(PE42660)应用于四频段 GSM 手机的天线模块子系统，采用 Peregrine 公司专有的混合信号 RF UltraCMOS 工艺，在所有端口上都实现了低电压 CMOS 逻辑控制与高电平 ESD 容限的组合。此外，该器件还集成了一个 SAW 滤波器和过压保护电路。Peregrine 公司的高管称，作为 SOI(绝缘体上硅)技术的一个变种，此项工艺的成本低于 GaAs(砷化镓)、SiGe(锗化硅)和其他的 CMOS 工艺，而且性能也更加优越。

SP6T(单刀、六掷)RF 开关的二次和三次谐波失真分别为－88 dBc 和－85 dBc，发送器通路插入损耗低于 0.55dB/900 MHz 和 0.65 dB/1900 MHz。在这些频率条件下，发送器和接收器间的隔离度指标分别优于 48 dB 和 40 dB。2.75 V 器件的开关时间小于 2 ms，典型和最大工作电流分别为 13 mA 和 20 mA。对于售价为 60 美分(批量购买 10 000 片时)的 50 Ω 器件，所有端口上提供的 ESD 保护为 1500 V(按照人体模型)。

在全球大规模兴建的 3 G 网络可提供包括数据和点播视频在内的多种业务，网络的发展对手机设计师提出了新的挑战。无线技术的发展已经使得手机可以使用七种不同的无线标准(频带)，包括 DCS、PCS、GSM、EGSM、CDMA、WCDMA、GPS 和 WiFi。每种标准自身均具有独特的特性和限制，并因此产生了自身特有的问题。RF MEMS 可以帮助工程师设计出既满足集成多频带的需要同时又保持长电池寿命的手机，此外还可以在不断减小手机体积和增加新性能的同时保持廉价。在手机中约有 100 个元件，其中 75%是“无源”元件，如电感或可变电容。MEMS 技术可以使这类元件集成，那么手机体积变得更小，而功效更高。

5.6.5　微型投影技术

随着手机中相机模块的成熟与廉价，拍照功能已经成为手机的标准配置。但如何将手机拍下的相片和视频放大显示，并实时与朋友分享就成为人们新的需求。

面对这一需求，微型投影技术正在快速崛起，成为业界发展的新热点。与手机的普通平板显示相比，微型投影器件无需特定的显示屏幕，而只靠白色的墙壁、会议室的白板便能以小巧的身躯提供几十倍尺寸大小、更高分辨率、动态响应更好的数字图像，成为手机最佳的辅助显示嵌入式解决方案，如图 5 - 81 所示。

图 5 - 81　手机投影

MEMS 激光微型扫描投影技术由 Microvision 公司主导，以红、绿、蓝三色激光光源的色彩分时为色彩组合机制，通过动态调制 MEMS 微镜面反射色彩分时光源实现空间扫描，配合同步调制红、绿、蓝光源亮度来实现动态色彩灰度画面，其拥有投影光机系统简单和光损失率低等突出优点，而较为明显的问题来源于激光光源自身功耗、光斑以及较为明显的扫描影像缺陷等问题仍待进一步改进。在天津国际手机展览会上，大陆厂商盛泰科技展出了全球第一台可量产的内建投影机手机，该手机采用了奇景光电(Himax)与 3M 公司合作的 LCOS 移动投影技术，如图 5 - 82 所示。

图 5 - 82　盛泰科技生产的投影手机

手机大厂三星则规划推出内建投影机的手机，如图 5 - 83 所示，采用的技术来自于德州仪器推广的 DLP 技术，其中的光机引擎则由台湾的扬明光所提供。

图 5 - 83　三星生产的投影手机

集成投影模块的手机其成本的增加不会高于 150 美元，而 PC 和游戏机所用的投影配件的价格大约在 200 美元左右。索尼爱立信公司的一份专利资料中显示，其已经拥有足够的技巧和实力在手机产品中配置 Pico 投影元件，资料显示了投影元件处理，并展示画面的原理和设计，以及其如何调节投影画面的色彩、亮度以及聚焦等，从而获得清晰、出色的效果。

5.6.6 手机陀螺仪

陀螺仪因为能够探测方位、水平、位置、速度和加速度等的变化，因而广泛应用于航空、航天、航海、兵器(如导弹的惯性制导)等军事领域。陀螺仪也历经了从三轴高速旋转的机电式陀螺仪到激光、光纤等固态陀螺仪的发展，直到 MEMS 陀螺仪的兴起，陀螺仪才放下了高贵的身段，从高端的军事应用走入大众化的消费电子产品市场。

陀螺仪的道理并不新鲜，它与以前最流行的玩具之一——陀螺一样，旋转越快越稳定。但它却足够神奇。当赛格威(Segway)电动车问世时，人们对于站在两轮同轴的电动自行车上的骑行者高超的平衡技巧惊叹不已，而真正的幕后功臣则是陀螺仪。之后，陀螺仪又出现在孩子们的玩具中，2006 年 11 月，任天堂推出了 Wii 游戏机，给人带来较为真实的乒乓球等运动游戏。由于 Wii 可以通过互联网来进行比赛，因而称之为物联网设备也不算牵强。

从技术上说，应该是 MEMS 成就了任天堂。如果没有应用 MEMS 技术制造的陀螺仪，那么，手持式游戏控制器的狭小空间是难以容纳陀螺仪的。退一步说，即便是陀螺仪能够放进去，原来的乒乓球游戏也就变成了健身游戏，因为陀螺仪的重量足以让游戏控制器变成哑铃。

历经了首款 iPhone 问世时的惊艳，以及后续升级换代的改善后，审美疲劳应该是乔布斯面临的最大挑战。苹果在刚刚发布的 iPhone 4 中依葫芦画瓢，把 MEMS 陀螺仪嵌到手机中。但是与任天堂 Wii 的控制器与显示器相互独立不同，iPhone 4 集控制器与显示器于一身，在玩运动游戏时，手眼很难兼顾，除非 iPhone 4 利用无线去连接外部显示器。有报道说，由于 GPS 进入隧道后会因为电磁波被屏蔽而失去作用，这时 iPhone 中的陀螺仪就能大显身手了。当然，这个卖点的充要条件必须是，隧道中遍布岔路口；否则，一旦进入隧道，不管你愿意不愿意，有没有 GPS 或者 iPhone，都得硬着头皮走到底。

最近，iFixit 网站在暴力拆解 iPhone4 时发现，iPhone 4 使用的是意法半导体公司生产的 MEMS 陀螺仪芯片——AGD1 2022 FP6AQ。但在意法半导体网站查不到这款芯片，最终在 iFixit 为该芯片做了一个全身 X 射线透视后，“潜伏”很深的 3 轴 MEMS 陀螺仪终于暴露了。

图 5-84 所示为苹果发布会。乔布斯先生向世界展示手机界革命性的更新成果——iphone4。当展示到第四个全新特征时出现了一个 Gyroscope，从图片显而易见，其实所谓

的陀螺仪，就是让 iphone4 中有一个可以感受手机三维自身变化的感应装置。下面便是装配了 3D－gyroscope 的 iphone4 可以做到的一些新的更多的人机交流，可以倾斜，可以转动，还可以侧滑，在平行于重力的系统中旋转等更多的功能，当时的 Demo 还只是一个很简单的游戏——搭积木。

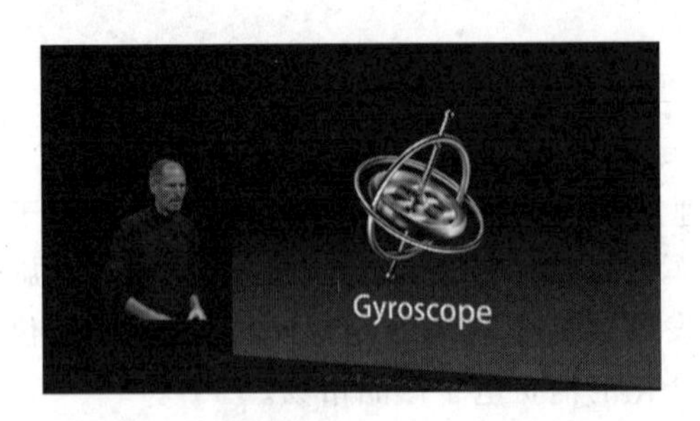

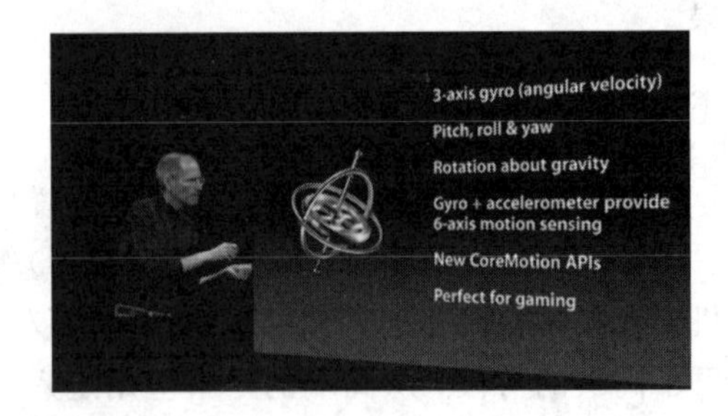

图 5－84　苹果发布会

随着 iphone4 的发布，很多 Android 手机中也加入了 Gyroscope，可以说如今的 Smartphone 市场能有这么火爆，和 3D 的陀螺仪有不可分割的关系。像赛车类游戏和教学类的 3D 星空等，在没有陀螺仪的时候是完全不能想象的。

5.6.7　MEMS 在手机中的前景

智能手机应用软件日益庞大的生态系统在很大程度上要归功于 MEMS 传感器。事实上，由于智能手机永远在线的互联网访问和传感器技术的不断发展，智能手机正在快速变成地球上最大的无线传感器网络。移动手机中的 MEMS 传感器，不仅能让用户对应用软件着迷，而且今后还能用来监视星球脉冲信号。“由于移动手机中使用了 MEMS 传感器，使得我们如今能以更加高效的方式与世界发生交互，而不仅只是让人感到惊叹。”MEMS Industry Group(MIG)公司管理总监 Karen Lightman 表示，“在整个世界范围内，MEMS 传感器正在不断提高使用这些传感器的人们的生活质量。”

尽管 2009 年全球经历了空前的经济危机，但是 MEMS 市场并没有因此受到影响，市场总值几乎与 2008 持平，出货量比 2008 年同期增长大约 10%。这些数据表明，MEMS 在消费电子市场的渗透率正在不断提高。

展望未来，全球 MEMS 加速器市场将在计算机产品、手机与消费性电子产品渗透率提高的情况下会出现强劲成长。据著名市场研究顾问机构 Yole Development 的最新预测，MEMS 陀螺仪、加速度计和 IMU 的销售额在 2013 年将达到 45 亿美元的规模，在消费类应用市场的年增长率达到了 27%，而中国未来将是其产业链的中心和全球最大的市场，随着中国 3G 的发展，MEMS 技术在手机中的应用潜力不可限量。

5.7　MEMS 技术在家用电器中的应用

因为技术和经济的原因，MEMS 传感器曾经被局限在汽车市场和工业应用领域。今天，随着 MEMS 传感器外形越来越小，价格越来越低，能效越来越高，设计和应用空间不断扩大，使它在消费类应用市场的普及率正在不断提高。

手提电脑、手机、便携媒体播放器和移动终端设备内的硬盘驱动器坠落保护功能，是 MEMS 运动传感器在消费电子市场的具有重要历史意义的代表性应用之一。

在手提电脑内的三轴加速计可以监测加速度，因为具有特定的功能和数据处理电路，它能够检测到硬盘驱动器的意外摔落事故，并及时命令读/写头缩回到安全位置，以防电脑最终摔落在地板上时损坏读写头。

如图 5 - 85 所示，MEMS 加速计与陀螺仪配合使用，构成智能遥控器，能够在空中操作的三维鼠标和遥控可把更先进的选择功能变为现实。

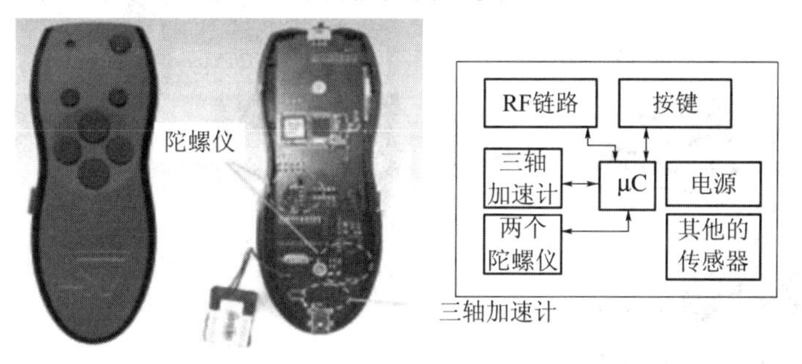

图 5 - 85　智能遥控器

惯导技术在消费电子中的比例大幅度提高，预计今后几年的年增长率要超过 100%，目前，市场上被运用最多的还是单轴或双轴陀螺仪，例如 ADI 公司生产的微振动陀螺仪，NEC、松下生产的压电式陀螺等都是单轴陀螺仪，意法半导体生产了各个量程的单轴双轴陀螺仪，Invensense 生产的双轴陀螺仪每个价格低于 10 美元。陀螺仪被用于数码摄像机以稳定图像，用双轴动态传感器去除震动和晃动，其成为了松下的各种顶级摄像机的特点之一，也被应用于高端笔记本电脑的防衰落系统上。但是对于手机行业，陀螺仪的价格还是太贵了，它们可以接受的报价在 5 美元以内，这个价格才可以使得微陀螺仪代替加速度计更多地进入手机图片旋转、GPS 导航以及硬盘保护的应用，当然分辨率要求也较低，为 5°/s～10°/s(在汽车中 0.1°/s～1°/s)。

2009 年 5 月 27 日，Invensense 公司发布了针对游戏和三维遥控器市场的第一个六轴运动处理方案，其集成了由一个单轴陀螺仪、一个双轴陀螺仪和一个三轴加速度计组成的惯性测量单元，动态响应范围可以达到 2000°/s，成为世界上第一个基于 MEMS 的六轴运动处理方案，为消费电子市场提供了最小、最可靠的惯性测量元件，将被应用在游戏控制器和三维音频视频遥控器中，更好地代替现在普遍使用的三轴加速度计，提供更高精度的三维运动跟踪。挪威 Sensonor 公司连续推出了几款高精度、超高精度的蝴蝶形振动微陀螺，其中 STIM202 零偏稳定性理论上的值为 0.5°/h。上海深迪半导体有限公司作为我国首家设计生产商用陀螺仪系列惯性传感器的 MEMS 芯片的公司，成功推出了 MEMS 陀螺仪 SSZ030CG，其外形尺寸 5.0 mm×8 mm×1.8 mm，可运用在手机、摄像机和空中鼠标等消费电子领域。

图 5-86 所示为喷墨打印头，利用热控制技术，实现墨滴的喷射。

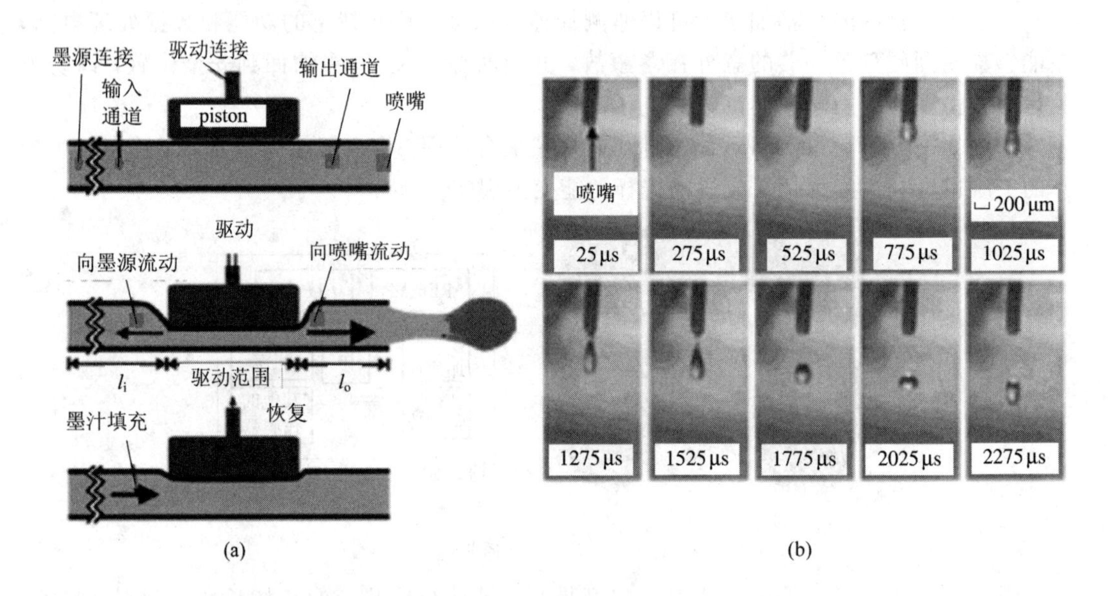

图 5-86　喷墨打印头

健身和健康监测是 MEMS 传感器的另一类具有代表性的应用。计步表或计步器是利用三轴 MEMS 传感器实现健身和健康监测功能的代表性应用，在特定的情况下，计步器的传感器能够精确地测定在步行和跑步过程中作用在系统上的加速度，通过处理加速度数据，计步器显示用户走过的步数和速度，以及在身体运动过程中所消耗掉的热量。图 5-87 所示为意(大利)法(国)半导体公司研制的计步器内的线加速度计；图 5-88 所示为基于 MEMS 的计步器。

计步器通常被嵌入在手机和便携媒体播放器(MP3 或 MP4)内，对于这些设备，可以设定在固定时间内要达到的步数目标，并能测量完成这个目标所消耗的热量。虚拟健身房的会员之间还可以在网上分享这些信息，并开展以促进体育活动和健身运动为目标的虚拟比赛。

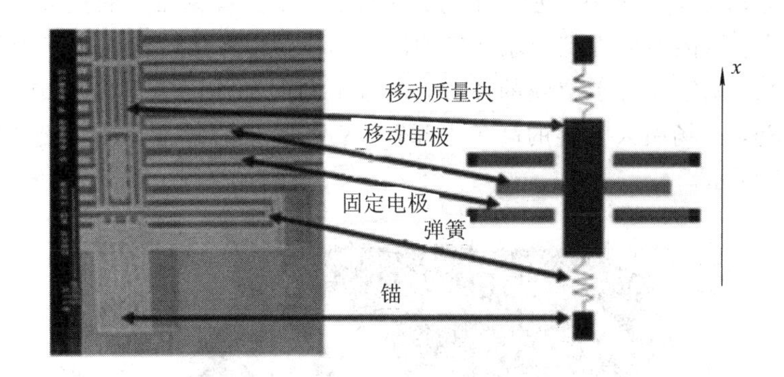

图 5-87　基于 MEMS 的线性加速计(意法半导体公司)

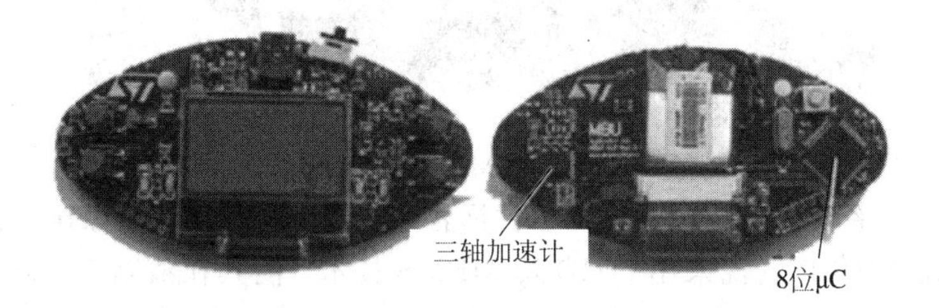

图 5-88　基于 MEMS 的计步器(意法半导体公司)

计步器也是便携式导航仪中的一个重要模块。便携式导航仪能够确定使用者的位置，提供引路功能，查找公共服务地点，接收地区广告。在特殊情况下，例如在市区，因为地下通道、立交桥、高楼、室内的阻挡，GPS 信号会变弱，这时 MEMS 运动传感器的信号就可以暂时替代 GPS 模块，起到辅助导航定位的作用。

计步器可以用于设计一种老人急救设备。当老人意外摔倒时，这个设备可以检测到摔倒动作，自动发出一个报警信号，请求紧急救援。通过 MEMS 传感器和 GPS 模块，可以估算到需要救助的受伤老人所在位置，并在网络上传送位置信息。在不久的将来，这些仪器商用化后，将会给不断增长的老龄化人群提供一个更安全的生活环境。

如今，能够检测运动、方向和手势的 MEMS 传感器正推动运动传感技术向手机、游戏机、便携媒体播放器等市场扩展。

先进的功能、小巧的外观、出色的能效，MEMS 传感器正在促进更加人性化的设备问世，有了这些能够识别人类手势的设备，用户不必再阅读冗长、复杂的用户手册，学习如何使用人机界面了。

MEMS 有助于打破用户与应用之间的障碍，传感器像系统的眼睛，能够测量加速度和角速度等物理量；电子元器件处理传感器送来的信息，利用特殊的算法识别输入数据，然后激活相应的功能。

游戏机是运动跟踪和手势识别应用的突出代表。以具有革命性的任天堂 Wii 游戏机为例，微型运动传感器能够捕捉到玩家任何细微的动作，并将其转化成游戏动作。MEMS 技术让玩家动起来，玩家陶醉于游戏的体验，通过不同的动作融入到游戏中。例如，模仿一场真实的网球赛，一场引人入胜的高尔夫球赛，一场紧张的拳击赛或轻松的钓鱼比赛的动作，如图 5-89 所示。

图 5-89 MEMS 使玩家动起来

DMD 及 DLP 系统在家用电器方面也占据着重要部分，尤其在图像显示传输方面具有独特的优点。由于 DLP 电视采用 DMD 及 MEMS 技术，使其在清晰度、使用寿命、可靠性、低辐射等方面都优于目前广为流行的液晶(LCD)电视。图 5-90 所示为 DLP 电视和 LCD 电视连续长时间工作后，显示寿命和清晰度比较的结果。

美国 InvenSense 开发出了外形尺寸仅为 4 mm×5 mm×1.2 mm 的 2 轴陀螺仪，比现有的 2 轴陀螺仪小 25%。该陀螺仪 IDG-1100 系列，主要用于重视成本和尺寸大小的消费类产品，可用于数码相机及摄像机的手动防止机构，PND(Portable Navigation Device)在接收不到 GPS 信号时进行路线推测，以及三维鼠标、遥控器及游戏柄等三维位置检测装置等。凭借在晶圆上对可动部件的 MEMS 陀螺仪和 CMOS 传感器电路一体成形，并进行密封的构造，可承受 1 万克的冲击，这相当于落在硬质地板上时受到的冲击。

当前的时钟产品越来越趋向小型化、薄型化，在此过程中保持可靠性、稳定性和高性能成为难点。传统的石英或压电陶瓷材料，由于其自身的易碎性，在厚度小于 0.8 mm 时其抗冲击、抗震动能力大受影响，使得各厂家在提供薄型化产品的同时将面对高成本及低成品率的问题。

时钟产品提供商 SiTime 公司，日前推出厚度仅为 370 μm 的 SiTime's Ultra-Thin 独立振荡器，稳定性和性能方面的优势可以应对上述挑战。SiT8002UT 可应用于对高度有严格限制的场合，可提供从 1 MHz～125 MHz 范围内的任何频率，其精度在工业级温度范围内(－40℃～＋85℃)为 $\pm 100\times 10^{-6}$，封装尺寸为 3.0×3.5×0.37 mm QFN。与其他 SiTime 的产品一样，SiT8002UT 不含铅且符合 RoHS 标准，可应用于移动产品、多芯片模块和汽车等一些对器件尺寸有特别要求的场合。

DLP工作1872h后的效果

LCD工作1872h后的效果

DLP工作2568h后的效果

LCD工作2568h后的效果

DLP工作3336h后的效果

LCD工作3336h后的效果

DLP工作5208h后的效果

LCD工作5208h后的效果

图 5-90　DLP 电视和 LCD 电视寿命和清晰度比较结果(David R. Wyble)

近来上市的高能效、低价格微型 MEMS 传感器彻底改变了人们与移动终端设备的互动方式。在各类移动终端、游戏机、遥控器等设备上，MEMS 运动传感器可以实现先进的功能，令人心动的用户界面，用户的手势、碰摸就能够激活相应的功能。

可以预计，在不久的将来，MEMS 技术会得到进一步发展，周围环境将布满传感器网络，我们的衣服内嵌有传感器网络，这将会扩大可行设计应用的空间，让我们更好地与世界互动，更好地控制我们所在的世界。

5.8 生物芯片

作为 MEMS 的重要分支，生物芯片技术一直受到人们的高度重视。生物芯片的概念来自于计算机芯片，但在实际上，生物芯片和计算机芯片却有本质的区别。我们平时所提到的电子设备中采用的各种芯片，是通过微加工技术，在硅、锗等半导体上制作出能实现各种功能的集成电路的一种设备。生物芯片主要指的是对各种执行生物检测和分析设备的微型化，其目的是组成微全分析系统(MTAS)，使生物实验在芯片上能够自动完成。

生物芯片(Biochip)是指通过微电子、微加工技术在芯片表面构建的微型生物化学分析系统，以实现对细胞、DNA、蛋白质、组织、糖类及其他生物组分进行快速、敏感、高效的处理和分析，其实质就是在面积不大的基片(玻片、硅片、聚丙烯酰胺凝胶、尼龙膜等载体)表面上有序地点阵排列一系列已知的识别分子，在一定条件下，使之与被测物质(样品)结合或反应，再以一定的方法(同位素法、化学荧光法、化学发光法、酶标法等)进行显示和分析，最后得出被测物质的化学分子结构等信息。因常用玻片/硅片等材料作为固相支持物，且制备过程模拟计算机芯片的制备技术，所以称之为生物芯片技术。

在基片上固定少量分子没有实际意义，只有把大量性质不同的分子“集成”到小块片基上，形成高密度的探针微阵列后，才成为芯片。通过预先编程设定每个特定位点的分子种类，并使分子间互不干扰，成千上万个反应可同时在一块芯片上进行，即芯片具有并行分析的能力。以这些分子微阵列为基础的生物芯片，主要包括 DNA 芯片和蛋白质芯片(或肽芯片)。

生物芯片所采用的技术正是从电子设备的芯片制作过程中借鉴而来的，试图代替目前应用于生物实验室的各种传统仪器和手段，实现各种微型的生物实验仪器。因而生物芯片技术能够在一些微小的芯片上完成各种实验，即芯片实验室(Lab on Chip)。但与制造集成电路所不同的是，目前集成电路主要是在硅、锗等半导体材料上实现的，而生物芯片所采用的材料，除了这些半导体材料以外，还可以采用玻璃、聚丙烯酰胺凝胶或尼龙膜等各种高分子材料作为基底。

另外，采用制造集成电路的光化学蚀刻技术，可在硅或玻璃片基上构建各种显微结构，如微电极、微陷阱、微通道和微反应池等。这些显微结构同样可排成阵列，用于承载或运转生物分子，并为各种生物反应提供理想的微场所。以微阵列结构为基础的生物芯片，主要包括生物电子芯片、PCR 芯片、电泳与电层析芯片等。这类芯片大多按照特定的应用而定制，由于整个反应体系的缩小，相应的样品消耗、作用时间等都大幅度减少，而反应效率却与常规体系相似或更高，所以近几年发展也很快。

在各种生物芯片中，探针微阵列检测芯片发展最快，技术最成熟。它是在硅片等载体上将生物分子探针以大规模阵列的形式排布，形成可与目标分子相互作用、相互反应的固相表面。理论上允许几乎所有种类的生物分子作为芯片上的探针，如蛋白质、糖、脂类等。目前最成功的、并已形成一定商业市场的是 DNA 微阵列检测芯片。

现在 MEMS 技术扩展到生物领域、化学领域，将这种高新技术用于开发生物、化学分析芯片和系统，已经研制出微扩增器、毛细管电泳芯片、微流通道池、三维 DNA 芯片等各种类型的生物芯片。

研究生物芯片的主要目的，就是使之代替传统的大型生物试验设备，用以执行生物样品分析、临床诊断、环境监测、卫生检疫、法医鉴定、生化武器防御、新药开发等。

生物芯片技术由于采用了微电子学的并行处理和高密度集成的概念，因此可以对生物分子进行快速并行处理，具有信息量大、处理速度快等突出优点。结合生物芯片的结构和工作机理，可以把生物芯片分为两大类：微阵列生物芯片和微流体生物芯片。

5.8.1　微阵列生物芯片

最先实现商品化，而且目前技术最成熟的 DNA 芯片(即基因芯片)即为微阵列芯片，这是静态的功能实现。微阵列芯片的工作原理：依据碱基配对原理，事先将已知序列或成分的单链 DNA 或 RNA 片断整齐排列在硅片、玻璃片或塑料片等基片上，然后将待测的样品加载到芯片上，使之与探针进行杂交反应，样品中的靶标 DNA 会被固定在芯片上，通过对杂交结果的检测和处理分析，从而确定靶标 DNA 的基因。

通常在一块芯片上可以固定数万个甚至上十万个样品点，因而这类芯片有着极大的信息存储量和并行处理能力，有利于大量的数据分析，对于生物微观研究技术的提高，将有很大的促进作用。对于微阵列芯片，除了 DNA 芯片外，蛋白质、抗原、抗体甚至细胞都可以放在芯片上，从而使得微阵列芯片有很大的应用前景。

5.8.2　微流体生物芯片

微流体生物芯片主要实现整个生物检测中的动态功能。由于生物试验中经常涉及多个试验步骤，因而整个物质体系是流动的。要使得生物芯片真正被应用起来，还必须有能实现各种动态功能的芯片与之配套，即“Lab On Chip”这一概念的实现。

微流体芯片是结合生物技术、微电子技术、MEMS 技术等，将实验室中许多仪器的功能缩小到芯片上处理的一种微型器件。微流体芯片在芯片检测前对所检测物质提供全部的处理，是实现自动化的前提。微流体芯片是以微通道为主要结构，连接PCR芯片、毛细管电泳芯片等预处理过程，结合各种检测手段，可以组成MTAS系统，代替传统的分析仪器进行工作，大大提高生物试验的自动化过程，节约人工成本。微流体芯片整个组成过程如图5-91所示。

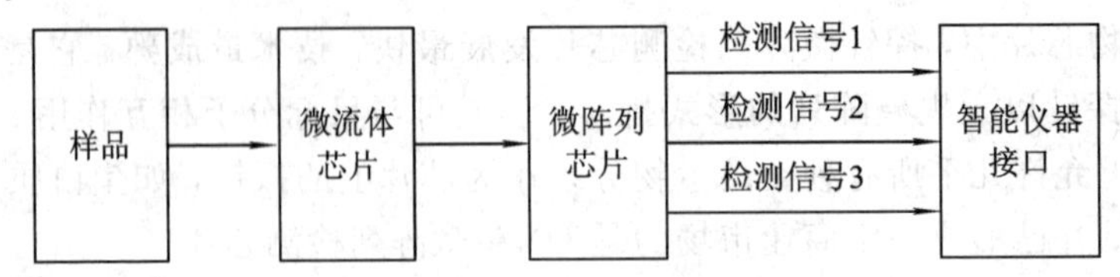

图5-91 微流体芯片

ST公司利用MEMS技术比较DNA样本，以发现病原体，并快速、简单并且低成本地进行其他的临床诊断。这种技术可用于其他领域中，包括兽医、食品控制和生物预防等。目前这样的分析，只能在分子生物实验室和诊断中心进行，实现成本很高，并且需要大量的设备。

该技术的核心是基于MEMS的一次盒子(Cartridge)，为片上DNA实验室。其最初使用基于喷墨打印机开发的微流体技术，称为In-Check盒子，包含一系列置于硅片中的微反应室。在分析期间，通道被一种未知的DNA样本和DNA原生引物(primer)所填充，通过一种称为聚合酶链反应(PCR)的工艺，用来使样本生长，或“放大”到一个可以使用的数量。PCR工艺能从一个包含少量DNA片段的小样本开始，将片段复制成数百万个相同的片段。

所有的化学反应都发生在生物芯片上，因为装它的盒子是一次性的，所以这种方法与传统的仪器相比，不易于出现交叉感染的风险。同样，因为系统使用非常少的高成本化学试剂，所以其成本并不是很高。除了芯片装载的盒子，系统还采用了一套仪器，包括控制器和指导操作人员完成几个关键步骤的阅读器。

就测试结果的精度和速度来说，与传统的诊断方法相比，生物芯片表现出了很重要的好处。利用生物芯片，只需要几分钟就可以得到结果，而不是几个小时甚至若干天，而某些时候，传统的病毒培育方法可能需要大约一周的时间才能获得有用的结果。生物芯片可以达到的精度也比传统的方法高，对于医药应用来说，相关的信息可协助医生及时地开处方，并进行针对性的治疗。就疾病传播抑制来说，生物芯片意义更加重大。

利用Mobidiag诊断设备，可以对脓血症引起的病毒进行基于DNA的检测，它运行在ST的In-Check平台上。In-Check平台利用病原体板来识别十个脓血症引起的病原体，以及来自阳性血液培养样本的抗甲氧苯青霉素的葡萄状球菌Aureus。诊断分析或化验被用于优化抗生素治疗，结合革兰氏染色法的结果，这些高准确性和快速的结果将减少抗生素的滥用风险，帮助医生尽可能早地选择正确的治疗方法。

ST还与Veredus实验室合作开发快速的需求诊断功能，将快速发现禽流感病毒类别及其他的流感类别。使用 ST 的 IN-Check 平台，Veredus 正在开发一种专门用于辨别一个病人是否感染了 H5N1 禽流感病毒，是 A 型还是 B 型流感。整个测试过程仅仅需要一次，而不会像现在那样需要进行若干次测试。

图 5 - 92 所示为用于电泳分析 DNA 的 PDMS 芯片。通过光刻及蚀刻技术制作硅模板，然后用模塑法铸造 PDMS 芯片。用 0.01%的中性去污剂将 PDMS 芯片漂洗数遍，再与一个透明的薄塑料盖片键合。盖片上预先凿有两个用来输送样品及安装 Pt 电极的小孔，小孔直径约为 0.18 mm。芯片的有效分离微通道长 15 mm、宽 0.2 mm、深 0.01 mm。

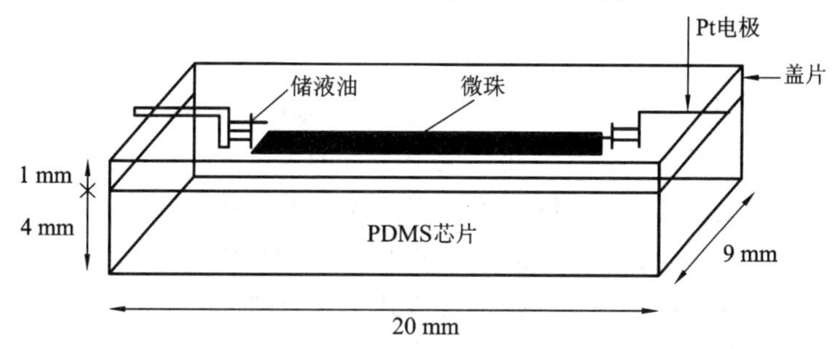

图 5 - 92 电泳分析 DNA 的 PDMS 芯片(Inatomi)

图 5 - 93 所示为细胞分离芯片。根据人体血液细胞尺寸的不同，在血液流经细胞分离芯片时，让血浆和尺寸较小的红细胞及血小板通过，而捕获尺寸较大的白细胞，从血中分离和捕获白细胞。芯片采用标准光刻技术，在硅片上刻蚀出各种微过滤沟道。通过反复设计和试验，微芯片过滤器从最初的微柱结构(参见图(a))、竖式 Z 形结构(参见图(b))、竖式梳式结构(参见图(c))，最后定型为横坝式结构(参见图(d))。图 5 - 94 所示为 IMTEK 研制的广泛应用于生物、化学和细胞检测的纳米试管。

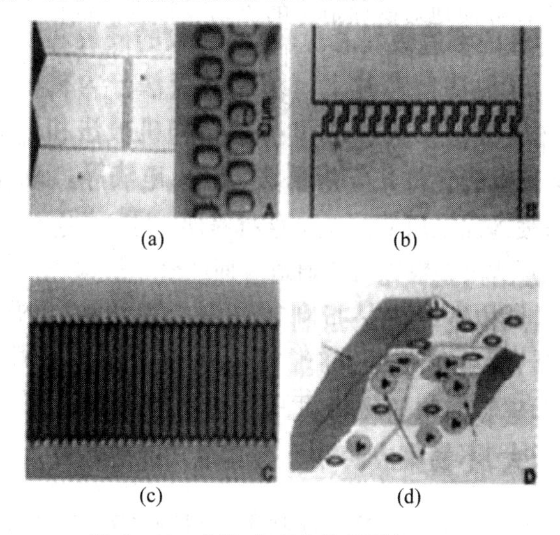

图 5 - 93 细胞分离芯片(Wilding P)

图 5-94　IMTEK 研制的纳米试管(Peter Koltay)

5.8.3　流体技术

在生物、化学、材料等科学实验中，经常需要对流体进行操作，如样品 DNA 的制备、PCR 反应、电泳检测等操作都是在液相环境中进行的。如果要将样品制备、生化反应、结果检测等步骤集成到生物芯片上，则实验所用流体的量就从毫升、微升级降至纳升或皮升级，这时功能强大的微流体装置就显得必不可少了。因此随着生物芯片技术的发展，微流体技术作为生物芯片的一项关键支撑技术也得到了人们越来越多的关注。

与微电子技术不同，微流体技术不强调减小器件的尺寸，它着重于构建微流体通道系统来实现各种复杂的微流体操纵功能。与宏观流体系统类似，微流体系统所需的器件也包括泵、阀、混合器、过滤器、分离器等。尽管与微电子器件相比，微通道的尺寸显得相当大，但实际上这个尺寸对于流体而言已经非常小。微通道中的流体流动行为与人们在日常生活中所见的宏观流体流动行为有着本质的差别，因此微泵、微阀、微混合器、微过滤器、微分离器等微型器件往往都与相应的宏观器件差别甚大。

为了精确设计微流体系统中所需的器件，首先要确定微通道中流体的流动性质。利用共焦显微镜成像技术可以方便地对微通道中的流动过程进行量化，达到以往无法实现的高分辨率。世界上第一个微流体器件由英国帝国理工大学的曼齐、美国橡树岭国家实验室的拉姆齐等科学家在 20 世纪 90 年代初研制成功，该器件是利用常规的平面加工工艺(光刻、腐蚀等)在硅、玻璃上制作的。尽管这种制作方法非常精密，但成本高，且不灵活，无法适应研发需求。最近怀特赛兹等人提出一种“软光刻”微加工方法，即在有机材料上印制、成型出微结构，从而能方便地加工原型器件和专用器件。另外，这个方法还能构建出三维微通道结构，并能在更高层次上控制微流体通道表面的分子结构。

喷射技术是最成熟的微流体技术，它使用直径小于 100 微米的孔来产生微滴。这项技术可用于输运微反应中的微量试剂，以及将微量 DNA 样品分发到载体表面形成微阵列。前面提到的集成毛细管电泳技术也是近几年出现的另一项微流体技术。

5.8.4　检测技术及装置

伴随着生物芯片技术的发展，生物检测技术也得到了发展。生物检测技术主要包括以下内容：

(1) 荧光标定检测技术。荧光标定检测是用荧光剂标定样品中的靶 DNA 分子，使其与芯片上的探针进行杂交，然后洗去未杂交的分子。再用激光或紫外光对探针顺序激发，并用荧光显微镜或其他荧光检测装置对片基进行扫描，采集每点荧光强度并进行分析比较，得出检测结果。

(2) 放射性同位素标记检测技术。放射性同位素标记检测技术在理论上与荧光标定检测技术类似，只是用放射性同位素标记 DNA 分子，杂交后用检测放射性同位素的方法检测杂交结果。

(3) 电容检测技术。当芯片表面的探针发生杂交反应后，与探针位置对应点的感应电容会发生改变，通过检测这个电容变化，即可实现对杂交结果的检测。

目前，大部分生物芯片实验采用荧光染料标记待测样品分子，首先用相应激发光激发杂交反应后的样点，然后通过比较两种荧光在某样点的比值得知某类基因在两种样品中的表达差异。由于探针与样品完全正常配对时所产生的荧光信号强度是单个或两个错配碱基探针的5～35 倍，因此对来源于不同通道的静态荧光信号强度精确测定是生物芯片检测的基础。

生物芯片扫描仪是实验结果的检测装置，其主要功能是采集芯片上的探针样点与样品杂交后的反应结果，并转换为属于不同通道的数字图像，最后合成荧光比值图像或伪彩色图像，即基因表达谱图像，从而为后续生物学相关分析提供原始数据。根据光学系统构型和光/电检测元件，可以将芯片扫描仪分为两种：PMT 激光共聚焦芯片扫描仪和 CCD 芯片扫描仪。

如图 5－95 所示，激光共聚焦芯片扫描仪与 CCD 芯片扫描仪主要包括：激发光源系统（光源、光路）、激发光与释放光分离采集系统、释放光检测系统、精密运动和定位系统、扫描控制和数据处理。扫描仪系统从单纯的光学仪器演变为综合光学技术、计算机控制技术、数据与图像处理技术的体系。

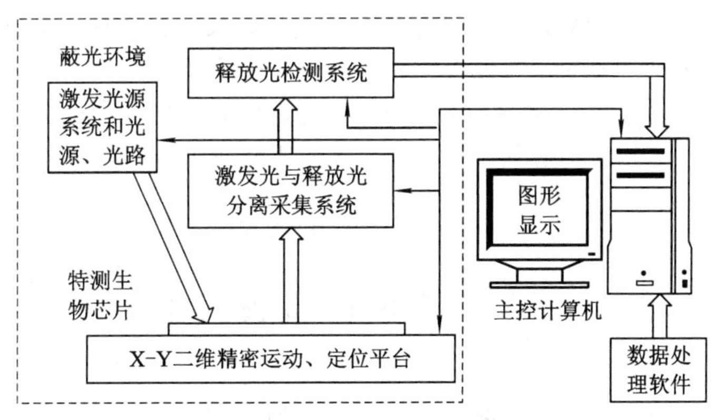

图 5－95　扫描仪系统结构简图

PMT 激光共聚焦芯片扫描仪源于激光共聚焦显微镜，其原理如图 5-96 所示。它的主要特点是采用激光作为激发光源，共聚焦光路对非焦平面杂光抑止强，检测灵敏度高，系统分辨率高。

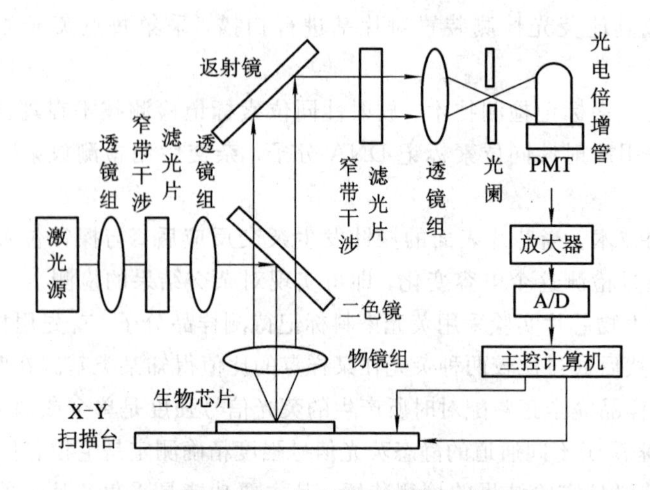

图 5-96　激光共聚芯片扫描仪原理图

5.8.5　DNA 测序与药品研制

利用互补杂交原理测定 DNA 序列是生物芯片技术发展的初衷。目前的探针阵列生物芯片对测定短链 DNA 片段非常有效，但是要测定大规模的未知 DNA 序列，必须使用很长的探针，全部序列的探针阵列非常庞大，制作较为困难。由此发展了部分杂交测序技术，能在未知 DNA 序列与已知 DNA 序列的相似性方面提供具有统计意义的参考数据。利用部分杂交测序完成重复序列和基因单元的识别，比用全序列探针完成测定的工作量少 30～100 倍。

在新药开发过程中，生物芯片可以在基因水平上寻找药物靶标，制造新药，查找药物的毒副作用，进行毒理学研究。慢性毒性和副作用往往涉及基因表达的改变，利用生物芯片比较经过药物处理后，表达明显改变的基因，可以研究分析发病过程和药物作用的途径及作用机理。此外，利用生物芯片作大规模的表达研究还可以省去大量的动物实验，降低成本，提高效率。

5.9　MEMS 技术在物联网中的应用

物联网是新一代信息技术的重要组成部分，物联网的英文名称叫“The Internet of things”。顾名思义，物联网就是“物物相连的互联网”。这有两层意思：① 物联网的核心和基础仍然是互联网，是在互联网基础上的延伸和扩展的网络；② 其用户端延伸和扩展到了任何物体与物体之间，进行信息交换和通信。

物联网的定义是：通过射频识别(RFID)、红外感应器、全球定位系统、激光扫描器等信息传感设备，按约定的协议，把任何物体与互联网相连接，进行信息交换和通信，以实现对物体的智能化识别、定位、跟踪、监控和管理的一种网络。物联网原理示意图如图 5-97 所示；物联网结构组成如图 5-98 所示。

图 5-97　物联网原理示意图

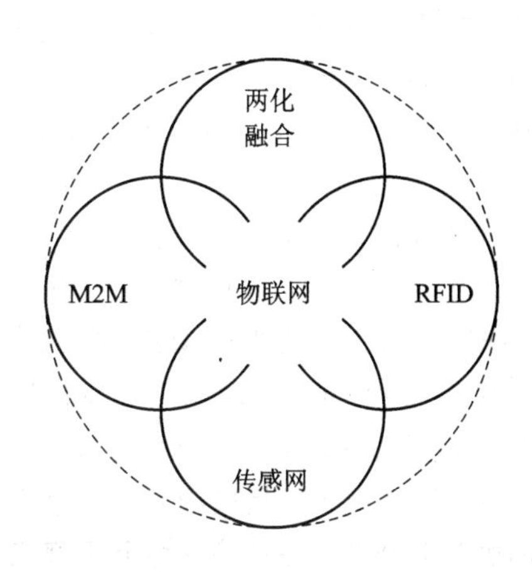

图 5-98　物联网结构组成图

MEMS 技术主要应用于物联网终端的传感器，用以建立传感网络。应用于物联网的传感器主要种类有手机 MEMS 陀螺仪、导弹 MEMS 加速度传感器、MEMS 振动传感器、MEMS 声响传感器、MEMS 红外传感器、光纤传感器、声阵列传感器等。

物联网的应用其实不仅仅是一个概念而已，它已经在很多领域有运用，只是并没有形成大规模运用。国内的运用案例有：

(1) 物联网传感器产品已率先在上海浦东国际机场防入侵系统中得到应用。机场防入侵系统铺设了 3 万多个传感节点，覆盖了地面、栅栏和低空探测，可以防止人员的翻越、偷渡、恐怖袭击等攻击性入侵。

(2) ZigBee 路灯控制系统点亮济南园博园。ZigBee 无线路灯照明节能环保技术的应用，是此次园博园中的一大亮点。园区所有的功能性照明都采用了 ZigBee 无线技术建成的无线路灯控制。

(3) 智能交通系统(ITS)。ITS 是利用现代信息技术为核心，利用先进的通讯、计算机、自动控制、传感器技术，实现对交通的实时控制与指挥管理。交通信息采集被认为是 ITS 的关键子系统，是发展 ITS 的基础，成为交通智能化的前提。无论是交通控制还是交通违章管理系统，都涉及交通动态信息的采集，交通动态信息采集也就成为交通智能化的首要任务。

虽然物联网概念出现的时间不长，但其相关产业一直在持续发展着。目前，国外相关技术发展比较成熟，已经开始大力发展物联网业务的应用，并建立了较完善的商业模式。

美国在物联网技术基础方面占有绝对的优势，欧盟和日韩对物联网业务的关注度较高。国外物联网相关技术发展已经比较成熟，开始大力发展物联网业务应用，并建立了较完善的商业模式。

物联网涉及很多行业和企业，在物联网概念出现后，这些企业逐渐被划入物联网企业的范畴。随着一系列物联网战略的制定和实施，这些行业和企业有望从物联网产业的高度实现整体发展。

整个物联网产业可以分为四大组成部分，分别是基础技术研发、物联网制造业、物联网服务业和个人、企业客户。

基础技术研发为物联网设备提供基础性的支撑，其中嵌入式系统技术和半导体集成电路技术是物联网相关芯片的基础，新材料技术、MEMS 技术是微型传感器和执行器的基础，新能源技术为传感器和 MEMS 模块提供能量供应。

如图 5-99 所示，物联网服务业包括软件服务、基础设施服务、管理咨询服务、测试认证服务和应用服务。其中应用服务直接面向客户；基础设施服务包括网络传输服务、云存储服务等；软件服务包括应用软件、平台软件、终端软件等。提供这些服务的企业都属于物联网服务业环节。另外，一些企业可能同时提供多项设备产品，还有可能同时生产设备和提供服务。

土壤温、湿度
(Watermark，Decagon)

环境温、湿度

土壤水分(百分比)

微型气象站
(Davis)

叶片湿度
(Decagon)

太阳辐射强度
(Davis)

红外辐射计

深度传感器

图 5-99　物联网服务业

尽管未来服务市场潜力将比设备市场要大很多，但物联网发展初期设备市场是增长的主力。目前物联网技术刚起步，物联网应用并不成熟，设备市场仍将是业界的关注点。

参考文献

[1] 齐臣杰，等. 台面结构硅光电集成微电动机设计. 清华大学学报，1999，39(1)：66 - 68.

[2] 罗晓章. 扭摆式硅微加速度计的研究. 仪器仪表学报，2000，21(1)：32 - 34.

[3] 李振波，等. 直径 1 mm 电磁型实用超微马达的设计. 仪器仪表学报，2000，21(2)：163 - 166.

[4] 尹执中，等. 热驱动薄膜式微型泵性能初步分析. 仪器仪表学报，2000，21(2)：132 - 134.

[5] 梁春广，等. MEMS 光开关. 半导体学报，2001，22(12)：1551 - 1556.

[6] 温诗铸，等. 纳米压痕技术及其应用. 中国机械工程，2002，13(16)：1437 - 1439.

[7] 黄德欢，等. 扫描隧道显微镜单原子操纵技术及其物理机理. 上海交通大学学报，2001，35(2)：157 - 166.

[8] 张中平，等. 微硅高 *g* 加速度传感器工艺研究. 传感器技术，2002(4)：1 - 4.

[9] Jae Hwan Oh，Eun Hyun Kim，Dong Han Kang，Je Hwang Ryu，and Jin Jang. A Method of Forming a Polycrystalline Si with the Biomolecule Ferritin. Electrochemical and Solid-State Letters，2006，9(10)：H96 - H99.

[10] Buckley D N，Ahmed S. Real Time Observation by Atomic Force Microscopy of Spontaneous Recrystallization at Room Temperature in Electrodeposited Copper Metallization. Electrochemical and Solid-State Letters，2003，6 (3)：C33 - C37.

[11] Tatyana N. Andryushchenko，Anne E. Miller，and Paul B. Fischer，Long Wavelength Roughness Optimization during Thin Cu Film Electropolish. Electrochemical and Solid-State Letters，2006，9(11)：C181 - C184.

[12] Nicole E Lay，Gregory A Ten Eyck，David J Duquette，Toh-Ming Lu. Direct Plating of Cu on Pd Plasma Enhanced Atomic Layer Deposition Coated TaN Barrier. Electrochemical and Solid-State Letters，2007，10 (1)：D13 - D16.

[13] Raccurt，Tardif F，Arnaud d'Avitaya F，Vareine T. Influence of liquid surface tension on stiction of SOI MEMS. J. Micromech. Microeng，2004(14)：1083 - 1090.

[14] 曹成茂，张河. MEMS 技术在引信中的应用研究. 测控技术，2004，23(10)：6 - 9.

[15] 亢春梅，曹金名，刘光辉. 国外 MEMS 技术的现状及其在军事领域中的应用，传感器技术，2002，21(6)：4 - 7.

[16] 尤政，张高飞. 基于MEMS的微推进系统的研究现状与进展，微细加工技术，2004(1)：1-8.

[17] 石庚辰，郝一龙. 微机电系统技术基础. 北京：中国电力出版社，2006.

[18] 董景新. 微惯性仪表——微机械加速度计. 北京：清华大学出版社，2003.

[19] 苑伟政，马炳和. 微机械与微细加工技术. 西安：西北工业大学出版社，2000.

[20] 张玉宝，李强. 基于CMSOL Multiphysics的MEMS建模及应用. 北京：冶金工业出版社，2007.

[21] 刘晓明，朱钟淦. 微机电系统设计与制造. 北京：国防工业出版社，2006.

[22] 李德胜. MEMS技术及其应用. 哈尔滨：哈尔滨工业大学出版社，2002.

[23] 王琪民. 微型机械导论. 合肥：中国科学技术大学出版社，2003.

[24] 章吉良，杨春生. 微机电系统及其相关技术. 上海：上海交通大学出版社，2000.

[25] M. Elwenspoek. 硅微机械传感器. 陶家渠，等，译. 北京：中国宇航出版社，2003.

[26] 徐泰然(美). MEMS和微系统——设计与制造. 北京：机械工业出版社. 2005.

[27] 田文超. MEMS及其纳米接触研究. 西安电子科技大学博士学位论文，2004.

[28] 刘霞芳. 数字微镜的动力分析. 西安电子科技大学硕士学位论文，2007.

[29] 申海兰. MEMS粘附的分子动力学研究. 西安电子科技大学硕士学位论文，2008.

[30] Wenchao Tian，Jianyuan Jia，Guiming Chen，Guanyan Chen. A static analysis of snap back in the cantilever with MEMS adhesion. Multidiscipline modeling in Mat. and Str.，2006，2(1)：83-94.

[31] Wenchao Tian，Jianyuan Jia，Guanyan Chen. On adhesion force on MEMS micro-cantilever with rough surface. Proceeding of the 2006 international conference on networking，sersing and control，2006，Florida，USA：1096-1100.

[32] 邵彬. 数字微反射镜的微电子机械系统分析与设计. 西安电子科技大学硕士学位论文，2000.

[33] 赵剑，贾建援，王洪喜，张文波. 双稳态屈曲梁的非线性特性分析. 西安电子科技大学学报，2007，34(3)：458-462.

[34] Rashed Mahameed，Gabriel M Rebeiz. A high-power temperature-stable electrostatic RF MEMS capacitive switch based on a thermal buckle-beam design. IEEE Journal of Microelectromechanical Systems，2010，19(4)：816-826.

[35] Gaspar J，Schmidt M，Pedrini G. Out-of-plane electrostatic microactuators with tunable stiffness. IEEE 23rd International Conference on Micro Electro Mechanical Systems，Hong Kong，2010：1131-1134.

[36] Srinivasan P，Gollasch C，Kraft M. Three dimensional electrostatic actuators for tunable optical microcavities. Sensors and Actuators A，2010，161(1)：191-198.

[37] 陈俊收，尤政，李滨．桥式射频 MEMS 开关上薄膜的残余应力改进模型．纳米技术与精密工程，2011，9(1)：16－20.

[38] Yu Y, Yuan W, Qiao D. Electromechanical characterization of a new micro programmable blazed grating by laser doppler vibrometry (LDV). Micro System Technology, 2009, 15(6): 853－858.

[39] 田文超，贾建援．硅基大位移低驱动电压静电微驱动器变形分析．西安电子科技大学学报：自然科学版，2012，39(4)：109－113.

[40] 田文超，贾建援．硅基大位移低驱动电压静电微驱动器变形分析．西安电子科技大学学报：自然科学版，2012，39(4)：138－144.

[41] Wenchao Tian, Liqin Yang. Principle, Characteristic and Application of Scanning Probe Microscope Series. Recent Patents on Mechanical Engineering, 2013(6): 48－57.

第6章 RF MEMS及重构天线

目前，微波集成电路(MMIC)技术已在军事系统和空间系统以及无线通信方面占据极其重要的位置。但随着现代军事电子系统的不断发展，未来数字战对微波部件的技术性能包括微波性能、重量尺寸、互操作性及抗恶劣环境能力提出了更高的要求，MMIC主要在以下几个方面存在不足。

1）功率问题

MMIC功率发生器的单个Si、GaAs或InP晶体管通常提供不出多数有源系统所需要的连续波功率，需要功率合成，而平面电路不可避免的损耗造成合成效率较低，寄生效应的存在对系统的宽带性能会造成伤害。另外，作为微波器件和电路，由于p-n结的存在使电路损耗较大，电路效率较低，因而对发射功率与系统供电提出了较高的要求。

2）体积、重量问题

作为机载或星载应用的有源相控阵雷达系统，希望微波模块体积尽可能地小，重量尽可能地轻，而微波前端由于技术原因目前仍使用较多的离散元件，无法做到系统集成。同时，系统中大量采用的波导系统使系统的体积重量大大增加。系统中的晶振、SAM、VCO等无法做到单片集成，从而影响了系统的高性能与微小型化的同步发展。

3）传输线问题

MMIC中使用的传输线处于一个非均匀的环境中，上部是空气，下部是介电常数远大于空气的半导体衬底，不能实现理想的TEM模传输，存在着高次模和衬底模，非TEM模使微带线的分析和设计难度增大，工作带宽受到限制，衬底模导致信号损耗，对于毫米波MMIC，传统的微带线损耗中同时还包括寄生辐射和接地通孔的寄生损耗。

4）集总元件问题

MMIC大量使用集总元件，它的主要特点是面积小、成本低、带宽大，其中高功率振荡器、功率放大器以及宽带电路常选择集总参数设计。由于能提供比分布参数更大的变换比，集总参数元件还广泛用于阻抗变换器。但集总参数元件寄生效应大，不能视之为本征性能的纯元件，它不仅使电路的微波性能受损，而且由于其复杂性难以建模，给MMIC设计增加了难度。

6.1　RF MEMS

相对于其他的 MEMS 器件及系统研究，射频微电子机械系统(RF MEMS)是近年出现的新研究领域。所谓 RF MEMS 就是利用 MEMS 技术制作各种用于无线通信的射频器件或系统。RF MEMS 包括应用于无线通信领域的各种无源器件，如高 Q 值谐振器、滤波器、RF MEMS 开关、微型天线以及电感、电容等。

近年来射频微电子系统(RF MEMS)器件以其尺寸小、功耗低而受到广泛关注，特别是 MEMS 开关构建的移相器与天线，是实现上万单元相控阵雷达的关键技术，在军事上有重要意义。在通信领域上它亦凭借超低损耗、高隔离度、成本低等优势在手机上得到应用。

MEMS 本质上是一种机械系统。MEMS 器件中仅包含金属和介质，不存在半导体结，既没有欧姆接触的扩散电阻，也不呈现势垒结的非线性伏安特性，因此 RF MEMS 具有超低的损耗、良好的线性特性。MEMS 的膜片、悬臂等零件惰性极小，因而响应速度快，其运动受静电控制，使直流功耗降低，MEMS 独特的工艺技术使系统单片集成化成为了可能，其几何尺寸、功能、重量、物理性能等方面的优越性可以实现更强的性能，弥补 MMIC 的不足。

RF MEMS 是利用 MEMS 技术加工的 RF 产品。RF MEMS 技术可望实现和 MMIC 的高度集成，使制作集信息的采集、处理、传输、处理和执行于一体的系统集成芯片(SOC)成为可能。RF MEMS 不仅可以进行圆片级生产、产品批量化，而且具有价格便宜、体积小、重量轻、可靠性高等优点。MEMS 技术在无线电通信、微波技术上的应用受到国际上的广泛重视，目前已经成为 MEMS 研究的重要方向。

RF MEMS 的研究目标是实现集成在单芯片上的 RF 系统，目前研究主要集中在两个方面：

(1) 高 Q 值无源元件的实现，主要是利用 MEMS 技术尽可能地减小衬底损耗；

(2) 设计出高性能的有源 RF MEMS 结构器件。

从其技术层面上分类，可以分为以下三类：

(1) 由 MEMS 开关、可变电容、电感、谐振器组成的基础元件层面；

(2) 由移相器、滤波器、VCO 等组成的组件层面；

(3) 由单片接受机、变波束雷达、相控阵天线组成的应用系统层面。

RF MEMS 器件潜在的应用前景包括：

(1) 个人通信：移动电话、PDA、便携式计算机的数据交换；

(2) 车载、机载、船载收发机和卫星通信终端、GPS 接收机等；

(3) 信息化作战指挥、战场通信、微型化卫星通信系统、相控阵雷达等。

当然，RF MEMS 面临如下主要问题：

1）封装问题

MEMS 产品实现商品化的前提是必须解决封装问题。因为 MEMS 产品容易受周围环境的影响，RF MEMS 电路正常工作很大程度上取决于由封装所提供的内部环境与保护。目前，有关 MEMS 封装的研究还处于初级阶段，MEMS 器件的多样性和非密封性往往需要为每种器件单独开发相应的封装技术，需要在不影响 MEMS 器件性能的前提下，为设计者提供一系列标准化的封装技术。

2）可靠性问题

RF MEMS 有源器件，尤其是开关，必须表现出优良的可靠性才能介入系统应用。由于 RF MEMS 特殊的结构，主要存在以下失效机理：梁结构的断裂；薄膜结构磨损；可动结构在应力作用下的疲劳；环境导致的失效，包括高温、辐射、振动、冲击等因素，包含着对恶劣环境的适应能力。

3）RF MEMS 设计问题

RF MEMS 的设计技术主要包括以下内容：仿真与集总参数模块的建立；经过验证的标准化器件库的建模；器件内部的电磁场模型与数字分析等。

目前，绝大多数 MEMS 器件都没有精确的解析模型预测其行为，所以需要高效率的模拟和仿真工具，精确预测 MEMS 行为，缩短开发时间，适应市场需求。MEMS 器件的设计必须同复杂工艺流程分离，必须开发出相应的工艺流程，提供与工艺相关的交互式设计接口，降低 MEMS 的设计门槛，提高器件的工艺性。

6.2 RF MEMS 的应用

6.2.1 MEMS 移相器

随着相控阵雷达、微波通信以及微波测量技术等方面的发展，微波移相器的应用日益广泛。RF MEMS 移相器具有频带宽、损耗小、成本低、超小型化，易于与 IC、微波集成电路(MMIC)集成等特点，研究 MEMS 移相器对现代雷达和通信系统的发展具有非常重要的意义。

目前开发的多数 MEMS 移相器是基于已经有的设计类型，用 MEMS 开关取代传统的固态开关，改善移相器性能，尤其在 8 GHz～120 GHz 时，RF MEMS 移相器的损耗都很小。

用 MEMS 开关实现的开关线移相器在结构与工作原理上与半导体开关线移相器相同，差别只是实现开关形式的不同与开关控制方式不同。

如图 6－1 所示为 2003 年密西根大学的 Juo-Jung Hung、Laurent Dussopt 等人设计的一个 2 位 DMTL 移相器。它在 75 GHz～110 GHz 范围内反射系数优于－11 dB，81 GHz 时插入损耗为－2.2 dB。2004 年他们又把这种结构改进成 3 位移相器(玻璃衬底)。

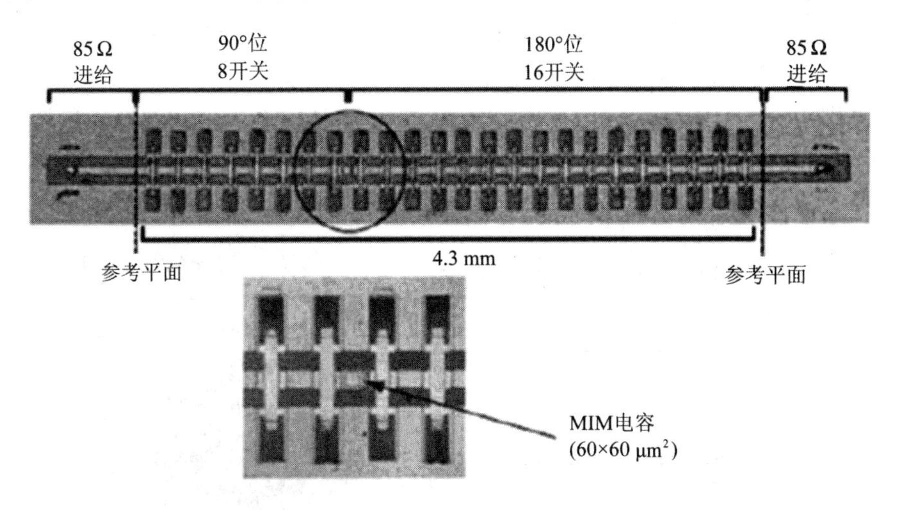

图 6－1　2 位分布式的移相器(密西根大学)

MEMS 移相器具有的主要优点如下：

(1) 低成本。MEMS 移相器的成本较别的移相器成本大约低一个数量级。

(2) 可实现实时延迟移相器，因而其固有频带宽度大，可实现宽带相控阵天线。

(3) 截止频率高(可达 1000 GHz 以上)。

(4) 高隔离度。

(5) 低损耗。

(6) 大带宽。

(7) 制造工艺相对简单，因而成本可以降低。

与由砷化镓(GaAs)等半导体开关器件实现的移相器相比，MEMS 开关移相器的主要缺点有：

(1) 开/关时间较长，开/关时间为 4 μs 量级。

(2) 部分 MEMS 开关器件的插入损耗略高。

(3) 动作电压偏高，约需 10 V～30 V，而 PIN 二极管与砷化镓场效应晶体管(GaAs FET)开关的动作电压则在 3 V～5 V 量级。

(4) 寿命稍短。

移相器是相控阵天线的关键器件。用 MEMS 开关实现的移相器的形式与用 PIN 开关二极管实现的普通半导体移相器相类似，主要有以下三种。

1. 开关线式 MEMS 移相器

开关线式 MEMS 移相器主要是通过开关的通、断来选择不同的波程通路，从而达到移相的目的。

2004 年，美国 NASA 实验室的 Nickolas Kingsley 等人研制了一种工作在 14 GHz 的 4 位开关线式 MEMS 移相器，其原理如图 6－2 所示。开态，单个 MEMS 开关的回波损耗和隔离度分别为－22 dB 和－0.095 dB；闭态，单个 MEMS 开关的回波损耗和隔离度分别为－0.083 dB 和－14.5 dB。

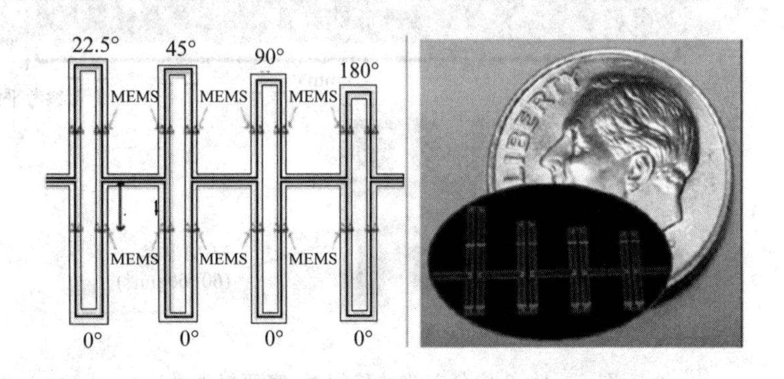

图 6－2　4 位 MEMS 开关线式移相器

Michigan 大学和 Rockwell 科学中心在 200 μm 的 GaAs 衬底上基于 1∶4串联式 MEMS 开关制备了 2 位和 4 位移相器。其原理图如图 6－3 所示；实物图如图 6－4 所示。

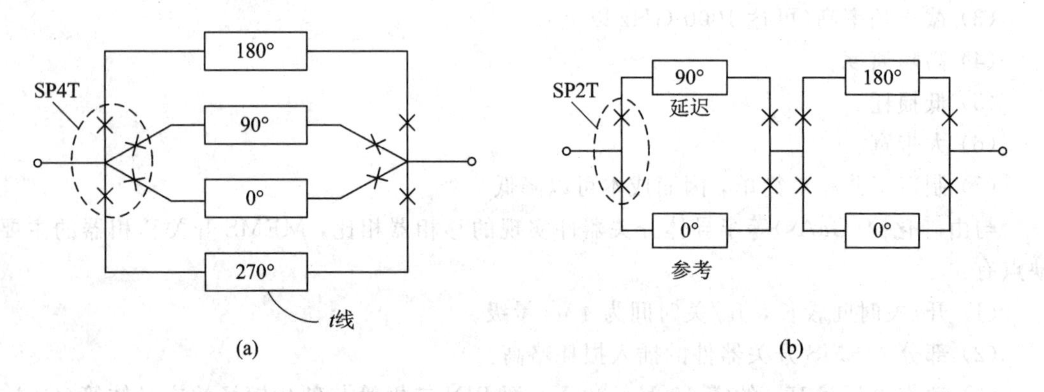

图 6－3　基于串联式 MEMS 开关的移相器原理图(Michigan 大学等)

(a) 2 位移相器；(b) 4 位移相器

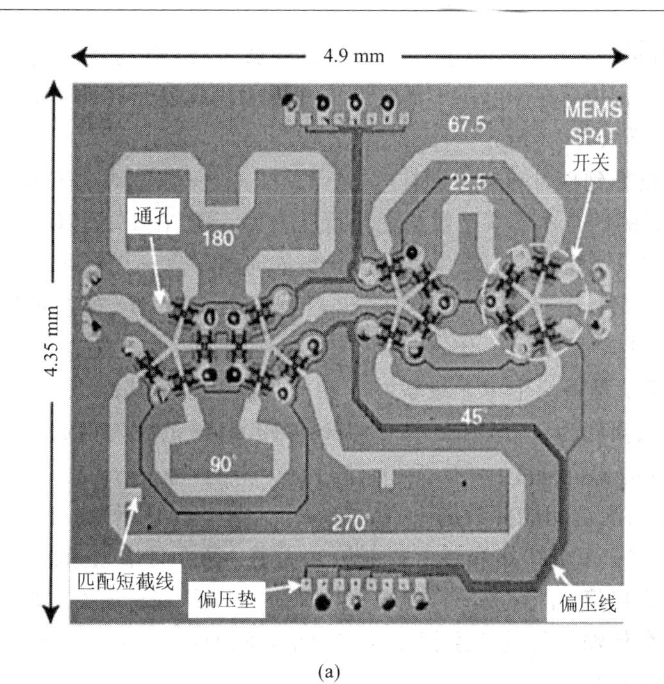

(a)

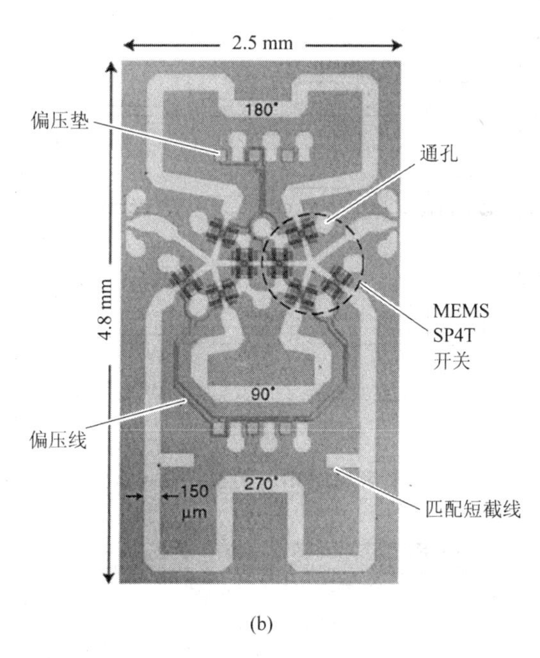

(b)

图 6－4　实物图(Michigan 大学等)
(a) 2 位移相器；(b) 4 位移相器

图 6 - 3(a)所示的 2 位移相器利用一段短感性微带线，使得输入端口在高达 20 GHz 的频率有良好的匹配，并且在 10 GHz 处使用 4 个传输线延迟元件来合成 0°、90°、180°、270° 相位，1∶4开关的面积为 12 mm²。

将测量系统校准到探针末端，则在 8 GHz～12 GHz 范围内的平均损耗为 −0.5 dB～−0.6 dB，在所有的四个状态，反射损耗都低于 −17 dB。在 10.25 GHz 处，测量的差分移相分别为 0°、90.1°、177.8°、272.0°。因为所测量的相移直到 18 GHz 都是线性的，所以这种移相器是从 10 GHz～18 GHz 的实时延迟器。在 18 GHz 处，测量的平均损耗仅为 −0.85 dB，反射损耗低于 −11 dB。

图 6 - 3(b)所示是由两个单元级联制作的 4 位移相器，其面积为 21 mm²。在 10 GHz 处测量的平均插入损耗为 −1.1 dB，在 8 GHz～12 GHz 范围内回波损耗低于 −14 dB，在 10 GHz 有非常好的相位精度：+2.3°和 −0.9°。

图 6 - 5 所示为无源相控阵线阵天线，在每个天线单元通道中，有一个采用开关线式的 4 位 MEMS 移相器，每个移相器包括两个传输通道。两个传输通道的电长度不相等，其差对应于要实现的相移值，因此每一位移相器包括 4 对 MEMS 开关。如图 6 - 6 所示，每一位移相器中的两个传输线段的长度相差为整数倍，例如，2λ 和 4λ，则开关可以用于实现实时延迟线，即时间延迟单元。

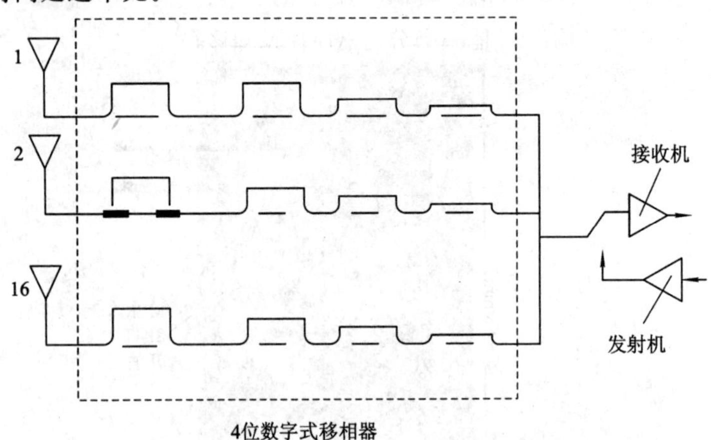

图 6 - 5　采用 MEMS 开关线式移相器的相控阵天线

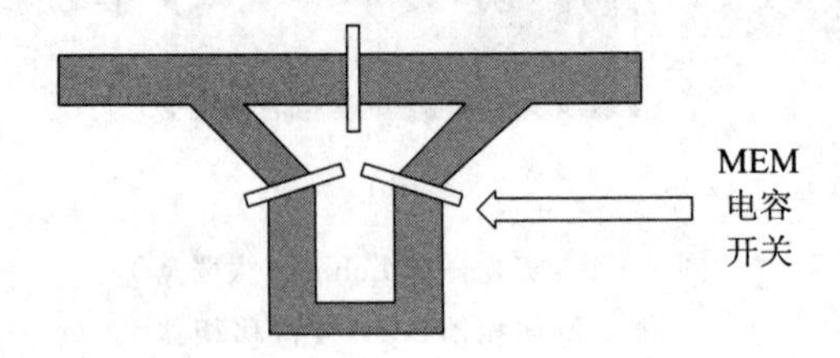

图 6 - 6　MEMS 电容开关实现时间延迟

2. 电桥耦合式 MEMS 移相器

如图 6－7 所示，与用 PIN 开关二极管实现的移相器原理一样，将原半导体移相器中的 PIN 二极管改由 MEMS 电容开关代替。图中所示为 X 波段两位数字式移相器，用一个 3 dB 电桥和三个 MEM 开关，实现两位相移，相移的大小取决于传输线长度 Δl_1 与 Δl_2 及开关电容器的电容值大小。

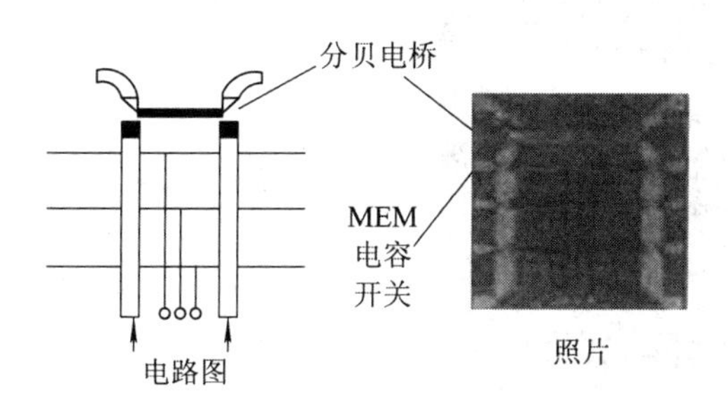

图 6－7　MEMS 电容开关用于相控阵天线中的 2 位移相器

3. 分布式 MEMS 移相器

在图 6－8 中，传输线上分别并联着许多 MEMS 电容开关，控制不同开关的通、断状态，信号在此传输线上输出端的相位与输入端的相位差，即为该段传输线实现的相移差。带有分布式射频开关的传输线即是一个分布式 MEMS 移相器。

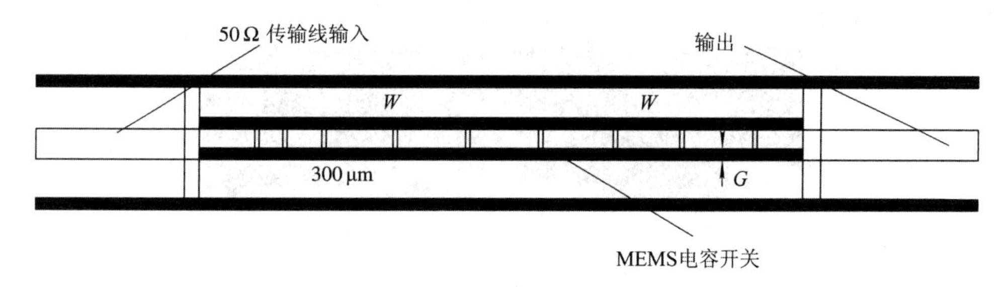

图 6－8　分布式 MEMS 移相器

6.2.2　MEMS 滤波器

近几年来，由于多波段通信系统、雷达和宽波段跟踪接收器以及镜像抑制混频器应用的需要，微波及毫米波 MEMS 可调滤波器研究取得了重要的进展。MEMS 可调谐滤波按其调谐方式可分成两类：连续可调型和数字(Digital)可调型。

1. 连续可调型滤波器

连续可调型 MEMS 滤波器通带调节范围约为 5％～15％，其可调元件为 MEMS 可变容性元件。这种类型的滤波调节范围受限于 MEMS 电容的变比，而且使用的 MEMS 电容数量太多，引入的插入损耗(简称插损)大。

图 6-9 所示是 2002 年韩国设计的两种 V 波段模拟可调带通滤波器，中心频率分别为 50 GHz 和 65 GHz，该滤波器通过直流电压控制可变电容的高度调节滤波器的截止频率，其可调范围为 10%，插入损耗为 3.3 dB 左右。中心频率为 50 GHz 的滤波器芯片大小为 780 μm×1970 μm，65 GHz 的滤波器芯片大小为 670 μm×1900 μm。

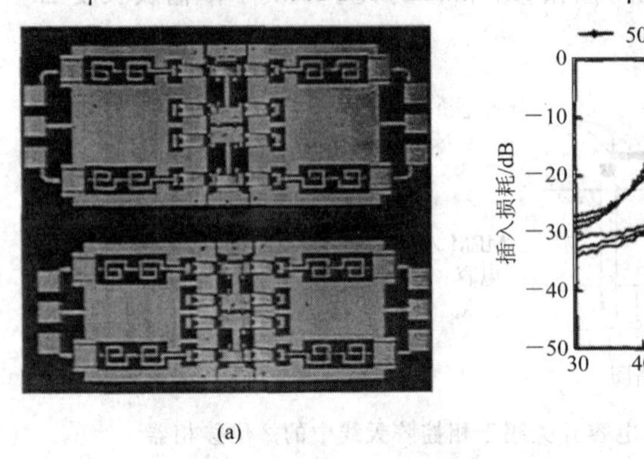

(a)

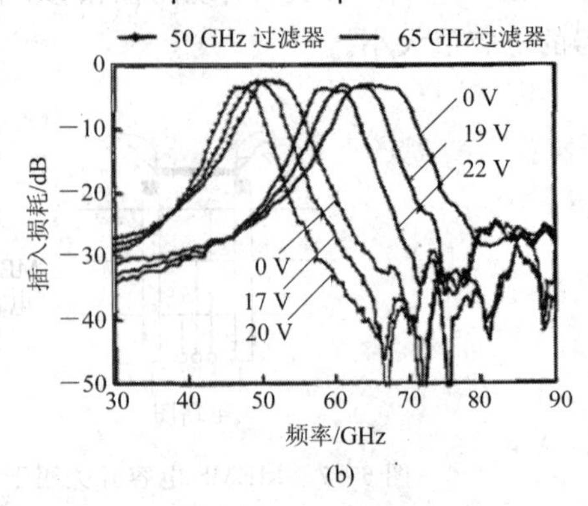

(b)

图 6-9 V 波段模拟可调带通滤波器

(a) 实物照片；(b) 插入损耗

2003 年，美国 Michigan 大学提出一种 MEMS 高 Q 桥式可调电容，如图 6-10 所示，在石英玻璃衬底上实现了可调带通滤波器。其核心是周期性加载的 CPW 慢波调谐器结构，其通带调节范围为 14%(18.6 GHz～21.4 GHz)，插损约为 4 dB。

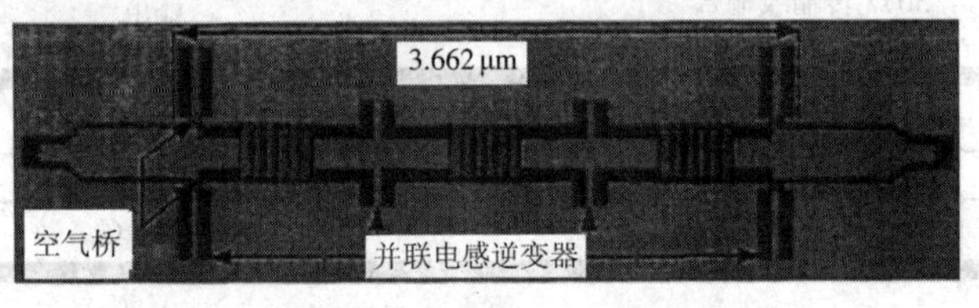

(a)

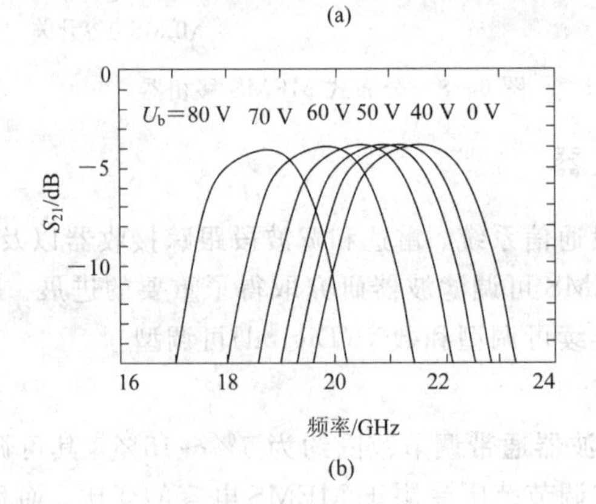

(b)

图 6-10 带通滤波器(Michigan 大学)

(a) 实物图；(b) 测试的插入损耗

2. 数字可调型滤波器

数字可调型滤波器采用一个电容阵列，通过将大小不同的电容用 MEMS 开关在滤波电路中分别接入和断开，实现分离的中心频率和宽的调谐范围(20%～60%)。图 6-11 所示是法国 Limoges 大学研制的微带带通滤波器。在高阻硅衬底上，采用 MEMS 接触式开关，实现了 12 GHz～15 GHz 低耗(2 位 C4 态)可调，其调谐范围为 20%，插损为 3.2 dB。

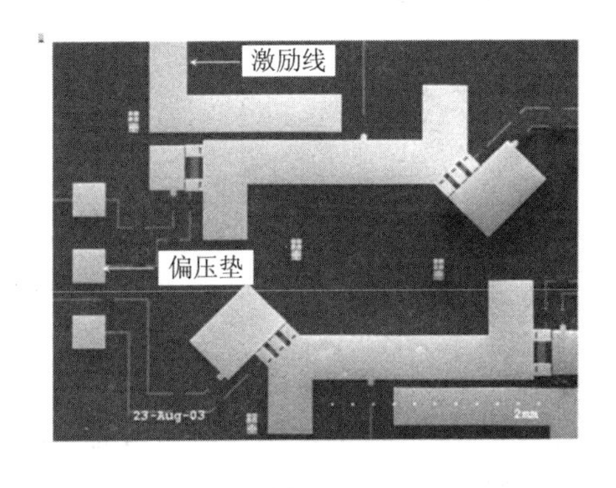

(a)

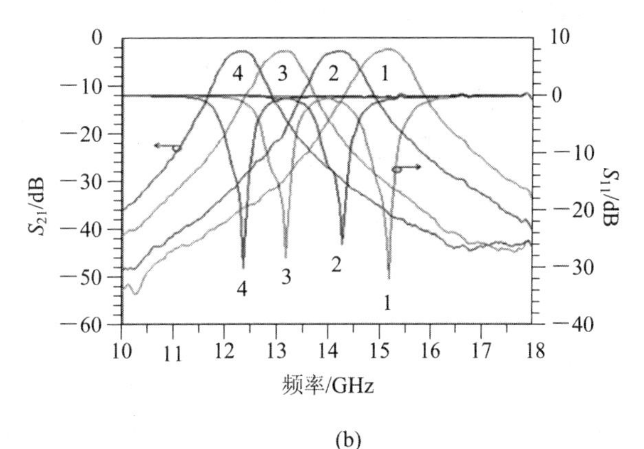

(b)

图 6-11　2 位可调滤波器(Limoges 大学)

(a) 实物照片；(b) S 参数

如图 6-12 所示，2005 年美国 Michigan 大学采用 MEMS 电容，在高阻硅衬底上研制了小型化宽带可调滤波器，实现在 12.2 GHz～17.8 GHz 波段 40%调谐范围的 4 位数字调谐。在整个通带范围内，其回波损耗优于 10 dB，尺寸为 8 mm×4 mm，在 17.8 GHz 时的插入损耗为 5.5 dB，在 12.2 GHz 时的插入损耗为 8.2 dB。

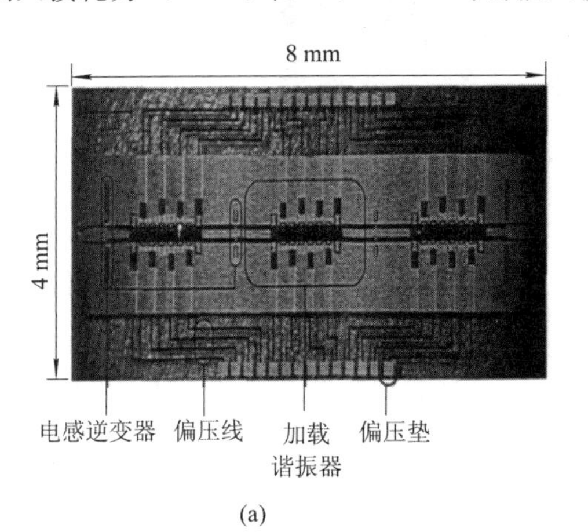

(a)

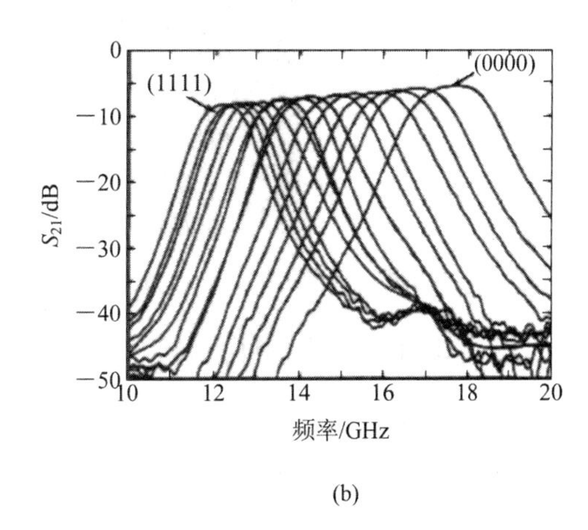

(b)

图 6-12　RF MEMS 宽带滤波器(Michigan 大学)

(a) 实物图；(b) 插入损耗

如图 6－13 所示是采用 MEMS SP3T 三向开关控制的滤波器，可调节的三个截止频率分别为 14.9 GHz、16.2 GHz 和 17.8 GHz（Ku 波段），可调范围为 17.7%，插损为 2 dB。

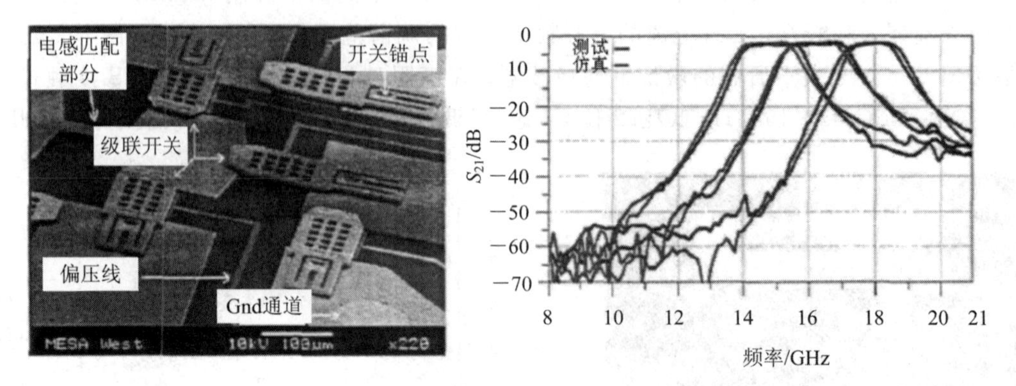

图 6－13　三个频段滤波器

(a) 实物照片；(b) 插入损耗

韩国首尔国立大学研制的基于分形自相似结构的 MEMS 低耗可重构低通滤波器，通过可调电感和电容获得 RF MEMS 可调低通滤波器，可调频率范围从 5 GHz 到 20 GHz，平均插损小于 1.0 dB，芯片尺寸为 0.9 mm×1.7 mm。韩国 LG 电子技术研究所在 CPW 传输线上，周期加载多个直流 MEMS 开关，获得带通可调滤波器，如图 6－14 所示，其平均插损为 1.61 dB，芯片面积为 1.2 mm×4.5 mm。

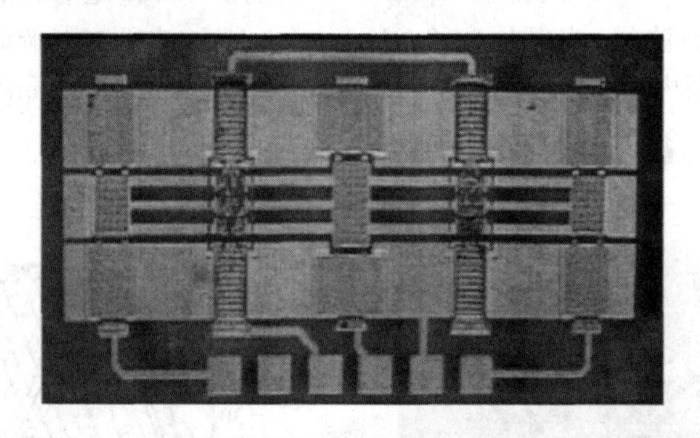

图 6－14　MEMS 低耗可重构低通滤波器(首尔国立大学)

6.2.3　其他 RF MEMS 应用

1. RF 可变电容器

电容器在射频电路中应用广泛，但采用常规方法制得的可变电容器体积大、Q 值低、所需调节电压大，而 MEMS 可变电容器可以克服这些缺点。MEMS 电容器有两种主要形式，即平行板式和叉指式，前者上极板为悬挂状态，利用 MEMS 弹簧的静电力调节与下极板之间距离，从而实现电容的变化功能。叉指电容是随两片齿状平行板相互嵌入程度而实现电容的变化功能。

2. RF MEMS 电感器

采用 MEMS 技术，通过高阻衬底降低衬底寄生电容，从而提高电感器的 Q 值。目前主要有两种 RF MEMS 电容器结构：一种结构是将电感线圈制作在绝缘层上，与衬底构成悬空结构；另一种结构是将电感线圈绕组制作在 NiFe 膜层上，NiFe 作为磁芯起耦合作用。

3. RF MEMS 谐振器

采用 MEMS 技术加工的腔体 RF 谐振器，具有极高的 Q 值，很低的损耗，很宽的工作频率范围以及灵活的结构设计和材料选择等特点。X 波段谐振器腔体，其尺寸仅为 16 mm×32 mm×0.465 mm，Q 值达到 500 以上，而尺寸仅为波导型谐振器的几十分之一。

4. RF MEMS 传输线

采用 MEMS 技术制作的 RF 传输线大大削弱了衬底对传输线性能的影响。按制作方法常分为四类：膜片支撑的微带线、共面的微屏蔽传输线、顶部刻蚀的共面波导和微机械波导。RF 传输线可以集成在微波集成电路中，并能保证 TEM 的传播模式。由膜片支撑的微带线，采用高阻硅衬底，通过体硅工艺制作悬空膜片，在膜片上面制作 Au 微带传输线，这种传输线可完成 TEM 传输模式，损耗极小，因而带宽很大，可达 DC/320GHz。

5. RF MEMS 天线

MEMS 机械加工方法已经被用于不同频段的平面或三维微型天线之中，以提高天线的效率或缩小天线的尺寸。其中微带天线由于简单、设计灵活、易于集成，已经得到了广泛应用，包括遥测、雷达、导航和生物医学等中的应用。对于无线通信来说，研制用于 0.9 GHz～4 GHz 波段的微小型天线有着重要意义，因为这一波段的应用涉及 WLANs (900 MHz～2.4 GHz)、GPS(1.5 GHz)、蓝牙(2.4 GHz)等。减小天线尺寸的方法通常采用提高等效介电常数，然而高介电常数基底材料中表面波的显著激励，使微带天线性能明显降低。解决这一问题的方法是采用合适平面微带线结构和馈线网络，部分去除衬底介质，采用光子带隙结构等。利用 MEMS 加工方法，重庆大学最近在介电常数的硅材料基底上获得了一种微带贴片天线，此天线的主模式为 TM10，其中心频率为 4.1 GHz，带宽约为 3%，微带线尺寸为 28.0 mm×24.0 mm。

6. RF MEMS 相控阵天线

美国军方已启动有关 MEMS 在相控阵天线系统中的多项应用项目，其中之一就是“微电子机械天线”。该项目的目标是开发一种超低成本的轻型低功率相控阵天线，这种相控阵天线的原理框图如图 6－15 所示。相控阵天线的移相器采用 MEMS 移相器和数字式反射镜，它与由 PIN 二极管与砷化镓场效应晶体管(GaAs FET)实现的移相器相比，其控制功耗要低很多，插入损耗也低。MEMS 天线的馈线系统，即 RF 传输总线，采用空间馈电结构实现，波束控制信号的分配传输网络也采用空间馈电结构。目前，美国 DARPA 研制的“微电子机械天线”样机为一个电扫描阵列(ESA)，工作在 X 波段，整个阵列天线包含 10 000 个天线单元。

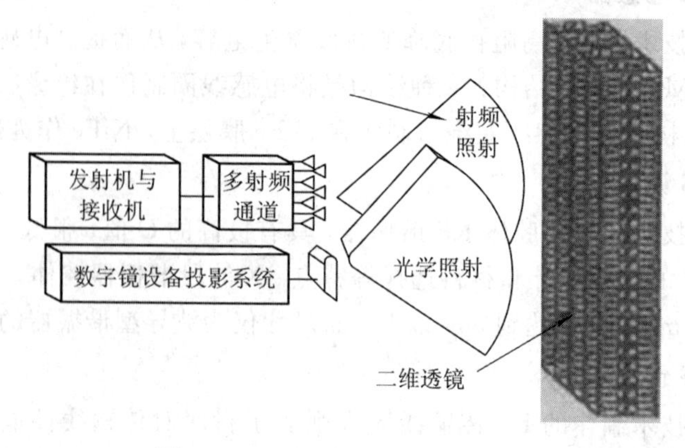

图 6－15　RF MEMS 相控阵天线

7. MEMS 天线

MEMS 天线可用于空间载雷达(Space Based Radar，SBR)、气球载或飞艇载相控阵雷达、先进舰载雷达、地基移动防空武器、“全球鹰”无人机空中侦察平台。其中用于舰船自身防御的 X 波段舰载相控阵雷达，是对付低空高速掠海导弹攻击的。因作用距离受限于地球曲率，故要求雷达信号发射功率不是很高，因此采用 MEMS 天线可以降低成本，减轻重量，适合完成舰船自身防御要求。

6.3　RF 开关

MEMS 开关的概念是在 1996 由 Koester 提出的。第一份公开发表的论文只是提出了 MEMS 器件的概念，同时指出了器件设计面临的一些挑战以及它的潜在应用。在此后很长一段时间，国际上 MEMS 开关的研究进展迅速，MEMS 开关也得到了越来越多的应用，MEMS 开关在射频系统中的潜在应用包括：多波段通信系统中的天线收/发和信号滤波通路选择，以及智能天线等。

国外关于 MEMS 开关的研究比较早。1979 年，静电悬梁式开关就已经开始研制成功。20 世纪 90 年代，MEMS 开关发展迅速，不仅出现了旋转传输线式、膜结构的开关，而且还从降低开关的阈值电压出发，设计了螺旋型悬臂式和大激励极板的 MEMS 开关结构。在 90 年代末研制出了一种射频微机械 CPW 开关，其开关的致动电压为 50 V。

我国对 CPW 开关的研究也取得了相当大的成就。2000 年，东南大学和南京电子器件研究所联合研制出了工作在24.5 GHz基于砷化镓衬底MEMS膜开关。2001年，朱健等人在硅衬底上研制出一种20 GHz的MEMS开关。随后，不断出现了一些高性能的MEMS开关。2008年，南京理工大学和南京电子器件研究所联合研制以高阻硅为衬底的毫米波悬臂梁接触式反射型MEMS串联开关，50 GHz频率的插入损耗为1.1 dB，隔离度测试值约为23 dB。

与传统的PIN二极管和FET开关相比较，MEMS开关有很多优点，如表6-1所示。在低于1 GHz频率的应用情况中，固态电子开关仍然是首选。它们很便宜，损耗低，易于集成，应用广泛。固态电子开关在千兆赫兹以上时，损耗开始增加，难于集成，而MEMS开关的优势就变得明显起来。MEMS没有固态电子开关快，可靠性也不高，但它们在电气性能上比固态电子开关更胜一筹。MEMS开关即使在40 GHz时，插入损耗也很容易达到0.1 dB，开关时间一般在几十微秒，循环次数达到几十亿次。近年来，处理功率达到几瓦的开关也已被报道。

MEMS开关消除了p-n半导体和金属半导体结，减小了电阻损耗，减小$I-U$非线性和功率容量，没有谐波和交调失真。大多数MEMS开关的功耗是μW级，静电驱动的功耗可以忽略不计。

表6-1　MESFET、PIN二极管和MEMS开关比较

特性参数	MESFET	PIN二极管	MEMS
1 GHz的损耗/dB	3～5	1	小于1
1 GHz的隔离/dB	20～40	40	大于40
控制电压/V	8	3～5	大于40
开关速度	ns	ns	μs
控制电流/mA	小于10	10	小于1
串联电阻/Ω	3～5	1	小于1

在传输特性方面，MEMS开关在1 GHz时的插入损耗小于1 dB，隔离度大于40 dB，要比传统的射频开关优越。由于传统射频开关中p-n半导体和金属半导体结的存在，PIN二极管和FETs都有由于物理尺寸引起的特有的电容，在高频时，该电容减小了开关在断开状态时的反向隔离度。为了提高隔离度，可以减小电容，但是这样会增加开关闭合时的电阻，导致插入损耗的增加。和固态开关比较，MEMS开关的C_{off}接近2fF，而PIN二极管的C_{off}接近22fF，所以MEMS开关有较好的隔离度。

MEMS开关与PIN二极管和FETs开关相比，主要受开关速度的限制(微秒(μs)级)。MEMS开关的结构形式和工作原理决定了MEMS开关具有优良的高频特性。但是，开关的另外一些特性，例如，开关的闭值电压、共振频率和开关次数成为阻碍开关使用的主要因素。射频微波MEMS开关存在如机械特性等几个固有的缺陷，主要问题是开关速度较慢，与一般固态开关(如 FET 开关) 纳秒(ns)级的开关速度相比，射频/微波 MEMS 开关的开关速度是微秒(μs)级。但对于可重构天线研究却并不是一个很困难的问题，在设计中有足够的时间来提供可重构天线，为不同的通信、雷达功能进行重构。

开关是微波信号变换的关键元件。和传统的 PIN 二极管开关及 FET 开关相比，由于消除了 p－n 结和金属半导体结，MEMS 开关具有以下优点：

(1) 减小了欧姆接触中的接触电阻和扩散电阻，降低了器件的欧姆损耗，高电导率金属膜能以极低的损耗传输微波信号。

(2) 消除了由于半导体结引起的 $I-U$ 非线性，显著减小了开关的谐波分量和互调分量，并且提高了 RF MEMS 开关的能量处理能力。

(3) RF MEMS 开关静电驱动仅需极低的瞬态能量，其典型值大约是 10 nJ。当然，MEMS 开关微秒级的开关速度使他们无法应用于高速领域。

由于没有非线性，减少了开关谐波分量，提高了开关处理能力，因此，MEMS 开关线性度佳，隔离度高，驱动功耗低，工作频带宽，截止频率高(一般大于 1000 GHz)。

随着 MEMS 开关的不断发展，它在各种系统中的应用也越来越广泛。为了适应各种电子系统的要求，MEMS 开关的研究也朝着高频段、低驱动电压、低成本以及大规模集成度的方向发展。

6.3.1 RF MEMS 开关分类

RF MEMS 开关由两个不同的部分组成：机械部分和电学部分。可以用静电、电磁、压电或热原理等为机械部分提供驱动力。到目前为止，静电型开关和静磁驱动开关可以用圆片级制造技术加工，在 0.1 GHz～100 GHz 范围内有高的可靠性。开关的电学部分，可以采用串联或并联的方式排列，可以是金属-金属接触或电容式接触。开关的机械部分结构主要有悬臂梁、桥膜和扭转摆三种。从接触方式上看，可分为电容和电阻式。其结构如图 6－16 所示。

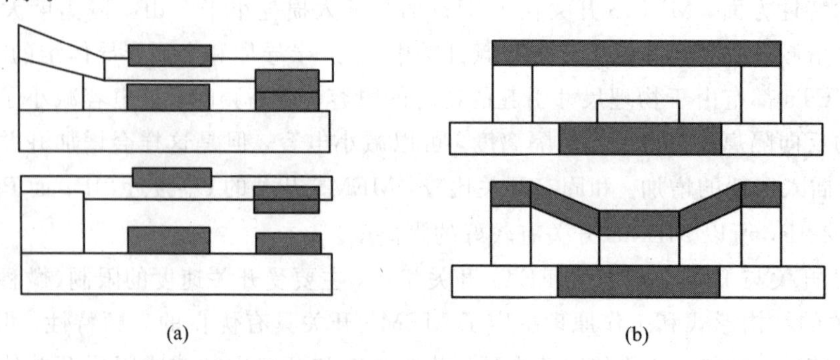

(a)　　　　(b)

图 6－16　MEMS 开关结构图

(a) 悬臂接触式 MEMS 开关；(b) 空气桥电容式 MEMS 开关

静电驱动的作用原理是在两块分开一定距离的极板上施加电压，极板在电场力的作用下发生变形，实现开关闭合；电磁驱动是利用带电导线在磁场中受电磁力作用，产生运动来实现开关闭合。相对来说，电磁驱动式开关结构更加紧凑、功率更大，但其工艺复杂，制作成本高。

6.3.2　悬臂梁结构电阻接触式 RF 开关

图 6-17 所示是典型的串联型欧姆接触式悬臂梁 MEMS 开关结构。开关由加载在悬梁和下电极之间的电压产生的电场力来驱动。当开关不施加驱动电压时，悬臂梁与下电极之间不能产生电场力，此时悬臂梁处于断开状态，射频信号被阻断；当施加驱动电压在悬梁和底电极之间时，悬臂梁与下电极之间产生的静电场力将使悬臂梁向下偏转，使梁自由端金属触点处导通，开关处于导通状态。

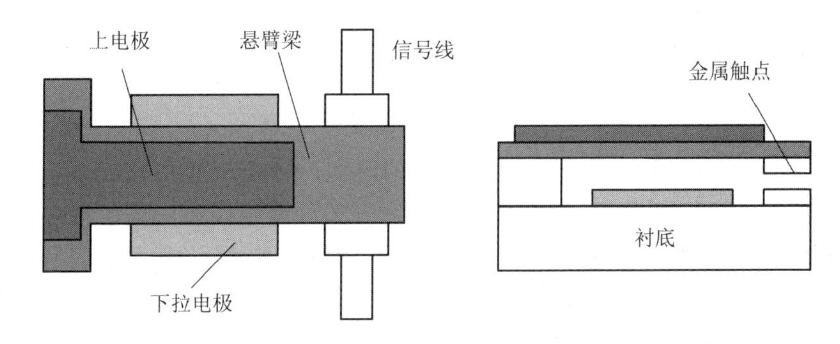

图 6-17　串联型欧姆接触式开关结构

这种开关活动触点以串联形式将信号线连通，因此这类开关被称为串联型欧姆接触式开关。实际的开关在梁上往往开出小孔，一方面方便释放牺牲层；另一方面是减少空气阻尼。

设悬臂梁与下电极的宽度是 w，悬臂梁与下电极之间断开时距离是 g，加载驱动电压时，要求悬臂梁拉到 $2g$ 处（g 表示悬臂梁的底层二氧化硅和下电极相接触时的间距）。

在悬臂梁和下电极之间加载驱动电压，则两极板可等效为一个平行板电容，该平行板电容的大小可表示为

$$C=\frac{\varepsilon_{o} w W}{g+\dfrac{t_{d}}{\varepsilon_{r}}} \tag{6-1}$$

其中，t_d 和 ε_r 分别是绝缘层厚度和相对介电常数；ε_o 为真空绝对介电常数。当两个极板带有不同电极性的电荷时，悬臂梁与下电极之间会产生的静电力，该静电力为

$$F_{e}=\frac{1}{2} U^{2} \frac{\mathrm{d} C_{g}}{\mathrm{d} g}=-\frac{1}{2} \frac{\varepsilon_{o} e W w U^{2}}{\left[g+\left(\dfrac{t_{d}}{\varepsilon_{r}}\right)\right]^{2}} \tag{6-2}$$

$$e=\begin{cases}1 & (g\neq 0)\\ 0.4-0.8 & (g=0)\end{cases} \tag{6-3}$$

其中，e 表示由于下电极-底层二氧化硅绝缘层之间接触不紧密而引起电容的减小。在悬臂梁向下弯曲时，悬臂梁会产生一个往相反方向的回复力 F_e，回复力 F_e 可表示为

$$F_e=-kx \tag{6-4}$$

当静电力等于悬臂梁的恢复力 F_e，即 $F_e=-kx$，则有

$$-\frac{1}{2}\frac{\varepsilon_o eWwU^2}{\left[g+\left(\frac{t_d}{\varepsilon_r}\right)\right]^2}=-k(g_o-g) \tag{6-5}$$

此时有

$$U=\sqrt{\frac{2k}{\varepsilon_o wW}(g_o-g)\left[g+\left(\frac{t_d}{\varepsilon_r}\right)\right]^2} \tag{6-6}$$

对于悬臂梁来说，其弹性系数 k 可由下式表示：

$$k=\frac{2Ew}{2}\left(\frac{t}{l}\right)^3 \tag{6-7}$$

其中，E 为悬臂梁材料的弹性系数；t 为悬臂梁的厚度；l 为悬臂梁的长度。

此时不考虑 MEMS 开关的重力、空气阻力和开关的残余应力，因为 MEMS 开关的质量小，则重力小，空气阻与静电力相比相差一个数量级。同时，开关的悬臂梁内残余应力被它的自由端释放了。当悬臂梁被拉到 $g_o=2g$ 时，代入式(6-6)，此时所需的偏压称为开关的驱动电压。其表达式为

$$U=\sqrt{\frac{2k}{\varepsilon_o wW}g_o\left[g+\left(\frac{t_d}{\varepsilon_r}\right)\right]^2} \tag{6-8}$$

图 6-18 所示是 1979 年 IBM 的 K. E. Peterson 研制的一种静电驱动串联型接触式开关。它是最早的悬臂梁结构开关，开关性能与制作工艺有较大的关系，各项性能参数并不稳定。

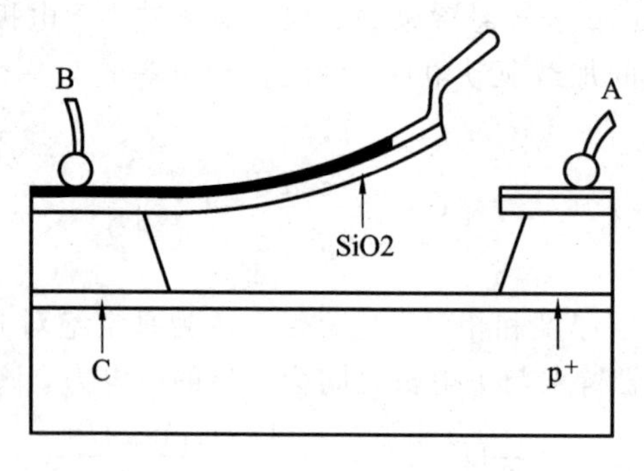

图 6-18　悬臂梁接触式开关(IBM)

图 6 - 19 所示是 1999 年报道的一种 GaAS 衬底上制作的串联型欧姆接触开关。悬臂梁是一种“三明治”结构，用绝缘介质(氮化硅)将金属(金)包裹起来，有利于降低悬梁的应力。该开关的接触电阻为 1 Ω～1.5Ω，1 GHz～40 GHz 频率时，插入损耗为 0.1 dB～0.15 dB；4 GHz 频率时，隔离度为 45 dB；40 GHz 频率时，隔离度为 25 dB；开启电压为 30 V～40 V。

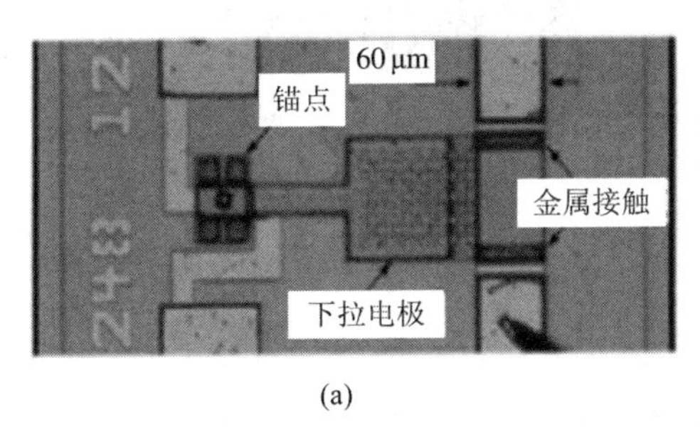

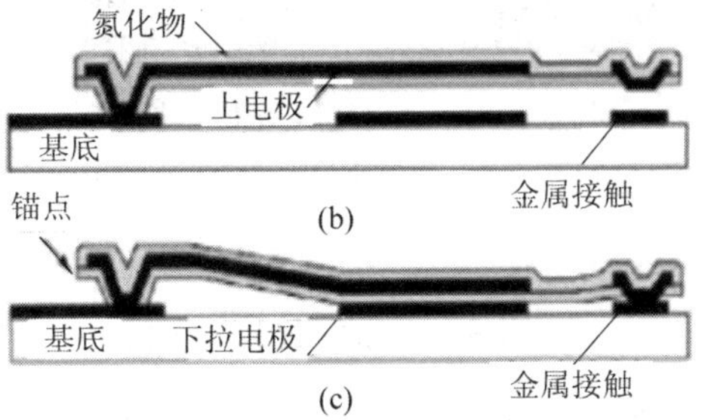

图 6 - 19　三明治串联型欧姆接触开关

图 6 - 20 所示为台湾大学的 Chang 等人在 2000 年研制的一种紧凑的静电驱动 DC 接触式 MEMS 并联开关。在 GaAs 衬底上，悬臂梁采用双层金属(0.5 μm 厚 Al 和 0.1 μm 厚 Cr)制作。由于 Al 和 Cr 金属层间的残余应力差，悬臂梁向上翘曲，改变两层金属的厚度比例及 Cr 金属层的位置，从而可以改变上翘的程度。采用非晶硅作为开关的牺牲层。开关采用 CPW 微波传输线。开关的开启电压约 26 V～30 V，切换时间约为 10 ms，10 GHz 时的插入损耗为 −0.5 dB，隔离度为 −17 dB。

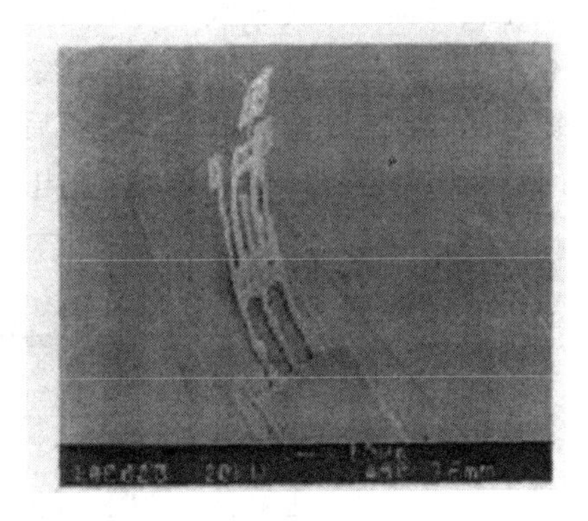

图 6 - 20　DC 接触式 MEMS 并联开关
(台湾大学)

图 6 - 21 所示是 Rockwell Scientific(罗克韦尔科技公司)Yao 和 Chang 等人研制的第一个欧姆接触式悬臂 MEMS 开关。整个开关尺寸为 150 μm×250 μm。在 2 GHz、40 GHz 和 90 GHz 时，测得的隔离度分别为 56 dB、30 dB 和 20 dB。在 0.1 GHz～50 GHz 频段内，插入损耗仅为 0.1 dB。

图 6 - 22 所示为 Motorola(摩托罗拉)公司 2000 年研制的接触式 MEMS 串联开关。驱动电压为 40 V～60 V，开关时间为 2 μs～4 μs，隔离度在 2 GHz～4 GHz 频段内优于 44 dB。插入损耗在 0.1 GHz～6 GHz 时为 0.15 dB。

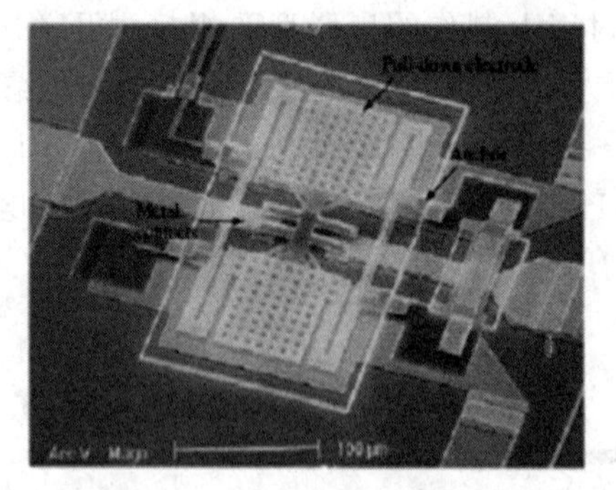

图 6-21　欧姆接触悬臂 MEMS 开关
(Rockwell Scientific)

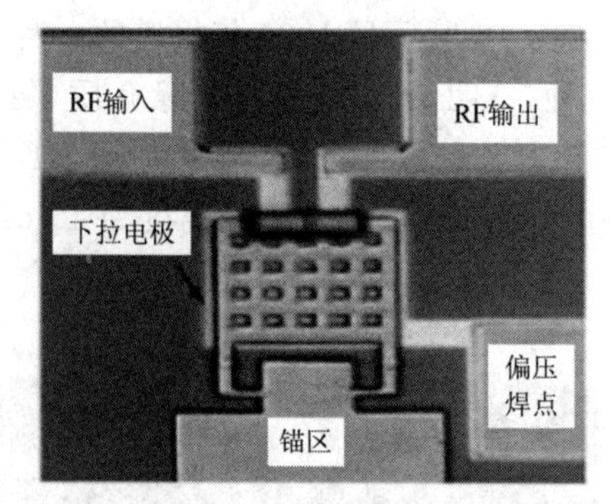

图 6-22　欧姆接触式开关
(Motorola 公司)

6.3.3　电容耦合式 RF 开关

电容耦合式 RF 开关可分为串联型和旁路型。串联型电容耦合式开关优势不明显，这方面的研究和报道很少。图 6-23 所示为典型的旁路型电容耦合式开关的示意图。这种开关直接作在共面波导传输线上，中间的信号线同时也兼作下拉电极，上电极两端固支并与地线相连，下拉电极的顶部有一层绝缘介质，防止开关吸合后造成直流短路。当在信号线和地线之间施加一个合适的直流电压后，上电极被静电力吸下来，贴在绝缘层上，形成金属-介质-金属的电容结构，通过这个电容，将信号耦合到地线。

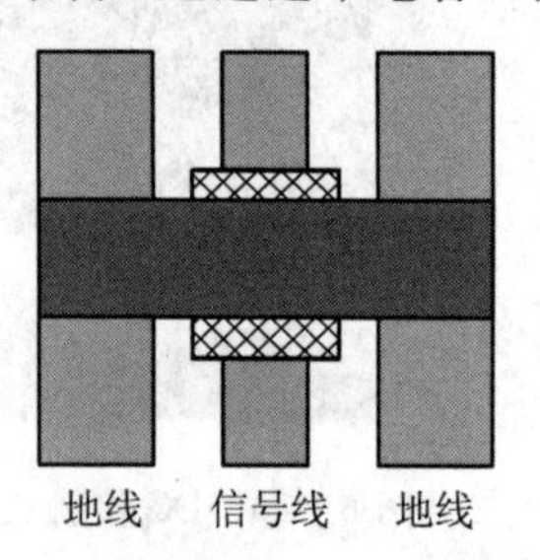

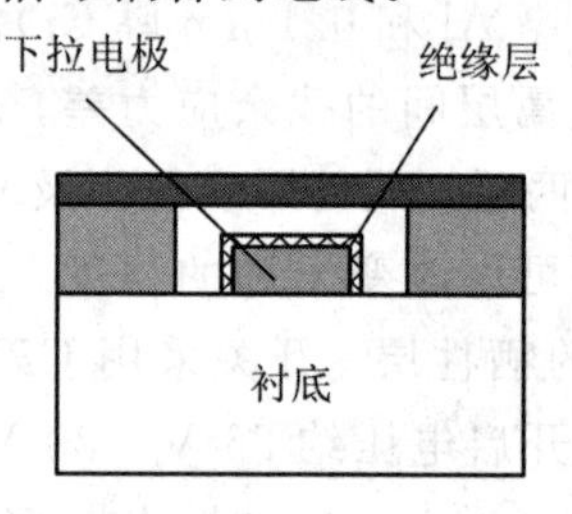

图 6-23　旁路型电容耦合式开关

1996 年 Goldsmith 等人研制了电容耦合式 MEMS 开关，如图 6-24 所示。为了获得平滑的介质层表面，该开关采用钨合金作为下电极，淀积约为 100 nm 的氮化硅。牺牲层的材料是光刻胶，用氧气等离子体刻蚀的方法释放。上电极是溅射的 0.5 μm 的铝。开关的开启电压为 30 V～50 V，10 GHz 时隔离度为 20 dB；30 GHz 时隔离度为 35 dB。

图 6-25 所示为 Michigan 大学研制的具有折叠弹簧结构的电容耦合式开关。上电极通过四角上的折叠弹簧悬挂在介质层上方，折叠弹簧结构使得上电极的等效弹性系数很小，有效地降低了开启电压(6 V～20 V)，开关切换时间约为 20 ns～40 ns。在 1 GHz～40 GHz 频率范围内，插入损耗小于 0.1 dB；30 GHz 时，隔离度为 25 dB。

图 6 - 24　电容藕合式开关(Goldsmith 等)

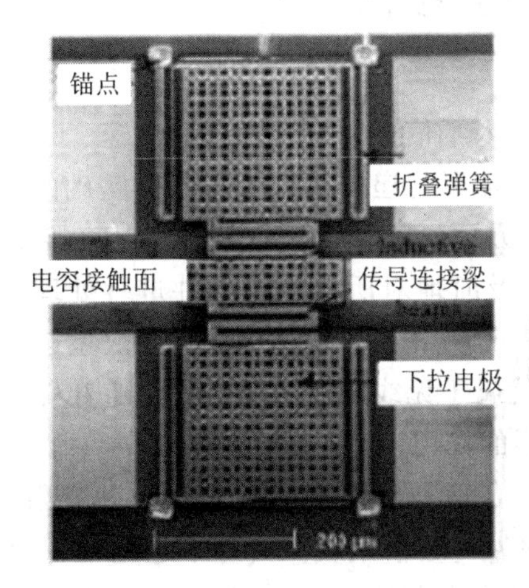

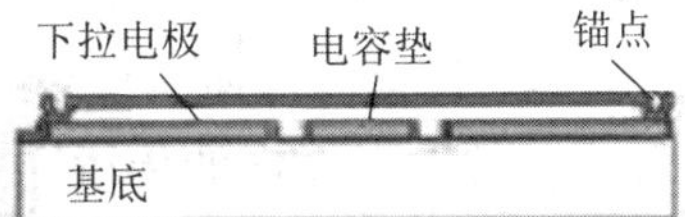

图 6 - 25　折叠弹簧结构的电容耦合式开关(Michigan 大学)

图 6 - 26 所示是韩国 LG 公司研制的高变容比电容耦合式开关。采用折叠弹簧结构以降低开启电压(8 V～15 V)。介质层的材料选用高介电常数的 STQ(钛酸锶)，理论上变容比可以达到 3000，实际上由于介质表面粗糙等原因，变容比为 600～700。开关的谐振频率为 3 GHz～5 GHz，隔离度在 900 MHz、5 GHz 和 10 GHz 时分别为 26、40 和 30。在 100 MHz～10 GHz 频率范围内，插入损耗小于 0.1 dB。

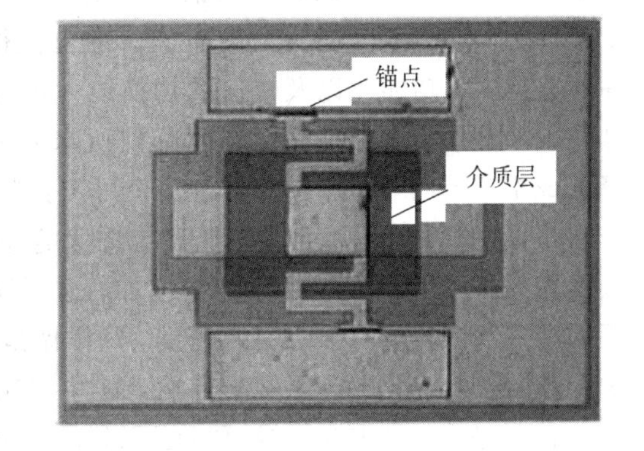

图 6 - 26　电容耦合式开关(LG 公司)

RF MEMS 开关普遍存在驱动电压过高、开关时间过长的问题，劣于 FET 场效应管开关和 PIN 二极管开关。当 MEMS 开关的梁或膜受静电力吸引向下偏移到一定程度时，达到阈值电压，梁或膜迅速偏移至下极板，电压大小取决于材料参数、开关尺寸及结构。梁或膜的材料需要比较好的杨氏模量与屈服强度。杨氏模量越大，谐振频率就越高，可保证RF开关工作的高速稳定及开关寿命。RF开关在尺寸设计上，要考虑静电驱动力的尺寸效应，结构的固有振动频率则影响开关的最高工作速度。单从结构上看，降低驱动电压的途径为：降低极板间距，增加驱动面积，降低梁或膜的弹性系数。有研究表明，所加电压越高，开关的寿命越短。驱动电压的降低势必导致开关速度变慢，如何同时满足驱动电压和开关速度的要求是当前的困难所在。

6.4 重构天线的概念

科学技术的迅猛发展使现代社会已经步入了信息社会，信息的快速、广泛地传递是信息社会的主要标志之一。信息社会是以各种信息传递以及处理技术为基础的，包括信息获取、信息调制、信息发送、信息接收等各个方面。其中信息的传递质量直接影响到信息社会生活的质量，精确、快速的传递信息能够及时地对所发生的事件进行处理。信息传递的方式主要利用线缆传输和无线电波传播这两种方式。现代移动通信、卫星通信、无线本地通信和各种军、民用雷达的信息传递方式就属于无线电波传播方式。随着科学技术的进一步发展，无线通信技术将越来越发挥着重要的作用。

近年来，在无线通信领域，为了有效而合理利用宝贵的频谱资源和有限的空间资源，提高系统容量，增加系统功能，扩展系统带宽，通信系统大容量、超宽带以及多功能的发展趋势不可避免，已经成为新时代无线通信向更好方向发展的最好途径。同时，接收机、车载(机、船)和手持的数据与话音通信终端等无线电收/发设备成为无线通信行业的又一个发展方向，不断出现的无线通信标准也使得越来越多的新产品亮相。小型化、低功耗、高可靠性、多功能化以及快速的切换能力是这些新产品的基本特点。作为系统的核心工作部件，对天线的研究设计也将面临前所未有的难题和挑战。在要求减轻重量、减小体积、降低成本的同时，天线还应具有多个可工作频带，可根据应用条件或应用领域的不同，工作在不同的模式下。然而，无线系统向大容量、超宽带和多功能的方向发展，势必使一个天线系统平台上的天线个数大量增加，这不仅使通信系统的复杂程度大大增加，还会带来不同的干扰噪声，使干扰变的严重。这样做是非常有害的，从实现良好电磁兼容特性来考虑，再加上系统成本等因素的影响，这些均成为制约通信系统进一步更好发展的“瓶颈”。在这种形势下，可重构天线(Reconfigurable Aperture)被及时提出，成为突破这个“瓶颈”的最好利器。

可重构天线的提出，旨在使天线能够动态改变自身工作状态，从而适应应用环境的变化，使无线系统的特性尽量少地受到天线的约束。相对于传统的天线，可重构天线是一种新颖而有效的天线，这种天线可以通过非机械手段来控制其结构的变化，从而改变天线的特性参数，使之能工作在多种不同的工作模式下，适应不同的应用环境。

可重构天线可以通过电控开关等手段来控制其结构的变化，使天线的某些特性参数发生重构，实现在不同工作状态间的灵活切换，可以看成是多个不同的天线共用一个物理口径，应用十分广泛。当可重构天线应用于现代通信系统中时，能够大幅度地减少同一个天线系统平台上的天线数，很好的解决了在现代通信的发展中所遇到的难题。可重构天线工作灵活，体积小，重量轻，作为系统的关键部件，能够很大程度上改善整个通信系统的性能，使无线系统适应复杂多变的应用环境，因此，作为一种新颖而有效的天线，可重构天线的发展意义重大。开展可重构天线的理论以及设计研究工作，不仅具有较高的学术价值，而且也有相当大的实际意义，目前在国内外已成为一个研究热点。

天线设计是一个很复杂的电磁问题，虽然天线的种类形形色色，但其本质归根到底就是设计一个具有特定电流分布的辐射体。天线所要求的各个参数都是由其辐射体或包围辐射体的封闭面上的电流分布决定的。可重构天线作为一种新型的天线，之所以可重构天线的参数，是因为它具有可切换的不同的工作模式，其本质也就是通过改变天线的结构进而改变天线的电流分布来实现的。因此，可重构天线的设计需要高效的电磁分析手段，而不是等同于多个传统天线的简单叠加。

1983 年 D. Schaubert 等人在他们的专利“Frequency-Agile, Polarization Diverse MicrostripAntenna and Frequency Scanned Arrays”中第一次提到“可重构天线”的概念，但是其含义和现在我们所研究的可重构天线有很大的不同。可重构天线希望使用某些非机械手段动态改变天线的物理结构，进而改变天线的工作状态，应用十分灵活。可重构天线能够工作在多个频段，可以有不同的辐射方向图和极化方式，具有传统天线难以比拟的优越性，在现代以及未来的无线通信领域都具有强大的应用前景。可重构天线，其本质是通过一些方式动态改变天线的物理结构，从而改变天线的电性能参数，使天线可以根据应用环境的不同在几个不同的工作模式间灵活切换。一般实现结构变化的关键技术有可变电容和开关元件(如 MEMS 开关、PIN 开关等)，通过在天线上加载可变电容或开关元件，并控制它们的工作状态，能够使天线工作在不同的工作模式。可重构天线按照功能可分为频率可重构天线、极化可重构天线、方向图可重构天线以及多种参数可重构天线。

可重构天线是一种新颖、越来越引起天线设计领域关注的天线技术，这种天线能够在不改变其机械结构的情况下，通过非机械的手段来改变其关键的特性参数，如工作频率、辐射方向图、极化方式、雷达散射截面和输入阻抗等。这样电控可重构天线能在没有机械变换部件的情况下适应不同的电磁环境。

可重构天线在过去几年里扮演了十分重要的角色，能用来设计智能天线和自适应系统。特别是在某些 MEMS 器件，如 MEMS 开关、PIN 开关在集成有源器件中的应用。MEMS 开关和 PIN 二极管开关的反应速度很快，在毫秒(ms)级可使天线重构的速度明显加快。同时，这种开关在可重构天线中的应用，使天线的设计极限远远超过了人们可以预期的效果，它的工作频率可以从几百兆赫兹到几十吉赫兹，这是以前天线很难实现的。

相对于传统天线，可重构天线有以下优点：

(1) 结构更加紧凑，更加简单，几部天线共用一个物理辐射单元，完成了传统天线需要几部天线才能完成的工作，减小了天线系统的尺寸和重量。

(2) 通过非机械手段改变天线的主要的特征参数，如工作频率、辐射方向图、极化方式、雷达散射截面和输入阻抗等。

(3) 可以在多个频段上切换，使天线工作在多个频段上。

(4) 动态地改变天线的工作模式，减少电波多路传播效应，有效地减少人为干扰和空间干扰。

6.5 重构天线研究现状

近年来国外对可重构天线的研究越来越重视，如美国国防高级研究项目管理处(DARPA)的可重构天线项目得到陆海空三军的支持，在1999年起始年就资助了12个项目。其中包括应用于电控可重构天线的MEMS开关、电控可重构天线的辐射元设计、辐射方向图的动态变化和剪裁、频率细调和多频段设计电控可重构天线设计软件等。下面介绍国外一些有代表性的研究工作。

位于Los Angeles的California大学的Elliott R. Brown运用距量法分析了两维口径电控可重构天线，其研究是美国ARPA可重构天线项目的一部分。Elliott研究的可重构天线由细条状的微带电偶极子阵组成，这些电偶极子由MEMS开关互联。通过切换MEMS开关的组合状态，使偶极子的臂长变化，从而使该天线能够在2 GHz～16 GHz的范围内保持半波长谐振。Elliott研究了分别工作在16 GHz、8 GHz、4 GHz和2 GHz时可重构偶极子阵的增益、自阻抗和互阻抗等。

California大学电气系Yongxi Qian、James Sor和Tatsuo Itoh等人在美国DARPA/SPAEAR支持下，研制了分别应用PIN二级管开关和射频微波MEMS开关的多模式多频段可重构微带天线。现在，随着雷达和通信系统的增多，陆基和空基平台上的天线系统也越来越复杂，减轻天线的数量、尺寸和重量有着非常重要的意义。为了达到这个目的，Yongxi Qian等人设计出可重构的泄漏模/多功能微带天线阵，如图6-27所示，该天线包含一个微带缝隙模线性天线阵。缝隙模线性天线阵有高增益的辐射波束，能够在y-z平面上进行频率扫描，在y-z平面上进行相位扫描。用PIN二极管开关或者射频微波MEMS开关和缝隙将比较长的(几个自由空间波长)的缝隙模磁带天线分割成几个小片断，其中一些小片断被用作微带天线，有独立的馈电网络，可以中等增益工作在从UHF(决定于隙缝口径长度 L)到 Ka(受限于微带的宽度 w)波段的多个频段上，同时缝隙模天线工作在 X 波段。图中 p1 是工作在 8 GHz～10 GHz 微带缝隙天线，这个缝隙天线被开关和缝隙分割成两个分别工作在 9 GHz(p2)和 6 GHz(p3)频率。对其中的微带贴片天线进行分组，并且应用 180 度移相器，可以得到能够在 $x-y$ 和 $y-z$ 平面进行扫描的高质量的单脉冲波束。Yongxi Qian 等人设计盼缝隙模多功能天线是多模式可重构天线的一个范例。

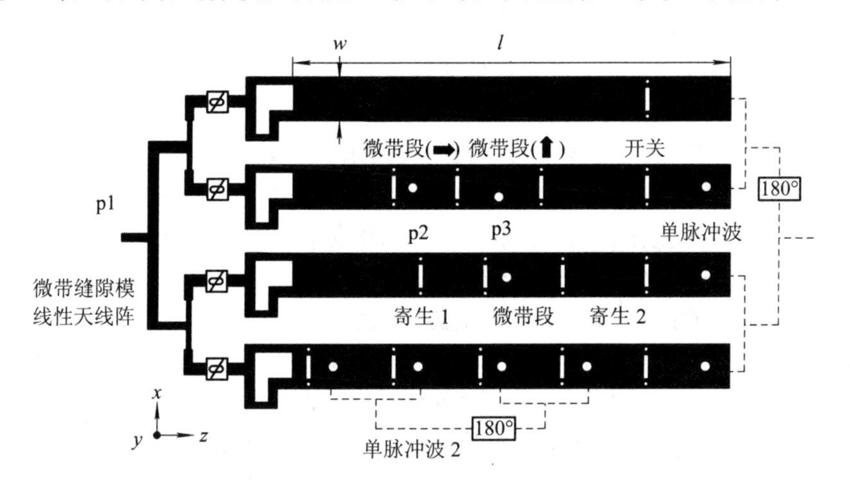

图 6-27　缝隙模多功能电控可重构天线结构

美国 Catalonia 技术学院通信工程系的 Luis Jofre 和 California 大学 Irvine 分校电气和计算机工程系的 Bedri A. Cetiner 设计了应用于无线通信的小型化多元可重构微带天线。在下一代的蜂窝网络中，系统要在快速移动的环境中拥有很宽的容量。数据传输速率达到 100 Mb/s 或者更高，需要更高的频谱利用效率和更强的抗衰落的能力。Luis 等人设计的多元可重构天线在一定的尺寸限制的情况下，能够改变工作频率和辐射方向图，最终实现一个宽频带或者几个窄频带和一个宽波束或者几个窄波束的动态配置。该多元可重构天线由四个或者两个天线元组成，每一个天线元是一个小型(直径小于 0.2λ)多层宽带辐射单元，天线单元由 PIN 二极管开关或者射频微波 MEMS 开关组合相连。开关放置在特定的位置，在谐振口径上改变工作频率，在馈线上改变辐射波束。Luis 分析了辐射单元在各种分布的情况下天线单元之间的隔离度，并设计制作了一个工作在 5.2 GHz、方向图可动态变换的小型电控可重构天线。它的小尺寸和波束动态改变特性适用于通信环境变化强烈的通信环境中的便携式设备。Luis 的工作是电控可重构天线技术应用在便携式通信终端的一个优秀范例。

Illinois 大学的电气和计算机工程系电磁实验室的 J. T. Bernhard 等人，在美国 DAPRA 电控可重构天线项目(RECAP)的资助下设计一应用于空基雷达的多层栈式可重构天线单元。可重构天线单元是空基相控阵雷达的基本辐射单元，采用最少的开关，低剖面的多层栈式可重构单元天线。通过改变开关状态，该天线元能够工作在多个频段，有很宽的极化变化范围，形成多个波束或实现波束扫描。J. T. Bernhard 设计天线的基本结构是由双层蝶形天线微带辐射贴片和混合介质基板构成。上层蝶形微带辐射贴片小，用作高频段辐射元，工作在 7 GHz～9 GHz；下层蝶形微带贴片大，用作低频段辐射单元，工作在 2.7 GHz～3.5 GHz。该天线工作在高频段时，开关控制下层的蝶形微带贴片，使下层蝶形贴片相连接地；当工作在低频段时，控制开关状态使上层蝶形微带天线悬空，用作下层的蝶形微带辐射元无源寄生单元，以提高低频段的带宽。在低频段时，该天线元的输入阻抗带宽达到 25%，是一般的蝶形微带天线输入阻抗带宽的两倍。

美国 Toyon 公司最近运用电控可重构天线技术和 EM/PowerTM 方法设计一个小型、单元的抗阻塞的 GPS 导航天线，该天线应用于导弹和飞机等飞行器上。应用电控可重构技术，使该天线在保持小型化的同时接收方向图可电控，这样它更适用于小型灵巧炸弹系统上(Small Smart Bomb，SSB)。该 GPS 天线在满足小型灵巧炸弹系统的非常严厉的空间限制的同时，必须保证 GPS 接收机能够在电磁阻塞的情况下正常工作。因为空间非常小，通常应用于抗电磁阻塞的相控阵天线技术在这里不适用。Toyon 使用开关来改变天线表面电流分布，从而调整该天线辐射方向图上零点的位置。在 SBIR 项目第一期时，Toyon 公司应用数值和实验的方法证明，在单个小型天线元上能够实现对天线方向图零点的控制。在 SBIR 项目第二期时，Toyon 公司设计并实现了一闭环控制系统，该控制系统从天线的馈线端口接收信号，进行信号处理，然后控制该天线的接收方向图。Toyon 公司应用可重构技术使小型单元天线有波束动态变换的功能。

加利福尼亚大学的范杨博士将电子带隙结构(EBG)和可重构天线技术相结合，在 EBG 表面上制作了低剖面圆极化卷曲天线，并且研究了表面开有可调缝隙的贴片天线(Patch Antennas with Switchable Slots)的概念和工作原理。通过调整缝隙的位置、长度及缝隙上开关的状态，来调节天线的工作频率，以及可调节的频率范围。设计了双频率可重构天线、圆极化可重构天线、双频段圆极化可重构天线。

国内关于天线的可重构性研究相对美国晚几年，到目前为止，发表的研究成果还较少。资料显示，研究的重点主要放在方向图和频率的可重构上，下面介绍国内一些有代表性的研究工作。

较早研究可重构天线的是电子科技大学的肖绍球、王秉中和杨雪松等人。肖绍球等人介绍了一种可重构微带天线，该天线口径表面由许多开关互连的碎片组成，采用小孔耦合方式馈电。肖绍球等人应用微带天线腔模理论进行理论分析，采用 FDTD 方法进行数值仿真。他们控制开关的状态，在口径面上形成不同形状的缝隙，通过改变这些缝隙的位置、形状来得到不同的天线特性。杨雪松对可重构天线的研究进展做了比较全面的讨论，介绍了一些典型的可重构天线结构形式。主要通过改变天线的内部结构或尺寸，改变天线的电流分布，从而改变天线的工作特性，实现天线的可重构。在后期的工作中，肖绍球等人将微遗传算法与时域有限差分法相结合，提出了一种微带可重构天线的优化方案。

清华大学电子工程系研究并制作了用于无线通信的双频率可重构天线。该天线是一新型的平面可重构偶极子天线，被设计在一个非接地的介质板上，在介质板上有一双频并且可调谐端射特性的辐射器。

华东师范大学微波研究所的 M. Belhachat 和肖瑞华对可重构天线做了较为全面的研究。他们在圆形贴片天线上开两个互相垂直的槽，并在槽上加载两个微波开关，通过电控开关的状态即可实现圆极化的可重构，并且还研究了电控可重构波束扫描天线。该天线由一个有源阵子、六个无源阵子和射频开关组成。有源阵子位于圆形接地板的中央，六个无源阵子均匀分布在以有源阵子为中心、以 $\lambda/8 \sim \lambda/4$ 为半径的圆周上，无源阵子和圆形接地板以开关相连。有源阵子用接地的半波折合阵子构成，其长度 L_a 约为 $\lambda/4$。无源阵子稍比有缘阵子短，其高度约为 $(0.8 \sim 0.9) \times L_a$。通过调整开关的组合状态，可以使天线的波束进行 360 度的扫描，而天线的其他参数保持不变。

由上面介绍国内外研究现状中所列举的一些例子可以看出，电控可重构天线是通过射频微波开关切换天线的一些内部结构实现重构的。比如，可以通过开关控制微带碎片阵天线来实现极化切换，可以通过用开关控制微带阵子的臂长来实现多频段，可以通过开关调整表面电流分布来实现波束扫描等。射频微波开关是电控可重构天线的关键部件，开关的性能往往限制了电控可重构天线的整体性能。这是因为射频/微波 MEMS 优异的性能，使它越来越受到天线工程师的重视。

虽然可重构天线在近年来受到了高度重视，并且研究发展迅速，但是在具体实现上还存在一些难点。首先，开关的引入会影响天线的电流分布，天线产生的辐射场，对射频开关的性能也会带来影响，而目前有不少关于可重构天线的研究并没有采用真实的开关。其次，可重构天线的研究成果中极少提到偏置电路的设计思路。最后，可重构天线包含了天线本身、射频开关、直流偏置电路等方面的内容，而绝大部分的研究仅限于开关和天线本身，很少有对可重构天线进行整体性研究的例子。

通常为了衡量天线的性能，关注天线的两种类型参数性能，一是天线的输入端口阻抗随频率变化的性能(或称天线的频率响应特性)；二是天线的远场辐射性能(或称辐射模式)。天线作为一种换能器装置能够将波导中传播的导行波转化为自由空间传播的电磁波，因此天线兼具电路和场的性质。作为电路一部分的天线模块，相对于馈线来说是一个端口负载元件，其输入阻抗和带宽由天线类型、天线表面源分布情况和周围环境等因素决定。尤其是输入阻抗，对于馈电点附近的物理细节十分敏感。另一方面，电磁波的辐射是由时变电流元和磁流元产生的，作为空间辐射源的天线模块，其上的时变源的分布状态决定着它的远场辐射模式。改变天线的表面电流或磁流分布状态，就能够改变它的空间辐射特性(这也是重构天线辐射模式的着眼点)，但同时天线的频响特性也发生变化；反之，为了改变天线的频率响应而改变天线表面的源分布也会影响其空间辐射性能。由此可以获得如下结论：对天线的频率响应和辐射模式参数的两者之一进行重构势必会影响天线另一个参数的性能。即频率响应的改变会对辐射模式产生影响，而天线辐射模式的变化也同样会影响天线的频率响应性能。可重构天线的研究目标是希望获得对天线的各个参数进行分别独立控制的能力，因此这种频率响应与辐射模式之间的关联性质成为可重构天线设计者面临的最大挑战。

国内外对可重构天线重构参数的研究主要集中在频率、方向图、极化方式等方面，其中对频率可重构天线的研究成果较多。近来，人们将分形天线引入到可重构天线研究中，在分形天线口径的适当位置安装 MEMS 开关，通过调节开关状态，可以实现天线的频率重构或方向图重构。由于分形图形具有自相似性，因而分形天线具有重构工作频率的潜力。目前，国内才刚刚开始对分形天线进行可重构方面的研究工作，而国外的研究也多在频率重构方面，针对方向图重构方面的研究进行得相对较少。

6.6 重构天线分类

可重构天线按功能可分为频率可重构天线(包括实现宽频带和实现多频带)、方向图可重构天线、极化可重构天线和多电磁参数可重构天线。通过改变可重构天线的结构可以使天线的频率、方向图、极化方式等多种参数中的一种或几种实现重构。

天线设计是一个很复杂的电磁问题，虽然天线的种类形形色色，但其本质归根到底就是设计一个具有特定电流分布的辐射体。天线所要求的各个参数都是由其辐射体或包围辐射体的封闭面上的电流分布决定的。实现天线可重构特性的具体方法按电路特点可以分为两大类：一类是通过改变天线单元的结构来使天线频率、方向图或极化方式等参数发生改变；另一类是通过改变天线外部的馈电网络使天线具有可重构的特性。

6.6.1 改变天线单元结构

从对改变天线单元的角度看，可以分为可控槽缝(PASS)天线、切换连接状态、改变天线负载等几大类。

1. 可控槽缝天线

可控槽缝(PASS)天线是指在天线槽缝中放置变容二极管、PIN 二极管开关、MEMS 开关等器件，通过直流偏压控制这些器件的状态，以改变天线上的电流分布，从而控制天线的工作状态，使其具有可重构的特性。这种方法在实现频率分集或极化分集方面显示了它的简易性和有效性。

如图 6-28 所示，由于 PIN 二极管 1 和 PIN 二极管 2 方向相反，因此可以通过一条偏置电路控制二极管的通/断状态来实现对中心频率的控制。

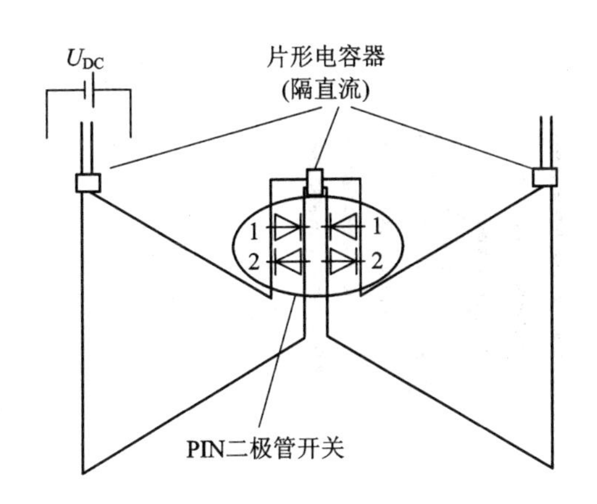

图 6-28　可控槽缝天线结构

PIN 二极管 1 和 2 的开关状态与天线中心频率和带宽的关系如表 6-2 所示。

表 6-2　开关状态与天线中心频率和带宽的关系

PIN 二极管开关状态	仿真结果		测试结果	
	中心频率	带宽	中心频率	带宽
开关都断开	3.45 GHz	413 MHz	3.00 GHz	93 MHz
开关 1 闭合	3.91 GHz	546 MHz	3.55 GHz	313 MHz
开关 2 闭合	4.42 GHz	14 MHz	4.24 GHz	702 MHz

2. 切换连接状态

开关连接型可重构天线是通过在天线单元中加入一个或多个开关装置(MEMS 开关、PIN 二极管开关或硅质开关等)，外加偏置电路电控调整开关的连接状态，改变天线的谐振长度，从而使天线具有辐射方向图、频率等方面的可重构特性。

如图 6-29 所示是一种典型的切换天线单元开关连接状态的可重构天线，利用 RF MEMS 开关，完成扫描波束单臂螺旋可重构天线。天线单元中的螺旋部分，由许多条导线构成，这些导线是由沿着螺旋重要位置上的四个 RF MEMS 开关(S_1～S_4)互相连接，从而把螺旋分成五个部分。开关的位置是由天线工作频率上最佳的轴比和增益值所确定的，通过控制这些开关的闭合，螺旋的整体臂长将会改变，因此波束的辐射方向也将改变，从而实现天线的可重构特性。

3. 负载变换

负载变换型可重构天线是指通过改变天线所连接的负载状态(如开路、短路、电容性负载、电感性负载等)，使天线的辐射方向图或频率发生改变，从而实现天线可重构特性。如图 6-30 所示可重构平面天线结构，通过改变天线负载设计，完成方向图可重构。

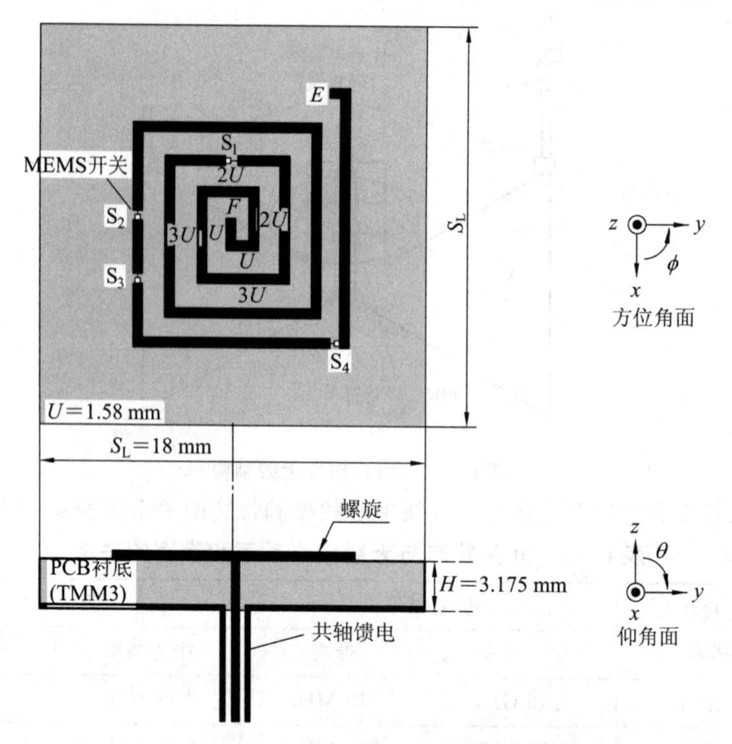

图 6-29 切换天线单元开关连接状态的可重构天线

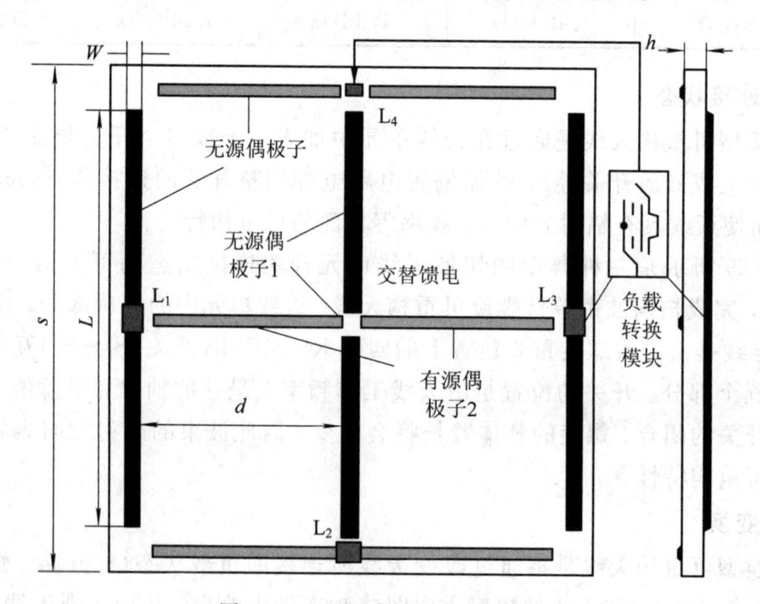

图 6-30 可重构平面天线结构

两个垂直的线性平面半波长偶极子阵，被分别印制在基底的两侧，每一组都包含三个平面印制偶极子，之间的距离近似为四分之一波长。两个中心相互垂直的偶极子，作为有源偶极子。具有相同尺寸的无源偶极子，被放置在中心元件的两侧。四个相同的负载转换模块（L_1-L_4）被整合到四个无源偶极子的中心位置上。通过二个 SP3T 开关和三条平行的可选择负载电路支路，把无功负载转换模块组合在了一起。三条支路都具有电感性、电容性和开路三种状态。因此，当模块 L_1 切换为电感支路，而模块 L_3 相反的切换为电容支路时，便得到一个指向 L_3 方向的单向方向图。由对称性可知，通过改变每一个模块的支路选择，可以实现四种可重构的方向图。通过断开另外 2 个支路，可以减少其他组偶极子对方向图的影响。这样通过对天线负载的切换，可以控制许多给定方向的方向图。

4. 其他形式

天线单元结构的改变，除了上述三大类之外，还有使用压电换能器（PET）、可调松紧度的螺旋结构等多种形式来实现的。如图 6 - 31 所示，为一种新型的利用压电换能器（PET）实现可切换圆极化的可重构微带天线。天线单元上连接了两个 PET，并在 PET 上分别安装了两个电介质振片，通过按下一个 PET，抬起另一个 PET，可以产生右旋圆极化或左旋圆极化。

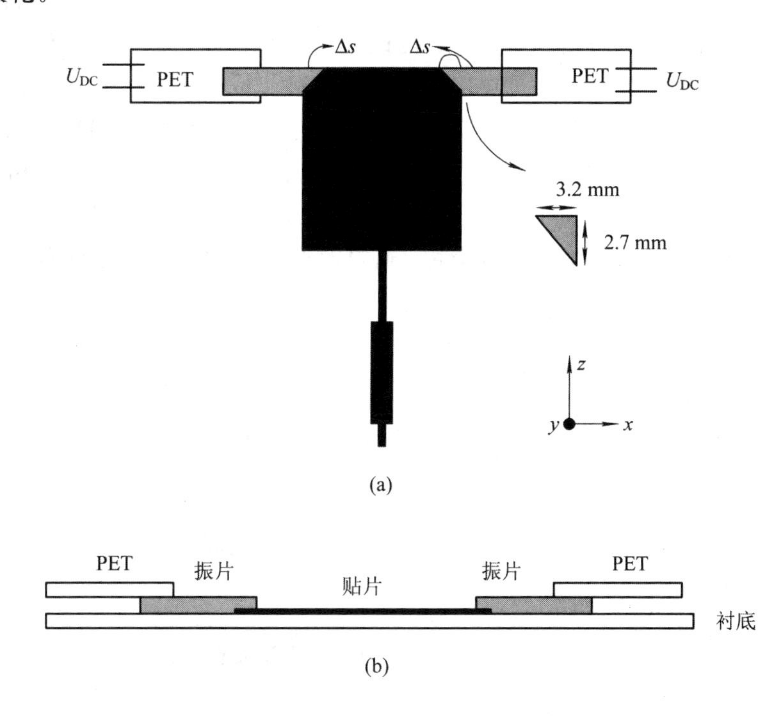

图 6 - 31　PET 可重构微带天线

(a) 俯视图；(b) 侧视图

如图 6－32 所示为一种宽带可重构卷曲的平面单极天线。可改变螺旋的松紧度，改变天线的工作频率，而同时天线的方向图保持稳定。该天线具有从 2.9 GHz 到 15 GHz 的工作频率，在整个工作频带上天线可以获得很高的效率。

图 6－32　宽带可重构卷曲的平面单极天线

6.6.2　控制馈电网络

以馈电网络角度分析天线，其实现方法主要是通过改变馈电匹配网络中所嵌入的有源开关状态，或通过对馈电的激励源本身参数的改变，使天线的谐振频率、辐射方向图或极化方式发生变化，从而使天线具有可重构的特性。W H. Chen 等人提出了运用相移法的多馈方向图可重构天线(MFRPA)，这种多馈可重构模型可以用于图 6－33 所示的单个微带环型天线或中心接地圆型贴片天线。通过控制每种天线的各个端口的激励源相位，实现多种可重构的波束。即在单环或贴片上有三个输入馈点，每一个馈点串联一个相位选择电路，相位选择电路可以使馈入信号相位交替。通过改变三个端口的相位分布，得到不同的电流分布，从而使方向图在水平上产生不同分布。

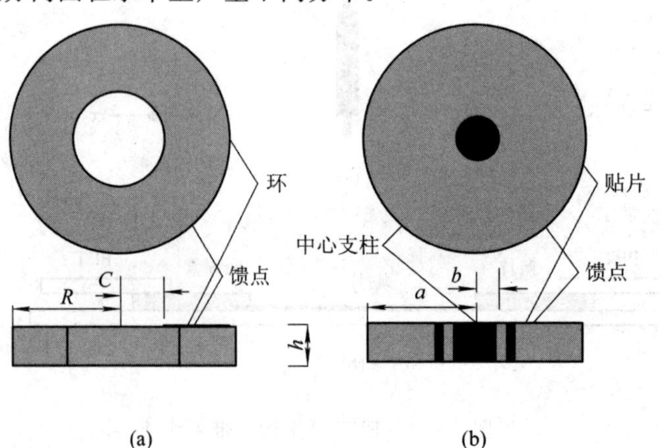

图 6－33　MFRPA 天线

如图 6－34 所示是一种新型的带有孔径耦合和双馈电结构的四极化分集贴片天线(二维图)，具有四个极化状态。天线的组成部分包括：接地层上通过四个微带馈线馈电的四个矩形孔径、一个分支线耦合器、八个 PIN 二极管和一个正方形贴片。通过控制馈电网络中 PIN 二极管的直流偏压来重构天线，从而得到一对正交线极化和一对正交圆极化。

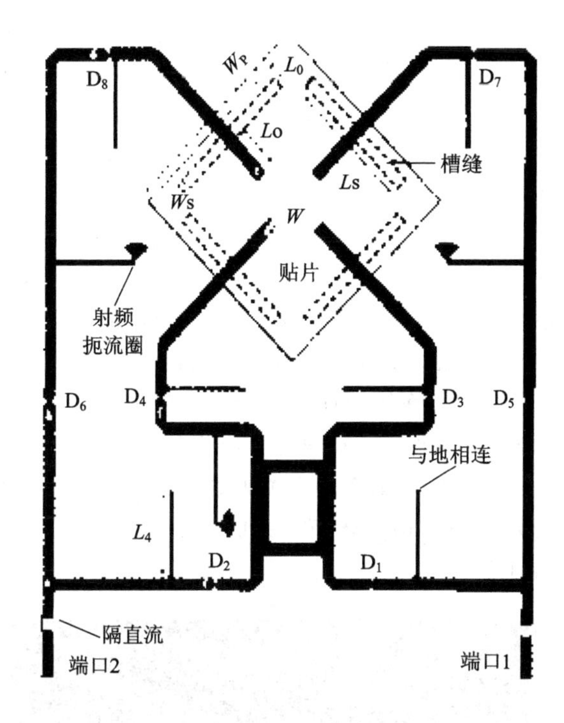

图 6－34　孔径耦合双馈电结构四极化分集贴片天线

6.7　频率重构

频率可重构天线是在可重构天线领域的发展中出现最早的，也是研究成果最多的一种天线，其研究目的是使天线具有多个可切换的工作频率，同时在各个工作频率上的辐射方向图以及极化方式无显著变化。频率可重构天线能够实现工作频率的重构，可以使天线系统根据需求在不同工作频率间进行切换，具有更多工作模式的选择。

频率可重构天线一般是通过在天线上加载开关从而动态改变天线的结构来实现的，这亦是频率可重构天线研究设计的基本思想。在现实的研究应用中，微带偶极子天线和槽环天线是最早一批通过在结构上设置开关来实现频率重构功能的天线。实现天线工作频率重构的方法有加载开关、加载可变电抗元件、改变天线机械结构，以及改变天线的材料特性。

这些方法都依据相同的工作原理：改变天线的有效电长度，从而使相应的工作频率发生变化。

线天线、环天线、缝隙天线和微带天线都属于谐振天线。对于这些类型的天线而言，天线的有效电长度决定了天线的工作频率、带宽(分数带宽一般不超10%，常见数值为1%到3%之间)和天线上的电流分布。对于传统的线性双极天线线，一阶谐振发生在天线长度接近半个波长处，这时天线表面的电流分布导致了水平全向的辐射模式。因此，如果希望使该天线工作于更高的频率，我们可以缩短双极天线的长度，而这个长度对应于改变后的工作频率的半个波长，这样便达到了频率重构的目的。以上准则不仅对于双极大线成立，也同样适用于环天线、缝隙天线和微带天线。

天线的有效电长度可以通过加载开关的方法加以控制和改变，从而达到重构天线频率的目的，比如光学开关、PIN二极管开关、FET开关以及射频为RF MEMS开关等。馈电结构可实时变化的频率可重构天线，该天线采用微带缝隙耦合天线模型，利用RF MEMS开关的通、断来改变天线口径面辐射体结构，同时在馈线上接入RF MEMS开关以便实时调节馈线结构，以解决天线口径面辐射体结构变化所带来的匹配问题，使得天线辐射效率能够保持在一个较高的数值。如图6-35所示，可设计出工作在L波段和S波段上3个频率点的频率可重构天线。运用RF MEMS开关来设计频率可重构天线，同时通过改变馈线结构来解决天线口径面辐射体结构变化所带来的匹配问题，使天线能够保持较小的尺寸，同时获得较高的天线辐射效率。

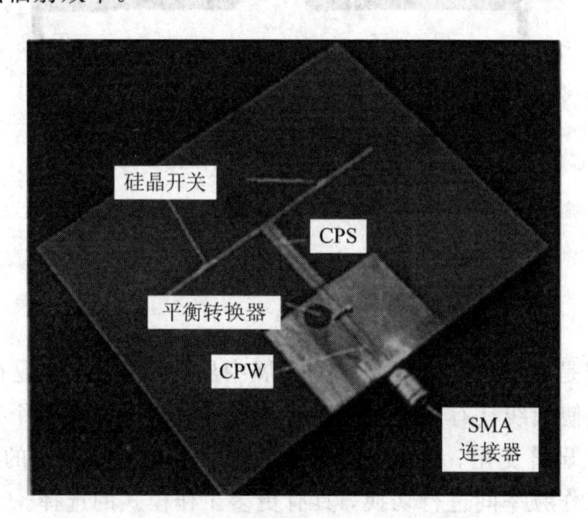

图6-35 RF MEMS频率可重构天线

图6-36所示馈电结构实时变化的频率可重构天线模型，为工作在2.4 GHz的微带缝隙耦合天线。图6-36(a)是俯视图，图6-36(b)是主视图。顶部贴片的宽和长分别为：a=25.5 mm，b=35.2 mm；中部地板开缝的长和宽分别为：l_a=15.84 mm，w_a=1.15 mm；

缝隙与顶部贴片和底部馈线间两介质层的介电常数 $\varepsilon_1=\varepsilon_2=2.54$，且厚度均为 $h_1=h_2=1.6$ mm。在微带缝隙耦合天线顶部贴片加载不同的矩形槽缝，并在加载槽中设置一些 RF MEMS 开关，利用这些开关的通、断来离散调节槽的长度。由于 RF MEMS 开关操作改变了辐射体的部分结构，因此天线能在不同的频率点上产生谐振，并且 RF MEMS 开关的通、断可以控制，这些谐振频率也都可以控制，从而实现频率可重构的目的。此类型天线在微带贴片上矩形加载不同槽缝，其结构简单，制作简易。天线工作频率容易控制，因此已经开展了广泛的研究。加载槽长度的变化必然会引起天线结构的变化，而具有不同长度加载槽天线的最佳馈电点和最佳馈电结构是不同的，如何改变馈电点和馈电结构，以满足天线口径面辐射体结构变化所带来的匹配问题是目前普遍遇到的难点。

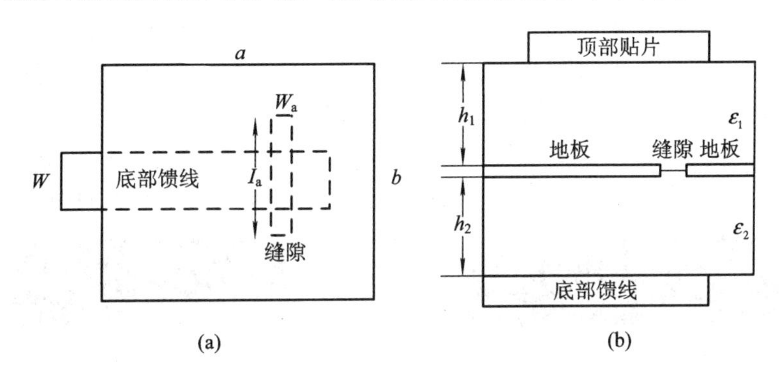

图 6－36　频率可重构天线模型图

(a) 俯视图；(b) 主视图

不论是在开关离散重构还是连续变化重构的情况下，相对于电重构方式，采用机械方式重构天线结构能够获得更大的频率变化。这种重构方式面临的主要挑战在于天线的物理设计、激励机制以及在结构发生巨大变化的同时，对天线其他特性性状的保持上。如图 6－37 所示的磁制动微带天线，通过机械结构变化而连续调谐天线频率，天线工作于 26 GHz 附近。在天线表面附着一层很薄的磁材料，天线的辐射片与介质基片构成一定的角度。利用一种被称为塑料变形组装的 MEMS 技术，对该天线施加外加 DC 磁场，可以使粘合在基片上的弯折塑料部分变形，从而导致辐射贴片与基片的夹角发生变化。角度上小的改变会导致工作频率的变化，而保持辐射特性无明显变化；而大的角度变化则在改变工作频率的同时，使天线的辐射方向图也发生明显的改变。当贴片与水平基片之间的仰角

图 6－37　磁制动微带重构天线

超过 45°时，天线的方向图更接近于一个喇叭天线；而当仰角接近 90°时，天线的方向图则过渡为单极天线的形式。

虽然对导体重构的设计思想在可重构天线设计中占主导地位，改变天线的材料特性同样能够达到对天线频率的调谐。应用静电场可以改变铁电体材料的相对介电常数，而应用静磁场可以改变铁氧体材料的相对磁导率。这些相对介电常数和磁导率的变化，导致天线有效电长度的改变，从而改变天线的工作频率。这一方法本质上的一大优点是，这类材料的相对介电常数和磁导率比一般常用材料的相应数值要高，这可以显著减小天线的尺寸。而这一方法的主要缺点则是，这些标准铁电体和铁氧体材料(通常厚度在毫米量级)相对于其他类型基片的高传导率会严重损害天线的效率。

要改变天线的工作频率，可以改变天线的尺寸，也可以改变天线加载的电抗值。一种比较简单的频率可重构天线如图 6-38 所示。这是一个槽线矩形环天线，通过开关改变槽线的长度，实现槽线矩形环天线在两个频率下的重构。

图 6-38(a)中外环的周长确定较低的频率，而图(b)中内环的周长则确定较高的频率，对应的工作频率分别为 3 GHz 和 8.3 GHz，在这两个频率下天线的方向图比较接近。

图 6-38　8 开关重构槽线环形天线

用 MEMS 致动器改变微带贴片天线的电抗值，从而改变天线的工作频率。如图 6-39 所示，在微带贴片天线上带有两个独立的致动器，每个致动器带有可动的金属桥，金属桥跨在金属短截线上方，两端由金属化通道支撑，金属化通道与贴片天线之间有电联系。与

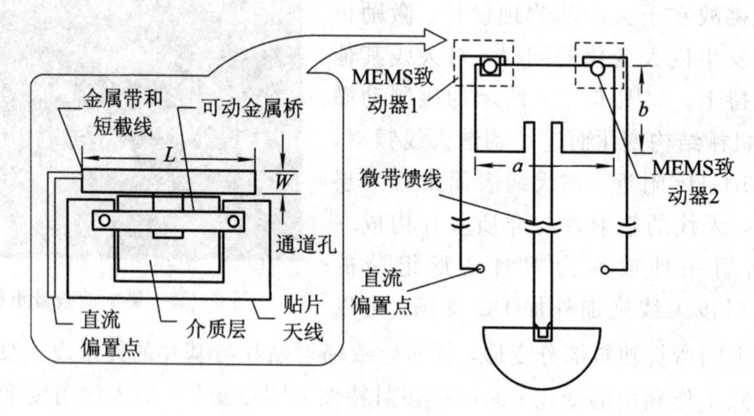

图 6-39　MEMS 微带贴片天线

金属短截线连在一起的长为 L、宽为 W 的金属带，用作平行板电容器。当未加偏压时，致动器处于断开状态，贴片天线工作在其额定频率。当加上偏压时，由于静电力的作用，上跨金属桥被拉下，金属带的电容与贴片天线的输入阻抗并联，并联电容把贴片天线的工作频率调整到一个较低的水平。两个频率分别为 20 GHz 和 24.6 GHz，400 MHz 的频带宽度。

由于 MEMS 开关的出现，可重构的多波段相控阵天线近来得到了极大的重视，能在几微秒的时间内动态地重构，可用于频率差别极大的场合，如 L 波段(1 GHz～2 GHz)的通信，X 波段(8 GHz～12.5 GHz)的合成孔径雷达等。MEMS 开关不仅可以单个地控制天线的某些部分，而且还可以排列成二维或三维的阵列，构成分布式微波电路器件。控制阵列中某些开关的通、断，改变天线的电流分布，从而改变天线的特性，实现天线的重构。

图 6-40 所示为一种小型化频率电调微带缝隙天线。通过在螺旋缝隙上加载 PIN 开关二极管，实现频率可调特性。谐振缝隙采用平面螺旋结构，天线结构更加紧凑，尺寸较传统直缝隙天线减小了 40%。图 6-40(a)所示是平面螺旋结构的小型化微带缝隙天线结构图。天线板材选用 Taconic TLX28，其中 $\varepsilon_r=2.55$，厚度为 0.76 mm，$\tan\delta=0.0019$。天线基片长、宽分别为 120 mm 和 80 mm。天线由辐射缝隙和两个结构对称、绕向相反的平面螺旋缝隙组成。辐射缝隙长为 100.0 mm、宽为 2.5 mm，两个平面螺旋缝隙上的等效磁流远区辐射场相互抵消。缝隙宽度是辐射缝隙宽度的 1/2，螺旋部分缝隙间隔为 2 mm，且 $l_1=12$ mm，$l_2=10$ mm。微带馈线特性阻抗为 50 Ω，馈线中心和辐射缝隙中心相距 39.5 mm，天线辐射缝隙至开路端馈线的长度为 66.5 mm，采用折线结构，使天线更加紧凑。天线谐振频率为 732.5 MHz，有效辐射缝隙长度为 100.0 mm，约为 1/4 谐振波长。在谐振频率为 732.5 MHz 的标准直缝隙微带缝隙天线中，辐射缝隙长度为 166.4 mm。采用平面螺旋结构，可以明显降低天线辐射缝隙的长度，减小天线尺寸。

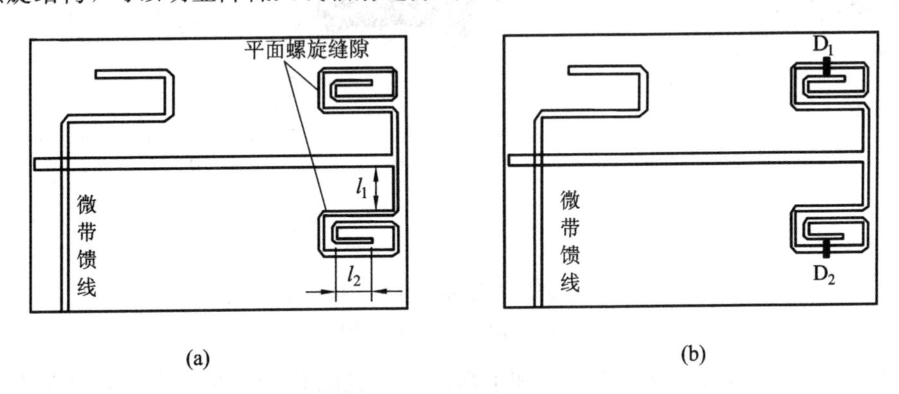

图 6-40　小型化频率电调微带缝隙天线(西安电子科技大学)
(a) 微带缝隙天线；(b) 加载开关的微带缝隙天线

图 6-41 所示为工作于 Ka 频段的双频可重构微带缝隙天线。该可重构天线使用 RF MEMS 开关来实现 24 GHz 和 30 GHz 两个工作频率之间的切换，且在这两个工作频率上都具有相同的输入阻抗、极化方向和辐射方向图。微带缝隙天线的谐振频率主要取决于缝隙的长度，改变缝隙的长度，可获得不同的工作频率。选用厚度为 0.17 mm 的玻璃作为天线的介质基底；缝隙的总长度为 3.43 mm，宽为 0.24 mm。在离缝隙左端 0.67 mm 处设置一个宽为 0.05 mm 的金属细带，其一端与地板相连，另一端则与 RF MEMS 开关连接；开关的另一端则与地板连接。改变开关的状态，可以控制金属细带上表面电流的通、断，即得到不同的缝隙长度。信号由一个宽为 1 mm 的微带线馈入。该微带线的中心离缝隙右端 1.38 mm，以获得 50 Ω 输入阻抗匹配。

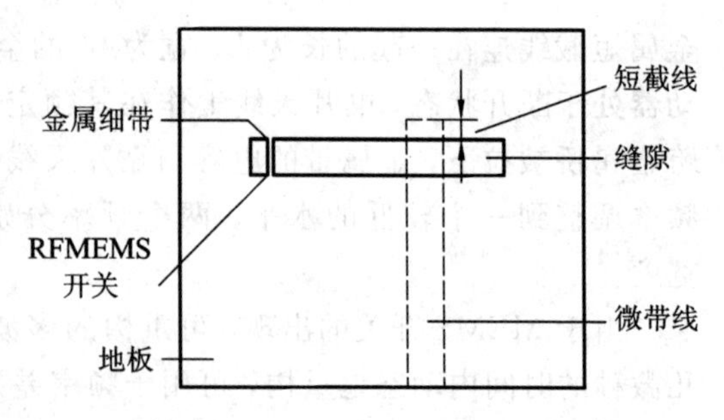

图 6-41　Ka 频段双频可重构微带缝隙天线（厦门大学）

图 6-42 所示为在硅衬底频率分别为 11.7 GHz 和 12.7 GHz 的双波段缝隙天线，利用 RF MEMS 开关，实现天线的频率重构。

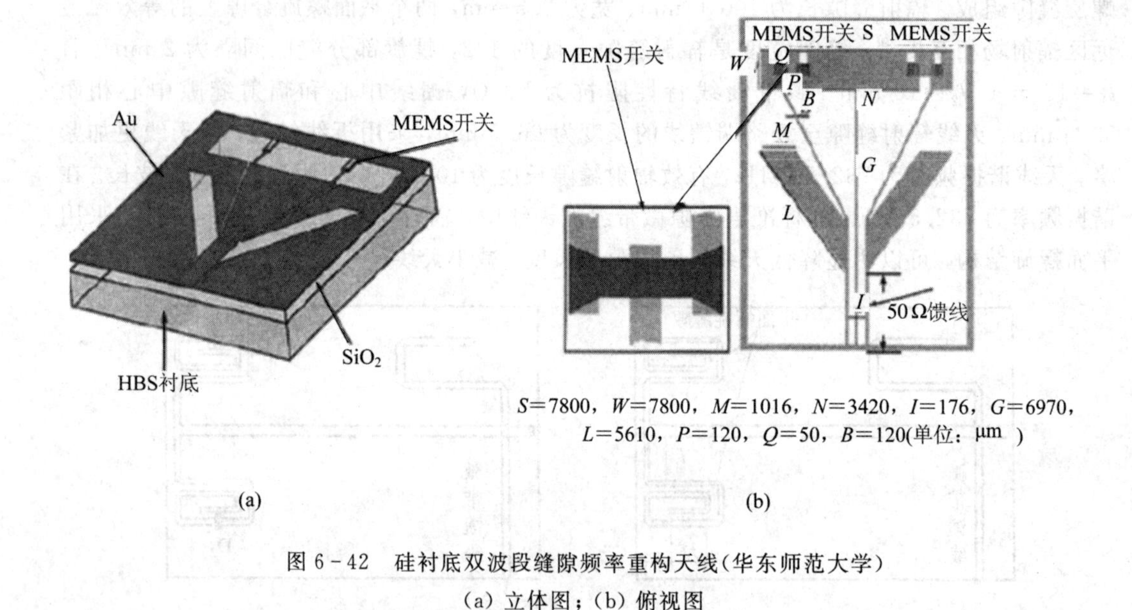

图 6-42　硅衬底双波段缝隙频率重构天线（华东师范大学）

(a) 立体图；(b) 俯视图

在图 6-42 中，该天线通过缝隙 s 和下面的旁支缝隙 L 切断传导电流，产生位移电流激励场，向空间辐射电磁波。天线顶部 s 缝产生线极化场，能产生双向辐射；用宽缝作为辐射元带宽较宽；寄生辐射和表面波激励均较弱，对天线辐射效率减少影响；馈线和辐射缝可以在同一平面上，整体形状呈三角形。

6.8 方向图重构

方向图可重构天线的出现相对较晚，它可以通过对天线结构的改变，获得不同的辐射方向图，与此同时天线的工作频率和极化方式不产生变化。早期在设计“方向图可重构”天线时，通常采用相控阵天线技术来改变天线的方向图，然而该技术存在许多弊端：

(1) 它的馈电系统十分复杂，天线阵阵元间的距离比较大，整个系统的加工制作成本随着工作频率的增大急剧增加，这些问题对系统性能的进一步提高起到了极大的制约作用。

(2) 要实现波束控制，可以通过改变天线阵相邻元的电流相位来完成。传统的相控阵可以实现快速的波束控制，但它需要移相器。

移相器对天线的功率处理能力和非线性特性来说是一个限制因素，且随着频率的升高，移相器的价格变得非常贵。而利用 MEMS 开关、光子带隙(Pllotomcbandgal，PBG)结构等，实现天线的波束控制，使 V 型天线的两臂旋转，改变两臂之间的夹角，或保持夹角不变，改变天线的指向，都可以改变天线的方向图。

如图 6-43 所示，天线单元采用微带缝隙天线，介质基片为 Rogers RT5880，厚度为 0.5 mm，相对介电常数为 2.2。天线辐射单元为介质基片背面蚀刻的缝隙结构，缝隙形状采用 H 型结构，可实现天线的小型化和宽带设计目的。通过特性阻抗为 100 Ω 的微带馈线，对缝隙天线进行耦合馈电，并合成到 50 Ω 的传输线，实现宽带匹配。天线具体尺寸如下：$W_1=18$ mm，$W_2=9$ mm，$L_1=54$ mm，$L_2=10$ mm，$S_1=11$ mm，$S_2=9$ mm。图 6-44 所示为天线单元的电压驻波比。由图 6-44 可得，在 2.4 GHz～3.4 GHz 频率范围内，天线电压驻波比均小于 2，相对带宽达到 34.5%。天线单元在 2.8 GHz 的辐射方向图仿真结果如图 6-45 所示。天线单元具有较高的增益，达到 9.2 dB。

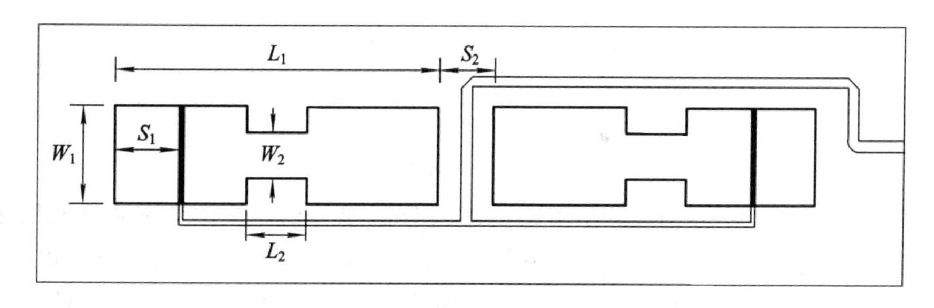

图 6-43　单元天线结构示意图

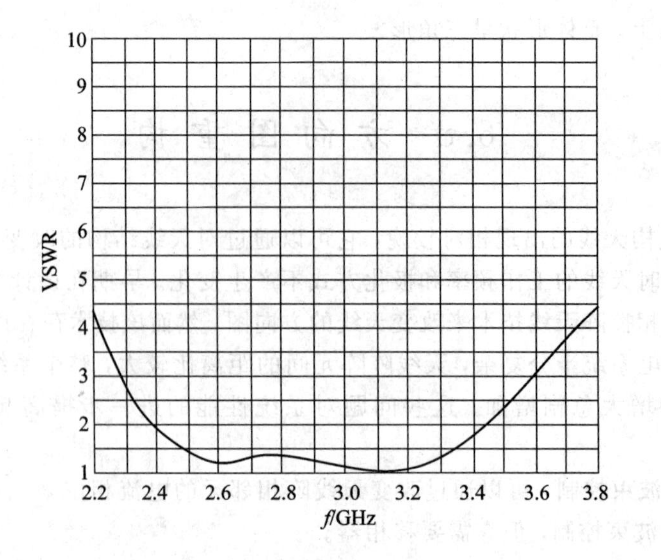

图 6-44　单元天线电压驻波比

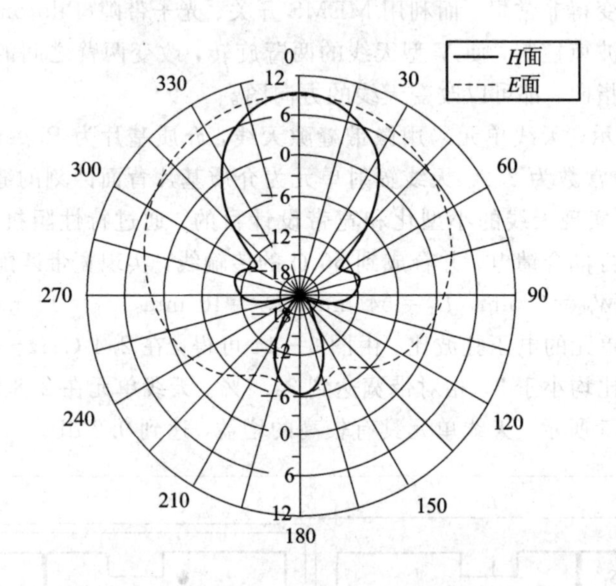

图 6-45　单元天线方向图仿真结果

四个天线子阵形成不同的波束，需要使用功分器和移相器。为实现馈电网络小型化设计，功分器中采用了宽带阻抗匹配，它比 1/4 阻抗变换器具有更小的尺寸、更宽的带宽。通过长度不同的微带线实现移相功能。图 6-46 所示为宽带阻抗变换器，将传输线特性阻抗从 $Z_L=100\ \Omega$ 变换到 $Z_0=50\ \Omega$。图 6-47 所示为功分器。

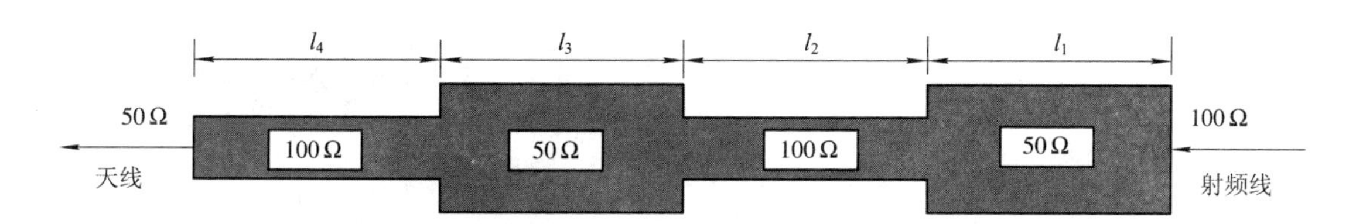

图 6－46　宽带阻抗变换器

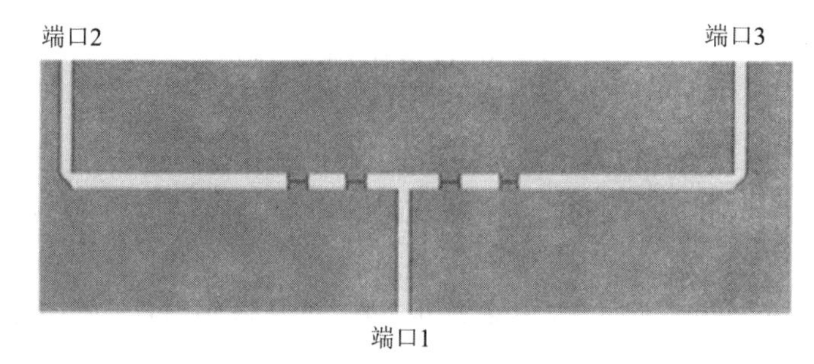

图 6－47　功分器结构

图 6－48 所示为 RF MEMS 开关；图 6－49 所示为 RF MEMS 开关安装位置。开关的 CPW 地连接到两端的贴片上，贴片通过金属化过孔与背面的接地板相连，射频线通过金丝搭接在微带线上。

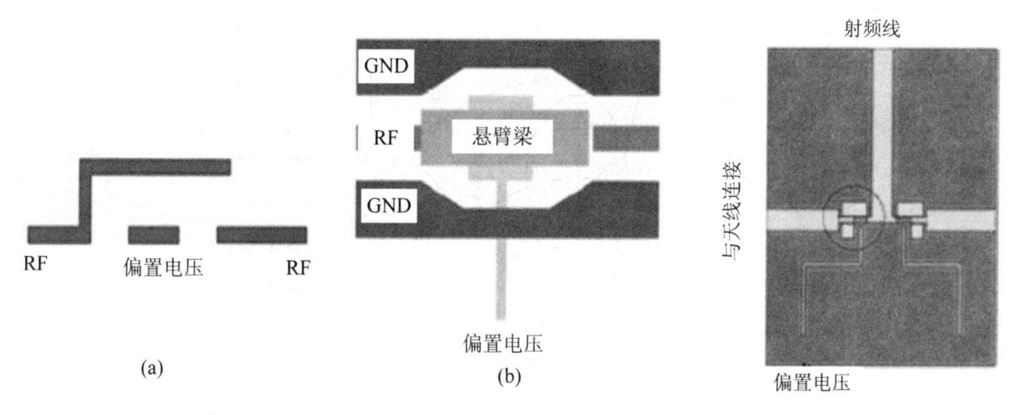

图 6－48　RF MEMS 开关
(a) 主视图；(b) 俯视图

图 6－49　RF MEMS 开关安装位置

图 6－50 所示为完整的可重构天线。天线的正面是馈电网络，包括微带馈线、功分器、移相器和 MEMS 开关。背面是天线辐射单元，每四个天线为一组，共有四组。辐射单元下面是 EBG(Electromagnetic-Bandgap)结构组成的滤波器，EBG 接地板与天线阵接地板直接对接。直流供电线通过金属化过孔与正面的 MEMS 开关相连，通过切换 RF MEMS 开关的通、断形成不同的波束指向。

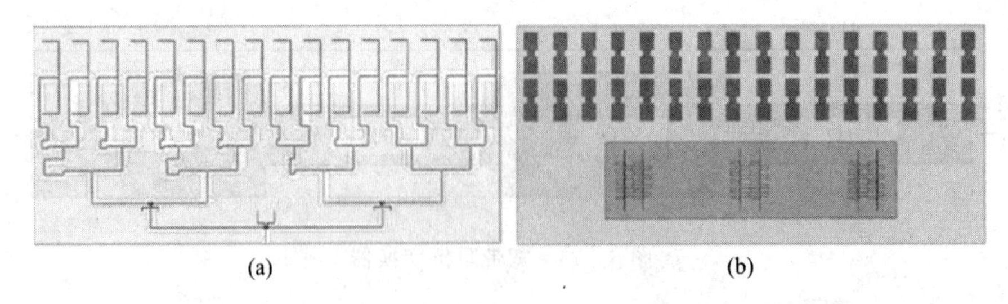

图 6-50　完整的可重构天线
(a) 天线俯视图；(b) 天线仰视图

图 6-51 所示是 HFSS 仿真结果。天线阵共有四种状态：

状态 1：开关 5 和开关 1 闭合，其余断开，第 1 个子阵辐射，子阵每个单元相位相同，波束指向 0°；

状态 2：开关 5 和开关 2 闭合，其余断开，第 2 个子阵辐射，子阵中每个单元相位为差 30°，波束指向 25°；

状态 3：开关 6 和开关 3 闭合，其余断开，第 3 个子阵辐射，子阵中每个单元相位为差 60°，波束指向 40°；

状态 4：开关 6 和开关 4 闭合，其余断开，第 4 个子阵辐射，子阵中每个单元相位为差 90°，波束指向 50°。

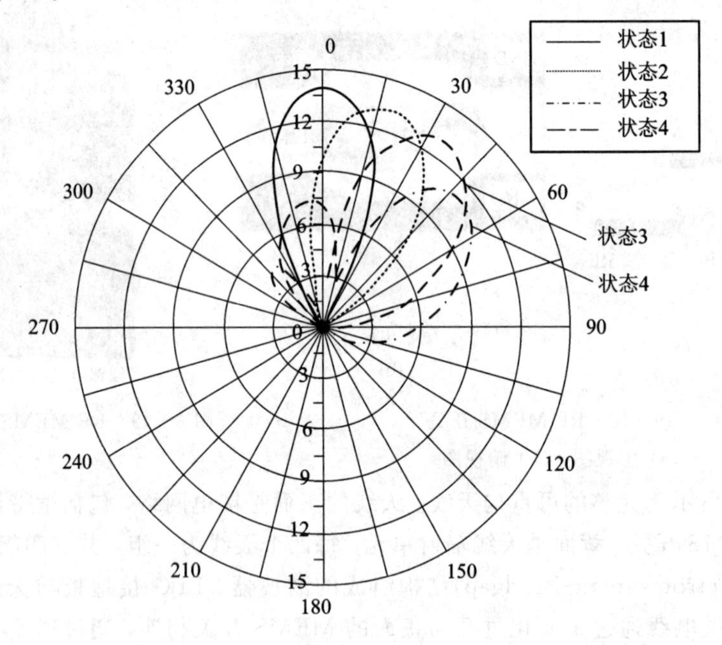

图 6-51　HFSS 仿真结果

图 6-52 所示为驻波仿真结果。

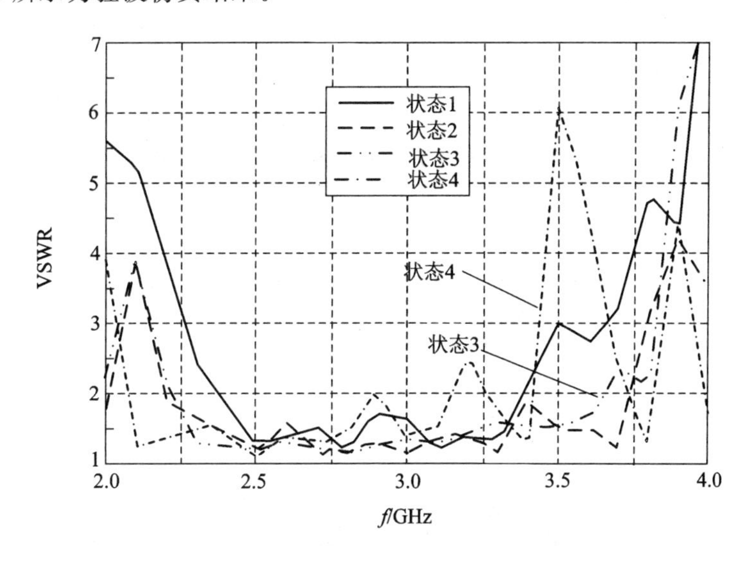

图 6-52 驻波仿真结果

6.9 频率和方向图同时重构

若天线可同时实现对频率和方向图的控制，才是真正意义上的可重构天线。目前出现了一种可重构的碎片孔径天线，孔径内离散地放置导体单元和介质单元，单元位置由用于优化的遗传算法(GA)以和用于电磁计算的时域有限差分法(FTTD)来确定。导体片之间用开关连接，通过连通或断开某些开关，改变天线的性能。这种重构天线能实现较宽的瞬时带宽，具有频带切换及侧射到端射的波束控制能力。

"自组织"可重构天线研究也是目前研究的热点。"自组织"的意思就是天线能随环境的改变而自动改变其电形状，即用微处理器，根据反馈信号来控制一个骨架天线模板上元件之间的 RF MEMS 开关，使天线的电结构能动态改变。典型的"自组织"天线由开关连接的不同长度的线段构成。天线接收信号作为反馈控制信号，微处理器按照寻优算法，根据接收信号的强度控制各个 RF MEMS 开关的通、断，使天线在不同情况下都能得到最强的接收信号。23 个可控开关，即天线共有 2^{23} 种状态，分别用两种寻优算法(模拟退火法和遗传算法)对它进行优化。

基于微带的漏波天线阵可以辐射高纯度、高增益的波束，实现一个平面内的频率扫描，另一个平面内的相位扫描。将微带漏波天线的微带分成几段，各段之间用 RF MEMS 开关连接，其中几段可以作为探针馈电的微带贴片天线工作。由于漏波天线的电场主要集中在微带两侧，开关放置在微带段之间缝隙的边缘。当开关闭合时，为漏波天线，其电场不受影响，微带中间的电场几乎为零。所以将贴片天线的馈电探针放在微带中间，探针对漏波天线的工作无大的影响。

表 6－3 所示为频率、方向图可重构天线的适用范围、形式及优缺点。

表 6－3　频率、方向图可重构天线性能比较

可重构天线类型	适用范围	形　式	优　点	局　限
频率可重构天线	所需频率范围较宽，需搭载多个天线的场合，如软件无线电等	改变天线辐射单元长度或面积	多频段工作，结构简单，馈电方便	可变频率范围不大
		改变天线加载电抗值	多频段工作，尺寸小，结构紧凑	
		辐射单元周围排列开关阵列	多频段工作，可变频率范围可以很宽	所需开关较多
方向图可重构天线	需改变天线方向图的场合，如地面移动目标搜索，武器，汽车，飞机雷达，空间遥感，无线、卫星通信网络等	改变辐射单元的相对位置	易控制方向图的形状和方向，结构紧凑，易于集成	需要机械控制部分的配合
		有电抗可变的单元组成的辐射孔径	易实现方向图的形状控制、多波束的形成和切换	需要孔径单元的开关控制系统配合
		馈线上采用PBC结构	易控制方向图，不需移相器	频带窄
		改变网孔反射面形状	可实现赋形波束，不需要阵列馈源	需要控制反射面形状的控制系统
频率和方向图可重构天线	需要频率范围较宽，且需改变方向图的场合，如电视接收，汽车、飞机雷达，无线、卫星通信网络等	改变孔径天线内导体之间的开关状态	可同时实现频率和方向图的改变，频带宽	需要优化算法等确定导体片的位置及开关的状态
		“自组织”天线	设计巧妙，开关数目少，性能好	需控制系统的配合，性能依赖寻优算法
		用遗传算法实时重构的天线	频带宽，性能优良，稳健性好	需要优化软件和控制硬件的配合
		漏波、贴片天线阵	频带较宽，性能好	

6.10　极化可重构微带天线

极化可重构天线是一类重要的天线，它可以通过对天线结构的改变来获得不同的极化方式，使天线的辐射波具有不同的极化状态，而天线的工作频率和辐射方向无显著变化。

极化可重构天线的应用拥有很大的灵活性和自由度，在通信系统中使用极化可重构天线，通过不断地切换天线的极化方式，可以实现信号的发射或者接收分集，实现消除多径效应的作用，削弱信号衰落对现代通信系统的不良影响，使无线通信系统的性能得到较大的提高。

极化可重构天线，按照极化方式来看可以分为三个大类：垂直线极化和水平线极化之间的重构、左/右旋圆极化之间的重构、线极化与圆极化之间的重构。传统的分集天线大多采用线极化天线，主要由于其设计灵活、加工容易以及成本较低，但是线极化的电磁波经过空间无线信道的随机散射、绕射和反射后，在接收端将变成极化旋转速率和轴比都是随机的椭圆极化波。因此采用线极化天线接收时，总存在极化失配现象，而且当接收天线的极化方向不同时，失配程度也不一样。另外，在多输入多输出(MIMO)通信系统中，接收端正交极化的场分量间的功率差一般较大。由于无线通信中，水平极化波容易被地表吸收，故在建筑物少的空旷地带，水平分量的波会有更严重的损耗。即使在建筑物丰富的地带，当发射天线为垂直极化波时，经过多径传播，到达接收端的波分量往往是垂直分量的功率高于水平分量的功率，这种现象使两路分支产生严重的接收功率差。若两接收天线分别采用±45°的极化方向，虽能有效降低接收功率差，但此时需要付出增大相关性的代价，而且对于移动终端，其天线的极化方向并非是固定的，也使该方法失去可实现性。此时如果采用圆极化天线接收，不仅利用了极化天线间的独立性获取较低的相关性，还可以取得平衡的接收功率，有利于后端的空时处理技术。

极化可重构天线主要是依靠在结构的适当位置上设置开关来实现，通过改变各个开关的通、断状态，从而实现极化方式的可重构。极化可重构天线在设计过程中遇到的主要困难是，在切换极化方式的时候，保持天线输入阻抗的稳定，同时天线的工作频率和辐射方向图不能有明显变化。相对于前面介绍的频率可重构天线，极化可重构天线的发展相对比较晚。不过鉴于极化可重构天线所具有的明显优势，国内外对此类天线的研究设计比较热门，相关的研究成果较多。

电场、磁场的方向通常都是随时间而变化的，为了说明波的电场强度(或磁场强度)的取向，采用了波这个概念。圆极化微带天线是指在辐射的电磁场中，电场的方向和大小在空间不是固定的，而是随着时间的变化在一个平面内形成一个椭圆的微带天线。在特殊情况下，椭圆可以圆(即纯圆极化)，当然也可以变成一条直线(即线极化)。要获得圆极化，要求两矢量必须振幅相等，空间上相交，其间的相位差为90°。圆极化波的场是等幅瞬时旋转场，有左旋向和右旋向之分。若瞬时电场矢量沿传播方向按左手螺旋方向旋转，称之为左旋圆极化波，记作LHCP(Left Hand Circular Polarization)；若瞬时电场矢量沿传播方向按右手螺旋旋转，称之为右旋圆极化波，记为RHCP(Right Hand Circular Polarization)。所以，工作在圆极化情况下的天线收、发能量直接与来波的极化性能有关。圆极化波可以分解成两个在时间和空间上均正交的等幅线极化波，也可以分解为两个旋转方向相反的圆极化波。当圆极化波辐射到一个对称导体目标(如光滑表面的平面或球面等)时，反射波变为反旋向，即左旋圆极化波变为右旋圆极化波或者是右旋圆极化波变为左旋圆极化波。若圆极化波辐射到像飞机那样既不是纯对称目标，又不是非对称时，其反射的波通常是椭圆极化波。此时，圆极化波只能接收同旋向的反射圆极化波分量，而线极化接收的只能是线极化波分量。显然，信号被抑制掉的最大量可达3 dB。若圆极化波辐射到非对称目标时，如由平行金属条组成的金属栅网时，则只能有一半的能量穿过栅网(与金属条垂直的线极化分量)，另一半被反射(与金属条平行的线极化分量)。显然，反射波是线极化的。若用极化方向相同的线极化天线接收，信号将被抑制掉3 dB；若用圆极化天线接收，信号将被抑制掉的最大量可达6 dB，这就是所谓极化损耗。

微带圆极化极化技术是基于很多馈电和各种各样形状的微带贴片产生的。表6-4所示为微带天线圆极化技术按照馈电数量分类。

表6-4 微带天线圆极化方法

类型	产生机理	实现形式	设计关键	优点	缺点
单馈法	基于空腔模理论，简并模分离元产生两个辐射正交极化的简并模工作	引入集合微扰，方案多样，适用于多种片状贴片	确定几何微扰，即选择简并模分离元的大小，以及恰当的馈电	无需外加的相移网络和功率分配器，结构简单，成本低，适合小型化	带宽窄，极化性较差
多馈法	多个馈点馈电微带天线，由馈电网络保证圆极化工作条件	可采用T形分支或3 dB电桥等馈电网络	馈电网络的精心设计	可提高驻波比带宽和圆极化带宽，抑制交叉极化，提高轴比	馈点网络复杂，成本较高，尺寸较大
多元法	使用多个先计划辐射元，原理与多馈点发相似，只是将每一馈点都分别对一个线极化辐射元馈电	有并馈或串馈方式的各种多元组合，可以看做天线阵	单元天线位置的合理安排	具备多馈法的优点，而馈电网络设计较为简单，增益高	结果复杂，成本高，尺寸大

图 6－53 所示为实现微带圆极化技术的微带贴片形状，图(a)所示为切角(truncated corner)；图(b)所示为准方形、近原形、近等边三脚行；图(c)所示为表面开槽(slots/slits)；图(d)所示为带有调谐支节(tuning-stub)；图(e)所示为正交双馈、曲线微带型、行波圆极化节。

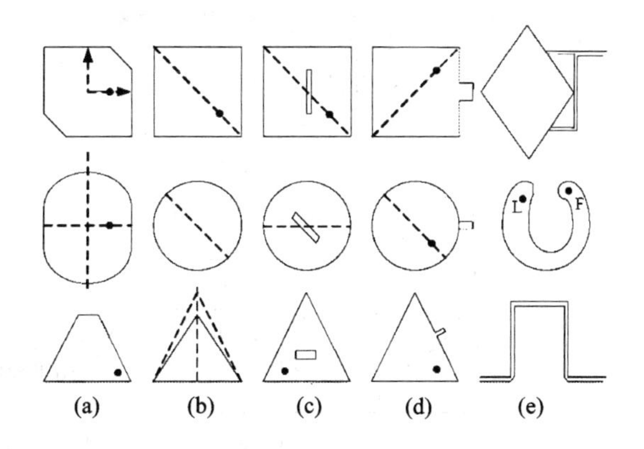

图 6－53　微带天线圆极化的基本实现方式

极化可重构最早的工作可以追溯到 2002 年，Wang Kin Lu 提出可以通过调谐短截线段来实现圆极化。如图 6－54 所示，在圆形贴片天线上引入一个调谐短截线段，通过适当调整馈电点位置，即可实现左旋和右旋圆极化。由于 LHCP 馈点和 RHCP 馈点关于调谐短截线段是对称的，这为可重构的实现提供了可能。最简单的方法就是在两个馈点与外部馈线间分别添加一个 RF MEMS 开关，通过控制它们的通、断便能做到左、右旋圆极化的转换，实现可重构。

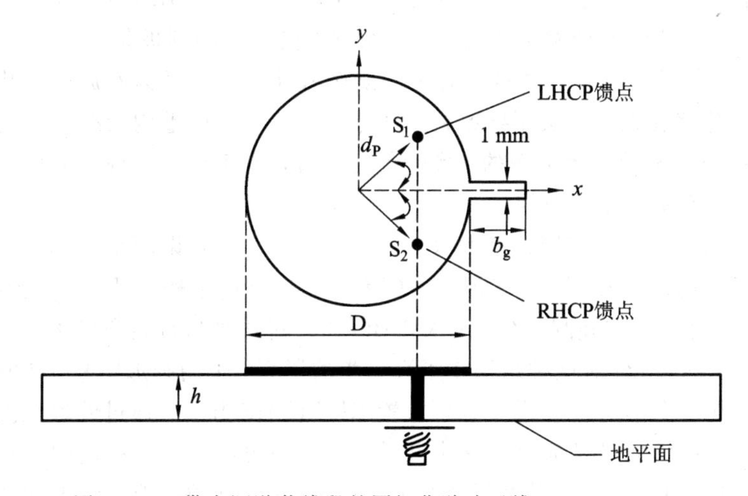

图 6－54　带有调谐截线段的圆极化贴片天线(Wang Kin Lu)

华东师范大学的陈燕仙在上述基础上设计了如图 6－55 所示的极化可重构天线。该天线采用了两个调谐短截线段，分别位于 x 方向和 y 方向，短截线段与圆形贴片之间分别用一个 RF MEMS 开关连接。天线只用了一个馈点，简化了馈电系统。当 S_1 开关闭合时，为右旋圆极化；当 S_2 开关闭合时，为左旋圆极化。

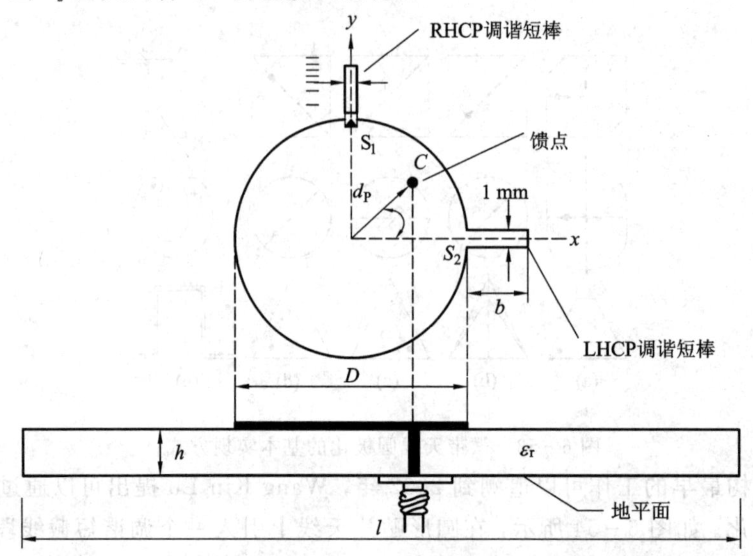

图 6－55　RF MEMS 开关圆极化圆贴片天线(陈燕仙)

Fan Yang 等人研制了如图 6－56 所示的一种基于可重构耦合槽贴片天线(Patch Antennas with Switchable Slots，PASS)。同轴馈点位于对角线上，激发两个正交模式。靠近天线一侧的位置，开有矩形槽。槽的中心位置，装有一个 RF MEMS 开关。开关打开和闭合，使贴片表面电流流经路径发生改变，从而激发不同旋向的圆极化。

在图 6－56 中，馈点位置开关打开时为右旋圆极化，闭合时为左旋圆极化。由于开关闭合和断开使电流路径改变，从而导致谐振频率改变，这种可重构天线的左旋和右旋圆极化是分别工作在两个不同频率上面的。换个角度来看，这相当于实现了频率和极化的联合可重构，只是两者不是独立实现的。

图 6－57 所示为采用正交耦合槽 PASS 天线。在贴片上开设两个互相正交的槽，分别用一个槽控制开关的闭合和断开，实现同一频率下的极化可重构。图 6－58 所示是实物图，开关 1 断开、2 闭合时为左旋圆极化；开关 1 闭合、2 断开时为右旋圆极化。

Belhaehat Messaouda 对这种结构作了进一步的研究。采用圆形贴片，在贴片中心位置开两个正交槽，在两个槽的 1、4 处，分别放置 RF MEMS 开关。通过外置直流偏置控制开关工作状态，使得在任何时候都只有一个开关闭合，即可实现左、右旋圆极化的转换。如图 6－59 所示，开关 1 断开、开关 2 闭合时为右旋圆极化；开关 1 闭合、开关 2 断开为左旋圆极化。

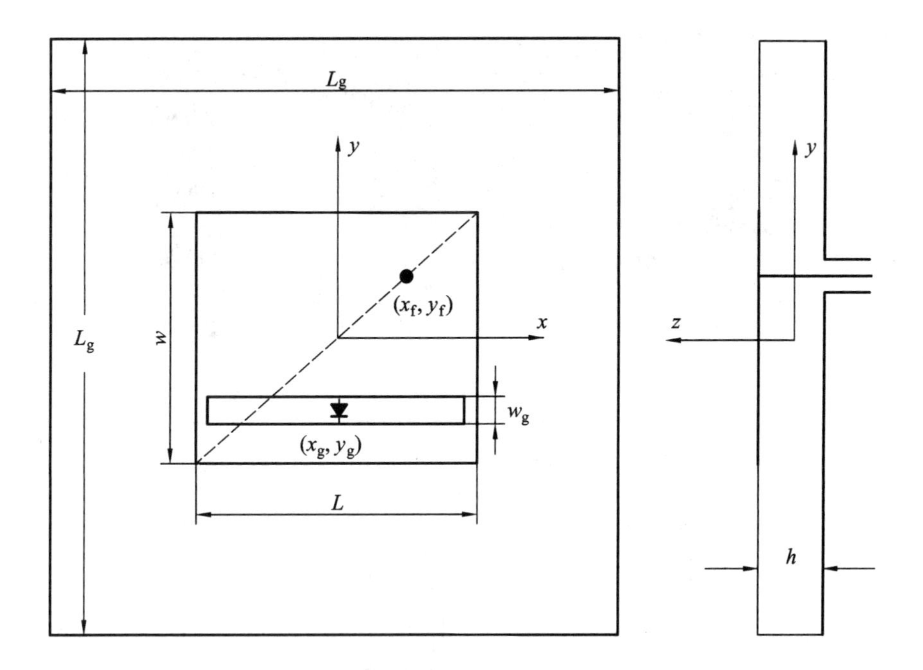

图 6-56　PASS贴片天线原型(Fan Yang等)

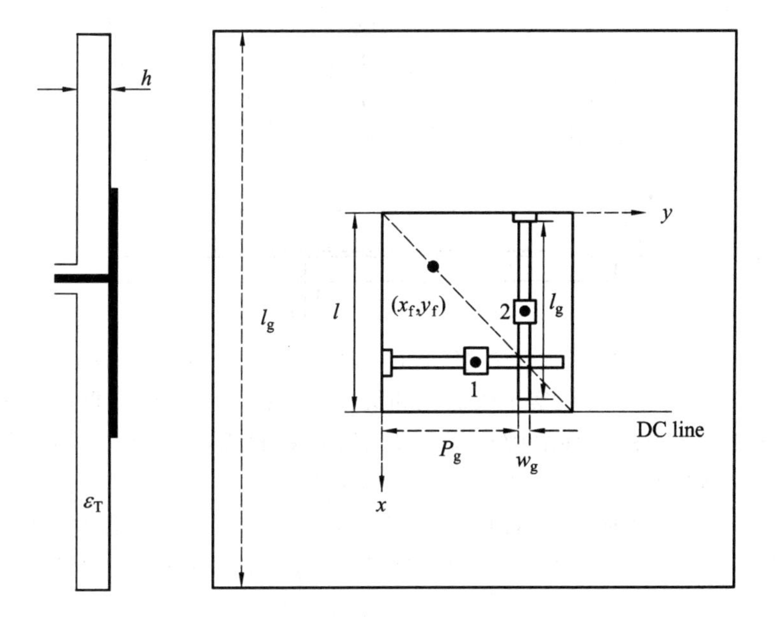

图 6-57　采用正交耦合槽的PASS天线(Fan Yang等)

图 6-58　左/右旋圆极化重构天线(Fan Yang 等)

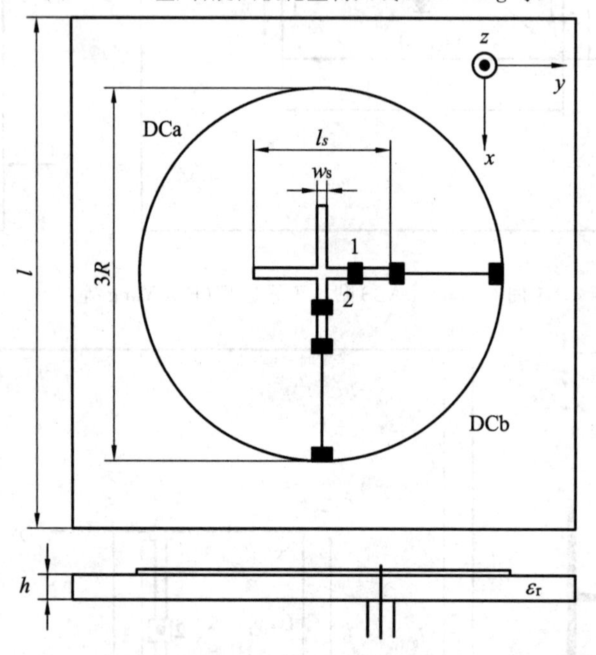

图 6-59　圆形贴片十字缝圆极化可重构天线(Belhaehat Messaouda)

MaRhias Fries 设计了可以实现线极化和圆极化转换的多极化可重构天线。该天线主要由一个带有微扰结构的圆环缝隙构成，采用微带短截线耦合馈电，微扰结构通过 RE MEMS 开关，控制其工作状态。

如图 6-60 所示为两种天线结构，其中图(a)所示为实现线极化和左旋圆极化，开关闭合时微扰结构不起作用，产生线极化；开关断开时，引入微扰机构，产生左旋圆极化。在图 6-60(b)中，开关 2、4 闭合时产生右旋圆极化，开关 1、3 闭合时产生左旋圆极化。利用圆环缝隙结构实现左、右旋圆极化可重构，天线在结构上对称，匹配问题容易解决，因此采用这一结构设计圆极化可重构天线具有一定优势。

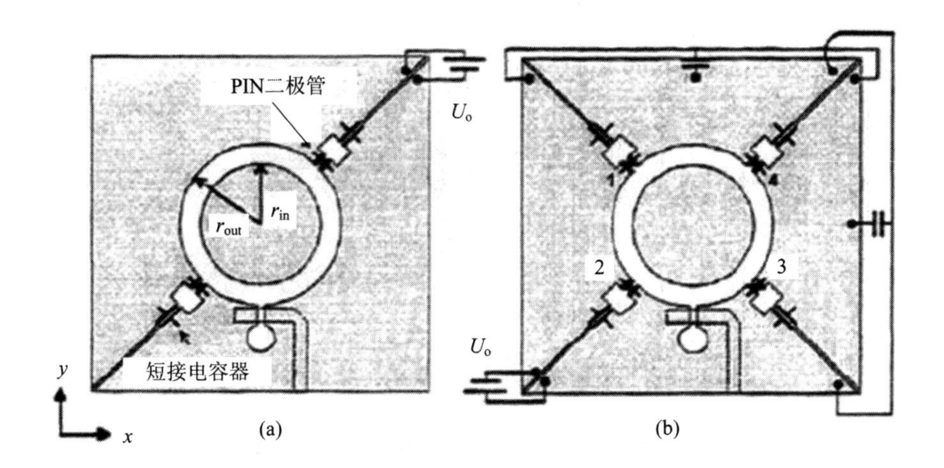

图 6－60　微扰结构圆环缝隙多极化可重构天线
(a) 线极化/LHCP；(b) LHCP/RHCP

Y. J. sung 等人提出了一种结构简单的多极化可重构天线，如图 6－61 所示。它由一个方形切角辐射贴片、四个小三角形导电片和一个单馈点微带馈线结构组成，在每个切角贴片与三角形导电片之间的槽缝中点都放置有一个 RF MEMS 开关。

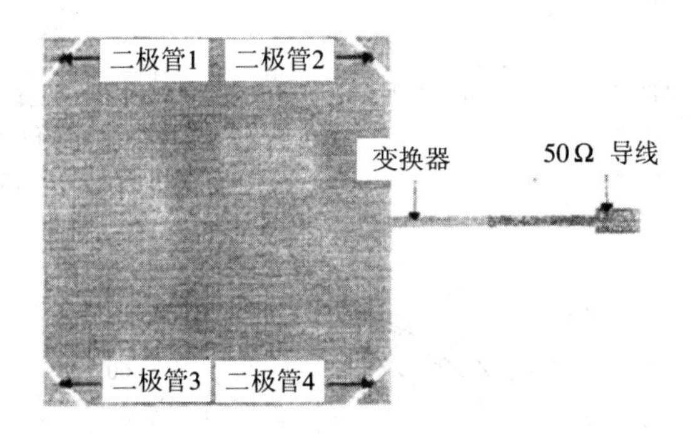

图 6－61　方形切角多极化可重构无线

当开关全部闭合或全部打开时，产生两种不同频率下的线极化。当开关 2、4 闭合时，产生右旋圆极化；当开关 1、3 闭合时，产生左旋圆极化。伍裕江等人进一步将这种可重构天线结构应用到 MIMO 系统中，采用天线选择算法提高系统的性能。

图 6－62 所示是由 RF MEMS 开关构成的极化可重构天线，RF MEMS 开关为悬臂接触式。在微带介质板的 a、b 位置处，开两个小孔，MEMS 开关放置在该小孔上。图 6－63 和图 6－64 所示分别为该结构微带天线的仿真结构图。

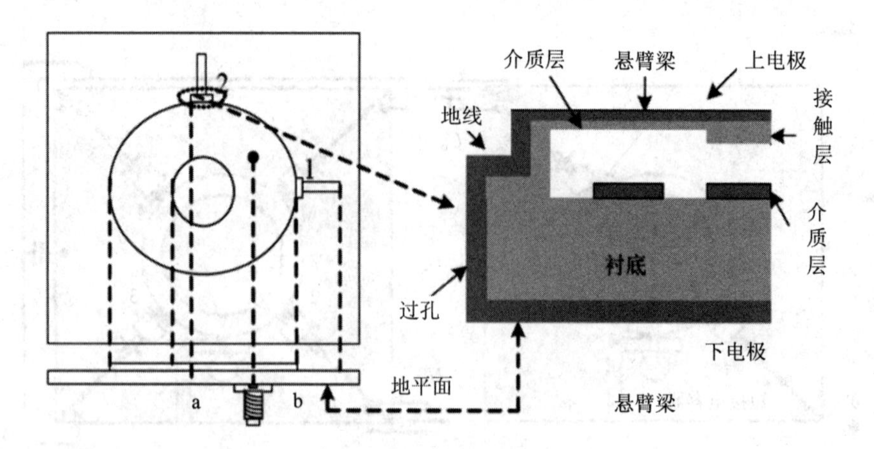

图 6-62 RF MEMS开关的极化可重构天线

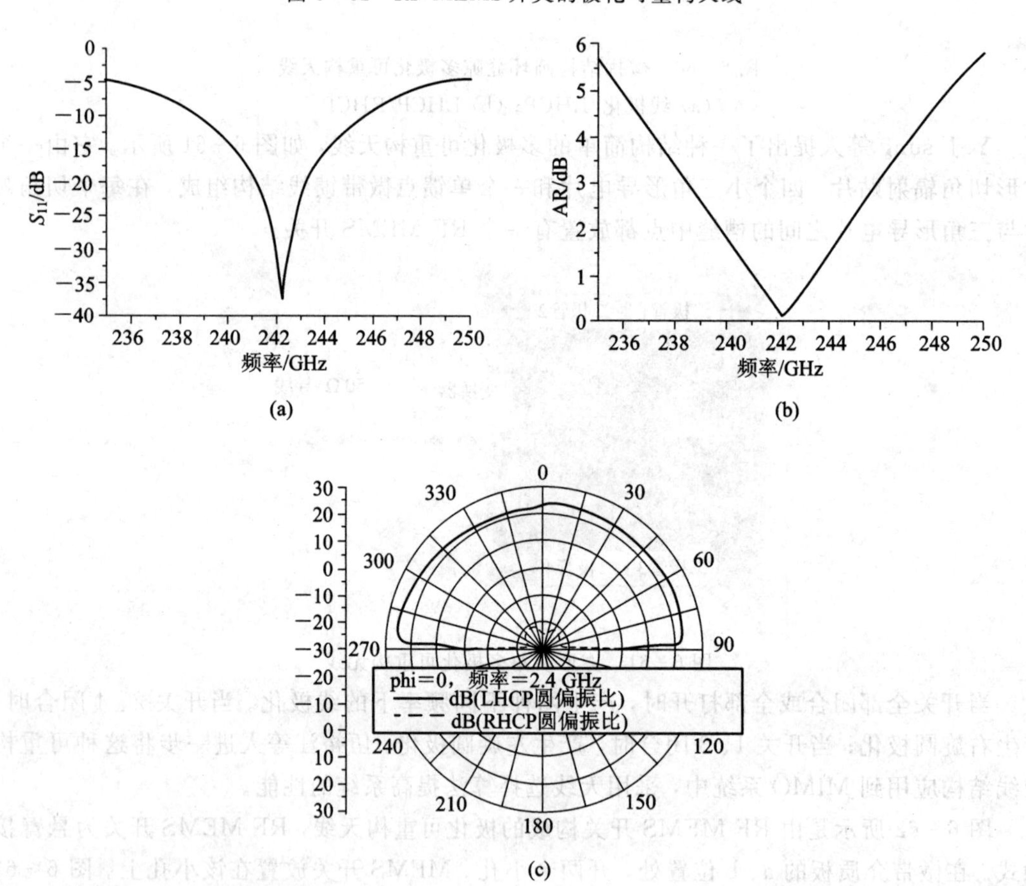

图 6-63 左旋极化仿真结果

(a) S_{11}；(b) AR；(c) 极化圆图

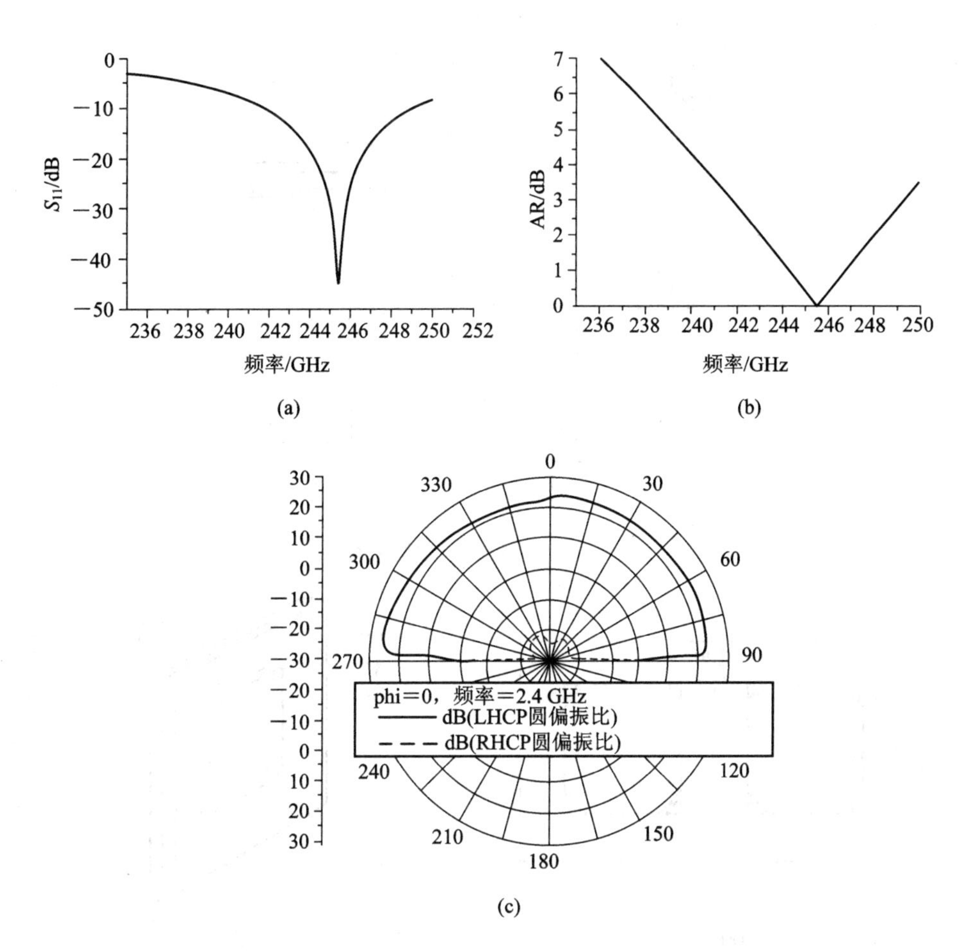

图 6－64　右旋极化仿真结果

(a) S_{11}；(b) AR；(c) 极化圆图

图 6－65 所示为全极化可重构天线。在天线侧边增加了一路馈电，激发 y 向电流。馈电微带线与辐射贴片间相距 114 mm，通过开关二极管 6 与辐射贴片连接。馈电微带线由开关二极管 5 与辐射贴片连接，两路馈电微带线最终合为一路送到前端射频电路。通过二级管 5 和 6 来控制连接到辐射贴片的微带，便可控制接收信号的线极化方向。当二级管断开时，微带线与辐射贴片间主要是容性耦合，由于二极管电容量非常小，而微带线宽只有 112 mm，耦合量也非常小，故上述的改动对原设计的电场只产生了轻微的扰动。

接收端采用如图 6－66 所示双可重构天线，其中，图(a)适合于笔记本电脑或 PDA 等类型的终端使用；图(b)采用背对方式，其结构非常紧凑，适合更小型的终端使用。

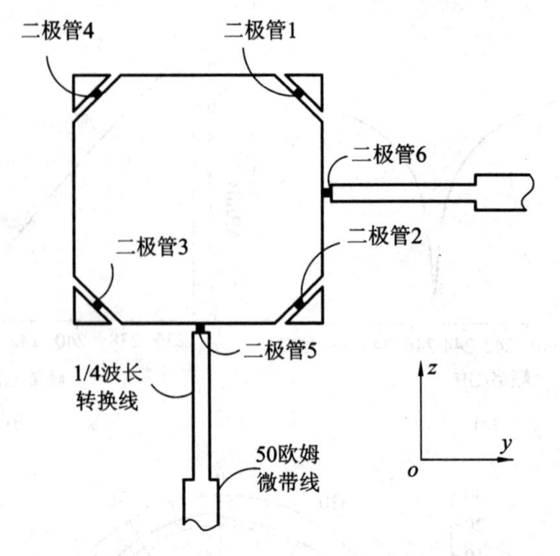

图 6-65　全极化可重构天线

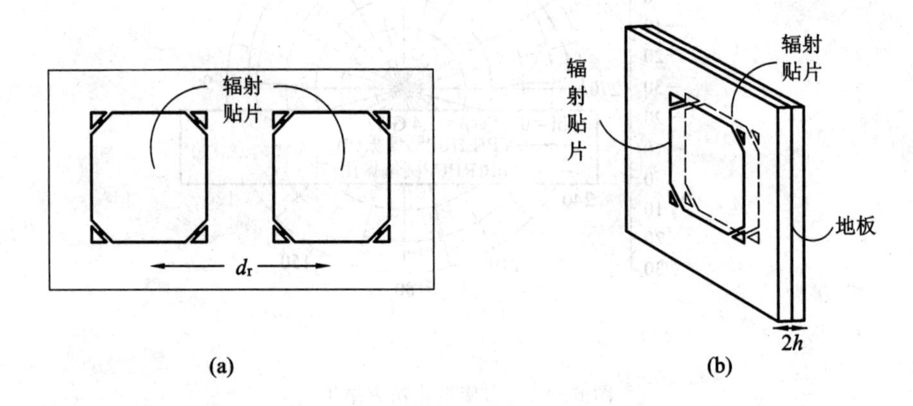

图 6-66　双可重构天线

(a) 双重构天线位于同一侧；(b) 双重构天线位于两侧

用 MEMS 可实现相控阵雷达天线阵中天线单元方向图最大值指向的变化。图 6-67 所示为 V 型可重构天线单元的工作原理示意图。

在图 6-67 中，实线表示的为 V 型偶极子天线单元，天线单元的两臂与一个“推-拉连杆”相连，它们受 MEMS 执行器带动，可以往左或往右转动；虚线所示为往左与往右转动后的偶极子天线的两种位置。V 型偶极子天线单元朝向的变化，使偶极子天线单元方向图最大值指向发生变化，天线单元方向图最大值往左或往右转动。这种用 MEM 实现的可调天线，为相控阵雷达系统设计带来了好处，在保持整个天线阵面孔径条件下，降低阵中天线单元数目，可大大降低相控阵雷达天线的成本，因而有重要的潜在应用价值。

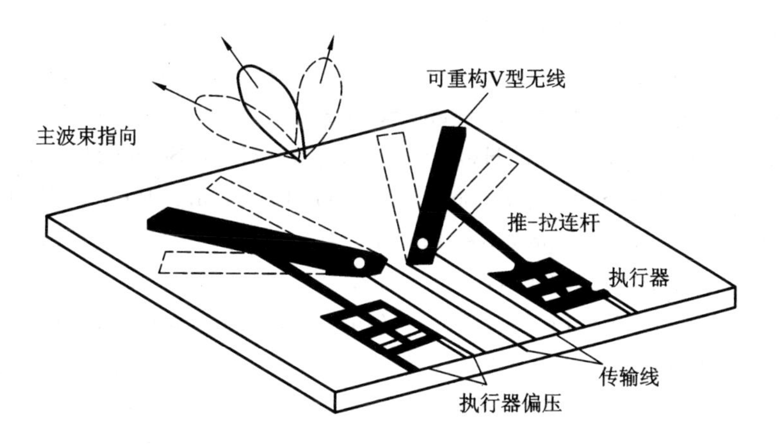

图 6-67　V 型可重构天线

参 考 文 献

[1] Guo Z J, McGruer N E, Adams G G. Modeling, simulation and measurement of the dynamic performance of an ohmic contact, electrostatically actuated RF MEMS switch. J. Micromech. Microeng, 2007(17): 1899-1909.

[2] Sang Yeol Kang, Sang Yong No, Jung-Hae Choi, Cheol Seong Hwang, Hyeong Joon Kim. Pt-Doped Ru Films Prepared by CVD as Electrodes for DRAM Capacitors. Electrochemical and Solid-State Letters, 2005, 8 (1) : C12-C14.

[3] Oh-Kyum Kwon, Se-Hun Kwon, Hyoung-Sang Park, b, Sang-Won Kang, Plasma-Enhanced Atomic Layer Deposition of RutheniumThin Films. Electrochemical and Solid-State Letters, 2004, 7 (4): C46-C48.

[4] Chang Hwa Lee, Sang Chul Lee, Jae Jeong Kim. Improvement of Electrolessly Gap-Filled Cu Using 2, 28-Dipyridyl and Bis-(3-sulfopropyl)-disulfide(SPS). Electrochemical and Solid-State Letters, 2005, 8 (8): C110-C113.

[5] Dong-Kee Kwak, Hyun-Bae Lee, Jae-Won Han, Sang-Won Kang. Metalorganic Chemical Vapor Deposition of Copper on Ruthenium Thin Film. Electrochemical and Solid-State Letters, 2006, 9(10): C171-C173.

[6] Park S D, Oh C K, Lee D H, Yeom C Y. Surface Roughness Variation during Si Atomic Layer Etching by Chlorine Adsorption Followed by an Ar Neutral Beam Irradiation. Electrochemical and Solid-State Letters, 2005, 8(11): C177-C179.

[7] Jong Hyun Choi, Do Young Kim, Byoung Kwon Choo, Woo Sung Sohn, Jin Jang. Metal Induced Lateral Crystallization of Amorphous Silicon, Through a Silicon Nitride Cap Layer. Electrochemical and Solid-State Letters, 2003, 6 (1): G16 - G18.

[8] Soo-Hyun Kim, Eui-Sung Hwang, Sang-Yup Han, Seung-Ho Pyi, a Nohjung, Kawk, Hyunchul Sohn, Jinwoong Kim, Gi Bo Choib. Pulsed CVD of Tungsten Thin Film as a Nucleation Layer for Tungsten Plug-Fill. Electrochemical and Solid-State Letters, 2004, 7(9): G195 - G197.

[9] Sang-Hoon Kim, Young-Joo Song, Hyun-Chul Bae, Sang-Heung Lee, Jin-Young Kang, Bo-Woo Kim. Strain Relaxed SiGe Buffer Prepared by Means of Thermally Driven Relaxation and CMP. Electrochemical and Solid-State Letters, 2005, 8 (11): G304 - G306.

[10] Sun Jin Yun, Jae Bon Koo, Jung Wook Lim, Seong Hyun Kim. Pentacene-Thin Film Transistors with ZrO2 Gate Dielectric Layers Deposited by Plasma-Enhanced Atomic Layer Deposition. Electrochemical and Solid-State Letters, 2007, 10(3): H90 - H93.

[11] Oh C K, Park S D, Lee H C, Bae J W, YEOM G Y. Surface Analysis of Atomic-Layered Silicon by Chlorine. Electrochemical and Solid-State Letters, 2007, 10(7): H94 - H97.

[12] 田文超，贾建援，陈光焱. Hamaker 微观连续介质理论的数字密度和 Hamaker 常数分析. 计算物理，2006，23(3)：366 - 370.

[13] 田文超，贾建援. MEMS 微梁粘着动力分析. 应用力学学报，2007，24(2)：276 - 278.

[14] Tian Wenchaoa, Cao Yanrong. HFSS Simulation of Reconfigurable Multi-band Antenna Bands Based on RF Switch. IEIT Journal of Adaptive & Dynamic Computing, 2012(1): 1 - 4.

[15] Tian Wenchao, Hao Yafeng, Ruan Hongfang. Simulation and test of bistable inductive micro-switch. Advanced Materials Research, 2011, v230 - 232, p779 - 783.

[16] Chu C, Shih W, Chung S. A low actuation voltage electrostatic actuator for RF MEMS switch applications. Journal of Micromechanical and Microengineering, 2007, 17(8): 1649 - 1656.

[17] Yu Y, Yuan W, Qiao D. Electromechanical characterization of a new micro programmable blazed grating by laser Doppler vibrometry(LDV). Microsystem Technology, 2009, 15: 853 - 858.

[18] 侯智昊，刘泽文，李志坚. DC-30 GHz 并联接触式 RF MEMS 开关的设计与制造. 光学精密工程，2009，17(8)：1923-1934.

[19] 董乔华，廖小平，黄庆安，等. RF MEMS 开关吸合电压的分析. 半导体学报，2008，29(1)：163-169.

[20] 戴永胜，方大纲，张宇峰，等. 毫米波悬臂梁串联反射型接触式 RF-MEMS 开关的研究. 微波学报，2008，24(3)：74-78.

[21] 蔡豪刚，杨卓青，丁桂甫，等. 基于非硅衬底的微机电系统惯性开关的研制. 机械工程学报，2009，45(3)：156-163.

[22] Mahameed R, Rebeiz G. A high-power temperature-stable electrostatic RF MEMS capacitive switch based on a thermal buckle-beam design. Journal of Microelectromechanical Systems, 2010, 19(4): 819-830.

[23] Laszczyk K, Bargiel S, Gorecki C, Krezel J. A two directional electrostatic comb-drive X-Y micro-stage for MOEMS applications. Sensors and Actuators A, 2010, 163(1): 255-265.

[24] Srinivasan P, Gollasch C, Kraft M. Three dimensional electrostatic actuators for tunable optical micro cavities. Sensors and Actuators A, 2010, 161(1): 191-198.

[25] Krecinic F, Duc T, Lau G, Sarro P. Finite element modelling and experimental characterization of an electro-thermally actuated silicon-polymer micro gripper. Journal of Micromechanical and Microengineering, 2008, 18(6): 064007-064016.

[26] Michael A, Kwok C, Yu K, et al. A novel bistable two-way actuated out-of-Plane electrothermal microbridge. Journal of Microelectromechanical Systems, 2008, 17 (1): 58-70.

[27] Li H, Piekarski B, DeVoe D, et al. Nonlinear oscillations of piezoelectric microresonators with curved cross-sections. Sensors and Actuators A, 2008, 144 (1): 194-200.

[28] Vitushinsky R, Schmitz S, Ludwig A. Bistable thin-film shape memory actuators for applications in tactile displays. Journal of Microelectromechanical Systems, 2009, 18(1): 186-195.

[29] McCarthy M, Tiliakos N, Modi V, et al. Thermal buckling of eccentric micro fabricated nickel beams as temperature regulated nonlinear actuators for flow control. Sensors and Actuators A, 2007, 134(1): 37-46.

[30] Wittwer J, Baker M, Howell L. Simulation, measurement and asymmetric buckling of thermal micro actuators. Sensors and Actuators A, 2006, 128(2): 395-401.

[31] Samy A, David E. Experimental validation of electromechanical buckling. Journal of Microelectromechanical Systems, 2006, 15(6): 1656 - 1672.

[32] Gaspar J, Schmidt M, Pedrini G. Out of plane electrostatic micro actuators with tunable stiffness. 2010 IEEE 23rd International Conference on MEMS, 2010, Hong Kong: 1131 - 1134.

[33] Howard M, Pajot J, Maute K. A computational design methodology for assembly and actuation of thin-film structures via patterning of eigenstrains. Journal of Microelectromechanical Systems, 2009, 18(5): 1137 - 1148.

[34] Li H, Balachandran B. Buckling and free oscillations of composite microresonators. Journal of Microelectromechanical Systems, 2006, 15(1): 42 - 51.

[35] David G, Marco A L, Jasmina C, et al. A low-power-consumption out-of-plane electrothermal actuator. Journal of Microelectromechanical Systems, 2007, 16(3): 719 - 728.

[36] Sahai T, Zehnder A T. Modeling of coupled dome-shaped microoscillators. Journal of Microelectromechanical Systems, 2008, 17(3): 777 - 786.

[37] Begley M. Analysis and design of kinked(bent) beam sensors. Journal of Micromechanical and Microenginering, 2007, 17(2): 350 - 357.

[38] Krylov S, Ilic B R, Schreiber D. The pull-in behavior of electrostatically actuated bistable microstructures. Journal of Micromechanical and Microengineering, 2008, 18(5): 55026 - 55045.

[39] Charlot B, Sun W, Yamashita K. Bistable nanowire for micromechanical memory. Journal of Micromechanical and Microengineering, 2008, 18(4): 45005 - 45012.

[40] Cao A, Kim J, Lin L. Bi-directional electrothermal electromagnetic actuators. Journal of Micromechanical and Microengineering, 2007, 17(5): 975 - 982.

[41] Qiao D, Yuan W, Yu Y. The residual stress-induced buckling of annular thin plates and its application in residual stress measurement of thin films. Sensors and actuators A, 2008, 143(2): 409 - 414.

[42] 虞益挺，苑伟政，乔大勇. 一种在线测试测试微机械薄膜残余应力的新结构. 物理学报，2007，56(10)：5691 - 5697.

[43] Yu Y, Yuan W, Qiao D, Evalution of residual stresses in thin films by critical buckling observation of circular microstructures and finite element method. Thin Solid Films, 2008, 516(12): 4070 - 4075.

[44] Zhao J, Jia J, He X. Post-buckling and snap-through behavior of inclined slender beams. ASME Journal of Applied Mechanics, 2008, 75(7): 41020 - 41026.

[45] Zhao J, Jia J, Wang H. A novel threshold accelerometer with post-buckling structures for airbag system. Sensors Journal, 2007, 7(8): 1102 - 1109.

[46] 贾建援，赵剑，王洪喜. 大挠度后屈曲倾斜梁结构的非线性力学特性. 机械工程学报，2009，45(2)：138 - 143.

[47] Hertlein C, Helden L, Gambass A. Direct measurement of critical Casimir force. Nature, 2008, 451: 172 - 175.

[48] Ball P. Feel the force. Nature, 2007, 447: 772 - 774.

第 7 章　MEMS 力学问题

MEMS 区别于微电子技术之处，就在于其器件内部存在机械运动。力学作为工程学科的分支，主要研究物体的受力及其产生的运动问题。在 MEMS 中，无论是加速度计中的刚体运动，还是压力传感器中的振动膜变形运动，均需要研究。因而力学就成为 MEMS 设计的基础。因此，本章将介绍 MEMS 中所涉及的力学问题。

7.1　梁的力学问题

梁的力学变形是 MEMS 中的主要问题。无论是微传感器，还是微执行器、微阀、生物芯片、微开关等，都涉及梁的变形问题。因此有必要简单介绍一下梁的力学问题。鉴于本书特点，过多的分析推导过程省略了，而是直接给出了结论，有兴趣的读者可以参阅相关力学方面的资料。

7.1.1　应变和应力

梁如图 7-1 所示，其长、宽、厚分别为 l、h、b，端面面积 $A=hb$，则在图示所受外力 F 的作用下，梁产生变形，l 变为 $l+\Delta l$，b 变为 $b-\Delta b$，h 变为 $h-\Delta h$。

根据材料力学理论，可得梁的应力、应变分别为

$$\sigma=\frac{F}{A}=\frac{F}{hb} \tag{7-1}$$

$$\varepsilon=\frac{\Delta l}{l} \tag{7-2}$$

$$\sigma=E\,\frac{\Delta l}{l}=\varepsilon E \tag{7-3}$$

$$\frac{\Delta b/b}{\Delta l/l}=\frac{\Delta h/h}{\Delta h/h}=-\mu \tag{7-4}$$

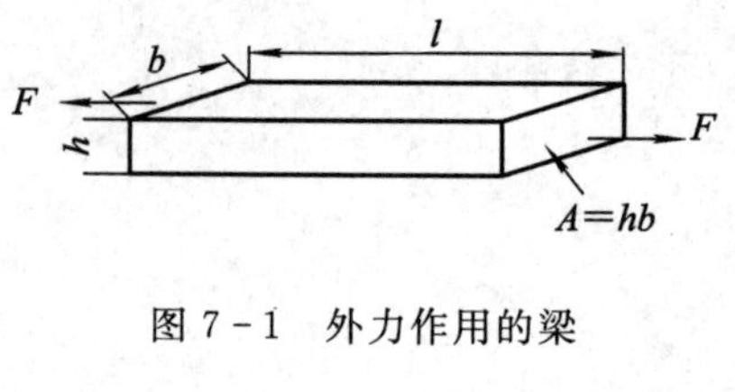

图 7-1　外力作用的梁

上述各式中，σ 是应力；ε 是应变；μ 是横向变形系数，也称为泊松比；E 是弹性模量。

7.1.2　梁的弯曲变形

当弹性模量为 E、转动惯性矩为 I 的微梁受到弯矩 M 作用时，由微梁小变形理论，可得挠度 w 曲线方程为

$$\frac{\mathrm{d}^2 w}{\mathrm{d}x^2}=\frac{M}{EI} \tag{7-5}$$

针对不同的微梁变形情况，选取不同的边界条件，可以得到不同的结果。下面针对 MEMS 常见的受力变形问题直接给出分析结论。

1. 端面受弯矩 M 作用的悬臂梁变形

图 7-2 所示为端面受弯矩 M 作用的悬臂梁变形，其挠度曲线方程和端面转角分别为

$$w=-\frac{Mx^2}{2EI} \tag{7-6}$$

$$\theta_{\mathrm{B}}=-\frac{Ml}{EI} \tag{7-7}$$

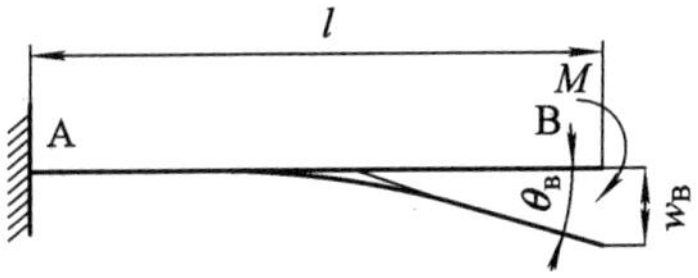

图 7-2　端面受弯矩 M 作用的悬臂梁变形

端面最大挠度为

$$w_{\mathrm{B}}=-\frac{Ml^2}{2EI} \tag{7-8}$$

2. 端面受弯矩集中载荷 F 作用的悬臂梁变形

图 7-3 所示为端面受集中载荷 F 作用的悬臂梁变形，其挠度曲线方程和端面转角为别为

$$w=-\frac{Fx^2}{6EI}(3l-x) \tag{7-9}$$

$$\theta_{\mathrm{B}}=-\frac{Fl^2}{2EI} \tag{7-10}$$

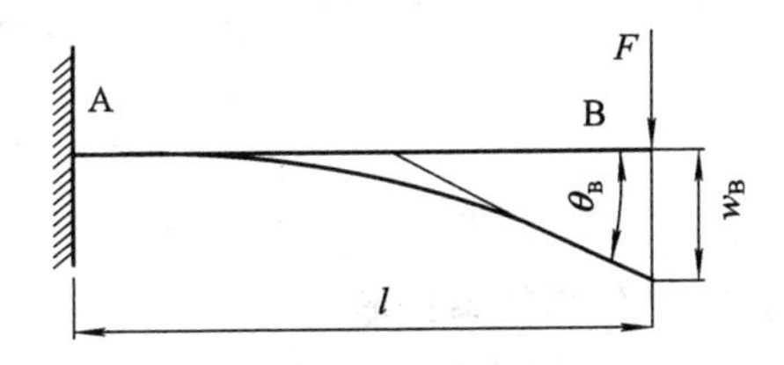

图 7-3　端面受集中载荷 F 作用的悬臂梁变形

端面最大挠度为

$$w_{\mathrm{B}}=-\frac{Fl^3}{3EI} \tag{7-11}$$

3. 中间某处受弯矩集中载荷 F 作用的悬臂梁变形

图 7 - 4 所示为 C 点处受集中载荷 F 作用的悬臂梁变形，其挠度曲线方程和端面转角为别为

$$\begin{cases} w=-\dfrac{Fx^2}{6EI}(3a-x) & (0\leqslant x\leqslant a) \\ w=-\dfrac{Fa^2}{6EI}(3x-a) & (a\leqslant x\leqslant l) \end{cases} \tag{7-12}$$

$$\theta_B=-\frac{Fa^2}{2EI} \tag{7-13}$$

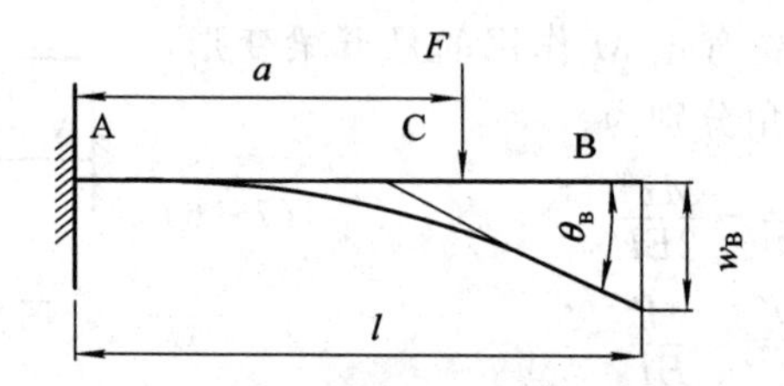

图 7 - 4　C 点处受集中载荷 F 作用的悬臂梁变形

端面最大挠度为

$$w_B=-\frac{Fa^2}{6EI}(3l-a) \tag{7-14}$$

4. 受均布载荷 P 作用的悬臂梁变形

图 7 - 5 所示为受均布载荷 P 作用的悬臂梁变形，其挠度曲线方程和端面转角为别为

$$w=-\frac{Px^2}{24EI}(x^2-4lx+6l^2) \tag{7-15}$$

$$\theta_B=-\frac{Pl^3}{6EI} \tag{7-16}$$

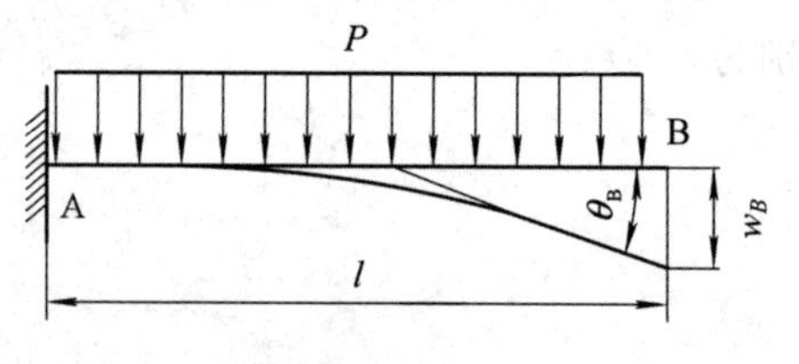

图 7 - 5　受均布载荷 P 作用的悬臂梁变形

端面最大挠度为

$$w_B=-\frac{Pl^4}{8EI} \tag{7-17}$$

5. 两端固定，受均布载荷 P 作用的梁变形

图 7 - 6 所示为受均布载荷 P 作用的两端固定微梁变形，其挠度曲线方程为

$$w=-\frac{Px}{24EI}(x^3-2lx^2+x^3) \tag{7-18}$$

最大挠度出现在中间，为

$$w\left(\frac{l}{2}\right)=-\frac{5Pl^4}{384EI} \tag{7-19}$$

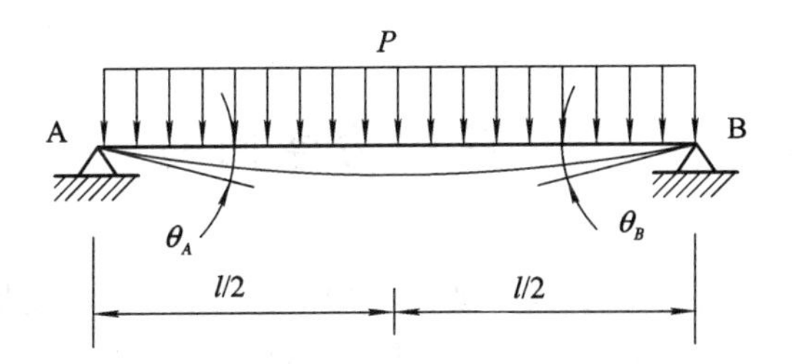

图 7-6　均布载荷 P 作用的两端固定微梁变形

MEMS 中常见的射频微开关参见图 1-14(a)。两根悬梁上、下运动，实现开关的通、断。图 7-7 所示为另一种射频开关，悬梁的弯曲变形程度是开关的关键。图 7-8 所示为电容式射频开关，采用典型的悬梁结构。

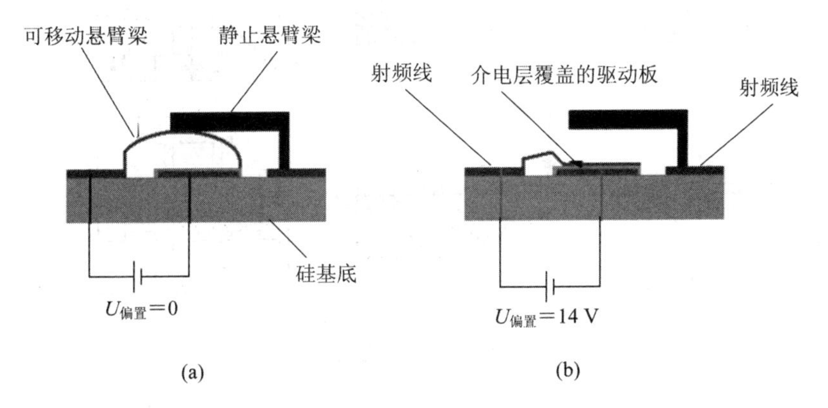

图 7-7　射频开关

(a) 开关处于开启状态(偏置电压为 0)；(b) 开关处于关闭状态(偏置电压不为 0)

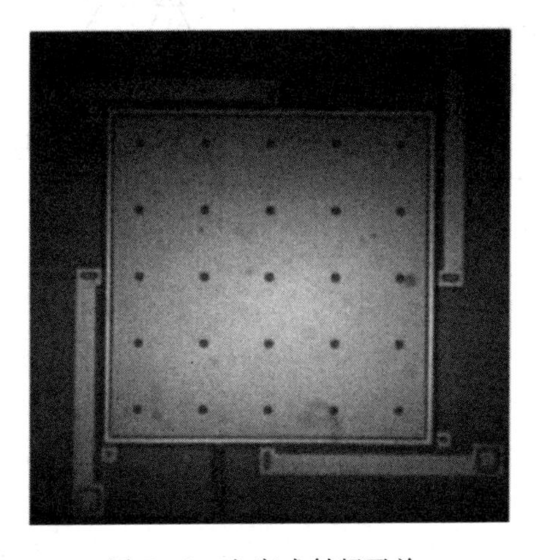

图 7-8　电容式射频开关

7.2 膜的力学问题

膜的弯曲变形在 MEMS 中也起着重要的作用，如微泵、光驱动器、光开关、微加速度计等。图 7－9 所示为压力泵，中间的膜片变形实现微泵的开关功能。图 7－10 所示为热驱动泵，通过温度变化、泵壁弯曲变形来实现泵功能。下面介绍薄膜变形问题。

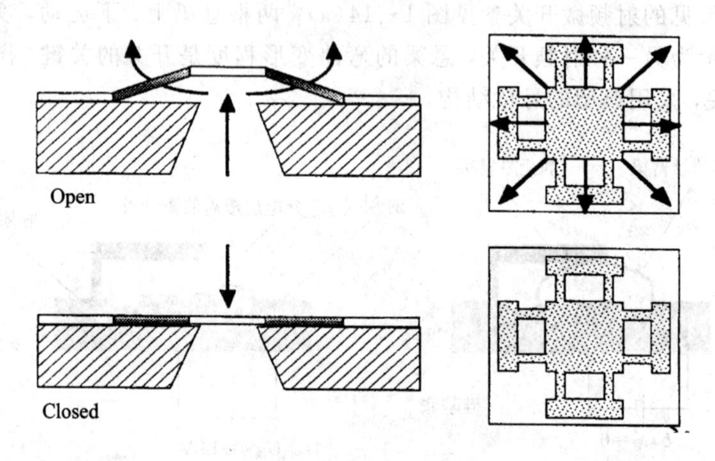

图 7－9　压力泵

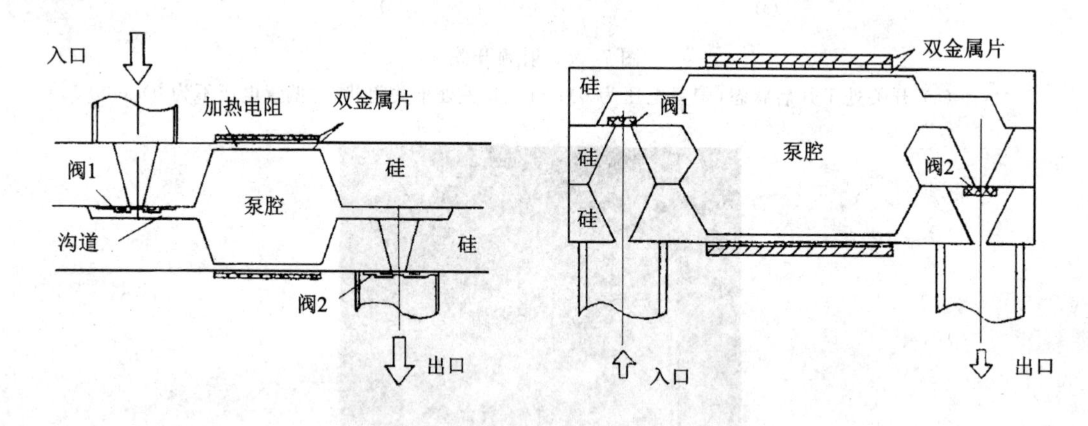

图 7－10　热驱动泵

7.2.1 薄膜弯曲

边长为 a、厚度为 h 的正方形薄膜如图 7－11 所示。

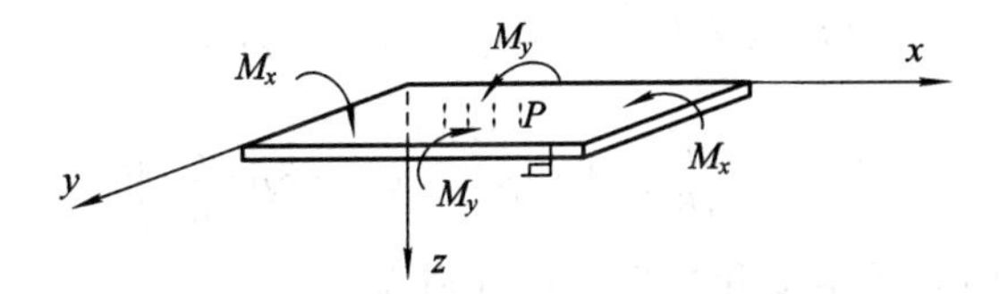

图 7-11　正方形薄膜变形

正方形薄膜受到均布均载 P 的作用发生变形，其弯曲挠度的主微分方程为

$$\left(\frac{\partial^2}{\partial x^2}+\frac{\partial^2}{\partial y^2}\right)\left(\frac{\partial^2 w(x,\ y)}{\partial x^2}+\frac{\partial^2 w(x,\ y)}{\partial y^2}\right)=\frac{P}{D} \tag{7-20}$$

其中，$w(x,\ y)$是横向弯曲挠度；D 是弯曲刚度，即

$$D=\frac{Eh^3}{12(1-\mu^2)} \tag{7-21}$$

式中，E 为薄膜的弹性模量；μ 是泊松比。则弯矩为

$$\begin{cases} M_x=-D\left[\dfrac{\partial^2 w(x,\ y)}{\partial x^2}+\mu\dfrac{\partial^2 w(x,\ y)}{\partial y^2}\right] \\ M_y=-D\left[\dfrac{\partial^2 w(x,\ y)}{\partial x^2}+\mu\dfrac{\partial^2 w(x,\ y)}{\partial y^2}\right] \\ M_z=D(1-\mu)\dfrac{\partial^2(x,\ y)}{\partial x\partial y} \end{cases} \tag{7-22}$$

式(7-20)主微分方程对不同边界条件求解，可以得到不同薄膜的变形问题。下面简单介绍 MEMS 常见的周边固定的圆形和矩形薄膜变形问题。

7.2.2　周边固支圆形薄膜弯曲

直径为 $2a$、厚度为 h、周边固定的圆形薄膜如图 7-12 所示，受到均载 P 的作用。

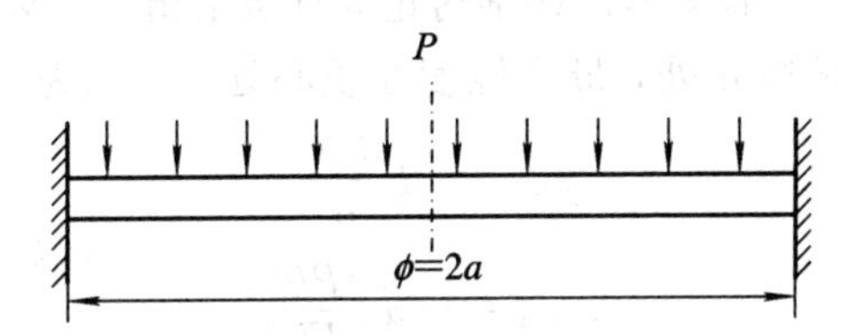

图 7-12　周边固定受均载作用的圆形薄膜

圆形薄膜的挠度方程为

$$w=\frac{pa^4}{64D}\left(1-\frac{r^2}{a^2}\right)^2 \tag{7-23}$$

弯矩方程为

$$M_r = \frac{pa^2}{16}\left[(1+\mu)-(3+\mu)\frac{r^2}{a^2}\right] \tag{7-24}$$

$$M_\theta = \frac{pa^2}{16}\left[(1+\mu)-(1+3\mu)\frac{r^2}{a^2}\right] \tag{7-25}$$

当 $r=0$ 时，薄膜中心的挠度和弯矩方程分别为

$$w_{r=0} = \frac{pa^4}{64D} \tag{7-26}$$

$$(M_r)_{r=0} = (M_\theta)_{r=0} = \frac{pa^2(1+\mu)}{16} \tag{7-27}$$

薄膜中心的挠度最大。当 $r=a$ 时，薄膜边缘的挠度为 0，弯矩为

$$(M_r)_{r=a} = \frac{-pa^2}{8} \tag{7-28}$$

7.2.3 周边固支矩形薄膜弯曲

矩形薄膜如图 7-13 所示，其边长分别为 a、b，厚度为 h，四周固定，受均载 P 作用。

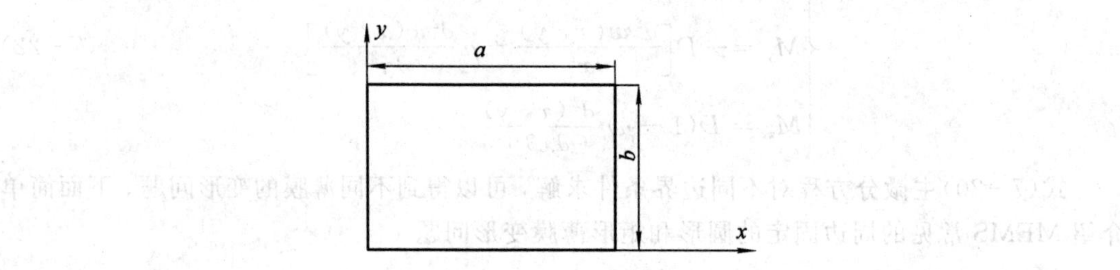

图 7-13 矩形薄膜

式(7-22)对此种边界条件的求解比较困难，可以借助三角级数、有限差分和有限元解法，当然也有许多现成软件。本文不作详细讨论，直接给出 MEMS 常用的一些数值结论。

矩形所受最大应力在长边 a 处，最大挠度在质心处，分别为

$$\sigma_{\max} = \beta_\sigma \frac{Pb^2}{h^2} \tag{7-29}$$

$$w_{\max} = -\alpha_w \frac{Pb^4}{Eh^3} \tag{7-30}$$

式中，α_w、β_σ 分别为挠度、应力系数。其具体数值如表 7-1 所示。

表 7-1 挠度应力系数数值

a/b	1	1.2	1.4	1.6	1.8	2.0
α_w	0.014	0.019	0.023	0.026	0.028	0.029
β_σ	0.308	0.383	0.436	0.468	0.488	0.500

7.3 静 电 力

目前，各种的 MEMS 结构都是基本的平行板电容模型，而应用最多的是无限大平板模型是 MEMS 结构。如图 7-14 所示，对于这种结构，宏观假设 a、b 相对于 d 无限大，即忽略电容的边缘效应。

根据电容的定义，可求得

$$C = \frac{\varepsilon a \times b}{d} \tag{7-31}$$

然而，随着极板尺寸的减小，边缘效应不得不考虑。如图 7-15 所示，极板边缘漏电场部分占总电场部分比重增加，如何计算漏电场部分成为静电力分析的关键内容。下面介绍各种分析方法。

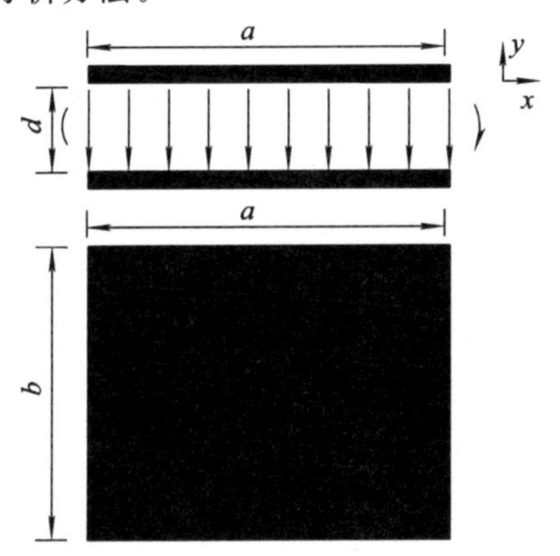

图 7-14 无限大平板电容

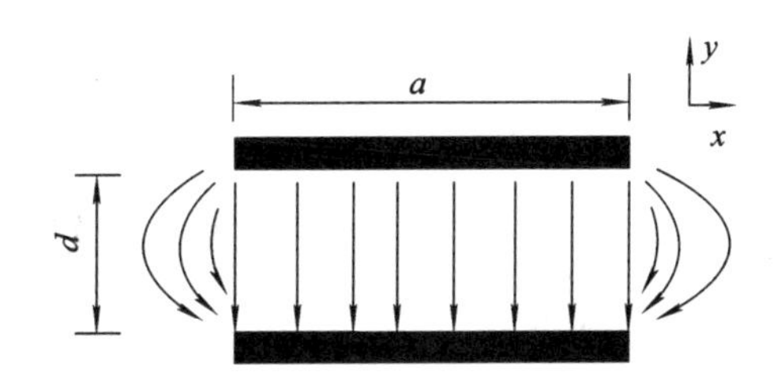

图 7-15 二维平板电容模型

7.3.1 分离变量法级数解

对于这种模型，采用求解极板间电场分布的拉普拉斯方程来确定极板间的电容，可得如下的电容关系：

$$C = \frac{4\varepsilon b}{\pi}\sum_{k=0}^{\infty}\frac{\coth\left[\frac{(2k+1)\pi d}{2a}\right]}{2k+1} \tag{7-32}$$

式中，coth 为双曲余切函数，其能量为

$$W = \frac{1}{2}CU^2$$

切向驱动力为

$$F_x = \frac{\varepsilon bdU^2}{a^2}\sum_{k=0}^{\infty}\frac{1}{\left[\sinh\frac{(2k+1)\pi d}{2a}\right]^2} \tag{7-33}$$

法向驱动力为

$$F_y = \frac{\partial W}{\partial d} = \frac{\varepsilon bU^2}{a}\sum_{k=0}^{\infty}\frac{1}{\left[\sinh\frac{(2k+1)\pi d}{2a}\right]^2} \tag{7-34}$$

7.3.2 保角变换近似解

应用保角变换求解二维平行板电容：

$$C = \frac{\varepsilon ab}{d} + \frac{\varepsilon b}{\pi}\left\{1 + \ln\left[1 + \frac{2\pi a}{d} + \ln\left(1 + \frac{2\pi a}{d}\right)\right]\right\} \tag{7-35}$$

由 $W = \frac{1}{2}CU^2$ 可得横向驱动力为

$$F_x = \frac{\varepsilon b}{2d}U^2 + \frac{\frac{\varepsilon b}{2d}\left(2 + \frac{2}{1 + \frac{2\pi a}{d}}\right)}{1 + \frac{2\pi a}{d} + \ln\left(1 + \frac{2\pi a}{d}\right)}U^2 \tag{7-36}$$

在 MEMS 工程实际应用中，a/d 的范围为 10～50，所以上式可以化简为

$$F_x = \frac{1}{2}\left[\frac{\varepsilon b}{d} + \frac{\varepsilon b}{d}\left(\frac{d}{\pi a + d}\right)\right]U^2 \tag{7-37}$$

法向驱动力为

$$F_y = \frac{\partial W}{\partial d} = \frac{\varepsilon abU^2}{d^2}\left[\frac{2 + \frac{2}{1 + \frac{2\pi a}{d}}}{1 + \frac{2\pi a}{d} + \ln\left(1 + \frac{2\pi a}{d}\right)}\right] \tag{7-38}$$

对上式静电力进一步简化，为

$$F_y = \frac{\varepsilon abU^2}{d^2}\left(1 + \frac{d}{\pi a + d}\right) \tag{7-39}$$

7.3.3 考虑极板厚度时的边缘效应

由于边缘效应，微机械加工结构的电容比用无限大平板公式计算偏大。通过数学物理方法，可以获得计入边缘效应的近似计算式。

对于图 7-16 所示的电容板结构，考虑厚度对其的影响。

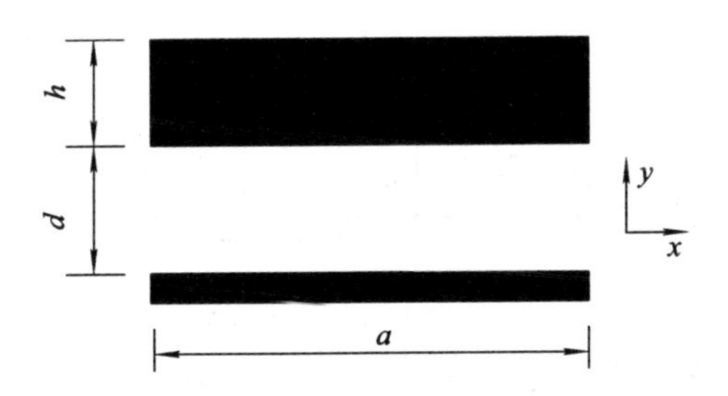

图 7-16 厚极板的电容结构图

对于图示的电容结构，电容极板的宽度为 a，极板间距为 d、长度为 b，上极板厚度为 h，则电容的近似解析式为

$$C = C_0\beta$$

式中，β 是一个修正常数，即

$$\beta = 1 + \frac{d}{2\pi a}\ln\left(\frac{2\pi a}{d}\right) + \frac{d}{2\pi a}\ln\left(1 + \frac{2h}{d} + 2\sqrt{\frac{h}{d} + \frac{h^2}{d^2}}\right)$$

$$C_0 = \frac{\varepsilon ab}{d} \tag{7-40}$$

C_0 是不考虑边缘效应时的电容。此时切向驱动力为

$$F_x = \frac{1}{2}\left(\frac{\varepsilon b}{d} + \frac{\varepsilon b}{2\pi a}\right)U^2 \tag{7-41}$$

法向驱动力为

$$F_y = \frac{1}{2}\frac{\partial C}{\partial d}U^2 = \frac{\varepsilon ab}{2d^2}U^2 + \frac{\varepsilon b}{4\pi d}U^2 + \frac{\varepsilon b}{4\pi}U^2\frac{\dfrac{2h}{d^2} + \left(\dfrac{h}{d} + \dfrac{h}{d^2}\right)\left(\dfrac{h}{d^2} + \dfrac{2h^2}{d^3}\right)}{1 + \dfrac{2d}{h} + 2\sqrt{\dfrac{h}{d} + \dfrac{h^2}{d^2}}} \tag{7-42}$$

将式(7-42)简化并整理得

$$F_y = \frac{\varepsilon ab}{2d^2}U^2\left(1 + \frac{d}{2\pi a} + \frac{d}{2\pi a}\sqrt{\frac{h}{d+h}}\right) \tag{7-43}$$

式(7-43)括号中第三项在 $h=0$ 时有极小值，当 $h>0$ 时，第三项随着 h 的增大而单调递增。当 $h\to\infty$ 时，第三项 $h\to\dfrac{d}{2\pi a}$，即第二项与第三项相等，显然只有当 $d\ll 2\pi a$ 时，边缘电容的影响才可以忽略不计。

7.3.4 非平行极板电容静电力

假设电容器两极板都是边长为 a 的正方形平板，两板不平行，而是有一定的夹角 θ_0，$\theta_0 \leqslant d/a$，如图 7-17 所示，略去边缘效应。

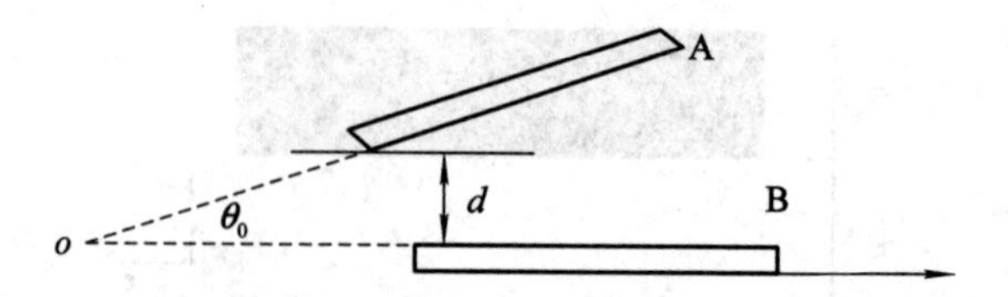

图 7－17 非平行平板电容器结构

极板 A、B 分别带异号电荷 $+Q$ 和 $-Q$，延长两极板交于 o。在静电平衡条件下，导体是等势体，可设 B 板电势为 u_1，A 板的电势为 u_2，由静电问题的唯一性定理可知，在 A、B 两极板之间，电势 u 满足以下方程和边界条件：

$$\nabla^2 u = 0 \tag{7-44}$$

当 $\theta=0$ 时，$u=u_1$；当 $\theta=\theta_0$ 时，$u=u_2$。 (7－45)

在柱坐标下，式(7－44)化为

$$\frac{1}{r}\cdot\frac{\partial}{\partial r}\left(r\frac{\partial u}{\partial r}\right)+\frac{1}{r^2}\cdot\frac{\partial^2 u}{\partial \theta^2}+\frac{\partial^2 u}{\partial z^2}=0 \tag{7-46}$$

两极板之间的等势面是一系列不同角对应的平面，电场线则是一系列以点 o 为中心的圆弧线，式(7－46)则简化为

$$\frac{1}{r^2}\cdot\frac{\partial^2 u}{\partial \theta^2}=0 \tag{7-47}$$

式(7－45)与式(7－47)联立解得

$$u=\frac{u_2-u_1}{\theta_0}\theta+u_1 \tag{7-48}$$

根据

$$E=-\nabla u \tag{7-49}$$

在柱坐标下，式(7－49)变为

$$\frac{\partial u}{\partial r}e_r+\frac{1}{r}\cdot\frac{\partial u}{\partial \theta}e_\theta+\frac{\partial u}{\partial z}e_z=-E_\theta\cdot e_\theta \tag{7-50}$$

$$E_\theta=-\frac{1}{r}\cdot\frac{\partial u}{\partial \theta} \tag{7-51}$$

将式(7－48)代入式(7－51)得

$$E=-E_\theta=\left(\frac{u_2-u_1}{\theta_0}\right)\frac{1}{r} \tag{7-52}$$

令 $\overline{C}=\frac{u_2-u_1}{\theta_0}$，式(7－52)变为

$$E=\frac{\overline{C}}{r} \tag{7-53}$$

A 极板 r 处电荷面密度为

$$\sigma_r = \varepsilon_0 E = \frac{\varepsilon_0 \bar{C}}{r}$$

则 r 到 $r+\mathrm{d}r$ 窄条上的电量为

$$\mathrm{d}Q = \sigma_r(a\mathrm{d}r) = \frac{a\varepsilon_0 \bar{C}\mathrm{d}r}{r} \tag{7-54}$$

A 板电量为

$$Q = \int \mathrm{d}Q = \int_{\frac{d}{\theta_0}}^{a+\frac{d}{\theta_0}} \frac{a\varepsilon_0 \bar{C}\mathrm{d}r}{r} = a\varepsilon_0 \bar{C}\ln\left(1+\frac{a\theta_0}{d}\right) \tag{7-55}$$

即

$$\bar{C} = \frac{Q}{a\varepsilon_0 \ln\left(1+\frac{a\theta_0}{d}\right)} \tag{7-56}$$

将式(7-56)代入式(7-53)，得

$$E = \frac{Q}{ra\varepsilon_0 \ln\left(1+\frac{a\theta_0}{d}\right)} \tag{7-57}$$

两极板之间的电势差为

$$\Delta u = u_2 - u_1 = \frac{\theta_0 Q}{a\varepsilon_0 \ln\left(1+\frac{a\theta_0}{d}\right)} \tag{7-58}$$

电容为

$$C_0 = \frac{Q}{\Delta u} = \frac{a\varepsilon_0}{\theta_0}\ln\left(1+\frac{a\theta_0}{d}\right) \tag{7-59}$$

当 $\theta_0 \ll \frac{d}{a}$ 时，按泰勒级数展开，则

$$C_0 = \frac{a\varepsilon_0}{\theta_0}\left[\frac{a\theta_0}{d} - \frac{1}{2}\left(\frac{a\theta_0}{d}\right)^2 + \frac{1}{3}\left(\frac{a\theta_0}{d}\right)^3 - \cdots\right] \tag{7-60}$$

取式(7-60)的前两项，有

$$C_0 = \frac{a^2\varepsilon_0}{d}\left(1-\frac{a\theta_0}{2d}\right) \tag{7-61}$$

7.4　范德瓦耳斯力

原子之所以能以一定的比例结合成具有确定几何形状、相对稳定和相对独立、性质与其组成原子完全不同的分子，靠的是化学键。

分子型物质之间存在不同的形态(气态、固态、液态)，且不同形态之间能够相互转化，这就说明分子间也存在着某种相互作用力。不过，这种力较弱，作用能的大小一般只有几千焦至几十千焦每摩尔，比化学键的键能小1～2个数量级，作用范围在几百个皮米之间，因此它不是化学键，但它也能影响物质的性质，中性分子和惰性气体原子就是靠这种力聚集成液体或固体，对物质的沸点、熔点、气化热、融化热、溶解度、表面张力、黏度等性质起决定性作用。这种力最先由范德瓦耳斯发现并阐述，所以称之为范德瓦耳斯力。

我们知道，物质是由分子组成的，而分子间存在范德瓦耳斯力，那么两个物体间也应该存在范德瓦耳斯力。对于宏观尺寸的物体来讲，这种力是可以忽略的，因为其间距比较大，而范德瓦耳斯力随距离衰减得很快。但对于微米尺度的物体来讲，由于其间距较小，由大量分子累积的物体间的范德瓦耳斯力是应该考虑的，因此，我们有必要对分子间的范德瓦耳斯力进行探讨。

范德瓦耳斯力由三部分作用力组成：色散力、诱导力和取向力。取向力只存在于极性分子或离子之间；诱导力不仅存在于极性分子或离子之间，而且存在于极性分子或离子和非极性分子之间；而色散力存在于一切分子、原子和离子之间。取向力是固有偶极间的作用力，它与分子的极性和温度有关。极性分子的偶极矩愈大，取向力愈大；温度愈高，取向力愈小。诱导力是固有偶极和诱导偶极间的作用力，它与分子的极性和变形性等有关。色散力，又称为伦敦-范德瓦耳斯力，是分子的瞬时偶极间的作用力，它与分子的变形性等因素有关。一般相对分子质量愈大，分子内所含的电子数愈多，分子的变形性愈大，色散力也愈大。实验证明：

(1) 对大多数分子来说，色散力是主要的；

(2) 只有偶极矩很大的分子，取向力才是主要的；

(3) 诱导力通常很小。

鉴于存在于分子间的范德瓦耳斯力是一种弱的电性吸引力，而这种吸引力又都是分子偶极矩间的吸引力，因此有必要从以下方面，介绍三种力的形成和特征：

(1) 偶极矩的特性；

(2) 偶极矩产生的电场；

(3) 偶极矩与离子之间的相互作用；

(4) 偶极矩与偶极矩之间的相互作用。

7.4.1 偶极子电场

具有偶极矩 p 的极性分子相当于一个偶极子，设该极性分子位于空间中的 x' 点，它将在其周围产生电场，根据前面的分析，在 x 点电场的电势可写为

$$U(x)=\frac{p\cdot(x-x')}{4\pi\varepsilon_0 r^3} \tag{7-62}$$

式中，ε_0为真空中的介电常数。

对应的电场强度为

$$E(x)=-\nabla U(x)=-\frac{p}{4\pi\varepsilon_0 r^3}+\frac{3[p\cdot(x-x')](x-x')}{4\pi\varepsilon_0 r^5} \tag{7-63}$$

式中，$r=|x-x'|$。电场强度的标量形式为

$$E(r,\theta)=\frac{p}{4\pi\varepsilon_0 r^3}\sqrt{1+3(\cos\theta)^2} \tag{7-64}$$

式中，θ为偶极间的方向角。

7.4.2 离子与偶极间作用力

一个带电原子(离子)Q和极性分子P间相互作用，如图7-18所示。

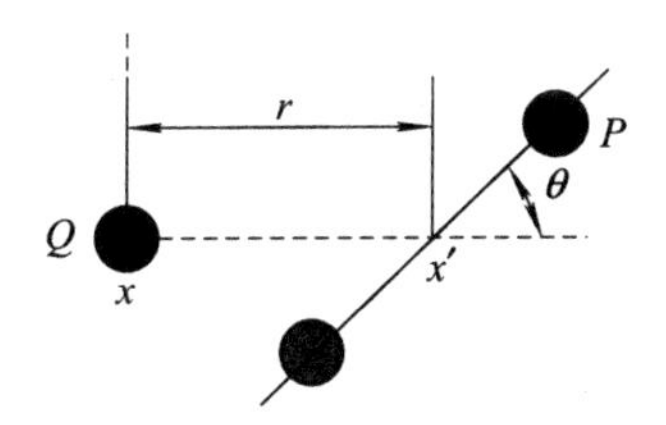

图7-18 极性原子(分子)相互作用

x'点的偶极矩p在x点的电势为

$$U(x)=\frac{p\cdot(x-x')}{4\pi\varepsilon_0 r^3} \tag{7-65}$$

对应的电场强度为

$$E(x)=-\nabla U(x)=-\frac{p}{4\pi\varepsilon_0 r^3}+\frac{3[p\cdot(x-x')](x-x')}{4\pi\varepsilon_0 r^5} \tag{7-66}$$

式中，$r=|x-x'|$。电场强度的标量为

$$E(r,\theta)=\frac{p}{4\pi\varepsilon_0 r^3}\sqrt{1+3(\cos\theta)^2} \tag{7-67}$$

则离子和偶极子间的相互作用能为

$$W(r,\theta)=Q\theta=\frac{Qp\cdot(x-x')}{4\pi\varepsilon_0 r^3}=-\frac{Qp\cos\theta}{4\pi\varepsilon_0 r^2} \tag{7-68}$$

作用力为

$$F(r)=-\frac{\partial W}{\partial r}=-\frac{Qp\cos\theta}{2\pi\varepsilon_0 r^3} \tag{7-69}$$

当$\theta=0°$时，作用力最大，$F=\dfrac{Qp}{2\pi\varepsilon_0 r^3}$为吸引力；当$\theta=180°$，作用力为排斥力。

离子与偶极子之间在原子间距范围(0.2 nm～0.4 nm)内的作用能通常要比热能$k_B T$

大很多。因此这种作用力足以使离子结合到极性分子上。

7.4.3　偶极相互作用

两个极性分子在真空中接近时，同性相斥，异性相吸，使分子发生相对转动。偶极分子发生互相转动，使他们相反的极相对，叫做“取向”。

在取向偶极分子之间，由于静电力相互吸引，在接近一定的距离后，排斥力和吸引力达到相对平衡，使体系能量达到最小值。

假若偶极按图 7－19 和图 7－20 所示，在距离 r 处相互取向，两个偶极的相互作用能为

$$W = -\,p_2 \cdot E_1 \tag{7-70}$$

即

$$W = \frac{p_1 \cdot p_2}{4\pi\varepsilon_0 r^3} - \frac{3p_1 \cdot (x_1 - x_2) p_2 \cdot (x_1 - x_2)}{4\pi\varepsilon_0 r^5} \tag{7-71}$$

由于 $p_1 \cdot p_2 = |p_1||p_2|\cos(\theta_1 - \theta_2)\cos\phi$，则作用能的标量形式为

$$\begin{aligned} W &= \frac{|p_1||p_2|\cos(\theta_1 - \theta_2)\cos\phi}{4\pi\varepsilon_0 r^3} - \frac{3p_1 r\cos\theta_1 p_2 r\cos\theta_2\cos\phi}{4\pi\varepsilon_0 r^5} \\ &= \frac{p_1 p_2(\cos\theta_1\cos\theta_2 + \sin\theta_1\sin\theta_2)\cos\phi}{4\pi\varepsilon_0 r^3} - \frac{3p_1 r\cos\theta_1 p_2 r\cos\theta_2\cos\phi}{4\pi\varepsilon_0 r^5} \\ &= -\frac{p_1 p_2}{4\pi\varepsilon_0 \varepsilon r^3}(2\cos\theta_1\cos\theta_2 - \sin\theta_1\sin\theta_2)\cos\phi \end{aligned} \tag{7-72}$$

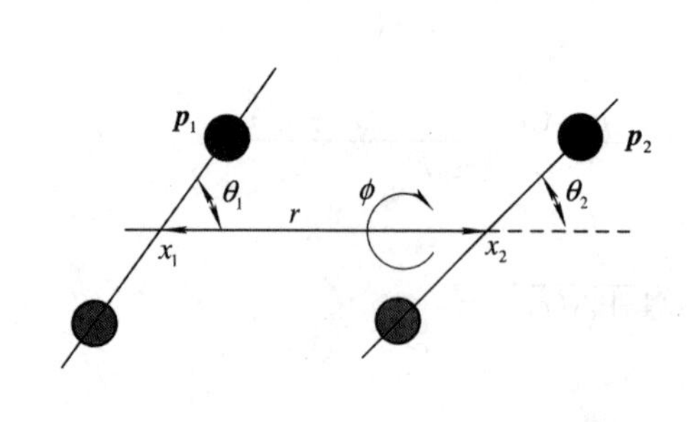

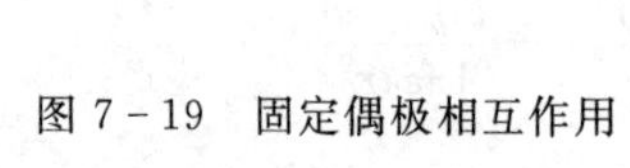

图 7－19　固定偶极相互作用

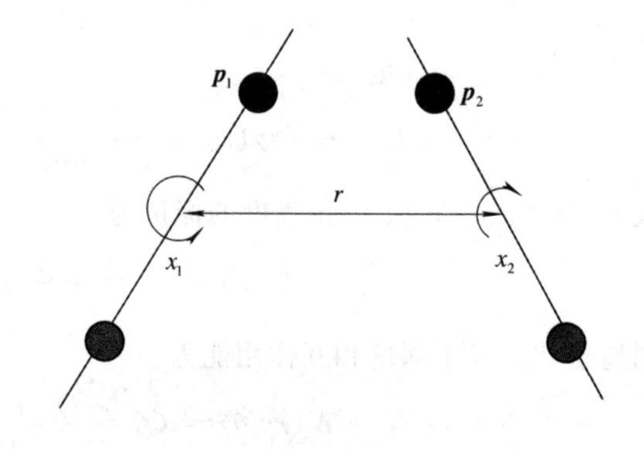

图 7－20　旋转偶极相互作用

在非真空中时为

$$W(r, \theta_1, \theta_2, \phi) = -\frac{p_1 p_2}{4\pi\varepsilon_0 \varepsilon r^3}(2\cos\theta_1\cos\theta_2 - \sin\theta_1\sin\theta_2)\cos\phi \tag{7-73}$$

式中，ε 为介质的相对介电常数。

最大吸引力互相作用将发生在两个偶极呈线性排列的情况，即 $\theta_1 = \theta_2 = \phi = 0°$，所以有

$$W(r, 0, 0, 0) = -\frac{p_1 p_2}{2\pi\varepsilon_0 \varepsilon r^3} \qquad (7-74)$$

其作用力为

$$F(r) = -\frac{\partial W}{\partial r} = -\frac{3p_1 p_2}{2\pi\varepsilon_0 \varepsilon r^4} \qquad (7-75)$$

按照方程式(7－74)，从定量的角度分析，在真空中，两个具有相同偶极矩 1D(1D＝3.336×10^{-30} cm)的偶极子，为了得到最大相互作用而排列成线型。当接近到 0.36 nm 的距离时，相互作用能才等于热能。假若它们平行排列，接近距离必须是 0.29 nm。可见，偶极间的相互作用不像离子与偶极间的作用那么强。式(7－73)是一种理想状态下的表达式，在许多情况下得到的结果与实际结果有极大差别。由于偶极间极大相互作用的接近距离，与凝聚态物质中普遍分子分离距离有相同的数量级，因此在分子排列或结合生成液体或固体以及对于体系中重要分子构的形成时，偶极的相互作用通常对单独作用并不显著，不具备实际意义。偶极的相互作用通常仅在高极性分子的系统中才重要。

7.4.4　角平均的偶极相互作用

在距离较大时，相互作用能小于热能 $k_B T$ 值，不足以克服热能的作用。在高介电常数的介质中，偶极会旋转或相互翻滚。相互作用的角平均值不会为零，因为通常存在的波尔兹曼权重因子，可产生更大负值相互作用的势能，比起小负值或正值的相互作用有更优先的取向。

波尔兹曼角平均值相互作用表达式为

$$W(r) = \frac{1}{4\pi}\int W(r, \Omega)\exp\left[\frac{-W(r, \Omega)}{k_B T}\right]\mathrm{d}\Omega \qquad (7-76)$$

式中，$\mathrm{d}\Omega=\sin\theta\mathrm{d}\theta\mathrm{d}\phi$，$\theta$ 的积分限从 0 到 π，ϕ 的积分限从 0 到 2π。

对于偶极作用，当 $k_B T > \frac{p_1 p_2}{4\pi\varepsilon_0\varepsilon r^3}$时，波尔兹曼角平均值相互作用能为

$$W(r) = -\frac{2p_1^2 p_2^2}{3(4\pi\varepsilon_0\varepsilon)^2 k_B T r^6} \qquad \left(k_B T > \frac{p_1 p_2}{4\pi\varepsilon_0\varepsilon r^3}\right) \qquad (7-77)$$

对应的角平均作用力为

$$F(r) = -\frac{\partial W}{\partial r} = -\frac{4p_1^2 p_2^2}{(4\pi\varepsilon_0\varepsilon)^2 k_B T r^7} \qquad (7-78)$$

超出一定的间距后，角平均的作用能衰减行程比 $1/r^3$ 快，这种作用不产生长距离效应。波尔兹曼角平均值相互作用，通常被认为是取向或克依松作用，在总的范德瓦耳斯相互作用中，包含三种“间距六次倒数”的关系，此种作用为其中一种。

7.4.5　偶极－诱导作用

在极性分子和非极性分子之间、极性分子和极性分子之间都存在诱导相互作用。在极

性分子和非极性分子之间，由于极性分子偶极所产生的磁场，对非极性分子发生了影响，使电子云发生了变形，导致非极性分子的电子云和原子核发生相对位移，原非极性分子中的正、负电荷重心不再重合，从而产生诱导偶极。诱导偶极与分子中原有的固定偶极之间的相互作用，为诱导相互作用。一个极性分子和一个非极性分子之间的相互作用，类似于离子和非极性分子之间的相互作用，区别在于是由一个偶极而不是电荷中心产生。

对于偶极和非极性分子的连接线上，取向角为 θ 的偶极矩为 p 的偶极，作用在非极性分子上的电场强度为

$$E=\frac{p(1+3\cos^2\theta)^{1/2}}{4\pi\varepsilon_0\varepsilon r^3} \tag{7-79}$$

相互作用能为

$$W(r,\theta)=-\int_0^E E\mathrm{d}p^{\mathrm{ind}}=-\frac{1}{2}\alpha E^2=\frac{-p\alpha(1+3\cos^2\theta)}{2(4\pi\varepsilon_0\varepsilon)^2r^6} \tag{7-80}$$

式中，α 为原子或分子的电子极化率。对于常见的 p 和 α 值，其相互作用不足以使两个分子像离子-诱导偶极和强偶极-偶极相互作用那样完全取向。有效相互作用 $W_{\mathrm{eff}}(r,\theta)$ 可由角平均的能量得出。对于函数 $cos^2\theta$，角平均值是 1/3，相互作用能变为

$$W(r)=\frac{-p^2\alpha}{(4\pi\varepsilon_0\varepsilon)^2r^6} \tag{7-81}$$

当然，在其他偶极存在弱极性分子时，其可能被进一步极化。对于具有永久偶极矩 p_1 和 p_2 与极化度 α_1 和 α_2 的两个不同分子，净的偶极-诱导偶极相互作用势能为

$$W(r)=\frac{-(p_1{}^2\alpha_2+p_2{}^2\alpha_1)}{(4\pi\varepsilon_0\varepsilon)^2r^6} \tag{7-82}$$

对应作用力为

$$F(r)=-\frac{\partial w}{\partial r}=-\frac{6(p_1{}^2\alpha_2+p_2{}^2\alpha_1)}{(4\pi\varepsilon_0\varepsilon)^2r^7} \tag{7-83}$$

由式(7-82)给出的相互作用能通常被称为 Debye 力相互作用，代表对分子之间的总的范德瓦耳斯相互作用“6 次方倒数”的三种贡献中的第二种。

7.4.6 伦敦(London)-范德瓦耳斯力

分子间力是分子电荷或者偶极子引起的。大多数分子还存在另外一种力，叫色散力。色散力也叫做伦敦-范德瓦耳斯力。色散力可以看做分子“瞬时偶极矩”相互作用的结果，即由于电子的运动，瞬间电子的位置对原子核是不对称的，也就是说正电荷重心和负电荷重心发生瞬时的不重合，从而产生瞬时偶极。色散力对沸点、表面张力、共价化合物以及物质的吸附、粘附和润滑过程都有强大影响。

色散力须根据近代量子力学原理，才能正确理解它的来源和本质。它有如下特征：

(1) 与共价键相比，它们的作用距离相对较长，在某些情况下它们的影响扩展到

10 nm 或更大的范围。

(2) 根据情况不同，它们可能是吸引或排斥的，与它们的分力距离的关系一般不会服从简单的幂律。

(3) 它们是非可加性的，其中任何两个原子或分子间的相互作用都将受到附近其他原子和分子存在的影响。

色散力主要是原子和分子的瞬时偶极间相互作用引起的，因此它是随机涨落的。

对于两个孤立原子(或分子)的体系，可以将绕着一个原子旋转的电子看做粒子，粒子在任一瞬间相对于原子核可以不对称，如图 7-21(a)所示。这个不对称的电荷“分布”，在原子或分子中产生了一个瞬时偶极，此偶极产生一个短寿命的电场。由此可能使得相邻的原子或分子极化，在任一瞬间诱导临近原子 B 产生一个偶极，如图 7-21(b)所示。其结果是两个分子间产生净的库仑吸引。

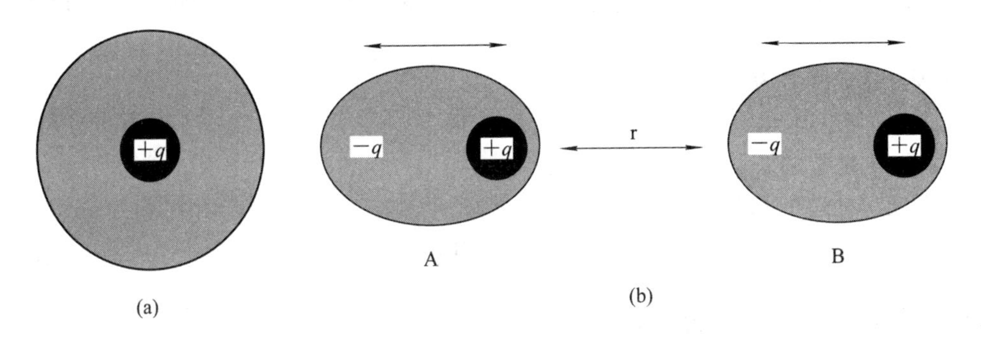

图 7-21　瞬时偶极间相互作用

在图 7-21(b)中，两个原子或分子在临近电子云下，原子 A 中的瞬时偶极在任一瞬间诱导临近原子 B 产生一个偶极。经计算发现，两个瞬时偶极之间的吸引力 F_{att} 与这两个原子核分开距离的负 7 次方成正比，即

$$F_{\text{att}} = \frac{-A'}{r^7} \tag{7-84}$$

式中，r 为原子核之间或近似球形的分子质量中心间的距离；A' 为与原子或分子结构相关的量子力学常数。

将一对原子或分子从距离 r 反方向分离到无穷大所需要功为

$$\Delta W = -\int_r^{\infty} F_{\text{att}}\,\mathrm{d}r = A'\int_r^{\infty}\frac{1}{r^7}\,\mathrm{d}r = \frac{A'}{6r^6} = \frac{A}{r^6} \tag{7-85}$$

若假定无穷大距离的相互作用，则吸引自由能为

$$\Delta W_{\text{att}} = -\frac{A}{r^6} \tag{7-86}$$

对于两个相同的原子或分子单元，则

$$A = \frac{3\text{h}\nu\alpha_0^2}{4(4\pi\varepsilon_0)^2} \tag{7-87}$$

式中，h 为普朗克常数；ν 为原子或分子的第一电离位一致的特征频率，常落在紫外线区。

对于两个不同的原子或分子相互作用单元 1 和单元 2，其表达式为

$$A_{12} = \frac{3}{2}\text{h}\left(\frac{v_1 v_2}{v_1 + v_2}\right)\frac{\alpha_1 \alpha_2}{(4\pi\varepsilon_0)^2} \tag{7-88}$$

作用力为

$$F_{12} = \left(\frac{v_1 v_2}{v_1 + v_2}\right)\frac{9\alpha_1 \alpha_2 \text{h}}{(4\pi\varepsilon_0)^2 r^7} \tag{7-89}$$

对于式(7-86)，只有当原子或分子单元间有一定的距离是才成立。随着间距减少，单元间的自由能和吸引能变为更大的负值，直到各自单元的电子云开始相互作用。假若两个单元间没有键合作用，则相互作用由引力变为斥力，并且当电子云开始重叠时上升到无穷大。

在理论上，斥力为

$$F_{\text{rep}} = B\text{e}^{-ar} \tag{7-90}$$

式中，a 和 B 是常数。

在距离 r 处总的相互作用能为

$$\Delta G_{\text{rep}} = \frac{B}{a}\text{e}^{-ar} \tag{7-91}$$

斥力表达式(7-90)可近似为

$$\Delta G_{\text{rep}} = \frac{B'}{r^{12}} \tag{7-92}$$

由此可得色散力-间距曲线，如图 7-22 所示。

两个单元间的相互作用能将是吸引和排斥相互作用之和，图 7-22 中的曲线(c)表示为

$$\Delta G = \Delta G_{\text{rep}} + \Delta G_{\text{att}} = \frac{B'}{r^{12}} - \frac{A}{r^6} \tag{7-93}$$

式(7-93)为 Lennard-Jones 势。可以注意到，在式(7-93)中，引力项是 6 次方倒数关系，是第三种范德瓦耳斯吸引力。

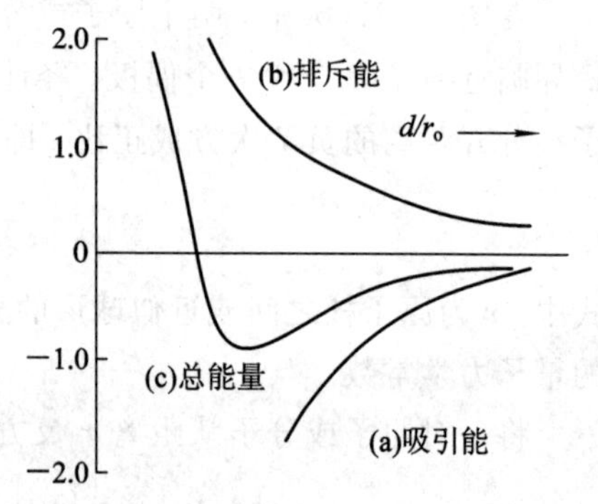

图 7-22 色散力-间距曲线关系

用式(7-86)和式(7-87)可得两相同的球形原子或分子间的色散相互作用能，为

$$W(r) = \frac{-\left(\frac{3}{4}\right)a_0^2\text{h}v}{(4\pi\varepsilon_0)^2 r^6} \tag{7-94}$$

式中，原子或分子的电离电位(典型的在 2×10^{-18} J 范围内)为 $\mathrm{h}v$；$a_0/4\pi\varepsilon_0$ 项的近似值是 $1.5\times10^{-30}\ \mathrm{m}^3$。

7.4.7 范德瓦耳斯力

在原子或分子之间有三类相互作用，涉及三种含有两个相互作用重心间距 6 次方的范德瓦耳斯力相互作用：

(1) 偶极-偶极。

(2) 偶极-诱导偶极。

(3) 色散相互作用。

总的范德瓦耳斯力相互作用势能为

$$W_{\mathrm{vdw}}(r)=\frac{-C_{\mathrm{vdw}}}{r^6} \tag{7-95}$$

总的范德瓦耳斯力为

$$F(r)=-\frac{\partial W}{\partial r}=-\frac{6C_{\mathrm{vdw}}}{r^7} \tag{7-96}$$

式中，C_{vdw} 为总的范德瓦耳斯力常数。

$$C_{\mathrm{vdw}}=(C_{\mathrm{orient}}+C_{\mathrm{ind}}+C_{\mathrm{disp}}) \tag{7-97}$$

式中右端的各单个常数仅是每个贡献因子式(7－77)、式(7－82)和式(7－94)中 $1/r^6$ 的系数。

对于两个相同的分子，有

$$W_{\mathrm{vdw}}(r)=\frac{-\left(\dfrac{2p^4}{3kT}+2p^2\alpha_0+\dfrac{3\alpha_0^2\mathrm{h}v_1}{4}\right)}{(4\pi\varepsilon_0)^2r^6} \tag{7-98}$$

对于两个不同极性的分子，有

$$W_{\mathrm{vdw}}(r)=\frac{-\dfrac{2p_1^2p_2^2}{3kT}}{(4\pi\varepsilon_0\varepsilon)^2r^6}-\frac{(p_1^2a_{02}+p_2^2a_{01})}{(4\pi\varepsilon_0\varepsilon)^2r^6}-\frac{\dfrac{3a_{01}a_{02}\mathrm{h}v_1v_2}{2(v_1+v_2)}}{(4\pi\varepsilon_0\varepsilon)^2r^6} \tag{7-99}$$

由式(7－96)可知，分子和原子间相互作用的范德瓦耳斯力正比于 $1/r^7$，而当距离大于 10 nm 时，由于电磁波速度的限制，使得偶极子的发射波长与距离较接近，从而不得不考虑迟滞效应，两者之间色散力不再服从先前规律。基于原始伦敦力的 Hamaker 理论，因为没有考虑延迟现象，因而只能适合于短距离。当考虑较大距离所引起延迟现象时，需要有效地利用 Casimir 和 Polder 提出了一个延迟的范德瓦耳斯力的分析方程。

实际上，范德瓦耳斯力是集合的而不是简单相加的相互作用。当考虑原子之间的相互作用时，可加和性不再成立，需要根据 Lifshitz 提出的范德瓦耳斯理论，利用折射系数和双电常数更加准确地计算 Hamaker 常数，同时也应考虑范德瓦耳斯相互作用中的极化和诱导作用。

在 Lifshitz 的范德瓦耳斯理论中，材料Ⅰ和Ⅱ通过介质Ⅲ相互作用的 Hamaker 常数 A 可以表示为

$$A=\frac{3k_{\mathrm{B}}T}{4}\left(\frac{\varepsilon_1-\varepsilon_2}{\varepsilon_1+\varepsilon_3}\right)\left(\frac{\varepsilon_2-\varepsilon_3}{\varepsilon_2+\varepsilon_3}\right)+\frac{3\mathrm{h}\omega}{8\sqrt{2}}\left\{\frac{({n_1}^2-{n_3}^2)({n_2}^2-{n_3}^2)}{({n_1}^2+{n_3}^2)^{\frac{1}{2}}({n_2}^2+{n_3}^2)^{\frac{1}{2}}\left[({n_1}^2+{n_3}^2)^{\frac{1}{2}}+({n_2}^2+{n_3}^2)^{\frac{1}{2}}\right]}\right\} \tag{7-100}$$

式中，k_{B} 是波尔兹曼常数；T 是热力学温度；ε_i 和 n_i 分别是介质 i 的介电常数和反射系数。电子基态振动能量 $h\omega$，对于三种介质是相等的。

因此，在分析、计算两个分子之间的范德瓦耳斯力作用时，要根据两者分子之间的距离合理地选择是范德瓦耳斯力还是 Casimir-Polder 力，同时不能通过积分简单的叠加，而要考虑分子之间的相互作用，利用 Lifshitz 的范德瓦耳斯理论来提高计算精度。

7.4.8 物体间的范德瓦耳斯力

物体是由分子或原子组成的。物体间同样存在范德瓦耳斯力，而且物体间引力的有效范围会比分子间引力的作用范围大很多。

1. 球体与半无限空间体之间的范德瓦耳斯力

$$F(l)=-\frac{AR}{6l^2},\quad \text{当 } l\ll R \text{ 时} \tag{7-101}$$

$$F(l)=-\frac{2AR^3}{3l^4},\quad \text{当 } l\gg R \text{ 时} \tag{7-102}$$

式中，$A=\pi^2C_w\rho_1\rho_2$ 称为 Hamaker 常数，ρ_1 和 ρ_2 为各自的分子密度；R 为球体半径；l 为两物体间的最近距离。

2. 两半无限空间体之间的单位面积上的范德瓦耳斯力

$$F(l)=-\frac{A}{6\pi l^3} \tag{7-103}$$

式中，l 为两半无限空间物体界面间的距离。

在某些情况下，金属表面间的引力不能都简单地用范德瓦耳斯力来解释。例如间距为 0.5 nm 以下的金属表面间，短距离的电子交换将起主要作用，并引起金属键作用，进而导致较强的粘性。两相似金属表面间单位面积的作用能可表述为

$$W(l)=-2\gamma\left(1-\frac{l-l_0}{\lambda_{\mathrm{M}}}\right)\exp\left(-\frac{l-l_0}{\lambda_{\mathrm{M}}}\right) \tag{7-104}$$

式中，λ_{M} 是金属的特征衰减长度；γ 是金属的表面能。对于范德瓦耳斯力起作用的金属表面间距，Hamaker 常数可近似写成 $A\approx 3\mathrm{h}v_{\mathrm{e}}/(16\sqrt{2})$，其中 h 为普朗克常数，$v_{\mathrm{e}}$ 为自由电子气体的等离子频率。

7.5　MEMS 阻尼

MEMS 中的阻尼来源于微结构运动过程中的能量损耗。从能量损耗的途径来看，MEMS 中主要存在两种阻尼形式：

(1) 外界能量耗散。在非真空工作环境下，周围环境气体与器件的相互作用而导致的一种能量损耗方式，其宏观表现为粘滞性带来的系统能量损耗，可称为气体阻尼。

(2) 内部能量耗散。由于材料的内耗而造成，宏观表现为机械热噪声，内耗包括热弹性阻尼、晶格缺陷和声子散射等三类物理耗散机制。

阻尼是影响 MEMS 动力学特性的重要因素，在 MEMS 运动结构的设计、控制中，微结构的灵敏度、分辨率和器件噪声特性均与阻尼有关，因器件的工作方式不同，对阻尼的要求也不同。

7.5.1　气体阻尼

在微机电系统中，由于微结构的尺寸效应，空气(气体)阻尼对 MEMS 器件及系统的动态特性有着显著影响，使得空气阻尼成为 MEMS 微结构动力学研究中一个重要组成部分。

常压下 MEMS 微结构遇到的空气阻尼通常分为滑膜阻尼和压膜阻尼。气体阻尼模型如图 7 - 23 所示。

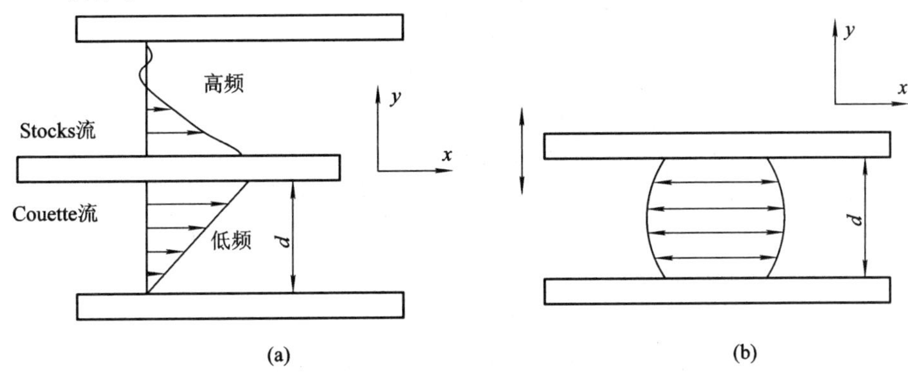

图 7 - 23　气体阻尼模型

(a) 滑膜阻尼模型；(b) 压膜阻尼模型

1. 滑膜阻尼

1) 控制方程

在图 7 - 23(a)中，两块无限大的平行极板，极板面积为 A，间距为 d，两极板间充满不可压缩黏性流体，下平板固定，上平板在自身平面内沿 x 方向以速度 u 相对下平板运动。由于气体具有黏性，运动极板将带动板间气体流动，同时运动极板受到空气阻尼的作用，此时的空气阻尼称为滑膜阻尼。滑膜阻尼有两种模型，即 Couette 流模型和 Stokes 流模型。为了研究滑膜阻尼的基本特性，可将滑膜气体阻尼简化成图 7 - 24 所示的机械系统。

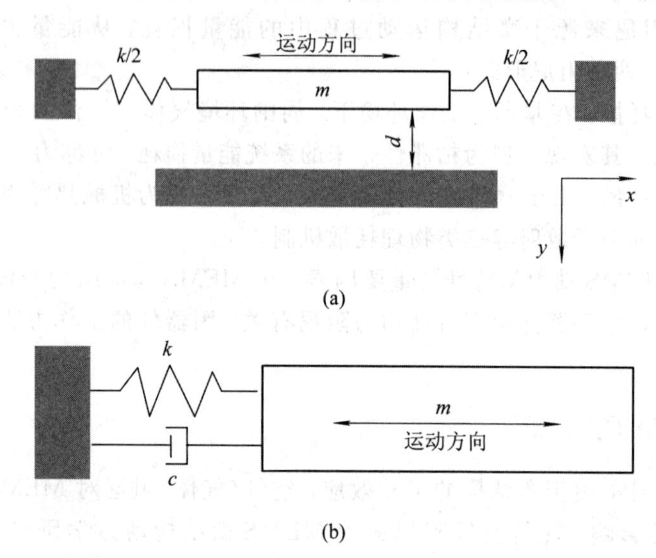

图 7 - 24　滑膜气体阻尼

(a) 结构示意图；(b) 简化模型

对于不可压缩流体的稳态流动，N-S 方程为

$$\rho\left[\frac{\partial v}{\partial t}+(v\cdot\nabla)v\right]=F-\nabla p+\mu\cdot\nabla^{2}v \tag{7-105}$$

式中，μ 为流体的黏性系数；ρ 为流体的密度；p 为流体的压力；F 为外加载荷；$\boldsymbol{v}$ 为流体的流速，且 $\boldsymbol{v}=u\boldsymbol{i}+v\boldsymbol{j}+w\boldsymbol{k}$；符号 ∇ 和 ∇^2 分别为梯度和拉普拉斯算子。

假设板间气体流动为连续流动，运动极板的谐振振幅较小，板的长度和宽度远大于极板间距，极板尺寸和极板间距都大于 10 倍的气体平均自由程，通常板的运动速度较低，则 N-S 方程可简化为一维扩散方程：

$$\frac{\partial u}{\partial t}=v\frac{\partial^{2}u}{\partial z^{2}} \tag{7-106}$$

式中，u 为流体的流速分布；ν 为动态粘性系数，且 $\nu=\mu/\rho$。

假设极板在其平衡范围内以简谐振动方式运动，即 $x(t)=a_0\sin(\omega t)$，其中 a_0 为简谐振动幅值，则可知 $u(t)=a_0\omega\cos(\omega t)=u_0\cos(\omega t)$，其中 $u_0=a_0\omega$。

由此可知，式(7 - 106)的左边和右边分别表示为

$$\frac{\partial u}{\partial t}=-u_0\omega\sin(\omega t) \tag{7-107}$$

$$\nu \frac{\partial^2 u}{\partial z^2} \approx \nu \frac{a_0^2 \omega}{d^2} \tag{7-108}$$

式中，d 为两极板间距。

在何种情况下使用何种模型由 MEMS 器件的振动频率和流体的有效穿透深度 δ(流体的速度降为最大速度的 1%处的距离)决定，δ 表达式为

$$\delta = \sqrt{\frac{2\nu}{\omega}} \tag{7-109}$$

图 7-25 所示为 δ 与频率之间的关系，由图可知，随着频率的增大有效穿透深度 δ 逐渐减小。

当 $\nu \frac{\partial^2 u}{\partial z^2} \gg \frac{\partial u}{\partial t}$ 时，即 $d \ll \delta$，则式(7-106)可简化为

$$\frac{\partial^2 u}{\partial z^2} = 0 \tag{7-110}$$

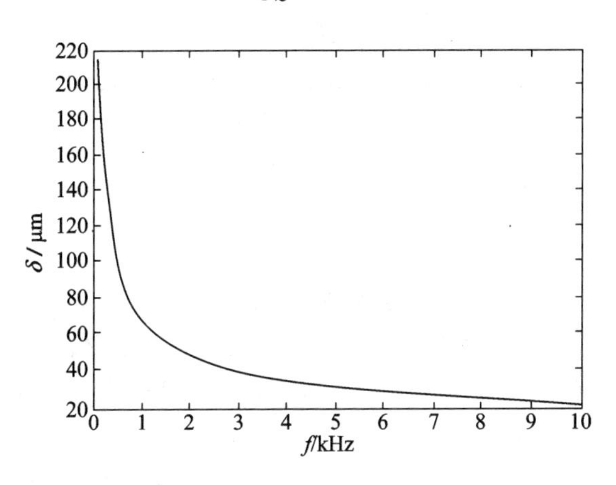

图 7-25　有效穿透深度 δ 与频率关系

下面主要讨论两类阻尼模型：

(1) Couette 流模型：其控制方程可由式(7-110)描述，此时，平板振动频率很低，且间距 d 较小，$d \ll \delta$。

(2) Stokes 流模型：其控制方程可由式(7-106)表示，Couette 流模型是 Stokes 流模型的特例。

2) Couette 流模型

对于 Couette 流阻尼模型，根据边界无滑移条件 $u(0)=u_0\cos(\omega t)$，$u(d)=0$ 和流体牛顿定律，可求得运动板的阻尼力为

$$F_{\mathrm{Cd}} = -\frac{\mu A \mu(0)}{d} \tag{7-111}$$

阻尼系数为

$$C_{\mathrm{Cd}}=\frac{\mu A}{d} \tag{7-112}$$

式中，A 为极板面积。根据 Couette 流模型，极板上表面的速度梯度为零，因此，极板上表面无阻尼作用，横向振动系统的质量因子 Q 仅由式(7-111)中的阻尼力决定。

由阻尼力引起的能量耗散为

$$\Delta E_{\mathrm{Cd}}=\int_0^T \frac{\mu A u(0)}{d} u(0)\mathrm{d}t \tag{7-113}$$

由于 $u(0)=u_0\cos(\omega t)$，可得能量耗散为

$$\Delta E_{\mathrm{Cd}}=\int_0^{2\pi} \frac{\mu A u_0^2 \cos^2(\omega t)}{\mathrm{d}} \frac{1}{\omega}\mathrm{d}(\omega t)=\frac{\pi u_0^2 \mu A}{\omega d} \tag{7-114}$$

质量因子 Q_{Cd} 为

$$Q_{\mathrm{Cd}}=\frac{\pi m u_0^2}{\Delta E_{\mathrm{Cd}}}=\frac{m\omega d}{\mu A} \tag{7-115}$$

若极板质量密度为 ρ_p，极板厚度为 H，则式(7-115)简化为

$$Q_{\mathrm{Cd}}=\frac{\rho_p H\omega d}{\mu} \tag{7-116}$$

质量因子 Q_{Cd} 与极板面积无关。

3) Stokes 流模型

对于 Stokes 流阻尼模型，当平板振动频率较高时，由于黏性而带动周围流体运动形成流速场，有效穿透深度 δ 远大于气隙间距 d，此时平板与基底之间的速度呈线性。

根据边界无滑移条件 $u(0)=u_0\cos(\omega t)$，$u(d)=0$，求解式(7-106)可得流体的速度分布为

$$u=u_0\frac{-\mathrm{e}^{\bar{d}+\bar{z}}\cos(\omega t+\bar{z}-d-\theta)+\mathrm{e}^{\bar{d}-\bar{z}}\cos(\omega t-\bar{z}+\bar{d}-\theta)}{\sqrt{\mathrm{e}^{2\bar{d}}+\mathrm{e}^{-2\bar{d}}-2\cos(2\bar{d})}} \tag{7-117}$$

式中，$\bar{d}=d/\delta$；$\bar{z}=z/\delta$；θ 为相位，且

$$\theta=\arctan\frac{(\mathrm{e}^{\bar{d}}+\mathrm{e}^{-\bar{d}})\sin\bar{d}}{(\mathrm{e}^{\bar{d}}-\mathrm{e}^{-\bar{d}})\cos\bar{d}} \tag{7-118}$$

因而，极板所受阻尼力为

$$\begin{aligned}F_{\mathrm{Sd}}&=A\mu\left.\frac{\partial u}{\partial z}\right|_{z=0}\\&=\frac{A\mu u_0}{\delta\sqrt{\mathrm{e}^{2\bar{d}}+\mathrm{e}^{-2\bar{d}}-2\cos(2\bar{d})}}\\&\quad\times[-\mathrm{e}^{-\bar{d}}\cos(\omega t-\bar{d}-\theta)+\mathrm{e}^{-\bar{d}}\sin(\omega t-\bar{d}-\theta)\\&\quad-\mathrm{e}^{\bar{d}}\cos(\omega t+\bar{d}-\theta)+\mathrm{e}^{\bar{d}}\sin(\omega t+\bar{d}-\theta)]\end{aligned} \tag{7-119}$$

在阻尼力作用下，振动系统每周期中能量耗散为

$$\Delta E_{\mathrm{Sd}}=\int_{0}^{T}F_{\mathrm{Sd}}u_{0}\,dt=\frac{\pi A\mu u_{0}^{2}}{\omega\delta}\cdot\frac{\sinh(2\hat{d})+\sin(2\hat{d})}{\cosh(2\hat{d})-\cos(2\hat{d})}\tag{7-120}$$

质量因子为

$$Q_{\mathrm{Sd}}=\frac{m\omega\delta}{A\mu}\cdot\frac{\cosh(2\hat{d})-\cos(2\hat{d})}{\sinh(2\hat{d})+\sin(2\hat{d})}\tag{7-121}$$

当 $d\gg\delta$ 时，能量耗散为 $\Delta E_{\mathrm{S}\infty}=\frac{\pi A\mu u_{0}^{2}}{\omega\delta}$，质量因子为 $Q_{\mathrm{S}\infty}=\frac{m\omega\delta}{\mu A}=\frac{\rho_{\mathrm{p}}H\omega\delta}{\mu}$。$Q_{\mathrm{S}\infty}$ 与式(7－115)中的质量因子 Q_{Cd} 相比，可得 Stokes 流阻尼力为

$$F_{\mathrm{S}\infty}=\frac{\mu Au(0)}{\delta}\tag{7-122}$$

Stokes 流模型阻尼系数为

$$C_{\mathrm{Sd}}=\frac{\mu A}{\delta}\left[\frac{\sinh(2\hat{d})+\sin(2\hat{d})}{\cosh(2\hat{d})-\cos(2\hat{d})}\right]\tag{7-123}$$

式(7－112)和式(7－123)相除，得

$$\frac{C_{\mathrm{Sd}}}{C_{\mathrm{Cd}}}=\hat{d}\left[\frac{\sinh(2\hat{d})+\sin(2\hat{d})}{\cosh(2\hat{d})-\cos(2\hat{d})}\right]\tag{7-124}$$

图 7－26 给出了不同极板间距时的 Stokes 流模型和 Couette 流模型阻尼力系数随频率变化的趋势。当 $d\ll\delta$ 时，可采用 Couette 流模型；当 $d\gg\delta$ 时，可采用 Stokes 流模型。当 $\frac{d}{\delta}<1$ 时，两者误差小于 10％。

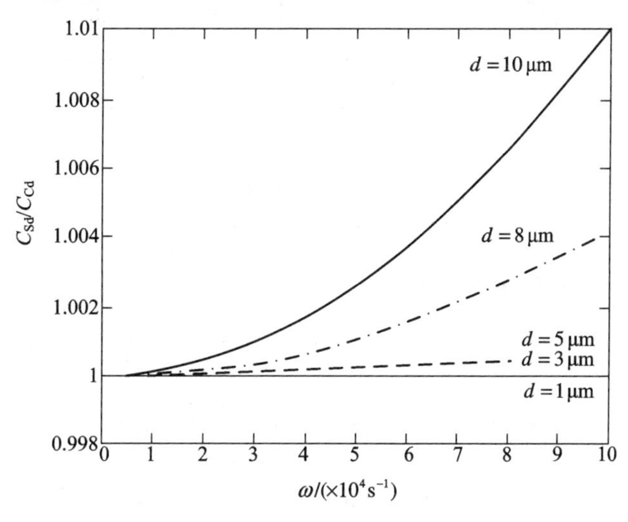

图 7－26　Stokes 流模型和 Couette 流模型阻尼力系数比

对于两块相距 10 μm 的无限长板，当一块板以频率 1 kHz 振动时，$d/\delta=0.373$，两误差小于 0.2%，显然，此时采用 Couette 流近似是合理的。Stokes 流模型能够比较完全地反映滑膜阻尼特性，但是该方法计算复杂，对于大多数 MEMS 器件来说，采用 Couette 流近似计算滑膜阻尼可行。

2. 压膜阻尼

在微尺度中，MEMS 结构都不可避免的要受到压膜阻尼的作用。随着微机械加工技术的发展，压膜阻尼得到了广泛应用。

压膜阻尼是由两平行极板相对运动挤压气体薄膜引起的(参见图 7-23(b))。当上极板由于受力或被传递了速度而向下运动时，会导致极板边缘的气体被挤出；当极板向上运动，板间气体压强减小，外部气体被吸入间隙中，流动的气体产生的粘滞拉力作为耗散力施加在极板上，阻碍极板运动。根据流体压缩的压缩程度会呈现阻尼和刚度两种形式。

1）雷诺方程

假设一对平行平板与 $x-y$ 平面相互平行，如图 7-27 所示，平板的尺寸远大于两板间的间距，以使两板间的气体流动为层流状态。考虑任一单元体 $h\mathrm{d}x\mathrm{d}y(h=h_2-h_1)$，$q_x$ 为 y 方向单位长度在 x 方向上的流量，q_y 为 x 方向单位长度在 y 方向上的流量。

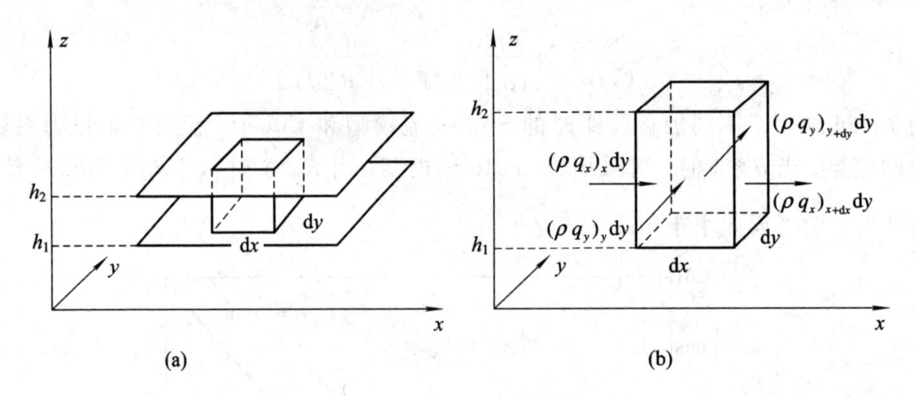

图 7-27　质量流量

(a) 单元体；(b) 流体单元

根据单元体的质量守恒规律，可得

$$(\rho q_x)_x\mathrm{d}y-(\rho q_x)_{x+\mathrm{d}x}\mathrm{d}y+(\rho q_y)_y\mathrm{d}x-(\rho q_y)_{y+\mathrm{d}y}\mathrm{d}x=\left(\frac{\partial\rho h_2}{\partial t}-\frac{\partial\rho h_1}{\partial t}\right)\mathrm{d}x\mathrm{d}y \quad (7-125)$$

$$(\rho q_x)_{x+\mathrm{d}x}=(\rho q_x)_x+\left[\frac{\partial(\rho q_x)}{\partial x}\right]\mathrm{d}x$$

$$(\rho q_y)_{y+\mathrm{d}y}=(\rho q_y)_y+\left[\frac{\partial(\rho q_y)}{\partial y}\right]\mathrm{d}y$$

则

$$\frac{\partial(\rho q_x)}{\partial x}+\frac{\partial(\rho q_y)}{\partial y}+\frac{\partial(\rho h)}{\partial t}=0 \tag{7-126}$$

式中，ρ为流体密度。

由于流体为层流状态，速度分量u和v只与z有关，则

$$\frac{\partial P}{\partial x}=\mu\frac{\partial^2 u}{\partial z^2} \tag{7-127}$$

对于较小间距，压力分布$P(x, y)$与z无关，对式(7-127)积分得

$$u(z)=\frac{1}{2\mu}\cdot\frac{\partial P}{\partial x}z^2+C_1\frac{1}{\mu}z+C_2 \tag{7-128}$$

式中，P为薄膜压力；μ为流体的黏性系数；C_1和C_2为待定常数。

当平板仅z向运动，边界条件为$u(0)=0$，$u(h)=0$，速度分布为

$$u(z)=\frac{1}{2\mu}\cdot\frac{\partial P}{\partial x}z(z-h) \tag{7-129}$$

y向单位长度在x方向上的流量为

$$q_x=\int_0^h u(z)\mathrm{d}z=-\frac{h^3}{12\mu}\cdot\frac{\partial P}{\partial x} \tag{7-130}$$

式中的负号表示流量随着压降方向变化。

同理，可得x向单位长度在y方向上的流量为

$$q_y=-\frac{h^3}{12\mu}\cdot\frac{\partial P}{\partial x} \tag{7-131}$$

将式(7-130)和式(7-131)代入式(7-126)，得

$$\frac{\partial}{\partial x}\left(\rho\frac{h^3}{\mu}\cdot\frac{\partial P}{\partial x}\right)+\frac{\partial}{\partial y}\left(\frac{h^3}{\mu}\cdot\frac{\partial P}{\partial y}\right)=12\frac{\partial(\rho h)}{\partial t} \tag{7-132}$$

式(7-132)为非线性雷诺方程，可以由N-S方程得到。由于MEMS器件尺寸很小，温度变化忽略不计。在等温下，气体密度ρ与压力P成正比：

$$\frac{\partial}{\partial x}\left(\frac{Ph^3}{\mu}\cdot\frac{\partial P}{\partial x}\right)+\frac{\partial}{\partial y}\left(\frac{Ph^3}{\mu}\cdot\frac{\partial P}{\partial y}\right)=12\frac{\partial(hP)}{\partial t} \tag{7-133}$$

式中$P=P_a+\Delta P$，P_a为空气压力，ΔP为压膜效应引起的压力变化。式(7-133)适用于MEMS。

设$h=h_0+\Delta h$。当两平行板垂直运动时，h和μ均与位置无关，式(7-133)简化为

$$\frac{\partial}{\partial x}\left(P\frac{\partial P}{\partial x}\right)+\frac{\partial}{\partial y}\left(P\frac{\partial P}{\partial y}\right)=\frac{12\mu}{h^3}\cdot\frac{\partial(hP)}{\partial t} \tag{7-134}$$

当平板在其平衡位置做小范围振动时，式(7-133)线性化为

$$P_a\left(\frac{\partial^2 P}{\partial x^2}+\frac{\partial^2 P}{\partial y^2}\right)-\frac{12\mu}{h_0^2}\cdot\frac{\partial P}{\partial t}=\frac{12\mu P_a}{h_0^3}\cdot\frac{\mathrm{d}h}{\mathrm{d}t} \tag{7-135}$$

对于不可压缩气体，$\Delta P/P_a=\Delta h/h_0$，式(7-135)简化为

$$\frac{\partial^2 P}{\partial x^2}+\frac{\partial^2 P}{\partial y^2}=\frac{12\mu}{h_0^3}\cdot\frac{dh}{dt} \tag{7-136}$$

2）矩形平行板压膜阻尼

(1) 长条矩形板。如图 7-28(a)所示，长条矩形板长度 L 远大于宽度 B。

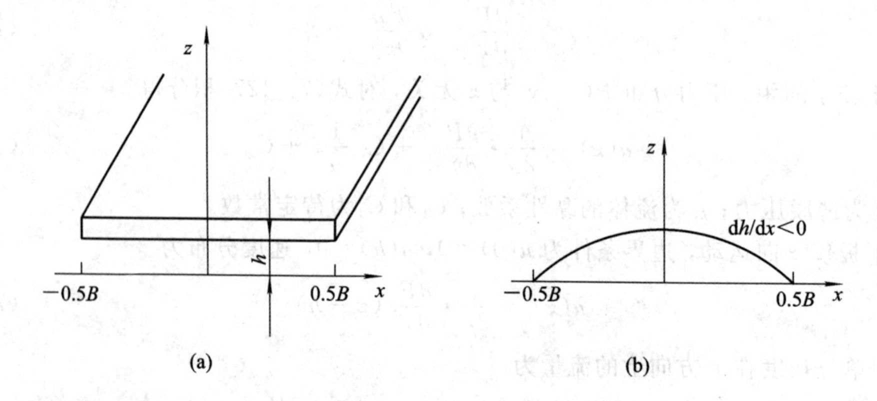

图 7-28 长条矩形板间的压膜阻尼和压力分布

(a) 长条矩形板间的压膜阻尼；(b) 压力分布示意图

式(7-136)简化为

$$\frac{d^2 P}{dx^2}=\frac{12\mu}{h^3}\cdot\frac{dh}{dt} \tag{7-137}$$

在图 7-28 中，边界条件为

$$P\left(\pm\frac{1}{2}B\right)=0 \tag{7-138}$$

对式(7-137)进行两次积分，并考虑边界条件，可得

$$P(x, t)=-\frac{6\mu}{h^3}\left(\frac{B^2}{4}-x^2\right)\frac{dh}{dt} \tag{7-139}$$

气膜被挤压，$dh/dt<0$，压力 $P(x,t)$为正。最大阻尼力在平板中央位置。图 7-28(b)所示为压力分布示意图。

$$P(0, t)=-\left(\frac{3\mu B^2}{2h^3}\right)\frac{dh}{dt} \tag{7-140}$$

平板所受阻尼力为

$$F_{lr}=\int_{-B/2}^{B/2} P(x)L dx=-\frac{\mu B^3 L}{h^3}\cdot\frac{dh}{dt} \tag{7-141}$$

长条矩形板阻尼系数为

$$C_{lr}=\frac{\mu B^3 L}{h^3} \tag{7-142}$$

(2) 普通矩形板。对于普通矩形板，长、宽较小。设 $B=2a$，$L=2b$ 则边界条件为

$$P(\pm a,\ y)=0,\quad P(x,\ \pm b)=0 \tag{7-143}$$

式(7-136)的解 $P=P_1+P_2$，其中 P_1、P_2分别为方程式(7-136)的特解和通解。特解 P_1满足下列方程：

$$\frac{\partial^2 P_1}{\partial x^2}+\frac{\partial^2 P_1}{\partial y^2}=\frac{12\mu}{h^3}\cdot\frac{\mathrm{d}h}{\mathrm{d}t} \tag{7-144}$$

由边界条件式(7-143)，求解方程式(7-144)，得特解 P_1为

$$P_1=-\frac{6\mu}{h^3}\cdot\frac{\mathrm{d}h}{\mathrm{d}t}(a^2-x^2) \tag{7-145}$$

P_2通解满足下列方程：

$$\frac{\partial^2 P_2}{\partial x^2}+\frac{\partial^2 P_2}{\partial y^2}=0 \tag{7-146}$$

采用分离变量法求解方程式(7-146)，可得 P_2通解压力为

$$P_2(x,\ y)=\frac{192\mu a^2}{\pi^3 h^3}\cdot\frac{\mathrm{d}h}{\mathrm{d}t}\sum_{n=1,3,5,\cdots}^{\infty}\frac{\sin\left(\frac{n\pi}{2}\right)}{\cosh\left(\frac{n\pi b}{2a}\right)}\cosh\left(\frac{n\pi y}{2a}\right)\cos\left(\frac{n\pi x}{2a}\right) \tag{7-147}$$

由此可得普通矩形板总的气膜压力为

$$\begin{aligned}P&=P_1+P_2\\&=-\frac{6\mu}{h^3}\cdot\frac{\mathrm{d}h}{\mathrm{d}t}(a^2-x^2)+\frac{192\mu a^2}{\pi^3 h^3}\cdot\frac{\mathrm{d}h}{\mathrm{d}t}\sum_{n=1,3,5,\cdots}^{\infty}\frac{\sin\left(\frac{n\pi}{2}\right)}{\cosh\left(\frac{n\pi b}{2a}\right)}\cosh\left(\frac{n\pi y}{2a}\right)\cos\left(\frac{n\pi x}{2a}\right)\end{aligned} \tag{7-148}$$

平行矩形板的压膜阻尼力为

$$F_{\mathrm{rec}}=\int_{-a}^{a}\mathrm{d}x\int_{-b}^{b}P(x,\ y)\mathrm{d}y=-\frac{\mu B^3 L}{h^3}\cdot\frac{\mathrm{d}h}{\mathrm{d}t}\beta\left(\frac{B}{L}\right) \tag{7-149}$$

式中

$$\beta\left(\frac{B}{L}\right)\doteq 1-\frac{192}{\pi^5}\left(\frac{B}{L}\right)\sum_{n=1,3,5,\cdots}^{\infty}\frac{1}{n^5}\tanh\left(\frac{n\pi L}{2B}\right) \tag{7-150}$$

β 与 B/L 之间的关系如图 7-29 所示。

因此可得矩形结构气膜阻尼系数为

$$C_{\mathrm{rec}}=\frac{\mu B^3 L}{h^3}\beta\left(\frac{B}{L}\right) \tag{7-151}$$

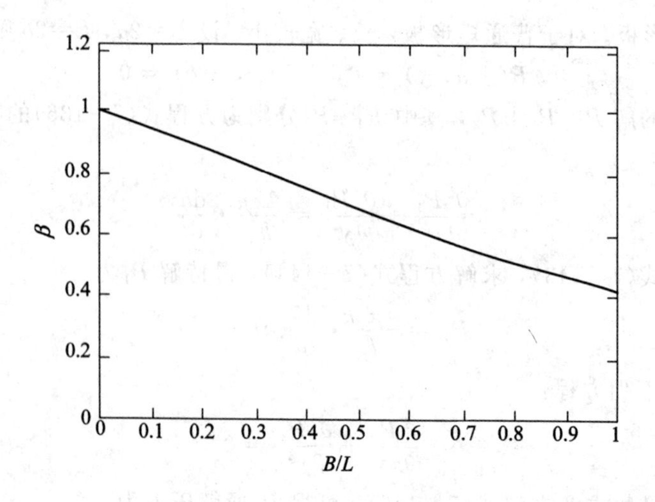

图 7-29 β 与 B/L 的关系

如果方程(7-136)为一维问题，即气膜内的气体仅从矩形板两个相对边缘(宽度 B)压出和吸入，而另外两个相对的边缘(长度 L)封闭，则阻尼系数为

$$C_{rec}=\frac{\mu BL^{3}}{h^{3}} \tag{7-152}$$

3) 圆形平板压膜阻尼

如图 7-30 所示，对于半径为 R 的圆形平行板之间的气膜，在极坐标系中式(7-136)可改写成：

$$\frac{1}{r}\cdot\frac{\partial}{\partial r}\left[r\frac{\partial}{\partial r}P(r)\right]=\frac{12\mu}{h^{3}}\cdot\frac{\mathrm{d}h}{\mathrm{d}t} \tag{7-153}$$

圆形板边界条件为

$$P(R)=0,\quad \frac{\mathrm{d}P}{\mathrm{d}r}(0)=0 \tag{7-154}$$

对方程式(7-153)积分，得气膜压力为

$$P(r)=-\frac{3\mu}{h^{3}}(R^{2}-r^{2})\frac{\mathrm{d}h}{\mathrm{d}t} \tag{7-155}$$

圆形板受到的阻尼力为

$$P_{cir}=\int_{0}^{R}P(r)2\pi r\mathrm{d}r=-\frac{3\pi\mu}{2h^{3}}R^{4}\frac{\mathrm{d}h}{\mathrm{d}t} \tag{7-156}$$

阻尼系数为

$$C_{cir}=\frac{3\pi\mu}{2h^{3}}R^{4} \tag{7-157}$$

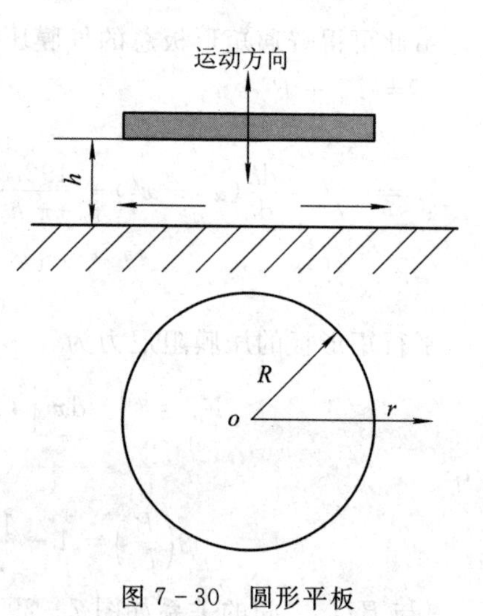

图 7-30 圆形平板

4）环形平板压膜阻尼

如图 7－31 所示，对于环形平行板之间的气膜，在极坐标中其表达式同式(7－153)，其边界条件为

$$P(R_a)=0,\quad P(R_b)=0 \tag{7-158}$$

式中，R_a和 R_b分别为环形平板的外半径和内半径。

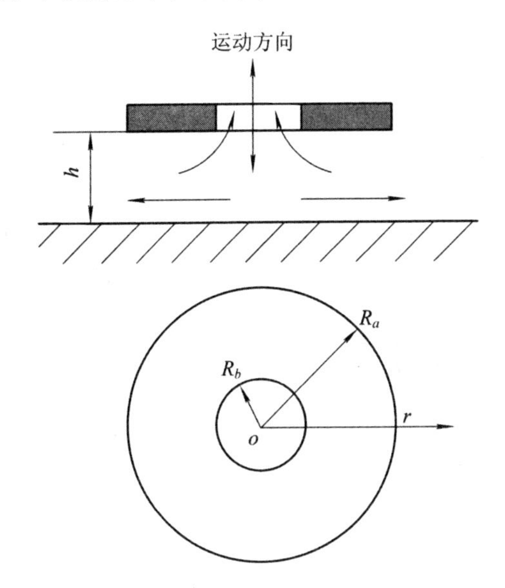

图 7－31　环形平板

对方程式(7－153)积分，可得气膜压力为

$$P(r)=\left[-\frac{3\mu}{h^3}R_a^2\left(1-\frac{r^2}{R_a^2}\right)+\frac{3\mu}{h^3}R_a^2\left(1-\frac{R_b^2}{R_a^2}\right)\frac{\ln(r/R_a)}{\ln(r/R_b)}\right]\frac{\mathrm{d}h}{\mathrm{d}t} \tag{7-159}$$

阻尼力为

$$F_{\mathrm{ann}}=\int_{R_b}^{R_a}P(r)2\pi r\mathrm{d}r=-\frac{3\pi\mu}{2h^3}R_a^4\left[1-\kappa^4+\frac{(1-\kappa^2)^2}{\ln\kappa}\right]\frac{\mathrm{d}h}{\mathrm{d}t} \tag{7-160}$$

阻尼系数为

$$C_{\mathrm{ann}}=\frac{3\pi\mu}{2h^3}R_a^4G(\kappa) \tag{7-161}$$

式中

$$G(\kappa)=1-\kappa^4+\frac{(1-\kappa^2)^2}{\ln\kappa},\quad \kappa=\frac{R_b}{R_a}$$

5）孔板压膜阻尼

孔板如图 7－32 所示，平均穿孔半径为 r_0，单元孔均匀分布呈正方形或六边形阵列。

孔稠密度为 n，每个孔需分配的面积为 $A_1=1/n$，每个单元可近似看成环面，且外半径为 $r_c=1/\sqrt{\pi n}$。整个孔板的阻尼力为每个单元阻尼力的总和，因此，需计算每个单元的阻尼力。单元孔的气膜和环形平板间的气膜方程相似，可用方程式(7-153)表示。

作如下假设：

(1) 孔板面积远大于单元孔板面积，单元孔板间的气流可忽略不计；

(2) 孔板厚度与单元孔半径相比很薄，单元孔内由气流引起的压降可忽略不计。

单元孔边界条件为

$$P(r_0)=0,\quad \frac{\partial P}{\partial r}(r_c)=0 \tag{7-162}$$

对式(7-153)积分，可得阻尼压力为

$$P(r)=\left[-\frac{3\mu}{h^3}R_a^2\left(1-\frac{r^2}{R_a^2}\right)+\frac{3\mu}{h^3}R_a^2\left(1-\frac{R_b^2}{R_a^2}\right)\frac{\ln(r/R_a)}{\ln(r/R_b)}\right]\frac{dh}{dt} \tag{7-163}$$

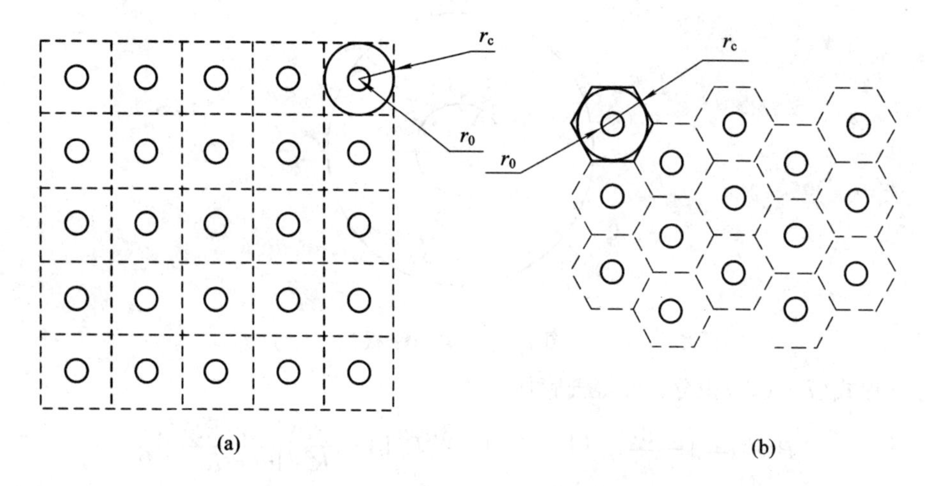

图 7-32 孔板

(a) 方形阵列；(b) 六边形阵列

设孔板面积为 A，孔径比为

$$\eta=\frac{r_0}{r_c} \tag{7-164}$$

每个单元阻尼力为

$$F_{hc}=\int_{r_0}^{r_c}P(r)2\pi r\mathrm{d}r=-\frac{3\mu}{2\pi h^3n^2}\cdot\frac{\mathrm{d}h}{\mathrm{d}t}(-\eta^4+4\eta^2-4\ln\eta-3) \tag{7-165}$$

整个孔板的阻尼力为

$$F_{hi}=\frac{A}{A_1}F_{hc}=-\frac{3\mu A}{2\pi h^3 n}\cdot\frac{\mathrm{d}h}{\mathrm{d}t}(-\eta^4+4\eta^2-4\ln\eta-3) \tag{7-166}$$

式(7-166)表示有限孔板面积 A 的压膜阻尼力。

6) 槽板压膜阻尼

对于图 7-33 所示有限长薄槽板，式(7-136)雷诺方程为

$$\frac{\partial^2 P}{\partial x^2}+\frac{\partial^2 P}{\partial y^2}-\frac{4b^3}{2ah^3 H}\cdot\frac{1}{\prod(\eta)}P=\frac{12\mu}{h^3}\cdot\frac{\partial h}{\partial t} \tag{7-167}$$

式中，$\prod(\eta)=1+\frac{4ab^3}{3h^3 H}(1-\eta)^3$ 且 $\eta=\frac{b}{a}$。

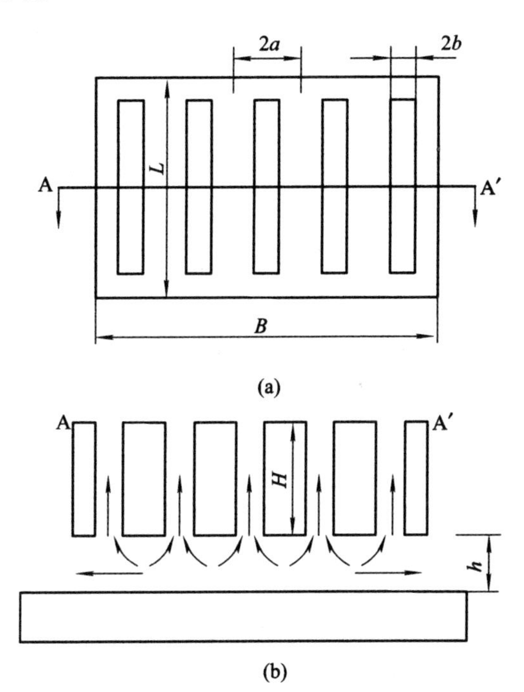

图 7-33　有限长薄槽板

(a) 上视图；(b) 剖视图

同理，可求得几何尺 H 的有效高度为

$$H_{\text{eff}}=H+\frac{16}{3\pi}b \tag{7-168}$$

对于长宽比很大的矩形槽板，板间的阻尼系数为

$$c_{\text{slot}}=\frac{24}{h^3}\mu L L_{\text{c}}^2\left(\frac{B}{2}-L_{\text{c}}\right) \tag{7-169}$$

式中，$L_{\text{c}}=\sqrt{\frac{ah^3 H}{4b^3}\prod(\eta)}$。

7.5.2 稀薄气体阻尼

1. 稀薄效应

对于流场来说，主要有自由分子流模型和连续流模型两种建模方法。Knudsen 研究了流体从连续流动到分子自由流动范围的流动，揭示了平均分子自由程与 MEMS 特征尺寸之间的关系，并给出了克努森数 K_n 的定义式，即

$$K_n = \frac{\lambda}{h} \tag{7-170}$$

式中，h 为两极板间的间距；λ 为气体平均自由程，也就是气体分子在相邻的两次碰撞之间的行程，其表达式为

$$\lambda = \frac{1}{\sqrt{2}\pi d_0^2 N} \tag{7-171}$$

式中，πd_0^2为分子碰撞截面积；d_0 为分子直径；N 为分子密度，对于理想气体，$N=\frac{P_a}{k_B T}$（P_a为气体薄膜的压力，k_B 为玻尔兹曼常数，T 为热力学温度）。

根据克努森数 K_n的值，气体流动可分为四个不同的区域：

(1) 当 $K_n<0.001$ 时，为连续流动区，此时流动特性可采用 N-S 方程描述；

(2) 当 $0.001<K_n<0.1$ 时，为滑流区；

(3) 当 $0.1<K_n<10$ 时，为过渡流区；

(4) 当 $K_n>10$ 时，为分子流动区，此时流动由 BT(传输)方程描述，在滑流区和过渡流区，需要对 N-S 方程和 BT 方程进行处理才能较准确地描述流动特性。

2. 有效黏性系数

空气阻尼是黏性系数的强函数，通常黏性系数被认为是比例常数。根据 Boltzmann 模型，当板间流体流动时，切向力引起气体分子在板间碰撞并产生动量，可求得黏性系数：

$$\mu = \frac{1}{3}\rho\bar{v}\lambda \tag{7-172}$$

式中，ρ 为气体密度；$\bar{v}$ 为流体中气体分子的平均速度。

在宏观领域里，气体的黏性系数 μ 是由于气体分子间的碰撞引起的，气体的碰撞速率主要取决于温度，而与压力无关。但对于许多 MEMS 微结构来说，上、下两极板间的距离接近于气体的平均自由程，气体分子间很少产生碰撞，取而代之的是气体分子和平板间的碰撞，称为滑流，为有效黏性系数 μ_{eff}。

在微观领域，用有效黏性系数 μ_{eff}来代替 μ，即

$$\mu_{eff} = \frac{\mu}{1+f(K_n)} \tag{7-173}$$

表 7-2 列出了用不同处理方法得到的有效黏性系数模型。不同处理方法可得到不同

条件下的有效黏性系数，在实际应用中针对研究对象合理选择。

表 7-2　有效黏性系数

文献来源	有效粘性系数 μ_{eff}	处理方法
Burgdorfer	$\frac{\mu}{1+6K_n}$	N-S 方程
Hsia，等	$\frac{\mu}{1+6K_n+6K_n^2}$	数据拟合
Fukui，等	$\frac{D\mu}{6Q(D)}$，$D=\frac{\sqrt{\pi}}{2K_n}$	BT 方程
Seidel，等	$\frac{0.7\mu}{K_n}$	数据拟合
Veijola，等	$\frac{\mu}{1+9.638K_n^{1.159}}$	Fukui 模型
Chen，等	$\frac{\mu}{1+6aK_n}$	N-S 方程
Veijola，等	$\frac{\mu}{1+2K_n+0.2K_n^{0.788}e^{-K_n/10}}$	数据拟合
Li，等	$\frac{\mu}{1+6.8636K_n^{0.9906}}$	数据拟合

3. 等效阻尼与刚度系数

当极板间距变小时，间隙中的气体被压缩，从板的周边挤压出去，受挤压气体薄膜的性质取决于板间被压缩气体与被压缩气体的比。对于高频运动且间距很小的大平板而言，气体大部分被压缩，表现出弹簧特性；对于低频率运动且间隔较大的挤压情况，气体大部分被挤压，产生黏性阻尼效应。流体压缩程度呈现阻尼和刚度两种形式，如图 7-34 所示。

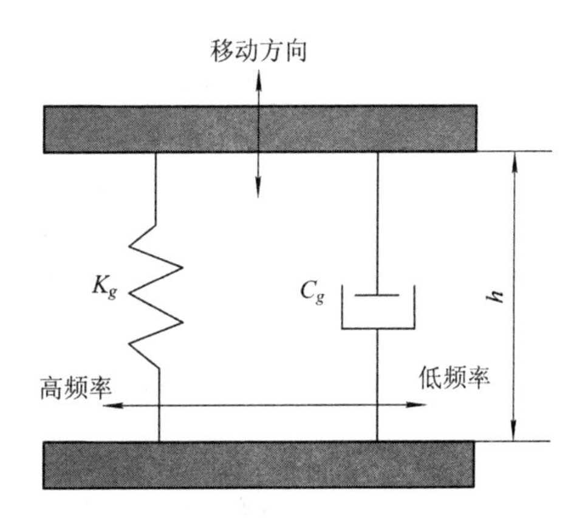

图 7-34　不同频率下挤压薄膜的阻尼和刚度

挤压数 σ 表示挤压膜的压缩率：

$$\sigma = \frac{12\mu_{\mathrm{eff}} W^2}{P_{\mathrm{a}} h^2}\omega \tag{7-174}$$

式中，W 为平板宽度；ω 为平板的振动频率。

压膜系数决定气体薄膜的可压缩性。如果 σ 较高($\sigma>10$)，气膜力为弹性力；如果 σ 较小($\sigma<10$)，气膜力为阻尼力。对于大平板和窄间隙($\sigma\gg0$)，平板边缘的黏性效应将气体约束在平板之间，气体可以看做压缩流体；对于小的平板和宽的间隙($\sigma\approx0$)，允许气体侧面运动，气体可近似为不可压缩黏性流体。

针对气体的压缩性质，作如下假设：

(1) 间隙 d 远小于平板的侧向尺寸，气隙内气体的流动是黏性，其主要作用层流；

(2) 平板运动足够慢，可将空气的流动看做 Stokes 流体；

(3) 平板间垂直方向上，不存在压力梯度，上、下平板的横向速度为零；

(4) 气体遵守理想气体状态方程，气隙间压强变化与标准大气压强想比较较小；

(5) 系统为绝热系统，只有气体压缩或粘滞耗散导致温度上升，气体碰撞可导致温度下降。

通过以上几项假设，由连续性方程、Navier-Stokes 方程以及理想气体状态方程，线性化雷诺方程式(7-135)简化如下：

$$\frac{P_{\mathrm{a}} h^2}{12\mu_{\mathrm{eff}}}\left[\frac{\partial^2}{\partial x^2}\left(\frac{P}{P_{\mathrm{a}}}\right)+\frac{\partial^2}{\partial y^2}\left(\frac{P}{P_{\mathrm{a}}}\right)\right]=\frac{\partial}{\partial t}\left(\frac{x}{h}\right)+\frac{\partial}{\partial t}\left(\frac{P}{P_{\mathrm{a}}}\right) \tag{7-175}$$

式中，压力 P 与 x、y 方向的位置有关，而与 z 方向无关。

若极板以角频率 ω 按正弦规律小振幅刚性运动，Blench 给出了矩形板压膜阻尼和刚度系数的解析表达式分别为

$$C_{\mathrm{g}} = \frac{64\sigma P_a LW}{\pi^6 \omega h}\sum_{\substack{m,\,n\\ \mathrm{odd}}}\frac{m^2+\left(\frac{n}{\beta}\right)^2}{(mn)^2\left\{\left[m^2+\left(\frac{n}{\beta}\right)^2\right]^2+\frac{\sigma^2}{\pi^4}\right\}} \tag{7-176}$$

$$K_{\mathrm{g}} = \frac{64\sigma^2 P_{\mathrm{a}} LW}{\pi^8 h}\sum_{\substack{m,\,n\\ \mathrm{odd}}}\frac{1}{(mn)^2\left\{\left[m^2+\left(\frac{n}{\beta}\right)^2\right]^2+\frac{\sigma^2}{\pi^4}\right\}} \tag{7-177}$$

式中，L 和 W 分别为平板的长度和宽度，且 $\beta=\frac{L}{W}$。

7.6 Casimir 力

Casimir 力是真空中两片平行的平坦金属板之间的吸引压力，它只存在于微观领域，间距在微纳米范围内。梳齿结构是微机电系统中的典型结构，梳齿之间构成微平行板结构

如图 7－35 所示。Casimir 力的大小与间距的指数关系成反比，平行板间距越小，Casimir 力越明显。

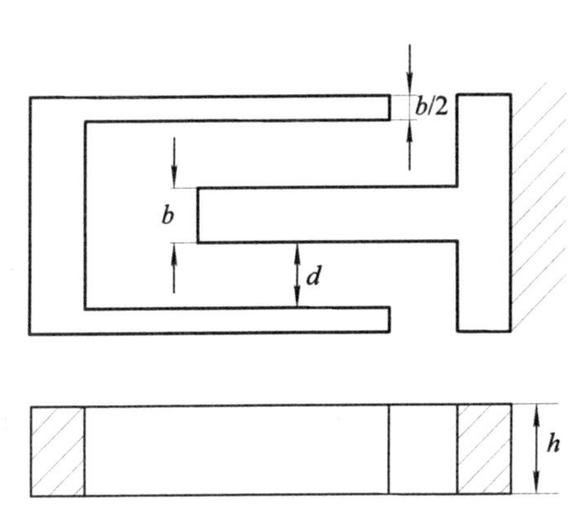

图 7－35　梳齿结构(d 极小，在微纳米量级)

7.6.1　Casimir 力的背景

1. 零点能量

Casimir 力来自近代量子力学中"零点能量"。真空中存在着某种力量，这种力量的密度很大，即使一个乒乓球大小的空间中的这种力量也足以摧毁一个太阳系。这种能量被称为零点能量。

1948 年，荷兰理论物理学家亨德里克·卡西米尔(Hendrik Casimir)最先预言：如果让两块平面镜在真空中相互面对，两块镜子将由于某种力的存在而相互吸引。

1958 年，埃德霍温的菲利普斯研究实验室的马库斯·斯帕内(Marcus Spaamay 研究了由铝、铬和钢制成的两个平面金属镜之间的 Casimir 力。他克服了静电干扰、两平面难以严格平行等困难，得出结论，实验结果与 Casimir 的理论预言并不矛盾。

1997 年，在美国西雅图华盛顿大学工作的史蒂夫·拉穆尔克斯(Steve Lamoreaux)测量了镀有铜合金的球形透镜与光学石英平板之间的 Casimir 力。这一测量技术标志着新一代测量技术的开始，他的实验结果与理论值相比误差在 5%以内。

随后，加利福尼亚大学河滨分校的乌玛·莫海登(Umar Mohideen)及同事利用 Casimir 力把一个直径为 200 μm 的聚苯乙烯球吸附到原子显微镜的探针上。而他们对 Casimir 力的测量结果与理论期待值的偏差仅在 1%以内。

斯德哥尔摩瑞典皇家工学院的托马斯·埃德斯(Thomas Ederth)也利用利用原子显微镜研究了 Casimir 效应。他测量了两个相互垂直、相距 20 mm 的镀金圆柱之间的 Casimir 力，其实验结果与理论值相比相差不到 1% 。

用两个平行平面镜来测量 Casimir 力是最原始的测量模式，近期很少有人采用这种原始模式，原因是实验中保持两个平面镜绝对平行是很困难的。取而代之的是用一个球和一个镜面来组成一个实验系统。它的唯一缺点是结果不如前者精确。

2. Casimir 研究

Casimir 效应研究中的难点在于实际的平面镜与 Casimir 最初考虑的理想的光滑平面镜不同。实际中的平面镜，它们只能很好地接近理想的反射某些频率的电磁波。此外，在很高的频率下，所有的镜子都将变成透明体。计算 Casimir 力时，必须要考虑镜面的反射系数与频率的函数关系。20 世纪 50 年代中期，伊津尼·利夫谢茨(Evgeny Lifshitz)最先着手研究了这一问题，后来朱利安·施温格等人也对这一问题进行了研究。

虽然人们目前对 Casimir 力与温度的关系尚未开展深入研究，但计算间距大于 1 μm 的物体之间的 Casimir 力必须要考虑温度的影响，包括伊津尼·利夫谢茨和朱利安·施温格等人在 20 世纪 50 年代就针对理想反射镜的情况探讨了这一问题。最近，莫海登及其组织利用畸变表面证明两个表面之间可以产生平行于镜面而不是垂直于镜面的横向 Casimir 力。

7.6.2　Casimir 力

1. Casimir 力

Casimir 力是一种当两个物体之间距离在微米以下时，才表现出来的相互吸引力。它是通过量子效应使物体产生相互吸引的。

Casimir 力的简化计算公式为

$$F=-\frac{\pi^2\cdot \mathrm{h}\cdot c\cdot A}{240\cdot d^4} \tag{7-178}$$

式中，π 是圆周率；$\mathrm{h}=6.6262\times10^{-34}$ 是普朗克常数；$c=3\times10^8$ 是光速；A 是两块平板的面积，d 是狭缝的距离。

2. Casimir 效应

Casimir 认为，如果使两个不带电的金属薄盘紧紧靠在一起，较长的波长就会被排除出去。金属盘外的其他波就会产生一种往往使它们相互聚拢的力，金属盘越靠近，两者之间的吸引力就越强，这种现象就是 Casimir 效应。Casimir 效应非常微弱，但对于 MEMS 而言，却表现得非常明显。

目前，对 Casimir 效应的解释有很多种，这里简单介绍其中两种。

(1) 基于真空电磁场涨落和零点能变化的解释。Casimir 效应的一种很普遍的解释是基于真空电磁场的涨落和零点能的变化，认为 Casimir 能量是自由空间中加入边界后零点能的变化值。

(2) 基于辐射压的解释。Casimir 效应的另一种特别简单的解释是基于经典的辐射压，认为 Casimir 力是由作用在平板外表面的向里的辐射压和内表面向外的辐射压的差值产生的。

3. Casimir 量子力

真空中虽然没有有形的粒子物质，却还存在着无形的场的物质，包括电磁场在内，所有的场都存在涨落。即使是处于绝对零度的理想真空，也具有被称为真空涨落的涨落场。

Casimir 力是反映真空涨落的最显著的力学效应。两个平面镜之间的间隙可以被看做一个狭窄的腔。在狭窄的腔中，如果一个场的半波长的整数倍恰恰等于腔长，则该场将被放大，这时场的波长对应于“腔共振”；与此相反，其他波长的场将被抑制。

所有电磁场都可以在空间中传播，它们可以对物体表面施加压力。辐射压力随电磁场的能量(因而随电磁场的频率)增加而增加。在腔共振频率时，腔内的场辐射压力大于腔外，两个镜面相互排斥；相反，在腔共振以外的频率，两个镜面将相互吸引。

研究表明，镜面所受的吸引分量的影响略大于排斥分量的影响，因而对于两个理想的、相互平行放置的平面镜，Casimir 力表现为吸引力。

7.6.3 金属板间 Casimir 力

1. 平行板 Casimir 力

Casimir 力与量子力学中熟知的范德瓦耳斯力在微观上可以用统一的方式理解。理论物理学家指出，范德瓦耳斯力和 Casimir 力都由量子涨落引起的。范德瓦耳斯力出现在凝聚态物体的两个中性的原子或分子之间，物体分离的距离应比原子尺度大得多，但比 Casimir 效应所考虑的距离更小。对于没有固有偶极矩的非极性分子，它们的偶极矩算符的期望值为零。通过二级微扰计算，可发现由于存在涨落的偶极-偶极非相对论性相互作用，产生了范德瓦耳斯力。这个力也存在于原子和宏观物体之间，或者两个空间上相近的宏观物体之间，后者产生于一个物体的每个原子和另一物体的每个原子相互作用。用量子场论的术语来说，这就是对于相接近的宏观物体，由一个物体的原子发射的虚光子，在其寿命期内抵达了另一物体的某个原子。这些原子偶极矩瞬间诱导的关联振荡引起了非延迟的范德瓦耳斯力。

如果两个原子之间、一个原子和一个宏观体之间或两个宏观体之间的距离大到足以使原子所发射的虚光子在其寿命内不能抵达另一物体，那么通常意义下的范德瓦耳斯力不存在了。由于光速的有限性，电磁涨落相互作用的延迟开始起作用。然而当分离距离足够大时，分属于不同物体原子的两点上，电磁场真空态的量子关联并不等于零，这将再次诱导出原子偶极矩关联振荡，从而导致产生了力。在这个相对论性制式下，依赖于普朗克常数的力就是 Casimir 力，在文献中，有时也称其为延迟的范德瓦耳斯力。历史上，“范德瓦耳斯”通常与非相对论性情形联系在一起，而“Casimir”联系于相对论性情形。

在两极板间，Casimir 力与范德瓦斯力很类似，但却有本质上的区别。当间距小于 20 nm 时，范德瓦斯力起作用；当间距大于 20 nm 时，起作用的是 Casimir 力。

由于 Casimir 力的大小和方向与物体的结构有关，因此几何边界对它的影响很大。

图 7-36 所示的两无限大导电平行平面，单位面积上零点势能为

$$E(d)=-\varepsilon\frac{\mathrm{h}c\pi^2}{720d^3} \tag{7-179}$$

单位面积上 Casimir 力为

$$F_{\mathrm{cas}}(d)=-\frac{\partial E(d)}{\partial d}=-\varepsilon\frac{\mathrm{h}c\pi^2}{240d^4} \tag{7-180}$$

式中，E 为单位面积上的零势能；F 为单位面积上所受的 Casimir 力；ε 为平面间的介电常数；h 为普朗克常量；c 为光速；d 为两平行平面间距离。

考虑温度和实际导体的有限导电性影响，平板间单位面积上 Casimir 力修正为

$$F_{\mathrm{cas}}^{\mathrm{Tb}}(d)=F(d)\eta_T\eta_b \tag{7-181}$$

式中，η_T、η_b分别为修正系数。η_T和温度有关，η_b与金属类型和极板间隙相关。

在亚微米尺度，平板表面的粗糙度不可忽略。如图 7-37 所示，考虑极板间距离的分布函数为 $d(x,y)$，Casimir 力进一步修正为

$$F_{\mathrm{cas}}^{d}=\frac{1}{L^2}\int_{-\frac{L}{2}}^{\frac{L}{2}}\int_{-\frac{L}{2}}^{\frac{L}{2}}F_{\mathrm{Tb}}[d(x,y)]\mathrm{d}x\mathrm{d}y \tag{7-182}$$

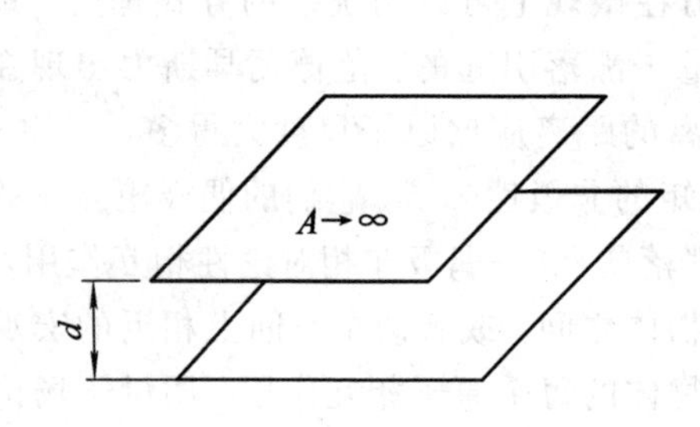

图 7-36　无限大平行板

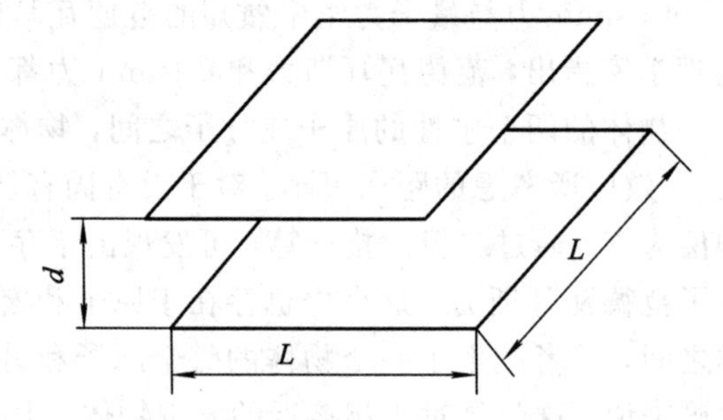

图 7-37　$L\times L$ 平行板

2. 平行移动平面

如图 7-38 所示，尺寸为 $L\times L$ 的平行平面，若下平面固定不动，上平面水平移动，上平面和下平面的相对移动面积为 xL，其中 x 是一个关于时间的函数。

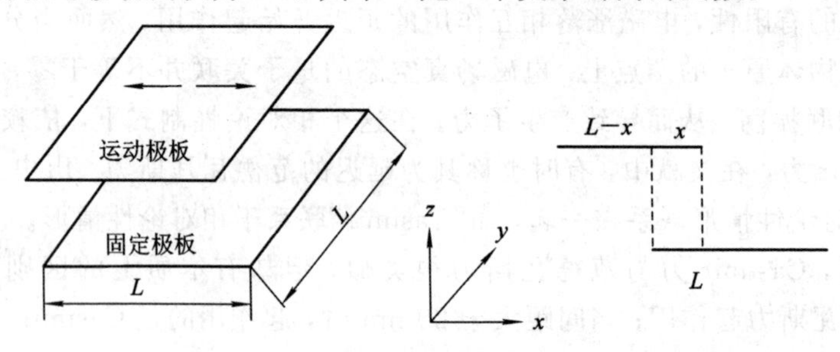

图 7-38　平行移动平板模型

忽略 Casimir 能的边界反应，则理想情况下，重叠部分之间的零点能为

$$E(x) = -\varepsilon \frac{hc\pi^2 Lx}{720d^3} \tag{7-183}$$

式中，d 为梁平行板间距；$0<x<L$。平面移动过程中零点能 $E(x)$变化所引起的侧向力为

$$F_L = -\frac{dE(x)}{dx} = -\varepsilon \frac{hc\pi^2 L}{720d^3} \tag{7-184}$$

式(7-184)显示，侧向力为一个不随时间变化的恒定力，大小是静止平行板间 Casimir 力的$\frac{L}{d}$倍。从两板完全重叠到完全分开，克服侧向力 F_L所作的功为

$$W = L \times F_L = -\varepsilon \frac{hc\pi^2 L^2}{720d^3} \tag{7-185}$$

3. 垂直移动平板

如图 7-39 所示，对于两平行平面，如果两板之间的距离从小间距 a 变化到达间距 b。Casimir 力作的功为

$$W = -\int_a^b F(l)dl = \int_a^b \varepsilon \frac{hc\pi^2 A}{240l^4} dl = \varepsilon \frac{hc\pi^2 A}{720}\left(\frac{1}{a^3} - \frac{1}{b^3}\right) \tag{7-186}$$

当两板相对面积 A 不变、板间距离变化时，Casimir 力所作的功等于两板间零点能的变化值。

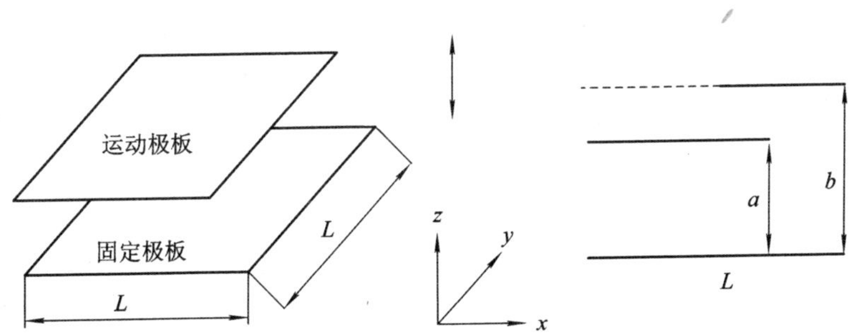

图 7-39　垂直移动平板模型

7.6.4　Casimir 力对 MEMS 的影响

微加速度计是利用惯性原理，通过质量块在惯性力作用下发生位移，并引起某些物理量(如电容)的变化来测量加速度的。图 7-40 所示为一种微加速度计的结构示意图。其工作部分由两块相互平行的正方形极板、一个长方体质量块以及四根横截面为矩形的支撑梁组成。

对图 7-40 所示的固支梁结构单轴加速度计，质量块受以下几种力作用：惯性力 F_i、静电力 F_e、弹性力 F_k以及 Casimir 力 F_{cas}。当检测电容所用的检测电压一定时，在以上各

力作用下有力平衡方程为

$$F_e + A \cdot F_{cas} + F_i - F_k = 0 \tag{7-187}$$

式中，静电力、Casimir 力均与两平行板的距离有关。

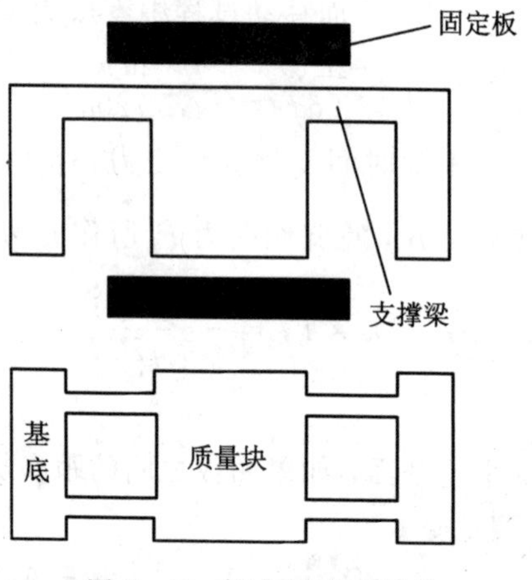

图 7－40 微加速度计结构

当微加速度计承受外部加速度作用后，质量块将产生 Δd 向下的位移，此时，以上各力表达形式为

$$\begin{cases} F_e = \dfrac{A\varepsilon U_{eff}^2}{2}\left[\dfrac{1}{(\overset{*}{d}-\Delta d)^2} - \dfrac{1}{(\overset{*}{d}+\Delta d)^2}\right] \\ F_i = ma \\ F_k = \dfrac{24nEI}{L_d^3}\Delta d \\ F_{cas} = \dfrac{\pi^2 hc}{240}\left[\dfrac{1}{(\overset{*}{d}-\Delta d)^4} - \dfrac{1}{(\overset{*}{d}+\Delta d)^4}\right]\eta_T \eta_b \end{cases} \tag{7-188}$$

式中，A 为极板的面积；ε 为两极板真空中的节点常数；U_{eff}为有效检测电压；$\overset{*}{d}$ 为极板间的初始平均间距；Δd 为惯性质量沿 z 方向的位移；a 为外部加速度的大小；m 为质量块的质量；n 为调整刚度大小的比例系数；E 为弹性模数；I 为四根支撑梁总惯性矩。

考虑导电性的影响，平板间单位面积上的 Casimir 力修正系数为

$$\eta_C = 1 - \frac{16}{3}\frac{\delta_0}{b} - 24\frac{\delta_0^2}{b^2} - \frac{640}{7}\left(1-\frac{\pi^2}{210}\right)\frac{\delta_0^3}{b^3} + \frac{2800}{9}\left(1-\frac{163\pi^2}{7350}\right)\frac{\delta_0^4}{b^4} \tag{7-189}$$

式中，δ_0为电磁场零点振动下电磁波进入金属表面的深度。

考虑粗糙度时，可采用如下方式修正。

取一块极板表面作为 $x-y$ 平面，将梁极板的粗糙度分别表示为 $A_1 f_1(x, y)$和 $A_2 f_2(x, y)$，其中 A_1、A_2分别为两板的粗糙度幅值；$f_1(x, y)$、$f_2(x, y)$分别为两板粗糙

度的分布函数。

假设两块平板的表面分布函数均为正弦分布，且周期 T 与幅值分别相同，满足：

$$f_1(x,\ y)=\frac{1}{2}\left[\sin\left(\frac{2\pi x}{T}+\pi\right)+\sin\left(\frac{2\pi y}{T}+\pi\right)\right] \tag{7-190}$$

$$f_2(x,\ y)=\frac{1}{2}\left[\sin\left(\frac{2\pi x}{T}\right)+\sin\left(\frac{2\pi y}{T}\right)\right] \tag{7-191}$$

则在考虑表面粗糙度时，极板间距离的分布函数为

$$d(x,\ y)=\bar{d}+A_2\left[\sin\left(\frac{2\pi x}{T}\right)+\sin\left(\frac{2\pi y}{T}\right)\right] \tag{7-192}$$

将式(7－189)、式(7－192)代入式(7－182)，则可以综合讨论有限导电性和粗糙度在室温下对 Casimir 力的影响。

在受到惯性力作用后，质量块产生垂直于极板方向的位移，与不考虑 Casimir 力相比，当考虑 Casimir 力时，质量块会偏离平衡位置更远一些。相对原来的加速度测量量程来说，其量程将变小，既可检测的最大加速度值将变小。图 7－41 给出了支撑梁刚度在不同的情况下，考虑与不考虑 Casimir 力时的微加速度计最大可检加速度 a_{max} 与极板距离的关系。

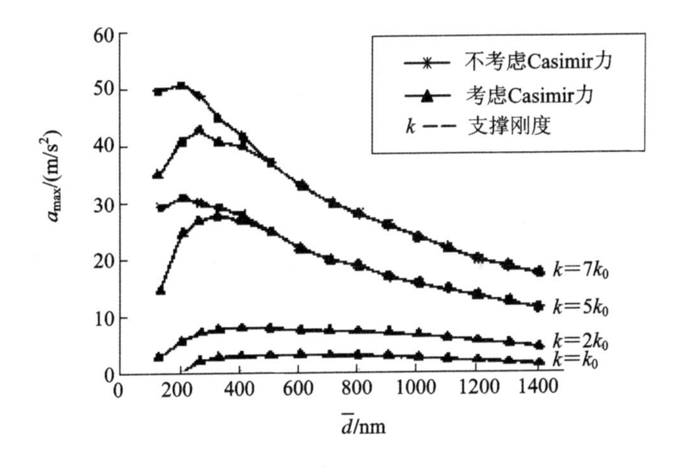

图 7－41　加速度变化趋势

从图 7－41 中可以看出：

（1）不论支撑梁刚度大小如何，考虑 Casimir 力下的 a_{max} 都比不考虑时要小。

（2）随着 $\overset{*}{d}$ 的减小，a_{max} 先增加、后减小，存在一个极值；考虑 Casimir 力时的极值较小，且在相对较大的距离出现极值。

（3）支撑梁刚度较小的加速度计，其最大可检加速度也较小，即其加速度可检范围很窄。

从以上的分析可以看出，对于微机电系统来说，Casimir 力的影响是需要考虑的。

参考文献

[1] 田文超，王林滨，贾建援. Csimir 力、Hamaker 力及粘附“突跳”研究. 物理学报，2010，59(2)：1182 - 1186.

[2] 田文超，贾建援. Winger-Seitz 模型微观连续性分析. 物理学报，2009，58(9)：5930 - 5935.

[3] 田文超，贾建援. Hamaker 连续介质假设分析. 物理学报，2008，57(9)：5378 - 5382.

[4] 田文超，贾建援. Hamaker 均质材料假设修正. 物理学报，2003，52(5)：1061 - 1066.

[5] 丁建宁，杨继昌，蔡兰. 微型机械薄膜结构在量子力作用下的稳定性和粘附问题. 机械工程学报，2002，38(9)：52 - 57.

[6] Mastrangelo C H，Hsu C H. Mechanical Stability and Adhesion of Microstructures Under Capillary Forces-Part Ⅱ：Experiments. Journal of Microelectromechanical Systems，1993，2：44 - 55.

[7] Serry F M，W alliser D，M aclay G J. The Role of the Casimir Effect in the Stoic Deflection and Stiction of Membrane Strips in Microelectromechanical Systems. Journal of AppliedPhysics，1998，84(5)：2501 - 2506.

[8] 丁建宁. 多晶硅微机械构件材料力学行为及微机械粘附问题研究. 清华大学博士论文，2001.

[9] 高世桥，刘海鹏. 微机电系统力学. 北京：国防工业出版社，2008.

[10] 唐薇薇，孟永钢. 范德瓦尔斯力对计算机磁头/磁盘超薄气膜承载性能的影响. 摩擦学学报，2007，27(1)：6 - 10.

[11] 白少先，孟永钢，温诗铸. 范德瓦尔斯力对磁头/硬盘系统气体润滑特性的影响. 摩擦学学报，2007，27(3)：264 - 268.

[12] 彭云峰，李瑰贤. 微齿轮的基础研究中的几个关键问题分析. 机械设计与究，2005，21(1)：41 - 43.

[13] Zhai XH，Li XZ. Casimir pistons with hybrid bo，m&m，conditions. Phys Rev D.，2007(76)：047704.

[14] Zhai X H，Zhang Y Y，LiX Z. Casimir pistons for massive scalar field. Mod Phys Lett A. 2009(24)：393 - 400.

[15] 孟光，张文明. 微机电系统动力学. 北京：科学出版社，2008.

[16] 张文明，孟光. 微机电系统磨损特性研究进展. 摩擦学学报，2005，25(5)：489－494.

[17] Kagan Topalli，Emre Erdil，Ozlem Aydin Civi，et al，Tayfun Akin. Tunable dual-frequency RF MEMS rectangular slot ring antenna. Sensors and Actuators A: Physical，2009，156：373－380.

[18] Sang-Hyuk Wi，Jin-Seok Kim，Nam-Kee Kang，Jun-Chul Kim，Hoon-Gee Yang，Young-Soo Kim，Jong-Gwan Yook. Package-Level Integrated LTCC Antenna for RF Package Application. IEEE TRANSACTIONS ON ADVANCED PACKAGING，2007，30(1)：132－141.

[19] Nickolas Kingsley，Dimitrios E. Anagnostou，Manos Tentzeris，John Papapolymerou. RF MEMS Sequentially Reconfigurable Sierpinski Antenna on a Flexible Organic Substrate With Novel DC-Biasing Technique. JOURNAL OF MICROELECTROMECHANICAL SYSTEMS，2007，16(5)：1185－1192.

[20] 梁婵君，项铁铭，官伯然. GSM 和 GPS 频段的单极子可重构天线的设计. 杭州电子科技大学学报，2010，30(2)：20－23.

[21] 顾长青，韩国栋. Hilbert 缝隙天线的频率可重构设计. 南京航空航天大学学报，2006，38(6)：660－665.

[22] 郭兴龙，蔡描，刘蕾，等. Kμ 波段硅基 MEMS 可重构微型天线设计. 传感器技术，2006，19(6)：2425－2431.

[23] 陈燕仙. MEMS 开关可重构天线的研究与设计. 华东师范大学硕士论文，2005.

[24] 张逸珺. RF MEMS 开关以及与其结合的可重构天线设计分析. 华东师范大学硕士论文，2007.

[25] 王安国，刘楠，兰航. 方向图可重构宽带准八木天线的设计. 天津大学学报，2011，44(10)：872－877.

[26] 翟思中. 方向图可重构天线对 MIMO 系统性能影响的研究. 天津大学硕士论文，2009.

[27] 丁卓富，肖绍球，柏艳英，等. 方向图可重构天线及其相控阵研究. 2009 年全国天线年会，2009：1522－1525.

[28] 董加伟，王安国，兰航. 方向图可重构印刷偶极子天线设计与测试. 2009 海峡两岸三地无线电科技研讨会暨博士生学术会议，2009.

[29] 崔奉云，李林翠，张黎，等. 基于 MEMS 开关的方向图可重构天线的设计. 信息与电子工程，2011，9(4)：444－448.

[30] 王丽萍. 基于改进遗传算法的方向图可重构天线的优化与设计. 西南交通大学硕士论文. 2011.

[31] 许朝阳，李媛，李建兰. 基于免疫算法的多频可重构微带天线设计. 电子测量技术，

2011，34(11)：14－18.

[32] 郝彦博. 基于平面分形天线的方向图可重构天线研究. 天津大学硕士论文，2008.

[33] 肖绍球，王秉中. 基于微遗传算法的微带可重构天线设计. 电子科技大学学报，2004，33(2)：137－141.

[34] 李媛，韩康康，李建兰，等. 基于圆环缝隙结构的圆极化可重构微带天线设计. 天津大学学报，2010，43(10)：873－878.

[35] 秦培元. 可重构天线的研究及其在MIMO系统中的应用. 西安电子科技大学博士论文，2011.

[36] 丁卓富. 可重构天线及其相控阵研究. 电子科技大学硕士论文，2010.

[37] 魏文博. 可重构天线研究. 西安电子科技大学，2008.

[38] 魏文博，尹应增，刘其中. 可重构线天线的快速优化设计. 西安电子科技大学学报(自然科学版)，2007，34(3)：448－452.

[39] 王鹏. 宽频带方向图可重构天线的研究. 天津大学硕士论文，2009.

[40] 吴志昂. 频率可重构天线研究与设计. 西南交通大学硕士论文，2012.

[41] 张瑞. 平面可重构天线的研究与设计. 南京邮电大学硕士论文，2012.

[42] 肖绍球. 平面型可重构天线研究. 电子科技大学博士论文，2003.

[43] 姚旭，曹祥玉，刘涛. 天线方向图可重构研究. 2009年全国天线年会，2009：1259－1262.

[44] 肖绍球，王秉中. 微带可重构天线的初步探讨. 电波科学学报，2002，17(4)：386－390，417.

[45] 魏文博，尹应增，郭景丽，等. 小型化微带缝隙可重构天线. 西安电子科技大学学报(自然科学版)，2007，34(4)：562－565.

[46] 罗阳，朱守正，王小玲. 新型RF－MEMS可重构分形天线. 电波科学学报，2009，24(5)：869－873.

[47] 刘旭文. 新型可重构天线的研究与设计. 南京邮电大学硕士论文，2012.

[48] 胡梦中，尹成友，宋铮. 一种频率可重构微带天线的快速优化设计方法. 电子与信息学报，2010，32(6)：1377－1383.

[49] 马少鹏，郭陈江，丁君. 一种新型微带帖片天线的频率可重构设计. 飞行器测控学报，2008，27(3)：24－27.

[50] 黄河. 移动终端上方向图可重构天线设计. 电子科技大学硕士论文，2010.

[51] 车斌. 应用于移动终端的方向图可重构MIMO天线. 东南大学硕士论文，2009.

[52] 车斌，颜罡，钱澄. 应用于移动终端的方向图可重构MIMO天线. 2009年全国微波毫米波会议，2009：1510－1513.

[53] 叶春辉. 圆极化可重构微带天线的研究. 天津大学硕士论文，2008.